大清河流域生态环境演变趋势研究

申彦科　赵志才　王　喆　闫晨丹　李建玲　张　扬　赵亚辉　著

黄河水利出版社
·郑州·

内 容 提 要

本书包含研究背景及意义、流域概况与相关规划、规划概况、环境现状调查与评价、流域环境回顾性评价、环境影响识别与评价指标体系、环境影响预测与评价、规划方案环境合理性论证与优化调整建议、环境保护对策和措施、跟踪评价计划、总结及建议共11章。本书根据大清河流域近几年的规划治理工程以及生态治理情况，从提高水利保障能力、推进民生水利、促进水资源合理开发、节约利用及有效保护、构建水利科学发展长效机制的角度介绍了大清河流域的规划部署，全面分析了流域水利发展现状及生态空间管控要求，对流域生态环境演变趋势进行了研究分析。

本书可以作为环境影响评价和生态环境等相关行业从业人员的工具书，也可以供科研、教学等方面的科技人员及大专院校相关专业师生参考使用。

图书在版编目(CIP)数据

大清河流域生态环境演变趋势研究/申彦科等著. —郑州：黄河水利出版社，2022.9

ISBN 978-7-5509-3403-0

Ⅰ.①大… Ⅱ.①申… Ⅲ.①流域-生态环境-演变-研究-中国 Ⅳ.①X321.2

中国版本图书馆CIP数据核字(2022)第174030号

组稿编辑：岳晓娟　电话：0371-66020903　E-mail：2250150882@qq.com

出 版 社：黄河水利出版社　网址：www.yrcp.com

地址：河南省郑州市顺河路黄委会综合楼14层　邮政编码：450003

发行单位：黄河水利出版社

发行部电话：0371-66026940、66020550、66028024、66022620(传真)

E-mail：hhslcbs@126.com

承印单位：河南新华印刷集团有限公司

开本：787 mm×1 092 mm　1/16

印张：31.5

字数：730千字　印数：1—1 000

版次：2022年9月第1版　印次：2022年9月第1次印刷

定价：128.00元

前　言

大清河是海河水系重要河系之一，也是落实《京津冀协同发展规划纲要》、推进"六河五湖"综合治理与生态修复的重点流域，雄安新区就位于大清河流域腹地。随着京津冀协同发展、雄安新区建设等国家重大发展战略深入推进，对大清河流域水安全保障能力提出了新的更高要求，迫切需要加强流域顶层设计，规划引领大清河流域系统保护和综合治理。

大清河流域是我国经济社会较发达地区，作为流域重要保护对象的天津市位于流域下游，同时京津冀协同发展、雄安新区设立对大清河流域水安全保障提出了新的要求。

本书以习近平新时代中国特色社会主义思想为指导，坚持"十六字"治水思路，以服务京津冀协同发展、雄安新区建设等国家重大发展战略为主线，在全面分析海河流域现状的基础上，结合流域经济社会高质量发展对水利的需求，统筹水安全、水资源、水生态、水环境，提出了流域水安全保障体系、流域防洪排涝减灾体系、水资源集约节约安全利用体系、水生态环境保护与修复体系、智慧高效的水利管理体系，全面提高大清河流域水安全保障能力，更好服务于保障国家重大发展战略落实。

本书结合国内外研究现状，对环境影响评价工作进行了介绍，根据大清河流域近几年的规划治理工程以及生态治理情况，介绍了大清河流域从提高水利保障能力、推进民生水利、促进水资源合理开发、节约利用及有效保护、构建水利科学发展的长效机制的角度，为服务京津冀协同发展、保障雄安新区水安全工作做出的规划部署，全面分析了流域水利发展现状及生态空间管控要求，对流域生态环境演变趋势进行了研究分析。书中从京津冀协同发展、流域尺度甚至更大国土空间统筹考虑水安全保障问题，保障雄安新区可持续发展，从流域生态环境角度提出了对此类问题的分析及论证。本书从宏观及战略高度审视规划方案的环境合理性和可行性，分析规划方案对流域及区域水资源、水生态、水环境、生态环境、社会环境等产生的整体性和累积性影响，提出规划方案优化调整建议，从源头上预防环境污染和生态破坏，促进流域经济、社会和环境协调可持续发展。本书整理了 2018 年以后大清河流域规划工作的环境影响评价、规划符合性评价、流域生态环境演变趋势及环境保护措施体系的成果，资料翔实，可以为大清河流域生态治理、河道治理等工作提供参考和技术支撑。

本书共分12章,第1章至第3章由申彦科编写,第4章由赵志才编写(其中4.4节由赵亚辉编写),第5章由王喆编写,第7章由张扬编写,第8章和第9章由李建玲编写,第6章、第10章、第11章和参考文献由闫晨丹编写。

本书编写中引用了所列参考文献中的某些内容,谨向文献作者致以由衷的感谢!

作 者

2022年8月

目　录

第 1 章　研究背景及意义

1.1　研究背景

新中国成立以来,为治理大清河水旱灾害,开发利用水资源,保护水生态环境,有关部门开展了大量的大清河流域规划研究工作。1957 年,水利部北京勘测设计院编制了《海河流域规划(草案)》,提出了"应着重消除水旱灾害,以保障农业生产的稳定和不断发展"的治理方针,在大清河流域建成了安格庄、龙门、西大洋、王快、口头、横山岭等 6 座大型水库、8 座中型水库及一大批小型水库;1966 年,水利电力部海河勘测设计院编制了《海河流域防洪规划报告》,提出了"上蓄、中疏、下排,适当地滞"的防洪方针,大清河流域集中力量扩大了中下游河道泄洪入海能力;1986 年,海河水利委员会会同流域内各省(自治区、直辖市)编制了《海河流域综合规划》,国务院以国函〔1993〕156 号进行了批复,大清河流域对主要行洪河道进行了治理;2004 年,中水北方勘测设计研究有限责任公司编制了《大清河系防洪规划报告》,提出了在确保京津地区重点城市防洪安全的前提下,协调好局部与整体的关系,进一步完善防洪工程体系,突出防洪体系的整体作用;2008 年,海河水利委员会会同流域内各省(自治区、直辖市)编制了《海河流域防洪规划》,国务院以国函〔2008〕11 号进行了批复,坚持"上蓄、中疏、下排,适当地滞"的方针,提出了构建以河道堤防为基础、大型水库为骨干、蓄滞洪区为依托、工程与非工程措施相结合的海河流域综合防洪减灾体系规划方案,进一步完善了"分区防守、分流入海"的防洪格局;2009 年,海河水利委员会编制了《海河流域水资源综合规划》,国务院以国函〔2010〕118 号进行了批复,在对经济社会发展趋势和需水量进行合理预测的基础上,提出了南水北调工程通水后强化节水条件下海河流域 2020 年与 2030 年水资源配置方案及节水、水资源保护、水生态修复对策措施;2013 年,海河水利委员会编制了《海河流域综合规划(2012—2030 年)》,国务院以国函〔2013〕36 号进行了批复,在全面分析总结流域水利发展现状的基础上,结合流域经济社会对水利的需求,明确了河流功能定位,提出了流域水利发展改革目标和控制性指标,明确了建立和完善水资源合理配置和高效利用体系、水资源保护和河湖健康保障体系、防洪抗旱减灾体系、有利于水利科学发展制度体系的治理任务,提出了规划方案和对策措施。

2015 年 4 月,中共中央政治局审议通过《京津冀协同发展规划纲要》,纲要指出,推动京津冀协同发展是一个重大国家战略,核心是有序疏解北京非首都功能,要在京津冀交通一体化、生态环境保护、产业升级转移等重点领域率先取得突破。其中,水利专项规划中提出"以水资源水环境承载力为刚性约束,严格控制用水总量和排污总量;以水资源高效循环利用为前提,优化用水结构,科学统一配置水资源;以水资源保护和水生态修复为重点,偿还生态环境欠账;以全面提高水安全保障能力为目标,加强一体化水利基础设施建设;以构建流域区域水管理体制机制为抓手,提升水资源水环境系统治理管控能力;促进人水和谐,推进京津冀协同发展”。生态环境保护规划中提出“以改善生态环境质量为目标,以资源环境承载能力为基础,以加强区域生态环境保护协作为保障,以加强改革创新为动力,将生态文明建设融入经济、政治、文化、社会建设各方面和全过程,大力推进区域绿色循环低碳发展,优化发展方式,加强生态环境保护和治理,实现区域经济社会发展和生态环境保护建设协调推进”。

按照上述规划,规划安排的许多工程已付诸实施,大清河流域是我国经济社会较发达地区,作为流域重要保护对象的天津市位于流域下游,同时京津冀协同发展、雄安新区设立对大清河流域水安全保障提出了新的要求。雄安新区大部分区域位于白洋淀蓄滞洪区内,需立足京津冀协同发展,从流域尺度甚至更大国土空间统筹考虑水安全保障问题;未来气候和下垫面变化可能造成大清河流域降水和产流能力进一步减少,以及建设用地增加造成洪水通道减少,人与水的矛盾将更加突出,需从流域水利工作角度解决此类问题;新时期治水思路明确要求提高水利保障能力、推进民生水利、促进水资源合理开发、节约利用及有效保护、构建水利科学发展的长效机制。

1.1.1 治理成就

通过多年的开发治理,大清河流域水安全保障体系基本形成,极大地提高了流域的防洪、供水、水生态安全保障能力,为流域经济社会发展和人民生活水平的提高起到了巨大的支撑和保障作用。

(1)流域防洪减灾体系基本形成。

已基本形成了由水库、河道、蓄滞洪区组成的防洪工程体系。上游建成王快、西大洋、横山岭、口头、龙门、安格庄等6座大型水库,总库容34.31亿m^3,防洪库容10.04亿m^3,控制流域面积9 719 km^2,占流域山区面积的52%。中下游初步治理了白沟河、南拒马河、新盖房分洪道、潴龙河、唐河、赵王新河、独流减河及海河干流等主要骨干河道,修建了新盖房枢纽、枣林庄枢纽、独流减河进洪闸、独流减河防潮闸等一批枢纽工程;设置了小清河分洪区、兰沟洼、白洋淀、东淀、文安洼、贾口洼、团泊洼等7处蓄滞洪区,滞洪容积114.34亿m^3。现状工程情况下,通过水库拦蓄、河道泄洪,结合蓄滞洪区运用,流域中下游基本可防御1963年洪水(相当于50年一遇)。

(2)流域城乡供水体系基本构建。

经过多年的建设,大清河流域已形成包括当地地表水、地下水、外调水和非常规水源等供水工程在内的较为完整的供水工程体系。截至目前,大清河流域已建成大型水库8座,中小型水库148座,塘坝729座,总库容约48亿m^3,兴利库容达24亿m^3。建有引水工程659处,设计供水能力46.05亿m^3;建成地表水提水工程1 795处,设计供水能力8.56亿m^3;建成机电井115.1万眼;南水北调中线一期工程通水、南水北调东线一期北延应急工程试通水,引黄入冀补淀工程、位山引黄工程、潘庄应急引黄工程等引黄工程体系不断完善,引滦入津工程常年向天津市供水;同时建有6处应急备用水源地。截至2016年,全流域建成污水处理厂97座,再生水年利用量达4.28亿m^3,有效地保障了流域经济社会发展对水的需求。

(3)流域水生态环境建设初见成效。

水资源保护取得一定进展。已有 2 个城市地表水源地和 8 个地下水源地划定了保护区。1997—2016 年共 29 次向白洋淀补水,累计调水 24.72 亿 m^3,入淀水量 12.59 亿 m^3,对修复白洋淀生态湿地功能起到了重要作用。2017 年 11 月,引黄入冀补淀工程正式通水,可缓解沿线地区农业灌溉缺水及地下水超采状况,保持白洋淀湿地生态系统的良性循环。地下水超采综合治理初见成效。开展了大规模的水土流失治理,完成水土流失治理面积 8 344.55 km^2;通过开展生态清洁小流域建设、京津风沙源治理、坡耕地水土流失综合治理、退耕还林等工程,水土流失综合治理取得了较大成果。

(4)流域综合管理能力逐步提高。

随着《中华人民共和国水法》《中华人民共和国防洪法》《中华人民共和国水土保持法》等法律法规的颁布实施,流域管理体制框架在法律层面上得以明确;流域管理与行政区域管理相结合的管理体制已基本建立;流域水资源优化配置、水资源保护与水污染防治、防洪减灾等协作协商机制已逐步完善;用水总量控制与定额管理相结合的水资源管理制度、涉水事务社会管理体系初步建立;在取水许可、涉河建设项目管理、水土保持等方面初步划分了流域与区域的管理范围,制定了管理程序;河湖长制全面推行实施,水利强监管逐步推进,流域综合管理能力得到有效提升。

1.1.2　面临形势

(1)雄安新区建设对水安全保障提出新要求。

推动京津冀协同发展,高起点规划、高标准建设河北雄安新区,是党中央、国务院在新的历史条件下做出的重大决策部署,是千年大计、国家大事。做好河北雄安新区防洪、水资源、水生态安全工作,是构建新区现代化城市安全体系的重要组成部分。雄安新区地处大清河系中游,南北支洪水交汇处,在这样一个区域打造雄安新区,必须立足区域优势、统筹考虑新老水问题,坚持高起点、高标准,从流域尺度甚至更大国土空间统筹考虑。

(2)经济社会发展和下垫面变化对水利工作提出新课题。

经济社会发展和水资源的开发利用导致流域下垫面发生显著变化,流域降雨径流关系变化和水资源衰减等实际情况日益突出。由于地下水的不合理开发,流域中下游地区普遍存在地面沉降问题,蓄滞洪区和围堤、行洪河道及堤防均存在不同程度的下沉,影响蓄泄能力及蓄泄关系,对蓄滞洪区的布局和运用产生影响。地区经济的不断发展,蓄滞洪区经济总量越来越大,分蓄洪压力加大,对合理使用蓄滞洪区也提出新要求。如何正视并解决这些问题,对流域水利工作提出了新的课题。

(3)新时期治水新理念对水利管理提出新目标。

习近平总书记关于"节水优先、空间均衡、系统治理、两手发力" 的新时期治水思路,水利部党组"水利工程补短板、水利行业强监管" 的水利改革发展总基调,赋予了新时期治水的新内涵、新要求、新任务,要求进一步加快水利基础设施建设步伐,在提高水利保障能力上有新的跨越;把强监管作为水利改革发展的战略出路,全方位提升水利行业监管能力。

1.1.3 存在问题

(1)防洪存在薄弱环节,水灾害防控形势依然严峻。

一是流域中下游骨干河道尚未进行彻底治理,大部分河道防洪没有达标。除独流减河、南拒马河基本达到规划设计行洪流量外,其他骨干河道行洪能力仅为规划设计流量的40%~70%,白沟河、新盖房分洪道等部分河道行洪标准仅为10年一遇左右。

二是蓄滞洪区启用难度加大。蓄滞洪区人口和经济总量不断增加,经济发展与蓄滞洪区运用的矛盾突出,蓄滞洪区启用难度越来越大。同时,蓄滞洪区还普遍存在堤防不达标、进退洪设施不完善、安全建设严重滞后等问题。

三是雄安新区现状防洪能力较低。新区主城区(新城)位于白洋淀蓄滞洪区新安北堤以北,现状防洪标准仅约20年一遇。此外,新城现状地势低洼,地面高程比白洋淀滞洪水位低3~5 m,比北部兰沟洼设计滞洪水位低8~10 m,防洪风险较大;下游河道泄流不畅加大了新区的洪水威胁,防洪形势十分严峻。

(2)水资源供需矛盾突出,供水保障形势不容乐观。

一是流域水资源禀赋差,资源型缺水特点愈加突出。大清河流域人均水资源量148 m^3,亩均水资源量227 m^3,仅为全国平均水平的7%和13%,属于典型的资源型缺水地区。受气候及下垫面变化影响,近年来流域水资源呈衰减趋势,导致资源型缺水问题愈发严重。

二是雄安新区设立对水资源保障提出了新要求。伴随雄安新区建设的稳步推进,流域内人口和产业将进一步向新区集聚,对水资源的刚性需求将进一步加大,水资源区域平衡和跨区域配置的任务更加艰巨,水资源供需矛盾将更加突出。

三是流域节水水平存在不平衡、不充分问题。大清河流域节水水平与海河流域以及全国相比,总体处于国内领先水平,但流域内省(直辖市)际差别较大,部分地区节水水平不高,用水浪费现象依然存在。

(3)水生态环境问题突出,生态文明建设有待加快推进。

一是河流水生态状况恶化。流域受降水量减少和下垫面变化影响,天然径流量锐减,加之经济社会发展和水资源过度开发导致河道断流干涸、湿地萎缩、入海水量减小等一系列水生态问题。

二是水环境质量较差。流域水功能区水质达标率只有43.9%,劣Ⅴ类水体河长达到31.3%,主要湖泊湿地水质为Ⅴ类和劣Ⅴ类。

三是地下水超采依然严重。自20世纪70年代中期以来,大清河流域地下水开采量逐渐加大,至2000年达到最大。近年来,随着地下水压采力度的加大和南水北调中线一期工程通水,开采量已经明显减小,但仍然大于地下水可开采量,地下水位下降、地面沉降等生态环境问题依然存在。

(4)流域管理水平与水利现代化要求有差距,管理能力有待全面加强。

一是流域管理制度和标准体系不完善。对标水利现代化的新要求和"水利工程补短板、水利行业强监管"的总基调,流域管理制度、标准体系有待完善,节水标准管理、生态水量管控、地下水管控等标准体系尚不健全。

二是行业强监管手段有待加强。统一高效、务实管用的监管体系尚未形成。大部分河湖尚未划定管理范围,河湖生态空间用途管制落实不到位;水工程、水生态、水环境监管体系尚不完善。

三是水利信息化水平有待提高。流域信息化手段单一、共享利用不足、业务协同不够,水利信息基础设施对水管理的支撑能力不足,智慧水利建设尚处于起步阶段。

1.2 国内外研究现状

1.2.1 国外研究现状

国外区域性开发环境影响研究主要可分为两个阶段:1985年以前的环境影响评价技术探索阶段,1985年以后的结合可持续发展战略层次体系研究的多个开发活动的累积影响研究阶段。现行环境影响评价(EIA)方法的最大缺陷是其视野主要局限在单个项目的评价上,使得一个项目与其他项目之间对环境产生的综合影响或累积影响得不到应有的考虑,但实际上区域性开发活动的环境影响是所有开发行为之间在环境影响方面的时间与空间上协同累积作用,结果导致越来越多的由累积影响产生的区域性或流域性的环境恶化问题。20世纪70年代末80年代初,美国、加拿大等西方国家在总结EIA的局限性时,认识到累积影响研究的重要性;80年代末90年代初,随着可持续发展战略的提出,并源于对EIA方法缺陷的认识从而开始了累积影响的研究,具有战略视角的第二代环境影响评价方法SEA提出并开始得到世界范围内的广泛接受。与EIA相比,SEA具有范围宽、时间长的特点,对资料的收集与分析也相应较多,是对环境影响评价体系的补充和完善。20世纪80年代以来,区域性开发活动环境影响评价逐渐受到重视,日本、美国、加拿大以及中国都相继开展了区域开发活动的SEA,对区域开发活动环境评价的理论与方法进行了探索,并积累了一定的经验。SEA最早是由英国的N. Lee、C. Wood和F. Walhs等几位学者提出的,以后许多学者如Therivel(1992)、Buckley(1994)、Sadler和Vehteem(1996)等对SEA进行了深入研讨。但目前我国尚无区域性开发SEA的导则和规范,评价理论与方法仍处于完善过程,SEA战略的累积影响评价(CEA)的技术理论和实践在国内外也都仍处于探索阶段。

累积影响的概念最早见于1973年颁布的美国《实施"国家环境政策法"(NEPA)指南》上,并在1978年颁布的《NEPA规定》中被正式提出要求考虑。尽管累积区域(流域)开发累积影响的概念各个国家或研究者的说法不完全一致,但不同的概念表达的基本内涵基本上是类似的。归纳起来累积影响的含义是指"当一个项目与过去、现在和未来可能预见到的项目进行叠加时,会对环境产生综合影响或累积影响",特别是指"各个项目的单独影响不大,而综合起来的影响却很大"的现象。累积影响的概念反映了人类与环境相互作用的几个方面:首先是累积影响的源泉,环境变化不仅可以起因于单项累积的,而且可以由多种项目,相同的或不同种类的项目的相互作用所产生;其次是累积的途径,环境变化可以通过加和或交互式的方式进行累积。加和式的过程是因为环境变化的单元可以加上或是从已有单元中减去。而交互式的累积可以大于或小于环境变化的总和。最后是累积影响的类型,环境变化通常根据时间和空间属性来加以划分,如时间拥挤型、时间滞后型、空间拥挤型、交叉边界作用及分裂型。从概念上看,开发项目的累积影响将会出现以下几种情形:当一个项目的环境影响与另一个项目的环境影响以协同的方式进行结合时;当若干个项目对环境系统产生的影响在时间上过于频繁或在空间上过于密集,以至于各单个项目的影响得不到及时消纳时的情形。对累积影响的研究侧重点是开发活动的相互关系与时空分布的研究,而不是微观具体的物理化学过程的讨论。

累积影响评价 CEA 作为战略环境评价的一种主要的技术分析手段,不同于传统的 EIA,但却与 EIA 有着密切的联系。在 CEA 中,拟建项目是相对于其他过去、现在及可预见行为的评价,它的时间尺度较长,考虑评价的行为数量与种类较大,同时空间跨度也相对广阔。拟评价的行为远远超出自身的边界,它包括了区域性甚至是全流域或全球性的累积影响。尽管 CEA 与 EIA 有些不同,但已有 30 年发展史的 EIA 仍然可以作为 CEA 的评价基础与依据。EIA 包含了一定 CEA 的法定程序,例如累积影响必须在环境评价法规的约束下进行考虑。累积影响评价实际上是环境影响评价的一个必不可少的组成部分,累积影响评价(CEA)不仅使传统 EIA 方法框架产生重大改进,同时为区域或流域环境规划提供一种更有效的规划手段。1994 年,Clark 指出在战略环境影响评价(SEA)中,从政策制定、规划与预测都应较好地考虑到累积环境效应。1995 年,Canter 与 Kamath 认为,目前大量的数据、行政机构及方法缺陷都将使累积影响评价局限于方案水平,而且直至 1997 年,有关 CEA 的文章都很少。但 Cooper 及 Canter 认为,项目水平的 CEA 不论是否可行,CEA 都是 EIA 的一个方面。在此期间,Spaling 指出了外界作用-环境效应的非线性关系,即在一定的研究区域,拟建项目与其他已建项目或其他活动都会对某一相同的或非特定的环境因子产生协同影响。加拿大的 Smit 与 SaPlign 于 1995 年探讨了环境影响评价累积响应评价方法。Buirrs 与 Canter 于 1997 年发表了环境评价中应该涉及累积影响的文章。但在环境评价中,一个突出的问题是没有大量的事实及证据分析说明所得出的结论。因此,EIA 的可信度就需进一步提高。目前,环境影响评价的累积影响评价并不理想,但准确分析受影响的资源,在评价过程的早期进一步辨认识别潜在的累积影响,以及清晰的资料分析都将有助于使评价结论更加符合客观实际,取得理想的效果。

目前,国外累积影响评价的方法主要有三种,一种是 1985 年,Stakhiv 描述的起源于美国陆军工程兵团的湿地管理的方法。这一方法大致可分为四步,根据直接-间接、增加-累积、过去-现在等进行影响分类,标识约束及边界,选定评价方法,评价方法的对比分析。第二种方法是 1988 年由 Gosselink 发展的关于低洼湿地的影响评价方法。第三种方法是 1988 年由 Lan 等提出的集不同研究于实践的操作手册 CIA(CEA in Canadian etmrinology),这种合成方法的目的是致力于环境破坏或扰动中所有可能的联系与反馈的识别、评价。尽管 CEA 已经取得了一定的进展,但在环境开发中,尤其是流域性或区域性开发活动的累积环境效应却没能得到足够的分析,从环境持续的角度来看,这对整个流域的可持续发展将会产生较大的影响。

国外自 20 世纪 70 年代起就已经开始重视区域开发环境影响评价方面的研究,在已有的区域开发环境影响的研究过程中,人们意识到大范围的开发活动将会给生态系统造成累积效应,但当时的累积影响研究从根本上仍受到 EIA 的影响而呈现一定的局限性。

如美国田纳西流域梯级开发后,近几十年来仅对个别环境因子的变化进行了研究,早期的研究主要采用"分析评价"的途径。20世纪70年代中期,美国陆军工程师协会(COE,1975)对切萨皮克湾支流上的多个开发项目进行了环境分析。1979年,日本也进行了一系列滨海工业区的环境影响评价,如小牧东部大规模工业基地环境影响评价和福井滨海工业区的环境影响评价,但这些评价程序仍采用了单个项目环境影响评价程序,在评价方法上仍属于环境容量分析方法和排污总量控制方法。20世纪80年代初,美国制定了《区域性(area-wide)环境影响评价指南》,开始着手对区域性开发的环境影响趋势进行分析评价,对美国南部的工业发展和资源开发可能造成的影响进行了预测、分析和评价。

流域性的开发活动所引起的环境影响的复杂性促进了环境影响评价的发展,1980年,Cooper主要采用环境经济学和生态学的方法对流域资源开发的一体化区域规划进行了研究评价。自Horak首次提出以因果关系为基础的累积影响的概念框架以来,对累积影响采用了简单加和或者削减作用、交互作用、非协同作用、协同作用等来研究累积影响。1983年,James提出了区域性环境累积影响的框架,并从理论上给予了探讨。此外,美国和加拿大开始采用"规划管理"的途径对区域的环境进行研究,使其成为一体化的区域环境-经济开发规划,但其研究范围较窄,在研究方法上主要采用环境经济学方法和生态学方法。

在对区域开发环境影响进行研究的过程中,诸多学者认识到:只有引入生态学理论,深入研究多个开发活动给生态系统造成累积效应的规律,才能从理论上建立起开发活动的环境影响预测与规划控制方法(Beanlands et al.,1984)。由此,到20世纪80年代中期,Bain等(1986)、CEARC(1986)以及Cocklin(1992)等对于环境影响的研究重点开始由对评价技术的探讨转向对多个开发活动累积影响的研究。环境影响评价的研究重点开始转向累积影响评价。在累积影响的研究历程中,主要采用了"分析评价"和"规划管理"两种方法,并且"分析评价"观点一直处于主流地位。1985年,加拿大环境评价研究机构(CEARC)与美国国家研究机构(NRC)联合在多伦多召开环境影响的累积效应评价讨论会,提出了环境影响评价的累积影响评价的研究展望。自此以后,众多学者对累积效应的概念、理论和方法进行了深入的研究,并提出了累积环境变化的概念。1989年、1993(1995)年Cocklin及加拿大的Sapling和Simt分别提出了区域累积环境影响的生态评价方法,并且发表了文章《累积效应评价方法》。Hunsaker(1993)基于Adirondack湖的酸沉降效应研究,提出了区域累积效应的生态评价方法。1993年,la Gory等通过哥伦比亚河流域的实例研究,提出了流域水电开发的聚类累积环境影响评价方法(CIAS)。1994年,Spaling提出累积效应评价的概念与原则。

20世纪80年代末90年代初,区域性开发的环境影响评价开始引入战略环境评价(SEA)体系中。尽管国外的研究突出了环境影响的预测分析,为科学决策提供了一定依据,但环境影响评价的累积影响分析和战略性环境影响评价尚未充分应用于流域或区域开发环境影响评价的理论实践。

据有关资料分析,国外对小流域的管理与规划已广泛引入高科技手段。综合考虑自然、社会经济和环境等因子,使流域生态经济系统持续稳定发展,但对整个流域的水电梯级开发,国外的研究也主要针对单个工程的影响进行分析,对于区域环境规划往往将单个项目环境影响揉和在一起,以作为区域影响,环境影响的评价指标体系还不够完善,仍属“静态分析”。流域开发的环境动态分析、规划仍处于研究阶段。

1.2.2 国内研究现状

中国系统综合地进行流域水电工程的环境影响及其综合决策评估研究开始于20世纪70年代末80年代初,至今已进行了40余年的实践与理论探索。研究工作主要是围绕着工程的环境影响评价和环境保护设计进行的。1982年2月水利部颁发了《关于水利工程环境影响评价的若干规定(草案)》,1988年12月水利部和能源部颁发了《水利水电工程环境影响评价规范(试行)》,1992年1月又颁发了《江河流域规划环境影响评价规范》。从评价的分类环境影响来讲,评价的种类可依据工程的时空关系分为两大类。从时间关系讲,可分为对已建工程环境影响的回顾评价,对在建工程环境影响的现状评价和对拟建工程环境影响的预测评价,一般来说,环境影响评价多指预测评价。从空间关系讲,可分为单一工程的环境影响和几个工程联合运转的环境影响评价乃至流域规划全部工程联合运转的流域规划环境影响评价。

20世纪80年代初,国内主要开展单个项目的环境影响评价。1985年,王华东提出在国内开展新老城市发展的环境影响评价。1987年,蔡贻漠等在我国首次提出“区域开发环境影响评价”的概念,从此以后,区域性开发建设的环境影响评价已被众多研究者重视并研究。1990年,王景华对我国京津唐地区的区域开发进行了环境影响评价。1993年,国家环保总局发布了《关于进一步加强建设项目环境保护管理的若干意见》,其中有5条意见对开展区域开发环境影响评价提出了要求。该意见明确要求对开发区污染物排放实行总量控制,这是国内首次以法规形式对全面开展区域开发环境影响评价提出具体要求,标志着我国区域开发环境影响评价工作进入了法制化轨道。

1993年,国家环保总局选择了4个典型的区域开发活动进行环境影响评价及方法研究,如青岛市胶州湾海域开发、内陆干旱区(新疆叶尔羌流域)水资源开发等。从1991年开始,探讨区域开发环境影响评价理论的文章增多,1991年,王华东等对区域开发环境影响评价的类型、评价原理、评价程序和评价方法进行了较全面的论述。1993年,刘肖布等认为区域开发环境影响评价具有整体性、可变性和不可叠加性。1995年,彭应登等论述了区域开发环境影响评价与环境规划的相互关系,并认为区域开发环境影响评价是一项只有起点、没有终点的动态评价过程,又提出借鉴国外的战略环境评价的理论与方法进行研究。1996年,彭补拙等提出用动态的观点进行环境质量评价。1997年,彭应登在国内提出开展累积影响研究,并对区域开发环境影响评价的可持续发展指标体系进行了论述。目前,国内在研究和开展区域性开发环境评价时,主要采用环境容量与总量控制的思路和方法,侧重于环境本身的承载力分析,很少与开发活动直接挂钩。1993年,方子云在《水利建设的环境效应分析与量化》一书中也曾提到一种流域开发环境影响评价的分解的综合评价方法,即把环境总体划分成许多层次或子系统,然后进行综合考虑各环境因子的重要性(权重),工程对各环境因子的影响值之和为工程对环境总体的影响值,所有工程对某区域的环境影响值之和为该区域的环境影响值,加权每个区域得到整个环境影响区域的环境影响值,以减少每次考虑的因素。

我国提出了以总量控制技术与环境承载力分析为核心的评价方法,也主要侧重于环境的规划控制,而不是影响分析技术。由于传统经济发展模式带来的根本性缺陷,现行的环境规划与环境影响评价没有体现可持续发展,没有将环境的经济价值体现出来,没有强调资源利用、环境保护和经济增长、社会发展的协调一致。尽管在资源开发方案和工程项目拟定后进行了环境影响评价,制定了环境保护和污染防治措施,但在选择方案时,对环境影响的重视仅以可接受的程度为限,而非致力于经济与环境相互协调和持续发展能力的增强与改善。

其次是由于经济型规划与环境评价考虑问题的范围和因素限制而引起的缺陷。传统环境规划与环境评价所涉及的范围仅限于主要工程及其影响所及,基本上是个封闭系统。尤其在环境评价中,仅以环境要素为单元,且分析、预测和评价的着重点是单个环境因子的影响、演化、变迁过程和环境容纳污染物的能力与控制手段的作用,而非追求环境可持续能力和控制手段的作用,亦非追求环境可持续能力的开发与利用;现行的环境评价虽对工程影响范围内的环境因子进行了物理、化学、生物和社会的影响评价,但并未与经济指标挂钩,这种不从生态经济系统整体性出发的评价结果,很难对资源开发、环境变化和经济发展做出较全面的有效判断。这种评价结果与预测数据,并不能对社会经济影响的意义做出确切明了的解释和说明,也就解答不了环境影响究竟对社会经济产生什么确切影响和对环境的可持续性是否可以持久地维持下去。

1.3　研究目的

从有效保护水资源、水生态和合理利用水土资源、维护生态系统良性循环、促进经济社会可持续发展等方面,论证规划方案环境合理性、预测规划实施的环境影响,提出规划方案优化调整建议和生态环境保护措施。统筹协调开发与保护之间的关系,促进区域社会经济的可持续发展和生态环境的良性维持,推动形成人与自然和谐发展的流域建设新格局。

(1)大清河流域综合规划环评要从国家、区域生态安全及水资源安全等高度审视流域规划,强化“三线一单”约束,分析流域规划与国家关于流域定位、相关规划的符合性,论证规划方案环境合理性和可行性,识别规划实施可能存在的重大资源环境制约因素,从生态环境保护角度提出规划方案的优化调整意见与建议。

(2)评价流域生态环境现状、回顾已有河湖治理开发的环境影响,系统掌握本流域水系特点和生态环境特征,分析流域主要涉水生态环境问题及其成因,预测与评价规划实施对流域生态系统及环境质量产生的累积性、整体性和长期性影响。

(3)基于大清河流域上游山区生态地位重要、各类环境敏感点较多、生态环境保护要求高等特点,以改善流域环境质量和保障生态安全为目标,从合理利用水土资源、维护生态系统良性循环、促进经济社会可持续发展的角度,论证流域规划布局、规模、时序等规划要素的环境合理性和环境效益,协调经济发展与环境保护的关系。

(4)根据流域涉水生态特点,立足于解决现有涉水生态环境问题,预防由于水土资源开发带来的生态环境风险,提出环境保护对策和措施、建议和跟踪评价计划,协调规划实施的经济效益、社会效益与环境效益的关系，为流域规划实施和环境保护管理提供决策依据。

1.4 研究范围和研究时段

1.4.1 研究范围

(1)水文水资源。

水文情势评价范围为整个大清河流域，重点考虑白洋淀及环淀河流。

(2)水环境评价范围。

水环境评价范围涵盖大清河流域74个水功能区，重点评价白洋淀及环淀河流、饮用水水源地、现状水质不达标河段。

(3)生态环境评价范围。

陆生生态的评价范围为大清河流域及涵盖生态完整性的特殊区域（自然保护区、风景名胜区、保护动物栖息地等）；水生生态的评价范围为大清河河系，考虑到山区水库坝址至白洋淀河段均存在断流现象，重点以山区水库以上河段及白洋淀为主。涉及跨流域的环境敏感区整体纳入。

(4)社会环境评价范围。

社会环境的评价范围为大清河流域。大清河中下游人口集中、社会经济相对发达，因此大清河中下游是社会环境的评价重点。

大清河流域综合规划环境影响评价范围见表1-4-1。

表1-4-1 大清河流域综合规划环境影响评价范围一览表

评价因子	评价范围
水文水资源	大清河流域规划范围，重点考虑白洋淀及环淀河流
水环境	大清河流域74个水功能区，重点评价白洋淀及环淀河流、饮用水水源地、现状水质不达标河段
陆生生态	大清河流域规划范围，重点为南支、北支、白洋淀沿线区域
水生生态	大清河水系，重点以山区水库以上河段及白洋淀为主
经济社会	大清河流域各地区，包括北京、天津、河北、山西4省(直辖市)

1.4.2 研究时段

流域综合规划环评的评价水平年与综合规划的水平年基本保持一致，其中经济社会的现状评价水平年和规划保持一致（为2018年），陆生生态、水生生态、水环境、土地资源等环境因子的现状评价水平年以最新的调查资料为准;影响预测近期规划水平年为2025年,远期规划水平年为2035年。

1.5 研究内容

本书研究内容是在以往规划研究及已实施工程的基础上,分析流域内治理现状及存在的主要问题,分析流域经济社会发展对治理开发与保护的要求,结合流域现状条件,规划坚持"节水优先、空间均衡、系统治理、两手发力"新时期治水思路,对标"水利工程补短板、水利行业强监管"的总基调,以服务京津冀协同发展为主线,以保障雄安新区水安全为重点,在全面分析总结流域水利发展现状的基础上,结合流域经济社会对水利的需求,统筹"水安全、水资源、水生态、水环境",提出了流域水利发展规划目标和控制性指标,明确了建立和完善防洪抗旱减灾体系、水资源合理配置和高效利用体系、水资源保护和河湖健康生态保障体系、有利于水利科学发展制度体系的治理任务,提出了规划方案和对策措施。规划的实施将全面促进流域经济社会的可持续发展,构建与社会主义现代化进程相适应的水安全保障体系。

1.5.1 研究思路

依据国家关于京津冀规划定位及生态环境保护要求,根据流域水系及水资源特点和生态环境特征,充分考虑流域资源、生态环境的承载力,从宏观及战略高度审视规划方案的环境合理性和可行性,分析规划方案对流域及区域水资源、水生态、水环境、生态环境、社会环境等产生的整体性和累积性影响,提出规划方案优化调整建议,从源头预防环境污染和生态破坏,促进流域经济、社会和环境协调可持续发展。

1.5.2 研究内容

(1)阐明流域综合规划任务、规划目标,并分析大清河流域综合规划与国家相关政策和法律法规的符合性,与国家上位规划的符合性,与流域区域地方相关规划的协调性及规划内部的协调性。

(2)在充分收集大清河流域相关资料的基础上,对大清河流域的水文水资源、水环境、生态环境、环境敏感区现状进行调查与研究;对流域环境影响进行回顾性评价,并对大清河流域的环境发展趋势进行分析。在以上工作基础上,识别流域主要生态环境问题,分析流域综合规划实施的资源环境生态制约因素和评价指标体系。

(3)预测流域综合规划实施对水文水资源、水环境、生态环境、社会环境及环境敏感区的影响,对规划实施产生的环境风险进行识别与预测。

(4)从规划布局、规模和时序的环境合理性及环境保护目标的可达性等方面论证流域综合规划方案的合理性,并从法律制约、资源制约、生态保护制约等方面提出规划实施存在的障碍,提出规划方案的优化调整建议。

(5)在规划环境影响预测、规划方案环境合理性分析的基础上,结合大清河流域环境特点、生态地位和现状评价结果，对规划实施后的不利影响提出可行的环境保护对策措施，并制订跟踪评价计划。

(6)从环境保护角度，对流域综合规划实施的可行性做出结论，并对规划实施过程中存在的问题提出合理性建议。

根据识别矩阵，大清河流域综合规划环境影响评价重点因子包括水文水资源、水环境、生态环境和社会环境，见表1-5-1。

表1-5-1 大清河流域综合规划环境影响评价主要内容

系统	环境要素		专业规划							
			防洪排涝规划	水资源利用规划				水资源保护规划	水生态保护与修复规划	
				节水规划	地下水压采规划	供水规划	航运规划		水生态保护规划	水土保持规划
资源系统	水文水资源	水文情势	●	●	●	●				
		水资源		●	●	●	●	●	●	●
	土地资源	土地利用		●		●				●
环境系统	水环境	水质	●	●	●	●	●	●	●	●
	生态环境	陆生生态	●							●
		湿地生态	●		●	●		●	●	●
		水生生态	●			●	●	●	●	●
		水土流失	●			●				●
	社会环境	社会经济	●	●	●	●	●	●	●	●
		自然人文景观								●
	环境敏感区	水环境环境敏感区	●	●	●	●	●	●		
		特殊生态敏感区	●			●			●	●
		重要生态敏感区	●			●			●	

从影响源来看，水资源保护、水生态保护与修复规划的有利影响显著，防洪排涝规划对经济社会的影响显著性高，防洪排涝、供水规划对人群健康的影响较大，节水规划对土地利用、水环境的影响较大，航运规划对水环境的影响较大。因此，研究重点影响源为防洪排涝规划、水资源利用规划、水资源保护规划、水生态保护与修复规划。

1.5.3　研究重点

大清河流域具有社会经济发达、生态环境脆弱、水资源利用程度高、水环境较差等特点，目前比较突出的问题是当地水资源难以支撑经济社会发展需求，地下水超采、生态用水被挤占，导致山区水库坝址至白洋淀部分河段断流、湖泊湿地萎缩，严重影响到河流连通性，从而对河流生态系统和保护鱼类产生不利影响。根据大清河的特点及存在的问题，识别出以下研究重点：

（1）规划方案综合论证与优化调整建议。从宏观战略角度，分析规划定位与目标、总体布局、水资源配置等与国家关于资源环境生态保护要求及相关规划、区划的符合性，分析规划方案与布局、规模和时序等与区域经济社会发展、资源开发利用、生态环境保护等的协调性；落实和强化"三线一单"，论证规划目标、方案、布局、规模等环境合理性，分析规划内容与区域环境准入清单要求的符合性；分析规划实施是否存在重大资源环境生态制约因素，从生态环境保护角度提出优化调整建议。

（2）环境影响回顾性分析。回顾大清河流域已有水资源开发利用和节约保护、水利工程建设等生态环境影响和环境效益，以及有关环保措施落实情况及实施效果，明确已有水资源开发利用、水电站开发、重大水利工程建设是否造成了重大不利影响或者局部区域及河段生态环境破坏，提出本次规划应注意的资源环境问题及其解决的途径和建议；同时，识别已有规划实施存在的不足（如地下水位下降、河道干涸、湿地萎缩），提出本次规划应关注的重点和方向。

（3）规划实施重大工程环境影响及减缓措施。在识别现有主要涉水生态环境问题的基础上，以"三线一单"为评价基准，预测和评价规划实施（规划布局、规模、时序）可能造成的重大生态环境影响，理顺现有水利工程、前期论证工程、规划新建工程的时序关联，重点关注在建、规划新建工程（主要包括防洪工程、供水工程、水生态建设工程）等对生态系统造成的累积性、整体性和长期性影响，提出不利环境影响减缓措施。

（4）资源环境承载能力评估。根据规划实施新增的供水量与污染物排放量，以资源利用上线和环境质量底线为约束条件，评估规划实施前后的水资源、水环境承载状态。此外，评价防洪工程，水资源利用工程，水资源、水生态保护工程生态承载力影响，论证规划规模的环境合理性。

1.6　研究方法

根据大清河流域自然环境、生态环境、社会环境特点，结合本次综合规划所涉及的主要环境因素特性，综合分析确定各环境因子的预测和评价方法，主要包括环境数学模型、情景分析法、对比分析法和生态机制等方法。预测评价方法见表 1-6-1。

表 1-6-1 环境影响评价适用的评价方法

序号	环境因子	预测评价方法
1	水文情势	数学模型法、类比分析法、对比分析法
2	水温	径流-库容法和密度佛汝德数法、类比分析法
3	水质	现场监测法、统计法、类比分析和定性分析相结合
4	陆生生物	现场调查法、生物生产力估算法、生态环境状况指数法等
5	水生生物	现场调查法、类比分析法
6	移民	统计分析法、环境承载力分析法、类比分析法
7	社会经济	统计分析法、类比分析法
8	民族宗教	类比分析法
9	土地资源	统计分析法

第 2 章　流域概况与相关规划

2.1　流域环境概况

2.1.1　自然环境

2.1.1.1　地理位置

大清河地处海河流域中部，位于东经 113°39′~117°34′，北纬 38°10′~40°102′。西起太行山，东临渤海湾，北临永定河及海河干流，南界子牙河（见图 2-1-1）。流域跨山西、河北、北京、天津四省（市），总面积 42 972 km²，其中山区 18 602 km²，丘陵平原 24 370 km²，分别占流域总面积的 43.29%和 56.71%。

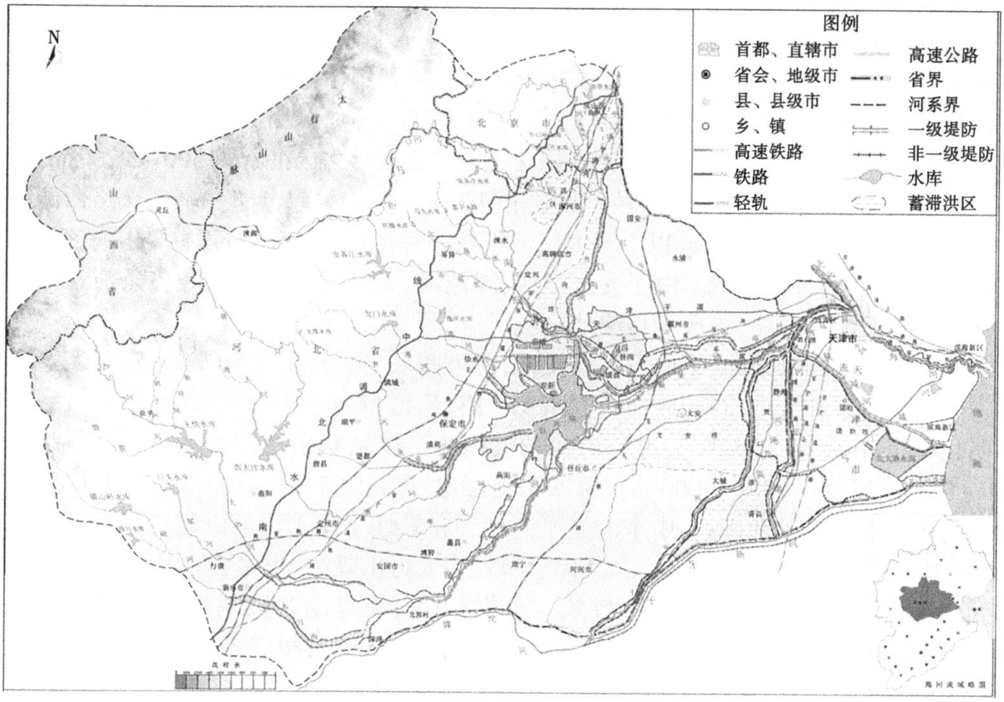

图 2-1-1　大清河流域示意图

大清河流域分区面积统计见表 2-1-1。

表 2-1-1　大清河流域分区面积统计

单位:km²

项目		河北	山西	北京	天津	合计
总计		34 680	3 406	2 140	2 746	42 972
合计	南支	17 639	3 406			21 045
	北支	7 935		2 140		10 075
	中下游	9 106			2 746	11 852
山区	南支	8 135	3 406			11 541
	北支	5 651		1 410		7 061
	小计	13 786	3 406	1 410		18 602
平原	南支	9 504				9 504
	北支	2 284		730		3 014
	清南	5 202			35	5 237
	清北	2 833			161	2 994
	黑龙港运东地区	1 071			2 550	3 621
	小计	20 894		730	2 746	24 370

2.1.1.2　地形地质

大清河流域地貌类型成因复杂,但地貌层次分明,自西向东地貌结构呈现阶梯状,西部为太行山的侵蚀中山到低山,然后下降为侵蚀丘陵和剥蚀堆积台地;山前地貌类型为洪积冲积平原和冲积扇平原;自此以后,逐渐过渡为冲积平原、湖积冲积平原、海积冲积平原、海积平原等(见图 2-1-2)。流域内地形西高东低,西部山区高程为 500~2 200 m,最高的五台山东台,高达 2 795 m。丘陵地区高程 100~500 m,大致分布在京广铁路西侧 10~40 km 处。平原高程在 100 m 以下。大清河下游滨海地区高程约 1 m,主要由海河及其支流永定河、滹沱河冲积而成。由于受永定河、滹沱河、子牙河及南运河等多条河系的河道变迁与洪水泛滥的影响,形成多片洼地。

流域内前第四系地层、第四系地层发育,前第四系主要分布在山区,出露地层为中、上元古界的蓟县系和青白口系,区内新近系无出露,广泛分布于平原区下部,上新近系主要为明化镇组,馆陶组一般缺失,由一套河湖沉积的半胶结状杂色砂岩、泥岩等组成,埋深 400~500 m,厚度 1 000~2 000 m。第四系地层厚度在山前 200~300 m,东部地区 350~600 m,山前主要为砂卵砾石,中东部主要为砂层和黏性土。大清河流域所处的构造单元为:一级构造单元为中朝准地台,二级构造单元为太行山隆起、华北平原沉降带,三级构造单元为冀中坳陷、沧县隆起、黄骅坳陷。根据《中国地震动参数区划图》(GB 18306—2015),大清河流域基本地震动峰值加速度为(0.10~0.15)g,相应地震基本烈度为Ⅶ度。

2.1.1.3　水系

大清河是海河流域较大的河系,源于太行山的东麓,上游分为南、北两支。

北支为白沟河水系,主要支流有小清河、琉璃河、南拒马河、北拒马河、中易水、北易水等。拒马河在张坊以下分流成为南、北拒马河。北易水和中易水在北河店汇入南拒马河。琉璃河、小清河在东茨村以上汇入北拒马河后称白沟河。南拒马河和白沟河在高碑店市白沟镇附近汇合后,由新盖房枢纽经白沟引河入白洋淀,经新盖房分洪道和大清河故道入东淀。大清河北支白沟镇以上流域面积 10 151 km²,其中张坊以上 4 820 km²。

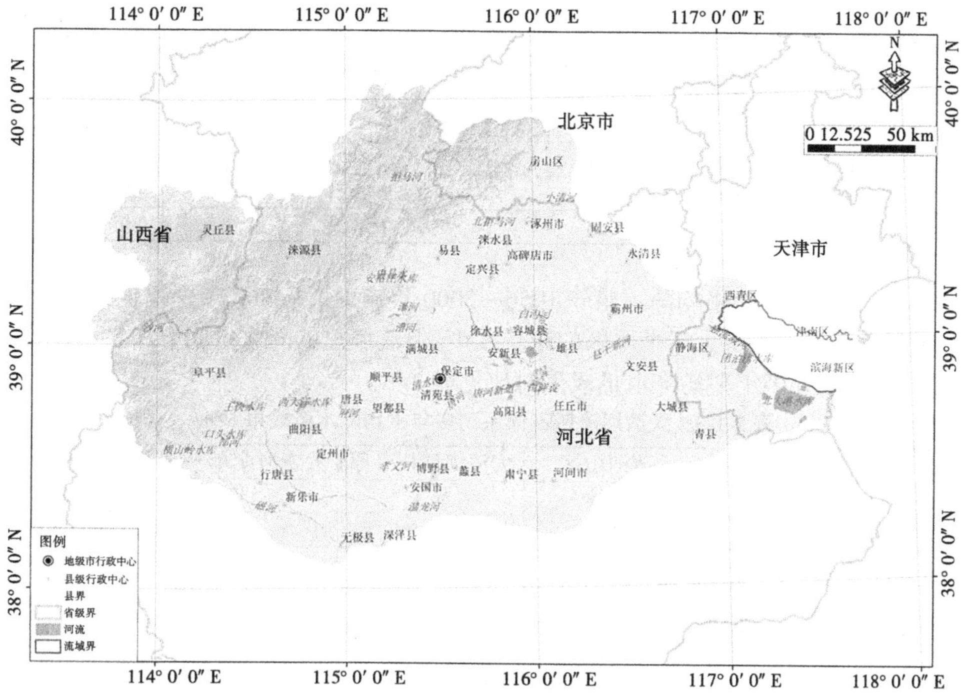

图 2-1-2　**大清河流域地貌**

南支为赵王河水系，由潴龙河（其支流为磁河、沙河等）、唐河、清水河、府河、瀑河、萍河等组成。各河均汇入白洋淀，南支白洋淀以上流域面积 21 054 km^2。白洋淀为连接大清河山区与平原的缓洪滞洪、综合利用洼淀，淀区（本杂马）滞洪水位 9.0 m 时，水面面积 404 km^2。下游接赵王新河、赵王新渠入东淀。东淀下游分别经海河干流和独流减河入海。在海河干流和独流减河入海口分别建有海河闸和独流减河防潮闸以防潮水倒灌。河源至独流防潮闸长 483 km。

大清河山区建有横山岭、口头、王快、西大洋、龙门、安格庄 6 座大型水库，除安格庄水库位于大清河北支中易水外，其余 5 座大型水库均位于南支白洋淀上游。大清河中下游南运河以西洼淀主要有东淀、文安洼和贾口洼（统称西三洼），西三洼主要用于一般洪水缓洪滞洪；南运河以东有团泊洼、唐家洼和北大港（统称东三洼），东三洼主要用于超标准洪水临时缓洪滞洪。

2.1.1.4　水文气象

大清河流域 1956—2016 年多年平均降水量 538 mm，其中，山区 554 mm，平原 523 mm。

受自然地理和气候等因素影响，降水年内分布不均，汛期降水量约占全年的 80%。降水最大年份为 1956 年（874 mm），是降水最小年份 1965 年（302 mm）的 2.9 倍。1980—1986 年、1997—2010 年相对较枯，其年均降水量仅为多年平均值的 85%左右；1956—1964 年、1976—1979 年、1994—1996 年相对较丰，其年均降水量为多年平均值的 1.2 倍左右。在空间分布上，呈山区多、山前平原少、滨海平原多的特征，拒马河紫荆关至阜平一线为多年平均降水量 600 mm 以上的多雨带，其中阜平下庄暴雨中心，多年平均降水量达 770 mm。大清河流域 1956—2016 年系列不同频率降水量见表 2-1-2。

表 2-1-2　大清河流域 1956—2016 年系列不同频率降水量

水资源三级区	统计参数			不同频率年降水量/mm			
	均值/mm	C_v	C_s/C_v	20%	50%	75%	95%
大清河山区	554	0.26	2	671	542	452	340
大清河淀西平原	518	0.31	2	646	502	403	285
大清河淀东平原	530	0.28	2	649	516	424	312
大清河流域	538	0.26	2	650	525	438	330

1956—2016 年多年平均降水量较 1956—2000 年减少了 9 mm，减少幅度为 1.6%。其中，山区降水量减小幅度大于平原区的减小幅度，但流域总的降水空间分布特征不变。大清河流域不同系列多年平均降水量成果对比见表 2-1-3。

表 2-1-3　大清河流域不同系列多年平均降水量成果对比

项目	大清河山区	大清河淀西平原	大清河淀东平原	大清河流域
1956—2000 年均值/mm	568	524	537	547
1980—2016 年均值/mm	521	494	505	510
1956—2016 年均值/mm	554	518	530	538
1956—2016 年系列均值较 1956—2000 年系列变幅/%	-2.5	-1.1	-1.3	-1.6
1980—2016 年系列均值较 1956—2016 年系列变幅/%	-6.0	-4.7	-4.7	-5.1

2.1.1.5　暴雨洪水

1. 暴雨特性

大清河流域暴雨主要由强径向环流所造成。当夏季太平洋副热带高压脊线位于北纬 30°及其以北时，若有西南涡或涡切变以及较强的台风或台风倒槽影响大清河流域，流域内发生暴雨的机会最多，其中涡切变和台风或台风倒槽的天气系统造成的暴雨量级最大。在一次暴雨过程中，往往可出现两个以上天气系统的影响。例如 1939 年、1956 年、1963 年暴雨均由两个以上天气系统影响而造成。

大清河流域特大暴雨，绝大部分是在大尺度降雨天气系统控制下，伴有中小尺度的天气系统所形成的，且暴雨的分布与地形有密切的关系。位于太行山东部的迎风坡，受地形抬升作用的影响，常在迎风坡前形成暴雨。

在空间分布上，暴雨中心轴走向多半与山脉的走向一致，呈明显的地带性差异。沿太行山的迎风坡，年降水量有一条大于 600 mm 的弧形多雨带，其间由北向南分布着漫水河、紫荆关、阜平等 700～900 mm 的多雨中心，如 1954 年和 1955 年的暴雨中心分别发生在新城和阜平；1956 年和 1963 年暴雨中心分别发生在紫荆关和司仓。平原地区年降水量 500～600 mm，其中滨海平原较大，为 600～650 mm。在时间分布上，大清河流域全年降水量主要集中在 7 月、8 月，占全年降水量的 60%～70%，其中以 7 月下旬至 8 月上旬最集中，是全年降水的高峰期。

2. 洪水特性

(1)洪水年内集中，年际变化大。

大清河洪水由暴雨形成，洪水发生的季节和特点与暴雨基本一致，洪水也以 7 月、8

月最多,7 月下旬到 8 月上旬更为集中,量级最大。洪水的年际变化较大,暴雨中心地区河流洪峰流量的 C_v 值可达 1.5~2.0,一次洪水历时达 1 个月左右。如张坊站 1963 年实测最大洪峰 9 920 m^3/s,2009 年仅有 8 m^3/s;新镇以上 30 d 洪量 1963 年达 82.92 亿 m^3,2003 年仅有 0.50 亿 m^3。

(2)预见期短且突发性强。

大清河由十几条并排的东西向中小河流组成,山地与平原间丘陵过渡带较短,河道源短流急,洪水流速大,传播时间短,从山区降雨到河道出山口出现洪水,最长不过 1~2 d,短的仅几个小时。

(3)一次洪水的洪量较大。

大清河十几条支流因面积、河长、坡度、流域形状等条件的差异,同一场暴雨各支流洪峰出现的时间往往先后不一,且各支流洪水过程较尖瘦。一般情况下,同一场暴雨所造成的各支流洪峰汇至白洋淀的时间不一致,总汇流洪水过程相对平缓。大清河山区地处太行山迎风坡,暴雨强度大,全流域由同次暴雨笼罩的机会较多,如 1963 年、1956 年洪水新镇最大 30 d 洪量分别为 82.92 亿 m^3 和 62.62 亿 m^3。

(4)空间分布受地形影响明显。

大清河山区地处太行山迎风坡,为大暴雨的集中地带,且地形陡峻,土层覆盖薄,植被差,众多支流洪水一般均以陡涨陡落、洪量集中、洪峰高、历时短的形式出现,极易造成特大洪水。

3. 历史洪水

历史上,流域洪涝灾害频繁。自清代至新中国成立前的 300 多年中,大清河发生多次洪水,其中有 8 场(1653 年、1654 年、1668 年、1801 年、1871 年、1890 年、1917 年、1939 年)洪水淹及天津城区。

1801 年 7 月上旬至 8 月中旬,海河流域持续降雨 40 多天,各河先后发生洪水,尤以永定河、大清河为最。大清河北支拒马河紫荆关洪峰流量 9 400 m^3/s,下游千河口洪峰流量 18 500 m^3/s,为历史记载中最大的一次。《清代海滦河洪涝档案》记载:"保定县因六月初旬连日大雨,兼之河水漫溢直灌入城,现在城内深五六尺";天津"水淹城砖二十六级"。

1939 年 7 月,南北各支先后于 14—16 日和 25—26 日出现最大洪峰,各河洪水漫过京汉铁路。据调查,唐河中唐梅 7 月 15 日洪峰流量 11 700 m^3/s,为历史首位大洪水。白洋淀千里堤于 7 月底漫决,洪水进入文安洼。8 月 4 日西河堤决口,洪水直逼天津城区。8 月 20 日,天津海河右岸地区几乎全被淹没,市内浸水面积占总面积的 78%,深处水深达 1.7 m,沿街行船,被淹时间长达一个半月。

新中国成立以来,大清河流域影响范围广、损失大的有 1956 年、1963 年、1996 年、2012 年洪水。

(1)1956 年洪水。

1956 年 7 月底至 8 月初,海河流域发生了一场强度大、分布面积广的大暴雨,这场洪水暴雨中心分散,而河道的行洪能力较低,除滦河外,其他各河都有灾情,其中以大清河、子牙河最为严重。大清河北支各河洪水猛涨,于兰沟洼分洪后,白沟洪峰流量 2 990 m^3/s,新盖房分洪道 2 200 m^3/s;南支各河先后涨水,白洋淀十方院最高水位达 9.76 m,大清河最大

30 d 洪水总量为 57.4 亿 m^3。除有计划分洪外，仍有多处决口漫溢，大清河各地决口 31 处。

(2)1963 年洪水。

1963 年 8 月上旬发生了新中国成立后海河流域最大的一场洪水，主要发生在大清河、子牙河及漳卫河，暴雨中心位于河北省内丘县獐么一带，最大 7 d 降雨量达 2 050 mm，流域洪水总量达 301 亿 m^3。大清河顺平县司仓最大 7 d 降雨量达 1 303 mm，北郭村站实测洪峰流量 5 380 m^3/s，白沟站洪峰流量 3 540 m^3/s，大清河洪水总量 88.5 亿 m^3。白洋淀十方院最高水位 10.08 m，为了确保白洋淀东堤及千里堤安全，小关扒口分洪入文安洼，最大分洪流量 1 070 m^3/s，总分洪水量 11.66 亿 m^3。在白洋淀、东淀、文安洼、贾口洼充分滞洪作用下，为减轻三洼洪水对天津市区的威胁，由津浦铁路 25 孔桥向团泊洼分洪，最大分洪流量 2 880 m^3/s，同时扒开马厂减河两堤，使洪水在北大港以南、歧口以北导流入海，保证了天津市的防洪安全。

(3)1996 年洪水。

1996 年 8 月洪水是继 1963 年洪水后发生的又一次较大洪水，暴雨中心安格庄最大降雨量 320 mm。大清河北支约 5 年一遇，拒马河张坊站最大洪峰流量 1 720 m^3/s，白沟镇最大洪峰流量 1 576 m^3/s，南支白洋淀最大入淀流量 685 m^3/s，十方院最高水位 7.64 m，枣林庄枢纽最大泄量 505 m^3/s。截至 9 月 30 日，大清河南北支产生洪水总量 34.22 亿 m^3，其中南支 19.55 亿 m^3，北支 14.67 亿 m^3，入白洋淀总水量 15.36 亿 m^3，出淀水量 13.35 亿 m^3。进入东淀洪水总量 22.14 亿 m^3，造成东淀淹没面积 333 km^2。

(4)2012 年洪水。

2012 年 7—8 月，海河流域出现了 6 次较大范围的强降雨过程，受强降雨过程影响，流域滦河、北三河及大清河部分河道出现了明显涨水过程，其中大清河系拒马河发生了 1963 年以来最大洪水。2012 年 7 月 21—22 日，流域北部降大暴雨，局部特大暴雨，拒马河紫荆关站最大洪峰流量 2 580 m^3/s，接近 50 年一遇；张坊站最大洪峰流量 2 800 m^3/s，接近 10 年一遇；大石河漫水河站最大洪峰流量 1 100 m^3/s。

2.1.1.6　水土流失

根据第一次全国水利普查成果，大清河流域轻度以上土壤侵蚀面积为 9 661.74 km^2，占流域总土地面积的 22.44%，主要集中于山区。其中，轻度侵蚀 4 494.38 km^2、中度侵蚀 3 554.31 km^2、强烈侵蚀 1 237.82 km^2、极强烈侵蚀 292.44 km^2、剧烈侵蚀 82.79 km^2，土壤侵蚀类型主要为水力侵蚀和风力侵蚀。

大清河流域不同强度水土流失面积见表 2-1-4。

表 2-1-4　大清河流域不同强度水土流失面积　　单位：km^2

省(市)	流域内面积	土壤侵蚀面积	轻度	中度	强烈	极强烈	剧烈
山西省	3 406	1 387.66	381.93	826.33	179.40		
河北省	34 680	7 579.57	3 890.71	2 396.74	941.26	269.58	81.28
北京市	2 140	672.55	206.95	324.07	117.16	22.86	1.51
天津市	2 746	21.96	14.79	7.17			
合计	42 972	9 661.74	4 494.38	3 554.31	1 237.82	292.44	82.79

2.1.2　社会环境

2.1.2.1　社会环境

大清河流域涉及山西、河北、北京及天津 4 省(市)的 64 个县(市、区),流域行政区划见表 2-1-5。

表 2-1-5　大清河流域行政区划

省(市)	地(市、州)级行政区	县(市、区)	县(市、区)名称
北京市		3	1. 丰台区;2. 门头沟区;3. 房山区
天津市		10	1. 和平区;2. 河西区;3. 南开区;4. 红桥区;5. 西青区;6. 津南区;7. 北辰区;8. 滨海新区;9. 静海区;10. 武清区
河北省	石家庄市	8	1. 正定县;2. 行唐县;3. 灵寿县;4. 深泽县;5. 无极县;6. 平山县;7. 藁城区;8. 新乐市
	保定市	23	1. 市区;2. 满城县;3. 清苑县;4. 涞水县;5. 阜平县;6. 徐水县;7. 定兴县;8. 唐县;9. 高阳县;10. 容城县;11. 涞源县;12. 望都县;13. 安新县;14. 易县;15. 曲阳县;16. 蠡县;17. 顺平县;18. 博野县;19. 雄县;20. 涿州市;21. 定州市(省单列);22. 安国市;23. 高碑店市
	张家口市	2	1. 蔚县;2. 涿鹿县
	沧州市	6	1. 青县;2. 肃宁县;3. 献县;4. 任丘市;5. 黄骅市;6. 河间市
	廊坊市	6	1. 安次区;2. 固安县;3. 永清县;4. 大城县;5. 文安县;6. 霸州市
	衡水市	2	1. 饶阳县;2. 安平县
山西省	大同市	3	1. 广灵县;2. 灵丘县;3. 浑源县
	忻州市	1	繁峙县

据统计,2018 年大清河流域地区生产总值为 23 178 亿元,总人口 3 167 万人,城镇化率为 68%;人均生产总值 7.03 万元;耕地面积 2 153 万亩,有效灌溉面积 1 732 万亩。流域产业结构中,第二、第三产业占有较大比重,三大产业结构为 5.9∶44.2∶49.7。

流域内有华北及大港两大油田。该地区气候温和,土地肥沃,物产丰富,邻近京津地区,交通便利,是我国重要的工农业基地,具有发展经济的优越条件。

2017 年 4 月,中共中央、国务院决定设立河北雄安新区。雄安新区作为北京非首都功能疏解集中承载地,规划建设成为高水平社会主义现代化城市、京津冀世界级城市群的重要一极、现代化经济体系的新引擎、推动高质量发展的全国样板。雄安新区地处大清河流域中游,包括雄县(含原任丘市鄚州镇、苟各庄镇、七间房乡)、容城县、安新县(含原高阳县龙化乡)三县全域(含白洋淀水域),总面积 1 770 km^2,规划形成“一主、五辅、多节点”的城乡空间布局。

大清河流域经济社会概况(2018 年)见表 2-1-6。

表 2-1-6　大清河流域经济社会概况(2018 年)

水资源分区	省级行政区	常住人口/万人			GDP/亿元	工业增加值/亿元	有效灌溉面积/万亩		实际灌溉面积/万亩			鱼塘补水面积/万亩	牲畜数量/万头		节水灌溉面积/万亩
		城镇	乡村	合计			总面积	其中:耕地	耕地	林果地	草地		大牲畜	小牲畜	
大清河山区	北京	12	10	22	142	63	4.9	3.2	1.7	7.49	0.46	0.05	0.15	13.86	4.93
	山西	6	20	26	38	9	21.0	20.1	20.1	0.90	0.08	0.03	4.07	49.55	8.55
	河北	176	166	343	719	244	62.9	57.2	52.6	5.00	0	0	9.00	123.00	45.17
	小计	194	196	391	899	316	88.9	80.5	74.4	13.39	0.54	0.08	13.22	186.41	58.64
大清河淀西平原	北京	85	20	105	644	269	21.7	26.3	13.9	5.23	0.06	0.34	0.99	22.15	21.60
	河北	506	495	1 001	3 827	1 308	1 278.2	987.9	950.4	223.00	0	0	126.00	2 232.00	743.25
	小计	591	515	1 106	4 471	1 577	1 299.9	1 014.2	964.3	228.23	0.06	0.34	126.99	2 254.15	764.85
大清河淀东平原	天津	1 008	35	1 043	9 584	3 307	143.3	127.2	102.2	2.00	0	12.56	33.36	35.00	106.81
	河北	337	291	628	3 188	1 198	615.1	510.2	452.9	83.00	9.00	1.00	24.00	298.00	324.28
	小计	1 345	326	1 671	12 772	4 505	758.4	637.4	555.1	85.00	9.00	13.56	57.36	333.00	431.08
合计		2 130	1 037	3 167	23 178	6 400	2 147.3	1 732.1	1 593.8	326.62	9.60	13.98	197.57	2 773.56	1 254.57
行政区划	北京	97	30	127	785	333	26.6	29.5	15.7	12.72	0.52	0.39	1.14	36.01	26.52
	天津	1 008	35	1 043	9 584	3 307	143.3	127.2	102.2	2.00	0	12.56	33.36	35.00	106.81
	河北	1 019	952	1 971	7 734	2 751	1 956.3	1 555.3	1 455.9	311.00	9.00	1.00	159.00	2 653.00	1 112.70
	山西	6	20	26	38	9	21.0	20.1	20.1	0.90	0.08	0.03	4.07	49.55	8.55

2.1.2.2　土地利用

大清河流域地形地貌以山地丘陵、平原为主,西部为低山丘陵,东部为冲积平原。根据 2016 年遥感解译数据,流域规划范围内耕地占比 48.88%,占比最大,其次林地占比 29.03%,建设用地占比 12.19%,其他用地占比介于 6.73%~0.93%。大清河流域土地利用现状结构见图 2-1-3。

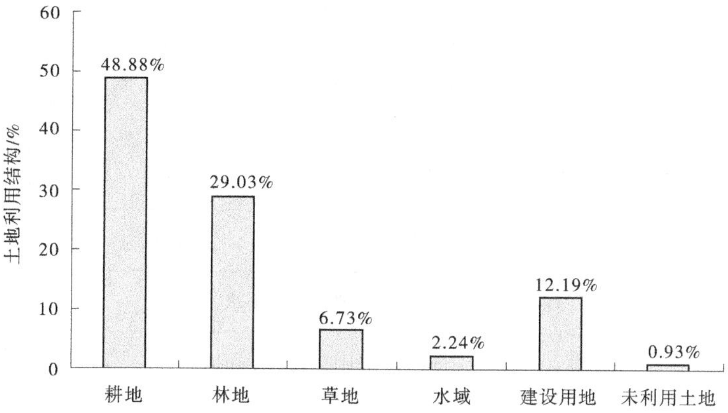

图 2-1-3　大清河流域土地利用现状结构

2.2　流域相关规划及区划

2.2.1　全国主体功能区规划

根据《全国主体功能区规划》,大清河流域北京、天津等位于"环渤海地区—京津冀地区"国家优化开发区域,其功能定位为提升国家竞争力的重要区域;山前平原大部分位于"冀中南地区"国家重点开发区域,其功能定位为重要的新能源、装备制造业和高新技术产业基地,区域性物流、旅游、商贸流通、科教文化和金融服务中心;中下游大部分区域位于"黄淮海平原主产区"国家限制开发区域(农产品主产区),其功能定位为保障农产品供给安全的重要区域;流域内的 25 个特殊生态敏感区、38 个重要生态敏感区属于国家禁止开发区,其功能定位是我国保护自然资源的重要区域、珍稀动植物基因资源保护地,应根据相关法律法规规定实施强制性保护。

大清河流域各类功能区基本情况见表 2-2-1。

2.2.2　全国生态功能区划

根据《全国生态功能区划(修编版)》,大清河流域内山区位于"太行山区水源涵养与土壤保持功能区",淀西和淀东平原位于"海河平原农产品提供功能区"和"京津冀大都市群"。大清河流域涉及全国重要生态功能区见表 2-2-2。

表 2-2-1　大清河流域各类功能区基本情况

类型	名称（范围）	位于河段位置	省（市）	市	县（市、区）	生态环境保护定位及要求
国家优化开发区域	环渤海地区—京津冀地区	山前平原、下游平原	北京		丰台区、门头沟区、房山区	率先加快转变经济发展方式，调整优化经济结构，提升参与全球分工与竞争的层次
			天津		和平区、河西区、南开区、红桥区、西青区、津南区、北辰区、武清区、静海区（不包括上述区县纳入重点开发区域部分）	
			河北	沧州市	黄骅市	
				廊坊市	安次区、固安县、永清县、霸州市	
				保定市	涿州市、高碑店市、涞水县	
国家重点开发区域	冀中南地区	山前平原、下游平原	北京		丰台区、房山区的平原地区	统筹规划国土空间、健全城市规模结构、促进人口加快集聚、形成现代产业体系、提高发展质量、完善基础设施、保护生态环境、把握开发时序
			天津		滨海新区	
			河北	石家庄市	正定县、藁城区、新乐市、无极县部分区域	
				保定市	市区、清苑区、徐水区、望都县、定州市、满城区部分区域、顺平县部分区域	
国家限制开发区（农产品主产区）	黄淮海平原主产区	山前平原、下游平原	北京		门头沟区、房山区的山区部分	着力保护耕地，稳定粮食生产，发展现代农业，增强农业综合生产能力，增加农民收入，加快建设社会主义新农村，保障农产品供给，确保国家粮食安全和食物安全
			河北	石家庄市	行唐县、深泽县、无极县	
				保定市	满城区、定兴县、高阳县、容城县、安新县、蠡县、博野县、雄县、安国市	
				沧州市	肃宁县、河间市	
				衡水市	饶阳县、安平县	
国家禁止开发区	生态敏感区	上游山区、山前平原、下游平原				25 个特殊生态敏感区，38 个重要生态敏感区

表 2-2-2　大清河流域涉及全国重要生态功能区

生态区	生态亚区	生态功能区	涉及范围	省(市)	市	县(市、区)	生态环境保护定位及要求
Ⅰ生态调节功能区	Ⅰ-01 水源涵养重要区	Ⅰ-01-07 太行山区水源涵养与土壤保持重要区	上游山区	北京市		门头沟区、房山区	加大退化生态系统恢复与重建的力度;有效实施坡耕地退耕还林还草措施;加强自然资源开发监管,严格控制和合理规划开山采石,控制矿产资源开发对生态的影响和破坏;发展生态林果业、旅游业及相关特色产业
				河北省	保定市	易县、涞源县、满城县、顺平县、曲阳县、阜平县	
					张家口市	蔚县、涿鹿县	
					石家庄市	行唐县、灵寿县	
				山西省	大同市	灵丘县、浑源县、广灵县	
					忻州市	繁峙县	
Ⅱ产品提供功能区	Ⅱ-01 农产品提供功能区	Ⅱ-01-13 海河平原农产品提供功能区	淀西、淀东平原	河北省	保定市	市区、涿州市、涞水县、高碑店市、易县、定兴县、容城县、雄县、徐水县、安新县、满城县、清徐县、高阳县、顺平县、望都县、博野县、蠡县、唐县、曲阳县、定州市、安国市	严格保护基本农田,培养土壤肥力。加强农田基本建设,增强抗自然灾害的能力。加强水利建设,大力发展节水农业;种养结合,科学施肥。在草地畜牧业区,要科学确定草场载畜量,实行季节畜牧业,实现草畜平衡;草地封育改良相结合,实施大范围轮封轮牧制度
					石家庄市	行唐县、灵寿县、新乐市、正定县、藁城区、无极县、深泽县	
					衡水市	饶阳县、安平县	
					廊坊市	固安县、永清县、霸州市、文安县、大城县	
					沧州市	任丘市、肃宁县、河间市、献县、青县、黄骅市	
				山西省	大同市	灵丘县、浑源县、广灵县	
Ⅲ人居保障功能区	Ⅲ-01 大都市群人居保障功能区	Ⅲ-01-01 京津冀大都市群	淀西、淀东平原	北京市		丰台区、门头沟区、房山区	加强城市发展规划,控制城市规模,合理布局城市功能组团;加强生态城市建设,大力调整产业结构,提高资源利用效率,控制城市污染,推进循环经济和循环社会的建设
				天津市		和平区、河西区、南开区、红桥区、西青区、津南区、北辰区、武清区、静海区、滨海新区	
				河北省	保定市	涿州市、涞水县	
					廊坊市	固安县	

2.2.3　全国重要江河湖泊水功能区划

根据《全国重要江河湖泊水功能区划(2011—2030 年)》,大清河流域共包含 74 个水功能区,分别为大清河水系 71 个、海河干流 2 个和黑龙港及运东 1 个,其中,重要水功能区 26 个,一般水功能区 48 个。

大清河流域水功能区见附录。

2.2.4　全国水土保持区划

依据水利部办公厅文件《全国水土保持区划(试行)》(办水保〔2012〕512 号),大清河流域涉及 1 个一级区、2 个二级区和 4 个三级区,其中一级分区为北方土石山区,二级分区为太行山山地丘陵区和华北平原区,分别位于大清河上游山区、淀西平原和淀东平原。大清河流域水土保持区划见表 2-2-3。

表 2-2-3　大清河流域水土保持区划

一级分区	二级分区	三级分区	省(市)	市	县(市、区)
北方土石山区	太行山山地丘陵区	太行山西北部山地丘陵防沙水源涵养区	河北省	张家口市	蔚县、涿鹿县
			山西省	大同市	灵丘县、浑源县、广灵县
				忻州市	繁峙县
		太行山东部山地丘陵水源涵养保土区	北京市		丰台区、门头沟区、房山区
			河北省	石家庄市	行唐县、灵寿县、平山县
				保定市	满城县、涞水县、阜平县、唐县、涞源县、易县、曲阳县、顺平县
	华北平原区	京津冀城市群人居环境维护农田防护区	天津市		和平区、河西区、南开区、红桥区、西青区、津南区、北辰区、武清区、静海区
			河北省	保定市	新市区、保定市北市区、保定市南市区、清苑县、定兴县、高阳县、容城县、望都县、安新县、蠡县、博野县、雄县、涿州市、定州市、安国市、高碑店市、徐水县
				石家庄市	行唐县、灵寿县、新乐市、正定县、藁城区、无极县、深泽县、新乐市
				衡水市	饶阳县、安平县
				廊坊市	固安县、永清县、霸州市、文安县、大城县
				沧州市	任丘市、肃宁县、河间市
		津冀鲁渤海湾生态维护区	河北省	沧州市	黄骅市
			天津市		滨海新区
		黄泛平原防沙农田防护区	河北省	沧州市	青县、献县

2.2.5　生物多样性保护纲要

根据《中国生物多样性保护纲要》,大清河流域上游山区属于"太行山生物多样性保护优先区域”，生态环境保护要求为加强该地区生态系统的修复，以建立自然保护区为主，重点加强对黄土高原地区次生林、吕梁山区、燕山–太行山地的典型温带森林生态系统、黄河中游湿地、滨海湿地和华中平原区湖泊湿地的保护，加强对褐马鸡等特有雉类、鹤类、雁鸭类、鹳类及其栖息地的保护。建立保护区之间的生物廊道，恢复优先区内已退化的环境。加强区域内特大城市周围湿地的恢复与保护。

2.3　区域资源环境生态红线管控

2.3.1　流域生态空间划分及相应管控要求

2.3.1.1　流域生态环境管控单元划分及相关管控要求

1. 生态环境管控划分结果

2020 年 12 月，北京市、天津市、河北省和山西省分别颁布了《关于北京市生态环境分区管控（“三线一单”）的实施意见》、《天津市人民政府关于实施“三线一单”生态环境分区管控的意见》（津政规〔2020〕9 号）、《河北省人民政府关于加快实施“三线一单”生态环境分区管控的意见》（冀政字〔2020〕71 号）、《山西省人民政府关于实施“三线一单”生态环境分区管控的意见》（晋政发〔2020〕26 号）。

大清河流域共划分优先保护、重点管控、一般管控三大类 352 个生态环境管控单元，其中北京市 90 个、河北省 202 个、山西省 34 个、天津市 26 个。

优先保护单元主要包括生态保护红线，各类自然保护地、饮用水水源保护区、海洋红线区及其他重要生态功能区等一般生态空间，划分 127 个，总面积为 16 772 km^2。

重点管控单元主要包括城市规划区、省级以上产业园区、港区，以及开发强度高、污染物排放强度大、环境问题较为突出的区域等，划分 112 个，总面积为 17 465 km^2。

一般管控单元为优先保护单元、重点管控单元之外的其他区域，划分 113 个，总面积为 8 735 km^2。

大清河流域生态环境管控单元及面积划分结果见表 2-3-1。

表 2-3-1　大清河流域生态环境管控单元及面积划分结果　　单位：面积，km^2

环境管控单元	北京市		河北省		山西省		天津市		合计	
	个数	面积	个数	面积	个数	面积	个数	面积	个数	面积
优先保护单元	53	1 676	72	13 296	1	1 356	1	445	127	16 772
重点管控单元	27	327	58	15 217	7	235	20	1 686	112	17 465
一般管控单元	10	98	72	6 272	26	1 907	5	458	113	8 735
总计	90	2 101	202	34 784	34	3 498	26	2 589	352	42 972

2. 分区管控要求

优先保护单元、重点管控单元和一般管控单元管控要求见表 2-3-2。

表 2-3-2　生态环境分区管控要求

序号	生态环境分区	分区管控要求
1	优先保护单元	自然保护区:严格执行《中华人民共和国自然保护区条例》; 饮用水水源保护区及准保护区:严格执行《中华人民共和国水污染防治法》《饮用水水源保护区污染防治管理规定》和各省(市)水污染防治条例; 森林公园:严格执行《国家级森林公园管理办法》《森林公园管理办法》; 地质公园:严格执行《地质遗迹保护管理规定》; 风景名胜区:严格执行《风景名胜区条例》; 湿地公园:严格执行《国家湿地公园管理办法》《城市湿地公园管理办法》《湿地保护管理规定》和各省(市)湿地保护条例; 生态控制其他区域:依法禁止或限制大规模、高强度的开发建设活动,严守生态环境底线,确保生态环境功能不降低。 除上述法律法规外,还执行国家级各省(市)生态控制相关的法律法规,如《关于划定并严守生态保护红线的若干意见》《关于在国土空间规划中统筹划定落实三条控制线的指导意见》《北京市生态控制线和城市开发边界管理办法》
2	重点管控单元 城镇生活污染重点管控单元	空间布局:严格执行《北京市新增产业的禁止和限制目录》《天津市禁止制投资项目清单》《北京市工业污染行业生产工艺调整退出及设备淘汰目录》《河北省新增限制和淘汰类产业目录》《河北省京冀交界地区新增产业的禁止和限制目录》《外商投资准入特别管理措施(负面清单)》《自由贸易试验区外商投资准入特别管理措施(负面清单)》,以及北京市《建设项目规划使用性质正面和负面清单》;严格执行各省市水污染防治条例及工作方案,引导工业企业入驻工业园区。 污染物排放控制:严格执行《中华人民共和国环境保护法》《中华人民共和国大气污染防治法》《中华人民共和国水污染防治法》《中华人民共和国土壤污染防治法》《中华人民共和国固体废物污染环境防治法》《绿色施工管理规程》《中华人民共和国清洁生产法》等法律法规以及国家、流域、地方环境质量标准和污染物排放标准;严格执行《建设项目主要污染物排放总量指标审核及管理暂行办法》。 环境风险防控:严格执行《中华人民共和国环境保护法》《中华人民共和国大气污染防治法》《中华人民共和国水污染防治法》《中华人民共和国土壤污染防治法》《中华人民共和国固体废物污染环境防治法》《国家突发环境事件应急预案》《企业事业单位突发环境事件应急预案备案管理办法(试行)》《污染地块土壤环境管理办法(试行)》等法律法规文件要求,完善环境风险防控体系,提高区域环境风险防范能力。 资源利用效率要求:实行最严格的水资源管理制度,加强用水管控。落实各省(市)城市总体规划,坚守建设用地规模底线,严格落实土地用途管制制度,腾退低效集体产业用地,实现城乡建设用地规模减量

续表 2-3-2

序号	生态环境分区		分区管控要求
3	重点管控单元	产业园区重点管控单元	空间布局:严格执行《北京市新增产业的禁止和限制目录》《天津市禁止制投资项目清单》《北京市工业污染行业生产工艺调整退出及设备淘汰目录》《河北省新增限制和淘汰类产业目录》《河北省京冀交界地区新增产业的禁止和限制目录》《外商投资准入特别管理措施(负面清单)》《自由贸易试验区外商投资准入特别管理措施(负面清单)》《关于进一步加强产业园区规划环境影响评价工作的意见》《北京市建设项目规划使用性质正面和负面清单》《北京市高污染燃料禁燃区划定方案(试行)》;严格执行各省(市)水污染防治条例及工作方案,限制高污染、高耗水行业。 污染物排放控制:严格执行《中华人民共和国环境保护法》《中华人民共和国大气污染防治法》《中华人民共和国水污染防治法》《中华人民共和国土壤污染防治法》《中华人民共和国固体废物污染环境防治法》《中华人民共和国清洁生产促进法》《排污许可管理条例》等法律法规以及国家、流域、地方环境质量标准和污染物排放标准;严格执行《建设项目主要污染物排放总量指标审核及管理暂行办法》。 环境风险防控:严格执行《中华人民共和国环境保护法》《中华人民共和国大气污染防治法》《中华人民共和国水污染防治法》《中华人民共和国土壤污染防治法》《中华人民共和国固体废物污染环境防治法》《国家突发环境事件应急预案》《企业事业单位突发环境事件应急预案备案管理办法(试行)》等法律法规文件要求,完善环境风险防控体系,提高区域环境风险防范能力。严格执行《工矿用地土壤环境管理办法(试行)》《工矿用地土壤环境管理办法(试行)》的相关要求,重点单位建设涉及有毒有害物质的生产装置、储罐和管道,或者建设污水处理池、应急池等存在土壤污染风险的设施,应当按照国家有关标准和规范的要求,设计、建设和安装有关防腐蚀、防泄漏设施和泄漏监测装置,防止有毒有害物质污染土壤和地下水。 资源利用效率要求:实行最严格的水资源管理制度,加强用水管控。落实各省(市)城市总体规划,坚守建设用地规模底线,提高产业用地利用效率
4		农业污染重点管控单元	空间布局:划定流域禁限养区,限养区畜禽养殖规模不增加。入淀河流干流河道管理范围外延 15 m 内严禁施用化肥、农药。 污染物排放控制:严格执行《中华人民共和国环境保护法》《中华人民共和国大气污染防治法》《中华人民共和国水污染防治法》《中华人民共和国土壤污染防治法》《中华人民共和国固体废物污染环境防治法》等法律法规以及国家、流域、地方环境质量标准和污染物排放标准,所有规模化畜禽养殖场全部配套建设粪便污水贮存、处理、利用设施;重污染低容量的控制单元提高粪尿利用水平。散养密集区要实行畜禽粪便污水分户收集、集中处理利用。远期畜禽养殖污染粪便、污水达到完全农业利用,零排放。建设生态沟渠、污水净化塘、地表水径流集蓄池等设施,净化农田排水及地表径流,严禁农田退水直接排放到地表水体。 环境风险防控:加强自然森林抚育,加强水源涵养林生态修复与自然抚育;推进江河源头开展造林绿化、退耕还林和围栏封育等生态工程建设,提高森林覆盖率;优先种植需肥需药量低、环境效益突出的农作物;严格灌溉水质监测,严格控制污水灌溉,严禁不达标污水直接用于农田灌溉。 资源利用效率要求:实行最严格的水资源管理制度,加强用水管控

续表 2-3-2

序号	生态环境分区		分区管控要求
5	重点管控单元	其他重点管控单元	空间布局:严格执行《北京市新增产业的禁止和限制目录》《天津市禁止制投资项目清单》《北京市工业污染行业生产工艺调整退出及设备淘汰目录》《河北省新增限制和淘汰类产业目录》《河北省京冀交界地区新增产业的禁止和限制目录》。 污染物排放控制:严格执行《中华人民共和国环境保护法》《中华人民共和国大气污染防治法》《中华人民共和国水污染防治法》《中华人民共和国土壤污染防治法》《中华人民共和国固体废物污染环境防治法》《中华人民共和国清洁生产促进法》等法律法规以及国家、流域、地方环境质量标准和污染物排放标准,加强城镇污水、畜禽养殖污染治理。 环境风险防控:严格执行《中华人民共和国环境保护法》《中华人民共和国大气污染防治法》《中华人民共和国水污染防治法》《中华人民共和国土壤污染防治法》《中华人民共和国固体废物污染环境防治法》《国家突发环境事件应急预案》《企业事业单位突发环境事件应急预案备案管理办法(试行)》等法律法规文件要求。 资源利用效率要求:实行最严格的水资源管理制度,加强用水管控
6	一般管控单元		空间布局:严格执行《北京市新增产业的禁止和限制目录》《天津市禁止制投资项目清单》《北京市工业污染行业生产工艺调整退出及设备淘汰目录》《河北省新增限制和淘汰类产业目录》《河北省京冀交界地区新增产业的禁止和限制目录》《北京市建设项目规划使用性质正面和负面清单》《外商投资准入特别管理措施(负面清单)》《自由贸易试验区外商投资准入特别管理措施(负面清单)》。 污染物排放控制:严格执行《中华人民共和国环境保护法》《中华人民共和国大气污染防治法》《中华人民共和国水污染防治法》《中华人民共和国土壤污染防治法》《中华人民共和国固体废物污染环境防治法》《中华人民共和国清洁生产促进法》等法律法规以及国家、流域、地方环境质量标准和污染物排放标准。 环境风险防控:严格执行《中华人民共和国环境保护法》《中华人民共和国大气污染防治法》《中华人民共和国水污染防治法》《中华人民共和国土壤污染防治法》《中华人民共和国固体废物污染环境防治法》《国家突发环境事件应急预案》《企业事业单位突发环境事件应急预案备案管理办法(试行)》《污染地块土壤环境管理办法(试行)》等法律法规文件要求。 资源利用效率要求:实行最严格的水资源管理制度,加强用水管控

注:1. 考虑到自然保护地划定相关工作尚未完成,本次清单主要衔接现有法定保护空间。同时,准入清单将根据自然保护地划定工作进展,按照相关程序适时更新。自然保护地管控应符合《关于在国土空间规划中统筹划定落实三条控制线的指导意见》《关于建立以国家公园为主体的自然保护地体系的指导意见》《自然保护地生态环境监管工作暂行办法》等文件要求。

2. 规划内容具体开展工作时,应进一步衔接各地市"三线一单",落实生态环境分区管控要求。

2.3.1.2　生态保护红线

大清河流域涉及的河北、北京、天津三省(市)公布了生态保护红线。对未公布生态保护红线的区域,本书在调查和分析大清河流域环境特征的基础上,依据《关于规划环境影响评价加强空间管制、总量管控和环境准入的指导意见(试行)》(环办环评〔2016〕14号)、环境保护部、国家发展改革委《生态保护红线划定技术指南》(环办生态〔2017〕48号)和中共中央办公厅、国务院办公厅《关于划定并严守生态保护红线的若干意见》等相关政策要求,划分生态保护红线。大清河流域涉及生态保护红线、饮用水水源保护区等面积 7 653.08 km^2;涉及南水北调中线等长度 466.216 km。

大清河流域生态保护红线划分结果见表 2-3-3。

表 2-3-3　大清河流域生态保护红线划分结果

序号	划分类型	划分条件	长度/km	面积/km^2
1	红线	京津冀晋生态保护红线		7 042.32
2		饮用水水源保护区		610.76
3		南水北调中线总干渠	258.771	
4		南水北调东线	52.963	
5		南水北调天津东干渠	154.482	
小计			466.216	7 653.08

2.3.2　资源利用上线

2.3.2.1　用水总量及用水效率

根据北京市、天津市、河北省和山西省 4 个省(市)最严格水资源管理制度的相关政策文件,2020 年和 2030 年大清河流域用水总量控制指标为 78.58 亿 m^3 和 88.18 亿 m^3,本次规划 2025 年、2035 年配置水量分别为 65.92 亿 m^3 和 71.68 亿 m^3,均在用水总量控制指标范围内,符合用水总量控制指标刚性约束。

其中,地表水用水量 2025 年、2035 年控制在 7.45 亿 m^3 和 6.20 亿 m^3,流域外调水量控制在 24.36 亿 m^3 和 32.08 亿 m^3,万元工业增加值用水量控制在 10.4 m^3/万元和 7.2 m^3/万元,灌溉水利用系数达到 0.68 和 0.69,见表 2-3-4。

表 2-3-4　大清河流域用水量及用水效率控制指标

计算方案	地表水/亿 m^3			地下水/亿 m^3	其他/亿 m^3	合计/亿 m^3	用水效率		总量控制指标/亿 m^3
	流域内	流域外	小计				万元工业增加值用水量/(m^3/万元)	灌溉水利用系数	
2025 年	7.45	24.36	31.81	26.67	7.44	65.92	10.4	0.68	78.58(2020)
2035 年	6.20	32.08	38.28	23.33	10.07	71.68	7.2	0.69	88.18(2030)

2.3.2.2 资源利用上线

以海河流域水资源综合规划为依据，统筹协调河道外经济社会发展用水和河道内生态环境用水之间的关系，考虑维护河流健康的要求，参考本次规划提出的控制指标，提出水资源利用上线的建议和意见。水资源利用上线相关指标见表 2-3-5。

表 2-3-5 水资源利用上线

指标		2025 年	2035 年
用水量	用水总量/亿 m^3	65.92	71.69
	其中：地表水用水量/亿 m^3	7.45	6.20
	地下水用水量/亿 m^3	26.67	23.33
水资源利用上线	总量控制指标/亿 m^3	78.58(2020 年)	88.18(2030 年)
	地表水总量控制指标/亿 m^3	7.45	7.45
	地下水总量控制指标/亿 m^3	26.56	26.56
用水效率	万元 GDP 用水量/(m^3/万元)	19.0	12.0
	万元工业增加值用水量/(m^3/万元)	10.4	7.2
	农田亩均灌溉用水量/(m^3/亩)	166	147
	灌溉水利用系数	0.68	0.69

2.3.3 环境质量底线

根据《国务院关于全国重要江河湖泊水功能区划(2011—2030 年)》确定的规划目标，大清河河系主要控制断面水质达到其相应的水功能区水质目标要求，见“4.2.1 水质监测及评价”中大清河流域水功能区划成果(见表 4-2-1)。

2.4 流域生态功能定位

大清河流域位于华北北部，位于太行山脉向华北平原的过渡地带，在华北平原生态安全格局中具有重要地位。太行山是区域水系的主要发源地，是大清河流域的主要生态屏障，其水源保护和土壤保持功能直接影响京津冀地区甚至华北平原生态系统安全。

2.4.1 重要水源涵养与土壤保持功能区

大清河流域地貌类型复杂多样，山地、丘陵、平原、湖泊等地貌类型齐全，分为太行山山区、淀西平原、淀东平原、滨海平原等。水源涵养与土壤保持功能是山地丘陵地区生态系统重要的服务功能。

山西灵丘县，河北易县、涞源县、阜平县，北京房山区位于京津冀水源地水源涵养重要区，该区内属于燕山-太行山地的典型温带森林生态系统，植被类型主要为温带落叶阔叶林，天然林主要分布在海拔 600~700 m 的山区，树种主要有栎类、山杨、桦树和椴树等，水源涵养功能对京津冀地区的供水安全具有重要作用。同时,上述区域位于太行山土壤保持重要区内。太行山是黄土高原与华北平原的分水岭,是大清河流域内诸多河流的发源地,其土壤保持功能对保障区域生态安全极其重要,发育了以暖温带落叶阔叶林为基带的植被垂直带谱,森林植被类型较为多样,在防止土壤侵蚀、保持水土功能正常发挥方面起着重要作用。

2.4.2　国家重点人居生态安全功能保障区

大清河流域内人口总量大、密度高、受关注度高,以全国 0.4%的国土面积承载了 2.3%的人口和 0.9%的地区生产总值,城市生态系统的人居保障功能极为重要。从城市化进程来看,北京和天津作为直辖市,城镇化率基本达到或超过 80%,处于城市化进程后期,而河北城镇化率仅为 44%。北京、天津、河北的沧州和廊坊等是《全国主体功能区规划》中明确的优化开发区域,河北省保定、石家庄等是《全国主体功能区规划》中明确的重点开发区域,在发展过程中,出现了生态空间不足、优质耕地丧失、地下水超采、地面沉降、城市热岛、城市灰霾、城市内涝等一系列生态环境问题,优化城市生态系统的生产生活空间,强化人居保障功能具有重要意义,其中包括农田生态保护和人居生态空间保障等方面。

依据《京津冀协同发展生态环境保护规划》(发改环资〔2015〕2952 号)中的生态屏障建设总体布局及主导生态功能,结合京津冀晋地区的主要生态问题和发展定位,将区域生态功能定位落到地市层级上,见表 2-4-1。

表 2-4-1　不同地区生态功能定位

地市		所在地区	所在地区的生态定位	总体生态定位
山西	大同	燕山-太行山水源涵养区	水源涵养、保持水土	水源涵养、水土保持
	忻州	燕山-太行山水源涵养区	水源涵养、保持水土	水源涵养、水土保持
北京		京津保地区	人居生态空间保障	人居生态空间保障、水源涵养、水土保持
		燕山-太行山水源涵养区	水源涵养、保持水土	
河北	保定	燕山-太行山水源涵养区	水源涵养、保持水土	人居生态空间保障、水源涵养、水土保持
		京津保地区(雄安新区)	人居生态空间保障	
	张家口	燕山-太行山水源涵养区	水源涵养、保持水土	水源涵养、水土保持
	石家庄	燕山-太行山水源涵养区	水源涵养、保持水土	农田生态保护、水源涵养、水土保持
		低平原生态修复区	农田生态保护	
	衡水	低平原生态修复区	农田生态保护	农田生态保护
	沧州	低平原生态修复区	农田生态保护	农田生态保护、维护海洋生态服务功能
		沿海生态防护区	维护海洋生态服务功能	
	廊坊	京津保地区	人居生态空间保障	人居生态空间保障
天津		京津保地区	人居生态空间保障	人居生态空间保障、维护海洋生态服务功能
		沿海生态防护区	维护海洋生态服务功能	

2.4.3 流域不适宜开发河段、限制开发河段划分

结合生态环境管控单元，拟将拒马河张坊以上至源头、中易水源头至安格庄水库、唐河晋冀交界至西大洋水库、白洋淀、团泊洼、北大港划定为不适宜开发河段、湖泊；将拒马河张坊以下、南拒马河、白沟河、白沟引河、中易水安格庄水库以下、瀑河、漕河、唐河西大洋水库以下、孝义河、沙河、赵王新河、独流减河等入淀及出淀河流划定为限制开发河段，如表 2-4-2 所示。

表 2-4-2　流域不适宜开发河段、限制开发河段划分

序号	河湖	范围	功能定位	主要生态保护对象	管控要求
1	拒马河	源头—张坊	灌溉、景观	(大沙地—张坊)自然保护区、黑鹳等水生野生动物	不适宜开发
		张坊—新盖房	灌溉、景观		限制开发
2	南拒马河	落宝滩—新盖房	防洪、回补地下水		限制开发
3	白沟河	东茨村—新盖房	防洪、回补地下水		限制开发
4	白沟引河	新盖房—白洋淀	防洪、回补地下水		限制开发
5	中易水	源头—安格庄水库	防洪、灌溉	水源涵养	不适宜开发
		安格庄水库—北河店	防洪、灌溉		限制开发
6	萍河	源头—白洋淀	防洪、灌溉、回补地下水		限制开发
7	瀑河	源头—白洋淀	防洪、灌溉、回补地下水		限制开发
8	漕河	源头—白洋淀	防洪、灌溉、回补地下水		限制开发
9	界河	源头—白洋淀	防洪、灌溉、回补地下水		限制开发
10	孝义河	源头—白洋淀	防洪、灌溉、回补地下水		限制开发
11	沙河	源头—王快水库	防洪、灌溉	中华鳖、青虾、黄颡鱼、草鱼、鲫、鲤、鲢、鳙等	限制开发
		王快水库—北郭村	防洪、灌溉、回补地下水		限制开发
12	唐河	源头—晋冀交界	灌溉、景观		限制开发
		晋冀交界—西大洋水库	防洪、灌溉	水源涵养	不适宜开发
		西大洋水库—白洋淀	防洪、灌溉、回补地下水		限制开发
13	赵王新河	枣林庄—入大清河口	灌溉、景观		限制开发
14	独流减河	进洪闸—工农兵闸	防洪		限制开发
15	海河	三岔口—海河闸	防洪、景观		限制开发
16	北大港	湿地及周边	防洪、供水、生境及景观维护	湿地生态系统及生物多样性	不适宜开发
17	团泊鸟类	湿地及周边	防洪、供水、生境及景观维护	湿地珍禽、候鸟及水生野生动植物	不适宜开发
18	白洋淀	湿地及周边	防洪、生境及景观维护	内陆淡水湿地生态系统及珍稀濒危的野生动植物；青虾、黄颡鱼、乌鳢、鳜鱼等水产资源	不适宜开发

2.5　环境保护目标及环境敏感区

2.5.1　环境保护目标

根据大清河流域生态环境功能定位及环境敏感区保护要求、重大环境影响、资源环境生态制约因素等，充分考虑大清河流域生态环境特征及其在流域水资源安全的地位和作用，依据国家和地方相关法律、法规、政策等规定，参考规划目标，针对大清河流域自然环境特征和社会经济背景，确定大清河流域环境保护目标。

大清河流域环境保护目标、评价指标见表 2-5-1。

2.5.1.1　水资源

全面落实最严格水资源管理制度，按照《国务院办公厅关于印发实行最严格水资源管理制度考核办法的通知》(国办发〔2013〕2 号)、《北京市人民政府关于实行最严格水资源管理制度的意见》(京政发〔2012〕25 号)、《天津市政府办公厅转发市水务局关于实行最严格水资源管理制度意见的通知》(津政办发〔2012〕1 号)、《河北省人民政府关于实行最严格水资源管理制度的意见》(冀政〔2011〕114 号)和《山西省人民政府关于实行最严格水资源管理制度的实施意见》(晋政发〔2014〕13 号)等对用水总量和用水效率红线控制指标的要求，通过增加有效供水、控制需求、强化节水、合理调配，形成现代城乡水资源配置格局，合理开发利用水资源。至 2035 年，流域用水总量控制在 71.69 亿 m^3；流域内万元工业增加值用水量降低到 7.2 m^3 以下；灌溉水利用系数达到 0.69；地下水压采量 12.71 亿 m^3，实现流域地下水采补平衡，超采亏空水量逐步填补。

2.5.1.2　水环境

维护和保护大清河水系达到《国务院关于全国重要江河湖泊水功能区划(2011—2030 年)》确定的规划目标。保护水源地、重要涉水生态敏感区水质。

2.5.1.3　生态环境

严守生态保护红线，坚持保护优先、自然恢复为主，修复湿地、森林、草地等受损的自然生态系统，进一步巩固山区水源涵养功能，在一定程度上改善入淀河流及白洋淀淀区生态环境；保护重要环境敏感区域及保护对象，尽可能减少对自然保护区、森林公园、水产种质资源保护区等环境敏感区域的影响，维护环境敏感区域的结构和功能，保护敏感区域内的重点保护对象。

2.5.1.4　社会环境

提高流域水资源利用率，完善防洪减灾体系，促进流域经济、社会可持续发展，确保水资源开发与当地经济社会、生态建设协调可持续发展。通过科学、合理的资源开发和配置，协调好规划工程项目与环境保护之间的关系。

2.5.2　流域分区环境保护目标

针对流域环境保护目标，按照上游山区、山前平原区、白洋淀及周边区域、淀东平原区的划分方式进行环境目标的分区细化，全流域统一型目标不再细化，具体分区指标如表 2-5-2 所示。

表 2-5-1 大清河流域环境保护目标、评价指标

环境要素		环境目标	评价指标	指标值		确定依据
				2025 年	2035 年	
水资源	地表水资源	优化水资源配置，促进水资源可持续利用；提高水资源利用效率	地表水资源开发利用率/%	54	50	流域规划提出
			万元工业增加值用水量/(m^3/万元)	10.4	7.2	资源利用上线，依据《国务院关于实行最严格水资源管理制度的意见》(国发〔2012〕3 号)
			城市供水管网漏损率/%	10	达到国家节水型城市标准要求	《住房和城乡建设部办公厅关于大清河流域综合规划(征求意见稿)意见的函》(建办城函〔2021〕3 号)
			工业用水重复利用率/%	90	92	《水利部 财政部 国家发展改革委 农业农村部关于印发华北地区地下水超采综合治理行动方案的通知》(水规计〔2019〕33 号)
			农田灌溉水利用系数	0.68	0.69	资源利用上线，依据《国务院关于实行最严格水资源管理制度的意见》(国发〔2012〕3 号)
			再生水利用率/%	38	39	资源利用上线，依据《关于推进污水资源化利用的指导意见》(发改环资〔2021〕13 号)
			用水总量/亿 m^3	65.92	71.69	资源利用上线，依据《国务院关于实行最严格水资源管理制度的意见》(国发〔2012〕3 号)
	地下水资源	保证实现地下水采补平衡，超采亏空水量逐步填补	地下水开采量/(亿 m^3/a)	26.67	23.33	资源利用上线，依据《国务院关于实行最严格水资源管理制度的意见》(国发〔2012〕3 号)
			地下水压采量/亿 m^3	10.21	12.71	本次规划环评提出，依据《华北地区地下水超采综合治理行动方案》
水环境	地表水环境	满足水功能区水质要求；控制水污染，改善下游部分支流水环境	纳污能力 COD/(万 t/a)	1.93	1.93	环境质量底线，流域规划提出
			纳污能力氨氮/(万 t/a)	0.09	0.09	环境质量底线，流域规划提出
	水源地	满足饮用水水源保护区水质要求	集中饮用水水源地水质达标率/%	100	100	环境质量底线，流域规划提出

续表 2-5-1

环境要素		环境目标	评价指标	指标值		确定依据
				2025 年	2035 年	
生态环境	水生生态	进一步巩固山区水源涵养功能，在一定程度上改善入淀河流及白洋淀淀区生态环境； 保障重要断面/河段生态水量	重要断面/河段生态需水满足程度	山区：基本维持天然径流过程； 淀西平原和淀东平原：通过引黄水、引江水、水库水和再生水等生态水量调度，满足主要河道的生态需水量，改善现状干涸断流状况；湖泊湿地保障其最小生态需水量，遏制湿地萎缩趋势		本次规划环评提出
			主要湖泊湿地水面面积/km^2	488	488	流域规划提出
			河道内（含湖泊湿地）生态水量/亿 m^3	7.58	7.58	流域规划提出
			珍稀濒危及特有土著鱼类栖息地状况	生境破坏趋势得到缓解		生态保护红线，本次规划环评提出
	陆生生态	水源涵养功能及生物多样性保护功能不下降	林草比例	本规划提出要对流域内现状重点预防区实施封育措施，对流域内重点治理区进行治理，对国家重点生态功能区退化的天然林草具有一定修复作用，天然林草面积及质量得到一定程度的扩大和提高		流域规划提出

续表 2-5-1

环境要素		环境目标	评价指标	指标值		确定依据
				2025 年	2035 年	
生态环境	环境敏感区	符合各环境敏感区的保护要求	保护区主体功能正常发挥	拒马河上游保持连续自然河段，有利于涉水类保护区主体功能的正常发挥		生态保护红线，本次规划环评提出
	重点生态功能区	水源涵养功能不下降（备注：不因本规划实施而下降）	天然草地、林地等绿色生态空间面积不减少（备注：不因本规划实施而减少）	林草比例不减少、质量不降低		流域规划提出
	水土流失	防治流域水土流失	治理面积	累计新增水土流失治理面积 1 790.07 km^2	累计新增水土流失治理面积 4 412.56 km^2	流域规划提出
			水土保持率	增加 1.2 %	增加 3.0 %	流域规划提出
			林草覆盖率	累计增加 1.5%	累计增加 3.7%	流域规划提出
社会环境		完善防洪体系，提高流域的防洪减灾能力； 协调经济发展与资源环境保护的矛盾，促进社会可持续发展	骨干河流、支流河段防洪长度及标准	维持 50 年一遇标准，对于重点区域，结合保护对象的主要性分别确定		流域规划提出
			供水量/亿 m^3	65.92	71.69	资源利用上线，依据《国务院关于实行最严格水资源管理制度的意见》（国发〔2012〕3 号）
			节水灌溉面积/万亩	1 494.57	1 519.57	流域规划提出

注：地表水资源开发利用率 =（当地地表水供水量 + 山丘区地下水供水量）/ 地表水资源量。

表 2-5-2　流域分区环境保护目标一览表

规划区域划分	治理开发及功能定位	生态环境保护要求	指标
上游山区	流域水源涵养区和水源地：以水源涵养和水源地保护为重点	属于太行山区水源涵养与土壤保持重要区，太行山生物多样性保护优先区域，分布有多处自然保护区，该区域以水源涵养和水源地保护为主，实施退耕还林还草；强化水源地保护和监管，加强对散煤、采矿等整治力度，实行严格监管，确保水源地安全	纳污能力：COD，1 703.65 t/a；NH_3-N，48.85 t/a 河道生态水量：6 676 万 m^3/a
山前平原区	山前平原区为流域人口、产业集聚区：以全面节水、水生态修复、生态水量保障、地下水压采和水污染防治为重点	属于黄淮海平原主产区等国家限制开发区，实施大规模农业节水灌溉，优化调整种植结构，适当退减灌溉面积，实施地下水超采区综合治理；全方位推进水污染防治，实行更加严格的产业准入政策，严控高污染、高耗水企业，推进生态型工业园区改造，提高污水处理厂的排放标准，大幅减少入河污染物总量；逐步推进河流绿色生态廊道建设，改善水生态环境状况	纳污能力：COD，10 656.30 t/a；NH_3-N，546.36 t/a 河道生态水量：9 840 万 m^3/a
白洋淀及周边区域	雄安新区所在地：以白洋淀生态环境治理和新城水安全体系构建为重点	加强白洋淀水生态环境保护修复，防洪安全体系；制订城区防洪布局方案，加强城市节水和供水保障	纳污能力：COD，0 t/a；NH_3-N，0 t/a 河道生态水量：30 000 万 m^3/a
淀东平原区	经济发展区：以水环境改善、水生态修复、防洪能力提高为重点	属于京津冀大都市群等优化开发区，扩大下游河道行洪能力，修复河流生态，加强蓄滞洪区建设与调整，保障流域和天津市防洪安全	纳污能力：COD，6 950.39 t/a；NH_3-N，350.02 t/a 河道生态水量：43 600 万 m^3/a

2.5.3　环境敏感区及重点生态功能区

2.5.3.1　水环境

水环境敏感区涉及饮用水水源保护区，共有 132 个。

2.5.3.2　生态环境

1. 生态敏感区

生态敏感区包括特殊生态敏感区（自然保护区、世界文化和自然遗产）25 个和重要生态敏感区（风景名胜区、地质公园、森林公园、湿地公园、水产种质资源保护区）38 个。大清河流域综合规划涉及生态敏感区统计见表 2-5-3。

表 2-5-3 大清河流域综合规划涉及生态敏感区统计

敏感区类型		世界级	国家级	省级	市县级	合计
特殊生态敏感区	自然保护区		4	15	3	22
	世界文化和自然遗产	3				3
重要生态敏感区	森林公园		13	4		17
	风景名胜区		3	6		9
	地质公园	2	4	1		7
	湿地公园		3			3
	水产种质资源保护区		2			2
合计		5	29	26	3	63

2. 重点保护物种

评价范围内分布有国家Ⅱ级保护野生植物 4 种，分别是野大豆、刺五加、紫椴和水曲柳；评价区地方重点保护植物共计 55 种，其中河北省级重点保护植物 42 种，北京市级重点保护植物 28 种，山西省级重点保护植物 6 种。国家重点保护野生动物 129 种，其中国家一级保护野生动物 40 种、国家二级保护野生动物 89 种，山西省级重点保护动物 26 种，河北省级重点保护动物 229 种，北京市重点保护动物 111 种，天津市重点保护动物 346 种。

评价范围内有国家二级保护水生野生动物 2 种，分别是多鳞白甲鱼和黄线薄鳅；列入《北京市地方重点保护水生野生动物名录（鱼类、二级）》的种类有 11 种，分别是黄线薄鳅、东方薄鳅、尖头高原鳅、马口鱼、赤眼鳟、鳊、华鳈、多鳞白甲鱼、鳜、宽鳍鱲、黑鳍鳈；在 2016 年依据 IUCN 标准进行评价的鱼类名录中，流域内有 4 种鱼类属于濒危鱼类，其中尖头高原鳅和鳍为极危（CR）、黄线薄鳅为濒危（EN）、多鳞白甲鱼为易危（VU）。

3. 重点生态功能区

根据国家及区域相关规划、区划对流域生态保护的要求，国家划定的重要生态功能区（太行山区水源涵养与土壤保持重要区）、生物多样性优先保护区域（太行山）及重要水功能区等为本次规划环评的环境保护目标。

第 3 章　规划概况

3.1　规划概述

3.1.1　规划总则

3.1.1.1　规划范围与水平年

1. 规划范围

规划范围为大清河流域，流域总面积为 42 972 km^2。其中，水资源利用规划考虑到与海河流域水资源分区的一致性和系统性，将天津市永定新河以南地区大清河淀东平原区纳入规划范围。水资源利用规划范围面积为 45 360 km^2；其他专业的规划范围为大清河流域。

2. 规划水平年

规划基准年为 2018 年，近期规划水平年为 2025 年，远期规划水平年为 2035 年。

3.1.1.2　规划任务与目标

防洪排涝、水资源利用、水资源保护和水生态保护规划目标具体见表 3-1-1。

表 3-1-1　大清河流域综合规划目标

规划	近期（2025 年）	远期（2035 年）
防洪排涝规划	流域 1、2 级堤防基本达标，主要蓄滞洪区能按标准启用，天津市城区、雄安新区起步区达到 200 年一遇防洪标准，雄安新区五组团、保定市等主要城市达到 100 年一遇防洪标准，其他地区基本达到规划防洪标准，城市内涝防治能力基本达到国家标准要求	防洪保护对象全面达到规划防洪标准，建成完善的现代化防洪减灾体系，有效保障流域防洪安全
水资源利用规划	①供水安全保障目标：用水总量控制在 65.92 亿 m^3，水资源总体开发利用率控制在 80%以内； ②节水型流域建设目标：城市供水管网漏损率平均降至 10%，万元工业增加值用水量降低到 10.4 m^3 以下，工业用水重复利用率达到 90%，农业灌溉水利用系数达到 0.68； ③地下水压采目标：流域新增地下水压采量 10.21 亿 m^3，大部分地区地下水实现采补平衡，地下水位下降趋势基本得到遏制，漏斗区面积有所减少； ④航运目标：保津航线、南运河力争实现分段旅游通航	①供水安全保障规划：需水总量控制在 71.69 亿 m^3，水资源总体开发利用率控制在 70%以内； ②节水型流域建设目标：基本建成节水型社会，城市供水管网漏损率达到国家节水型城市标准要求，工业用水重复利用率达到 92%，万元工业增加值用水量降低至 7.2 m^3/万元；农业灌溉水利用系数达到 0.69；非常规水源利用水平进一步提高； ③地下水压采目标：通过进一步采取节水措施、加大非常规水利用、实施南水北调东中线后续工程等措施，地下水压采量 12.71 亿 m^3； ④航运规划：保津航线、南运河实现全线旅游通航，其他适宜河段通航稳妥推进

续表 3-1-1

规划	近期(2025年)	远期(2035年)
水资源保护	加强水功能区管理，严格限制排污总量，集中式饮用水水源地水质全面达标	—
水生态保护规划	①水生态：生态水量基本得到保障，主要河流生态水量不少于7.58亿m^3；主要湖泊湿地生态水面面积488 km^2； ②水土保持：累计新增水土流失治理面积1 790.07 km^2，林草覆盖率累计增加1.5%，水土保持率增加1.2%	①水生态：进一步巩固山区水源涵养功能，在一定程度上改善入淀河流及白洋淀淀区生态环境； ②水土保持：累计新增水土流失治理面积4 412.56 km^2，林草覆盖率累计增加3.7%，水土保持率增加3%

3.1.1.3 控制性指标

本规划从水资源、水质、生态水量三个方面提出控制性指标，作为经济社会发展活动不可逾越的"红线"。

1. 水资源控制指标

以海河流域水资源综合规划为依据，统筹协调河道外经济社会发展用水和河道内生态环境用水之间的关系，提出2025年、2035年总用水量分别为65.92亿m^3和71.69亿m^3，万元工业增加值用水量分别为10.4 m^3/万元和7.2 m^3/万元，灌溉水利用系数达到0.68和0.69，见表3-1-2。

表 3-1-2 大清河流域用水量及用水效率控制指标

水平年	用水量/(亿m^3/a)					用水效率	
	生活	工业	农业	生态	合计	万元工业增加值用水量/(m^3/万元)	灌溉水利用系数
2025年	19.88	9.62	29.56	6.86	65.92	10.4	0.68
2035年	25.63	10.63	26.43	9.00	71.69	7.2	0.69

2. 水质目标及污染物入河控制量

根据《国务院关于全国重要江河湖泊水功能区划(2011—2030年)》以及确定的规划目标，大清河河系主要控制断面水质达到其相应的水功能区水质目标要求，见4.2.1节"水质监测及评价"中大清河流域水功能区划成果表(表4-2-1)。

3. 生态水量指标

大清河河流生态水量为1.82亿m^3，湿地生态水量为5.76亿m^3，入海水量0.73亿m^3，扣除上下游重复量后，大清河流域合计生态需水量7.58亿m^3，占大清河流域1956—2016年多年平均地表水资源量的33.1%。大清河流域主要河流生态环境需水量见表3-1-3。

表 3-1-3　大清河流域主要河流生态环境需水量

类型	名称	控制站(无控制站的平原河流为河段范围)	生态需水量/万 m^3			计算方法
			10 月至翌年 3 月(较枯时段)	4—9 月(较丰时段)	全年	
山区河流	拒马河	紫荆关	1 526	2 260	3 786	多年平均天然径流量的 30%
	拒马河	张坊	1 053	1 837	2 890	出山口多年平均天然径流量的 10%
平原河流	中易水	安格庄水库坝下	41	325	366	水库多年平均天然径流量的 10%
	沙河	王快水库坝下	1 070	2 692	3 762	
	唐河	西大洋水库坝下	899	1 579	2 478	
	白沟河	东茨村	902	1 250	2 152	出山口多年平均天然径流量的 10%
	南拒马河	北河店	238	844	1 082	
	独流减河	进洪闸—防潮闸	—	—	2 700	生态景观功能法计算其蒸发渗漏量,同时独流减河考虑入海水量海河流域综合规划成果
	海河干流	子北汇流口—海河闸	—	—	6 000	
湿地	白洋淀		—	—	30 000	白规成果
	北大港		—	—	21 600	海河流域综合规划成果
	团泊洼		—	—	6 000	海河流域综合规划成果
入海水量		工农兵闸	—	—	7 300	
大清河流域合计			—	—	75 774	

3.1.1.4　规划总体布局

大清河流域各河段治理开发与保护主要任务见表 3-1-4。

表 3-1-4　大清河流域各河段治理开发与保护主要任务

河段	生态环境特点及存在问题	治理开发与保护主要任务
上游山区	水源涵养区和水源地,涉及河北石家庄、保定,山西大同,北京等地区,人口和产业分布较少。晋冀交界地区有散煤集散地,对水库水源地安全构成一定威胁,且山区采矿造成水土流失较为严重	实施水库群联合防洪调度,减轻下游雄安新区防洪压力。以水源涵养和水源地保护为重点,大力加强水土保持和水源涵养建设,实施退耕还林还草。加强山洪沟及中小河流治理,修复河流生态,强化大中型水库水源地保护和监管,确保水源地安全
山前平原区	该区是流域内现状人口、产业较为集聚的地区,小散乱污企业较多,农田灌溉面积约 1 000 万亩,大规模利用地下水灌溉导致地下水位降低,大部分河道常年干涸,无序采砂取土问题突出	以全面节水和水污染防治为重点:实施大规模农业节水灌溉,地下水超采区综合治理;全方位推进水污染防治;逐步推进河流绿色生态廊道建设,改善水生生态环境状况

续表 3-1-4

河段	生态环境特点及存在问题	治理开发与保护主要任务
白洋淀及周边地区	白洋淀水污染严重，水生态空间萎缩，生物多样性遭受破坏，近两年由于引黄、引江调水，水质明显提升。防洪减灾体系尚不完善，防洪任务依然艰巨	以白洋淀生态环境治理和新城水安全体系构建为重点：着力加强白洋淀水生态环境保护修复；环淀河流开展水环境综合整治、生态水面维持、河岸带生境修复及多水源生态水量联调方案；构建安全可靠的防洪安全体系；加强城市节水和供水保障，合理调配各类水源
白洋淀以下地区	主要存在经济发展与蓄滞洪区运用的矛盾突出，河道行洪能力偏低；生态水量严重不足，河湖岸带生境状况较差等问题	扩大下游河道行洪能力，修复河流生态，加强蓄滞洪区建设与调整，保障流域和天津市防洪安全

3.1.2　防洪排涝规划

防洪排涝规划包括水库工程规划、河道治理规划、蓄滞洪区治理规划、城市防洪规划、风暴潮防御、中小河流治理及山洪灾害防治、排涝规划等。

3.1.2.1　防洪总体布局

按照“上蓄、中疏、下排，适当地滞”的防洪方针，完善以河道堤防为基础、大型水库为骨干、蓄滞洪区为依托的防洪工程体系。充分发挥山区防洪水库的拦蓄作用，优化调整白洋淀等蓄滞洪区布局，适当加大下游河道的泄洪能力，统筹大清河与新区的洪水安排，确保重点、分区设防，保障流域及新区防洪安全。

雄安新区防洪布局：起步区大部位于白洋淀新安北堤以北区域，利用新安北堤（起步区段）、南拒马河右堤、白沟引河右堤、萍河左堤，达到200年一遇设防标准。雄县组团利用新盖房分洪道右堤、白沟引河左堤、新安北堤（白沟引河—十里铺）、老千里堤（十里铺—枣林庄）和赵王新河左堤；寨里组团通过障水埝与新区西部边界；昝岗组团利用新盖房分洪道左堤、白沟河左堤，达到100年一遇防洪标准。

南支防洪布局：充分利用上游大中型水库调蓄洪水，加强入淀河流综合治理，加高加固新安北堤、障水埝、淀南新堤及四门堤等。在淀区围堤建设分洪控制工程，提高洪水的可控性。发挥白洋淀及其南部、西部生态滞洪湿地调蓄洪水作用。结合白洋淀水生态、水环境治理进行淀区开卡除埝、枣林庄枢纽改建，提高白洋淀的行洪能力。

北支防洪布局：加强南、北拒马河和白沟河的综合治理。加强兰沟洼分洪、退水工程和安全设施建设，有效利用蓄滞洪区。

中下游防洪布局：实施新盖房分洪道综合治理；扩挖赵王新河，扩建王村分洪闸。实施东淀、文安洼、贾口洼蓄滞洪区工程建设，新建滩里分洪闸和锅底分洪闸工程。

大清河流域设计标准洪水布局见图3-1-1。

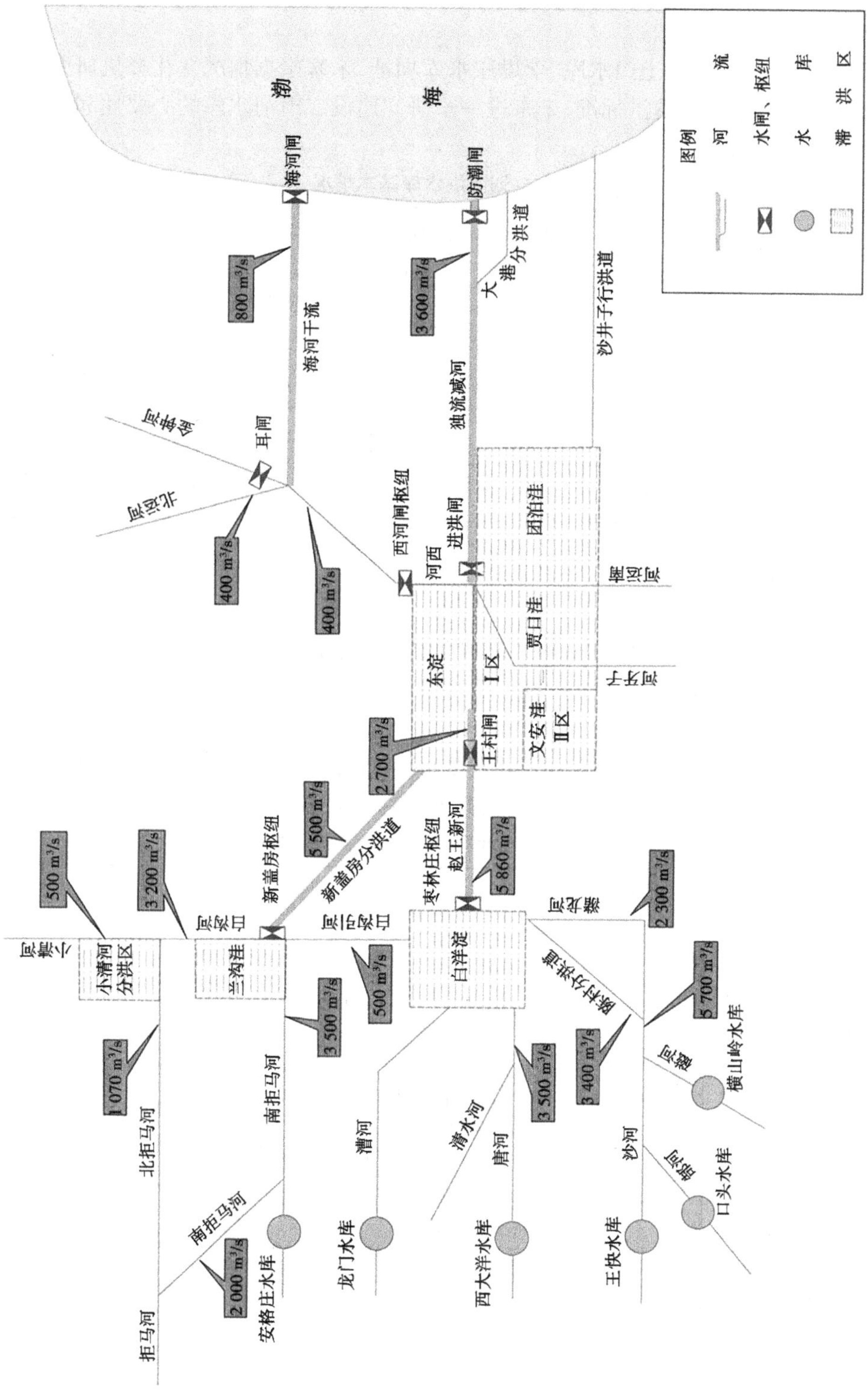

图 3-1-1　大清河流域设计标准洪水布局

3.1.2.2 水库工程规划

1. 新建水库规划

保留原规划张坊水库、土门水库、李思庄水库坝址，未来根据情况变化择机研究建设。为提高大石河下游地区的防洪标准，未来进一步研究建设二道河水库的必要性和可行性。规划防洪水库基本情况见表 3-1-5。

表 3-1-5　规划防洪水库基本情况

省份	河流	水库	库容/亿 m^3		流域面积/km^2	坝高/m	主要任务
			总库容	防洪库容			
北京	拒马河	张坊水库	7.9	4.7	4 820		防洪与供水并兼顾灌溉发电
河北	清水河	土门水库	1.0		244	37.0	防洪、灌溉、城市供水及发电
河北	蒲阳河	李思庄水库	1.0		106	35.8	防洪、灌溉
北京	大石河	二道河水库	0.52		351		以防洪为主，兼顾其他功能

2. 病险水库除险加固规划

1）安格庄水库

安格庄水库于 2000—2001 年进行了除险加固工程，由于当时加固受投资规模限制，溢洪道、主坝左坝头病险问题未彻底解决，本次继续安排治理。

2）中小型水库除险加固

本次规划安排 6 座中小型水库进行除险加固，主要存在坝体损坏、防洪不达标、排水不畅、监测设施不完善、金属结构破坏等问题，如表 3-1-6 所示。

表 3-1-6　大清河流域小型除险加固水库基本情况

序号	水库名称	所在地点	工程规模	总库容/万 m^3	存在问题	加固措施
1	旺隆水库	易县	中型	1 275	坝体渗漏，溢洪道受损	输水洞加固，更换启闭设施，溢洪道加固，大坝防渗
2	旦里水库	唐县	小(2)	16.7	坝肩、坝体渗漏，渗流安全不满足要求；无管理及监测设施	坝体加固、防渗处理，完善管理监测设施
3	忠勇水库	唐县	小(2)	10	渗流安全不满足要求；输水洞损坏，无管理及监测设施	坝体加固、防渗处理，完善管理监测设施
4	黄金峪水库	唐县	小(2)	10.3	库区淤积严重，坝顶高程偏低，防洪标准不满足要求	库区清淤、大坝加高加固

续表 3-1-6

序号	水库名称	所在地点	工程规模	总库容/万 m^3	存在问题	加固措施
5	天开水库	房山	中型	1 475	坝体路面损坏、排水不畅、溢洪道破坏、监测管理系统不完善等	主副坝加固,新建排水设施;输水洞改造加固;溢洪道修缮;完善监测管理系统
6	崇青水库	房山	中型	2 900	进水闸需改造、溢洪道水闸破坏、溢洪道破坏等	将主坝输水洞进水闸进行改造;对崇青水库溢洪道水闸改造;疏通溢洪道;完善管理监测设施

3.1.2.3　河道治理规划

本次规划对大清河流域南支、北支及中下游的骨干河道和重要支流河道进行规划治理,北支骨干河道包括白沟河、南北拒马河;南支骨干河道包括潴龙河(陈村分洪道)、唐河(清水河);中下游骨干河道包括新盖房分洪道、赵王新河等,独流减河已按规划标准治理,本次规划不做安排。重要支流河道包括大石河、小清河、中易水、北易水、沙河等。治理总长度 1 248.10 km。

河道治理规划见表 3-1-7。

3.1.2.4　蓄滞洪区治理规划

大清河流域共设置 7 个蓄滞洪区,分别为兰沟洼、白洋淀、东淀、文安洼、贾口洼、团泊洼、小清河分洪区,总面积 5 295 km^2,约占海河流域蓄滞洪区总面积的 50%;总容积 114.34 亿 m^3,占海河流域蓄滞洪区总容积的 58%。根据蓄滞洪区在防洪体系中的地位和作用,以及蓄滞洪区所处的地理位置和调度权限,白洋淀、东淀、文安洼Ⅰ区、贾口洼、小清河分洪区为重要蓄滞洪区,兰沟洼为一般蓄滞洪区,文安洼Ⅱ区、团泊洼为蓄滞洪保留区。

大清河北支小清河干流北京段已经按照行洪能力 500 m^3/s 进行了治理,白沟河部分堤段按照行洪能力 3 200 m^3/s 完成了复堤,南拒马河北河店以下行洪能力基本满足 3 500 m^3/s。北支河系由河道结合小清河分洪区、兰沟洼调蓄基本达到 50 年一遇防洪标准。

南北支洪水经过白洋淀、兰沟洼调蓄后进入中下游地区,两路洪水由东淀、文安洼、贾口洼、团泊洼等滞蓄后由独流减河、海河下泄,中下游地区基本达到 50 年一遇防洪标准。

大清河流域设计洪水修订成果与原防洪规划设计洪水成果相比,白洋淀十方院站不同洪水频率下洪水总量减少 8%~12%,新盖房(白沟)站减少 23%,新镇站减少 12%~16%。大清河流域北支张坊、东茨村、北河店等河道站减小幅度大于 15%。修订后南支十方院 30 d 洪水总量 58.48 亿 m^3,北支白沟站 30 d 洪水总量 22.8 亿 m^3,新镇站 76.13 亿 m^3。而大清河流域蓄滞洪区总面积 5 295 km^2,总容积 114.34 亿 m^3,远大于河系 50 年一遇洪水总量。且近年来由于地面沉降等原因,部分蓄滞洪区容积与原防洪规划成果相比,有不同程度的增加。因此,大清河流域蓄滞洪区存在一定的调整潜力。

本次规划,根据流域经济社会发展和新的防洪形势,对蓄滞洪区进行了部分调整。具体调整内容见表 3-1-8,蓄滞洪区调整方案见表 3-1-9。

表 3-1-7　河道治理规划

名称	河流	规划内容					
		治理范围		设计流量/(m^3/s)	治理标准	治理长度/km	治理内容
骨干河道治理规划	白沟河	二龙坑至新盖房枢纽	左堤	—	100 年一遇	67.4	从二龙坑上延古城小埝与永定河右堤相连
			右堤	3 200	—	53.5	加固堤防、堤顶硬化、穿堤建筑物改建、生态护坡等
	南拒马河	自铁锁崖至北河店	左堤	2 000	—	51	局部护坎,对地势高程不足的河段,在河道高坎以外修筑堤埝,结合筑堤取土进行河槽整治
			右堤		—	51	
		北河店至新盖房枢纽	左堤	3 500	—	28.0	加高加固堤防、堤顶硬化、险工治理、穿堤建筑物改建、河道深槽疏挖、生态护坡
			右堤	—	200 年一遇	34.4	
	北拒马河	涿州市区段	—	—	50 年一遇	30	启用洼套缓洪
		南北支分流	北支	660	南北支汇流口以下 1 070 m^3/s	33	堵闭北拒马河中支,利用北支和南支行洪;高加固堤防、堤顶硬化、险工治理、穿堤建筑物改建、河道疏挖、生态护坡等
			南支	330		25	
	潴龙河(陈村分洪道)	潴龙河	北郭村至陈村	5 700	50 年一遇	35.5	左右堤全线复堤,对险工及穿堤建筑物除险加固;加高加固陈村分洪道左右堤堤防;在陈村建分洪枢纽工程;河道卡口段及入淀口清淤;对潴龙河右堤修筑堤顶路面
			陈村以下	2 300		45	
		陈村分洪道	陈村以下	3 400	50 年一遇	28	对陈村分洪道左堤修筑堤顶路面
	唐河	东石桥以上	—	1 190	20 年一遇	95	西大洋水库至京广铁路桥无堤段划定治导线,在采用固定河槽、清障、成滩固险的同时,洪水满溢河段修建堤防;铁路桥至温仁段按行洪 1 190 m^3/s 筑堤;温仁至入淀口段按 1 190~3 500 m^3/s 复堤,险工治理,建筑物除险加固;右堤堤顶硬化
		东石桥至入淀口	—	3 500	20 年一遇	25	
	清水河	铁路桥以上	—	1 030~1 500	20 年一遇	19	堤防加高加固、险工治理、堤顶硬化、河道清淤扩挖、穿堤建筑物改建及生态护坡等,并增设清水河入唐河口改道工程。结合唐河污水库治理,对该段河道进行生态修复与治理
		铁路桥至东石桥	—	2 500	20 年一遇	7	

续表 3-1-7

<table>
<tr><th rowspan="2">名称</th><th rowspan="2">河流</th><th colspan="6">规划内容</th></tr>
<tr><th colspan="2">治理范围</th><th>设计流量/(m^3/s)</th><th>治理标准</th><th>治理长度/km</th><th>治理内容</th></tr>
<tr><td rowspan="6">骨干河道治理规划</td><td rowspan="3">新盖房分洪道</td><td rowspan="2">新盖房闸下至陈家柳</td><td>左堤</td><td>5 500</td><td>100 年一遇</td><td>31.8</td><td rowspan="2">堤防加高加固、堤顶硬化、险工治理、穿堤建筑物改建、生态护坡等。为避免小洪水淹没滩地,增设主槽与下游中亭河相连接,主槽规模 400 m^3/s。</td></tr>
<tr><td>右堤</td><td>5 500</td><td>100 年一遇</td><td>32.3</td></tr>
<tr><td>新盖房枢纽</td><td>—</td><td>5 500</td><td>100 年一遇</td><td>—</td><td>除险加固</td></tr>
<tr><td rowspan="2">赵王新河</td><td>—</td><td>左堤</td><td rowspan="2">枣林庄至史各庄(王村闸)段 4 160 m^3/s,王村闸以下按设计流量 2 700 m^3/s、校核流量 3 500 m^3/s 进行治理</td><td>100 年一遇</td><td>56.8</td><td>堤防加高加固、堤顶硬化、穿堤建筑物改建、生态防护及河道清淤扩挖</td></tr>
<tr><td>—</td><td>右堤</td><td>50 年一遇</td><td>40.8</td><td>堤防加高加固、堤顶硬化、穿堤建筑物改建、生态防护及河道清淤扩挖</td></tr>
<tr><td colspan="7"></td></tr>
<tr><td rowspan="8">重要支流治理规划</td><td>中易水</td><td>—</td><td>—</td><td>964</td><td>10 年一遇</td><td>86</td><td>挖槽筑砂堤,新建排水涵洞</td></tr>
<tr><td>北易水</td><td>—</td><td>—</td><td>1 070</td><td>10 年一遇</td><td>56</td><td>在主河槽两岸滩地筑砂堤,结合取土修整主河道,建排水涵洞</td></tr>
<tr><td>小清河</td><td>刺猬口以下</td><td>—</td><td>500</td><td>—</td><td>4.8</td><td>河道深槽扩挖、堤防加高加固、穿堤建筑物工程和堤顶硬化工程</td></tr>
<tr><td>沙河</td><td>—</td><td>—</td><td>3 560</td><td>20 年一遇</td><td>110</td><td>铁路以西划定治导线,采用固定河槽、清障、成滩固险、洪水满溢段修建堤防;铁路以东划定治导线,两岸筑堤加固</td></tr>
<tr><td>瀑河</td><td>京广铁路至入淀口</td><td>—</td><td>—</td><td>20 年一遇,徐水城区段按 50 年一遇</td><td>48.4</td><td>堤防加高加固、堤顶硬化、险工治理、疏浚拓宽河槽、生态护坡等;瀑河左堤新区边界处结合寨里西堤修建一处退水工程</td></tr>
<tr><td>孝义河</td><td>定州市中古屯村至入淀口</td><td>—</td><td>—</td><td>20 年一遇</td><td>77.2</td><td>河段清淤、堤防加高加固及新建、堤顶硬化、生态护坡等</td></tr>
<tr><td>府河</td><td>玉兰大街至建昌村</td><td>—</td><td>254~852</td><td>20~50 年一遇</td><td>27.2</td><td>河段清淤扩挖、堤防加高加固及新建、堤顶硬化、生态护坡等</td></tr>
<tr><td>漕河</td><td>方上村至入淀口</td><td>—</td><td>1 180</td><td>20 年一遇</td><td>49</td><td>河段清淤扩挖、堤防加高加固及新建、堤顶硬化、生态护坡等</td></tr>
</table>

表 3-1-8 蓄滞洪区工程建设与安全建设规划

序号	名称	调整方案	调整后边界
1	小清河分洪区	扩大涿同安全区面积至 11.7 km^2,调整后总面积不变(424 km^2),安全区总面积扩大到 86.5 km^2。调整后总面积不变	东部以永定河右堤、白沟河左堤(上延段)为界,南部以古城小埝、小营横堤、北拒马河右堤为界,西部河北境内以标准洪水淹没线为界,北京境内以京广铁路为界
2	兰沟洼	将兰沟洼从一般蓄滞洪区调整为重要蓄滞洪区	边界不变,东边界为白沟右堤,北边界为小营横堤,南边界为南拒马河左堤,西边界为自然高地
3	白洋淀	将新安北堤以北、障水埝寨里西堤以东部分调整为防洪保护区,不再承担缓滞洪任务。调整后面积由 1 191 km^2 减少到 943 km^2。安新县城安全区(新安北堤以北区域)由安全区调整为防洪保护区	东部以千里堤为界,北部以新安北堤为界,西北部以障水埝为界,南部和西部基本以 10.5 m 等高线为界
4	东淀	在原 5 处安全区基础上新增沿河六、邱滑黄、上中下段、肖家堡 4 处安全区,扩大王疙瘩安全区	边界不变,北部以中亭河左堤为界,东部以西河右堤为界,南部以子牙河右堤、坝台段连接堤、隔淀堤、千里堤、开卡新堤、大清河右堤为界
5	文安洼	在Ⅰ区内,适度扩大左各庄安全区和大城县城安全区,取消天津市静海区茁头、高庄 2 处安全区(未实施)。在Ⅱ区任丘市周边利用现有和在建高速公路、河渠堤防,新划保护区面积为 128 km^2	北部以赵王新河右堤、千里堤为界,东部以子牙河左堤为界,南部以津保公路、古洋河、津石高速(在建)、大广高速为界,西部以白洋淀千里堤为界
6	贾口洼	原规划 5 处安全区,规划取消子牙镇、双塘镇及静海县城(贾口洼内部分)安全区	调整后贾口洼范围为北部、西部以子牙河右堤为界,南部以廊沧高速、子牙新河左堤为界,东部以南运河左堤为界
7	团泊洼	维持《海河流域综合规划》确定的行洪通道方案	通道右侧基本以津沧高速公路、运东排干为界,左侧以静文公路、团泊路、津汕高速公路为界,宽度为 4~6 km,通道边界形成之前团泊洼仍为保留区

表 3-1-9　蓄滞洪区调整方案

名称	面积/km^2		水位/m	容积/亿 m^3				蓄滞洪区分类		本次规划新增保护区面积/km^2	安全区数量/面积（处/km^2）	
	安全建设规划	调整后		安全建设规划	新地形（调整前）	原地形（调整后）	新地形（调整后）	原规划	本次规划		原规划	调整后
小清河分洪区	335	335	27.11	2.86	2.86	2.86	2.86	重要	重要	—	3/84.5	3/86.5
兰沟洼	228	228	17.4	3.23	3.23	3.23	3.23	一般	重要	—	2/4.35	2/4.35
白洋淀	1 191	943	9.64（50 年）	27.74	31.11	22.5	25.72	重要	重要	248	6/117.28	5/97.81
			10.01（100 年）	31.54	35.18	25.44	28.91					
东淀	379	379	6.44	12.88	12.88	12.68	12.68	重要	重要	—	5/7.56	9/12.94
文安洼	1 556	1 428	5.94	34.63	31.55	30.33	25.55	Ⅰ区为重要；Ⅱ区为保留区	Ⅰ区为重要；Ⅱ区为保留区	128	7/120.1	5/156.53
贾口洼	911	708	5.94	16.89	17.92	16.59	17.49	重要	重要	203	5/22.19	2/8.8
小计	4 600	4 021	白洋淀 9.64	98.23	99.55	88.19	87.53			579	28/355.98	26/366.93
			白洋淀 10.01	102.03	103.62	91.13	90.72					
团泊洼	695	—	4.44	16.11	16.11	—	—	保留区*	保留区*	—	无	无
合计	5 295	4 021	白洋淀 9.64	114.34	115.66	88.19	87.53			579	28/355.98	26/366.93
			白洋淀 10.01	118.14	119.73	91.13	90.72					

注：* 表示团泊洼行洪通道形成以前仍为保留区；本次复核容积采用 2014 年、2015 年地形。原地形指安全建设规划采用的 2003 年地形。表中白洋淀水位 9.64 m 为原防洪规划 50 年一遇的控制运用水位，10.01 m 为本规划 100 年一遇治理标准的控制运用水位。

3.1.2.5　城市防洪规划

城市防洪规划包括雄安新区、保定市、定州市、涿州市防洪规划。具体规划内容见表 3-1-10。

表 3-1-10　城市防洪规划

城市		防洪对象	项目	防洪标准	堤防级别	治理范围及长度/km	
雄安新区	起步区	起步区，安新、容城组团	南拒马河右堤	200 年一遇	1 级	北塘公路至新盖房枢纽	40.4
			新安北堤	200 年一遇	1 级	山西村至白沟引河留通大桥	37.1
			萍河左堤	200 年一遇	1 级	京广铁路至山西村	20.8
			白沟引河右堤	200 年一遇	1 级	引河闸至容城县留通村东	12.0
	雄昝组团	雄县、昝岗组团		100 年一遇	可结合流域骨干河道治理一并解决		
	寨里组团	寨里组团	障水埝	100 年一遇	1 级	黑龙口大桥至寨里乡	18.9
			寨里西堤	100 年一遇	1 级	萍河右堤—障水埝	12.5
			萍河右堤	100 年一遇	1 级	黑龙口大桥上游	3.0
保定市		城区		100 年一遇	结合流域河道规划治理，加高加固漕河右堤、界河左堤，南部加高加固龙泉河、清水河左堤		
		满城区、清苑区和徐水区		50~100 年一遇	满城区、清苑区城区防洪工程可结合中心城区防洪工程建设一并解决。徐水区城区防洪可采取局部防护的工程措施		
定州市		城区		50 年一遇	加高加固城区段唐河右堤、孟良河左堤		
涿州市		城区		50 年一遇	新建北拒马河南支右堤，新建、加固北拒马河右堤，新建京白路东堤等，堤防总长度 29.63 km		

3.1.2.6　风暴潮防御、中小河流治理及山洪灾害防治

1. 风暴潮防御

结合天津市滨海新区防潮规划，区域内海堤建设标准采用 200 年一遇潮位叠加 100 年一遇风浪。根据新区产业规划布局，合理布置防潮堤线，适时进行海堤规划建设，按照“渤海八条”全面禁止新增围填海、坚决保护自然岸线等要求，需要相应调整原防潮规划的堤线布置。

2. 中小河流治理规划

本次规划重点对流域面积大于 200 km^2 的 43 条中小河流进行治理（见表 3-1-11），总长度 690 km。

3. 山洪灾害防治

大清河流域山洪灾害防治区措施见表 3-1-12。

3.1.2.7　排涝规划

大清河流域平原排涝区分为南支平原、北支平原、清南、清北、黑龙港北区和青静黄排

水区 6 个单元,总面积 23 670 km²。排涝规划内容见表 3-1-13。

表 3-1-11　大清河流域中小河流(流域面积大于 200 km²)治理安排

河道类型	采取措施
山区和丘陵区河道	采取挡墙或护岸等工程形式进行防护,局部加固或新建封闭堤防,并根据需要开展河道清淤疏浚
浅丘区和平原区河道	对城镇河段和农田集中区进行堤防加固,对河道局部卡口段进行拓宽和疏浚

表 3-1-12　大清河流域山洪灾害防治区措施　单位:万 km²

序号	措施	防治措施
1	非工程措施规划	包括防灾知识宣传、监测通信预警系统、防灾预案及救灾措施、搬迁避让、政策法规和防灾管理等
2	工程措施规划	全流域山洪灾害易发区所涉及的洪沟百余条,以建立监测预警非工程系统为主,适当安排部分治沟等工程措施

表 3-1-13　排涝规划内容

城市	防洪工程规划
南支平原涝区	规划对现状排涝标准偏低和淤积严重的排水河道,进行开挖和清淤疏浚,涉及排水河道约 110 条,共计清淤疏浚河道 2 189 km,新挖、清淤疏浚渠系 489 km,扩建及重建排涝泵站 42 座,相应规划建设河道配套桥梁、加固排涝涵闸等
北支平原涝区	北支平原涝水由南拒马河和白沟引河承泄。规划实施排涝河道(渠系)工程 36 条,新开挖河道 31 km,清淤疏浚河道 1 613 km,清淤疏浚渠系 629 km,加固扩建重建泵站 5 座;相应规划建设河道配套桥梁、加固排涝涵闸等
清北平原涝区	规划实施的排涝河道(渠系)工程有 7 条,清淤疏浚河道 155 km,清淤疏浚渠系 182 km;加固扩建及新建泵站 8 座。相应规划建设河道配套桥梁、加固排涝涵闸等
清南平原涝区	规划实施排涝河道(渠系)工程近 100 条,清淤疏浚河道长度共计 1 110 km,新开挖渠系 70 km,清淤疏浚渠系 675 km,更新改造及新建泵站 87 座,其中河北省 6 座,天津市 81 座。相应规划建设河道配套桥梁、加固排涝涵闸等
黑龙港北区	—
青静黄排水渠	—

3.1.3　水资源利用规划

3.1.3.1　水资源配置规划

1. 需水量

大清河流域多年平均总需水量由基准年的 66.78 亿 m³ 增加到 2035 年的 71.82 亿 m³,20 年间净增加 5.04 亿 m³,将比基准年增加 7.55%,需水量年均增长 0.38%;大清河山区、淀东平原需水量分别增加 0.87 亿 m³ 和 5.82 亿 m³,增幅为 22.31%和 20.03%。淀西平原由于农业节水措施的实施,需水量减少 1.64 万 m³,减幅为 4.85%。

天津市多年平均总需水量由基准年的 16.81 亿 m³ 增加到 2035 年的 22.56 亿 m³,增幅为 34.21%,比例最大;其次是山西省和北京市,增幅分别为 26.67%和 24.26%;河北由于农业节水措施的实施,需水量减少 1.57 万 m³,减幅为 3.38%。

大清河流域多年平均需水预测成果见表 3-1-14。

表 3-1-14 大清河流域多年平均需水预测成果 单位:亿 m³

分区/分省	基准年	2025 年			2035 年		
	需水量	需水量	较基准年变化情况		需水量	较基准年变化情况	
大清河山区	3.90	4.30	0.4	10.26%	4.77	0.87	22.31%
大清河淀西平原	33.82	32.31	-1.51	-4.46%	32.18	-1.64	-4.85%
大清河淀东平原	29.06	30.13	1.07	3.68%	34.88	5.82	20.03%
北京	3.05	3.42	0.37	12.13%	3.79	0.74	24.26%
天津	16.81	18.42	1.61	9.58%	22.56	5.75	34.21%
河北	46.47	44.36	-2.11	-4.54%	44.90	-1.57	-3.38%
山西	0.45	0.54	0.09	20.00%	0.57	0.12	26.67%
大清河流域	66.78	66.74	-0.04	-0.06%	71.82	5.04	7.55%

2. 供水量

2025 年流域总供水量为 63.38 亿 m³,地表水供水量中,按流域内外分,流域内供水量 7.45 亿 m³,流域外的中线一期、东线一期北延、引滦、引黄合计供水工程引水 23.83 亿 m³。

中东线后续工程实施后,2035 年流域总供水量为 71.68 亿 m³。地表水供水量中,按流域内外分,流域内供水量 6.20 亿 m³,流域外的中线(实施引江补汉后)、东线二期、引滦、引黄工程引水量 32.07 亿 m³。

中东线后续工程未实施,2035 年流域总供水量为 66.40 亿 m³。地表水供水量中,按流域内外分,流域内供水量 7.45 亿 m³,流域外的中线一期、东线一期北延、引滦、引黄工程引水量 24.82 亿 m³。

大清河流域多年平均供水预测成果见表 3-1-15。

表 3-1-15 大清河流域多年平均供水预测成果 单位:亿 m³

计算方案	地表供水量			地下供水量	其他	合计
	流域内	流域外	小计			
基准年	7.45	18.83	26.28	25.18	5.55	57.01
2025 年	7.45	23.83	31.28	24.66	7.44	63.38
2035 年(有中东线后续工程)	6.20	32.07	38.27	23.33	10.08	71.68
2035 年(无中东线后续工程)	7.45	24.82	32.27	24.05	10.08	66.40
2035 年(有中东线后续工程)较基准年变化	-1.25	13.24	11.99	-1.85	4.53	14.67
	-16.8%	70.3%	45.6%	-7.3%	81.6%	25.7%
2035 年(无中东线后续工程)较基准年变化	0	5.98	5.98	-1.13	4.53	9.38
	0.0%	31.8%	22.8%	-4.5%	81.6%	16.5%

3. 水资源配置方案

根据本次预测的各行业需水成果，采用 1956—2016 年水资源系列，在保障河道内基本生态用水需求的情况下，以地市套水资源四级区为计算单元进行了长系列供需分析，统筹调配各类水源，在确保城乡饮水安全的条件下，协调工业用水、农业用水和生态用水关系，明确不同区域、行业的配置水量。

规划年水资源配置方案见表 3-1-16。

表 3-1-16　规划年水资源配置方案　单位：亿 m^3

分区	水平年	地表水	供水量					用水量				
			当地地表水	地下水	外调水	其他	合计	生活	工业	农业	生态	合计
山区	现状年	13.37	1.38	1.32	0	0	2.70	1.38	1.32	0	0	2.70
	2025 年		1.50	2.48	0	0.32	4.30	1.50	2.48	0	0.32	4.30
	2035 年		1.50	2.82	0	0.45	4.77	1.50	2.82	0	0.45	4.77
淀西平原	现状年	0.18	3.35	24.08	2.25	1.26	30.94	3.35	24.08	2.25	1.26	30.94
	2025 年		3.54	17.84	8.91	1.98	32.27	3.54	17.84	8.91	1.98	32.27
	2035 年		2.82	15.60	10.97	2.73	32.13	2.82	15.60	10.97	2.73	32.13
淀东平原	现状年	4.09	3.07	8.29	13.42	4.29	29.07	3.07	8.29	13.42	4.29	29.07
	2025 年		2.41	6.35	15.44	5.15	29.35	2.41	6.35	15.44	5.15	29.35
	2035 年		1.88	4.91	21.11	6.89	34.79	1.88	4.91	21.11	6.89	34.79
合计	现状年	17.65	7.80	33.69	15.67	5.55	62.71	7.80	33.69	15.67	5.55	62.71
	2025 年		7.45	26.67	24.36	7.44	65.92	7.45	26.67	24.36	7.44	65.92
	2035 年		6.20	23.33	32.08	10.07	71.69	6.20	23.33	32.08	10.07	71.69

3.1.3.2　节水规划

1. 节水目标

大清河流域规划节水指标见 3-1-17。

表 3-1-17　大清河流域规划节水指标

省级行政区	节水器具普及率/%			供水管网漏损率/%			工业用水重复利用率/%			灌溉水利用系数		
	2018 年	2025 年	2035 年	2018 年	2025 年	2035 年	2018 年	2025 年	2035 年	2018 年	2025 年	2035 年
北京	98	100	100	16	10	9	94	95	96	0.72	0.75	0.79
天津	95	100	100	13	10	9	92	93	94	0.68	0.74	0.78
河北	70	90	99	14	10	9	83	83	88	0.65	0.68	0.65
山西	60	90	99	13	11	9	82	85	90	0.52	0.57	0.60
大清河流域	78	90	99	14	10	9	84	90	92	0.65	0.68	0.69

2. 节水潜力及措施

节水措施主要包括城镇生活节水、工业节水和农业节水三个方面，具体节水措施及节水潜力见表 3-1-18。

表 3-1-18 节水措施及节水潜力

名称	节水措施	节水潜力/亿 m³	
		2025 年	2035 年
农业节水	大中型灌区续建配套及节水改造、渠道节水改造及田间工程配套实施,以及种植结构调整(2025 年 130 万亩,2035 年 182.2 万亩)等	3.62	5.06
工业节水	推广先进节水技术和节水工艺,加强用水定额管理等措施,结合供水管网更新,改造供水体系,提高供水效率,适当节水	1.14	2.31
城市生活节水	推广先进节水技术和节水工艺,结合城市供水管网更新,改造供水体系和改善城市供水管网,提高城镇供水效率	0.37	0.39
合计		5.13	7.76

3.1.3.3 地下水压采规划

1. 压采目标

到 2025 年通过实施农业种植方式调整及农艺节水措施,建设南水北调中线配套及引黄等地下水压采替代水源工程,压采地下水 10.21 亿 m^3,压采面积和压采量预计达到 90%以上。初步建立地下水取水计量、水位监控系统以及考核奖惩机制。

到 2035 年实现地下水采补平衡,雄安新区周边及地下水漏斗中心地下水位明显回升,地下水取水计量、水位监控系统以及考核奖惩机制进一步健全,地下水超采状态得到极大改善。

2. 压采综合治理措施

天津市现状浅层水不超采,深层水超采 1.44 亿 m^3,其中城市用水超采 1.09 亿 m^3,通过南水北调水源替换可实现压采目标;农业用水超采 0.35 亿 m^3,通过综合节水措施(压减地下水供水量 0.15 亿 m^3)和南水北调水源替换(压减地下水供水量 0.2 亿 m^3)可实现压采目标。

本次重点制定大清河流域河北的压采综合治理措施。压采综合治理措施见表 3-1-19、表 3-1-20。

表 3-1-19 压采综合治理措施

项目	具体措施	压采目标
城市和农村综合治理措施	(1)优化产业布局,深入推进工业和城镇节水,控制高耗水产业发展。 (2)根据《推进南水北调配套工程建设和江水利用实施方案》,在有引江水地区,建设城镇供水管网向周边农村延伸工程	(1)2025 年流域工业和城镇节水量 0.05 亿 m^3。 (2)到 2025 年,压减城乡生活工业地下水超采量 3.88 亿 m^3;到 2035 年,随着南水北调中线、东线后续工程的建成通水,再压减城乡生活工业地下水 0.26 亿 m^3

续表 3-1-19

项目		具体措施	压采目标
农村综合治理措施	种植方式调整	以地下水超采漏斗区为重点，运用政府补贴、水资源税、价格杠杆等措施，推进农业种植方式调整。在地表水无法覆盖的深井灌区和浅层地下水严重超采区，推进适水种植和量水生产，减少小麦等高耗水农作物种植面积，扩大低耗水作物和耐旱药材花卉等种植面积，变灌溉农业为旱作雨养农业。发展半雨养设施农业，推广设施棚面集雨及高效利用技术	到 2025 年，共实施农业种植方式调整 130 万亩，压减地下水超采量 1.98 亿 m^3。 到 2035 年，再新增种植方式调整面积 52.2 万亩，压减地下水超采量 0.70 亿 m^3
	农业节水灌溉工程	加快节水灌溉工程建设和技术推广。在浅层地下水超采区和有替代水源的深层地下水超采区，因地制宜合理选择高效节水灌溉工程技术模式，择优发展规模化高效节水灌溉	到 2025 年，发展高效节水灌溉面积 240 万亩，其中管灌 150 万亩，亩均节水 40 m^3；喷灌、微灌面积 90 万亩，蔬菜微灌亩均节水 200 m^3，小麦玉米喷灌、经济作物和林果微灌亩均节水 60 m^3，压采地下水 1.60 亿 m^3。 到 2035 年，发展喷灌、微灌面积 25 万亩，达到 265 万亩，实现压减地下水 1.80 亿 m^3
	水源置换工程	引江水源置换	到 2025 年，充分利用南水北调通水后城市返还给农业的水量，加大雨洪水和非常规水利用；在保障规划目标用水的前提下，利用南水北调中线总干渠中管头等分水口门，相机向沙河灌区等供水；利用南水北调东线一期北延应急供水工程，用于沿线河湖生态补水和农业灌溉，压减地下水 1.09 亿 m^3。 用引江中线、东线二期替换地下水灌溉，压减地下水超采量 1.04 亿 m^3
		引黄水源置换	到 2025 年，在原有引黄指标范围内，利用引黄入冀补淀工程在沧州、廊坊增加引黄水 0.41 亿 m^3，其中，井灌改井渠双灌 13 万亩，实现地下水压减 0.17 亿 m^3

表 3-1-20　大清河流域地下水超采治理措施

治理措施项目		2025 年		2035 年	
		面积/万亩	压采量/亿 m^3	面积/万亩	压采量/亿 m^3
城市	水源置换		5.02		5.58
农村	种植方式调整	130	1.98	182.2	2.68
	高效节水工程	240	1.75	265	1.95
	水源置换		1.46		2.50
	小计	370	5.19	447.2	7.13
合计		370	10.21	447.2	12.71

注:表中 2035 年面积和压减量为累计值,高效节水工程对应的压减量含天津市农业节水 0.15 亿 m^3。

3.1.3.4　航运规划

本着立足长远、需要与可能并重的原则,结合《大运河水系治理管护规划》《河北省大运河文化保护传承利用规划》《河北省大运河通水通航实施意见》,并考虑未来水源条件,对旅游航线和保留航运功能的航线提出航道规划。大清河流域内河航道规划见表 3-1-21。

表 3-1-21　大清河流域内河航道规划　单位:km

航道名称	起讫点	里程	航道等级	规划功能	说明
赵王新河	枣林庄枢纽—任庄子	42	Ⅵ级	以旅游客运为主	现状未通航
大清河	任庄子—第六埠	33	Ⅵ级	以旅游客运为主	现状未通航
子牙河	第六埠—子北汇流口	30	Ⅵ级	以旅游客运为主	现有部分旅游客运
海河干流	子北汇流口—光华桥	9	Ⅵ级	以旅游客运为主	具备发展航运条件
	光华桥—二道闸	25	Ⅵ级		
	二道闸—滨海大桥	28	Ⅲ级		
	滨海大桥—海河闸	11	Ⅰ级		
南运河	穿运枢纽—三岔河口	125	Ⅵ级	以旅游客运为主	现状停航
合计		303			

3.1.4　水资源保护规划

3.1.4.1　地表水水资源保护

1. 水功能区达标建设

入河排污口布局,将规划水域划分为禁止排污区、严格限制排污区和一般限制排污区三类。大清河流域入河排污口设置水域分区见图 3-1-2。

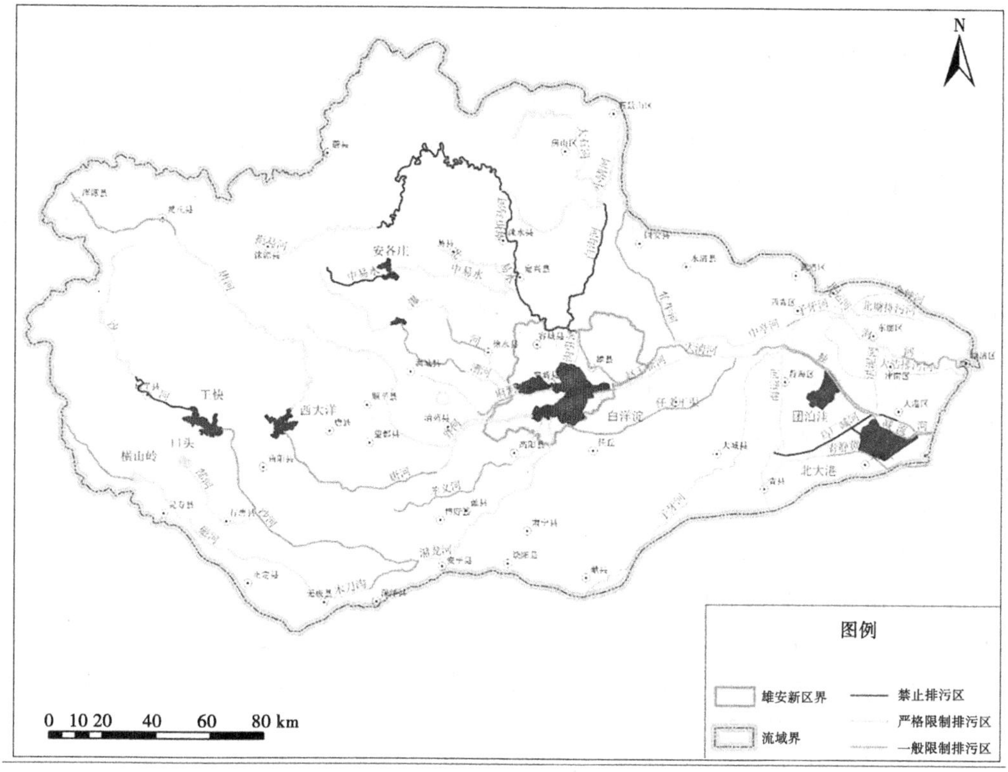

图 3-1-2　大清河流域入河排污口设置水域分区

大清河流域水功能区入河排污口整治布局情况见表 3-1-22。

表 3-1-22　大清河流域水功能区入河排污口整治布局情况

行政区名称	水功能区个数	长度/km	面积/km^2	禁止排污区			严格限制排污区			一般限制排污区		
				水功能区个数	长度/km	面积/km^2	水功能区个数	长度/km	面积/km^2	水功能区个数	长度/km	面积/km^2
北京	4	167	0	0	0	0	4	167	0	0	0	0
天津	15	296.3	200	5	59	200	3	83.6	0	7	153.7	0
河北	52	2 211	443.8	12	344	427.1	26	1 229	16.7	14	638	0
山西	3	144	0	0	0	0	1	71	0	2	73	0
合计	74	2 818.3	643.8	17	403	627.1	34	1 550.6	16.7	23	864.7	0
备注				主要分布在饮用水水源保护区、跨流域调水水源地及其输水干线、区域供水水源地及其输水通道、自然保护区、水产种质资源保护区等			主要分布具有长远保护意义的保留区、省界缓冲区、源头水保护区、饮用水水源区等			主要分布在农业用水区、工业用水区		

2. 河湖水环境综合治理

一是源头控制。进行产业布局优化调整,实施环境准入政策,全面取缔"十小"企业,全面排查装备水平低、环保设施差的小型工业企业,并依法实施强制性清洁生产审核。同时,大力推进农业农村污染防治,通过开展养殖污染防治,发展现代生态循环农业和合理施用化肥、农药,推进农业面源污染治理,推广农村粪污处理和资源化。

二是严格执行污染物排放标准。根据各省(市)颁布的污染物排放标准的相关要求,加快城镇污水处理厂和农村生活污水处理设施建设与改造,实施对现有合流制排水系统的雨污分流改造,填平补齐污水处理设施能力缺口。

3. 环境风险源治理

开展唐河污水库污染治理与生态修复二期工程,主要实施内容为污染土壤及渣土混合物等固废采用填埋/储存处置,污染程度较轻的土壤采取清挖外运与填埋处置、污染程度较深的重金属污染土壤采取原位阻隔、渣土混合物外运处置,同时构建地下水质量长期在线监测系统。

4. 水资源保护监督管理

进一步强化《中华人民共和国水法》等法律法规确立的水资源保护制度,全面推进落实河湖长制,建立大清河流域水资源保护的协商、协调和联防机制,把水资源保护目标纳入相关行政区的目标考核指标体系中,严格水资源保护与管理,维护大清河流域河流健康。

3.1.4.2　水源地保护规划

水源地保护规划见表 3-1-23。

表 3-1-23　水源地保护规划

项目	具体措施
保护区划分	未划分保护区的水源地应根据《饮用水水源保护区划分技术规范》,结合实际情况划分水源保护区
隔离防护工程	(1)地表水源地:对西大洋和王快两个水库型饮用水水源地,主要针对入库支流、水库周边及水库内建设生态防护绿化隔离工程和湖滨带生态修复工程。建立生态屏障,维护区域良性生态系统。规划在西大洋水库库周建设水源地保护警示牌、保护标语、水源地保护立碑;建设滨河生态保护带。 (2)地下水源地:为防止人类活动对水源地的干扰,规划对已划分保护区的水源地采取物理隔离设施进行防护,修建围栏(网),建设生物隔离工程
污染治理工程	(1)点源污染治理:关闭水源地保护区内的排污口。通过点源分散治理和集中治理等措施,使生产、生活废污水资源化,减轻和防止废污水对地下水的入渗污染。 (2)面源污染控制:采取以小流域为单元的水土流失综合治理措施,控制入库泥沙和面源污染,通过建设农村生活垃圾集中处理场和小型污水净化处理设施等措施控制农村面源污染。同时加大测土配方施肥技术推广覆盖率,积极推广农业清洁生产技术,发展生态农业和绿色农业,以减少农业面源污染对水源地水质的影响。在保定市西大洋水库上游饮用水水源二级保护区内,依法拆除有污染物排放的规模养殖场,并依法补偿。对水库沿岸的村庄进行农村集中连片整治,建设农村垃圾集中处理设施,在浑源县畜禽养殖区建设粪场、防雨淋、防溢流设施,在村庄供水水源地实施保护措施,建立隔离防护、污染源综合整治、生态修复与保护等综合工程体系。 (3)泉域保护:对山西城头会泉采取环境整治工程、泉源湿地建设工程

续表 3-1-23

项目	具体措施
健全监测监控体系	(1)完善拒马河水源地和西大洋水库水源地排查性指标监测,完善王快水库水源地特定指标监测。同时,完备王快水库视频监控,建立在线监测及信息监控系统,开展应急演练。 (2)加强保定市一亩泉水源地水质常规监测,采取绿化植树方式提高保护区植被覆盖率,建立在线监测及信息监控系统,建成部门联动机制,完善水源地保护法规体系,健全管理体系,提高资金保障程度。 (3)建立泉域水位、水量、水质自动监测网络和地理信息系统,实现信息的自动采集和实时监控;对规模较大的岩溶泉域用水户安装智能水表计量设备,实时在线监测

3.1.4.3　地下水资源保护

1. 规划目标

大清河流域涉及 40 个浅层二级功能区中,有 39 个功能区制定了水质保护目标,占全部功能区的 97.5%。其中,水质目标为Ⅱ～Ⅲ类功能区 29 个,占全部功能区的 72.5%;Ⅳ类功能区 1 个,占 2.5%;其余 9 个二级功能区为水质保持稳定区,占 22.5%。按照地下水一级功能区、二级功能区对功能区水质目标进行统计,结果见表 3-1-24。

表 3-1-24　大清河流域浅层地下水功能区水质目标　单位:个

功能分区/水资源二级区		水质目标		
一级	二级	Ⅱ～Ⅲ	Ⅳ	水质保持稳定
开发区	集中式供水水源区	4	—	—
	分散式开发利用区	13	—	—
保护区	生态脆弱区	—	—	1
	水源涵养区	7	—	—
保留区	不宜开采区	4	1	8
	应急水源区	1	—	—
合计		29	1	9

2. 地下水水质保护与修复方案

以地下水饮用水水源地水质保护工程为重点,根据不同规划水平年水质保护目标,结合水文地质条件和地下水补给特点,立足于地下水污染预防,采取地下水集中式供水水源地、地下水补给带等污染预防措施,如圈定水源地保护区、保护区围护、污染源清理,控制点源污染、减轻面源污染,在保护区内禁止污染物排放,人员和单位迁出。

3.1.5　水生态保护与修复规划

3.1.5.1　主要江河湖泊生态水量

1. 生态水量计算范围

大清河流域生态水量计算共涉及 4 条山区河流和 4 条平原河流,湿地 3 个(白洋淀、北大港、团泊洼)。重点计算白洋淀及主要入淀河流、省界及单独入海河流的生态需水量。

2. 主要江河生态湖泊生态水量

河流生态水量为 1.82 亿 m^3,湿地生态水量为 5.76 亿 m^3,入海水量为 0.73 亿 m^3,河流水量山区、平原不重复累计,扣除上下游重复量后,大清河流域合计生态需水量 7.58 亿 m^3,占大清河流域 1956—2016 年多年平均地表水资源量的 33.1%。维持一定的河流水面,水动力条件改善,水体流动性加强,白洋淀恢复 6.5~7 m 水位,淀区面积达到 360 km^2,生态环境得到提升,生态系统逐步进入良好状态。

大清河流域主要河流生态环境需水量见表 3-1-25。

表 3-1-25 大清河流域主要河流生态环境需水量

类型	名称	控制站(无控制站的平原河流为河段范围)	生态需水量/万 m^3			计算方法
			10 月至翌年 3 月	4—9 月	全年	
山区河流	拒马河	紫荆关	1 526	2 260	3 786	多年平均天然径流量的 30%
	拒马河	张坊	1 053	1 837	2 890	出山口多年平均天然径流量的 10%
平原河流	中易水	安格庄水库坝下	41	325	366	水库多年平均天然径流量的 10%
	沙河	王快水库坝下	1 070	2 692	3 762	
	唐河	西大洋水库坝下	899	1 579	2 478	
	白沟河	东茨村	902	1 250	2 152	出山口多年平均天然径流量的 10%
	南拒马河	北河店	238	844	1 082	
	独流减河	进洪闸—防潮闸	—	—	2 700	生态景观功能法计算其蒸发渗漏量,同时独流减河考虑入海水量;海河流域综合规划成果
	海河干流	子北汇流口—海河闸	—	—	6 000	
湿地	白洋淀		—	—	30 000	白规成果
	北大港		—	—	21 600	海河流域综合规划成果
	团泊洼		—	—	6 000	海河流域综合规划成果
入海水量		工农兵闸	—	—	7 300	
大清河流域合计			—	—	75 774	

3. 水量满足程度

(1)河流水量满足程度。

将近 10 年的实测资料与以上确定的最小生态水量相比较,可以得到近 10 年满足年份的比例,同时近 5 年实测水量也可以反映生态水量状况。大清河流域河流生态水量满足状况见表 3-1-26。

表 3-1-26　大清河流域河流生态水量满足状况

类型	主要河流/河段	控制站(无控制站的平原河流为河段范围)	生态水量/亿 m^3	近 10 年生态水量满足年份比例/%			近 5 年平均实测水量/亿 m^3
				10 月至翌年 3 月(较枯时段)	4—9 月(较丰时段)	全年	
山区河流	拒马河	紫荆关	0.38	100	100	100	1.23
	拒马河	张坊	0.29	70	50	60	1.24
平原河流	中易水	安格庄水库坝下	0.04	50	60	80	0.40
	沙河	王快水库坝下	0.38	0	30	30	0.93
	唐河	西大洋水库坝下	0.25	0	10	0	0.03
	白沟河	东茨村	0.22	70	70	60	1.22
	南拒马河	北河店	0.22	10	40	40	0.22
	独流减河	进洪闸—防潮闸	0.27	—	—	10	0.16
	海河干流	子北汇流口—海河闸	0.60	—	—	70	1.27

(2)湿地水量满足程度。

大清河流域湿地生态水量满足状况见表 3-1-27。

表 3-1-27　大清河流域湿地生态环境需水量计算成果

湖泊	水面面积/km^2	生态水量/亿 m^3	近 5 年实测水量满足情况	计算方法
白洋淀	251	2.12	不满足	维持水生动植物生存条件的最低水位和水面,以蒸发渗漏损失为最小生态水量
北大港	177	2.16	不满足	
团泊洼	60	0.60	不满足	

注:生态补水后的状况。

4. 水量保障措施

对于生态水量满足或基本满足的河湖应通过取用水管控、强化节水等措施加强管理,维持现状,不再寻求新的水源配置。对生态水量不满足的 5 个河段和 3 个湿地,通过合理利用当地地表水资源,结合再生水利用和南水北调、引黄、引滦等生态补水,保障大清河流域生态水量。各平原河流及湿地水量保障措施见表 3-1-28。

表 3-1-28 各平原河流及湿地水量保障措施

类型	名称	水量保障措施
平原河流	拒马河	通过涵养水源、大力调整产业结构、优化农业种植结构和规模，发展高效节水灌溉面积、压减高耗水农业灌溉面积，新增本地地表水对生态用水的供水能力，进一步增加入河径流量
	南拒马河	利用涞水县、定兴县城镇再生水补充河道生态需水，结合华北地下水超采综合治理河湖地下水回补，南拒马河作为试点河段，可利用南水北调中线水经中易水相机补水，加之当地地表水基本可以满足生态水量需求
	白沟河	生态水源除北拒马河来水外，还可由上游小清河、琉璃河等河流涝水、房山区城镇再生水补给。南水北调中线工程实施后，拒马河来水应优先保障生态水量
	沙河	结合王快水库调度管理和汛期弃水下泄生态水量，保障年生态水量 0.38 亿 m^3
	唐河	结合西大洋水库调度管理和汛期弃水下泄生态水量，其他的生态补水措施为：一方面利用南水北调中线水，通过配套工程保沧干渠退水补给唐河生态用水；另一方面利用再生水，唐河流经定州市区，定州市现拟新建污水处理厂，规划中清风店镇与唐城村两地城镇污水处理厂紧邻唐河，远期可考虑将污水处理厂下泄的中水作为唐河的生态用水
	独流减河	利用上游赵王新河和大清河下泄水量，其次利用天津市区、静海区污水处理厂的再生水，还可利用天津市规划建设的南部水循环体系（天津市北水南调工程）向独流减河补水，并考虑分阶段实现入海水量
	海河干流	海河干流为天津市城市河道，可利用本身的雨洪资源及引滦水补给，还可以考虑塘沽新河污水处理厂的再生水通过黑猪河进入河道补充生态水。南水北调东线通水后，也可置换当地地表水补充生态水。此外，根据天津市水循环系统将海河、子牙河、独流减河、北运河、永定新河、西七里海湿地进行沟通，也可适当补充河道生态水
湿地	白洋淀	统筹引黄水、南水北调水、地表水、再生水等各类水源，保障入淀水量 3 亿 m^3，其中白洋淀蒸发渗漏需水 2.12 亿 m^3。近期补水以引黄入冀补淀 2 亿 m^3 为主；未来南水北调后续工程建成后，调整为 1.1 亿 m^3。地表水可通过王快、西大洋、安格庄 3 座水库向下游供水 1 亿~1.5 亿 m^3，在 3—10 月优先利用唐河干渠，经府河入淀。再生水考虑白沟引河、府河、孝义河上游城镇污水处理厂尾水入淀 0.6 亿 m^3。南水北调中线通过瀑河、北易水或府河河道入淀相机补水。位山引黄通过改建位山引黄渠首引水闸，相机向白洋淀补水。南水北调东线二期工程也作为白洋淀补水水源
	北大港	在南水北调东线工程通水以前，可利用天津市雨洪水 0.34 亿 m^3 及引黄济津 1 亿 m^3 进行生态补水；在南水北调东线工程通水以后，综合利用雨洪水和外调水，可满足北大港周边湿地生态保护要求
	团泊洼	团泊洼湿地现状水源首先为当地涝水，黑龙港河和各干支渠沥水可以进入团泊洼湿地。另外，纪庄子污水处理厂再生水（10 万 t/d）进行深度处理后作为团泊洼湿地的生态用水，天津市南北水系沟通工程枯水年向团泊洼湿地的补水量为 1 200 万 m^3。也可利用引滦水，通过于桥水库、海河干流向团泊洼湿地相机补水

3.1.5.2　水生态保护与修复措施

水生态保护与修复措施见表 3-1-29。

表 3-1-29　水生态保护与修复措施

名称	措施	具体内容
山区河流	山区水源涵养保护	针对浑源县恒山国家森林公园和饮用水水源地、灵丘县青檀自然保护区、灵丘县黑鹳自然保护区、灵丘县北泉森林公园、灵丘县平型关森林公园，建设生态涵养林，封育治理
	河流生态廊道及防护林带建设	(1)沙化河道治理：规划在北拒马河北京市房山区和河北省涿州市、南拒马河涞水县和定兴县、白沟河高碑店市、易水河易县利用河道现状的砂石坑扩大蓄水面积，有水的地方形成生态湿地，无水的地方补充客土植树、植草绿化。废弃砂石场综合治理规划治理总面积 2 万亩，并对潴龙河沙化河道进行治理。对于沙化河道进行植被恢复，选择不阻水、不妨碍行洪的乔灌草结合的植被护岸、绿化措施，并分段进行生态护岸建设。 (2)入淀河流综合治理：主要开展乡村污水治理，实施临河乡村生态排水改造和临河垃圾整治。在瀑河、漕河、白沟引河、潴龙河、府河、唐河、孝义河、赵王新河开展河道生态清淤，在瀑河干支流汇合口、府河与孝义河入淀河口共建立河口湿地 3 处，净化入淀水质。 水系连通工程：包括安格庄-龙门水库连通工程，增加龙门水库向下游漕河的供水能力；建设潴龙河-小白河、保定市区大水系与漕河连通、漕河与瀑河连通、瀑河与黑水沟连通、沙河干渠与孝义河连通、沙河干渠-潴龙河连通等河系连通工程。恢复白沟引河、唐河、潴龙河、大清河、赵王新河、瀑河、漕河、萍河、孝义河及府河 10 条河流生态廊道。 (3)河流生态湿地建设：在上游对唐河灵丘县踏涧河入河口—张旺沟段及峪门口进行治理，并形成河道湿地，对两岸滩地进行绿化种植，以改善周边生态环境。在唐河湿地下游东淀蓄滞洪区规划建设胜芳湿地和静海湿地。建设独流减河宽河槽生态湿地。同时，在大清河台头镇 5 个河口汇入下游处新建河道生态净化湿地。在独流减河西青区程村排水河汇入处和陈台子泵站上游、静海县良王庄泵站上游和迎丰泵站上游分别利用河道滩地建设 4 处生态净化湿地。 (4)河道防护林建设：在大清河北支上游河道建设防护林带，主要涉及北拒马河北京市房山区和河北省涿州市、南拒马河涞水县和定兴县、白沟河高碑店市、易水河易县。在白洋淀入淀河流白沟引河、瀑河、漕河、府河、唐河、孝义河、潴龙河建设生态防护林。下游建设河北段大清河和赵王新河防护林
	重点湿地与修复	(1)白洋淀：根据《白洋淀生态环境治理和保护规划》，主要开展包括纯水村、高风险半水村和河口区半水村的生态搬迁工程，彻底切断淀内人类活动造成的污染。对白洋淀内所有围堤围埝进行清除和处置，对淀区村镇旧址建筑垃圾进行处置，增加淀区水动力联通性，提升淀区水环境容量，提高淀区水生态景观效果。从沙洲与岛屿生境建设、鸟类恢复与栖息地保护、水生植物恢复、增殖放流和生物操控等方面恢复淀区生物多样性。建设环淀林带和新城北部林带。 (2)对北大港湿地开展水质净化、水系连通工程，进行生态补水，恢复湿地，在入海口进行治理，开展野生动物保护工程。 (3)对团泊洼湿地进行生态补水，修复退化湿地，进行植被封育与人工辅助、绿化改造，并开展护林保湿工程

3.1.5.3　水生态空间管控

水生态空间管控措施及要求见表 3-1-30。

表 3-1-30　水生态空间管控措施及要求

类型	名称	区域划分及管控要求、措施
生态红线划分及管控要求	生态红线	河北省：涉及太行山水土保持-生物多样性维护生态保护红线和河北平原河湖滨岸带生态保护红线。 天津市：涉及团泊-北大港湿地生物多样性维护生态保护红线、独流减河河滨岸带生态保护红线
	管控总体要求	生态保护红线原则上将按禁止开发区域的要求进行管理，严禁不符合主体功能定位的各类开发活动，严禁任意改变用途，确保生态功能不降低、面积不减少、性质不改变。 生态保护红线内的自然保护区、风景名胜区、世界遗产地、森林公园、地质公园、湿地公园、饮用水水源保护区等各类保护地，按照现有法律法规进行管理。生态保护红线内的其他区域，禁止大规模城镇化和工业化活动，实行环境准入正面清单制度。 对涉水自然保护区进行管控及疏整。结合河长制管理机制，进一步杜绝沿河私搭乱建、排污、垃圾堆放等各类影响拒马河生态环境问题，并根据“绿盾”行动计划梳理涉及拒马河自然保护区的问题进一步整改，共同保护拒马河流域生态环境
岸线划定及管控要求	边界线划定	根据相关要求把岸线功能区划分为岸线保护区、岸线保留区、岸线保护控制利用区和岸线开发利用区，同时划定临水边界线和外缘边界线
	管控要求	根据相关法规政策要求，结合岸线功能分区定位，从强化岸线保护、规范岸线利用等方面分别提出各岸线功能分区的保护要求或开发利用制约条件、禁止或限制进入项目类型等。 根据划定的临水边界线和外缘边界线，分别提出针对现状及规划建设项目的岸线保护要求和开发利用的制约条件、准入标准等。任何进入外缘控制边界线以内岸线区域的开发利用行为都必须符合岸线功能区划的规定及管理要求，且原则上不得逾越临水控制边界线

3.1.5.4　水土保持规划

1. 预防规划

(1)预防范围。根据大清河流域水土保持现状和水土保持分区，确定预防保护范围为有林地、灌木林地和高覆盖草地及水库上游水源涵养区域等。

(2)预防措施体系。包括保护管理、封育、局部治理等措施。

大清河流域水土保持规划预防规划项目规模见表 3-1-31。

表 3-1-31　大清河流域水土保持规划预防规划项目规模　单位:km^2

行政区划	预防面积	
	近期规模	远期规模
山西省	480.10	556.69
河北省	1 054.24	1 315.60
北京市	51.74	108.05
天津市	2.15	4.30
合计	1 588.23	1 984.64

2. 治理规划

(1)治理范围。包括山区、丘陵区、风沙区及平原河渠岸坡水土流失集中分布区域。主要包括荒山、荒沟、荒丘、荒滩“四荒”地,存在水力侵蚀的坡林地特别是经济林地,存在水土流失的坡耕地,水蚀风蚀交错区的沙化土地和退化草地,废弃矿山开采迹地,水土流失危害较大的侵蚀沟道、山洪沟道。

(2)治理措施体系。包括工程措施和林草措施。

(3)治理措施配置。大清河流域水土保持治理规划见表 3-1-32。

表 3-1-32　大清河流域水土保持治理规划　单位:km^2

水土保持分区	治理规划
太行山西北部山地丘陵防沙水源涵养区	水土保持措施为陡坡退耕、还林还草,选择高产、优质抗旱、耐贫瘠和速生树种,封禁治理,沟道治理,修筑沟头防护、谷坊坝、淤地坝、拦沙坝等,选择适宜的优良树种,加强现有低产人工林(小老树)改造,清洁生产;治理沟道,保土固沟,布设防护林带、截流沟、谷坊、塘坝、小水库等,发展坝地农业生产和水土保持产业;在有条件的地区,积极推进生态清洁小流域建设,以小流域为单元,划分“生态修复、生态治理、生态保护”三道防线;积极推进矿区生态恢复等
太行山东部山地丘陵水源涵养保土区	以小流域为单元,实施综合治理,开展坡改梯工程,设小型拦蓄饮水工程,节水节灌,布置拦沙、排洪等骨干工程;沟道治理和坡面治理结合,排水疏导和截水拦蓄结合;在有条件的地区,积极推进生态清洁小流域建设,以小流域为单元,实施控制生活垃圾和生活污水排放、防治面源污染、保护水源地清洁等生态清洁小流域工程
京津冀城市群人居环境维护农田防护区	加强水土保持建设,开展水土保持宣传,提高城市森林覆盖度和人均公共绿地占有面积;营造和改造农田防护林网、河岸防护林等;加强农田水利建设,健全灌排系统,推广和发展节水灌溉,提高灌溉效率
津冀鲁渤海湾生态维护区	改造盐碱地,提高土壤肥力和生产力,加强滨海植物带建设,营造防风混交林和沿海防护林,加强河道综合治理,实施湿地保护与恢复,加强生产建设项目水土保持监督管理工作,有效控制人为水土流失
黄泛平原防沙农田防护区	开展植树造林种草,建设“沟成网、地成方,沟渠路旁树成行,排、灌、路、林相结合”和“上粮下渔”的防治模式,修建蓄水和灌排工程,进行防风固沙林带和经济林果建设,利用引黄泥沙,建设高标准沙质人工高地

大清河流域水土保持规划综合治理规划项目规模见表 3-1-33。

表 3-1-33 大清河流域水土保持规划综合治理规划项目规模 单位:km^2

行政区划	近期治理面积	远期治理面积
山西省	339.10	712.47
河北省	1 200.01	3 200.00
北京市	242.09	488.27
天津市	8.87	11.83
合计	1 790.07	4 412.57

3. 监测与科技支撑

加强关键技术研究,加强科技示范园建设。按照全国水土保持监测网络布设的要求,不再增加省级监测机构,各地市水土保持监测机构可根据项目需要适当增加。

3.2 规划的协调性分析

大清河流域综合规划协调性分析重点关注、分析本规划与国家层面、海河流域和流域内各省(市)的相关法律法规、经济社会发展规划、生态功能区划、生态环境保护规划、水功能区划等的相符性和协调性。

3.2.1 与相关政策符合性分析

《国务院关于实行最严格水资源管理制度的意见》(国发〔2012〕3 号)、《中共中央 国务院关于加快水利改革发展的决定》(中发〔2011〕1 号)及《水利部关于加快推进水生态文明建设工作的意见》(水资源〔2013〕1 号)等相关政策对大清河流域的社会经济可持续发展及生态保护提出了严格要求。

(1)规划指导思想与国家相关政策宏观战略要求的相符性分析。

大清河流域综合规划指导思想是"以习近平生态文明思想为指导,按照'节水优先、空间均衡、系统治理、两手发力'的新时期治水思路,以服务京津冀协同发展和雄安新区建设为重点,统筹协调流域治理、保护和开发的关系,加快补齐水利基础设施短板,强化水利行业监管能力,完善流域防洪减灾、水资源保障和水生态环境保护总体布局,提升水利管理能力与水平,支撑大清河流域经济社会的可持续和高质量发展",与国家生态文明建设、最严格水资源管理制度、关于加快水利改革发展的决定等国家宏观发展战略和新时期的治水思路协调一致。

(2)规划原则、目标、布局等与国家相关政策目标原则相符性分析。

规划提出的防洪排涝规划、水资源利用规划、水资源保护规划、水生态保护与修复规划等专项规划原则、思路、目标、布局等,与《中共中央 国务院关于加快水利改革发展的决定》(中发〔2011〕1 号)、《国务院关于实行最严格水资源管理制度的意见》(国发〔2012〕3 号)、《水利部关于加快推进水生态文明建设工作的意见》(水资源〔2013〕1 号)等提出的基本原则、目标任务相符合,与其提出的"水利建设""三条红线""水生态文明建设的主要工作内容"等协调一致。

(3)规划的重大工程和主要措施与国家相关政策措施要求相符性分析。

规划提出病险水库除险加固、河道治理工程、蓄滞洪区调整、节水改造、地下水压采、重点城市供水等工程,符合《中共中央 国务院关于加快水利改革发展的决定》(中发〔2011〕1号),提出"力争通过5年到10年的努力,从根本上扭转水利建设明显滞后的局面"等相关政策措施要求。

(4)规划主要控制性指标与实行最严格水资源管理制度"三条红线"指标符合性分析。

规划提出的稳步推进节水型社会建设,加大现有大中型灌区的节水力度,2035年使流域工业用水重复利用率由84%提高到92%,节水器具普及率由现状的78%提高到99%,供水管网漏损率由现状的14%降低至达到国家节水型城市标准要求,灌溉水利用系数由现状的0.65提高到0.69,万元工业增加值用水量由现状的13 m^3 降低至7.2 m^3。符合《国务院关于加快推进生态文明建设工作的意见》和《国务院关于实行最严格水资源管理制度的意见》中的"三条红线","资源利用更加高效"和"生态环境质量总体改善","重要江河湖泊水功能区水质达标率提高到80%以上,饮用水安全保障水平持续提升"。但灌溉水利用系数不满足海河流域综合规划控制指标,主要原因为灌溉水源调整,由地下水调整为地表水。

大清河流域综合规划控制指标符合性分析见表3-2-1。

表3-2-1　大清河流域综合规划控制指标符合性分析

指标	本次规划	全国最严格的水资源管理制度	海河流域综合规划控制指标	符合性分析
灌溉水利用系数	2025年、2035年灌区灌溉水利用系数分别达到0.68、0.69	2020年、2030年农田灌溉水有效利用系数分别提高到0.55和0.60以上	2020年、2030年农田灌溉水有效利用系数分别提高到0.73和0.75以上	本次规划提出的灌溉水利用系数低于海河流域规划控制指标,原因为部分灌区水源由地下水调整为地表水
万元工业增加值用水量/(m^3/万元)	2025年为10.4 m^3/万元,2035年为7.2 m^3/万元	2020年、2030年万元工业增加值用水量分别降低到65 m^3/万元和40 m^3/万元	2020年、2030年万元工业增加值用水量分别降低到23 m^3/万元和14 m^3/万元	符合国家、海河流域规划相关要求
水功能区达标率	加强水功能区管理,严格限制排污总量	重要江河湖泊水功能区水质达标率提高到80%以上	重要江河湖泊水功能区水质达标率提高到100%以上	符合国家、海河流域规划相关要求

3.2.2 与相关法律、法规及政策的符合性分析

规划编制以《中华人民共和国水法》《中华人民共和国防洪法》《中华人民共和国水土保持法》《中华人民共和国防沙治沙法》《中华人民共和国环境保护法》《中华人民共和国水污染防治法》《中华人民共和国渔业法》等有关法律法规为依据，规划指导思想、目标、规划布局等符合国家相关法律法规的要求。但部分规划内容涉及自然保护区、饮用水水源保护区等环境敏感区，需妥善处理与这些敏感区域的协调与保护关系。

(1)与《中华人民共和国水法》的符合性。

本次规划提出的大清河流域水资源配置原则与《中华人民共和国水法》提出的水资源开发利用基本原则一致；规划提出的水资源配置方案是在优先保证生活用水和河道内基本生态用水前提下，实现地下水采补平衡、逐步改善，符合水法提出的“在制定水资源开发、利用规划和调度水资源时，应当注意维持江河的合理流量和湖泊、水库以及地下水的合理水位，维护水体的自然净化能力”的要求；水土保持规划提出了严格“封山育林、生态修复、涵养水源”等水土保持措施，符合水法要求。

(2)与《中华人民共和国防洪法》的符合性。

编制防洪规划，应当遵循确保重点、兼顾一般，以及防汛和抗旱相结合、工程措施和非工程措施相结合的原则，充分考虑洪涝规律和上下游、左右岸的关系以及国民经济对防洪的要求，并与国土规划和土地利用总体规划相协调。

大清河流域综合规划提出按照“上蓄、中疏、下排，适当地滞”的防洪方针，完善以河道堤防为基础、大型水库为骨干、蓄滞洪区为依托的防洪工程体系。充分发挥山区防洪水库的拦蓄作用，统筹蓄滞洪区与河道的蓄泄关系，重点保障、分区设防，保障流域防洪安全。提出了新区防洪布局、南支防洪布局、北支防洪布局和中下游防洪布局。遵循了《中华人民共和国防洪法》的要求。

(3)与《中华人民共和国水土保持法》的符合性。

大清河流域综合规划在综合分析水土流失防治现状和趋势、水土保持功能的维护和需求的基础上，统筹考虑雄安新区建设，确定总体规划目标，按照太行山山地丘陵区、华北平原区等分区进行水土保持措施布局。规划提出的水土保持分区治理原则、布局、措施，与《中华人民共和国水土保持法》提出水土保持方针及治理预防措施相符合。

(4)与《中华人民共和国环境保护法》《中华人民共和国野生动物保护法》《中华人民共和国野生植物保护条例》《中华人民共和国自然保护区管理条例》《风景名胜区条例》《地质遗迹保护管理规定》《森林公园管理办法》《湿地保护管理规定》《水产种质资源保护区暂行管理办法》《饮用水水源保护区污染防治管理规定》的符合性。

上述生态环境保护相关的法律法规和条例对珍稀濒危野生动物自然分布区域、重要水源涵养区、自然保护区、风景名胜区、地质遗迹、森林公园、重要湿地、水产种质资源保护区等提出了严格的保护要求。

大清河流域综合规划中的水资源与水生态保护规划将涉水的自然保护地作为重要保护目标提出了严格的保护措施；大清河流域综合规划中的部分河段防洪工程、供水工程、水土保持工程、水生态保护等涉及环境敏感区，对于以上规划措施，应根据国家相关法律

法规要求，应妥善处理与这些敏感区域的协调与保护关系，确保大清河流域生态安全。

（5）与《中华人民共和国水污染防治法》的符合性。

水资源与水生态保护是大清河流域综合规划的主要任务，水资源保护规划通过对流域现状水质、污染源及污染物排放量的调查和分析，以控制污染物入河量为水资源保护的控制目标，提出流域水资源保护措施，为流域水资源保护提供依据。符合《中华人民共和国水污染防治法》"防治水污染，保护和改善环境，保障饮用水安全，促进经济社会全面协调可持续发展""维护江河的合理流量和湖泊、水库以及地下水体的合理水位，维护水体的自然净化能力"的相关规定。

（6）与《水污染防治行动计划》的一致性。

《水污染防治行动计划》总体目标是到2030年，全国七大重点流域水质优良比例总体达到75%以上，城市建成区黑臭水体总体得到消除，城市集中式饮用水水源水质达到或优于Ⅲ类比例总体为95%左右。

大清河流域综合规划提出：到2035年，水功能区污染物入河量控制在水功能区限制排污总量范围内，与《水污染防治行动计划》是协调的。

（7）与原环保部关于做好生物多样性保护优先区域有关工作要求的符合性。

2015年，原环保部以环发〔2015〕177号文发布了《关于做好生物多样性保护优先区域有关工作的通知》，通知要求："优先区域内新增规划和项目的环境影响评价要将生物多样性影响评价作为重要内容。新增各类开发建设利用规划应与优先区域保护规划相协调。新增项目选址要尽可能避开生态敏感区及重要物种栖息地，针对可能对生物多样性造成的不利影响，提出相关保护与恢复措施。"

大清河流域综合规划涉及多样性保护优先区域。在规划编制过程中，规划编制单位和环评单位充分考虑了国家对生物多样性保护的相关要求，提出了重点保护野生动植物的保护要求；同时，根据环评单位的识别分析结果，规划编制单位对原规划方案中涉及生态敏感区的工程进行了优化调整，以尽量降低规划实施对生物多样性的不利影响。因此，规划与原环保部关于做好生物多样性保护优先区域有关工作的要求是相符的。

3.2.3　与上层规划的符合性分析

3.2.3.1　与国家生态保护类相关规划区划的符合性分析

本次规划与国家层面生态环境保护类规划区划的符合性分析见表3-2-2。

3.2.3.2　与国家国民经济和社会发展规划的符合性分析

（1）与《关于促进京津冀地区经济社会与生态环境保护协调发展的指导意见》（环办环评〔2018〕24号）的符合性。

根据《关于促进京津冀地区经济社会与生态环境保护协调发展的指导意见》（环办环评〔2018〕24号），在重点评价范围内划分不同的子区域，即中部核心功能区、东部滨海发展区、南部功能拓展区、西北部生态涵养区，大清河流域综合规划均涉及，指导意见中提出"加强基于'三线一单'的区域生态环境战略性保护"的目标，除2020年未实现地下水采补平衡外，其余内容均符合环办环评〔2018〕24号相关要求。考虑到2020年降水量偏枯，无法实现地下水采补平衡。

表 3-2-2　大清河流域规划与全国生态功能区划协调性分析

上层规划	功能区/生态功能区	生态保护方向	本次规划原则、布局	规划措施	符合性分析
《全国主体功能区规划》	环渤海地区-京津冀地区	率先加快转变经济发展方式,调整优化经济结构,提升参与全球分工与竞争的层次	防洪排涝规划:按照“上蓄、中疏、下排、适当地滞”的防洪方针,完善以河道堤防为基础、大型水库为骨干、蓄滞洪区为依托的防洪工程体系。充分发挥山区防洪水库的拦蓄作用,统筹蓄滞洪区与河道的蓄泄关系,重点保障、分区设防,保障流域防洪安全。 水资源配置:以用水总量控制和强化节水为前提,保证河道内生态用水的基础上,以当地地表水资源可利用量和地下水可开采量控制,积极开发利用非常规水源,形成当地水和外调水共同支撑的流域水资源优化配置格局。 水资源及水生态修复规划:通过保护水源地、控制入河污染物、落实河湖生态用水、控制地下水超采等措施,实现水资源和水生态安全。 水土保持规划:按照太行山西北部山地丘陵防沙水源涵养区、太行山东部山地丘陵水源涵养保土区、京津冀城市群人居环境维护农田防护区、津冀鲁渤海湾生态维护区、黄泛平原防沙农田防护区进行水土保持措施布局。 航运规划:海河干流、赵王新河、子牙河、南运河等历史通航河流保留航运功能,有条件时逐步实现复航	防洪排涝规划:河道治理、蓄滞洪区治理、城市防洪治理、风暴潮防御、山洪灾害防治、排涝治理。 水资源及水生态修复规划:工业、农业、生活节水;地下水压采;水源地保护;保障河道内生态水量。 水资源配置:保护地表水、压采地下水、加大非常规水水源、实施外调水	相关规划布局和规划措施符合国家对该区域的定位和保护要求
	冀中南地区	统筹规划国土空间、健全城市规模结构、促进人口加快集聚、形成现代产业体系、提高发展质量、完善基础设施、保护生态环境、把握开发时序			
	黄淮海平原主产区	着力保护耕地,稳定粮食生产,发展现代农业,增强农业综合生产能力,增加农民收入,加快建设社会主义新农村,保障农产品供给,确保国家粮食安全和食物安全			
《全国生态功能区划(修编版)》	Ⅰ-01-07 太行山区水源涵养与土壤保持重要区	加大退化生态系统恢复与重建的力度,有效实施坡耕地退耕还林还草措施; 加强自然资源开发监管,严格控制和合理规划开山采石,控制矿产资源开发对生态的影响和破坏; 发展生态林果业、旅游业及相关特色产业		水资源及水生态修复规划:工业、农业、生活节水;地下水压采;水源地保护;河系连通工程,保障河道内生态水量。 水土保持规划:坡面治理措施;沟道治理措施;封育,水保林,人工植草	相关规划布局和规划措施符合国家对该区域的定位和保护要求
	Ⅱ-01-13 海河平原农产品提供功能区	严格保护基本农田,培养土壤肥力。加强农田基本建设,增强抗自然灾害的能力。加强水利建设,大力发展节水农业;种养结合,科学施肥。 在草地畜牧业区,要科学确定草场载畜量,实行季节畜牧业,实现草畜平衡;草地封育改良相结合,实施大范围轮封轮牧制度		防洪排涝规划:河道治理、蓄滞洪区治理、城市防洪治理、风暴潮防御、山洪灾害防治、排涝治理。 水资源及水生态修复规划:工业、农业、生活节水;地下水压采;水源地保护;保障河道内生态水量。 水资源配置:保护地表水,压采地下水,加大非常规水水源,实施外调水	相关规划布局和规划措施符合国家对该区域的定位和保护要求
	Ⅲ-01-01 京津冀大都市群	加强城市发展规划,控制城市规模,合理布局城市功能组团; 加强生态城市建设,大力调整产业结构,提高资源利用效率,控制城市污染,推进循环经济和循环社会的建设			

续表 3-2-2

上层规划	功能区/生态功能区	生态保护方向	本次规划原则、布局	规划措施	符合性分析
中国生物多样性保护纲要	太行山生物多样性保护优先区域	加强该地区生态系统的修复，以建立自然保护区为主，重点加强对黄土高原地区次生林、吕梁山区、燕山-太行山地的典型温带森林生态系统、黄河中游湿地、滨海湿地和华中平原区湖泊湿地的保护，加强对褐马鸡等特有雉类、鹤类、雁鸭类、鹳类及其栖息地的保护。建立保护区之间的生物廊道，恢复优先区内已退化的环境。加强区域内特大城市周围湿地的恢复与保护	水土保持规划：对太行山西北部山地丘陵防沙水源涵养区和太行山东部山地丘陵水源涵养保土区预防保护。 对京津冀城市群人居环境维护农田防护区、津冀鲁渤海湾生态维护区、黄泛平原防沙农田防护区进行水土流失治理	（1）太行山西北部山地丘陵防沙水源涵养区：陡坡退耕、还林还草等；治理沟道，布设防护林带、截流沟；谷坊、塘坝等；积极推进生态清洁小流域建设；积极推进矿区生态恢复等。 （2）太行山东部山地丘陵水源涵养保土区：积极推进生态清洁小流域建设。 （3）京津冀城市群人居环境维护农田防护区：绿化改造，河道生态恢复；建设防风林和经果林，建设小型蓄水保土工程，调整作物种植结构，推广生态农业技术。 （4）津冀鲁渤海湾生态维护区：建设绿化带，建设农田林网和沿河（海）防护林，盐碱荒滩治理； （5）黄泛平原防沙农田防护区：建设农田防护林带、防风固沙林、乡土经济林	相关规划布局和规划措施符合国家对该区域的定位和保护要求
全国水土保持规划（2015—2030年）	北方土石山区	提高太行山山地丘陵区森林水源涵养能力，加强京津风沙源区综合治理，改造坡耕地，发展特色产业，巩固退耕还林还草成果			
全国重要江河湖泊水功能区规划	拒马河河北保定饮用水水源、南拒马河河北保定饮用水水源，唐河河北保定饮用水水源区 1 和 2，共 3 处水源地保护区	保护区内禁止进行不利于水资源及自然生态保护的开发利用活动	水资源保护：以恢复流域水域功能、保障供水安全和生态安全为目标，以流域水环境承载能力为约束条件，以污染物入河控制量为控制红线。上游山区加强水源涵养。 航运规划：海河干流、赵王新河、子牙河、南运河等历史通航河流保留航运功能，有条件时逐步实现复航	—	本次规划原则及布局符合全国重要江河湖泊水功能区规划的相关要求

本规划与环办环评〔2018〕24 号的符合性见表 3-2-3。

(2)与京津冀地区战略环境评价生态影响评价的符合性。

根据《京津冀地区战略环境评价生态影响评价专题报告》,大清河流域涉及京津冀陆域生态空间中禁止开发区、重要生态功能区、生物多样性保护优先区,其中禁止开发区纳入生态保护红线,重要生态功能区和生物多样性保护优先区纳入生态功能保障区,流域内的其他区域纳入城镇和农业空间,实施分区生态管控,符合性分析见表 3-2-4。

表 3-2-3 规划内容与环办环评〔2018〕24 号的符合性

名称	要求	符合性分析
生态保护红线	对太行山生态涵养区、太行山生物多样性保护优先区域、环渤海湾滨海湿地和自然岸线等重要生态空间实施用途管制;加强天然林保护,实施太行山迎风坡地森林抚育和林相林种改造,提高森林植被水源涵养功能。 中部核心功能区:结合环首都国家公园体系建设,优化北京及周边地区城镇空间和生态空间格局,加快白洋淀生态修复治理。 东部滨海发展区:重点加强海洋保护区和滨海湿地、河口湿地、自然岸线等保护,确保湿地面积不降低,自然岸线不减少	上游山区:以水源涵养和水源地保护为重点,大力加强水土保持和水源涵养林建设,实施退耕还林还草。加强山洪沟及中小河流治理,修复河流生态,强化大中型水库水源地保护和监管。 山前平原区:以全面节水和水污染防治为重点,实施地下水超采区综合治理;全方位推进水污染防治;逐步推进河流绿色生态廊道建设,治理沙化河道,改善水生态环境状况。 白洋淀及周边:加强白洋淀水生态环境保护修复;环淀河流开展水环境综合整治、生态水面维持、河岸带生境修复及多水源生态水量联调方案;构建安全可靠的防洪安全体系;加强城市节水和供水保障。 白洋淀以下地区:重点扩大下游河道行洪能力,修复河流生态,加强蓄滞洪区建设,保障流域和天津市防洪安全
环境质量底线	2035 年,流域水生态环境根本好转,水环境功能区总体达标,白洋淀水体达到地表水Ⅲ类标准,河流生态流量得到保障。 进一步深化污染物减排措施,推进白洋淀流域污水处理标准逐步与京津地方标准接轨,提高白洋淀流域污水收集和处理能力,强化污水处理厂对氮磷的削减和深度处理,推动雄安新区开展污水源分离技术示范。 西北部生态涵养区重点加强生态系统与水环境保护,采取保护性发展策略,确保河流源头地区生态环境质量不恶化。 大清河地下水超采区限制高耗水行业准入,除倍量替代外,禁止新建、扩建钢铁、化工、造纸、有色金属冶炼等高耗水行业项目,进一步压采地下水	流域内分别实施了北京市《水污染物综合排放标准》(DB 11/307—2013)、北京市《城镇污水处理厂水污染物排放标准》(DB 11/89—2012)、天津市《污水综合排放标准》(DB 12/356—2018)、天津市《城镇污水处理厂水污染物排放标准》(DB 12/599—2015)、河北省《大清河流域水污染物排放标准》(DB 13/2795—2018)、河北省《农村生活污水排放标准》(DB 13/2171—2020)、山西省《污水综合排放标准》(DB 14/1928—2019);上游山区以水源涵养和水源地保护为重点,大力加强水土保持和水源涵养建设,实施退耕还林还草。 本次规划中提出"深入推进工业和城镇生活节水",并通过调整种植结构和种植方式、加大灌区续建配套、置换农村生活水源等措施等农村综合治理措施,压采地下水

续表 3-2-3

名称	要求	符合性分析
水资源利用上线	2020 年、2035 年区域生产生活用水总量控制在 221 亿 m^3 和 286 亿 m^3，其中农业用水总量压减 20 亿 m^3 以上，地下水用水量分别控制在 100 亿 m^3 和 95 亿 m^3 以内，确保 2020 年平水年基本实现地下水采补平衡，2035 年进一步降低地下水开采量。 加强河流生态流量控制，2020 年、2035 年主要河流生态基流总量不低于 20 亿 m^3 和 35 亿 m^3，白洋淀生态补水不低于 1.5 亿 m^3/a，加快建立常态化补水机制。 提高工业、农业用水效率，2035 年河北万元工业增加值用水量降至 8 m^3/万元，科学确定地下水超采区农业生产结构和规模，在有条件的地区开展休耕轮作制度试点。新建污水厂应配套建设中水回用系统	2025 年、2035 年流域用水总量分别控制在 65.92 亿 m^3、71.69 亿 m^3，其中地下水用水总量控制在 26.67 亿 m^3 和 23.33 亿 m^3，压采地下水分别为 10.21 亿 m^3 和 12.71 亿 m^3，实现地下水采补平衡。 大清河流域生态需水量 7.58 亿 m^3；统筹引黄水、南水北调水、地表水、再生水等各类水源，保障入淀水量 3 亿 m^3。 2025 年、2035 年万元工业增加值用水量控制在 10.4 m^3/万元、7.2 m^3/万元，并制定了通过调整种植结构、发展高效节水灌溉、推广冬小麦节水稳产配套技术、扩大地表水替代地下水灌溉面积、置换农村生活水源等措施，压采地下水
准入清单	中部核心功能区：执行不低于京津的环境准入要求，白洋淀及周边地区统一制定和实施严格的生态环境准入清单。 东部滨海发展区：强化钢铁、石化等重污染行业空间布局管控，全面提升工业企业集约化、清洁化生产水平。 南部功能拓展区：进一步加强能源重化工行业规模控制，空气环境质量达标前，禁止新建、扩建新增产能的钢铁、冶炼、水泥项目以及燃煤锅炉。 西北部生态涵养区：严格落实生态保护红线环境准入管控，提高水污染排放项目环境准入要求，严禁在城市规划区外设立各类开发区和新城新区，工业企业必须入园统一管理	河北省实施《大清河流域水污染物排放标准》中核心控制区、重点控制区污染物排放限值分别与北京市水污染物排放标准中 A 类、B 类相当，一般控制区污染物排放限值严于国家规定的城镇污水处理厂一级 A 标准。北京市水污染物排放标准中 A 类、B 类相当于地表水环境质量标准Ⅲ类及Ⅳ类水体要求。天津市水污染物排放标准中直接排放一、二级标准相当于Ⅳ类及Ⅴ类水体要求。山西省污染物排放标准中矿井水排放限值相当于Ⅲ类水体要求，生活污水及其他排水排放限值相当于或严于Ⅴ类水体要求。同时，各省（市）也制定了农村生活污水处理设施水污染物排放标准。北京市、天津市 50 m^3/d 以上规模排放限值分别相当于地表水Ⅳ类水体和污水处理厂一级 A 标准，山西省 100 m^3/d 以上规模排放限值相当于污水处理厂一级 A 标准。 上游山区以水源涵养和水源地保护为重点，加强水土保持和水源涵养建设，实施退耕还林还草。 东部沿海：重点扩大下游河道行洪能力，修复河流生态，加强蓄滞洪区建设，保障流域和天津市防洪安全

表 3-2-4 规划内容与京津冀地区战略环境评价的符合性

分区	管控要求	符合性分析
生态保护红线	禁止以开发建设为目的的各种人为活动	本次规划内容为防洪排涝规划、水资源利用规划、水资源保护规划、水生态保护与修复规划,不是以开发建设为目的的人为活动,符合要求
非红线生态空间	应鼓励因地制宜发展生态旅游、休闲度假、保健康复、生态农业等优势产业,禁止新建、扩建、改建三类工业项目,现有三类工业项目应限期搬迁关闭。禁止新建、扩建有毒有害污染物排放、高耗水的二类工业项目(矿产资源点状开发加工利用除外),现在这类工业项目应转型升级,减少污染物排放。限制矿山开发	本次规划内容为流域综合规划,规划内容不在生态功能保障区中所列负面清单中,符合要求
城镇和农业空间	(1)禁止工艺落后、不符合国家产业政策与相关名录的项目; (2)禁止发展与本区域规划发展特征不协调的项目; (3)禁止新设高耗能、高耗水、高污染、落后生产工艺的项目; (4)严格限制金属矿山及冶炼行业、火力发电、电镀工业、电子工业、制革业、化肥生产工业等重金属排污企业的入驻; (5)禁止技术落后,项目清洁生产水平不能达到行业清洁生产标准二级标准要求或低于全国同类企业平均清洁生产水平的项目; (6)国内产业政策明令禁止和名录淘汰的设备不得引进; (7)对妨碍国防建设、危及国家安全的产业禁止引进; (8)禁止国家明令禁止的"十五小""新五小"企业及工艺设备落后、污染严重,且污染物不能进行有效治理的项目	本次规划内容为流域综合规划,规划内容不在左侧中所列负面清单中,符合要求

3.2.3.3　与上层流域、区域规划的符合性分析

(1)与《海河流域综合规划(2012—2030 年)》的符合性。

防洪规划方面:国务院 2013 年批复的《海河流域综合规划(2012—2030 年)》提出大清河系北支拒马河张坊以上段具有供水、生态和水力发电功能;南支潴龙河、唐河等均为重要行洪河道,肩负着大清河南支洪水顺利泄入白洋淀的重要任务。中游的北拒马河、南拒马河、白沟河、新盖房分洪道、赵王新渠均以行洪、排涝为主,兼有灌溉功能。下游的独流减河是保障天津市防洪安全的南部防线,同时具有蓄水灌溉功能,其中西千米桥至东千米桥段是天津市重要湿地,具有生态功能。独流减河河口右岸是重要的岸线利用区域。大清河流域综合规划的防洪规划是《海河流域综合规划》的深化和具体化,结合雄安新区规划纲要,在起步区防洪标准为 200 年一遇,5 个外围组团防洪标准为 100 年一遇,其他特色小城镇防洪标准原则上为 50 年一遇;大清河下游地区防洪标准仍维持海河流域综合规划提出的治理标准(50 年一遇),防洪规划内容与海河流域综合规划是符合的。

水资源利用规划方面:本次规划配置原则为在优先保证生活用水和河道内生态用水前提下,实现地下水采补平衡,逐步改善、统筹协调河道内生态用水和河道外经济社会发展用水之间的关系,多水源联合调度,共同保障流域经济社会和生态环境用水需求。从用水总量指标看,本次规划以水资源和水环境承载能力为控制条件,2025 年、2035 年配置水量分别为 65.92 亿 m^3 和 71.69 亿 m^3,均在用水总量控制指标范围内(2020 年和 2030 年大清河流域用水总量控制指标为 78.58 亿 m^3 和 88.18 亿 m^3),符合用水总量控制指标刚性约束。从用水效率看,万元工业增加值从现状年的 13 m^3 减至 2035 年的 7.2 m^3;农业灌溉水利用系数分别从现状年的 0.65 增至 2035 年的 0.69,工业用水重复利用率从现状年的 84%增至 2035 年的 95%,进一步强化节水指标。鉴于南水北调东中线后续工程尚处于论证阶段,本次规划针对东中线后续工程分实施和不实施工况进行了水资源供需分析,表明有、无中东线后续工程时流域缺水量分别为 0.13 亿 m^3 和 4.82 亿 m^3,缺水率分别为 0.2%和 6.7%,规划推荐 2035 年水资源配置方案按照东中线后续工程实施工况进行安排。供水水源中地表水可供水量 7.45 亿 m^3(1956—2016 年),2025 年和 2035 年地表水配置水量分别为 7.45 亿 m^3 和 6.20 亿 m^3,均在可供水量指标范围内;地下水总可开采量为 26.56 亿 m^3,2025 年地下水配置水量分别为 26.67 亿 m^3,略有超采,流域缺水量采取适度超采地下水和应急引黄措施解决;2035 年地下水配置水量为 23.33 亿 m^3,在可开采水量指标范围内。因此,水资源配置满足海河流域综合规划提出的“地表水以水资源可利用量为控制,地下水逐步压采,远期基本实现采补平衡”的要求。

水生态规划方面:拒马河(紫荆关)断面,白沟河(东茨村—新盖房)、唐河(西大洋—白洋淀)、独流减河(进洪闸—防潮闸)生态水量不满足海河流域综合规划的要求,主要原因为海河流域综合规划水文系列为 1956—2000 年,本次规划依据新的水文系列进行了复核,为 1980—2016 年。海河干流、白洋淀、团泊洼和北大港生态水量均满足海河流域综合规划的要求。

规划内容与海河流域综合规划符合性分析见表 3-2-5。

表 3-2-5　与海河流域综合规划符合性分析

名称	海河流域综合规划	大清河流域综合规划	符合性分析
水资源开发利用	以水资源和水环境承载能力为控制条件，在强化节水、挖潜和水质保护的基础上，对南水北调工程实施条件下的水资源可供水总量进行配置，达到保障城乡供水安全、恢复和维系海河流域良好生态的目标，以水资源的可持续利用支撑海河流域经济社会的可持续发展。地表水以水资源可利用量为控制，地下水逐步压采，远期基本实现采补平衡。充分发挥南水北调工程的经济效益、社会效益和环境效益，在合理使用当地水资源的同时优先使用南水北调水源	实行最严格水资源管理制度，深挖当地节水潜力，充分高效利用外调水，加大使用非常规水，优化水资源配置，在保障经济社会发展和生态环境基本用水需求的前提下，实现流域经济社会用水总量低速增长和上下游用水和谐	符合
防洪标准	50 年一遇	为 50 年一遇，即下游地区仍维持原规划治理标准 50 年一遇。对于重点区域，结合保护对象的主要性分别确定防洪标准	符合
水土保持	治理重点应以人工造林为主，结合封禁治理，进一步提高林草覆盖度，适当发展林果产业。造林工程与坡面和沟道治理工程密切配合，在土地较少的土石山区以硬埂梯田、石埂梯田为主；在黄土丘陵区，以软埂梯田和隔坡梯田为主	有林地、灌木林地和高覆盖草地及水库上游水源涵养区域等山区实施预防规划；丘陵区、风沙区及平原河渠岸坡水土流失集中分布区域实施综合治理规划	符合
生态水量	拒马河（紫荆关）：0.72 亿 m^3/a（1956—2000 年系列 30%）； 唐河（城头会）：0.34 亿 m^3/a	拒马河（紫荆关）：0.38 亿 m^3/a（1980—2016 年系列 30%）； 拒马河（张坊）：0.29 亿 m^3/a	紫荆关断面不满足
	白沟河（东茨村—新盖房）：0.68 亿 m^3/a； 南拒马河（张坊—新盖房）：0.35 亿 m^3/a； 潴龙河（北郭村—白洋淀）：0.50 亿 m^3/a； 唐河（西大洋—白洋淀）：0.68 亿 m^3/a； 独流减河（进洪闸—防潮闸）：1.24 亿 m^3/a； 海河干流（子北汇流口—海河闸）：0.60 亿 m^3/a	中易水（安格庄水库坝下）：0.04 亿 m^3/a； 南拒马河（北河店）：0.11 亿 m^3/a； 白沟河（东茨村）：0.22 亿 m^3/a； 沙河（王快水库坝下）：0.38 亿 m^3/a； 唐河（西大洋水库坝下）：0.25 亿 m^3/a； 独流减河（进洪闸）：0.27 亿 m^3/a； 海河干流（子北汇流口—海河闸）：0.60 亿 m^3/a	白沟河、唐河、独流减河不满足
	白洋淀：1.05 亿 m^3； 团泊洼：0.60 亿 m^3； 北大港：2.16 亿 m^3	白洋淀：3.00 亿 m^3； 团泊洼：0.60 亿 m^3； 北大港：2.16 亿 m^3	符合

(2)与《海河流域防洪规划》的符合性。

《海河流域防洪规划》确定大清河防洪标准为 50 年一遇;本次规划大清河下游地区仍维持原规划治理标准 50 年一遇。对于重点区域,结合保护对象的重要性,分别确定防洪标准,与《海河流域防洪规划》是协调一致的。

(3)与《海河流域蓄滞洪区建设与管理规划》的符合性分析。

蓄滞洪区治理规划中通过分洪口门的建设、堤防复堤工程、险工治理、穿堤建筑物整治等工程措施,减小发生低标准洪水时对蓄滞洪区内人民群众生命财产安全造成的灾害。这与规划中的总体目标中的“通过蓄滞洪区的建设和管理,达到蓄滞洪区工程措施完善,安全设施完备,管理工作有序,调度运行规范,从而提高流域整体防洪能力”的内容是一致的,也与规划中的近期目标的“完成蓄滞洪区围堤、隔堤等骨干工程建设,完成部分进退水设施建设,保证能够及时、按量分滞洪水,满足流域防洪体系的要求”的内容是相符的。

蓄滞洪区治理规划中通过加高庄基、围村埝,维修、重建撤退路及桥梁等安全建设工程,使蓄滞洪区内人民群众能实现就地避险的与规划中的安全建设规划的“采取修建撤退路措施、修建少量的避水楼”的内容是相符的。

(4)与《海河流域水安全保障方案》的符合性分析。

海河流域水安全保障方案分别从水资源、水生态、防洪、水利管理等方面提出了 2025 年和 2035 年海河流域水安全保障方案,以服务京津冀协同发展为主线,以高起点规划高标准建设河北雄安新区和北京城市副中心为重点,加快补齐流域水利基础设施短板,强化水利行业监管能力,提升流域综合管理和协同治理水平,推动水资源、水生态、水环境、水灾害问题有效解决,构建与社会主义现代化进程相适应的水安全保障体系。

大清河流域综合规划按照“节水优先、空间均衡、系统治理、两手发力”的新时期治水思路,以服务京津冀协同发展和雄安新区建设为重点,统筹协调流域治理、保护和开发的关系,加快补齐水利基础设施短板,强化水利行业监管能力,完善流域防洪减灾、水资源保障和水生态环境保护总体布局,提升水利管理能力与水平,支撑大清河流域经济社会的可持续和高质量发展。与《海河流域水安全保障方案》是相符的,如表 3-2-6 所示。

(5)与《京津冀协同发展六河五湖综合治理与生态修复总体方案》的协调性分析。

考虑到“六河五湖”规划水平年为 2020 年,相应部分流域正在修编,本次规划主要针对六河五湖综合治理与生态修复总体方案的大清河流域相关要求及措施落实情况进行分析,如表 3-2-7 所示。

3.2.4　与区域相关规划区划的符合性分析

(1)与河北雄安新区规划纲要的符合性分析。

大清河流域综合规划与河北雄安新区规划纲要的符合性分析见表 3-2-8。

表 3-2-6　与海河流域水安全保障方案的符合性分析

名称	保护要求	大清河流域综合规划	符合性分析
水资源	2025 年供水安全得到可靠保障，全面落实最严格水资源管理制度、节水型社会・生产和生活方式初步形成，用水效率不断提高。“二纵六横”供水网络不断完善。 2035 年建成与社会主义现代化进程相适应的流域水安全保障体系。水资源节约和有效利用达到世界先进水平，在全国率先建成节水型流域。“二纵六横”供水网络体系全面建成，流域水资源水环境承载能力进一步提高	2025 年用水总量控制在 65.92 亿 m^3，水资源总体开发利用率控制在 80%以内。万元工业增加值用水量降低到 10.4 m^3 以下，工业用水重复利用率达到 90%，农业灌溉水利用系数达到 0.68。 2035 年需水总量控制在 71.69 亿 m^3，水资源总体开发利用率控制在 70%以内；万元工业增加值用水量降低至 7.2 m^3/万元；农业灌溉水利用系数达到 0.69	大清河流域实施最严格水资源管理制度，2025 年、2035 年配置水量分别为 65.92 亿 m^3 和 71.69 亿 m^3，均在用水总量控制指标范围内(2020 年和 2030 年大清河流域用水总量控制指标为 78.58 亿 m^3 和 88.18 亿 m^3)，符合用水总量控制指标刚性约束。从用水效率看，万元工业增加值从现状年的 13 m^3 减至 2035 年的 7.2 m^3；农业灌溉水利用系数分别从现状年的 0.65 增至 2035 年的 0.69，工业用水重复利用率从现状年的 84%增至 2035 年的 95%，进一步强化节水指标。因此，与海河流域水安全保障规划方案是符合的。 以用水总量控制和强化节水为前提，在保证河道内生态用水的基础上，以当地地表水资源可利用量和地下水可开采量控制，积极开发利用非常规水源，形成当地水和外调水(南水北调中线、东线、引黄、引滦)共同支撑的流域水资源优化配置格局
水环境、水生态	2025 年美丽海河愿景初步实现，流域上游水源涵养功能进一步增强，重要水源地水质达标率达到 100%。大清河、白洋淀等主要河湖湿地重现生机。 2035 年流域重要河湖生态全面修复，全面实现地下水采补平衡，超采亏空水量逐步填补，水生态环境状况总体改善，美丽海河愿景基本实现	2025 年加强水功能区管理，严格限制排污总量，集中式饮用水水源地水质全面达标；生态水量基本得到保障，主要河流生态水量不少于 7.58 亿 m^3；主要湖泊湿地生态水面面积 488 km^2。 2035 年进一步巩固山区水源涵养功能，根本改善白洋淀淀区生态环境和基本恢复良性生态系统	本次规划中提出上游山区以水源涵养和水源地保护为重点，大力加强水土保持和水源涵养建设，实施退耕还林还草。 统筹引黄水、南水北调水、地表水、再生水等各类水源。其中考虑白沟引河、府河、孝义河上游城镇污水处理厂尾水等再生水入淀。南水北调中线通过瀑河、北易水或府河河道入淀相机补水。位山引黄通过改建位山引黄渠首引水闸，相机向白洋淀补水。南水北调东线二期工程也作为白洋淀补水水源。生态需水是有保障的。 地下水总可开采量为 26.56 亿 m^3，2025 年地下水配置水量为 26.67 亿 m^3，略有超采，流域缺水量采取适度超采地下水和应急引黄措施解决；2035 年地下水配置水量为 23.33 亿 m^3，在可开采水量指标范围内。 因此，与海河流域水安全保障规划方案是符合的

续表 3-2-6

名称	保护要求	大清河流域综合规划	符合性分析
防洪	2025 年防洪工程体系基本完善。流域防洪工程体系进一步完善,实现“上能蓄能调、中能疏能滞、下能排能泄”。流域中下游重点防洪保护区达到规划防洪标准,河北雄安新区起步区及五组团等重要城市防洪安全得到保障。 2035 年防洪薄弱环节全面消除,防洪减灾保障程度整体提高,流域水旱灾害损失降低到最低程度	流域 1、2 级堤防基本达标,主要蓄滞洪区能按标准启用,天津市城区、雄安新区起步区达到 200 年一遇防洪标准,雄安新区五组团、保定市等主要城市达到 100 年一遇防洪标准,其他地区基本达到规划防洪标准,城市内涝防治能力基本达到国家标准要求	结合雄安新区规划纲要,在起步区防洪标准为 200 年一遇,5 个外围组团防洪标准为 100 年一遇,其他特色小城镇防洪标准原则上为 50 年一遇;大清河下游地区防洪标准仍维持海河流域综合规划提出的治理标准(50 年一遇),防洪规划内容与海河流域水安全保障规划方案是符合的
水利管理	2025 年河长制全面见效,水利行业监管全面加强,水生态空间得到有效管控。 2035 年水利改革持续推进,流域水治理管控能力全面增强	2025 年水管理体制机制进一步完善,流域水管理和服务能力得到明显提升。 到 2035 年,建成智慧高效的水利管理体系	大清河流域通过完善水资源优化配置协商机制、建立河湖管护长效机制、提升流域应急管理能力;完善用水总量控制制度、完善用水效率管理制度、完善洪水风险管理制度、制定白洋淀管理条例;节水优先,强化水资源监管;聚焦白洋淀,强化河湖监管;确保防洪安全,强化水旱灾害防御监管;分类施策,强化工程监管等措施,完善水利管理,因此与海河流域水安全保障规划方案是符合的

表 3-2-7　与京津冀协同发展六河五湖综合治理与生态修复总体方案的符合性分析

名称	保护要求	大清河流域综合规划	符合性分析
大清河上游山区河段	重点通过水土保持、清洁小流域建设等，解决水土流失严重、水源涵养不足问题，其中高耗水农业种植区域，要严格控制用水总量，深入开展农业节水，退还被挤占的河道生态用水，加强闸坝调度，水源条件好的河段实现维持河道基流的目标	开展了大规模的水土流失治理，完成水土流失治理面积 8 344.55 km^2；通过开展生态清洁小流域建设、京津风沙源治理、坡耕地水土流失综合治理、退耕还林等工程，水土流失综合治理取得了较大成果。 2018 年，大清河流域供用水总量为 62.71 亿 m^3，未超过用水总量控制指标；人均用水量为 198 m^3，比海河流域人均用水量低 44 m^3；灌溉水有效利用系数(0.65)高于海河流域平均水平(0.64)；万元 GDP 用水量、万元工业增加值用水量、工业水重复利用率与海河流域平均水平相当。 流域内水源条件较好的拒马河在紫荆关、张坊断面近 5 年实测水量可以维持河道基流的目标	大清河流域现状年已开展了水土保持综合治理，生活、工业和农业节水，节水水平较高，用水总量未超过用水指标，部分河流维持了河道基流等目标。因此，大清河流域综合规划与总体方案是协调的
大清河中下游平原河段	在消除防洪隐患的基础上，重点通过入河排污口整治、生态湿地建设、河道水面恢复、河岸带生态修复等，构建绿色生态河流廊道	水资源保护取得一定进展，划定饮用水水源地共有 132 个。截至 2018 年，大清河流域规划范围内已建成投运城镇污水集中处理厂 81 座，设计年处理规模为 7.63 亿 t，实际年处理量达到 5.97 亿 t。 在 2018 年、2019 年生态补水的基础上，2020 年统筹多水源调度，充分发挥南水北调、引黄入冀、引滦等跨流域调水工程效益，有序推进了南拒马河、唐河、沙河-潴龙河、北拒马河-白沟河、瀑河等 8 条常态化补水河流及白洋淀、北大港、团泊洼等 3 处湿地，补水量 15.35 亿 m^3。实施了唐河污水库治理等工程	大清河流域通过建设污水处理厂及入河排污口整治；实施入淀河流及白洋淀生态补水，以及唐河污水库治理等工程。因此，与总体方案是协调的
白洋淀	通过周边河流的综合整治、湖淀污染源治理、栖息地恢复以及生态补水等措施，扩大湿地水面面积，逐步改善湖泊湿地水生态环境，保护和维持生物多样性	自 20 世纪 80 年代以来，采取从上游水库引水或跨流域调水等应急补淀措施，1980—2019 年连续 39 次向白洋淀补水，累计调水 21.66 亿 m^3，入淀水量 12.59 亿 m^3，扩大了湿地水面面积，一定程度上对修复白洋淀生态湿地功能起到了重要作用；同时，结合雄安新区建设，实施了唐河污水库治理等工程	通过入淀河流治理、生态补水等措施，白洋淀水位有所提升，水面面积扩大，在一定程度上对修复白洋淀生态湿地功能起到了重要作用。因此，大清河流域综合规划与总体方案是协调的

表 3-2-8 大清河流域综合规划与河北雄安新区规划纲要的符合性分析

名称	保护要求		大清河流域综合规划	符合性分析
发展定位	坚持把绿色作为高质量发展的普遍形态,充分体现生态文明建设要求,坚持生态优先、绿色发展,贯彻"绿水青山就是金山银山"的理念,划定生态保护红线、永久基本农田和城镇开发边界,合理确定新区建设规模,完善生态功能,统筹绿色廊道和景观建设,构建蓝绿交织、清新明亮、水城共融、多组团集约紧凑发展的生态城市布局,创造优良人居环境,实现人与自然和谐共生,建设天蓝、地绿、水秀美丽家园		牢固树立尊重自然、顺应自然、保护自然、"绿水青山就是金山银山"的理念,重视水源涵养、河湖生态修复、水土保持,在水利发展中保护资源环境,在保护资源环境中谋划水利发展,大力推进生态文明建设,促进人水和谐、绿色发展	水生态保护规划中将新区生态保护红线纳入水生态空间管控;提出了流域主要河流及湿地生态水量及相应的保障措施;提出了山区水源涵养保护、河流生态廊道及防护林带建设、白洋淀等湿地保护与修复措施,大清河流域坚持尊重自然、绿色发展,按照"节水优先、空间均衡、系统治理、两手发力"的新时期治水思路,以服务京津冀协同发展和雄安新区建设为重点,统筹协调流域治理、保护和开发的关系。因此,发展定位是符合的
打造优美自然生态环境	实施白洋淀生态修复	恢复淀泊水面	白洋淀生态需水量3亿 m^3,恢复6.5~7.0 m水位,淀区面积达到360 km^2;在环淀河流建设包括水库连通工程及河系连通工程	统筹引黄水、南水北调水、地表水、再生水等各类水源,近期补水量:以引黄入冀补淀2亿 m^3 为主;未来南水北调后续工程建成后,调整为1.1亿 m^3,地表水可通过王快、西大洋、安格庄3座水库向下游供水1亿~1.5亿 m^3,在3—10月优先利用唐河干渠,经府河入淀。此外,还可考虑白沟引河、府河、孝义河上游城镇污水处理厂尾水等再生水入淀。南水北调中线通过瀑河、北易水或府河河道入淀相机补水。位山引黄通过改建位山引黄渠首引水闸,相机向白洋淀补水。南水北调东线二期工程也作为白洋淀补水水源。生态需水是有保障的
		实现水质达标	在瀑河、漕河、白沟引河、潴龙河、府河、唐河、孝义河、赵王新河开展河道生态清淤和建设绿化隔离带。在瀑河干支流汇合口、府河、孝义河入淀河口等城市景观河段建设水质净化湿地	在入淀河流实施河道生态清淤和建设绿化隔离带,同时在入淀河口建设水质净化湿地,并实施了《大清河流域水污染物排放标准》《保定市白洋淀水体上游生态环境保护条例》,严格限制水污染排放,在落实上述措施后,白洋淀及上游入淀河流水质可以满足水质目标要求

续表 3-2-8

名称	保护要求		大清河流域综合规划	符合性分析
打造优美自然生态环境	实施白洋淀生态修复	开展生态修复	实施白洋淀环淀河流生态廊道建设，在瀑河、漕河、白沟引河、潴龙河、府河、唐河、孝义河、赵王新河建设沿岸 200~1 000 m 内绿化隔离带；从沙洲与岛屿生境建设、鸟类恢复与栖息地保护、水生植物恢复、增殖放流和生物操控等方面恢复淀区生物多样性。建设环淀林带和新城北部林带	在白洋淀及入淀河流实施生态廊道和绿化隔离带建设，改善了周边生态环境，为鸟类栖息创造了条件
	加强生态环境建设	构建新区生态安全格局	实施白洋淀环淀河流生态廊道建设；提高白洋淀淀区水动力联通性，提升淀区水环境容量，提高淀区水生态景观效果	依据《白洋淀生态环境治理和保护规划》，主要在白洋淀入淀河流开展临河农村生活污染治理和环境整治工程，在环淀河流建设河湖连通工程。因此，符合规划要求
		开展大规模植树造林	在白洋淀入淀河流白沟引河、瀑河、漕河、府河、唐河、孝义河、潴龙河建设河道和生态防护林	在新区绿化带及生态廊道建设生态防护林和景观生态林，形成平原林网体系，实现生态空间的互联互通。因此，符合规划要求
		提升区域生态安全保障	在大清河北支上游河道建设防护林带	构建“京南生态绿楔-拒马河-白洋淀”生态廊道，符合规划要求
	开展环境综合治理	推动区域环境协同治理	制定了《河北省白洋淀水体环境保护管理规定》《保定市白洋淀水体上游生态环境保护条例》等	新区及周边和上游地区协同制定产业政策，实行负面清单制度，加强生态保护和环境整治。因此，符合规划要求
		严守土壤环境安全底线	开展了唐河污水库污染治理与生态修复	主要实施内容为污染土壤及渣土混合物等固废采用填埋/储存处置，同时构建地下水质量长期在线监测系统。因此，符合规划要求

续表 3-2-8

名称	保护要求	大清河流域综合规划	符合性分析
建设绿色智慧新城	确定用水总量和效率红线。按照以水定城、以水定人的要求，强化用水总量管理。实行最严格水资源管理制度，实施节约用水制度化管理，对城市生活、农业等各类用水强度指标严格管控，全面推进节水型社会建设	提出了2035年雄安新区多年平均需水量为6.68亿m^3（含白洋淀3.00亿m^3），城镇生活、农村生活用水定额分别为250 L/(d·人)和120 L/(d·人)	提出了流域2025年和2035年用水总量红线分别为78.58亿m^3和88.18亿m^3（含雄安新区）；雄安新区人口由现状年的122万人增加至2035年的300万人，GDP从211亿元增加至1 446亿元，生活用水定额随着人们生活水平的提高逐步提高，作为非首都功能疏解地，在工业节水水平提高的前提下，流域工业需水量预计将有一定程度的增长；农业灌溉面积和灌溉定额双双下降，农业需水大幅减少。因此，符合规划要求
构筑现代化城市安全体系	构建水源保障体系。依托南水北调、引黄人冀补淀等区域调水工程，合理利用上游水、当地水、再生水，完善新区供水网络，强化水源互联互通，形成多源互补的新区供水格局	新区城镇生活和工业用水由南水北调中线保障，上游水库、地下水作为应急备用水源；新区城市环境和河流生态用水由当地水、上游水库和再生水保障；白洋淀生态用水在考虑引黄入冀补淀工程和当地水后，由上游水库调剂或南水北调东线补充	2035年雄安新区生活、工业和城镇生态需水量为3.68亿m^3，配置当地地表水和上游水库供水0.05亿m^3，非常规水利用量0.43亿m^3，实施引江补汉工程后中线供水3.20亿m^3。白洋淀多年平均需水量为3.00亿m^3，配置当地地表水1.0亿m^3，引黄水1.1亿m^3，南水北调东线水0.9亿m^3。因此，符合规划要求
	完善大清河流域防洪体系。按照上蓄、中疏、下排、适滞的原则，充分发挥白洋淀上游山区水库的拦蓄作用，疏通白洋淀行洪通道，适当加大下游河道的泄洪能力，加强堤防和蓄滞洪区建设，提升大清河流域的防洪能力	按照“上蓄、中疏、下排，适当地滞”的防洪方针，完善以河道堤防为基础、大型水库为骨干、蓄滞洪区为依托的防洪工程体系。充分发挥山区防洪水库的拦蓄作用，优化调整白洋淀等蓄滞洪区布局，适当加大下游河道的泄洪能力，统筹大清河与新区的洪水安排，确保重点、分区设防，保障流域及新区防洪安全	对入淀河道进行治理；从兰沟洼所处的地理位置、防洪作用的重要性来看，将兰沟洼从一般蓄滞洪区调整为重要蓄滞洪区。将新安北堤以北、障水埝寨里西堤以东部分调整为防洪保护区，不再承担缓滞洪任务。因此，符合规划要求

续表 3-2-8

名称	保护要求	大清河流域综合规划	符合性分析
构筑现代化城市安全体系	建设新区防洪安全体系。按照分区设防、重点保障原则，结合新区城镇规模及规划布局，确定起步区防洪标准为200年一遇，5个外围组团防洪标准为100年一遇，其他特色小城镇防洪标准原则上为50年一遇；综合采用“蓄、疏、固、垫、架”等措施，确保千年大计万无一失。坚持新区防洪设施建设与生态环境保护、城市建设相结合，顺应自然，实现人水和谐共处	起步区大部位于白洋淀新安北堤以北区域，该部分区域调整为防洪保护区。利用新安北堤（起步区段）、南拒马河右堤、白沟引河右堤、萍河左堤，达到200年一遇设防标准，容城县、安新组团位于此保护圈内，其设防标准自然满足。雄县组团利用新盖房分洪道右堤、白沟引河左堤、新安北堤（白沟引河—十里铺）、老千里堤（十里铺—枣林庄）和赵王新河左堤，构建100年一遇防洪圈。寨里组团通过障水埝与新区西部边界形成防洪保护圈，达到100年一遇设防标准。昝岗组团利用新盖房分洪道左堤、白沟河左堤达到100年一遇防洪标准	起步区：规划加高加固南拒马河右堤、白沟引河右堤、新安北堤、萍河左堤等，防洪标准为200年一遇； 利用障水埝、萍河右堤以及新建的寨里西堤等形成寨里防洪保护圈工程。雄昝组团防洪问题可结合流域骨干河道治理一并解决，已在流域河道治理规划中予以考虑。因此，符合规划要求
	起步区内涝防治标准整体为50年一遇，5个外围组团内涝防治标准为30年一遇，其他特色小城镇为20年一遇	本次规划雄安新区起步区城区排水标准为50年一遇，5组团城区排水标准为30年一遇，特色小镇排水标准为20年一遇，乡村与农田为5~10年一遇	遵循“高水高排、低水低排、蓄排结合、自机结合”的原则，充分利用现有排涝河渠和抽水泵站，完善排涝体系，全面提升新区抵御洪涝灾害的能力。起步区和5个外围组团均能达到相应内涝防治标准。因此，符合规划要求

（2）与区域主体功能区规划的符合性分析。

区域主体功能区规划包括《北京市主体功能规划》《天津市主体功能规划》《河北省主体功能规划》《山西省主体功能规划》，规划内容与其符合性分析见表 3-2-9。

表 3-2-9　与区域主体功能区规划内容与其符合性分析

名称	主体功能区规划发展定位	大清河流域综合规划	符合性分析
北京市	规划区域属于生态涵养发展区和城市发展新区。 生态涵养区发展区：首都生态屏障和重要水源地，是沟域经济等生态友好型产业发展建设的示范区，是构建首都城乡一体化发展新格局的重点地区，是保证北京可持续发展的关键区域。 城市发展新区：是首都战略发展的新空间和推进新型城市化的重要着力区，是首都经济发展的新增长极，是承接产业、人口和城市功能转移的重要区域，是首都高技术制造业和战略新兴产业聚集区，是都市型现代农业生产和示范基地	规划提出：上游山区应以水源涵养和水源地保护为重点，大力加强水土保持和水源涵养，实施退耕还林还草。 平原区应全方位推进水污染防治，实行更加严格的产业准入政策，严控高污染、高耗水企业，推进生态型工业园区改造，大幅减少入河污染物总量；逐步推进河流绿色生态廊道建设，改善水生态环境状况	符合
天津市	规划区域属于优化发展区域和重点开发区。 优化发展区：城市经济与人口的重要载体，现代化城市标志区，城乡一体化发展的示范区，经济实力快速提升的重要区域。 重点开发区：支撑全市经济发展的重要增长极，现代制造业和研发转化基地，重要的服务业和教育科研集聚区，循环经济示范区，辐射带动北方地区经济发展的龙头地区，改革开放先行试验区，我国北方对外开放的门户	规划提出：白洋淀以下地区重点应扩大下游河道行洪能力，修复河流生态，加强蓄滞洪区建设与调整，保障流域和天津市防洪安全	符合
河北省	规划区域属于国家优化开发区域、国家重点开发区域、国家农产品主产区、国家重点生态功能区、省级重点开发区、省级重点生态功能区。 国家级主体功能区域见 3. 2. 3. 1 节。 省级重点开发区域（黑龙港中北部部分地区）：装备制造、石油化工、煤化工、新材料、食品加工、现代物流等基地，县域特色产业发展示范区，沿海和山前平原产业与城市的延展空间。 省级重点生态功能区域（冀西太行山山区）：冀中南地区的重要生态屏障，北京和冀中南城市饮用水水源地保护区，河北林业和生物多样性保护的重点区，煤炭、铁矿等矿产品重要产区，特色农产品和生态产业基地，生态和文化旅游基地	规划提出：上游山区应以水源涵养和水源地保护为重点，大力加强水土保持和水源涵养，实施退耕还林还草。强化大中型水库水源地保护，划定水源保护区，对王快、西大洋等重要水源地实行严格的封闭式管理和保护。强化水源地保护和监管，加强对散煤、采矿等整治力度，实行严格监管，确保水源地安全	符合

续表 3-2-9

名称	主体功能区规划发展定位	大清河流域综合规划	符合性分析
山西省	规划区域属于农产品主产区和重点生态功能区。 省级农产品主产区(桑干河河谷盆地农产品主产区):节水旱作农业重点实施区域,以肉、乳产品为主的畜牧业重点发展区域。 省级重点生态功能区(五台山水源涵养生态功能区):保障国家和地方生态安全的重要区域,黄河与海河主要支流水系水源涵养和水土保持的核心区域,人与自然和谐相处的示范区	规划提出:上游山区应以水源涵养和水源地保护为重点,大力加强水土保持和水源涵养,实施退耕还林还草。 水资源利用规划中提出:以全面节水和水污染防治为重点,实施大规模农业节水灌溉,优化调整种植结构,适当退减灌溉面积,实施地下水超采区综合治理	符合

(3)与区域生态功能区规划的符合性分析。

区域生态功能区规划包括北京、天津、山西和河北省生态功能区规划,规划内容与其符合性分析见表 3-2-10。

表 3-2-10　与区域生态功能区规划内容与其符合性分析

名称	生态功能区主要功能	大清河流域综合规划	符合性分析
北京市	规划区域涉及Ⅰ-10 燕山-太行山山地落叶阔叶林生态区和Ⅰ-9 京津唐城镇与城郊农业生态区。 (1)Ⅰ-10 燕山-太行山山地落叶阔叶林生态区:主要功能为水土保持,要注意森林的抚育和保护,通过植树造林提高该区的森林覆盖率。禁止在高坡度区域进行开垦活动,通过山坡防护工程和山沟治理工程等一些工程措施,减轻水土流失现状。加强对采矿区的管理工作,尽量减少矿区的塌陷现象。 (2)Ⅰ-9 京津唐城镇与城郊农业生态区:主要功能为农业发展,防风固沙重要,地下水资源保护中等重要。加快生态农业的发展步伐,发展可持续农业和节水农业,追求的是经济效益和生态效益相结合的双重效应,减少农业对环境污染、水土流失和旱涝灾害造成的负面影响	规划提出:上游山区应以水源涵养和水源地保护为重点,大力加强水土保持和水源涵养,实施退耕还林还草	符合
天津市	规划区域涉及Ⅱ城镇及城郊平原农业生态区中的$Ⅱ_3$ 中部城市综合经济发展生态亚区、$Ⅱ_4$ 津南平原旱作农业生态亚区和$Ⅱ_5$ 海岸带综合利用生态亚区。 (1)$Ⅱ_3$ 中部城市综合经济发展生态亚区:主要功能为城市经济综合发展。 (2)$Ⅱ_4$ 津南平原旱作农业生态亚区:主要功能为农业生产、湿地保护、水源涵养、生物多样性保护、水文调蓄。 (3)$Ⅱ_5$ 海岸带综合利用生态亚区:主要功能为化工工业,海淡水综合利用,石化工业,海洋产业,盐业取水区,滩涂养殖,港口、航道	规划提出:白洋淀以下地区重点应扩大下游河道行洪能力,修复河流生态,加强蓄滞洪区建设与调整,保障流域和天津市防洪安全	符合

续表 3-2-10

名称	生态功能区主要功能	大清河流域综合规划	符合性分析
河北省	规划区域涉及燕山-太行山生态涵养区、京津保中心区生态过渡区、低平原生态修复区、海岸海域生态防护区。 (1)燕山-太行山生态涵养区:京津冀生态保护屏障,在全省乃至京津地区保护城市供水安全、防治水土流失、防减风沙灾害、保护生物多样性等方面具有特殊重要的地位,既是平原地区众多城市的地表水源涵养保护区,又是河北省重要的林果生产、矿产采选、生态旅游等产业基地。 (2)京津保中心区生态过渡区:包括廊坊市、保定市东部地区。该区域是京津城市功能拓展和产业转移的重要承接地,是全国“两横三纵”城市化战略格局中京广纵轴北端,是河北省休闲度假、健身康复、养老居住、观光农业、有机蔬菜供应和宜居生活区。 (3)低平原生态修复区:包括石家庄、衡水、沧州等平原地区。该区域是南水北调中线和东线引江工程建设保护区,为河北省经济发展水平较高的区域,农业和原材料工业基地具有全国意义,是重要农业种质资源保护区。 (4)海岸海域生态防护区:包括沧州的海岸带、岛屿和前海,分为秦唐和沧州海岸海域两个生态亚区。该区域分布着全国和河北省重要的滨海湿地保护区、海洋生物多样性保护区和旅游度假区,同时是全国和河北省重要的海盐生产基地、煤炭外运枢纽、海水养殖基地以及重化工工业重点建设区和油气资源重点开发区	规划提出:上游山区(燕山—太行山生态涵养区)应以水源涵养和水源地保护为重点,大力加强水土保持和水源涵养,实施退耕还林还草。强化大中型水库水源地保护,划定水源保护区,对王快、西大洋等重要水源地实行严格的封闭式管理和保护。强化水源地保护和监管,加强对散煤、采矿等的整治力度,实行严格监管,确保水源地安全。 中游白洋淀及周边区域(京津保中心区生态过渡区)应加强白洋淀水生态环境保护修复;抓紧完善白洋淀防洪安全体系;构建安全可靠的防洪安全体系;加强城市节水和供水保障工作;做好城区环城水系水量调度,建设绿色生态宜居城市	符合
山西省	规划区域涉及东部太行山山地丘陵暖温带落叶阔叶林灌草丛生态区,该区主要在重要水源涵养区建立生态功能保护区,加强对水源涵养区的保护和管理;加强生态恢复和生态建设,治理土壤侵蚀,恢复与重建水源涵养区森林、灌丛、草地、湿地等生态系统;控制水污染,减轻水污染负荷,严格限制发展导致水污染的产业;提高现有自然保护区的建设管理水平;发展以农村沼气为主的农村可再生能源,保护自然植被	规划提出:上游山区应以水源涵养和水源地保护为重点,大力加强水土保持和水源涵养,实施退耕还林还草。 水资源利用规划中提出:以全面节水和水污染防治为重点,实施大规模农业节水灌溉,优化调整种植结构,适当退减灌溉面积,实施地下水超采区综合治理	符合

(4)与生态环境分区管控("三线一单")的符合性分析。

2020年12月,北京市、天津市、河北省和山西省分别颁布了《关于北京市生态环境分区管控("三线一单")的实施意见》、《天津市人民政府关于实施"三线一单"生态环境分区管控的意见》(津政规〔2020〕9号)、《河北省人民政府关于加快实施"三线一单"生态环境分区管控的意见》(冀政字〔2020〕71号)、《山西省人民政府关于实施"三线一单"生态环境分区管控的意见》(晋政发〔2020〕26号)。规划内容与各生态环境分区管控要求符合性分析见表3-2-11。

表3-2-11　规划内容与各生态环境分区管控要求符合性分析

名称	生态环境分区管控要求		大清河流域综合规划	符合性分析
北京市	优先保护单元	坚持保护优先,执行相关法律、法规要求,强化生态保育和生态建设,严控开发建设,严禁不符合主体功能的各类开发活动,确保生态环境功能不降低	小清河河道治理、二道河水库、张坊水库等防洪规划,以及供水厂等水资源利用规划涉及北京市优先保护单元	除张坊水库外,其他工程符合管控要求
	重点管控单元	以环境污染治理和风险防范为主,要优化空间布局,促进产业转型升级,加强污染物排放控制和环境风险防控,不断提升资源利用效率	在上游山区,本次规划提出以水源涵养为重点,加强水土保持和水源涵养,实施退耕还林还草;加强山洪沟及中小河流治理;修复河流生态	符合
	一般管控单元	执行区域生态环境保护的基本要求	严格控制国家和北京市相关产业准入,实施污染物入河总量控制,执行《北京水污染物综合排放标准》(DB 11/307—2013)和《城镇污水处理厂水污染物排放标准》(DB 11/890—2012)	符合
天津市	优先保护单元	以严格保护生态环境为导向,执行相关法律、法规、规章要求,依法禁止或限制大规模、高强度的开发建设活动,严守生态环境底线,确保生态环境功能不降低	北大港、团泊洼等滨海湿地重点通过生态补水、生境修复等措施,改善生物栖息地环境,促进生物多样性保护,满足优先保护单元要求	符合
	重点管控单元	以产业高质量发展和环境污染治理为主,加强污染物排放控制和环境风险防控,进一步提升资源利用效率。深入推进中心城区、城镇开发区域初期雨水收集处理及生活、交通等领域污染减排,严格管控城镇面源污染;优化工业园区空间布局,强化污染治理,促进产业转型升级改造;加强沿海区域环境风险防范	扩大下游河道行洪能力,修复河流生态,加强蓄滞洪区建设与调整,保障流域和天津市防洪安全	符合

续表 3-2-11

名称	生态环境分区管控要求		大清河流域综合规划	符合性分析
天津市	一般管控单元	以经济社会可持续发展为导向，生态环境保护与适度开发相结合，开发建设应落实生态环境保护基本要求	严格控制国家和天津市相关产业准入，实施污染物入河总量控制，执行《天津市污水综合排放标准》（DB 12/356—2018）和《城镇污水处理厂水污染物排放标准》（DB 12/599—2015）	符合
河北省	优先保护单元	严格落实生态保护红线管理要求，除有限人为活动外，依法依规禁止其他城镇和建设活动。一般生态空间突出生态保护，严禁不符合主体功能定位的各类开发活动，严禁任意改变用途。重大引水工程、白洋淀入淀河流两侧范围严格执行引调水工程等相关法律规定	防洪规划 8 处河道治理工程、水资源利用规划中 5 处供水工程、水生态保护与修复规划中 8 处涉及河湖滨岸带敏感生态保护红线，穿越南水北调生态保护红线。上述工程属于基础设施建设、河湖保护与治理等工程，符合优先保护单元相关管控要求	符合
	重点管控单元	（1）城镇重点管控单元。优化工业布局，有序实施高污染、高排放工业企业整改或搬迁退出；强化交通污染源管控；完善污水治理设施；加快城镇河流水系环境整治；加强工业污染场地环境风险防控和开发再利用监管。 （2）省级以上产业园区重点管控单元。严格产业准入，完善园区设施建设，推动设施提标改造；实施污染物总量控制，落实排污许可证制度；强化资源利用效率和地下水开采管控。 （3）农业农村重点管控单元。优化规模化畜禽养殖布局，加快农村生态环境综合整治，逐步推进农村污水和生活垃圾治理；减少化肥、农药施用量，优化农业种植结构，推动秸秆综合利用；控制地下水超采区农业地下水开采。 （4）近岸海域重点管控单元。优化石化、钢铁等重化行业布局；严格海洋岸线开发；强化船舶、港区污染物控制；加强近岸海域及港口码头环境污染风险防控	上游山区：以水源涵养和水源地保护为重点：①加强水土保持和水源涵养，实施退耕还林还草。②加强山洪沟及中小河流治理，强化大中型水库水源地保护。③修复河流生态。 山前平原区：以全面节水和水污染防治为重点：①实施大规模农业节水灌溉，地下水超采区综合治理；②全方位推进水污染防治；③逐步推进河流绿色生态廊道建设，改善水生生态环境状况。 白洋淀及周边区域：以白洋淀生态环境治理和新城水安全体系构建为重点：①着力加强白洋淀水生态环境保护修复；②环淀河流开展水环境综合整治、生态水面维持、河岸带生境修复及多水源生态水量联调方案；③构建安全可靠的防洪安全体系；④加强城市节水和供水保障，合理调配各类水源。 白洋淀以下地区：扩大下游河道行洪能力，修复河流生态，加强蓄滞洪区建设与调整，保障流域和天津市的防洪安全	符合

续表 3-2-11

名称	生态环境分区管控要求		大清河流域综合规划	符合性分析
河北省	一般管控单元	严格执行国家和省关于产业准入、总量控制和污染物排放标准等管控要求	严格控制国家和河北省相关产业准入，实施污染物入河总量控制，执行《大清河流域水污染物排放标准》（DB 13/2795—2018）和《农村生活污水排放标准》（DB 13/2171—2020）	
山西省	优先保护单元	依法禁止或限制大规模、高强度的工业和城镇开发建设，在功能受损的优先保护单元优先开展生态保护修复活动，恢复生态系统服务功能。加强太行山、吕梁山和沿黄水土流失生态脆弱区域生态保护红线和重要生态空间的保护，依法禁止或限制大规模开发，严格矿山开采等产业准入，加强矿区的生态治理与修复，提高水源涵养能力，保护森林生态系统，有效减少泥沙入河。在汾河、桑干河、大清河、滹沱河、漳河、沁河和涑水河等河流谷地，晋阳湖、漳泽湖、云竹湖、盐湖、伍姓湖等“五湖”生态保护与修复区域，“黄河、长城、太行”旅游产业布局区以及人居环境敏感区，严控重污染行业产能规模，推进产业布局与生态空间协调发展	生态涵养林建设等水土保持规划涉及水源涵养、水土保持生态保护红线，通过生态涵养林建设，减少水土流失，提高水源涵养能力，满足优先保护单元管控要求	符合
	重点管控单元	进一步优化空间布局，加强污染物排放控制和环境风险防控，不断提升资源能源利用效率，解决生态环境质量不达标、生态环境风险高等问题，实现减污降碳协同效应。汾河流域加强流域上下游、左右岸污染统筹治理，严格入河排污口设置，实施汾河入河排污总量控制，积极推行流域城镇生活污水处理“厂-网-河（湖）”一体化运营模式，大力推进工业废水近零排放和资源化利用，实施城镇生活再生水资源化分质利用	在上游山区，本次规划提出以水源涵养和水源地保护为重点，加强水土保持和水源涵养，实施退耕还林还草；加强山洪沟及中小河流治理，强化大中型水库水源地保护；修复河流生态	符合
	一般管控单元	主要落实生态环境保护基本要求，执行国家及省相关产业准入、总量控制、排放标准等管理规定，推动区域生态环境质量持续改善	严格控制国家和山西省相关产业准入，实施污染物入河总量控制，执行山西省《污水综合排放标准》（DB 14/1928—2019）	符合

(5)与国土空间规划的符合性分析。

根据《中共北京市委 北京市人民政府关于建立国土空间规划体系并监督实施的实施意见》《天津市国土空间总体规划(2020—2035年)(征求意见稿)》《河北省国土空间规划(2021—2035年)》《山西省国土空间规划(2020—2035年)》,规划内容与各空间规划要求符合性分析见表3-2-12。

表3-2-12　规划内容与各空间规划要求符合性分析

地区	管控要求		大清河流域综合规划	符合性分析
北京市	城镇开发边界内的区域	应编制控制性详细规划,统筹平衡、集约利用、高效配置空间资源,加强城市设计,强化路径推演和成本核算,推动城市修补和生态修复,增强实施的操作性。其中,首都功能核心区、城市副中心的控制性详细规划,由市政府依据城市总体规划组织编制,按法定程序报党中央、国务院批准;首都功能核心区、城市副中心以外的中心城区、新城镇中心区的控制性详细规划,由区政府或开发区管委会会同市规划自然资源委依据分区规划组织编制,按法定程序报市政府审批	规划提出:上游山区应以水源涵养和水源地保护为重点,大力加强水土保持和水源涵养,实施退耕还林还草。 平原区应全方位推进水污染防治,实行更加严格的产业准入政策,严控高污染、高耗水企业,推进生态型工业园区改造,大幅减少入河污染物总量;逐步推进河流绿色生态廊道建设,改善水生态环境状况	符合
	城镇开发边界外的村庄地区	应在乡(镇)域规划基础上编制实用性村庄规划,统筹美丽乡村建设和山水林田湖草综合管控,由乡(镇)政府组织编制,按法定程序讨论审查审批;对城镇开发边界外的国有用地,应结合土地资源整理和环境综合整治纳入所在区域规划综合实施方案。严格管控城镇开发边界外的开发建设,鼓励将城镇开发边界外的零散建设用地与新城镇中心集中建设区用地进行区域统筹		
天津市	生态保护区	生态保护区内实行分类管控,陆域生态保护红线、海洋生态保护红线的管控,应符合生态保护红线空间管控要求;永久性生态保护区的管控,应符合《天津市永久性保护生态区域管理规定》的相关管控要求	大清河在此区域总体布局为以水环境改善、水生态修复、防洪能力提高为重点,涉及的规划内容主要为独流减河及大港分洪道治理;独流减河、团泊洼和北大港湿地生态修复;静海支线、洪泥河联络线、静海水厂、大港水厂等供水工程,以及南运河、海河干流航运线路	符合
	生态控制区	区内限制各类新增开发建设行为,不得擅自改变地形地貌及其他自然生态环境原有状态。严格管控建设行为,针对不同生态要素和生态空间,分级分类制定建设活动管控要求		
	城镇发展区	城镇发展区内应作为城镇开发与集中建设的地区,区外原则上不得进行城镇集中建设		

续表 3-2-12

<table>
<tr><th>地区</th><th colspan="2">管控要求</th><th>大清河流域综合规划</th><th>符合性分析</th></tr>
<tr><td rowspan="4">天津市</td><td>其他建设区</td><td>将城镇开发边界外，相对独立且规模大，难以对应纳入其他分区的区域基础设施用地、特殊用地的集聚区域划为其他建设区，可包括其配套的防护林地、水系景观等。分区界线应按照现状交通路网和国土调查地类界线综合确定</td><td rowspan="4">其中防洪、水生态修复涉及生态保护区，属于基础设施建设和生态修复工程，符合生态保护红线管控要求和永久性生态保护区域管控。
供水工程涉及城镇发展区，属于基础设施建设工程，符合城镇发展区管控要求。
航运规划涉及生态保护区，根据“三条控制线”中生态保护红线的“不破坏生态功能的适度参观旅游和相关的必要公共设施建设”的管控要求，本次规划航运均为旅游航线，与“三条控制线”中相关要求是符合的，即与生态保护区管控要求是相符的</td><td rowspan="4">符合</td></tr>
<tr><td>农田保护区</td><td>任何单位和个人不得擅自占用农田保护区或改变其用途。通过土地综合整治、高标准永久基本农田建设和耕作层土壤剥离再利用等措施，实现农田保护区“数量、质量、生态”三位一体提升</td></tr>
<tr><td>乡村发展区</td><td>严禁集中连片的城镇开发建设；在不影响安全、不破坏功能的前提下，允许建设区域性基础设施廊道，并应做好相应的补偿措施；允许农业和乡村特色产业发展及其配套设施建设，以及为改善农村人居环境而进行的村庄建设与整治。引导现状分散的农村建设用地实施腾退减量，特别是优先推动位于规划绿地和生态廊道上现状低效建设用地、集体产业用地腾退，鼓励向集中建设区内布局</td></tr>
<tr><td>海洋发展区</td><td>海洋发展区是允许集中开展开发利用活动的海域。内部各类海洋开发利用活动严格按照海洋功能区划所明确的分区管控要求进行管控</td></tr>
<tr><td>河北省</td><td>生态空间格局</td><td>践行“绿水青山就是金山银山”理念，深入实施可持续发展战略，提升省域“高原-山区-平原-沿海”生态系统完整性，筑牢生态安全格局。
燕山-太行山生态安全屏障；张家口、雄安重点生态安全保障地区；坝上高原生态防护带、渤海湾海岸海域生态防护带、环首都生态过渡带三条生态防护带；河流水系和湿地湖库组成的多廊多心蓝绿生态网络</td><td>此区域以白洋淀生态环境治理和新城水安全体系构建为重点：着力加强白洋淀水生态环境保护修复；环淀河流开展水环境综合整治、生态水面维持、河岸带生境修复及多水源生态水量联调方案；构建安全可靠的防洪安全体系；加强城市节水和供水保障，合理调配各类水源</td><td>符合</td></tr>
</table>

续表 3-2-12

<table>
<tr><th>地区</th><th colspan="2">管控要求</th><th>大清河流域综合规划</th><th>符合性分析</th></tr>
<tr><td rowspan="2">河北省</td><td>农业空间格局</td><td>落实国家粮食安全战略，实施藏粮于地、藏粮于技，深入推进乡村振兴，深化农业供给侧改革，全面提升河北省农业质量效益和竞争力，构建现代农业发展新格局，推动河北由农业大省向农业强省转变。
环京津都市现代农业全面提升，山前平原高产农业区提高山前平原地区粮食产能，黑龙港生态节水农业区持续深化高效节水农业发展，山地特色农产品发展区发挥山地特色农业优势，坝上绿色生态产业区突出坝上地区生态涵养功能，沿海高效渔业产业带转型升级</td><td rowspan="2">其中，防洪、水资源保护、水生态保护与修复涉及生态空间格局，供水工程涉及农业空间格局、新型城乡格局，航运规划涉及生态空间格局。此类工程属于基础设施建设和生态修复工程。与生态、农业、城乡的“燕山-太行山生态安全屏障、张家口、雄安重点生态安全保障地区、河流水系和湿地湖库组成的多廊多心蓝绿生态网络、持续深化高效节水农业发展、高水平建设雄安新区”的发展格局是相符的</td><td rowspan="2">符合</td></tr>
<tr><td>新型城乡格局</td><td>聚焦雄安新区、突出省会都市圈、壮大区域中心城市、强化节点城市、做优县城、做特小镇、做美乡村，加快形成雄安新区 1 个特大城市、3 个Ⅰ型大城市、7 个Ⅱ型大城市、9 个中等城市的大中小城市和小城镇协调发展新格局。高水平建设雄安新区，强化石家庄高端引领，提升唐山、保定、邯郸核心功能，加强承德、张家口、秦皇岛、廊坊、沧州、衡水、邢台支撑。提升县域新型城镇化水平，打造县域中心城市，有重点地发展小城镇和特色小镇，扎实推进美丽乡村建设</td></tr>
<tr><td>山西省</td><td colspan="2">铸造山清水秀、林茂草丰的生态空间：
强化自然生态空间保护，全省生态空间按照生态保护红线和一般生态空间进行管控。规划期内，生态保护红线内的自然生态系统结构相对稳定，生态系统功能不断改善，质量不断提升；生态保护红线外的生态空间面积不减少、功能不降低。加大重要河湖、岩溶区和水源地的管护，加强分级管理。建立以国家公园为主体的自然保护地体系，自然保护区核心保护区原则上禁止人为活动，其他区域严格禁止开发性、生产性建设活动，在符合现行法律法规前提下除国家重大战略项目外，仅允许对生态功能不造成破坏的有限人为活动。
统筹推进山水林田湖草系统修复，以晋西入黄支流、汾河、桑干河、大清河（唐河、沙河）、滹沱河、漳河、沁河、涑水河等八大流域分区为空间统筹单元，按照生态恢复、生态修复、生态重建分级施策，稳步推进生态系统修复。开展小流域综合治理，清河行动和滩区综合治理，逐步恢复河流生物群落系统，推荐退耕还林工程、荒山绿化工程、固沟保塬等工程建设，全面预防水土流失。修复以“七河”为主的河湖湿地生态系统</td><td>大清河规划中上游山区以水源涵养和水源地保护为重点，大力加强水土保持和水源涵养建设，实施退耕还林还草。加强山洪沟及中小河流治理，修复河流生态，强化大中型水库水源地保护和监管，确保水源地安全。
对唐河灵丘县踏涧河入河口—张旺沟段及峪门口进行治理，并形成河道湿地，对两岸滩地进行绿化种植，以改善周边生态环境，与生态空间管控要求是相符的</td><td>符合</td></tr>
</table>

3.2.5　资源生态环境“三线”符合性分析

大清河流域围绕区域水资源开发利用和保护的实际需求，依据《关于促进京津冀地区经济社会与生态环境保护协调发展的指导意见》(环办环评〔2018〕24 号)，提出了规划指标和规范方案总体符合“三线”资源生态环境管控要求。规划环评从生态保护红线、水资源利用上线、环境质量底线等方面分析了资源生态环境管控指标的符合性。

3.2.5.1　与生态保护红线的符合性

本次规划工程经识别，部分防洪规划、水生态保护与修复等工程涉及生态保护红线，具体包括以下几条：

(1)防洪规划中除小清河、孝义河外，其他河道治理工程均涉及河湖滨岸带敏感生态保护红线，穿越南水北调生态保护红线 8 处，分别为白沟河、南拒马河、北拒马河、潴龙河、唐河、清水河、中易水、北易水、沙河等河道治理工程。

(2)水资源利用规划中的府河输水线路、扩建保沧干渠、中管头分水口—沙河干渠线路、雄安干渠及石槽沟水库涉及生态保护红线。其中，府河输水线路、扩建保沧干渠、中管头分水口—沙河干渠线路、雄安干渠涉及南水北调中线水源保护区和河湖滨岸带敏感生态保护红线，考虑为供水工程，符合饮用水水源保护区管理要求。石槽沟水库龙王庄壅水坝位于河湖滨岸带敏感生态保护红线，工程施工期及运行后对保护区水生生物产生一定的影响。根据农业农村部渔业渔政管理局关于石槽沟水库枢纽工程对阜平中华鳖国家级水产种质资源保护区影响专题论证报告意见的复函(农渔资环便〔2019〕98 号)，原则同意专题报告的主要结论及渔业资源保护和补偿措施。

赵王新河、大清河、子牙河、海河干流、南运河航道均涉及河湖滨岸带敏感生态保护红线，根据中共中央办公厅、国务院办公厅印发的《关于在国土空间规划中统筹划定落实三条控制线的指导意见》，“生态保护红线内，自然保护地核心保护区原则上禁止人为活动，其他区域严格禁止开发性、生产性建设活动，在符合现行法律法规的前提下，除国家重大战略项目外，仅允许对生态功能不造成破坏的有限人为活动，主要包括：……不破坏生态功能的适度参观旅游和相关的必要公共设施建设……”。因此，航运规划是符合“三条控制线”相关要求的。运行过程中落实水污染防治措施及相关环境风险应急预案后，对生态保护红线的影响较小。

(3)水生态保护与修复规划中除孝义河、萍河外，其他河流水生态修复工程均涉及河湖滨岸带敏感生态保护红线，其中 8 条河流还涉及南水北调生态保护红线；生态涵养林建设等水土保持规划涉及水源涵养、水土保持生态保护红线。

根据北京市、天津市和河北省发布的生态保护红线划定方案，生态保护红线实行准入正面清单制度，可以开展的活动包括生态保护修复、原住民生产生活设施、自然观光、科研、教育、旅游、扶贫攻坚、国防、重大战略资源勘查、不损害主体功能的基础设施建设等。本次规划提出的防洪规划、水资源利用规划、水生态保护与修复规划等基础设施建设、河湖保护与治理等工程符合生态保护红线相关管控要求。

3.2.5.2　资源利用上线指标符合性

大清河流域 2025 年和 2035 年用水总量控制指标为 78.58 亿 m^3(2020 年最严格水资

源用水总量指标）和 88.18 亿 m^3（2030 年最严格水资源用水总量指标），万元工业增加值用水量控制在 10.4 m^3/万元和 7.2 m^3/万元，灌溉水利用系数达到 0.68 和 0.69。

依据《国务院关于实行最严格水资源管理制度的意见》，结合流域实际情况，规划提出的用水总量、用水效率目标与指标符合环境质量底线要求。

与“资源利用上线”指标分析见表 3-2-13。

表 3-2-13　与“资源利用上线”指标分析

名称	资源利用上线	符合性分析
用水总量	2025 年和 2035 年用水总量控制指标为 78.58 亿 m^3（2020 年最严格水资源用水总量指标）和 88.18 亿 m^3（2030 年最严格水资源用水总量指标）	符合《关于促进京津冀地区经济社会与生态环境保护协调发展的指导意见》（环办环评〔2018〕24 号）、《国务院关于实行最严格水资源管理制度的意见》提出的 2020 年、2035 年区域生产生活用水总量控制在 221 亿 m^3 和 286 亿 m^3
用水效率	2025 年和 2030 年万元工业增加值用水量控制在 10.4 m^3/万元和 7.2 m^3/万元，灌溉水利用系数达到 0.68 和 0.69	符合《国务院关于实行最严格水资源管理制度的意见》中 2020 年、2030 年农田灌溉水有效利用系数分别提高到 0.55 和 0.60 以上；2020 年、2030 年万元工业增加值用水量分别降低到 65 m^3/万元和 40 m^3/万元

3.2.5.3　环境质量底线指标符合性

到 2025 年，通过加强水功能区管理，严格限制排污总量，城市供水水源地水质全面持续向好。根据《海河流域水资源保护规划》成果，大清河流域 COD、氨氮入河控制量为 1.93 万 t/a、0.09 万 t/a。与“环境质量底线”的符合性分析见表 3-2-14。

表 3-2-14　与“环境质量底线”的符合性分析

指标	本次规划	符合性分析
水功能区水质目标	通过加强水功能区管理，严格限制排污总量，集中式饮用水水源地水质持续向好	《国务院关于全国重要江河湖泊水功能区划（2011—2030 年）》确定的规划目标

第 4 章　环境现状调查与评价

4.1　水文水资源现状调查与评价

4.1.1　水资源量及时空分布

4.1.1.1　水资源分区

水资源分区是水资源供需分析的地域单元，按照尽量保持河流水系完整性、自然地理资源要素相似、考虑水利工程和主要水文站控制作用、适当保持行政区完整性等划分原则，海河流域共分为 35 个省套三级区，其中天津市涉及北三河山区、北四河下游平原和大清河淀东平原三个三级区，大清河淀东平原天津范围为永定新河以南天津辖区部分，总面积 5 134 km^2。根据《江河流域规划编制规程》(SL 201—2015)，流域水资源配置要以独立流域为整体，且以往历次水资源调查评价、国务院 2013 年批复的《海河流域综合规划（2012—2030 年）》和历年水资源公报统计均沿用此范围。本次规划考虑到水资源配置符合流域的完整性和遵从规范的相关规定，且与海河流域水资源分区的一致性和系统性，大清河流域水资源利用规划范围为水资源三级区大清河淀东平原。

海河流域第三次水资源调查评价将大清河流域划分为大清河山区、大清河淀西平原、大清河淀东平原等 3 个水资源三级区，总面积 45 360 km^2，并提出了流域及各分区降水量，地表水、地下水、水资源总量等评价成果，本次规划采用第三次水资源调查评价成果。

大清河流域水资源分区见表 4-1-1。

表 4-1-1　大清河流域水资源分区　　单位：km^2

水资源三级区	省级	地市级	涉及区县	面积
大清河山区	北京	—	房山、丰台、门头沟	1 410
	河北	石家庄	灵寿、行唐	1 518
		保定	易县、涞源、涞水、阜平、曲阳、唐县、顺平、满城、徐水	11 158
		张家口	涿鹿、蔚县	1 110
		小计		13 786
	山西	大同	灵丘、浑源、广灵	2 971
		忻州	繁峙	435
		小计		3 406
	合计			18 602

续表 4-1-1

水资源三级区	省级	地市级	涉及区县	面积
大清河淀西平原	北京	—	丰台、房山	730
	河北	石家庄	藁城、新乐、正定、行唐、深泽、无极、灵寿	1 885
		保定	雄安新区、新市区、北市区、南市区、定州、安国、满城、清苑、易县、徐水、定兴、高碑店、涿州、涞水、顺平、唐县、望都、高阳、曲阳、博野、蠡县	9 834
		小计		11 719
	合计			12 449
大清河淀东平原	天津	—	市内六区、静海、武清、滨海新区、西青区、北辰、津南、东丽	5 134
	河北	保定	雄安新区、高碑店	1 120
		沧州	任丘、河间、青县、肃宁、献县	3 697
		廊坊	霸州、固安、永清、大城、文安	4 048
		衡水	饶阳、安平	310
		小计		9 175
	合计			14 309
大清河流域	北京			2 140
	天津			5 134
	河北			34 680
	山西			3 406
	总计			45 360

注：大清河流域水资源分区面积含天津永定新河以南地区。

4.1.1.2　地表水资源量

大清河流域 1956—2016 年年均地表水资源量为 22.89 亿 m^3，折合径流深 50 mm。其中，山区 17.99 亿 m^3，淀西平原 0.30 亿 m^3，淀东平原 4.60 亿 m^3。

受降水年内分配和下垫面产流、汇流条件的影响，径流年内分布不均，山区的 70%、平原的 80%以上径流集中在汛期。在年际变化上，丰枯变化剧烈，且经常出现连丰、连枯现象。1956—2016 年间，有 2 个丰水段，最长连丰段持续 2 年；8 个枯水段，最长连枯段持续 3 年。空间分布上，山区地表水资源相对丰富，其年均地表水资源量占全流域的 79%。

大清河流域及各分区不同频率地表水资源量成果见表 4-1-2。

4.1.1.3　地下水资源量

流域 1980—2016 年年均地下水资源量为 33.05 亿 m^3（矿化度 $M \leq 2$ g/L），其中，平原区为 20.60 亿 m^3，山丘区为 12.45 亿 m^3；浅层地下水可开采量 26.56 亿 m^3。与 1980—2000 年的地下水资源量 36.48 亿 m^3 相比，减少 9.4%。

表 4-1-2 大清河流域地表水资源量

三级区	多年平均		不同频率年径流量/亿 m^3			
	径流量/亿 m^3	径流深/mm	20%	50%	75%	95%
大清河山区	17.99	97	26.69	13.78	7.96	4.46
大清河淀西平原	0.30	2	0.49	0.17	0.05	0.005
大清河淀东平原	4.60	32	6.94	3.82	2.15	0.75
大清河流域	22.89	50	33.30	18.48	11.35	6.23

4.1.1.4 水资源总量

大清河流域1956—2016年多年平均水资源总量为48.91亿 m^3。山区水资源总量23.26亿 m^3，占48%；淀西平原14.43亿 m^3，占29%；淀东平原11.22亿 m^3，占23%。

大清河流域多年平均水资源量见表4-1-3。

表 4-1-3 大清河流域多年平均水资源量

三级区	不同频率水资源总量/亿 m^3				
	均值	20%	50%	75%	95%
大清河山区	23.26	32.40	19.14	12.88	8.90
大清河淀西平原	14.43	19.72	13.35	9.37	5.20
大清河淀东平原	11.22	15.78	9.73	6.47	3.74
大清河流域	48.91	65.78	43.04	31.06	21.28

4.1.2 水资源开发利用现状及评价

4.1.2.1 供用水状况

1.供水、用水现状

供水：2018年大清河流域总供水量为62.71亿 m^3，其中当地地表水供水量为8.58亿 m^3，占总供水量的13.7%；外调水供水量为14.89亿 m^3，占总供水量的23.7%；地下水供水量为33.69亿 m^3，占总供水量的53.7%；其他水源供水量为5.55亿 m^3，占总供水量的8.9%。大清河流域水资源利用供水以地下水供水为主，且主要为淀西平原和淀东平原。其中，雄安新区供水量为2.66亿 m^3，供水水源以地下水为主，占总供水量的85%。

大清河流域2018年供水量统计见表4-1-4。

表 4-1-4　大清河流域 2018 年供水量统计　　单位：亿 m^3

水资源分区	省级行政区	供水量					用水量				
		当地地表水	地下水	外调水	其他水源	合计	生活	工业	农业	生态	合计
大清河山区	北京	0.06	0.22	0	0	0.28	0.12	0.05	0.07	0.04	0.28
	山西	0.22	0.22	0	0	0.44	0.10	0.02	0.31	0.01	0.44
	河北	1.10	0.88	0	0	1.98	0.35	0.08	1.39	0.16	1.98
	小计	1.38	1.32	0	0	2.70	0.57	0.15	1.77	0.21	2.70
大清河淀西平原	北京	0.71	1.16	0	0.58	2.45	0.76	0.46	0.46	0.77	2.45
	河北	2.64	22.92	2.25	0.68	28.49	3.60	1.78	21.94	1.17	28.49
	小计	3.35	24.08	2.25	1.26	30.94	4.36	2.24	22.40	1.94	30.94
大清河淀东平原	天津	0.85	1.85	11.82	3.32	17.84	6.17	5.17	2.01	4.49	17.84
	河北	2.22	6.44	1.60	0.97	11.23	1.86	1.02	8.02	0.33	11.23
	小计	3.07	8.29	13.42	4.29	29.07	8.03	6.19	10.03	4.82	29.07
合计		7.80	33.69	15.67	5.55	62.71	12.96	8.58	34.20	6.97	62.71
行政区划	北京	0.77	1.38	0	0.58	2.73	0.88	0.51	0.53	0.81	2.73
	天津	0.85	1.85	11.82	3.32	17.84	6.17	5.17	2.01	4.49	17.84
	河北	5.96	30.24	3.85	1.65	41.70	5.81	2.88	31.35	1.66	41.70
	山西	0.22	0.22	0	0	0.44	0.10	0.02	0.31	0.01	0.44
合计		7.80	33.69	15.67	5.55	62.71	12.96	8.58	34.20	6.97	62.71

注：雄安新区用水量中不含白洋淀生态补水 2.28 亿 m^3（本次统一计入河道内生态用水）。

大清河流域 2018 年供水、用水结构见图 4-1-1。

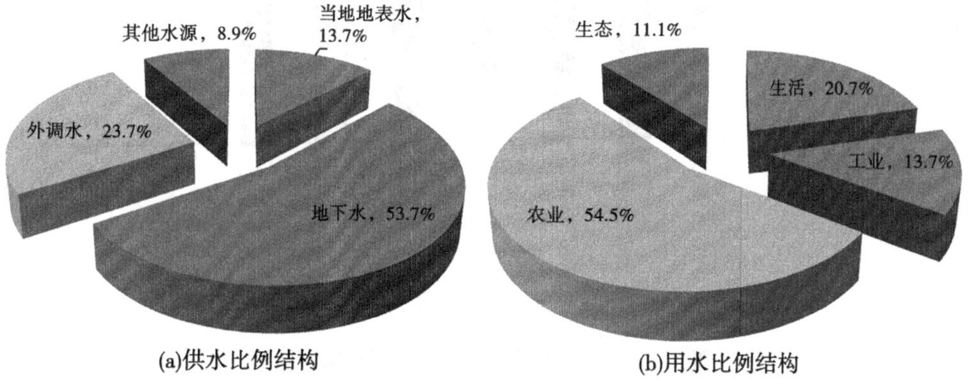

图 4-1-1　大清河流域 2018 年供水、用水结构

用水：大清河流域 2018 年总用水量为 62.71 亿 m^3。其中，农业用水量（含林牧渔畜）34.20 亿 m^3，占总用水量的 54.5%；生活用水量（包括城镇生活和农村生活）为 12.96 亿 m^3，占总用水量的 20.7%；工业用水量为 8.58 亿 m^3，占总用水量的 13.7%；生态环境用水量 6.97 亿 m^3，占总用水量的 11.1%。农业用水是大清河流域水资源消耗的主体，且耗水量大。现状大清河流域用水结构比例及与全国水平对比见图 4-1-2。

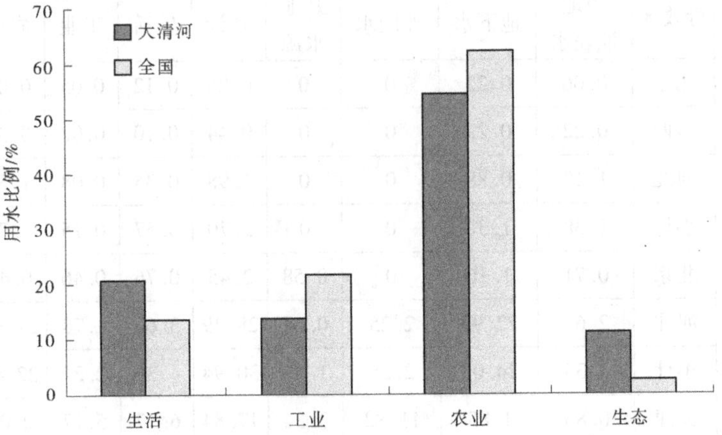

图 4-1-2　现状大清河流域用水结构比例及与全国水平对比

结合水资源和行政分区，大清河流域山区农业用水比例较高，尤其是山西和河北均在 70%以上，其次是生活用水，介于 18%～43%；淀西平原中河北省的农业用水比例最高，为 77%，北京市用水结构较为均衡；淀东平原中河北省的农业用水比例较高，为 71%，天津市用水结构较为均衡。

总体来看，山西、河北用水结构中农业用水比例最大，其次为生活用水，工业用水和生态用水相对较小；北京和天津用水结构中生活用水占比最大，工业、农业、生态用水相对均衡。大清河流域各省(市)用水结构比例见图 4-1-3。

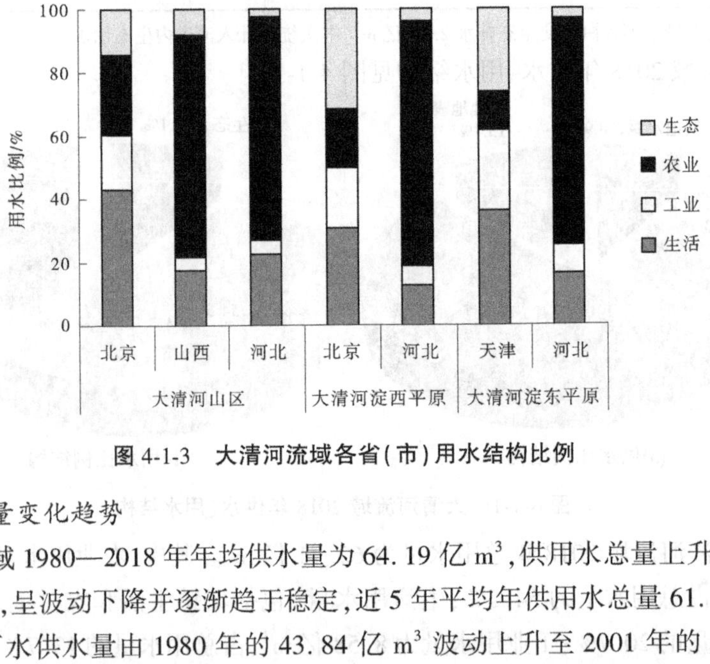

图 4-1-3　大清河流域各省(市)用水结构比例

2. 供用水量变化趋势

大清河流域 1980—2018 年年均供水量为 64.19 亿 m^3，供用水总量上升至 1998 年的 76.58 亿 m^3 后，呈波动下降并逐渐趋于稳定，近 5 年平均年供用水总量 61.98 亿 m^3。供水水源中，地下水供水量由 1980 年的 43.84 亿 m^3 波动上升至 2001 年的 59.76 亿 m^3，

2001 年后受地下水超采综合治理及非常规水利用量增加等影响，下降至 2018 年的 33.69 亿 m^3；地表水呈波动变化，近 5 年年均供水量为 7.5 亿 m^3；外调水和再生水近 5 年年均供水量分别为 11 亿 m^3 和 4.8 亿 m^3。

用水户中，农业为用水大户，用水量受径流量丰枯、种植结构、有效灌溉面积和节水水平等多因素影响，从 1980 年的 54.66 亿 m^3 波动下降至近 5 年的 35.6 亿 m^3；随着城镇化率和城镇居民生活水平的提高以及生态文明建设的推进，流域城镇生活用水量、生态用水量呈增加趋势；农村生活用水量基本维持在 4 亿 m^3 左右；工业用水量在 1998 年以前呈增长趋势，1998 年以后受节水水平提高及产业结构调整的影响呈下降趋势。

大清河流域 1980—2018 年供水量、用水量变化趋势见图 4-1-4。

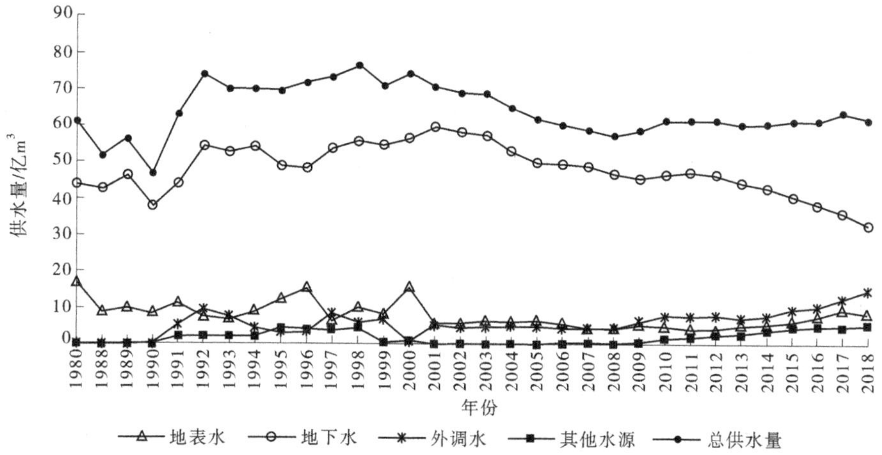

(a)供水量变化趋势

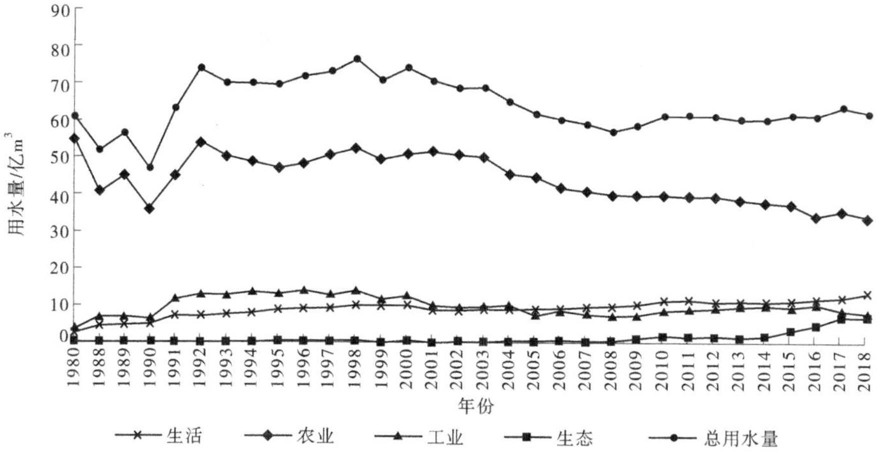

(b)用水量变化趋势

图 4-1-4　大清河流域 1980—2018 年供水量、用水量变化趋势

4.1.2.2　用水效率

大清河流域现状年用水水平见表 4-1-5。大清河流域人均用水量远低于海河流域及全国平均水平;农村生活用水定额和城镇生活用水定额与海河流域平均水平基本持平,但高于全国平均水平;工业用水效率、农业用水效率高于全国平均水平,与海河流域平均水平相当。流域整体的用水节约水平较高,但考虑到流域内省(市)际间差别较大,部分地区用水浪费现象依然存在,工业和农业仍有节水潜力。

大清河流域工业用水效率、农业亩均灌溉用水量与国内外水平对比分别见图 4-1-5 和图 4-1-6。

表 4-1-5　大清河流域、海河流域及全国用水水平对比

区域	人均用水量/m^3	万元 GDP 用水量/m^3	万元工业增加值用水量/(m^3/万元)	农田灌溉亩均用水量/m^3	生活用水定额/[L/(d·人)]	
					城镇	农村
大清河流域	198	35	13	202	85	59
海河流域	238	35	13	224	95	66
全国	432	67	41	380	193	83

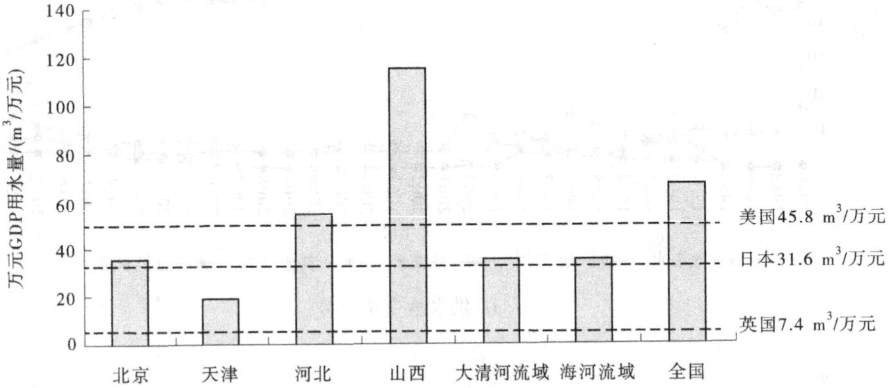

图 4-1-5　大清河流域工业用水效率与国内外水平对比

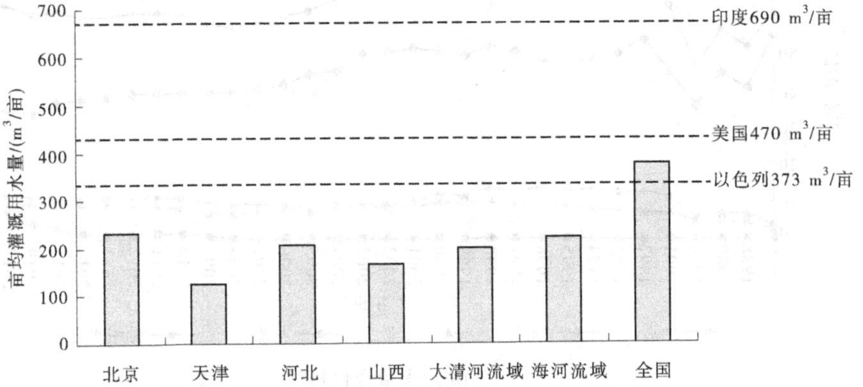

图 4-1-6　大清河流域农业亩均灌溉用水量与国内外水平对比

4.1.2.3　水资源开发利用率

大清河流域 1980—2018 年平均水资源量 42.21 亿 m^3,供水量 47.77 亿 m^3(扣除深层

承压水开采量、非常规水供水量及外流域调入水量)，水资源开发利用率达 113%。其中，地表水资源量 17.65 亿 m^3，供水量 11.48 亿 m^3，地表水开发利用率 65%；平原浅层地下水供水量 39.32 亿 m^3，为可开采量 24.38 亿 m^3 的 161%；深层承压水开采量 8.89 亿 m^3。大清河流域水资源开发利用情况见表 4-1-6。

表 4-1-6　大清河流域水资源开发利用情况

地表水开发利用		水资源总开发利用	
供水量/亿 m^3	11.48	供水量/亿 m^3	47.77
水资源量/亿 m^3	17.65	水资源量/亿 m^3	42.21
开发利用率/%	65	开发利用率/%	113

注：地表水供水量中含山丘区地下水供水量 3.11 亿 m^3。

评价认为大清河流域水资源开发利用率高于国际上公认的保障流域生态安全的水资源可开发利用率，处于较高水平，本次规划应通过优化水资源配置，退还挤占的生态水量，压采地下水，从而缓解流域水资源超载状况。

现状年大清河流域除山区水资源开发利用率相对较低(为 20%)外，淀西和淀东均超过了 100%，分别达到了 146%和 124%。现状年大清河流域山区、淀西平原、淀东平原水资源开发利用率见图 4-1-7。

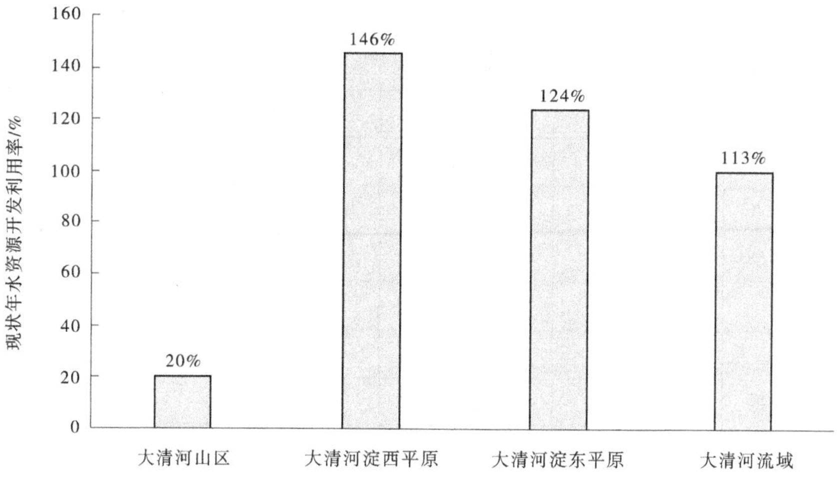

图 4-1-7　现状年大清河流域山区、淀西平原、淀东平原水资源开发利用率

4.1.3　缺水状况分析

大清河流域基准年需水总量为 66.78 亿 m^3，流域多年平均供水量为 57.02 亿 m^3，缺水量为 9.77 亿 m^3，缺水率达 14.6%。

以水资源分区进行统计，淀西平原、淀东平原、山区分别缺水 5.32 亿 m^3、4.16 亿 m^3 和 0.29 亿 m^3，缺水率分别为 15.7%、14.3%和 7.4%。以分省进行统计，缺水区域集中在河北省和天津市。

基准年各省(市)缺水量见图 4-1-8，水资源供需矛盾及缺水情况统计见表 4-1-7。

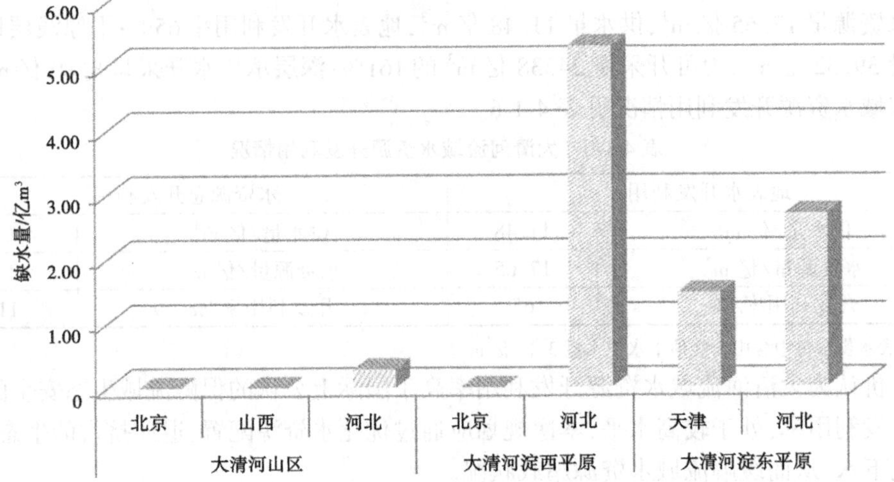

图 4-1-8　基准年各省(市)缺水量

表 4-1-7　基准年水资源供需矛盾及缺水情况统计

水资源分区	省级行政区	需水量/亿 m³	可供水量/亿 m³	缺水量/亿 m³	缺水率/%
大清河山区	北京	0.35	0.35	0	0
	山西	0.45	0.44	0.01	2.2
	河北	3.10	2.82	-0.28	-9.1
	小计	3.90	3.61	-0.29	-7.4
大清河淀西平原	北京	2.70	2.70	0	0
	河北	31.12	25.80	-5.32	-17.1
	小计	33.82	28.50	-5.32	-15.7
大清河淀东平原	天津	16.81	15.34	-1.47	-8.7
	河北	12.25	9.56	-2.69	-22.0
	小计	29.06	24.90	-4.16	-14.3
合计		66.78	57.01	-9.77	-14.6
行政区划	北京	3.05	3.05	0	0
	天津	16.81	15.34	-1.47	-8.7
	河北	46.47	38.18	-8.29	-17.8
	山西	0.45	0.44	-0.01	2.2
合计		66.78	57.01	-9.77	-14.6

4.1.4　地下水超采现状

大清河流域地表水资源匮乏,地下水资源长期处于超采状态,截至 2018 年底,全流域平原区现状年地下水超采量为 10.75 亿 m^3，近年来，随着地下水开采管控，地下水占供水总量的比例略有下降，但供水结构的问题仍十分突出。同时，河北省为全国重要的粮食主产区，农业种植面积大，农业用水比重高，用水结构失衡，导致流域内中东部处于地下水漏斗区。超采区主要分布在山前平原，并形成了高蠡清—肃宁、一亩泉等 2 个较大的地下水漏斗。

根据叠图分析，大清河流域平原浅层地下水超采区面积为 1.49 万 km^2，并形成了高蠡清—肃宁、一亩泉等 2 个较大的地下水漏斗，其中高蠡清—肃宁漏斗中心埋深已超过 37.7 m，局部含水层被疏干。平原浅层地下水超采区中一般超采区、严重超采区面积分别占 94%和 6%，主要分布在淀西平原的保定、石家庄等地。深层承压水开采主要集中在中东部平原，面积为 1.73 万 km^2。其中，河北省深层承压水地下水超采区面积为 0.71 万 km^2，主要分布在淀东平原的廊坊霸州、文安、大城，保定高阳、蠡县，沧州任丘、青县、肃宁、献县，衡水饶阳、安平等地。深层承压水地下水超采区中一般超采区、严重超采区面积分别占 29%和 71%。

2018 年，全流域平原区地下水开采量为 32.36 亿 m^3，浅层地下水、深层承压水开采量分别占 85%和 15%。与可开采量相比，全流域平原区现状水平年地下水超采量为 10.75 亿 m^3，其中，浅层地下水超采量 5.75 亿 m^3，深层地下水开采量 5.00 亿 m^3。

大清河流域现状水平年地下水超采情况见表 4-1-8。

表 4-1-8　大清河流域现状水平年地下水超采情况　　单位：亿 m^3

分区		浅层地下水			深层承压水开采量	合计	
省级行政区	水资源三级区	可开采量	开采量	超采量		开采量	超采量
北京	大清河淀西平原	2.27	1.16	0	0	1.16	0
天津	大清河淀东平原	0.51	0.40	0	1.44	1.84	1.44
河北	大清河淀西平原	16.39	22.14	5.75	0.78	22.92	6.53
	大清河淀东平原	5.21	3.66	0	2.78	6.44	2.78
合计		24.38	27.36	5.75	5.00	32.36	10.75

4.2　水环境现状调查与评价

4.2.1　水质监测及评价

4.2.1.1　水功能区水质监测及评价

1. 水功能区划

根据国务院批复的《全国重要江河湖泊水功能区划（2011—2030 年）》，本次大清河流域规划评价范围共包含 74 个水功能区，其中重要水功能区 23 个，一般水功能区 51 个。一级功能区中包括保护区/保留区 3 个，河流长度 181.0 km，湖库面积 360.0 km^2；缓冲区 8 个，河流长度 361.0 km；开发利用区 63 个，河流长度 2 347.3 km，湖库面积 283.8 km^2。合计一级功能区总河长 2 818.3 km，湖库面积 643.8 km^2。

大清河流域水功能区划成果见表 4-2-1。

表 4-2-1 大清河流域水功能区划成果

序号	河名	水功能区名称		范围				目标水质
		一级	二级	起始断面	终止断面	代表河长/km	面积/km^2	
1	磁河	磁河河北石家庄开发利用区 2	磁河河北石家庄农业用水区 2	河源	灵寿	65	0	Ⅲ
2	磁河	磁河河北石家庄开发利用区 1	磁河河北石家庄农业用水区 1	横山岭水库	横山岭水库	0	9.8	Ⅲ
3	郜河	郜河河北石家庄开发利用区 1	郜河河北石家庄农业用水区 1	口头水库	口头水库	0	6.9	Ⅲ
4	郜河	郜河河北石家庄开发利用区 2	郜河河北石家庄农业用水区 2	口头水库	新乐承安铺	60	0	Ⅲ
5	木刀沟	木刀沟河北石家庄、保定开发利用区	木刀沟河北石家庄农业用水区	灵寿	石家庄保定交界	70	0	Ⅳ
6	木刀沟	木刀沟河北石家庄、保定开发利用区	木刀沟河北保定农业用水区	石家庄保定交界	北郭村	23	0	Ⅳ
7	孝义河	孝义河河北保定开发利用区	孝义河河北保定工业用水区	河源	高阳县	45	0	Ⅳ
8	孝义河	孝义河河北保定缓冲区		高阳县	白洋淀	15	0	Ⅲ
9	护城河	护城河河北保定开发利用区	护城河河北保定景观娱乐用水区	环保定市	环保定市	6	0	Ⅳ
10	沙河	沙河晋冀保留区		河源	阜平	85	0	Ⅱ
11	沙河	沙河河北保定开发利用区 1	沙河河北保定饮用水水源区 1	阜平	王快水库	34	0	Ⅱ
12	沙河	沙河河北保定开发利用区 2	沙河河北保定饮用水水源区 2	王快水库库区	王快水库库区	0	25	Ⅱ
13	沙河	沙河河北保定开发利用区 3	沙河河北保定农业用水区	王快水库	北郭村	119	0	Ⅳ
14	北易水河	北易水河河北保定开发利用区 1	北易水河河北保定饮用水水源区 1	源头	易县	28	0	Ⅲ
15	北易水河	北易水河河北保定开发利用区 2	北易水河河北保定饮用水水源区 2	易县	北河店	29	0	Ⅲ
16	中易水河	中易水河河北保定开发利用区 1	中易水河河北保定饮用水水源区 1	源头	安各庄水库	44	0	Ⅱ
17	中易水河	中易水河河北保定开发利用区 2	中易水河河北保定饮用水水源区 2	安各庄水库	安各庄水库	0	8.8	Ⅱ
18	中易水河	中易水河河北保定开发利用区 3	中易水河河北保定饮用水水源区 3	安各庄水库	北河店	102	0	Ⅲ
19	拒马河	拒马河河北保定开发利用区	拒马河河北保定饮用水水源区	源头	紫荆关	67	0	Ⅱ

续表 4-2-1

序号	河名	水功能区名称		范围				目标水质
		一级	二级	起始断面	终止断面	代表河长/km	面积/km^2	
20	拒马河	拒马河冀京缓冲区		紫荆关	落宝滩	117	0	Ⅲ
21	南拒马河	南拒马河河北开发利用区	南拒马河河北保定饮用水水源区	落宝滩	新盖房	70	0	Ⅲ
22	北拒马河	北拒马河河北保定开发利用区	北拒马河河北保定饮用水水源区	张坊	东茨村	40	0	Ⅲ
23	白沟河	白沟河河北保定开发利用区	白沟河河北保定饮用水水源区	东茨村	新盖房	54	0	Ⅲ
24	小清河	小清河北京开发利用区	小清河北京景观娱乐用水区	大宁水库	马头镇	30	0	Ⅳ
25	小清河	小清河京冀缓冲区		马头镇	东茨村	16	0	Ⅳ
26	界河	界河河北保定开发利用区	界河河北保定农业用水区	源头	白洋淀	160	0	Ⅳ
27	府河	府河河北保定开发利用区 1	府河河北保定工业用水区	保定市	安州	35	0	Ⅳ
28	府河	府河河北保定开发利用区 2	府河河北保定过渡区	安州	白洋淀	20	0	Ⅲ
29	漕河	漕河河北保定开发利用区 1	漕河河北保定饮用水源区 1	河源	龙门水库	43	0	Ⅱ
30	漕河	漕河河北保定开发利用区 2	漕河河北保定饮用水源区 2	龙门水库	龙门水库	0	3. 3	Ⅱ
31	漕河	漕河河北保定开发利用区 3	漕河河北保定农业用水区	龙门水库	漕河	41	0	Ⅳ
32	漕河	漕河河北保定开发利用区 4	漕河河北保定过渡区	漕河	白洋淀	25	0	Ⅲ
33	唐河	唐河山西浑源灵丘开发利用区	唐河山西浑源农业用水区	源头	王庄堡镇	35	0	Ⅲ
34	唐河	唐河山西浑源灵丘开发利用区	唐河山西灵丘工业农业用水区	王庄堡镇	城头会	38	0	Ⅲ
35	唐河	唐河晋冀缓冲区		城头会	倒马关	71	0	Ⅲ
36	唐河	唐河河北保定开发利用区 1	唐河河北保定饮用水源区 1	倒马关	西大洋水库入库口	75	0	Ⅱ
37	唐河	唐河河北保定开发利用区 2	唐河河北保定饮用水源区 2	西大洋水库库区	西大洋水库库区	0	29	Ⅱ
38	唐河	唐河河北保定开发利用区 3	唐河河北保定农业用水区	西大洋水库坝下	温仁	93	0	Ⅳ

续表 4-2-1

序号	河名	水功能区名称		范围				目标水质
		一级	二级	起始断面	终止断面	代表河长/km	面积/km^2	
39	唐河	唐河河北保定缓冲区		温仁	白洋淀	47	0	Ⅲ
40	潴龙河	潴龙河河北保定保留区		北郭村	白洋淀	96	0	Ⅲ
41	瀑河	瀑河河北保定开发利用区	瀑河河北保定饮用水源区 1	源头	瀑河水库	25	0	Ⅲ
42	瀑河	瀑河河北保定开发利用区	瀑河河北保定饮用水源区 2	瀑河水库	瀑河水库	0	1	Ⅲ
43	瀑河	瀑河河北保定开发利用区	瀑河河北保定农业用水区	瀑河水库	徐水	55	0	Ⅳ
44	瀑河	瀑河河北保定开发利用区	瀑河河北保定过渡区	徐水	白洋淀	25	0	Ⅲ
45	白洋淀	白洋淀河北湿地保护区		白洋淀淀区	白洋淀淀区	0	360	Ⅲ
46	任文干渠	任文干渠河北沧州、廊坊开发利用区	任文干渠河北沧州工业用水区	白洋淀	沧州、廊坊交界	33	0	Ⅳ
47	任文干渠	任文干渠河北沧州、廊坊开发利用区	任文干渠河北廊坊工业用水区	沧州、廊坊交界	大清河	29	0	Ⅳ
48	赵王新河	赵王新河河北沧州、廊坊开发利用区	赵王新河河北沧州工业用水区	白洋淀出口	沧州、廊坊交界	9	0	Ⅳ
49	赵王新河	赵王新河河北沧州、廊坊开发利用区	赵王新河河北廊坊工业用水区	沧州、廊坊交界	入大清河口	31	0	Ⅳ
50	大清河	大清河河北保定、廊坊开发利用区	大清河河北保定农业用水区	新盖房闸	保定、廊坊交界	40	0	Ⅳ
51	大清河	大清河河北保定、廊坊开发利用区	大清河河北廊坊农业用水区	保定、廊坊交界	左各庄	60	0	Ⅳ
52	大清河	大清河冀津缓冲区		左各庄	台头	15	0	Ⅲ
53	大清河	大清河天津开发利用区	大清河天津农业用水区	台头	进洪闸	12.6	0	Ⅲ
54	南运河	南运河天津开发利用区 1	南运河天津饮用、农业、工业用水区	九宣闸	十一堡节制闸	43.5	0	Ⅲ
55	南运河	南运河天津开发利用区 2	南运河天津景观娱乐用水区	三元村闸	三岔口	6.6	0	Ⅳ
56	大石河	大石河北京开发利用区	大石河上段北京饮用水源区	堂上	漫水河	70	0	Ⅲ

续表 4-2-1

序号	河名	水功能区名称		范围				目标水质
		一级	二级	起始断面	终止断面	代表河长/km	面积/km^2	
57	大石河	大石河北京开发利用区	大石河下段北京景观娱乐用水区	漫水河	北京市界	51	0	Ⅳ
58	独流减河	独流减河天津开发利用区	独流减河天津农业用水区 1	进洪闸	万家码头	43.5	0	Ⅳ
59	独流减河	独流减河天津开发利用区	独流减河天津饮用水源区	万家码头	十里横河	11	0	Ⅲ
60	独流减河	独流减河天津开发利用区	独流减河天津农业用水区 2	十里横河	南北腰闸	9.7	0	Ⅳ
61	独流减河	独流减河天津开发利用区	独流减河天津工业用水区	南北腰闸	工农兵闸	6.1	0	Ⅴ
62	青静黄排水渠	青静黄排水渠天津开发利用区	青静黄天津农业用水区	大庄子	海口闸	38.3	0	Ⅳ
63	团泊洼水库	团泊洼水库天津开发利用区	团泊洼水库天津农业用水区	库区	库区	0	51	Ⅳ
64	中亭河	中亭河河北廊坊开发利用区	中亭河河北廊坊工业用水区	霸州	胜芳	50	0	Ⅳ
65	中亭河	中亭河冀津缓冲区		胜芳	大柳滩	50	0	Ⅳ
66	中亭河	中亭河天津开发利用区	中亭河天津农业用水区	大柳滩	西河闸	5	0	Ⅳ
67	北大港水库	北大港水库天津开发利用区	北大港水库天津饮用、工业、农业水源区	库区	库区	0	149	Ⅲ
68	江江河	江江河河北衡水、沧州开发利用区	江江河河北沧州农业用水区	衡水、沧州交界	泊头市	15	0	Ⅳ
69	牤牛河	牤牛河河北廊坊开发利用区	牤牛河河北廊坊工业用水区	固安	霸县	36	0	Ⅳ
70	马厂减河	马厂减河天津开发利用区	马厂减河天津农业、饮用用水区	九宣闸	南台尾闸	40	0	Ⅲ
71	马圈引河	马圈引河天津开发利用区	马圈引河天津饮用水源、农业用水区	洋闸	马圈进水闸	8	0	Ⅲ
72	青静黄排水渠	青静黄排水渠冀津缓冲区		青县	大庄子	30	0	Ⅲ
73	海河	海河天津开发利用区 1	海河饮用、工业、景观用水区	三岔口	二道闸上	33.5	0	Ⅲ
74	海河	海河天津开发利用区 2	海河天津过渡区	二道闸下	海河闸	38.5	0	Ⅴ

2. 水功能区水质现状评价

水功能区达标评价按全指标评价,其中河干/断流不参评。评价结果表明,2016 年流域水功能区达标个数为 19 个,达标率为 33.9%,不达标个数为 37 个,主要超标项目为 COD、氨氮、总氮、总磷、五日生化需氧量等。2018 年水功能区达标率提高至 40.4%,双指标达标率提高至 52.6%。

2016 年各水功能区达标评价结果见表 4-2-2,各省达标率统计(2016 年)见表 4-2-3。

表 4-2-2 大清河流域各水功能区达标评价结果

序号	所在水功能一级区	水质目标	水质现状			是否达标	全指标超标频次、项目及超标倍数
			汛期	非汛期	全年		
1	磁河河北石家庄开发利用区 2	Ⅲ	Ⅲ	Ⅱ	Ⅲ	达标	
2	磁河河北石家庄开发利用区 1	Ⅲ	Ⅲ	Ⅱ	Ⅱ	达标	
3	郜河河北石家庄开发利用区 1	Ⅲ	Ⅲ	Ⅱ	Ⅲ	达标	
4	郜河河北石家庄开发利用区 2	Ⅲ	Ⅳ	Ⅳ	Ⅳ	不达标	TP(50%)[0.69]、BOD_5(33.3%)[4.8]、高锰酸盐指数(8.33%)[6.9]
5	木刀沟河北石家庄、保定开发利用区	Ⅳ	Ⅳ	Ⅳ	Ⅳ	达标	
6	木刀沟河北石家庄、保定开发利用区	Ⅳ	Ⅳ	Ⅳ	Ⅳ	达标	
7	孝义河河北保定开发利用区	Ⅳ	劣Ⅴ	劣Ⅴ	劣Ⅴ	不达标	氨氮(50%)[2.23]、BOD_5(50%)[9.2]、TP(50%)[0.59]
8	护城河河北保定开发利用区	Ⅳ	劣Ⅴ	劣Ⅴ	劣Ⅴ	不达标	氨氮(100%)[10.6]、BOD_5(66.7%)[15.4]
9	沙河晋冀保留区	Ⅱ	Ⅲ	Ⅱ	Ⅱ	达标	
10	沙河河北保定开发利用区 1	Ⅱ	Ⅱ	Ⅰ	Ⅱ	达标	
11	沙河河北保定开发利用区 2	Ⅱ	Ⅱ	Ⅰ	Ⅱ	达标	
12	沙河河北保定开发利用区 3	Ⅳ	Ⅳ	Ⅳ	Ⅳ	达标	
13	北易水河河北保定开发利用区 1	Ⅲ	Ⅲ	Ⅲ	Ⅲ	达标	
14	北易水河河北保定开发利用区 2	Ⅲ	劣Ⅴ	劣Ⅴ	劣Ⅴ	不达标	溶解氧
15	中易水河河北保定开发利用区 1	Ⅱ	Ⅱ	Ⅱ	Ⅱ	达标	
16	中易水河河北保定开发利用区 2	Ⅱ	Ⅱ	Ⅲ	Ⅱ	达标	
17	中易水河河北保定开发利用区 3	Ⅲ	劣Ⅴ	劣Ⅴ	劣Ⅴ	不达标	溶解氧
18	拒马河河北保定开发利用区	Ⅱ	Ⅱ	Ⅲ	Ⅲ	不达标	BOD_5(50%)[3.4]
19	拒马河冀京缓冲区	Ⅲ	Ⅱ	Ⅱ	Ⅱ	达标	
20	南拒马河河北开发利用区	Ⅲ	Ⅲ	劣Ⅴ	Ⅳ	不达标	高锰酸盐指数(75%)[11.9]
21	北拒马河河北保定开发利用区	Ⅲ	劣Ⅴ	劣Ⅴ	劣Ⅴ	不达标	氨氮(4.0)、COD(1.1)、硫化物(1.5)

续表 4-2-2

序号	所在水功能一级区	水质目标	水质现状			是否达标	全指标超标频次、项目及超标倍数
			汛期	非汛期	全年		
22	白沟河河北保定开发利用区	Ⅲ	Ⅳ	Ⅳ	Ⅳ	不达标	高锰酸盐指数(58%)[6.9]
23	小清河北京开发利用区	Ⅳ	Ⅳ	劣Ⅴ	劣Ⅴ	不达标	COD(42%)[55]、TP(33%)[0.44]、BOD_5(33%)[9.6]、氨氮(25%)[2.96]
24	小清河京冀缓冲区	Ⅳ	Ⅳ	Ⅴ	Ⅴ	不达标	COD(50%)[102]、氨氮(42%)[3.36]
25	界河河北保定开发利用区	Ⅳ	河干	河干	河干	河干	
26	府河河北保定开发利用区 1	Ⅳ	劣Ⅴ	劣Ⅴ	劣Ⅴ	不达标	氨氮(100%)[19.6]、BOD_5(66.7%)[24.4]、溶解氧(50%)[2.1]
27	府河河北保定开发利用区 2	Ⅲ	劣Ⅴ	劣Ⅴ	劣Ⅴ	不达标	COD(63.6%)[100.0]、溶解氧(54.6%)[3.8]、高锰酸盐指数(27.3%)[9.8]
28	漕河河北保定开发利用区 1	Ⅱ	Ⅴ	Ⅴ	Ⅴ	不达标	BOD_5(100%)[5.5]、TP(100%)[0.24]、高锰酸盐指数(70%)[7.7]
29	漕河河北保定开发利用区 2	Ⅱ	河干	河干	河干	河干	
30	漕河河北保定开发利用区 3	Ⅳ	河干	河干	河干	河干	
31	漕河河北保定开发利用区 4	Ⅲ	河干	河干	河干	河干	
32	唐河山西浑源灵丘开发利用区 1	Ⅲ	Ⅲ	Ⅲ	Ⅲ	达标	
33	唐河山西浑源灵丘开发利用区 2	Ⅲ	Ⅲ	Ⅲ	Ⅲ	达标	
34	唐河晋冀缓冲区	Ⅲ	Ⅲ	Ⅲ	Ⅲ	达标	
35	唐河河北保定开发利用区 1	Ⅱ	Ⅰ	Ⅰ	Ⅰ	达标	
36	唐河河北保定开发利用区 2	Ⅱ	Ⅰ	Ⅱ	Ⅰ	达标	
37	唐河河北保定开发利用区 3	Ⅳ	断流	断流	断流	断流	
38	唐河河北保定缓冲区	Ⅲ	断流	断流	断流	断流	
39	潴龙河河北保定保留区	Ⅲ	劣Ⅴ	劣Ⅴ	劣Ⅴ	不达标	TP(80%)[0.95]、氨氮(40%)[7.76]、BOD_5(40%)[16.5]
40	瀑河河北保定开发利用区	Ⅲ	河干	河干	河干	河干	
41	瀑河河北保定开发利用区	Ⅲ	河干	河干	河干	河干	
42	瀑河河北保定开发利用区	Ⅳ	河干	河干	河干	河干	
43	瀑河河北保定开发利用区	Ⅲ	河干	河干	河干	河干	

续表 4-2-2

序号	所在水功能一级区	水质目标	水质现状			是否达标	全指标超标频次、项目及超标倍数
			汛期	非汛期	全年		
44	孝义河河北保定缓冲区	Ⅲ	河干	河干	劣Ⅴ	不达标	氨氮(83.3%)[2.23]、高锰酸盐指数(66.7%)[12.2]、BOD_5(66.7%)[9.2]
45	白洋淀河北湿地保护区	Ⅲ	劣Ⅴ	劣Ⅴ	劣Ⅴ	不达标	高锰酸盐指数(100%)[10.2]、TP(100%)[0.5]、BOD_5(100%)[10.2]
46	任文干渠河北沧州、廊坊开发利用区	Ⅳ	劣Ⅴ	劣Ⅴ	劣Ⅴ	不达标	氟化物(100%)[1.88]、COD(75%)[128.0]、BOD_5(50%)[9.6]
47	任文干渠河北沧州、廊坊开发利用区	Ⅳ	劣Ⅴ	河干	劣Ⅴ	不达标	氟化物(100%)[1.88]、COD(75%)[128.0]、BOD_5(50%)[9.7]
48	赵王新河河北沧州、廊坊开发利用区	Ⅳ	河干	河干	河干	河干	
49	赵王新河河北沧州、廊坊开发利用区	Ⅳ	劣Ⅴ	劣Ⅴ	劣Ⅴ	不达标	COD(66.7%)[102.0]、溶解氧(33.3%)[2.6]、氨氮(33.3%)[1.52]
50	大清河河北保定、廊坊开发利用区	Ⅳ	断流	断流	断流	断流	
51	大清河河北保定、廊坊开发利用区	Ⅳ	断流	断流	断流	断流	
52	大清河冀津缓冲区	Ⅲ	劣Ⅴ	劣Ⅴ	劣Ⅴ	不达标	COD(100%)[131]、氟化物(92%)[2.39]
53	大清河天津开发利用区	Ⅲ	Ⅳ	劣Ⅴ	劣Ⅴ	不达标	高锰酸盐指数(100%)[11.2]、氟化物(92%)[2.42]
54	南运河天津开发利用区 1	Ⅲ	劣Ⅴ	河干	河干	河干	
55	南运河天津开发利用区 2	Ⅳ	Ⅲ	Ⅲ	Ⅲ	达标	
56	大石河北京开发利用区	Ⅲ	河干	河干	河干	河干	
57	大石河北京开发利用区	Ⅳ	劣Ⅴ	劣Ⅴ	劣Ⅴ	不达标	溶解氧(2.4)、氨氮(6.52)、高锰酸盐指数(0.02)、COD(1.07)、TP(4.18)、酚(0.06)、BOD_5(2.12)

续表 4-2-2

序号	所在水功能一级区	水质目标	水质现状			是否达标	全指标超标频次、项目及超标倍数
			汛期	非汛期	全年		
58	独流减河天津开发利用区	Ⅳ	劣Ⅴ	Ⅴ	Ⅴ	不达标	高锰酸盐指数(100%)[19.2]、TP(58%)[0.39]、氟化物(92%)[1.88]
59	独流减河天津开发利用区	Ⅲ	劣Ⅴ	劣Ⅴ	劣Ⅴ	不达标	COD(100%)[105]、TP(50%)[0.68]、BOD_5(42%)[6.3]、氨氮(33%)[3.57]、氟化物(100%)[1.95]
60	独流减河天津开发利用区	Ⅳ	劣Ⅴ	劣Ⅴ	劣Ⅴ	不达标	COD(83%)[102]、氟化物(33%)[1.78]
61	独流减河天津开发利用区	Ⅴ	劣Ⅴ	劣Ⅴ	劣Ⅴ	不达标	COD(58%)[230]、TP(25%)[5.26]
62	青静黄排水渠天津开发利用区	Ⅳ	Ⅴ	劣Ⅴ	劣Ⅴ	不达标	高锰酸盐指数(1.3)
63	团泊洼水库天津开发利用区	Ⅳ	劣Ⅴ	劣Ⅴ	劣Ⅴ	不达标	氟化物 0.2、氨氮 0.4
64	中亭河河北廊坊开发利用区	Ⅳ	劣Ⅴ	劣Ⅴ	劣Ⅴ	不达标	氨氮(100%)[11.6]、氟化物(100%)[5.91]、COD(100%)[359.0]
65	中亭河冀津缓冲区	Ⅳ	劣Ⅴ	劣Ⅴ	劣Ⅴ	不达标	高锰酸盐指数(1.0)、氨氮(1.0)、氟化物(1.0)、挥发酚(1.0)、氯化物(1.0)、pH 值(0.5)、铅(0.3)
66	中亭河天津开发利用区	Ⅳ	劣Ⅴ	劣Ⅴ	劣Ⅴ	不达标	氨氮 1.4、TP 0.8、氟化物 0.5
67	北大港水库天津开发利用区	Ⅲ	断流	断流	断流	断流	
68	江江河河北衡水、沧州开发利用区	Ⅳ	劣Ⅴ	劣Ⅴ	劣Ⅴ	不达标	氟化物(100%)[2.23]、溶解氧(33.3%)[0.0]、高锰酸盐指数(33.3%)[18.1]
69	牤牛河河北廊坊开发利用区	Ⅳ	河干	河干	河干	河干	
70	马厂减河天津开发利用区	Ⅲ	劣Ⅴ	Ⅴ	劣Ⅴ	不达标	高锰酸盐指数(1.0)、氟化物(0.6)、氨氮(0.3)
71	马圈引河天津开发利用区	Ⅲ	河干	河干	河干	河干	

续表 4-2-2

序号	所在水功能一级区	水质目标	水质现状			是否达标	全指标超标频次、项目及超标倍数
			汛期	非汛期	全年		
72	青静黄排水渠冀津缓冲区	Ⅲ	劣Ⅴ	劣Ⅴ	劣Ⅴ	不达标	COD(100%)[241]、TP(67%)[0.54]、BOD_5(25%)[10.2]
73	海河天津开发利用区 1	Ⅲ	Ⅲ	Ⅴ	Ⅳ	不达标	高锰酸盐指数(25%)[7.9]、TP(33%)[0.47]、氨氮(25%)[5.03]
74	海河天津开发利用区 2	Ⅴ	劣Ⅴ	劣Ⅴ	劣Ⅴ	不达标	COD(75%)[96]、TP(42%)[0.67]、氨氮(50%)[4.42]

表 4-2-3　大清河流域水功能区各省达标率统计(2016 年)

河系/省级行政区	参评水功能区个数	河长/km	全指标评价结果		不参评水功能区	
			达标个数	个数达标率/%	河长/km	个数
北京	3	97	0	0	70	1
天津	12	244.8	1	8.33	51.5	3
河北	38	1 595	15	39.47	616	14
山西	3	144	3	100.00	0	0
全流域	56	2 080.8	19	33.93	737.5	18

3. 水质现状及污染分析

劣Ⅴ类污染较重的河流集中在大清河流域平原,多位于白洋淀周边和下游地区。污染主要是由于入河点源、上游及相连河渠水质较差、面源以及来水量减少等原因。其中北易水、北拒马河、府河、孝义河、潴龙河、任文干渠主要是入河点源造成的污染;大清河、独流减河、海河干流以及青静黄排水渠主要是上游来水水质较差;中易水河等河流还存在面源污染问题。此外,受气候变化和下垫面条件等人类活动的双重影响,大清河流域地表水资源量呈显著减少趋势,地表径流的减少也对河流水质产生了负面影响。

4.2.1.2　湖库富营养化现状

流域内涉及 10 个湖库,包括河北省 8 个和天津市 2 个。全年水质达到Ⅲ类有 5 座。龙门水库、瀑河水库全年干库,富营养化评价见表 4-2-4。

表 4-2-4　水库富营养化评价

省市	湖库名称	面积/km^2	水功能区水质目标	全指标评价结果	是否达标	超标因子及倍数	营养状态
河北	白洋淀	360	Ⅲ	劣Ⅴ	否	高锰酸盐指数(0.5)、COD(0.5)、BOD_5(0.4)	中度富营养
河北	西大洋水库	29	Ⅱ	Ⅰ	是		中营养
天津	北大港水库	149	Ⅲ	断流	不参评		中度富营养
河北	横山岭水库	9.8	Ⅲ	Ⅱ	是		中营养
河北	口头水库	6.9	Ⅲ	Ⅲ	是		中营养
河北	王快水库	25	Ⅱ	Ⅱ	是		中营养
河北	安格庄水库	8.8	Ⅱ	Ⅱ	是		中营养
河北	龙门水库	3.3	Ⅱ	河干	不参评		—
河北	瀑河水库	1	Ⅲ	河干	不参评		—
天津	团泊洼水库	51	Ⅳ	劣Ⅴ	否	氟化物 0.2、氨氮 0.4	中度富营养

4.2.1.3　饮用水水源地水质评价

1. 水源地水质现状

本次规划调查统计大清河流域所有建制市和县级城镇(含县城和其他县镇)集中式饮用水水源地共 39 个,总供水量 4.71 亿 m^3,供水人口 673 万人。其中,水库、河道、地下水供水量分别占总供水量的 46%、23%和 31%;供水人口分别占总供水人口的 50%、21%和 29%,见表 4-2-5。

表 4-2-5　大清河流域城市集中供水水源地统计

省级行政区	河道			水库			地下水			合计		
	个数	供水量/(万 m^3/a)	供水人口/万人	个数	供水量/(万 m^3/a)	供水人口/万人	个数	供水量/(万 m^3/a)	供水人口/万人	个数	供水量/(万 m^3/a)	供水人口/万人
北京	1	10 000	93.33	0	0	0	7	1 573	21.24	8	11 573	114.57
河北	0	0	0	2	23 700	350	28	11 639	228.75	30	35 339	578.75
山西	0	0	0	0	0	0	1	156	2.89	1	156	2.89
天津	0	0	0	0	0	0	0	0	0	0	0	0
全流域	1	10 000	93.33	2	23 700	350	36	13 368	252.88	39	47 068	672.86

大清河流域 39 个集中式饮用水水源地中,西大洋水库水源地、王快水库水源地、北京市拒马河水源地和保定市一亩泉水源地等 4 个水源地被纳入《全国重要饮用水水源地名录》。大清河流域 39 个饮用水水源地水质全部合格,合格率达到 100%。

2. 重要水源地整治现状

根据全国集中式饮用水水源地环境保护专项行动进展情况，截至 2018 年底，房山区已编制完成拒马河饮用水水源保护区划定方案。河北省已完善王快、西大洋水库水源保护区范围，将王快—西大洋水库连通工程沿线划入水源保护区。

4.2.2 废污水排放及入河量现状

河流域内点源污染主要为排污口污水排放。据调查，2018 年大清河流域 74 个水功能区中有规模以上排污口 60 个，排入 25 个水功能区，其中，工业排污口 6 个，混合排污口 41 个，生活排污口 13 个；其余 49 个水功能区无排污口。流域废污水及主要污染物排放主要集中在中下游河段。

从排放行业分析，大清河流域污染源主要是生活污水和工业污水，废污水入河量 4.88 亿 t，其中城镇生活污水 0.68 亿 t，工业污水 0.45 亿 t，混合污水 3.76 亿 t。COD 入河量 1.65 万 t，氨氮 0.13 万 t。污染物入河量主要集中在中亭河、孝义河、府河、漕河等平原河流，以 COD 为例，平原河流污染物入河量占全流域的 98%以上。

白洋淀入淀污染负荷由点源、面源和内源组成。其中，来自府河、孝义河等入淀河流的点源成为白洋淀水污染的最主要来源，约占污染贡献比的一半以上。此外，面源和内源也对白洋淀污染存在一定的贡献，其中面源包括淀区周边村庄及淀中村随降雨径流可能进入淀区的污染物量，点源主要是淀外河流入淀量，内源主要包括水产养殖和底泥释放所造成的污染。其中，雄安新区经污水处理厂处理的污水量约为 0.26 亿 m^3。

大清河流域各省废污水及污染物入河量统计见表 4-2-6。

表 4-2-6　大清河流域各省废污水及污染物入河量统计

河系/省级行政区	污水量/(万 m^3/a)	污染物量/(t/a)	
		COD	氨氮
北京	2 020.62	1 112.60	158.55
天津	4 754.20	538.21	139.60
河北	41 465.77	14 632.37	944.61
山西	547.27	231.55	4.13
全流域	48 787.86	16 514.72	1 253.01

4.2.3 水污染治理情况

近年来，流域大规模的污水处理厂建设和投入运营，截至 2018 年，大清河流域规划范围内已建成投运城镇污水集中处理厂 81 座，其中北京市 12 座，天津市 5 座（仅考虑流域内静海区），河北省 58 座，山西省 6 座，设计年处理规模为 7.63 亿 t，实际年处理量达到 5.97 亿 t。其中，雄安新区 0.34 亿 t。

4.2.4　水域纳污能力

纳污能力统计范围确定为 74 个水功能区。经核定,大清河流域 COD、氨氮纳污能力分别为 1.93 万 t/a、0.09 万 t/a,如表 4-2-7、表 4-2-8 所示。

表 4-2-7　现状年大清河流域内纳污能力情况

序号	河流	一级水功能区名称	河长/km	面积/km²	水质目标	现状纳污能力/(t/a)	
						COD	氨氮
1	磁河	磁河河北石家庄开发利用区 2	65	0	Ⅲ	0	0
2	磁河	磁河河北石家庄开发利用区 1	0	9.8	Ⅲ	197.63	10.17
3	郜河	郜河河北石家庄开发利用区 1	0	6.9	Ⅲ	17.84	0.89
4	郜河	郜河河北石家庄开发利用区 2	60	0	Ⅲ	0	0
5	木刀沟	木刀沟河北石家庄、保定开发利用区	70	0	Ⅳ	0	0
6	木刀沟	木刀沟河北石家庄、保定开发利用区	23	0	Ⅳ	310.26	15.51
7	孝义河	孝义河河北保定开发利用区	45	0	Ⅳ	0	0
8	护城河	护城河河北保定开发利用区	6	0	Ⅳ	786.85	39.34
9	沙河	沙河晋冀保留区	85	0	Ⅱ	374.44	0.42
10	沙河	沙河河北保定开发利用区 1	34	0	Ⅱ	354.78	12.03
11	沙河	沙河河北保定开发利用区 2	0	25	Ⅱ	0	0
12	沙河	沙河河北保定开发利用区 3	119	0	Ⅳ	0	0
13	北易水河	北易水河河北保定开发利用区 1	28	0	Ⅲ	0	0
14	北易水河	北易水河河北保定开发利用区 2	29	0	Ⅲ	1 958.73	102.60
15	中易水河	中易水河河北保定开发利用区 1	44	0	Ⅱ	0	0
16	中易水河	中易水河河北保定开发利用区 2	0	8.8	Ⅱ	0	0
17	中易水河	中易水河河北保定开发利用区 3	102	0	Ⅲ	0	0
18	拒马河	拒马河河北保定开发利用区	67	0	Ⅱ	466.42	12.91
19	拒马河	拒马河冀京缓冲区	117	0	Ⅲ	0	0
20	南拒马河	南拒马河河北开发利用区	70	0	Ⅲ	236.45	37.2
21	北拒马河	北拒马河河北保定开发利用区	40	0	Ⅲ	838.14	43.18
22	白沟河	白沟河河北保定开发利用区	54	0	Ⅲ	119.61	5.38
23	小清河	小清河北京开发利用区	30	0	Ⅳ	2 235.1	96.29
24	小清河	小清河京冀缓冲区	16	0	Ⅳ	0	0
25	界河	界河河北保定开发利用区	160	0	Ⅳ	209.08	10.45

续表 4-2-7

序号	河流	一级水功能区名称	河长/km	面积/km²	水质目标	现状纳污能力/(t/a)	
						COD	氨氮
26	府河	府河河北保定开发利用区 1	35	0	Ⅳ	510.36	25.52
27	府河	府河河北保定开发利用区 2	20	0	Ⅲ	0	0
28	漕河	漕河河北保定开发利用区 1	43	0	Ⅱ	0	0
29	漕河	漕河河北保定开发利用区 2	0	3.3	Ⅱ	0	0
30	漕河	漕河河北保定开发利用区 3	41	0	Ⅳ	2 511.52	126.01
31	漕河	漕河河北保定开发利用区 4	25	0	Ⅲ	0	0
32	唐河	唐河山西浑源灵丘开发利用区	35	0	Ⅲ	56.33	4.07
33	唐河	唐河山西浑源灵丘开发利用区	38	0	Ⅲ	237.94	8.85
34	唐河	唐河晋冀缓冲区	71	0	Ⅲ	0	0
35	唐河	唐河河北保定开发利用区 1	75	0	Ⅱ	0	0
36	唐河	唐河河北保定开发利用区 2	0	29	Ⅱ	0	0
37	唐河	唐河河北保定开发利用区 3	93	0	Ⅳ	0	0
38	唐河	唐河河北保定缓冲区	47	0	Ⅲ	0	0
39	潴龙河	潴龙河河北保定保留区	96	0	Ⅲ	163.99	8.20
40	瀑河	瀑河河北保定开发利用区	25	0	Ⅲ	0	0
41	瀑河	瀑河河北保定开发利用区	0	1	Ⅲ	0	0
42	瀑河	瀑河河北保定开发利用区	55	0	Ⅳ	455.27	22.95
43	瀑河	瀑河河北保定开发利用区	25	0	Ⅲ	0	0
44	孝义河	孝义河河北保定缓冲区	15	0	Ⅲ	0	0
45	白洋淀	白洋淀河北湿地保护区	0	360	Ⅲ	0	0
46	任文干渠	任文干渠河北沧州、廊坊开发利用区	33	0	Ⅳ	0	0
47	任文干渠	任文干渠河北沧州、廊坊开发利用区	29	0	Ⅳ	0	0
48	赵王新河	赵王新河河北沧州、廊坊开发利用区	9	0	Ⅳ	0	0
49	赵王新河	赵王新河河北沧州、廊坊开发利用区	31	0	Ⅳ	631.95	32.30
50	大清河	大清河河北保定、廊坊开发利用区	40	0	Ⅳ	1 717.5	87.7
51	大清河	大清河河北保定、廊坊开发利用区	60	0	Ⅳ	0	0
52	大清河	大清河冀津缓冲区	15.00	0	Ⅲ	0	0
53	大清河	大清河天津开发利用区	12.6	0	Ⅲ	2.57	0.13
54	南运河	南运河天津开发利用区 1	43.5	0	Ⅲ	0	0

续表 4-2-7

序号	河流	一级水功能区名称	河长/km	面积/km²	水质目标	现状纳污能力/(t/a)	
						COD	氨氮
55	南运河	南运河天津开发利用区 2	6.6	0	Ⅳ	0.66	0.03
56	大石河	大石河北京开发利用区	70	0	Ⅲ	16.11	0.40
57	大石河	大石河北京开发利用区	51	0	Ⅳ	320.93	13.72
58	独流减河	独流减河天津开发利用区	43.5	0	Ⅳ	10.50	0.50
59	独流减河	独流减河天津开发利用区	11	0	Ⅲ	7.87	0.39
60	独流减河	独流减河天津开发利用区	9.7	0	Ⅳ	3.52	0.18
61	独流减河	独流减河天津开发利用区	6.1	0	Ⅴ	4.07	0.20
62	青静黄排水渠	青静黄排水渠天津开发利用区	38.3	0	Ⅳ	3.70	0.19
63	团泊洼水库	团泊洼水库天津开发利用区	0	51	Ⅳ	0	0
64	中亭河	中亭河河北廊坊开发利用区	50	0	Ⅳ	250.01	12.50
65	中亭河	中亭河冀津缓冲区	50	0	Ⅳ	622.85	31.14
66	中亭河	中亭河天津开发利用区	5	00	Ⅳ	0.36	0.02
67	北大港水库	北大港水库天津开发利用区	0	149	Ⅲ	0	0
68	江江河	江江河河北衡水、沧州开发利用区	15	0	Ⅳ	0	0
69	牤牛河	牤牛河河北廊坊开发利用区	36	0	Ⅳ	917.77	45.89
70	马厂减河	马厂减河天津开发利用区	40	0	Ⅲ	3.02	0.15
71	马圈引河	马圈引河天津开发利用区	8	0	Ⅲ	0.48	0.02
72	青静黄排水渠	青静黄排水渠冀津缓冲区	30	0	Ⅲ	0	0
73	海河	海河天津开发利用区 1	33.5	0	Ⅲ	94.01	4.7
74	海河	海河天津开发利用区 2	38.5	0	Ⅴ	2 661.71	133.09
合计			2 818.3	643.8	—	19 310.34	945.32

表 4-2-8　各省纳污能力统计

省级行政区	现状纳污能力/(t/a)	
	COD	氨氮
北京	2 572.14	110.41
天津	2 792.48	139.60
河北	13 651.45	682.29
山西	294.27	12.92
全流域	19 310.34	945.22

4.2.5　地下水现状

根据 2016 年海河流域水环境监测中心的地下水水质监测资料，按照《地下水质量标准》(GB/T 14848—2017)，总大肠菌群和细菌总数不参评的情况下，2016 年符合Ⅰ～Ⅲ类水标准的井有 15 眼，Ⅳ类水标准的井有 15 眼，Ⅴ类水标准的井有 19 眼，分别占总监测井数的 30.6%、30.6%和 38.8%。从区域分布来看，河北省廊坊市和天津市静海区的地下水水质较差，基本为Ⅳ～Ⅴ类。

大清河流域 2016 年地下水水质状况见图 4-2-1。

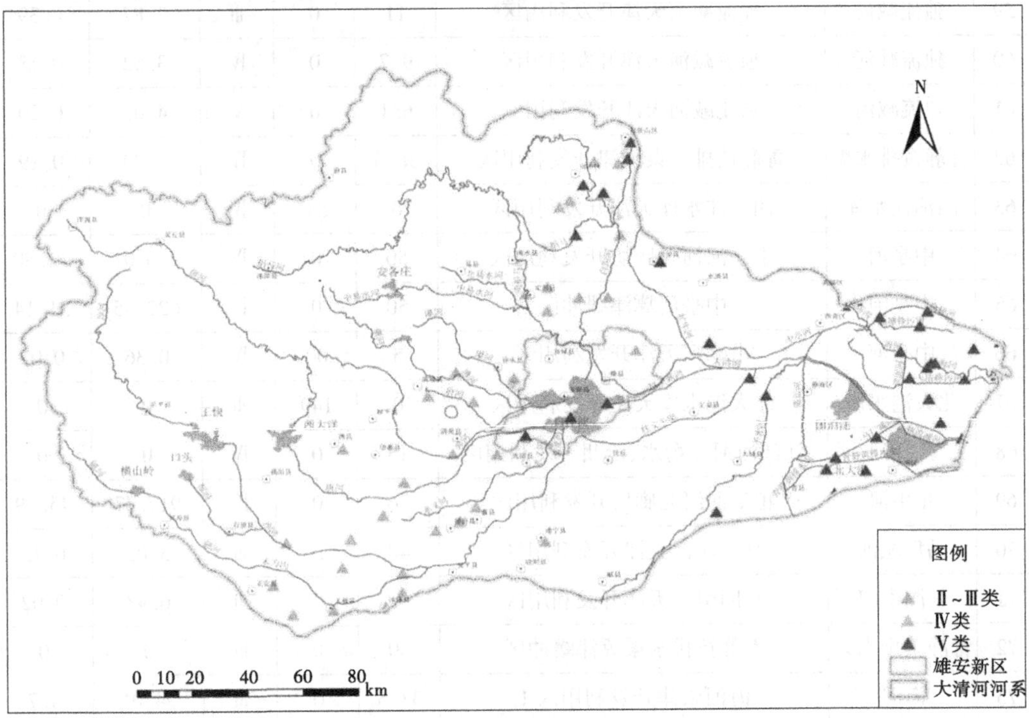

图 4-2-1　大清河流域 2016 年地下水水质状况

4.2.6　环境风险源现状及治理情况

唐河污水库位于安新县境内西南部，紧邻唐河故道，原本是调蓄保定市区工业污水的临时措施，唐河污水库上游截污工程已经完成，没有工业污水继续流入污水库。而唐河污水库位于白洋淀上游，且库尾距离白洋淀 2.5 km(见图 4-2-2)。自 2018 年起，已开展一期唐河污水库治理修复工作，2020 年二期治理也逐步开展。

4.2.6.1　一期治理方案及治理效果

2018 年开展了唐河污水库污染治理与生态修复一期工程，主要内容包括对库内存余污水进行原位治理、固体废物及疑似风险废物的清运与处置、南北库区生态恢复、构建地下水质量长期在线监管系统，2019 年项目完成并进行了竣工环境保护验收。

根据《唐河污水库污染治理与生态修复工程竣工环境保护验收调查报告表》，一期治理方案中,实际修复库区余水量为 7 万 m^3;实际清理库区内一般固体废物(包括库内污水治理过程中产生的稀泥)12 550.09 t,含砷固体废物 7 587.36 t,含铅固体废物 1 058.57 t,电线电缆拆解废物约 1.40 万 t,冶炼渣约 4.80 万 t。项目于 2018 年 6 月开工,于 2019 年 6 月底竣工。环保投资约 16 980 万元。

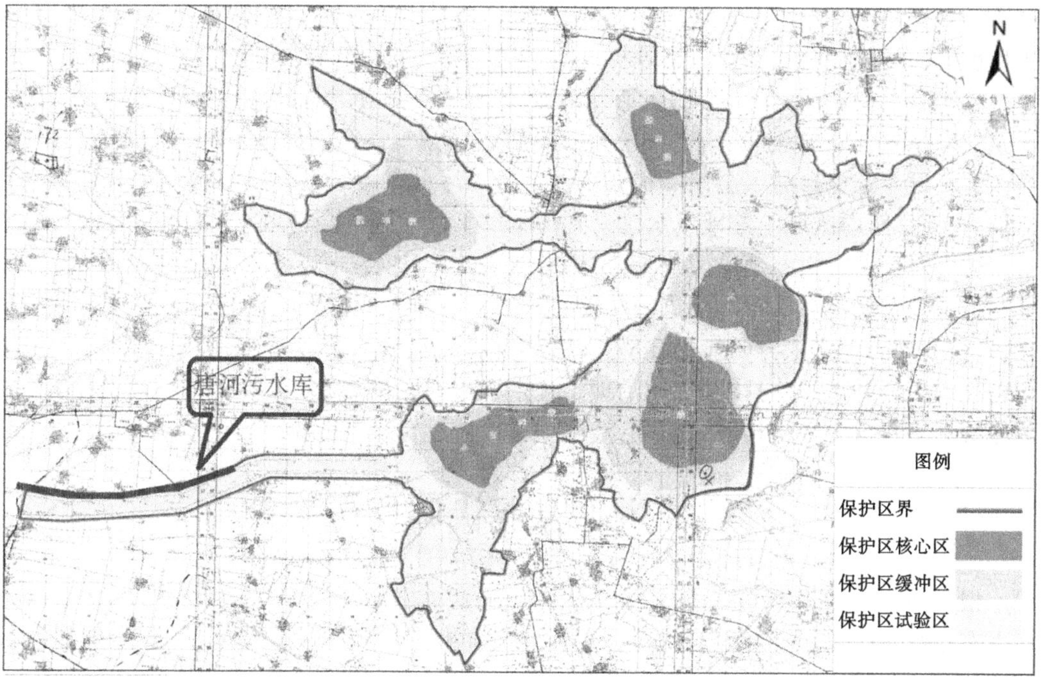

图 4-2-2　唐河污水库分布示意图

唐河污水库污染治理与生态修复一期工程清理了大量余水、固体废物,污水库内污染源已基本清除,但受库内堆存的污染物影响,污水库下层土壤受重金属污染严重,进而威胁地下水水质,将是二期治理的重点关注内容。

4.2.6.2　二期治理方案及治理效果

2020 年开展二期工程,唐河污水库污染治理与生态修复二期工程项目的工程内容包括唐河污水库北库内污染土壤的治理、污染地下水的风险管控以及渣土混合物处置。

土壤治理方案主要包括四部分:①有机物污染土壤治理,采用原位化学修复技术,化学氧化修复方式为浅层搅拌;②深度较深的重金属污染土壤治理,使用水泥浆作为垂向及水平阻隔材料,采用的施工方式为三轴搅拌桩,阻隔深度为 30 m,预计需要搅拌桩体 1 865 个,水泥用量 31 733 m^3;水平阻隔水泥用量为 3 773 m^3;③重金属及复合污染较为严重的污染土壤治理,采用原位阻隔的方式进行处置,管控区域阻隔系统采用混凝土联合 HDPE 膜进行阻隔;④污染程度较轻的土壤治理,采用水泥窑(资源化利用)或填埋的方式进行处置,浅层 0.5 m 土壤 Cu 限值标准为 1 500 mg/kg、总 Zn 限值为 3 000 mg/kg 作为修复目标值,并种植相应耐受富集植物。清理后的区域先进行平整,表层覆盖干净土壤,覆盖的土壤在达到 GB 36600—2018 一类用地筛选值的基础上,Cu 浓度需低于 1 500 mg/kg,Zn 浓度需低于 3 000 mg/kg,覆盖后的标高与唐河污水库北库 8.5 km 区域原标高一致。

渣土混合物处置方案，污水库渣土混合物集中区域清理深度为0.3~1.8 m，合计清理面积为158 165 m^2，与污染土壤区域进行叠加，共计需清理渣土混合物103 039 m^3。

在地下水管控方面，由于区域地下水流向以从白洋淀到污水库为主的现状，结合专家意见，暂以风险管控、监测预警为主，利用现有监测井对库区内及周边地下水进行长期监测和预警，并进行制度控制，严格管控，风险管控范围内禁止污染和采用地下水。

2020年4月，中国雄安集团生态建设投资有限公司组织召开了《唐河污水库污染治理与生态修复二期工程环境影响报告表》咨询会，雄安新区生态环境局、安新县生态环境局相关领导专家也参与了会议。报告表针对唐河污水库污染治理与生态修复二期工程给出结论：项目所在区域土壤地下水已受到污染。工程实施不会造成水环境的重大影响，对白洋淀自然保护区生态环境影响不大，项目区土壤地表水、地下水环境将得到极大改善，虽然施工期对环境有一定的污染影响，但采取适当措施后可以避免或降低相关影响。综合来看，本项目的实施有明显的环境正效益，对唐河水体水质改善、消除对下游白洋淀环境风险有积极的作用。目前，二期治理工程正在进行，在落实各项治理方案后，污水库区域深层污染严重土壤将被有效阻隔，浅层土壤可通过置换及原位修复进行治理。

4.3 陆生生态现状调查与评价

根据2018年6—10月中国林业科学研究院森林生态环境与保护研究所对大清河流域生态系统、陆生植被类型及其植物种类、陆生脊椎动物和土地利用现状、陆生生态现状调查如下。

4.3.1 调查范围、内容和时间

调查范围：大清河整个流域，总面积为42 972 km^2。

调查内容：主要包括生态系统、陆生植被类型及其植物种类、陆生脊椎动物和土地利用现状。

调查时间：2018年6—10月。

4.3.2 调查方法

本次陆生生态现状调查，采用收集资料和传统的野外调查研究方法。

植物采用样方调查、实验室物种鉴定等，乔木采用20 m×20 m样方，主要记录物种的树高、冠幅、胸径、盖度等；灌木群落采用2 m×2 m样方，记录样方内植物物种名称、高度、盖度、多度；草本植物群落采用1 m×1 m样方，记录样方内植物物种名称、高度、多度、盖度等情况。

野生动物调查主要通过收集资料的方式开展工作，根据收集的资料，依据地形地貌、植被等特点选择有代表性的区域，采用3~5 km样线的方法对区域内野生动物类型及分布情况进行调查，调查区域跨大清河干支流河道，并收集了涉及的各自然保护区科考资料。

采用2005年（Landsat-5TM）和2017年（Landsat-8TM）的流域遥感影像，开展遥感影

像解译工作。基于野外 GPS 地物定位,建立相应遥感专题解译标志,在遥感处理软件中完成遥感影像专题解译。应用景观生态学的理论方法,并结合非污染生态评价导则中有关景观比例、密度、频度和优势度等景观格局参数计算方法,评价研究区域景观格局变化。

4.3.3　生态系统类型、结构和功能

4.3.3.1　生态系统类型

从生态系统组成来看,大清河流域主要生态系统类型为农田生态系统和森地生态系统,其次为零散的人居生态系统、草地生态系统、湿地生态系统,线形分布的路际生态系统比例较小。大清河流域生态系统类型及特征见表 4-3-1。

表 4-3-1　大清河流域生态系统类型及特征

序号	生态系统类型	主要物种	分布	面积/hm^2	占评价范围比例/%
1	农田生态系统	冬小麦、春小麦、玉米、高粱、甘薯、棉花、烟草、花生、芝麻、苹果、梨、枣、山楂、柿、核桃、石榴、葡萄	主要分布在流域中部平原地区或地势平坦的地区	2 100 650	48.884
2	林地生态系统	侧柏、油松、栎类、杨、旱柳、榆、荆条、绣线菊、酸枣、胡枝子	主要分布在流域西部山地或局部水分条件较好的地段	1 247 422	29.029
3	草地生态系统	白草、黄背草、蒿类、碱蓬	散布于流域各地	289 135	6.728
4	湿地生态系统	芦苇、香蒲、藨草等湿生植物	分布于河渠、坑塘、湖泊、滩地、沼泽地	96 086	2.236
5	人居生态系统	人与绿色植物	散布于流域各地	465 665	10.836
6	路际生态系统	人与绿色植物	条带状分布于流域内	9 904	0.230

主要生态系统类型描述如下。

1. 农田生态系统

评价范围内的农业生态系统主要分布于流域中部平原地区或地势平坦的地区。

(1)植被现状。农业生态系统中的植被均为人工植被,为栽培、种植的农作物、经济林等。评价范围内的农业植被主要有冬小麦、春小麦、玉米、高粱、甘薯、棉花、烟草、花生、芝麻、苹果、梨、枣、山楂、柿、核桃、石榴、葡萄等。

(2)动物现状。由于农业生态系统中植被类型较为单一,植物种类较少,距离居民区较近而易受人为干扰,因此农田生态系统中动物种类不甚丰富。但农业生态系统中的水田为部分两栖类动物提供了合适的栖息环境,因此分布于其中的两栖类种类较多。静水

型、陆栖型的种类在农田中都有分布，如黑斑侧褶蛙、中华大蟾蜍、泽陆蛙等。同时，爬行动物中的灌丛石隙型、住宅型的种类如多疣壁虎、中国石龙子等也多在农田及周围活动。鸟类中人类伴居的种类在农田中也多有分布，比如家燕、喜鹊、灰喜鹊、麻雀、虎纹伯劳等；部分涉禽，如苍鹭、白鹭、池鹭等在水田中也常有分布。

(3)生态功能。农业生态系统的主要生态功能体现在农产品及副产品生产，包括为人们提供农产品，为现代工业提供加工原料，以及提供生物能源等。同时，农田生态系统也具有大气调节、土壤保持、养分循环、水分调节、生物多样性保育等功能。

2. 湿地生态系统

评价范围湿地以河流型湿地、湖泊型湿地、沼泽型湿地和人工湿地为主。其中，上游段涞源县、阜平县、门头沟区、房山区一带为丘陵山地区，河流水网密布，其间有若干个大小水库和湖泊，以河流、湖泊湿地为主；中游段河谷渐宽，以河流、湖泊和沼泽湿地为主；下游段河谷开阔，以湖泊、沼泽湿地和人工湿地为主。

(1)植物现状。评价区湿地植被主要包括2个群系，分别为芦苇群系、碱蓬群系。其中，芦苇群系广泛分布于流域内的水库、河流、湖泊等周边，群落高度为2~2.5 m，生长疏密不同，盖度为70%~90%。在群落下层常见有小飞蓬、狼尾草、马兰、野艾蒿、鬼针草、苔草等分布。碱蓬群系主要分布在大清河流域东部滨海地带，优势种为碱蓬、芦苇、猪毛菜、柽柳等，平均草层高40~60 cm，最高可达100 cm以上，多为带状或片状分布，覆盖度平均为10%~70%。还有些蓼类群系多生长于池沼和水沟内，还蔓生于旱地、果园、苗圃和住宅旁，间或混生禾本科草群落。

(2)动物现状。湿地动物主要包括：两栖类，爬行类中的林栖傍水型和水栖型，鸟类中的游禽和涉禽，哺乳类中的半水栖型。

(3)生态功能。由于湿地是陆地与水体的过渡地带，因此它同时兼具丰富的陆生和水生动植物资源，对于保护物种、维持生物多样性具有难以替代的生态价值，具有调蓄水源、调节气候、净化水质、保存物种、提供野生动物栖息地等生态效益。

3. 林地生态系统

评价范围内林地生态系统主要集中在大清河流域中上游区域，如河北省涞源县、阜平县、行唐县、曲阳县、唐县、易县和涞水县，山西省灵丘县，北京市房山区等地区。

(1)植被现状。评价范围内森林系统中的植被主要有针叶林、阔叶林、灌丛和灌草丛。广泛分布的针叶林有油松林、侧柏林，落叶阔叶林有栎类林、杨树林、刺槐林等，灌丛有虎榛灌丛、荆条灌丛、沙棘灌丛等，灌草丛有白羊草草丛、黄背草草丛等。评价范围内针叶林和阔叶林主要分布在阜平县、涞源县、灵丘县、房山区等区域内。流域内存在面积较大的灌丛和灌草丛，主要在林地与耕地之间过渡区域内分布，如西大洋水库、王快水库等水库，大沙河、拒马河上游河流两岸。

(2)动物现状。森林为动物提供了大量食物，同时也是防御天敌的良好避难所，因此森林生态系统中具有较高的动物多样性。评价范围内的大部分动物物种在森林生态系统内均有分布，有两栖类如黑眶蟾蜍、中华大蟾蜍、中国雨蛙、无斑雨蛙等，爬行类如中国石龙子、蓝尾石龙子、北草蜥、黑腹腹链蛇、赤链蛇等，哺乳类中的大部分种类在森林中分布均较多，而鸟类中的陆禽、猛禽、攀禽、鸣禽也主要活动于森林中。

(3)生态功能。森林生态系统具有复杂的空间结构和营养链式结构,系统自身调节适应能力较强,其生态功能主要包括改善生态环境、涵养水源、保持水土、调节气候、净化空气、消除污染、孕育和维持生物多样性等。

4. 人居生态系统

评价范围内人居生态系统以流域中下游为主、人口密集区的地区。

人居生态系统的服务功能主要包括三大类:①提供生活和生产物质的功能,包括食物生产、原材料生产;②与人类日常生活和身心健康相关的生命支持的功能,包括气候调节、水源涵养、净化空气等;③满足人类精神生活需求的功能,包括娱乐文化。

4.3.3.2　生态系统结构

本评价主要采用传统的景观生态学方法来确定景观优势度值(Do),优势度值大的就是模地大清河流域综合规划生态评价范围各类斑块优势度值,其结果见表 4-3-2。

表 4-3-2　大清河流域评价范围内各斑块优势度值(2017 年)

斑块类型	景观比例 Lp/%	密度 Rd/%	频度 Rf	优势度值 Do
草地景观	6. 728	9. 06	73. 45	23. 99
耕地景观	48. 884	16. 38	52. 83	41. 74
建筑用地景观	12. 195	26. 76	35. 72	21. 72
林地景观	29. 029	37. 75	47. 32	35. 78
水域景观	2. 236	7. 86	27. 89	10. 06
未利用地景观	0. 928	2. 20	16. 41	5. 12

根据表 4-3-2 分析,流域各景观类型中,耕地景观为优势类型,面积和景观比例最高;其次为林地景观和草地景观;其他景观类型,面积和景观比例都比较低。

斑块密度中,最高的林地景观类型为 37. 75%;其次为建设用地景观类型,斑块密度为 26. 76%;耕地景观类型斑块密度为 16. 38%;其他景观类型的斑块密度都比较低。

景观类型频率中,频率最高的为草地,其次为耕地景观类型和林地景观类型;其他景观类型频度较低。

景观优势度中,耕地景观类型的优势度最高,其次为林地景观,草地景观类型的优势度次之;其他景观类型的优势度都比较低。

景观多样性指数是景观镶嵌体斑块丰富程度和均匀程度的综合反映,可以反映景观要素的多少和各类景观所占比例的大小,当景观由单一要素构成时,景观是均质的,其多样性指数为 0,由两个以上的要素构成的景观,当各景观类型所占比例相等时,其景观的多样性最高。各景观类型所占比例差异增大,则景观的多样性下降。流域景观整体多样性指数为 1. 28,这说明在我们所确定的流域景观类型体系的情况下,各类景观类型所占比例的差异相对还比较大,多样性比较低。

总体来看,流域林地景观和耕地景观占优势,景观比例、频率和优势度都比较大。草地景观比例小,但分布零散,拼块数目多,景观密度也较大,出现的频率较高。未利用地景观类型景观比例和频率都相对比较小,优势度也相对较低。

4.3.3.3 生态系统功能

通过类比和查阅资料(《非污染生态影响评价技术导则培训教材》,自然生态司,1999年)的方法,并结合评价区的植被状况,得出评价区单位面积的平均第一性生产力为5.87 t/(hm^2·a),为中水平,如表4-3-3所示。

表4-3-3 评价区第一性生产力

植被类型		代表性植物	面积/km^2	平均净生产力/[t/(hm^2·a)]
栽培植被	农田作物	小麦、玉米	21 006	6
	果树蔬菜等	—	598	8
	绿地	—	34	8
针叶林	常绿针叶林	侧柏、油松	182	8
	落叶针叶林	落叶松	1	8
	针阔混交林	油松+栎类	2	10
阔叶林	落叶阔叶灌木林	虎榛子、牡荆	6 885	6
	落叶阔叶林	山杨、栎类	4 774	12
	稀疏林	—	32	6
草原草甸	杂草类草丛	白羊草、黄背草	2 741	5
	沼泽草甸	芦苇、菖蒲	308	6
	碱蓬草甸	碱蓬	117	2
水域	河流	—	151	5
	水库/坑塘	—	784	5
	运河/水渠	—	26	0.01
其他	建设用地	—	5 240	0.03
	未利用地	—	91	0.03
平均				5.87

4.3.4 陆生植物

4.3.4.1 植物区系

大清河流域植物主要表现为华北植物区系特征。华北植物地区位于甘肃武山以东秦岭—淮河—苏北盐城海滨,向北至固原—安塞—吴堡—管涔山—恒山—燕山—辽东半岛,包括太行山脉等华北山地、华北大平原和晋陕黄土高原,属暖温带半湿润—半干旱气候,沿海比较湿润,地带性植被主要是松栎类针阔叶混交林、落叶阔叶林和森林草原。区系类型以北温带为主,植物种类丰富,特有化程度较低。

4.3.4.2　植被类型及分布特征

依据《中国植被》提出的植物群落分类系统,大清河流域内植被可分为针叶林、阔叶林、灌丛、草丛、草甸、栽培植物等 6 个植被型组;温带针叶林,温带落叶阔叶林,温带落叶阔叶灌丛,温带草丛,温带禾草、杂类草草甸,温带沼泽化草甸,温带盐生草甸,栽培植被等 8 个植被型,16 个群系。根据遥感解译成果,大清河流域内植被类型主要包括栽培植被、针叶林、阔叶林、草原草甸、水域及其他,其中栽培植被占地面积最大,其次为阔叶林植被。大清河流域各植被类型统计见表 4-3-4。

表 4-3-4　大清河流域各植被类型统计

植被型组	植被型	群系	群丛
针叶林	温带针叶林	侧柏林	侧柏群落
		油松林	油松群落
阔叶林	温带落叶阔叶林	栎类林	蒙古栎群落
			槲栎林群落
			槲树林群落
		山杨林	山杨群落
		刺槐林	刺槐群落
灌丛	温带落叶阔叶灌丛	荆条、酸枣灌丛	荆条、酸枣群落
		沙棘灌丛	沙棘群落
草丛	温带草丛	黄背草草丛	黄背草群落
		白羊草草丛	白羊草群落
草甸	温带禾草、杂类草草甸	芦苇草甸	芦苇群落
		苔草、杂类草草甸	苔草群落
		狗牙根草甸	狗牙根群落
	温带沼泽化草甸	芦苇、拂子茅沼泽化草甸	芦苇、拂子茅群落
	温带盐生草甸	盐生杂类草盐生草甸	碱蓬群落
			芦苇群落
栽培植被	栽培植被	农田作物	小麦
			玉米
		园地	苗圃
			果木经济林

1. 栽培植被

栽培植物以一年一熟粮食作物及耐寒经济作物、落叶果树园为主,也有部分两年三熟或一年两熟旱作和落叶果树园,农田植物中,冬小麦区主要包括冬小麦、玉米、棉花、高粱、谷子、甘薯、花生、苹果、梨、山楂、柿、核桃、板栗、大枣、葡萄(埋土越冬),春(冬)小麦区主要包括春(冬)小麦、高粱、谷子、糜子、紫花苜蓿、向日葵、糖甜菜、苹果、梨、枣、核桃,春小麦区主要包括春小麦、糜子、马铃薯、糖甜菜、胡麻、油菜。

2. 林地植被

流域内由于天然森林植被受到较大破坏,残存的森林大部分为次生林,主要分布在流域西部山地或局部水分条件较好的地段,主要树种为侧柏、油松、栎类、杨、旱柳、榆、荆条、绣线菊、酸枣、胡枝子。

a. 温带针叶林

(1)侧柏(*Platycladus orientalis* (Linn.) Franco)林。

流域侧柏多为次生林,只在悬崖和岩石裸露的石质山坡上可以见到一些原生林。侧柏林的外貌、结构和种类组成均受生境条件和人为活动等因素的影响,目前多为幼林,老林较少。山区侧柏林外貌稀疏且不整齐,而且由于所在地土壤干燥贫瘠,不宜于落叶阔叶树的生长,因此它是一种相对稳定的群落。

常见的林地草本群丛有长芒草、百里香、甘草、铁杆蒿、冷蒿、艾蒿等,伴生种有芨芨草、沙芦草、狗尾草、细叶鸢尾、黄精、山丹、狼毒、远志等。

(2)油松(*Pinus tabuliformis* Carrière)林。

油松林在流域内零星分布,且大部分为次生林。油松适应性强,在土壤贫瘠和比较干旱的山地上生长也较好。但是由于长期受到人为破坏的影响,目前油松的天然林较为少见,现存油松林大部分为天然次生林或人工营造林,而且多为中年林或幼年林,群落外貌比较整齐,生长发育良好,层次分明,郁闭度不大,一般多为纯林。林下灌木种类较多,但一般不成层。草本层种类不多,数量也少。

b. 温带落叶阔叶林

(1)栎类林。

广泛分布于评价区各地向阳山坡、浅山及丘陵地带。下限与农作区相接,上限可与桦木类相接或与它们形成混交林。深山区多为成熟林,林相整齐,郁闭度0.5~0.9,林木高一般10~15 m。浅山区多为中幼林或萌生状态的栎林,群落结构相对简单。

乔木层优势种有栓皮栎、辽东栎、蒙古栎、槲栎、槲树,伴生的树种山杨(*Populus davidiana*)、鹅耳枥(*Carpinus turczaninowii*)、油松、杜梨(*Pyrus betulifolia*)、野核桃(*Juglans cathayensis*)、漆树(*Toxicodendron ver-niciflnum*)等。灌木层一般盖度不大,为15%~35%,由10~20种灌木构成。常见的有锐齿鼠李(*Rhamnus arguta*)、孩儿拳头、灰栒子(*Cotoneaster acutifolius*)、蚂蚱腿子(*Myripnois dioica*)、金银忍冬(*Lonicera maackii*)、绣线菊(*Spiraea chinensis*)、卫矛(*Euonymus alatus*)、盐肤木(*Rhus chinensis*)、黄栌(*Cotinus coggygria*)、山梅花(*Philadelphus incanus*)、大花溲疏(*Deutzia grandiflora*)等。草本层郁闭度20%~40%,主要有披针苔(*Carexlanceolata*)、委陵菜(*Potentilla chinensis*)、白头翁、珍珠菜、石沙参(*Adenophora axillifloa*)、荠苨(*Adenophora tra-chelioides*）等。层间植物有五味子（*Schisandra chinensis*）、山葡萄（*Vitis amurensis*）、穿龙薯蓣（*Dioscorea nipponica*）、三叶木通（*Akebia trifoliata*）等。

（2）山杨林。

广泛分布于评价区人居、河渠、道路等地区，多为人工栽培，林相整齐，郁闭度 0.6~0.9，林木高一般为 10~15 m。

乔木层优势种为山杨，伴生的树种有榆（*Ulmus pumila*）、旱柳（*Salix babylonica*）、臭椿（*Ailanthus altissima*）。林下灌木稀少，草本均匀度差异较大，盖度为 10%~80%。

（3）刺槐（*Robinia pseudoacacia*）林。

刺槐林主要分布于低山区，与农田相接。乔木层主要为刺槐，伴生种常见的有臭椿、榆。刺槐林一般高 7~9 m，郁闭度为 0.5~0.9。林下灌木稀少，常见的有荆条、酸枣、三桠绣线菊等。草本层盖度为 30%~60%，主要的种类有铁杆蒿、达乌里胡枝子、苦苣菜等。

c. 温带落叶阔叶灌丛

（1）荆条灌丛。

荆条是评价区常见的一种灌丛群落类型。群落所在地一般为浅山，牧民常在此放牧，灌木枝条屡遭砍伐或被啃食，植株呈丛状分布。群落高 0.8~1.8 m，盖度不同地方变异较大。伴生的植物多为一些旱生性灌木，如黄栌（*Cotinus coggygria*）、酸枣（*Ziziphus jujuba* var. *spinosa*）、圆叶鼠李（*Rhamnus globosa*）、野山楂（*Crataegus cunaeta*）、胡枝子（*Lespedzea bicolor*）、铁扫帚（*Lespedeza hedysaroides* var. *subsericea*）、盐肤木（*Rhus chinensis*）及栓皮栎、槲树的一些萌生幼苗。草本植物常见有漏芦（*Stemmacantha uniflora*）、白羊草（*Bothriochloa ischaemum*）、风毛菊（*Saussurea japonica*）、黄背草（*Themedaja-ponica*）、野菊（*Dendranthema indicum*）、蛇莓（*Duchesnea indica*）、堇菜（*Viola verecunda*）、麻花头（*Ser-ratula centauroides*）、鸦葱（*Scorzonera ruprechtiana*）、白头翁（*Pulsatilla chinensis*）、远志（*Polygala tenuifolia*）等。

（2）沙棘（*Hippophae rhamnoides* Linn.）灌丛。

沙棘灌丛多为单优势群落，由于建群种沙棘适应能力很强。

建群种沙棘是 2~3 m 高的灌木或小灌木，高的可达 10 m，但常呈 1~2 m 高的灌丛，茎具棘刺，根分蘖能力强。外貌呈灰绿色，在黄土高原的沙棘灌丛，总覆盖度可达 80%以上，灌木层的盖度为 60%以上，沙棘占绝对优势，高 1.5~2.5 m，主要的伴生灌木有黄蔷薇（*Rosa hugonis* Hemsl.）、茅莓（*Rubus parvifolius* Linn.），主要的草本有白羊草、大针茅、长芒草、隐子草、胡枝子、铁杆蒿、茭蒿、白头翁、甘草、前胡（*Peucedanum praeruptorum* Dunn）、北柴胡、阿尔泰狗娃花、远志等。

由于沙棘生长迅速，分支繁多，加之根芽能够繁殖，能很快形成郁闭的灌丛，具有重要的改良土壤和保持水土的作用。

3. 草地植被

在中国植被区划中，流域处于温带草原地带，受气候要素及局部地形的影响，植被类型以典型草原为主，主要包括温带丛生禾草典型草原、温带草丛、温带禾草及杂类草草甸等类型。

a. 温带丛生禾草典型草原

白羊草草原是我国暖温带森林草原地区的代表类型,白羊草系中旱生多年生禾草,须根的最大部分分布在 25 cm 以上,具短根状茎,极耐牲畜啃食和践踏,常在干旱、土层薄、多石砾的阳坡呈草皮状繁生。白羊草群落组成较为丰富,除白羊草为建群种外,另外的优势成分有兴安胡枝子、长芒草、茭蒿、铁杆蒿等。其他伴生成分主要有纤毛鹅观草(*Roegneria ciliaris* (Trin.) Nevski)、委陵菜、地角儿苗、远志等。

黄背草在华北、西北海拔 500~1 000 m 的山坡,能成为群落的优势种。黄背草为多年生簇生草本。常与耐干旱的一些灌丛、刺灌丛混生,但也生长在山脚处,与羊草、茭蒿等伴生。

b. 温带草原草甸

温带禾草及杂类草草甸类型主要包括碱蓬盐生草甸、沼泽草甸和杂类草草甸。草甸植被属于隐域植被,分布在河流两侧以及湖泊等低地,可分为以下两个类型:

(1)盐生草甸。

在流域滨海湿地,适于耐盐性较强的植物盐生植物的生长,优势种为碱蓬、芦苇、猪毛菜、柽柳等,平均草层高 40~60 cm,最高可达 100 cm 以上,多为带状或片状分布,覆盖度平均为 10%~70%。

(2)杂草类草甸。

在流域河系河滩地上,分布着河滩湿地草甸植被。优势物种为赖草(*Leymus secalinus* (Georgi) Tzvel.)、假苇拂子茅(*Calamagrostis pseudophragmites* (Hall. f.) Koel.)、芦苇(*Phragmites australis*(Cav.) Trin. ex Steud.)等为主,并伴生有芨芨草(*Achnatherum splendens*(Trin.) Nevski)、玉蝉花(*Iris ensata* Thunb.)、罗布麻(*A. venetum* L.)等,平均草层高度为 50~95 cm,最高可以达到 130 cm 以上。

总体来看,由于下垫面条件变化的复杂,流域植被从西至东呈现森林灌丛植被—农田植被—盐生植被的趋势:流域的西部为山区,可耕地面积较少,多为森林灌丛植被;流域中部,地势平坦,耕地分布较为广泛,植被以农田植被为主,兼有草甸以及人工乔灌植被;流域东部滨海地区及白洋淀湿地周边,适于湿生、耐盐碱性植物生长。

4.3.4.3　植物种类

根据相关资料和相关文献,结合实地考察,大清河流域内有野生种子植物 623 种,隶属于 101 科 381 属(见表 4-3-5),主要植物名录见表 4-3-6。优势种组成主要为侧柏、刺槐、榆、栎类等乔木,荆条、酸枣、绣线菊、胡枝子、小叶鼠李等灌木;白草、黄背草、蒿类、碱蓬等草本。

农田作物主要有冬小麦、春小麦、玉米、高粱、甘薯、棉花、烟草、花生、芝麻,果树主要有苹果、梨、枣、山楂、柿、核桃、石榴、葡萄。

表 4-3-5　大清河流域评价区野生植物种科属种统计

项目	蕨类植物			裸子植物			被子植物		
	科	属	种	科	属	种	科	属	种
统计结果	4	4	6	3	6	7	94	371	610

表 4-3-6　大清河流域主要植物名录

编号	中文名	拉丁名	属名	科名
一、蕨类植物				
1	卷柏	*Selaginella sinesis*(Desv.) Spr.	卷柏属	卷柏科
2	问荆	*Equisetum arvense* L.	木贼属	木贼科
3	节节草	*Equisetum ramosissimum* Desf.		
4	木贼	*Equisetum hyemale* L.		
5	银粉背蕨	*Aleuritopteris argentea* (Gmel.) Fée	粉背蕨属	中国蕨科
6	荚果蕨	*Matteuccia struthiopteris* (L.) Todaro.	荚果蕨属	球子蕨科
二、裸子植物				
7	华北落叶松	*Larix principis-rupprechtii* Mayr.	落叶松属	松科
8	油松	*Pinus tabulaeformis* Carr.	松属	
9	杜松	*Juniperus rigida* Sieb. et Zucc.	杜松属	柏科
10	圆柏	*Juniperus chinensis*	刺柏属	
11	* 侧柏	*Platycladus orientalis* (L.) Franco.	柏属	
12	木贼麻黄	*Ephedra equisetina* Bge.	麻黄属	麻黄科
13	草麻黄	Ephedra sinica Stapf.		
三、被子植物				
(一)双子叶植物				
14	* 加拿大杨	*Populus canadensis* Moench	杨属	杨柳科
15	青杨	*Populus cathayana* Rehd.		
16	山杨	*Populus davidiana* Dode.		
17	小叶杨	*Populus simonii* Carr.		
18	沙柳	*Salix cheilophia* Schneid.	柳属	
19	旱柳	*Salix matsudana* Koidz.		
20	垂柳	*Salix babylonica* Koidz.		
21	中国黄花柳	*Salix caprea* (Hao) C. Wang		
22	蒿柳	*Salix viminalis* L.		
23	皂柳	*Salix wallichiana* Anderss.		
24	核桃楸	*Juglans mandshurica* Maxim.	胡桃属	胡桃科
25	胡桃	Juglans regia L.		
26	白桦	*Betula platyphylla* Suk	桦木属	桦木科
27	鹅耳枥	*Carpinus turczaninowii* Hance	鹅耳枥属	
28	榛	*Corylus heterophylla* Fisch.	榛属	
29	毛榛	*Corylus mandshurica* Maxim.		
30	蒙古栎	*Quercus mongolica* Fisch.	栎属	壳斗科
31	辽东栎	*Quercus wutaishansea* Mary		

续表 4-3-6

编号	中文名	拉丁名	属名	科名
32	小叶朴	*Celtis bungeana* Bl.	朴属	榆科
33	大叶朴	*Celtis koraiensis* Nakai	朴属	榆科
34	春榆	*Ulmus japonica*(Rehd.) Sarg.	榆属	榆科
35	裂叶榆	*Ulmus laciniata*(Trautv.) Mayr.	榆属	榆科
36	大果榆	*Ulmus macrocarpa* Hance.	榆属	榆科
37	白榆	*Ulmus pumila* L.	榆属	榆科
38	大麻	*Cannabis sativa* L.	大麻属	桑科
39	葎草	*Humulus scandens*(Lour.) Merr.	葎草属	桑科
40	白桑	*Morus alba* L.	桑属	桑科
41	蒙桑	*Morus mongolica*(Bur.) Schneid.	桑属	桑科
42	无花果*	*Ficus carica* Linn.	榕属	桑科
43	蝎子草	*Girardinia cuspidata* Wedd.	蝎子草属	荨麻科
44	透茎冷水花	*Pilea mongolica* Wedd.	冷水花属	荨麻科
45	狭叶荨麻	*Urtica angustifolia* Fisch. ex Hornem.	荨麻属	荨麻科
46	麻叶荨麻	*Urtica cannabina* L.	荨麻属	荨麻科
47	宽叶荨麻	*Urtica laetevirens* Maxim.	荨麻属	荨麻科
48	百蕊草	*Thesium chinense* Turcz.	百蕊草属	檀香科
49	反折百蕊草	*Thesium refractum* C. A. Mey.	百蕊草属	檀香科
50	北桑寄生	*Loranthus tanakae* Franch. et Sav.	桑寄生属	桑寄生科
51	马兜铃	*Aristolochia contorta* Bge.	马兜铃属	马兜铃科
52	荞麦*	*Fagopyrum esculentum* Moench	荞麦属	蓼科
53	扁蓄	*Polygonum aviculare* L.	蓼属	蓼科
54	两栖蓼	*Polygonum amphibium* L.	蓼属	蓼科
55	水蓼	*Polygonum hydropiper*	蓼属	蓼科
56	酸模叶蓼	*Polygonum lapathifolium* L.	蓼属	蓼科
57	红蓼	*Polygonum orientale* Linn.	蓼属	蓼科
58	西伯利亚蓼	*Polygonum sibiricum* Laxm.	蓼属	蓼科
59	拳蓼	*Polygonum bistorta* L.	蓼属	蓼科
60	齿翅蓼	*Polygonum entate-alatum* Fr. Schm. Ex Maxim.	蓼属	蓼科
61	叉分蓼	*Polygonum divaricatum* L.	蓼属	蓼科
62	支柱蓼	*Polygonum suffultum* Maxim.	蓼属	蓼科
63	戟叶蓼	*Polygonum thunbergii* Sieb. Et Zucc.	蓼属	蓼科
64	河北大黄	*Rheum franzenbachii* Munt.	大黄属	蓼科
65	酸模	*Rumex acetosa* L.	酸模属	蓼科
66	皱叶酸模	*Rumex crispus* L.	酸模属	蓼科
67	巴天酸模	*Rumex patientia* L.	酸模属	蓼科
68	齿果酸模	*Rumex dentatus* L.	酸模属	蓼科
69	锐齿酸模	*Rumex hadroocarpus*	酸模属	蓼科

续表 4-3-6

编号	中文名	拉丁名	属名	科名
70	尖头叶藜	*Chenopodium acuminatum* Willd.	藜属	藜科
71	藜	*Chenopodium album* L		
72	灰绿藜	*Chenopodium glaucum* L.		
73	小藜	*Chenopodium serotinum* L.		
74	刺藜	*Dysphania aristata* （L.） Mosyakin et Clemants	刺藜属	
75	地肤	*Kochia scoparia* （L.） Schrad.	地肤属	
76	猪毛菜	*Salsola collina* Pall.	猪毛菜属	
77	小盐爪爪	*Kalidium foliztum*(Pall.) Moq.	盐爪爪属	
78	碱蓬	*Suaeda glauca* Bge.	碱蓬属	
79	盐地碱蓬	*Suaeda salsa*(L.) Pall.		
80	中亚滨藜	*Atriplex centralasiatica* Iljin	滨藜属	
81	菠菜*	*Spinacia oleracea* L.	菠菜属	
82	凹头苋	*Amaranthus ascendens* Lois.	苋属	苋科
83	反枝苋	*Amaranthus retroflexus* L.		
84	青葙	*Celosia argentea* L.	青葙属	
85	鸡冠花*	*Celosia cristata* L.	青葙属	
86	紫茉莉*	*Mirabilis jalapa* L.	紫茉莉属	紫茉莉科
87	马齿苋	*Portulaca oleracea* L.	马齿苋属	马齿苋科
88	莲	*Nelumbo nucifera*	莲属	睡莲科
89	灯芯草蚤缀	*Arenaria juncea* Bieb.	蚤缀属	石竹科
90	卷耳	*Cerastium arvense* L.	卷耳属	
91	石竹	*Dianthus chinensis* L.	石竹属	
92	瞿麦	*Dianthus superbus* L.		
93	浅裂剪秋罗	*Lychnis ognate* Maxim.	剪秋罗属	
94	大花剪秋罗	*Lychnis fulgens* Fisch.		
95	异花假繁缕	*Pseudostellaria heterantha* （Maxim.） Pax.	孩儿参属	
96	孩儿参	*Pseudostellaria heterophylla*(Miq.)Pax.		
97	毛假繁缕	*Pseudostellaria japonica*(Korsh.) Pax.		
98	女娄菜	*Silene aprica* Turcz. Ex Fisch. Et Mey.	蝇子草属	
99	旱麦瓶草	*Silene jenisseensis* Willd.		
100	石生蝇子草	*Silene tatarinowii* Regel.		
101	中国繁缕	*Stellaria chinensis* Regel.	繁缕属	
102	繁缕	*Stellaria media* （L.） Cyr.		

续表 4-3-6

编号	中文名	拉丁名	属名	科名
103	牛扁	*Aconitum barbatum* Pers. var. *puberulum* Ledeb.	乌头属	毛茛科
104	草乌	*Aconitum kusnezoffii* Peichb.		
105	华北乌头	*Aconitum jeholense* Nakai & Kitagawa var. *angustius*(W. T. Wang) Y. Z. Zhao		
106	类叶升麻	*Actaea asiatica* Hara	类叶升麻属	
107	银莲花	*Anemone cathayensis* Kitag.	银莲花属	
108	耧斗菜	*Aquilegia viridiflora* Pall.	耧斗菜属	
109	华北耧斗菜	*Aquilegia yabeana* Kitag.		
110	水毛茛	*Batrachium bungei* (Steud.) L. Liou	水毛茛属	
111	升麻	*Cimicifuga dahurica* (Turcz.) Maxim.	升麻属	
112	单穗升麻	*Cimicifuga simplex* Wormsk.		
113	短尾铁线莲	*Clematis brevicadata* DC.	铁线莲属	
114	大叶铁线莲	*Clematis heracleifolia* DC.		
115	棉团铁线莲	*Clematis hexapetala* Pall.		
116	翠雀	*Delphinium grandiflorum* L.	翠雀属	
117	草芍药	*Paeonia obovata* Maxim.	芍药属	
118	白头翁	*Pulsatilla chinensis* (Bge.) Regel.	白头翁属	
119	细叶白头翁	*Pulsatilla turczaninowii* Krylet. Serg.		
120	毛茛	*Ranunculus aponicas* Thunb.	毛茛属	
121	瓣蕊唐松草	*Thalictrum petaloideum* L.	唐松草属	
122	展枝唐松草	*Thalictrum squarrosum* Steph.		
123	金莲花	*Trollius chinensis* Bge.	金莲花属	
124	细叶小檗	*Berberis poiretii* Schneid.	小檗属	小檗科
125	蝙蝠葛	*Menispermum dauricum* DC.	蝙蝠葛属	防己科
126	五味子	*Schisandra chinensis*(Turcz.) Baill.	五味子属	木兰科
127	白屈菜	*Chelidonium majus* L.	白屈菜属	罂粟科
128	地丁草	*Corydalis bungeana* Turcz.	紫堇属	
129	小黄紫堇	*Corydalis ochotensis* Turcz. var. *raddeana* (Regel.) Nakai		
130	蛇果紫堇	*Corydalis ophiocarpa* Hook. f. et Thoms.		
131	河北黄堇	*Corydalis allid* (Thunb.) Pers. var. *chanetii* (Levl.) S. Y. He.		
132	角茴香	*Hypecoum erectum* L.	角茴香属	
133	野罂粟	*Papaver nudicaule* L.	罂粟属	

续表 4-3-6

编号	中文名	拉丁名	属名	科名
134	毛南荠	*Arabis irsute*(L.)Scop.	南荠属	十字花科
135	垂果南芥	*Arabis pendula* L.		
136	星毛芥	*Berteroella maximowiczii* (Palib.) O. E. Schulz	星毛芥属	
137	擘蓝*	*Brassica caulorapa* Pasq.	芸薹属	
138	青菜*	*Brassica chinensis* L.		
139	雪里蕻*	*Brassica juncea* (L.) Czern. et Coss. var. *multiceps* Tsen et Lee		
140	芥菜疙瘩*	*Brassica napiformis* Bailey.		
141	卷心菜*	*Brassica oleracea* var. *capitata* L.		
142	白菜*	*Brassica pekinensis* Rupr.		
143	芜菁*	*Brassica rapa* L.		
144	荠菜	*Capsella bursa-pastoris* (L.) Medic.	荠菜属	
145	白花碎米荠	*Cardamine leucantha* (Tausch) O. E. Schulz.	碎米荠属	
146	紫花碎米荠	*Cardamine tangutorum*		
147	葶苈	*Draba nemorosa* L.	葶苈属	
148	光果葶苈	*Draba nemorosa* L. var. *leiocarpa* Lindberg		
149	糖芥	*Erysimum bungei* (Kitag.) Kitag.	糖芥属	
150	独行菜	*Lepidium apetalum* Willd.	独行菜属	
151	二月兰	*Orychophragmus violaceus* (L.) O. E. Schulz.	二月兰属	
152	萝卜*	*Raphanus sativus* L.	萝卜属	
153	沼生焯菜	*Rorippa islandica* (Oeder) Borbas.	焯菜属	
154	焯菜	*Rorippa indica* (L.) Hiern		
155	盐芥	*Thellungiella salsuginea*(Pall.) O. E. Hchulz	盐芥属	
156	播娘蒿	*Descurainia sophia*(L.) Webb	播娘蒿属	
157	离子草	*Chorispora tenella*(Pall.) DC.	离子草属	
158	瓦松	*Orostachys fimbriatus*(Turcz.) Berger.	瓦松属	景天科
159	钝叶瓦松	*Orostachys malachophyllus*(Pall.) Fisch.		
160	景天三七	*Sedum aizoon* L.	景天属	
161	北景天	*Sedum kamtchaticum* Fisch.		
162	华北景天	*Sedum tatarinowii* Maxim.		
163	小丛红景天	*Rhodiola dumulosa*(Franch.) S. H. Fu.	红景天属	
164	狭叶红景天	*Rhodiola kirilowii* Regel.		

续表 4-3-6

编号	中文名	拉丁名	属名	科名
165	落新妇	*Astilbe chinensis*(Maxim.) Franch. et Sav.	落新妇属	虎耳草科
166	大花溲疏	*Deutzia grandiflora* Bge.	溲疏属	
167	小花溲疏	*Deutzia parviflora* Bge.		
168	钩齿溲疏	*Deutzia hamata* Koehne ex Gilg et Loes		
169	东陵八仙花	*Hydrangea bretschneideri* Dipp.	八仙花属	
170	梅花草	*Parnassia palustris* L.	梅花草属	
171	太平花	*Philadelphus pekinensis* Rupr.	太平花属	
172	东北茶藨子	*Ribes mandshuricum*(Maxim.) Kom.	茶藨子属	
173	珍珠梅	*Sorbaria kirilowii*(Regel.) Maxim.	珍珠梅属	蔷薇科
174	土庄绣线菊	*Spiraea pubescens* Turcz.	绣线菊属	
175	三裂绣线菊	*Spiraea trilobata* L.		
176	灰栒子	*Cotoneaster acutifolius* Turcz.	栒子属	
177	多花栒子	*Cotoneaster multiflorus* Bge.		
178	山楂	*Crataegus pinnatifida* Bge.	山楂属	
179	大果山楂*	*Crataegus pinnatifida* var. *major* N. E. Br.		
180	山荆子	*Malus baccata* Borkh.	山荆子属	
181	楸子*	*Malus prunifolia*(Willd.) Borkh.		
182	苹果*	*Malus pumila* Mill.		
183	杜梨	*Pyrus betulaefolia* Bge.	梨属	
184	河北梨*	*Pyrus hopeiensis* Yü		
185	秋子梨	*Pyrus ussuriensis* Maxim.		
186	水榆花楸	*Sorbus alnifolia* Koch.	花楸	
187	花楸树	*Sorbus pauhuashanensis* Hedl.		
188	龙牙草	*Agrimonia pilosa* Ledeb.	龙牙草属	
189	地蔷薇	*Chamaerhodos canescens* J. Krau.	地蔷薇属	
190	蚊子草	*Filipendula palmate*(Pall.) Maxim.	蚊子草属	
191	水杨梅	*Geum aleppicum* Jacq.	水杨梅属	
192	二裂委陵菜	*Potentilla bifurca* L.	委陵菜属	
193	委陵菜	*Potentilla chinensis* Ser.		
194	翻白草	*Potentilla discolor* Bge.		
195	莓叶委陵菜	*Potentilla fragarioides* L.		
196	金露梅	*Potentilla fruticosa* L.		
197	银露梅	*Potentilla glabra* Lodd.		

续表 4-3-6

编号	中文名	拉丁名	属名	科名
198	腺毛委陵菜	*Potentilla longifolia* Willd. ex Schlecht.	委陵菜属	蔷薇科
199	多茎委陵菜	*Potentilla multicaulis* Bge.		
200	绢毛委陵菜	*Potentilla reptans var. sericophylla* Franch.		
201	朝天委陵菜	*Potentilla supine* L.		
202	刺蔷薇	*Rosa acicularia* Lindl.	蔷薇属	
203	美蔷薇	*Rosa bella Rehd.* Et Wils.		
204	玫瑰*	*Rosa rugosa* Thunb.		
205	月季*	*Rosa chinensis* Jacq.		
206	黄刺玫	*Rosa xanthina* Lindl.		
207	华北覆盆子	*Rubus idaeus* L. var. *borealisinensis* Yu et Lu	悬钩子属	
208	石生悬钩子	*Rubus saxatilis* L.		
209	地榆	*Sanguisorba officinalis* L.	地榆属	
210	桃*	*Prunus persica* Batsch.	桃属	
211	山桃	*Prunus davidiana* Franch		
212	榆叶梅	*Prunus triloba* Lindl.		
213	杏*	*Prunus armeniaca* L.		
214	山杏	*Prunus armeniaca* var. *ansu* Maxim.		
215	樱桃*	*Prunus pseudocerasus* Lindl.		
216	稠李	*Prunus padus* L.		
217	李*	*Prunus salicina* Lindl.		
218	三籽两型豆	*Amphicarpaea edgeworthii* Benth.	两型豆属	豆科
219	直立黄耆	*Astragalus adsurgens* Pall.	黄耆属	
220	达乌里黄耆	*Astragalus dahuricus*(Pall.) DC.		
221	草木樨状黄耆	*Astragalus melilotoides* Pall.		
222	糙叶黄耆	*Astragalus scaberrimus* Bge.		
223	杭子梢	*Campylotropis macrocarpa*(Bge.) Rehd.	杭子梢属	
224	小叶锦鸡儿	*Caragana microphylla* Lam.	锦鸡儿属	
225	红花锦鸡儿	*Caragana rosea* Turcz.		
226	扁豆*	*Dolichos lablab* L.	扁豆属	
227	大豆*	*Glycine max* (L.) Merr.	大豆属	
228	野大豆	*Glycine soja* Sieb. et Zucc.		
229	米口袋	*Gueldenstaedtia multiflora* Bge.	米口袋属	

续表 4-3-6

编号	中文名	拉丁名	属名	科名
230	铁扫帚	*Indigofera bungeana* Walp.	铁扫帚属	豆科
231	鸡眼草	*Kummerowia stipulacea* (Maxim.) Makino	鸡眼草属	
232	茳芒香豌豆	*Lathyrus davidii* Hance.	香豌豆属	
233	胡枝子	*Lespedeza bicolor* Turcz.	胡枝子	
234	长叶铁扫帚	*Lespedeza caraganae* Bge.		
235	达乌里胡枝子	*Lespedeza davurica*(Laxm.) Schindl.		
236	合欢*	*Albizia julibrissin* Durazz.	合欢属	
237	天蓝苜蓿	*Medicago lupulina* L.	苜蓿属	
238	白香草木樨	*Melilotus alba* Desr.	草木樨属	
239	黄香草木樨	*Melilotus officinalis* (L.) Desr.		
240	扁蓿豆	*Melissitus ruthenica*(L.) C. W. Chang	扁蓿豆属	
241	二色棘豆	*Oxytropis bicolor* Bge.	棘豆属	
242	豌豆*	*Pisum sativum* L.	豌豆属	
243	葛	*Pueraria lobata*(Willd.) Ohwi.	葛属	
244	刺槐*	*Robinia pseudoacacia* L.	刺槐属	
245	苦参	*Sophora flavescens* Ait.	槐属	
246	槐*	*Sophora japonica* L.		
247	山野豌豆	*Vicia amoena* Fisch.	野豌豆属	
248	广布野豌豆	*Vicia cracca* L.		
249	蚕豆*	*Vicia faba* L.		
250	大野豌豆	*Vicia gigantea* Bge.		
251	歪头菜	*Vicia unijuga* A. Br.		
252	柳叶野豌豆	*Vicia venosa* (Willd.) Maxim.		
253	豇豆*	*Vigna unguiculata*(L.) Walp.	豇豆属	
254	刺果甘草	*Glycyrrhiza pallidiflora* Maxim.	甘草属	
255	太阳花	*Erodium stephanianum* Willd.	金光菊属	牻牛儿苗科
256	毛蕊老鹳草	*Geranium eriostemon* Fisch. ex DC.	老鹳草属	
257	鼠掌老鹳草	*Geranium sibiricum* L.		
258	老鹳草	*Geranium wilfordii* Maxim.		
259	野亚麻	*Linum stelleroides* Planch.	亚麻属	亚麻科
260	亚麻*	*Linum usitatissimum* L.		

续表 4-3-6

编号	中文名	拉丁名	属名	科名
261	蒺藜	*Tribulus terrester* L.	蒺藜属	蒺藜科
262	白刺	*Nitraria sibirica* Pall.	白刺属	
263	臭檀	*Evodia daniellii*(Benn.) Hemsl.	吴茱萸属	芸香科
264	黄檗	*Phellodendron amurense* Rupr.	黄檗属	
265	花椒*	*Zanthoxylum bungeanum* Maxim.	花椒	
266	臭椿	*Ailanthus altissima* Swingle.	臭椿属	苦木科
267	苦木	*Picrasma quassioides*(D. Don.) Benn.	苦木属	
268	香椿*	*Toona sinensis*(A. Juss) Roem.	香椿属	楝科
269	远志	*Polygala tenuifolia* Willd.	远志属	远志科
270	西伯利亚远志	*Polygala sibirica* L.		
271	铁苋菜	*Acalypha australis* L.	铁苋菜属	大戟科
272	地锦草	*Euphorbia humifusa* Willd.	大戟属	
273	乳浆大戟	*Euphorbia esula* L.		
274	猫眼草	*Euphorbia lunulata* Bunge		
275	雀儿舌头	*Leptopus chinensis* (Bge.) Pojark.	雀舌木属	
276	蓖麻	*Ricinus communis* L.	蓖麻属	
277	一叶萩	*Flueggea suffruticosa*(Pall.) Baill.	白饭树属	
278	地构叶	*Speranskia tuberculata*(Bge.) Baill.	地构叶属	
279	漆树*	*Toxicodendron delavayi*(Franch.) F. A. Barklay	漆属	漆树科
280	火炬树	*Rhus Typhina*	盐肤木属	
281	南蛇藤	*Celastrus orbiculatus* Thunb.	南蛇藤属	卫矛科
282	卫矛	*Euonymus alatus* (Thunb.) Sieb.	卫矛属	
283	明开夜合	*Euonymus bungeanus* Maxim.		
284	五角枫	*Acer mono* Maxim.	槭属	槭树科
285	栾树	Koelreuteria *paniculata* Laxm.	栾树属	无患子科
286	文冠果	Xanthoceras *sorbifolium* Bunge	文冠果属	
287	柿	*Diospyros kaki* Thunb.	柿属	柿树科
288	君迁子	*Diospyros lotus* L.		
289	凤仙花*	*Impatiens balsamina* L.	凤仙花属	凤仙花科
290	水金凤	*Impatiens noli-tangere* L.		

续表 4-3-6

编号	中文名	拉丁名	属名	科名
291	锐齿鼠李	*Rhamnus arguta* Maxim	鼠李属	鼠李科
292	鼠李	*Rhamnus davurica* Pall.		
293	圆叶鼠李	*Rhamnus globosa* Bge.		
294	小叶鼠李	*Rhamnus parvifolia* Bge.		
295	东北鼠李	*Rhamnus schneideri* var. *mandshurica* Nakai		
296	枣*	*Ziziphus jujube* Mill.	枣属	
297	酸枣	*Ziziphus jujube* Mill. var. *spinosa* (Bge.) Hu ex. H. F. Chou		
298	葎叶蛇葡萄	*Ampelopsis humulifolia* Bge.	蛇葡萄属	葡萄科
299	山葡萄	*Vitis amurensis* Rupr.	葡萄属	
300	葡萄*	*Vitis vinfera* L.		
301	孩儿拳头	*Grewia biloba* G. Don. var. *parvifolia* (Bge.) Hand. -Mazz.	扁担杆属	椴树科
302	紫椴	*Tilia amurensis* Rupr.	椴属	
303	糠椴	*Tilia mandschurica* Rupr.		
304	蒙椴	*Tilia mongolica* Maxim.		
305	苘麻	*Abutilon theophrasti* Medic.	苘麻属	锦葵科
306	蜀葵	*Althaea rosea*(L.) Cav.	蜀葵属	
307	野西瓜苗	*Hibiscus trionum* L.	木槿属	
308	锦葵*	*Malva sinensis* Cavan.	锦葵属	
309	猕猴桃	*Actinidia arguta*(Sieb. et Zucc.) Planch.	猕猴桃属	猕猴桃科
310	柽柳	*Tamarix chinensis* Lour.	柽柳属	柽柳科
311	红旱莲	*Hypericum ascyron* L.	金丝桃属	藤黄科
312	野金丝桃	*Hypericum attenuatum* Choisy		
313	鸡腿堇菜	*Viola acuminate* Ledeb.	堇菜属	堇菜科
314	球果堇菜	*Viola collina* Bess.		
315	早开堇菜	*Viola prionantha* Bge.		
316	紫花地丁	*Viola yedoensis* Makino		
317	中华秋海棠	*Begonia sinensis* DC.	秋海棠属	秋海棠科
318	草瑞香	*Diarthron linifolium* Turcz.	草瑞香属	瑞香科
319	狼毒	*Stellera chamaejasme* L.	狼毒属	
320	河蒴荛花	*Wikstroemia chamaedaphne* (Bge.) Meisn.	荛花属	

续表 4-3-6

编号	中文名	拉丁名	属名	科名
321	千屈菜	*Lythrum salicaria* L.	千屈菜属	千屈菜科
322	柳兰	*Epilobium angustifolium* Linn.	柳叶菜属	柳叶菜科
323	柳叶菜	*Epilobium hirsutum* L.		
324	露珠草	*Circaea quadrisulcata*(Maxim.) Fr. et Sav.	露珠草属	
325	刺五加	*Acanthopanax senticosus*(Rupr. et Maxim.) Harms.	五加属	五加科
326	白芷	*Angelica dahurica* (Fisch. ex Hoffm.) Benth. et Hook. f. ex. Franch. et Savat.	白芷属	伞形科
327	芹菜*	*Apium graveolens* L.	芹属	
328	北柴胡	*Bupleurum chinensis* DC.	柴胡属	
329	毒芹	*Cicuta virosa* L.	毒芹属	
330	芫荽*	*Coriandrum sativum* L.	芫荽属	
331	胡萝卜*	*Daucus carota* L. var. *sativa* Hoffm.	胡萝卜属	
332	短毛独活	*Heracleum moellendorffii* Hance.	独活属	
333	细叶藁本	*Ligusticum tachiroei* (Franch. et Sav.) Hiroe et Const.	藁本属	
334	水芹	*Oenanthe decumbens* (Thunb.) K. -Pol.	水芹属	
335	防风	*Saposhnikovia divaricata* (Turcz.) Schischk.	防风属	
336	窃衣	*Torilis japonica* (Houtt.) DC.	窃衣属	
337	沙梾	*Cornus bretschneideri* L. Henry.	梾木属	山茱萸科
338	鹿蹄草	*Pyrola calliantha* H. Andr.	鹿蹄草属	鹿蹄草科
339	照山白	*Rhododendron micranthum* Turcz.	杜鹃属	杜鹃花科
340	迎红杜鹃	*Rhododendron maucronulatum* Turcz.		
341	点地梅	*Androsace umbellate* (Lour.) Merr.	点地梅属	报春花科
342	狼尾花	*Lysimachia barystachys* Bge.	珍珠菜属	
343	狭叶珍珠菜	*Lysimachia pentapetala* Bge.		
344	箭报春	*Primula fistulosa* Turkev.	报春花属	
345	胭脂花	*Primula maximoviczii* Regel.		
346	二色补血草	*Limonium bicolor*(Bunge) O. Kuntze	补血草属	蓝雪科

续表 4-3-6

编号	中文名	拉丁名	属名	科名
347	小叶白蜡	*Fraxinus bungeana* DC.	白蜡属	木樨科
348	大叶白蜡	*Fraxinus rhynchophylla* Hance		
349	毛丁香	*Syringa pubescens* Turcz.	丁香属	
350	暴马丁香	*Syringa reticulate* (Bl.) Hara var. *mandshurica* (Maxim.) Hara.		
351	红丁香	*Syringa villosa* Vahl.		
352	达乌里龙胆	*Gentiana dahurica* Fisch.	龙胆属	龙胆科
353	秦艽	*Gentiana macrophylla* Pall.		
354	小龙胆	*Gentiana squarrosa* Ledeb.		
355	扁蕾	*Gentianopsis barbata* (Froel.) Ma	扁蕾属	
356	花锚	*Halenia sibirica* Borkh.	花锚属	
357	萝藦	*Metaplexis japonica* (Thunb.) Mak.	萝藦属	萝藦科
358	杠柳	*Periploca sepium* Bunge.	杠柳属	
359	鹅绒藤	*Cynanchum chinensie* R. Br.	鹅绒藤属	
360	地梢瓜	*Cynanchum thesioides* (Freyn.) K. Schum.		
361	竹灵消	*Cynanchum inamoenum* (Maxim.) Loes.		
362	白首乌	*Cynanchum bungei* Decne.		
363	宽叶打碗花	*Calystegia sepium* (L.) R. Br.	打碗花属	旋花科
364	田旋花	*Convolvulus arvensis* L.	旋花属	
365	菟丝子	*Cuscuta chinensis* Lam.	菟丝子属	
366	日本菟丝子	*Cuscuta japonica* Choisy.		
367	圆叶牵牛	*Pharbitis purpurea* (L.) Voigt.	牵牛属	
368	多苞斑种草	*Bothriospermum secundum* Maxim.	斑种草属	紫草科
369	大果琉璃草	*Cynoglossum divaricatum* Steph.	琉璃草属	
370	鹤虱	*Lappula myosotis* Moench.	鹤虱属	
371	紫草	*Lithospermum erythrorhizon* Sieb. et Zucc.	紫草属	
372	砂引草	*Messerschmidia sibirica* L.	砂引草属	
373	湿地勿忘草	*Myosotis caespitosa* Schultz	勿忘草属	
374	紫筒草	*Stenosolenium saxatiles* (Pall.) Turcz.	紫筒草属	
375	钝萼附地菜	*Trigonotis amblyosepala* Nakai et Kitag.	附地菜属	
376	附地菜	*Trigonotis peduncularis* (Trev.) Benth.		
377	麦家公	*Lithospermum arvense* L.	麦家公属	

续表 4-3-6

编号	中文名	拉丁名	属名	科名
378	荆条	*Vitex negundo* L. var. *heterophylla* (Franch.) Rehd.	牡荆属	马鞭草科
379	藿香	*Agastache rugosa* (Fisch. et Mey.) O. Ktze.	藿香属	唇形科
380	白苞筋骨草	*Ajuga lupulina* Maxim.	筋骨草属	
381	水棘针	*Amethystea caerulea* L.	水棘针属	
382	风轮菜	*Clinopodium chinensis* (Hce.) C. Y. Wu et Hsuan	风轮菜属	
383	香青兰	*Dracocephalum moldavica* L.	青兰属	
384	岩青兰	*Dracocephalum rupestre* Hance		
385	香薷	*Elsholtzia ciliata* (Thunb.) Hyland.	香薷属	
386	木香薷	*Elsholtzia stauntoni* Benth.		
387	夏至草	*Lagopsis supine* (Steph.) Ik. -Gal. ex Knorr.	夏至草属	
388	野芝麻	*Lamium barbatum* Siebold & Zuccarini	野芝麻属	
389	益母草	*Leonurus japonicus* Houtt.	益母草属	
390	薄荷	*Mentha haplocalyx* Briq.	薄荷属	
391	糙苏	*Phlomis umbrosa* Turcz.	糙苏属	
392	蓝萼香茶菜	*Rabdosia japonica* Hara var. *glaucocalyx* (Maxim.) Hara.	香茶菜属	
393	荫生鼠尾草	*Salvia umbratica* Hance.	鼠尾草属	
394	裂叶荆芥	*Schizonepeta tenuifolia* (Benth.) Briq.	荆芥属	
395	黄芩	*Scutellaria baicalensis* Georgi	黄芩属	
396	并头黄芩	*Scutellaria scordifolia* Fisch. ex Schrank		
397	百里香	*Thymus mongolicus* Ronn.	百里香属	

4.3.4.4　国家重点保护野生植物

根据 1999 年国家林业局和农业部联合发布的《国家重点保护野生植物名录(第一批)》,评价区有国家珍稀濒危保护植物 4 种,分别是野大豆(*Glycine soja*)、刺五加(*Acanthopanax senticosus*)、紫椴(*Tilia amurensis* Rupr.)和水曲柳(*Fraxinus mandshurica*),均为国家Ⅱ级保护植物;评价区地方重点保护植物共计 55 种,其中河北省级重点保护植物 42 种,北京市级重点保护植物 28 种,山西省级重点保护植物 6 种。具体见表 4-3-7。

表 4-3-7　大清河流域评区国家重点保护野生植物情况

序号	植物名称	拉丁名	保护级别	分布区域
1	野大豆	*Glycine soja*	国家Ⅱ级	评价范围内广泛分布，生于河岸、草地或灌丛中甚至田边
2	刺五加	*Acanthopanax senticosus*	国家Ⅱ级	在评价区分布于太行山山区，向阳、腐殖质较厚的山坡
3	水曲柳	*Fraxinus mandshurica*	国家Ⅱ级	在流域西部的水库周边水源涵养区的落叶阔叶林中零星散生
4	紫椴	*Tilia amurensis* Rupr.	国家Ⅱ级	在评价区分布于太行山山区

4.3.5　陆生动物

4.3.5.1　动物地理区划

根据《中国动物地理》(张荣祖，科学出版社，2011)中对中国动物地理区划的结果，评价范围内动物区划属于古北界—华北区(Ⅱ)—黄淮平原亚区(ⅡA)和黄土高原亚区(ⅡB)。评价范围共涉及 2 个动物地理省，即华北平原省—平原农田、林灌、草地动物群(ⅡA1)和冀晋陕北部省—森林草原、农田动物群(ⅡB1)。

古北界华北区动物区系一方面与东北森林及蒙新草原地带有密切关系，另一方面也混有一些南方物种，特有种类比较少，反映本区动物有南北两方过渡的特点，但偏重于北方。人类的农业活动对本地区动物的影响较为显著。危害农作物的物种啮齿类，如仓鼠、姬鼠、鼢鼠等较常见。褐马鸡的分布局限于本区。

4.3.5.2　动物多样性

中国林业科学研究院森林生态环境与保护研究所调查人员于 2018 年 7 月和 8 月对评价范围进行了实地考察。参照《中国两栖动物图鉴》(费梁，1999)、《中国爬行动物图鉴》(中国野生动物保护协会，2002)、《中国鸟类分类与分布名录(第三版)》(郑光美，2017)、《中国哺乳动物多样性及地理分布》(蒋志刚，2015)等相关资料以及关于本地区脊椎动物类的其他文献资料，评价范围内分布有陆生脊椎动物 34 目 112 科 633 种。其中，按科属类别分包括两栖类 2 目 6 科 16 种，爬行类 2 目 9 科 40 种，鸟类 24 目 75 科 490 种，哺乳类 6 目 22 科 87 种；按地理成分包括东洋种 211 种、古北种 120 种、广布种 302 种；按保护级别分包括国家一级保护野生动物 40 种、国家二级保护野生动物 89 种，山西省级重点保护动物 26 种、河北省级重点保护动物 229 种、北京市重点保护动物 111 种、天津市重点保护动物 346 种。

具体在各纲中的动物种类组成和保护等级见表 4-3-8，两栖类、爬行类和鸟类动物名录见表 4-3-9~表 4-3-11。

表 4-3-8　大清河流域评价范围内陆生脊椎动物种类组成和保护等级

种类组成				保护动物					
纲	目	科	种	国家一级	国家二级	山西省级	河北省级	北京市级	天津市级
两栖纲	2	6	16	0	1	0	5	4	7
爬行纲	2	9	40	0	0	0	9	5	19
鸟纲	24	75	490	14	69	22	168	87	306
哺乳纲	6	22	87	2	9	4	47	15	14
合计	34	112	633	16	79	26	229	111	346

表 4-3-9　大清河流域两栖类动物名录

种类组成		区系组成			种群数量	保护级别
		古北种	广布种	东洋种		
一、无尾目	ANURA					
(一)雨蛙科	Hylidae					
1. 日本雨蛙	*Hyla japonica*	△			++	
2. 无斑雨蛙	*Hyla sanchiangenensia*	△			+	
(二)蛙科	Ranidae					
3. 泽陆蛙	*Fejervarya multist*			△	+++	
4. 金线侧褶蛙	*Pelophylax plancyi*		△		+	
5. 中国林蛙	*Rana chensinensis*		△		+	
6. 黑斑侧褶蛙	*Pelophylax nigromaculatus*		△		+++	
7. 徂崃林蛙	*Rana culaiensis*	△			++	
8. 棘腹蛙	*Rana boulengeri*			△	+	
9. 无指盘臭蛙	*Rana grahami*			△	+	
(三)姬蛙科	Microhylida					
10. 北方狭口蛙	*Kaloula borealis*	△			++	
11. 饰纹姬蛙	*Microhyla ornata*			△	++	
(四)蟾蜍科	Bufonidae					
12. 花背蟾蜍	*Bufo raddei*	△			+++	
13. 西藏蟾蜍	*bufo tibetanus*	△			+	
14. 中华蟾蜍	*Bufo gargarizans*		△		++	
(五)角蟾科	Megophryidae					
15. 淡肩角蟾	*Megophrys boettgeri*			△	+	

注：Ⅰ—国家一级保护；Ⅱ—国家二级保护；P—省、市级重点保护 。

●—《濒危动植物种国际贸易公约》中附录Ⅱ的种类，○—《濒危动植物种国际贸易公约》中附录Ⅲ的种类；△—该种类所属区系类型；+—数量稀少种，+ +—常见种，+ + +—优势种。下同。

表 4-3-10 大清河流域爬行类动物名录

种类组成		区系组成			种群数量	保护级别
		古北种	广布种	东洋种		
一、龟鳖目	TESTUDOFORMES					
(一)龟科	Emydidae					
1. 乌龟	*Chinemys reevesii*		△		+	
(二)鳖科	Trionychidae					
2. 中华鳖	*Pelodiscussinensis*		△		++	
(三)泽龟科	Emydidae					
3. 巴西红耳龟	*Trachemys scripta*		△		+++	
二、有鳞目	SQUAMATA					
蜥蜴亚目	LACERTILIA					
(四)石龙子科	Scincidae					
4. 蓝尾石龙子	*Eumeces elegans*			△	+	
5. 宁波滑蜥	*Scincell amodesta*			△	++	
6. 中国石龙子	*Plestiodon chinensis*			△	+++	
7. 黄纹石龙子	*Eumeces capito*		△		+	
8. 北滑蜥	*Scincella septentrinalis*	△			+	
9. 南滑蜥	*Scincella reevesii*			△	+	
10. 山滑蜥	*Scincella monticola*			△	+	
11. 秦岭滑蜥	*Scincella tsinlingensis*		△		++	
(五)鬣蜥科	Agamidae					
12. 荒漠沙蜥	*Phrynocephalus przewalskii*	△			+++	
13. 草绿攀蜥	*Japalura flaviceps*			△	+	
14. 草原沙蜥	*Phrynocephalus frontalis*	△			+++	
(六)壁虎科	Gekkonidae					
15. 无璞壁虎	*Gekko swinhonis*	△			+++	
16. 耳疣壁虎	*Gekko auriverrucosus*	△			+	
17. 多疣壁虎	*Gekko japonicus*			△	+++	

续表 4-3-10

种类组成		区系组成			种群数量	保护级别
		古北种	广布种	东洋种		
(七)蜥蜴科	Lacertidae					
18. 山地麻蜥	*Eremias brenchleyli*	△			++	
19. 丽斑麻蜥	*Eremias argus*	△			+++	
20. 北草蜥	*Takydromus septentrionalis*		△		+	
蛇亚目	SERPENTES					
(八)游蛇科	Colubridae					
21. 赤峰锦蛇	*Elaphe anomala*	△			+	
22. 王锦蛇	*Elaphe carinata*			△	+++	
23. 团花锦蛇	*Elaphe davidi*			△	+	Ⅱ
24. 玉斑锦蛇	*Elaphe mandarina*		△		+	
25. 黑眉锦蛇	*Elaphe taeniurus*		△		+	
26. 白条锦蛇	*Elaphe dione*	△			+++	
27. 乌梢蛇	*Zaocys dhumnades*			△	+++	
28. 虎斑颈槽蛇	*Rhabdophis tigrinus*		△		++	
29. 黄脊游蛇	*Coluber spinalis*	△			+	
30. 赤链蛇	*Dinodon rufozonatum*		△		++	
31. 红纹滞卵蛇	*Oocatochus rufodsata*		△		+	
32. 双斑锦蛇	*Elaphe bimaculata*		△		+	
33. 黑头剑蛇	*Sibynophis chinensis*			△	+	
34. 红点锦蛇	*Elaphe rufodorsata*		△		+++	
35. 红脖颈槽蛇	*Rhabdophis subminiatus*			△	+++	
36. 棕黑锦蛇	*Elaphe schrenckii*	△			+	
37. 锈链腹链蛇	*Amphiesma craspedogaster*			△	+	
(九)蝰科	Viperidae					
38. 短尾蝮	*Gloydius brevicaudus*		△		++	
39. 菜花原矛头蝮	*Protobothrops jerdonii*			△	+	
40. 中介蝮	*Gloydius intermedius*	△			++	

表 4-3-11　大清河流域鸟类动物名录

鸟纲 AVES		数量级	居留类型	从属区系	保护级别
一、鸡形目	Galliformes				
(一)雉科	Phasianidae				
1. 黑嘴松鸡	*Tetrao urogalloides*	+	留鸟	古北种	Ⅰ
2. 黑琴鸡	*Lyrurus tetrix*	+	留鸟	古北种	Ⅰ
3. 石鸡	*Alectoris chukar*	++	留鸟	古北种	
4. 斑翅山鹑	*Perdix dauurica*	++	留鸟	古北种	
5. 勺鸡	*Pucrasia macrolopha*	+	留鸟	广布种	Ⅱ
6. 褐马鸡	*Crossoptilon mantchuricum*	+	留鸟	古北种	Ⅰ
7. 环颈雉	*Phasianus colchicus*	++	留鸟	古北种	
8. 花尾榛鸡	*Tetrastes bonasia*	+	留鸟	古北种	Ⅱ
9. 鹌鹑	*Coturnix japonica*	+++	留鸟	广布种	
二、雁形目	Anseriformes				
(二)鸭科	Anatidae				
10. 鸿雁	*Anser cygnoid*	++	旅鸟	古北种	Ⅱ
11. 豆雁	*Anser fabalis*	++	旅鸟	古北种	
12. 短嘴豆雁	*Anser serrirostris*	+++	旅鸟	古北种	
13. 灰雁	*Anser anser*	++	旅鸟	古北种	
14. 白额雁	*Anser albifrons*	+	旅鸟	古北种	Ⅱ
15. 小白额雁	*Anser erythropus*	++	旅鸟	广布种	Ⅱ
16. 斑头雁	*Anser indicus*	++	旅鸟	广布种	
17. 雪雁	*Anser caerulescens*	++	旅鸟	广布种	
18. 黑雁	*Branta bernicla*	++	旅鸟	广布种	
19. 疣鼻天鹅	*Cygnus olor*	+	旅鸟	古北种	Ⅱ
20. 小天鹅	*Cygnus columbianus*	+	旅鸟	古北种	Ⅱ
21. 大天鹅	*Cygnus cygnus*	+	旅鸟	古北种	Ⅱ
22. 翘鼻麻鸭	*Tadorna tadorna*	+++	旅鸟	古北种	
23. 鸳鸯	*Aix galericulata*	+	旅鸟	古北种	Ⅱ
24. 棉凫	*Nettapus coromandelianus*	+	夏候鸟	广布种	

续表 4-3-11

鸟纲 AVES		数量级	居留类型	从属区系	保护级别
25. 赤膀鸭	*Mareca strepera*	+++	旅鸟	古北种	
26. 罗纹鸭	*Mareca falcata*	++	旅鸟	古北种	
27. 赤颈鸭	*Mareca penelope*	+++	旅鸟	古北种	
28. 绿头鸭	*Anas platyrhynchos*	+++	旅鸟	古北种	
29. 斑嘴鸭	*Anas zonorhyncha*	++	旅鸟	古北种	
30. 针尾鸭	*Anas acuta*	++	旅鸟	古北种	
31. 绿翅鸭	*Anas crecca*	++	旅鸟	古北种	
32. 琵嘴鸭	*Spatula clypeata*	++	旅鸟	古北种	
33. 白眉鸭	*Spatula querquedula*	++	旅鸟	古北种	
34. 花脸鸭	*Sibirionetta formosa*	++	旅鸟	古北种	
35. 红头潜鸭	*Aythya ferina*	+++	旅鸟	古北种	
36. 青头潜鸭	*Aythya baeri*	++	旅鸟	古北种	Ⅰ
37. 白眼潜鸭	*Aythya nyroca*	++	旅鸟	古北种	
38. 凤头潜鸭	*Aythya fuligula*	+++	旅鸟	古北种	
39. 斑背潜鸭	*Aythya marila*	+++	旅鸟	古北种	
40. 小绒鸭	*Polysticta stelleri*	++	旅鸟	古北种	
41. 丑鸭	*Histrionicus histrionicus*	++	旅鸟	古北种	
42. 斑脸海番鸭	*Melanitta fusca*	++	旅鸟	广布种	
43. 长尾鸭	*Clangula hyemalis*	++	旅鸟	广布种	
44. 鹊鸭	*Bucephala clangula*	++	旅鸟	古北种	
45. 斑头秋沙鸭	*Mergellus albellus*	+++	旅鸟	古北种	Ⅱ
46. 普通秋沙鸭	*Mergus merganser*	+++	旅鸟	古北种	
47. 红胸秋沙鸭	*Mergus serrator*	++	旅鸟	古北种	
48. 中华秋沙鸭	*Mergus squamatus*	+	旅鸟	古北种	Ⅰ
49. 赤麻鸭	*Tadorna ferruginea*	++	旅鸟	古北种	
50. 赤嘴潜鸭	*Netta rufina*	++	旅鸟	古北种	

续表 4-3-11

鸟纲 AVES		数量级	居留类型	从属区系	保护级别
三、䴙䴘目	Podicipediformes				
(三)䴙䴘科	Podicedidae				
51. 小䴙䴘	*Tachybaptus ruficollis*	++	旅鸟	广布种	
52. 赤颈䴙䴘	*Podiceps grisegena*	+	旅鸟	古北种	Ⅱ
53. 凤头䴙䴘	*Podiceps cristatus*	++	旅鸟	广布种	
54. 角䴙䴘	*Podiceps auritus*	+	旅鸟	古北种	Ⅱ
55. 黑颈䴙䴘	*Podiceps nigricollis*	++	旅鸟	广布种	Ⅱ
四、红鹳目	Phoenicopteriformes				
(四)红鹳科	Phoenicopteridae				
56. 大红鹳	*Phoenicopterus roseus*	++	旅鸟	古北种	
五、鸽形目	Columbiformes				
(五)鸠鸽科	Columbidae				
57. 岩鸽	*Columba rupestris*	+++	留鸟	古北种	
58. 山斑鸠	*Streptopelia orientalis*	++	留鸟	广布种	
59. 灰斑鸠	*Streptopelia decaocto*	+++	留鸟	古北种	
60. 火斑鸠	*Streptopelia tranquebarica*	++	夏候鸟	东洋种	
61. 珠颈斑鸠	*Streptopelia chimensis*	++	留鸟	东洋种	
六、沙鸡目	Pterocliformes				
(六)沙鸡科	Pteroclidae				
62. 毛腿沙鸡	*Syrrhaptes paradoxus*	++	留鸟	古北种	
七、夜鹰目	Caprimulgiformes Ridgway				
(七)夜鹰科	Caprimulgidae				
63. 普通夜鹰	*Caprimulgus indicus*	++	夏候鸟	广布种	
八、雨燕目	Apodiformes				
(八)雨燕科	Apodidiae				
64. 白喉针尾雨燕	*Hirundapus caudacutus*	++	夏候鸟	广布种	
65. 普通雨燕	*Apus apus*	++	夏候鸟	古北种	
66. 白腰雨燕	*Apus pacificus*	++	夏候鸟	古北种	

续表 4-3-11

鸟纲 AVES		数量级	居留类型	从属区系	保护级别
九、鹃形目	Cuculiformes				
（九）杜鹃科	Cuculidae				
67. 乌鹃	*Surniculus lugubris*	++	夏候鸟	东洋种	
68. 大鹰鹃	*Hierococcyx sparverioides*	+++	夏候鸟	广布种	
69. 北棕腹鹰鹃	*Hierococcyx hyperythrus*	++	夏候鸟	古北种	
70. 小杜鹃	*Cuculus poliocephalus*	+++	夏候鸟	广布种	
71. 四声杜鹃	*Cuculus micropterus*	+++	夏候鸟	广布种	
72. 中杜鹃	*Cuculus saturatus*	++	夏候鸟	广布种	
73. 大杜鹃	*Cuculus canorus*	++	夏候鸟	广布种	
74. 小鸦鹃	*Centropus bengalensis*	+	夏候鸟	广布种	Ⅱ
75. 红翅凤头鹃	*Clamator coromandus*	++	夏候鸟	东洋种	
76. 噪鹃	*Eudynamys scolopacea*	++	夏候鸟	广布种	
十、鸨形目	Otidiformes				
（十）鸨科	Otididae				
77. 大鸨	*Otis tarda*	+	旅鸟	古北种	Ⅰ
十一、鹤形目	Gruiformes				
（十一）秧鸡科	Rallidae				
78. 斑胁田鸡	*Zapornia paykullii*	++	夏候鸟	古北种	Ⅱ
79. 白胸苦恶鸟	*Amaurornis phoenicurus*	++	夏候鸟	古北种	
80. 董鸡	*Gallicrex cinerea*	+++	夏候鸟	东洋种	
81. 黑水鸡	*Gallinula chloropus*	+++	夏候鸟	广布种	
82. 白骨顶	*Fulica atra*	++	旅鸟	古北种	
83. 普通秧鸡	*Rallus indicus*	+++	夏候鸟	广布种	
84. 花田鸡	*Coturnicops exquisitus*	+	夏候鸟	广布种	Ⅱ
85. 小田鸡	*Zapornia pusilla*	++	夏候鸟	古北种	
86. 红胸田鸡	*Zapornia fusca*	++	留鸟	广布种	

续表 4-3-11

鸟纲 AVES		数量级	居留类型	从属区系	保护级别
（十二）鹤科	Gruidae				
87. 白鹤	*Grus leucogeranus*	+	旅鸟	古北种	Ⅰ
88. 沙丘鹤	*Grus canadensis*	+	旅鸟	广布种	Ⅱ
89. 白枕鹤	*Grus vipio*	+	旅鸟	古北种	Ⅰ
90. 蓑羽鹤	*Grus virgo*	+	旅鸟	广布种	Ⅱ
91. 丹顶鹤	*Grus japonensis*	+	旅鸟	古北种	Ⅰ
92. 灰鹤	*Grus grus*	+	冬候鸟	广布种	Ⅱ
93. 白头鹤	*Grus monacha*	+	旅鸟	古北种	Ⅰ
十二、鸻形目	Charadriiformes				
（十三）蛎鹬科	Haematopodidae				
94. 蛎鹬	*Haematopus ostralegus*	++	旅鸟	广布种	
（十四）鹮嘴鹬科	Ibidorhynchidae				
95. 鹮嘴鹬	*Ibidorhyncha struthersii*	++	旅鸟	广布种	
（十五）反嘴鹬科	Recurvirostridea				
96. 黑翅长脚鹬	*Himantopus himantopus*	++	旅鸟	广布种	
97. 反嘴鹬	*Recurvirostra avosetta*	++	旅鸟	古北种	
（十六）鸻科	Charadriidae				
98. 凤头麦鸡	*Vanellus vanellus*	++	旅鸟	古北种	
99. 灰头麦鸡	*Vanellus cinreus*	++	旅鸟	古北种	
100. 剑鸻	*Charadrius hiaticula*	++	旅鸟	广布种	
101. 长嘴剑鸻	*Charadrius placidus*	+	旅鸟	古北种	
102. 金眶鸻	*Charadrius dubius*	++	旅鸟	古北种	
103. 环颈鸻	*Charadrius alexandrinus*	+++	旅鸟	广布种	
104. 蒙古沙鸻	*Charadrius mongolus*	++	旅鸟	广布种	
105. 铁嘴沙鸻	*Charadrius leschenaultii*	+	旅鸟	广布种	
106. 东方鸻	*Charadrius veredus*	++	旅鸟	广布种	
107. 黄颊麦鸡	*Vanellus gregarius*	++	旅鸟	广布种	
108. 欧金鸻	*Pluvialis apricaria*	++	旅鸟	广布种	

续表 4-3-11

鸟纲 AVES		数量级	居留类型	从属区系	保护级别
109. 金鸻	*Pluvialis fulva*	+	旅鸟	广布种	
110. 灰鸻	*Pluvialis squatarola*	+	旅鸟	广布种	
(十七)彩鹬科	Rostratulidae				
111. 彩鹬	*Rostratula benghalensis*	++	旅鸟	东洋种	
(十八)水雉科	Jacanidae				
112. 水雉	*Hydrophasianus chirurgus*	++	夏候鸟	东洋种	
(十九)鹬科	Scolopacidae				
113. 丘鹬	*Scolopax rusticola*	++	旅鸟	广布种	
114. 扇尾沙锥	*Gallinago gallinago*	++	旅鸟	广布种	
115. 长嘴半蹼鹬	*Limnodromus scolopaceus*	++	旅鸟	广布种	
116. 半蹼鹬	*Limnodromus semipalmatus*	+	旅鸟	古北种	
117. 黑尾塍鹬	*Limosa limosa*	+	旅鸟	古北种	
118. 斑尾塍鹬	*Limosa lapponica*	+	旅鸟	古北种	
119. 小杓鹬	*Numenius minutus*	+	旅鸟	广布种	Ⅱ
120. 中杓鹬	*Numenius phaeopus*	+	旅鸟	古北种	
121. 白腰杓鹬	*Numenius arquata*	+	旅鸟	古北种	Ⅱ
122. 大杓鹬	*Numenius madagascariensis*	+	旅鸟	广布种	Ⅱ
123. 鹤鹬	*Tringa erythropus*	++	旅鸟	古北种	
124. 红脚鹬	*Tringa totanus*	++	旅鸟	古北种	
125. 泽鹬	*Tringa stagnatilis*	++	旅鸟	广布种	
126. 青脚鹬	*Tringa nebularia*	++	旅鸟	古北种	
127. 小青脚鹬	*Tringa guttifer*	++	旅鸟	东洋种	Ⅰ
128. 白腰草鹬	*Tringa ochropus*	++	旅鸟	古北种	
129. 林鹬	*Tringa glareola*	++	旅鸟	广布种	
130. 灰尾漂鹬	*Heteroscelus brevipes*	++	旅鸟	广布种	
131. 翘嘴鹬	*Xenus cinereus*	++	旅鸟	广布种	
132. 矶鹬	*Actitis hypoleucos*	++	旅鸟	古北种	

续表 4-3-11

鸟纲 AVES		数量级	居留类型	从属区系	保护级别
133. 翻石鹬	*Arenaria interpres*	++	旅鸟	广布种	Ⅱ
134. 大滨鹬	*Calidris tenuirostris*	++	旅鸟	广布种	Ⅱ
135. 红腹滨鹬	*Calidris canutus*	++	旅鸟	古北种	
136. 三趾鹬	*Calidris alba*	++	旅鸟	广布种	
137. 西滨鹬	*Calidris mauri*	++	旅鸟	古北种	
138. 红胸滨鹬	*Calidris ruficollis*	++	旅鸟	古北种	
139. 勺嘴鹬	*Calidris pygmeus*	++	旅鸟	广布种	Ⅰ
140. 小滨鹬	*Calidris minuta*	++	旅鸟	广布种	
141. 青脚滨鹬	*Calidris temminckii*	++	旅鸟	古北种	
142. 长趾滨鹬	*Calidris subminuta*	+++	旅鸟	古北种	
143. 斑胸滨鹬	*Calidris melanotos*	++	旅鸟	广布种	
144. 尖尾滨鹬	*Calidris acuminata*	++	旅鸟	古北种	
145. 阔嘴鹬	*Calidrisfalcinellus*	++	旅鸟	广布种	Ⅱ
146. 流苏鹬	*Calidris pugnax*	++	旅鸟	广布种	
147. 弯嘴滨鹬	*Calidris ferruginea*	++	旅鸟	广布种	
148. 岩滨鹬	*Calidria ptiocnemis*	++	旅鸟	广布种	
149. 黑腹滨鹬	*Calidris alpina*	++	旅鸟	广布种	
150. 红颈瓣蹼鹬	*Phalaropus lobatus*	++	旅鸟	广布种	
151. 灰瓣蹼鹬	*Phalaropus fulicarius*	++	旅鸟	广布种	
152. 姬鹬	*lymnocryptes minimus*	++	旅鸟	广布种	
153. 孤沙锥	*Gallinago solitaria*	++	旅鸟	古北种	
154. 拉氏沙锥	*Gallinago hardwickii*	++	旅鸟	古北种	
155. 针尾沙锥	*Gallinago stenura*	++	旅鸟	广布种	
156. 大沙锥	*Gallinago megala*	+++	旅鸟	古北种	
(二十)三趾鹑科	Turnicidae				
157. 黄脚三趾鹑	*Turnix tanki*	++	夏候鸟	东洋种	

续表 4-3-11

鸟纲 AVES		数量级	居留类型	从属区系	保护级别
(二十一)燕鸻科	Glareolidae				
158. 普通燕鸻	Glareola maldivarum	+++	夏候鸟	广布种	
(二十二)鸥科	Laridae				
159. 小鸥	*Hydrocoloeus minutus*	+	旅鸟	古北种	Ⅱ
160. 弗氏鸥	*Leucophaeus pipixcan*	++	旅鸟	古北种	
161. 遗鸥	*Lchthyaetus relictus*	+	旅鸟	古北种	Ⅰ
162. 黑尾鸥	*Larus crassirostris*	++	旅鸟	广布种	
163. 普通海鸥	*Larus canus*	+++	旅鸟	古北种	
164. 北极鸥	*Larus hyperboreus*	++	旅鸟	古北种	
165. 西伯利亚银鸥	*Larus smithsonianus*	++	旅鸟	古北种	
166. 灰背鸥	*Larus schistisagus*	+++	旅鸟	广布种	
167. 鸥嘴噪鸥	*Gelochelidon nilotica*	++	旅鸟	广布种	
168. 红嘴巨鸥	*Hydroprogne caspia*	++	旅鸟	广布种	
169. 中华凤头燕鸥	*Thalasseus bernsteini*	+++	夏候鸟	广布种	Ⅰ
170. 白额燕鸥	*Sterunla albifrons*	++	夏候鸟	广布种	
171. 黑枕燕鸥	*Sterna sumatrana*	++	夏候鸟	东洋种	
172. 普通燕鸥	*Sterna hirundo*	+++	夏候鸟	古北种	
173. 灰翅浮鸥	*Chlidonias hybrida*	++	夏候鸟	广布种	
174. 白翅浮鸥	*Chlidonias leucopterus*	++	旅鸟	古北种	
175. 三趾鸥	*Rissa tridactyla*	++	旅鸟	广布种	
176. 细嘴鸥	*Chroicocephalus genei*	++	旅鸟	广布种	
177. 棕头鸥	*Chroicocephalus brunnicephalus*	++	旅鸟	古北种	
178. 红嘴鸥	*Chroicocephalus ridibundus*	++	夏候鸟	古北种	
179. 黑嘴鸥	*Sanudersilarus saundersi*	+	夏候鸟	广布种	
180. 渔鸥	*Ichthyaetus ichthyaetus*	+++	夏候鸟	广布种	
181. 黑浮鸥	*Chlidonias niger*	+	夏候鸟	古北种	Ⅱ
182. 须浮鸥	*Chlidonias hybrida*	++	夏候鸟	广布种	

续表 4-3-11

鸟纲 AVES		数量级	居留类型	从属区系	保护级别
十三、潜鸟目	Gaviiformes				
(二十三)潜鸟科	Gaviidae				
183. 黑喉潜鸟	*Gavia arctica*	++	夏候鸟	广布种	
184. 太平洋潜鸟	*Gavia pacifica*	++	夏候鸟	广布种	
185. 红喉潜鸟	*Gavia stellata*	++	夏候鸟	广布种	
十四、鹱形目	Procellariiformes				
(二十四)海燕科	Hydrobatidae				
186. 黑叉尾海燕	*Hydrobates monorhis*	++	夏候鸟	东洋种	
(二十五)鹱科	Procellariidae				
187. 短尾鹱	*Ardenna tenuirostris*	++	夏候鸟	东洋种	
十五、鹳形目	Ciconiiformes				
(二十六)鹳科	Ciconiidae				
188. 彩鹳	*Mycteria leucocephalus*	+	夏候鸟	东洋种	Ⅰ
189. 黑鹳	*Ciconia nigra*	+	夏候鸟	古北种	Ⅰ
190. 东方白鹳	*Ciconia boyciana*	+	旅鸟	古北种	Ⅰ
十六、鲣鸟目	Suliformes				
(二十七)军舰鸟科	Fregatidae				
191. 小军舰鸟	*Fregata minor*	++	旅鸟	东洋种	
(二十八)鸬鹚科	Phalacrocoracidae				
192. 海鸬鹚	*Phalacrocorax Pelagicus*	+	旅鸟	广布种	Ⅱ
193. 普通鸬鹚	*Phalacrocorax carbo*		旅鸟	广布种	
194. 斑头鸬鹚	*Phalacrocorax capillatus*	+	旅鸟	古北种	
十七、鹈形目	Pelecaniformes				
(二十九)鹮科	Threskiorothidae				
195. 白鹮	*Threskiornis melanocephalus*	+	旅鸟	古北种	Ⅰ
196. 白琵鹭	*Platalea leucorodia*	+	旅鸟	广布种	Ⅱ
197. 黑脸琵鹭	*Platalea minor*	+	旅鸟	广布种	Ⅰ

续表 4-3-11

鸟纲 AVES		数量级	居留类型	从属区系	保护级别
(三十)鹭科	Ardeidae				
198. 大麻鳽	*Botaurus stellaris*	++	旅鸟	广布种	
199. 黄斑苇鳽	*Ixobrychus sinensis*	++	夏候鸟	广布种	
200. 紫背苇鳽	*Ixobrychus eurhythmus*	++	夏候鸟	古北种	
201. 栗苇鳽	*Ixobrychus cinnamomeus*	++	夏候鸟	广布种	
202. 夜鹭	*Nycticorax nycticorax*	+++	夏候鸟	广布种	
203. 绿鹭	*Butorides striata*	++	夏候鸟	广布种	
204. 池鹭	*Ardeola bacchus*	++	夏候鸟	广布种	
205. 牛背鹭	*Bubulcus ibis*	++	夏候鸟	广布种	
206. 苍鹭	*Ardea cinerea*	+++	旅鸟	广布种	
207. 草鹭	*Ardea purpurea*	++	夏候鸟	广布种	
208. 大白鹭	*Ardea alba*	+++	夏候鸟	广布种	
209. 中白鹭	*Ardea intermedia*	++	旅鸟	广布种	
210. 白鹭	*Egretta garzetta*	+++	旅鸟	广布种	
211. 黄嘴白鹭	*Egretta eulophotes*	+	旅鸟	广布种	Ⅰ
(三十一)鹈鹕科	Pelecanidae				
212. 斑嘴鹈鹕	*Pelecanus philippensis*	+	旅鸟	广布种	Ⅰ
213. 卷羽鹈鹕	*Pelecanus crispus*	+	旅鸟	广布种	Ⅰ
十八、鹰形目	Accipitriformes				
(三十二)鹗科	Pandionidae				
214. 鹗	*Pandion haliaetus*	+	旅鸟	广布种	Ⅱ
(三十三)鹰科	Accipitridae				
215. 黑翅鸢	*Elanus caeruleus*	+	留鸟	广布种	Ⅱ
216. 胡兀鹫	*Gypaetus barbatus*	+	旅鸟	广布种	Ⅰ
217. 凤头蜂鹰	*Pernis ptilorhynchus*	+	旅鸟	广布种	Ⅱ
218. 高山兀鹫	*Gyps himalayensi*	++	旅鸟	广布种	
219. 秃鹫	*Aegypius monachus*	+	旅鸟	古北种	Ⅰ

续表 4-3-11

鸟纲 AVES		数量级	居留类型	从属区系	保护级别
220. 乌雕	*Clanga clanga*	+	旅鸟	广布种	Ⅰ
221. 草原雕	*Aquila nipalensis*	+	旅鸟	古北种	Ⅰ
222. 白肩雕	*Aquila heliaca*	+	留鸟	广布种	Ⅰ
223. 金雕	*Aquila chrysaetos*	+	留鸟	古北种	Ⅰ
224. 白腹山雕	*Aquila fasciata*	++	夏候鸟	东洋种	
225. 赤腹鹰	*Accipiter soloensis*	+	夏候鸟	广布种	Ⅱ
226. 日本松雀鹰	*Accipiter gularis*	+	留鸟	广布种	Ⅱ
227. 雀鹰	*Accipiter nisus*	+	旅鸟	古北种	Ⅱ
228. 苍鹰	*Accipiter gentilis*	+	旅鸟	广布种	Ⅱ
229. 白头鹞	*Circus aeruginosus*	+	旅鸟	古北种	Ⅱ
230. 白腹鹞	*Circus spilonotus*	+	旅鸟	古北种	Ⅱ
231. 白尾鹞	*Circus cyaneus*	+	旅鸟	古北种	Ⅱ
232. 草原鹞	*Circus macrourus*	+	旅鸟	古北种	Ⅱ
233. 鹊鹞	*Circus melanoleucos*	+	旅鸟	古北种	Ⅱ
234. 黑鸢	*Milvus migrans*	+	留鸟	广布种	Ⅱ
235. 玉带海雕	*Haliaeetus leucoryphus*	+	留鸟	广布种	Ⅰ
236. 白尾海雕	*Haliaeetus albicilla*	+	旅鸟	古北种	Ⅰ
237. 虎头海雕	*Haliaeetus pelagicus*	+	旅鸟	古北种	Ⅰ
238. 灰脸鵟鹰	*Butastur indicus*	+	旅鸟	古北种	Ⅱ
239. 毛脚鵟	*Buteo lagopus*	+	冬候鸟	广布种	Ⅱ
240. 大鵟	*Buteo hemilasius*	+	旅鸟	古北种	Ⅱ
241. 普通鵟	*Buteo japonicus*	+	冬候鸟	古北种	Ⅱ
242. 短趾雕	*Circaetus gallicus*	+	冬候鸟	广布种	Ⅱ
十九、鸮形目	Strigiformes				
(三十四)鸱鸮科	Strigidae				
243. 北领角鸮	*Otus semitorques*	+	留鸟	古北种	Ⅱ
244. 红角鸮	*Otus sunia*	+	留鸟	广布种	Ⅱ

续表 4-3-11

鸟纲 AVES		数量级	居留类型	从属区系	保护级别
245. 雪鸮	*Bubo scandiaca*	+	留鸟	古北种	Ⅱ
246. 雕鸮	*Bubo bubo*	+	留鸟	广布种	Ⅱ
247. 灰林鸮	*Strix aluco*	+	留鸟	广布种	Ⅱ
248. 花头鸺鹠	*Glaucidium passerinum*	+	留鸟	古北种	Ⅱ
249. 斑头鸺鹠	*Glaucidium cuculoides*	+	留鸟	东洋种	Ⅱ
250. 纵纹腹小鸮	*Athene noctua*	+	留鸟	古北种	Ⅱ
251. 日本鹰鸮	*Ninox japonica*	+	冬候鸟	古北种	Ⅱ
252. 长耳鸮	*Asio otus*	+	冬候鸟	古北种	Ⅱ
253. 短耳鸮	*Asio flammeus*	+	冬候鸟	广布种	Ⅱ
254. 领角鸮	*Otus lettia*	+	留鸟	广布种	Ⅱ
（三十五）草鸮科	Tytonidae				
255. 草鸮	*Tyto longimembris*	+	留鸟	广布种	Ⅱ
二十、犀鸟目	Bucerotidae				
（三十六）戴胜科	Upupidae				
256. 戴胜	*Upupa epops*	++	留鸟	广布种	
二十一、佛法僧目	Coraciiformes				
（三十七）佛法僧科	Coraciidae				
257. 三宝鸟	*Eurystomus orientalis*	++	夏候鸟	广布种	
（三十八）翠鸟科	Alcedinidae				
258. 赤翡翠	*Halcyon coromanda*	++	夏候鸟	广布种	
259. 蓝翡翠	*Halcyon pileata*	++	夏候鸟	东洋种	
260. 普通翠鸟	*Alcedo atthis*	++	留鸟	广布种	
261. 冠鱼狗	*Megaceryle lugubris*	++	留鸟	广布种	
二十二、啄木鸟目	Piciformes				
（三十九）啄木鸟科	Picidae				
262. 蚁䴕	*Jynx torquilla*	++	夏候鸟	古北种	
263. 棕腹啄木鸟	*Dendrocopos hyperythrus*	++	夏候鸟	东洋种	

续表 4-3-11

鸟纲 AVES		数量级	居留类型	从属区系	保护级别
264. 小星头啄木鸟	*Dendrocopos kizuki*	++	留鸟	古北种	
265. 星头啄木鸟	*Dendrocopos canicapillus*	++	留鸟	东洋种	
266. 白背啄木鸟	*Dendrocopos leucotos*	++	留鸟	古北种	
267. 大斑啄木鸟	*Dendrocopos major*	++	留鸟	古北种	
268. 黑啄木鸟	*Dryocopus martius*	++	留鸟		Ⅱ
269. 灰头绿啄木鸟	*Picus canus*	++	留鸟	广布种	
270. 小斑啄木鸟	*Dendrocopos minor*	++	留鸟	古北种	
271. 黄嘴栗啄木鸟	*Blythipicus pyrrhotis*	++	留鸟	东洋种	
二十三、隼形目	Falconiformes				
(四十)隼科	Falconidae				
272. 黄爪隼	*Falco naumanni*	+	旅鸟	古北种	Ⅱ
273. 红隼	*Falco tinnunculus*	+	旅鸟	广布种	Ⅱ
274. 红脚隼	*Falco amurensis*	+	旅鸟	古北种	Ⅱ
275. 灰背隼	*Falco columbarius*	+	旅鸟	古北种	Ⅱ
276. 燕隼	*Falco subbuteo*	+	旅鸟	广布种	Ⅱ
277. 猎隼	*Falco cherrug*	+	旅鸟	古北种	Ⅰ
278. 矛隼	*Falco rusticolus*	+	旅鸟	古北种	Ⅰ
279. 游隼	*Falco peregrinus*	+	留鸟	广布种	Ⅱ
二十四、雀形目	Passeriformes				
(四十一)八色鸫科	Pittidae				
280. 蓝翅八色鸫	*Pitta nympha*	+	夏候鸟	东洋种	Ⅱ
281. 仙八色鸫	*Pitta moluccensis*	+	夏候鸟	东洋种	Ⅱ
(四十二)黄鹂科	Oriolidea				
282. 黑枕黄鹂	*Oriolus chinensis*	++	夏候鸟	东洋种	
(四十三)山椒鸟科	Campephagidae				
283. 暗灰鹃鵙	*Lalage melaschistos*	++	夏候鸟	东洋种	
284. 灰山椒鸟	*Pericrocotus divaricatus*	++	夏候鸟	古北种	

续表 4-3-11

鸟纲 AVES		数量级	居留类型	从属区系	保护级别
285. 长尾山椒鸟	*Pericrocotus ethologus*	++	夏候鸟	广布种	
(四十四)卷尾科	Dicruridae				
286. 黑卷尾	*Dicrurus macrocercus*	++	夏候鸟	东洋种	
287. 灰卷尾	*Dicrurus leucophaeus*	++	夏候鸟	东洋种	
288. 发冠卷尾	*Dicrurus hottentottus*	++	夏候鸟	东洋种	
(四十五)王鹟科	Monarchidae				
289. 寿带	*Terpsiphone incei*	++	夏候鸟	东洋种	
290. 紫寿带	*Terpsiphone atrocaudata*	++	夏候鸟	广布种	
(四十六)伯劳科	Laniidae				
291. 虎纹伯劳	*Lanius tigrinus*	++	夏候鸟	古北种	
292. 牛头伯劳	*Lanius bucephalus*	+	冬候鸟	古北种	
293. 红尾伯劳	*Lanius cristatus*	++	夏候鸟	古北种	
294. 棕背伯劳	*Lanius phoenicuroides*	++	留鸟	东洋种	
295. 灰伯劳	*Lanius excubitor*	++	冬候鸟	古北种	
296. 楔尾伯劳	*Lanius sphenocercus*	++	冬候鸟	古北种	
(四十七)鸦科	Corvidae				
297. 松鸦	*Garrulus glandarius*	++	留鸟	古北种	
298. 灰喜鹊	*Cyanopica cyana*	+++	留鸟	古北种	
299. 红嘴蓝鹊	*Urocissa erythroryncha*	++	留鸟	东洋种	
300. 星鸦	*Nucifraga caryocatactes*	++	留鸟	古北种	
301. 喜鹊	*Pica pica*	+++	留鸟	古北种	
302. 红嘴山鸦	*Pyrrhocorax pyrrhocorax*	++	留鸟	古北种	
303. 达乌里寒鸦	*Corvus dauuricus*	++	留鸟	广布种	
304. 秃鼻乌鸦	*Corvus frugilegus*	++	留鸟	古北种	
305. 小嘴乌鸦	*Corvus corone*	++	留鸟	广布种	
306. 白颈鸦	*Corvus pectoralis*	++	留鸟	东洋种	
307. 大嘴乌鸦	*Corvus macrorhynchos*	++	留鸟	古北种	

续表 4-3-11

鸟纲 AVES		数量级	居留类型	从属区系	保护级别
308. 渡鸦	*Corvus corax*	+++	留鸟	古北种	
(四十八)山雀科	Aegithalos glaucogularis				
309. 煤山雀	*Paeriparus ater*	+++	留鸟	古北种	
310. 黄腹山雀	*Paeriparus venustulus*	++	旅鸟	东洋种	
311. 沼泽山雀	*Poecile palustris*	++	留鸟	古北种	
312. 褐头山雀	*Poecile montanus*	++	留鸟	古北种	
313. 大山雀	*Parus cinereus*	+++	留鸟	广布种	
(四十九)攀雀科	Remizidea				
314. 中华攀雀	*Remiz consobrinus*	+++	留鸟	广布种	
(五十)百灵科	Alaudidae				
315. 蒙古百灵	*Melanocorypha mongolica*	+++	留鸟	古北种	
316. 大短趾百灵	*Calandrella brachydactyla*	++	留鸟	古北种	
317. 短趾百灵	*Alaudala cheleensis*	++	留鸟	古北种	
318. 凤头百灵	*Galerida cristata*	++	留鸟	广布种	
319. 云雀	*Alauda arvensis*	+++	冬候鸟	古北种	Ⅱ
320. 角百灵	*Eremophila alpestris*	++	夏候鸟	古北种	
(五十一)文须雀科	Panuridae				
321. 文须雀	*Panurus biarmicus*	++	留鸟	古北种	
(五十二)扇尾莺科	Cisticolidae				
322. 棕扇尾莺	*Cisticola juncidis*	++	夏候鸟	广布种	
(五十三)苇莺科	Acrocephalidae				
323. 东方大苇莺	*Acrocephalus orientalis*	++	夏候鸟	古北种	
324. 黑眉苇莺	*Acrocephalus bistrigiceps*	++	夏候鸟	古北种	
325. 细纹苇莺	*Acrocephalus sorghophilus*	++	夏候鸟	古北种	Ⅱ
326. 钝翅苇莺	*Acrocephalus concinens*	++	夏候鸟	古北种	
327. 远东苇莺	*Acrocephalus tangorum*	++	夏候鸟	古北种	
328. 厚嘴苇莺	*Phragamaticola aedon*	+++	夏候鸟	古北种	

续表 4-3-11

鸟纲 AVES		数量级	居留类型	从属区系	保护级别
(五十四)蝗莺科	Locustellidae				
329. 北短翅蝗莺	*Locustella davidi*	+++	留鸟	广布种	
330. 中华短翅蝗莺	*Locustella tacsanowskia*	+++	留鸟	广布种	
331. 棕褐短翅蝗莺	*Locustella luteoventris*	++	留鸟	东洋种	
332. 矛斑蝗莺	*Locustella lanceolata*	++	留鸟	广布种	
333. 小蝗莺	*Locustella certhiola*	++	留鸟	古北种	
334. 苍眉蝗莺	*Locustella fasciolata*	++	留鸟	古北种	
335. 斑背大尾莺	*Locustella pryeri*	++	留鸟	古北种	
(五十五)燕科	Hirundinidae				
336. 崖沙燕	*Riparia riparia*	++	留鸟	古北种	
337. 家燕	*Hirundo rustica*	++	夏候鸟	古北种	
338. 岩燕	*Hirundo rupestris*	++	夏候鸟	古北种	
339. 毛脚燕	*Delichon urbicum*	++	夏候鸟	古北种	
340. 烟腹毛脚燕	*Delichon dasypus*	++	夏候鸟	古北种	
341. 金腰燕	*Cecropis daurica*	+++	夏候鸟	广布种	
(五十六)鹎科	Pycnonotidae				
342. 白头鹎	*Pycnonotus sinensis*	+++	留鸟	东洋种	
343. 栗耳短脚鹎	*Hypsipetes amaurotis*	++	留鸟	东洋种	
(五十七)柳莺科	Phylloscopidae				
344. 棕柳莺	*Phylloscopus collybita*	+++	旅鸟	古北种	
345. 褐柳莺	*Phylloscopus fuscatus*	++	旅鸟	古北种	
346. 棕眉柳莺	*Phylloscopus armandii*	+++	旅鸟	古北种	
347. 巨嘴柳莺	*Phylloscopus schwarzi*	+++	夏候鸟	古北种	
348. 云南柳莺	*Phylloscopus yunnanensis*	+++	夏候鸟	东洋种	
349. 黄腰柳莺	*Phylloscopus proregulus*	+++	旅鸟	古北种	
350. 黄眉柳莺	*Phylloscopus inornatus*	+++	旅鸟	古北种	
351. 淡眉柳莺	*Phylloscopus humei*	+++	旅鸟	古北种	

续表 4-3-11

鸟纲 AVES		数量级	居留类型	从属区系	保护级别
352. 极北柳莺	*Phylloscopus borealis*	++	旅鸟	古北种	
353. 双斑绿柳莺	*Phylloscopus plumbeitarsus*	++	旅鸟	古北种	
354. 灰脚柳莺	*Phylloscopus tenellipes*	++	旅鸟	古北种	
355. 冕柳莺	*Phylloscopus coronatus*	++	旅鸟	广布种	
356. 冠纹柳莺	*Phylloscopus claudiae*	++	旅鸟	东洋种	
357. 淡尾鹟莺	*Seicercus soror*	++	夏候鸟	东洋种	
358. 栗头鹟莺	*Seicercus castaniceps*	++	旅鸟	东洋种	
359. 鹟莺	*Seicercus valentini*	++	旅鸟	东洋种	
(五十八)树莺科	Cettiidae				
360. 短翅树莺	*Horornis diphone*	++	旅鸟	广布种	
361. 远东树莺	*Horornis canturians*	++	旅鸟	广布种	
362. 鳞头树莺	*Urosphena squameiceps*	++	旅鸟	广布种	
(五十九)长尾山雀科	Aegithalidae				
363. 北长尾山雀	*Aegithalos caudatus*	++	留鸟	古北种	
364. 银喉长尾山雀	*Aegithalos glaucogularis*	++	留鸟	古北种	
(六十)莺鹛科	Sylviidae				
365. 白喉林莺	*Sylvia curruca*	++	留鸟	古北种	
366. 山鹛	*Rhopophilus pekinensis*	++	留鸟	古北种	
367. 棕头鸦雀	*Sinosuthora webbianus*	++	留鸟	广布种	
368. 震旦鸦雀	*Paradoxornis heudei*	+	留鸟	广布种	
(六十一)绣眼鸟科	Zosteropidae				
369. 暗绿绣眼鸟	*Zosterops japonicus*	++	旅鸟	东洋种	
370. 红胁绣眼鸟	*Zosterops erythropleura*	++	旅鸟	古北种	Ⅱ
(六十二)噪鹛科	Leiothrichidae				
371. 山噪鹛	*Garrulax davidi*	++	留鸟	古北种	
(六十三)旋木雀科	Certhiidae				
372. 欧亚旋木雀	*Certhia familiaris*	++	留鸟	广布种	

续表 4-3-11

鸟纲 AVES		数量级	居留类型	从属区系	保护级别
(六十四)䴓科	Sittidae				
373. 普通䴓	*Sitta europea*	+++	留鸟	古北种	
374. 黑头䴓	*Sitta villosa*	++	留鸟	古北种	
375. 红翅旋壁雀	*Trichodroma muraria*	++	留鸟	广布种	
(六十五)鹪鹩科	Troglodytidae				
376. 鹪鹩	*Troglodytes troglodytes*	++	留鸟	广布种	
(六十六)河乌科	Cinclidae				
377. 褐河乌	*Cinclus pallasii*	++	留鸟	广布种	
(六十七)椋鸟科	Sturnidae				
378. 丝光椋鸟	*Spodiopsar sericeus*	+++	留鸟	东洋种	
379. 灰椋鸟	*Spodiopsar cineraceus*	+++	留鸟	古北种	
380. 北椋鸟	*Agropsar sturninus*	++	旅鸟	古北种	
381. 紫翅椋鸟	*Sturnus vulgaris*	++	旅鸟	古北种	
(六十八)鸫科	Turdidae				
382. 白眉地鸫	*Geokichla sibirica*	++	旅鸟	广布种	
383. 虎斑地鸫	*Zoothera dauma*	++	旅鸟	广布种	
384. 灰背鸫	*Turdus hortulorum*	+++	旅鸟	古北种	
385. 乌鸫	*Turdus mandarinus*	++	留鸟	广布种	
386. 褐头鸫	*Turdus feae*	+++	旅鸟	古北种	Ⅱ
387. 白眉鸫	*Turdus obscurus*	++	留鸟	古北种	
388. 白腹鸫	*Turdus pallidus*	++	旅鸟	古北种	
389. 赤胸鸫	*Turdus chrysolaus*	++	留鸟	古北种	
390. 黑喉鸫	*Turdus atrogularis*	++	旅鸟	古北种	
391. 赤颈鸫	*Turdus ruficollis*	++	冬候鸟	古北种	
392. 斑鸫	*Turdus naumanni*	+++	冬候鸟	古北种	
393. 红尾斑鸫	*Turdus eunomus*	++	冬候鸟	古北种	
394. 宝兴歌鸫	*Turdus mupinensis*	++	冬候鸟	广布种	

续表 4-3-11

鸟纲 AVES		数量级	居留类型	从属区系	保护级别
395. 白额燕尾	*Enicurus leschenaulti*	++	留鸟	东洋种	
(六十九)鹟科	Muscicapidae				
396. 日本歌鸲	*Larvivora akahige*	+++	旅鸟	广布种	
397. 红尾歌鸲	*Larvivora sibilans*	++	旅鸟	古北种	
398. 蓝歌鸲	*Luscinia cyane*	++	夏候鸟	古北种	
399. 红喉歌鸲	*Calliope calliope*	++	旅鸟	古北种	Ⅱ
400. 白腹短翅鸲	*Luscinia phoenicuroides*	++	旅鸟	古北种	
401. 蓝喉歌鸲	*Luscinia svecica*	++	旅鸟	古北种	Ⅱ
402. 红胁蓝尾鸲	*Tarsiger cyanurus*	++	旅鸟	古北种	
403. 贺兰山红尾鸲	*Phoenicurus alaschanicus*	++	旅鸟	古北种	Ⅱ
404. 赭红尾鸲	*Phoenicurus ochruros*	++	旅鸟	广布种	
405. 红腹红尾鸲	*Phoenicurus erythrogastrus*	++	冬候鸟	古北种	
406. 红尾水鸲	*Rhyacornis fuliginosus*	+++	旅鸟	广布种	
407. 白顶溪鸲	*Chaimarrornis leucocephalus*	++	旅鸟	广布种	
408. 白尾蓝地鸲	*Myiomela leucurum*	++	旅鸟	广布种	
409. 紫啸鸫	*Myophonus caeruleus*	++	夏候鸟	东洋种	
410. 黑喉石䳭	*Saxicola maurus*	++	旅鸟	广布种	
411. 沙䳭	*Oenanthe isabellina*	++	留鸟	古北种	
412. 穗䳭	*Oenanthe oenanthe*	++	留鸟	古北种	
413. 白顶䳭	*Oenanthe pleschanka*	+++	夏候鸟	古北种	
414. 白背矶鸫	*Monticola saxatilis*	++	留鸟	古北种	
415. 蓝矶鸫	*Monticola solitarius*	++	留鸟	广布种	
416. 白喉矶䳭	*Monticola gularis*	++	旅鸟	古北种	
417. 灰纹鹟	*Muscicapa griseisticta*	++	旅鸟	广布种	
418. 乌鹟	*Muscicapa sibirica*	++	旅鸟	古北种	
419. 北灰鹟	*Muscicapa dauurica*	++	旅鸟	广布种	
420. 黄眉姬鹟	*Ficedula narcissina*	++	留鸟	古北种	

续表 4-3-11

鸟纲 AVES		数量级	居留类型	从属区系	保护级别
421. 绿背姬鹟	*Ficedula elisae*	++	旅鸟	广布种	
422. 鸲姬鹟	*Ficedula mugimaki*	++	旅鸟	广布种	
423. 锈胸蓝姬鹟	*Ficedula sordida*	++	旅鸟	广布种	
424. 红胸姬鹟	*Ficedula parva*	++	旅鸟	广布种	
425. 红喉姬鹟	*Ficedula albicilla*	++	旅鸟	古北种	
426. 白腹蓝鹟	*Cyanoptila cyanomelana*	++	旅鸟	广布种	
427. 白腹暗蓝鹟	*Cyanoptila cumatilis*	++	旅鸟	广布种	
428. 北红尾鸲	*Phoenicurus auroreus*	++	旅鸟	广布种	
429. 栗腹胸鸫	*Monticola rufiventris*	++	旅鸟	东洋种	
430. 白眉姬鹟	*Ficedula zanthopygia*	++	旅鸟	广布种	
(七十)戴菊科	Regulidae		旅鸟	广布种	
431. 戴菊	*Regulus regulus*	++	旅鸟	广布种	
(七十一)太平鸟科	Bombycillidae		旅鸟	广布种	
432. 太平鸟	*Bombycilla garrulus*	+++	冬候鸟	古北种	
433. 小太平鸟	*Bombycilla japonica*	++	旅鸟	古北种	
(七十二)岩鹨科	Prunellidea				
434. 领岩鹨	*Prunella collaris*	++	夏候鸟	古北种	
435. 棕眉山岩鹨	*Prunella montanella*	++	旅鸟	古北种	
(七十三)雀科	Passeridae				
436. 山麻雀	*Passer cinnamomeus*	+++	夏候鸟	广布种	
437. 麻雀	*Passer montanus*	+++	留鸟	广布种	
(七十四)鹡鸰科	Motacillidae				
438. 山鹡鸰	*Dendronanthus indicus*	++	夏候鸟	广布种	
439. 西黄鹡鸰	*Motacilla flava*	++	旅鸟	古北种	
440. 黄鹡鸰	*Motacilla tschutschensis*	++	旅鸟	古北种	
441. 黄头鹡鸰	*Motacilla citreola*	++	旅鸟	广布种	
442. 灰鹡鸰	*Motacilla cinerea*	++	夏候鸟	广布种	

续表 4-3-11

鸟纲 AVES		数量级	居留类型	从属区系	保护级别
443. 白鹡鸰	*Motacilla alba*	++	夏候鸟	广布种	
444. 日本鹡鸰	*Motacilla grandis*	++	旅鸟	广布种	
445. 田鹨	*Anthus richardi*	++	旅鸟	广布种	
446. 布氏鹨	*Anthus godlewskii*	++	夏候鸟	古北种	
447. 树鹨	*Anthus trivialis*	++	旅鸟	古北种	
448. 北鹨	*Anthus gustavi*	++	旅鸟	古北种	
449. 粉红胸鹨	*Anthus roseatus*	++	留鸟	古北种	
450. 红喉鹨	*Anthus cervinus*	++	旅鸟	古北种	
451. 黄腹鹨	*Anthus rubescens*	++	旅鸟	古北种	
452. 水鹨	*Anthus spinoletta*	++	旅鸟	古北种	
(七十五)燕雀科	Fringillidae				
453. 苍头燕雀	*Fringilla coelebs*	++	冬候鸟	古北种	
454. 燕雀	*Fringilla montifringilla*	+++	冬候鸟	古北种	
455. 锡嘴雀	*Coccothraustes coccothraustes*	++	旅鸟	古北种	
456. 黑尾蜡嘴雀	*Eophona migratoria*	++	旅鸟	古北种	
457. 黑头蜡嘴雀	*Eophona personata*	++	旅鸟	古北种	
458. 赤胸灰雀	*Pyrrhula erythaca*	++	旅鸟	广布种	
459. 红腹灰雀	*Pyrrhula pyrrhula*	++	旅鸟	古北种	
460. 蒙古沙雀	*Rhodopechys mongolica*	++	旅鸟	古北种	
461. 白翅岭雀	*Leucosticte arctoa*	++	旅鸟	古北种	
462. 普通朱雀	*Carpodacus erythrinus*	+++	旅鸟	古北种	
463. 中华朱雀	*Carpodacus davidianus*	+++	旅鸟	古北种	
464. 长尾雀	*Carpodacus sibiricus*	++	留鸟	古北种	
465. 北朱雀	*Carpodacus roseus*	++	留鸟	广布种	Ⅱ
466. 金翅雀	*Chloris sinica*	++	留鸟	古北种	
467. 白腰朱顶雀	*Acanthis flammea*	++	留鸟	广布种	
468. 红交嘴雀	*Loxia curvirostra*	++	留鸟	广布种	Ⅱ

续表 4-3-11

鸟纲 AVES		数量级	居留类型	从属区系	保护级别
469. 白翅交嘴雀	*Loxia leucoptera*	++	冬候鸟	古北种	
470. 黄雀	*Spinus spinus*	+++	旅鸟	古北种	
471. 松雀	*Pinicola enucleator*	+++	留鸟	古北种	
472. 红眉朱雀	*Carpodacus pulcherrimus*	++	留鸟	广布种	
(七十六)铁爪鹀科	Calcarius				
473. 铁爪鹀	*Calcarius lapponicus*		冬候鸟	古北种	
474. 雪鹀	*Plectrophenax nivalis*		冬候鸟	古北种	
(七十七)鹀科	Emberizidae				
475. 黄鹀	*Emberiza citrinella*		冬候鸟	古北种	
476. 白头鹀	*Emberiza leucocephalos*		旅鸟	古北种	
477. 灰眉岩鹀	*Emberiza godlewskii*		旅鸟	广布种	
478. 三道眉草鹀	*Emberiza cioides*		留鸟	古北种	
479. 栗斑腹鹀	*Emberiza jankowskii*		留鸟	古北种	I
480. 白眉鹀	*Emberiza tristrami*		旅鸟	古北种	
481. 赤胸鹀	*Emberiza fucata*		冬候鸟	广布种	
482. 小鹀	*Emberiza pusilla*		冬候鸟	古北种	
483. 黄眉鹀	*Emberiza chrysophrys*		旅鸟	古北种	
484. 田鹀	*Emberiza rustica*		冬候鸟	古北种	
485. 黄喉鹀	*Emberiza elegans*		旅鸟	古北种	
486. 黄胸鹀	*Emberiza aureola*		旅鸟	古北种	I
487. 栗鹀	*Emberiza rutila*		旅鸟	古北种	
488. 灰头鹀	*Emberiza spodocephala*		夏候鸟	古北种	
489. 苇鹀	*Emberiza pallasi*		冬候鸟	古北种	
490. 红颈苇鹀	*Emberiza yessoensis*		冬候鸟	古北种	
491. 芦鹀	*Emberiza schoeniclus*		冬候鸟	古北种	

4.3.5.3　国家重点保护野生动物

国家重点保护野生动物 129 种，其中国家一级保护野生动物 40 种、国家二级保护野生动物89种。国家重点保护动物见表4-3-12。

表4-3-12 国家重点保护动物

编号	种类	拉丁名	保护级别	主要生境
一、	鸟纲 AVES			
1	黑嘴松鸡	*Tetrao urogalloides*	Ⅰ	低山丘陵针叶林的林中空地、林缘、河谷地带
2	黑琴鸡	*Lyrurus tetrix*	Ⅰ	针叶林、针阔叶混交林、森林草原地区,有茂密灌丛的沿河地带
3	褐马鸡	*Crossoptilon mantchuricum*	Ⅰ	丘陵地区,丛生灌木及粗矮野草
4	中华秋沙鸭	*Mergus squamatus*	Ⅰ	阔叶林或针阔混交林的溪流、河谷、草甸、水塘及草地等处
5	斑头秋沙鸭	*Mergellus albellus*	Ⅱ	湖泊、河流和池塘等地带
6	青头潜鸭	*Aythya baeri*	Ⅰ	湖泊、水塘和沼泽地带
7	大鸨	*Otis tarda*	Ⅰ	草原、荒漠草原,农田中偶见分布
8	白鹤	*Grus leucogeranus*	Ⅰ	浅水湿地
9	丹顶鹤	*Grus japonensis*	Ⅰ	沼泽和草甸
10	白头鹤	*Grus monacha*	Ⅰ	河流、湖泊的沼泽地带和沿海滩涂、盐场、鱼塘
11	遗鸥	*Lchthyaetus relictus*	Ⅰ	浅水湿地
12	黑鹳	*Ciconia nigra*	Ⅰ	平原和湿地
13	东方白鹳	*Ciconia boyciana*	Ⅰ	河流、湖泊、水泡岸边及其附近草地和沼泽地带
14	胡兀鹫	*Gypaetus barbatus*	Ⅰ	山地悬崖
15	金雕	*Aquila chrysaetos*	Ⅰ	高山草原、河谷和森林地带
16	玉带海雕	*Haliaeetus leucoryphus*	Ⅰ	高海拔的河谷、山岳以及草原的开阔地带
17	白尾海雕	*Haliaeetus albicilla*	Ⅰ	沼泽地带
18	虎头海雕	*Haliaeetus pelagicus*	Ⅰ	海岸及河谷地带
19	黑琴鸡	*Lyrurus tetrix*	Ⅰ	针叶林、落叶松和混交林带、森林草原、草甸、森林沟谷,以及有茂密灌丛的沿河地
20	勺鸡	*Pucrasia macrolopha*	Ⅱ	针、阔叶混交林;多岩坡地;山脚沟边灌木间
21	花尾榛鸡	*Tetrastes bonasia*	Ⅱ	松林、云杉、冷杉等针叶林中

续表 4-3-12

编号	种类	拉丁名	保护级别	主要生境
22	鸿雁	*Anser cygnoid*	Ⅱ	开阔平原和平原草地上的湖泊、水塘、河流、沼泽及其附近地区
23	白额雁	*Anser albifrons*	Ⅱ	北极苔原；带富有矮小植物和灌丛的湖泊、水塘、河流、沼泽及其附近苔原等
24	小白额雁	*Anser erythropus*	Ⅱ	北极苔原和苔原与灌木覆盖的亚北极地区以及亚平原泰加林地区
25	疣鼻天鹅	*Cygnus olor*	Ⅱ	水草丰盛的河湾、开阔的湖面
26	小天鹅	*Cygnus columbianus*	Ⅱ	多蒲苇的湖泊、水库和池塘
27	大天鹅	*Cygnus cygnus*	Ⅱ	多蒲苇的大型湖泊、池塘、水库等
28	鸳鸯	*Aix galericulata*	Ⅱ	山地的河谷、溪流；阔叶林和针阔混交林的沼泽、芦苇塘及湖泊等；被水浸没的草原、田地
29	赤颈䴙䴘	*Podiceps grisegena*	Ⅱ	低山丘陵和平原地区的各种水域
30	黑颈䴙䴘	*Podiceps nigricollis*	Ⅱ	内陆淡水湖泊、水塘、河流及沼泽地带
31	角䴙䴘	*Podiceps auritus*	Ⅱ	山林间和山坡上的水域
32	小鸦鹃	*Centropus bengalensis*	Ⅱ	远离居民点
33	花田鸡	*Coturnicops exquisitus*	Ⅱ	草甸和矮草沼泽地、湖泊沼泽湿地及江河溪边的苇丛中
34	斑胁田鸡	*Zapornia paykullii*	Ⅱ	湿润多草的草甸及稻田
35	白枕鹤	*Grus vipio*	Ⅰ	芦苇沼泽和沼泽化草甸
36	沙丘鹤	*Grus canadensis*	Ⅱ	富有灌丛和水草的平原沼泽、湖边草地、水塘及河岸沼泽地带
37	蓑羽鹤	*Grus virgo*	Ⅱ	草甸草原、典型草原、荒漠草原、芦苇沼泽、苇塘、湖泊、河流等湿地周围或农田
38	灰鹤	*Grus grus*	Ⅱ	沼泽草甸、河流、湖泊、水库
39	小鸥	*Hydrocoloeus minutus*	Ⅱ	海岸、沙质海滩、江河出口和沿海地区的咸水湖及沼泽等
40	小杓鹬	*Numenius minutus*	Ⅱ	湖边、沼泽、河岸及附近的草地和农田
41	白腰杓鹬	*Numenius arquata*	Ⅱ	水边沼泽地带及湿地草甸和稻田中

续表 4-3-12

编号	种类	拉丁名	保护级别	主要生境
42	大杓鹬	*Numenius madagascariensis*	Ⅱ	低山丘陵和平原地带的河流、湖泊、芦苇沼泽、水塘、湿草地、水稻田边、湿地
43	小青脚鹬	*Tringa guttifer*	Ⅰ	落叶松林中的沼泽、水塘和湿地上、海边沙滩、开阔而平坦的泥地、河口沙洲和沿海沼泽地带
44	翻石鹬	*Arenaria interpres*	Ⅱ	潮间带、河口沼泽或是礁石海岸等湿地环境
45	大滨鹬	*Calidris tenuirostris*	Ⅱ	海岸、河口沙洲及其附近沼泽地带
46	勺嘴鹬	*Calidris pygmeus*	Ⅰ	海岸与河口地区的浅滩、泥地上、海岸附近的水体边上
47	阔嘴鹬	*Calidrisfalcinellus*	Ⅱ	沿海泥滩、沙滩及沼泽地区
48	中华凤头燕鸥	*Thalasseus bernsteini*	Ⅰ	海岸岛屿
49	黑浮鸥	*Chlidonias niger*	Ⅱ	平原、山地、森林和荒漠中的湖泊、河流和沼泽地带以及水稻田
50	彩鹳	*Mycteria leucocephalus*	Ⅰ	湖泊、河流、水塘等淡水水域岸边浅水处及其附近沼泽和草地
51	海鸬鹚	*Phalacrocorax Pelagicus*	Ⅱ	隐蔽的沿岸的海水、海湾及河口
52	白鹮	*Threskiornis melanocephalus*	Ⅰ	沿海沼泽、河滩和水田
53	白琵鹭	*Platalea leucorodia*	Ⅱ	苇丛、沼泽
54	黑脸琵鹭	*Platalea minor*	Ⅰ	苇丛、沼泽
55	黄嘴白鹭	*Egretta eulophotes*	Ⅰ	海滨或港湾的沙洲、水田
56	斑嘴鹈鹕	*Pelecanus philippensis*	Ⅰ	河川、湖泊
57	卷羽鹈鹕	*Pelecanus crispus*	Ⅰ	沼泽及浅水湖
58	鹗	*Pandion haliaetus*	Ⅱ	沿海海滨、岛屿、河流、湖泊、池塘、水库、河口及其沼泽地带
59	黑翅鸢	*Elanus caeruleus*	Ⅱ	有树木和灌木的开阔原野、农田、疏林和草原地区
60	凤头蜂鹰	*Pernis ptilorhynchus*	Ⅱ	阔叶林、针叶林和混交林

续表 4-3-12

编号	种类	拉丁名	保护级别	主要生境
61	秃鹫	*Aegypius monachus*	Ⅰ	低山丘陵和高山荒原与森林中的荒岩草地、山谷溪流和林缘地带
62	乌雕	*Clanga clanga*	Ⅰ	低山丘陵和开阔平原地区的森林
63	草原雕	*Aquila nipalensis*	Ⅰ	树木繁茂的开阔平原、草地、荒漠和低山丘陵地带的荒原草地
64	白肩雕	*Aquila heliaca*	Ⅰ	山地、草原、丘陵、河流的砂岸等地
65	赤腹鹰	*Accipiter soloensis*	Ⅱ	山地森林和林缘地带，低山丘陵和山麓平原地带的小块丛林，农田地缘和村庄附近
66	日本松雀鹰	*Accipiter gularis*	Ⅱ	山地针叶林和混交林、林缘和疏林地带
67	雀鹰	*Accipiter nisus*	Ⅱ	针叶林、混交林、阔叶林等山地森林和林缘地带
68	苍鹰	*Accipiter gentilis*	Ⅱ	针叶林、混交林和阔叶林等森林地带，山麓平原和丘陵地带的疏林和小块林内
69	白头鹞	*Circus aeruginosus*	Ⅱ	低山平原地区的河流、湖泊、沼泽、芦苇塘等开阔水域
70	白腹鹞	*Circus spilonotus*	Ⅱ	多草沼泽地带或芦苇地
71	白尾鹞	*Circus cyaneus*	Ⅱ	平原和低山丘陵地带
72	草原鹞	*Circus macrourus*	Ⅱ	草原和开阔平原，偶见于林缘
73	鹊鹞	*Circus melanoleucos*	Ⅱ	低山丘陵和山脚平原、草地、旷野、河谷、沼泽、林缘灌丛和沼泽草地
74	黑鸢	*Milvus migrans*	Ⅱ	开阔平原、草地、荒原和低山丘陵地带
75	灰脸鵟鹰	*Butastur indicus*	Ⅱ	阔叶林、针阔叶混交林以及针叶林等山林地带
76	毛脚鵟	*Buteo lagopus*	Ⅱ	低山丘陵和山脚平原
77	大鵟	*Buteo hemilasius*	Ⅱ	山地、山脚平原和草原、高山林缘和开阔的山地草原与荒漠地带
78	普通鵟	*Buteo japonicus*	Ⅱ	山地森林和林缘地带
79	短趾雕	*Circaetus gallicus*	Ⅱ	低山丘陵和山脚平原地带有稀疏树木的开阔地区
80	北领角鸮	*Otus semitorques*	Ⅱ	山地阔叶林和混交林、山麓林缘和村寨附近树林内

续表 4-3-12

编号	种类	拉丁名	保护级别	主要生境
81	红角鸮	*Otus sunia*	Ⅱ	山地阔叶林和混交林、山麓林缘和村寨附近树林内
82	雪鸮	*Bubo scandiaca*	Ⅱ	冻土和苔原地带、荒地丘陵
83	雕鸮	*Bubo bubo*	Ⅱ	人迹罕至的密林
84	灰林鸮	*Strix aluco*	Ⅱ	山地阔叶林和混交林中、河岸和沟谷森林地带
85	花头鸺鹠	*Glaucidium passerinum*	Ⅱ	针叶林或针阔混交林中的开阔地区
86	斑头鸺鹠	*Glaucidium cuculoides*	Ⅱ	山区、林地
87	纵纹腹小鸮	*Athene noctua*	Ⅱ	开阔的林缘地带、农田附近的大树
88	日本鹰鸮	*Ninox japonica*	Ⅱ	海拔 2 000 m 以下的针阔叶混交林和阔叶林、森林中的河谷地
89	长耳鸮	*Asio otus*	Ⅱ	阔叶林及针叶林,溪河附近的柳林、白杨林
90	短耳鸮	*Asio flammeus*	Ⅱ	平原和沼泽地带
91	领角鸮	*Otus lettia*	Ⅱ	有树木的平地、山坡地、村落附近
92	草鸮	*Tyto longimembris*	Ⅱ	山坡草地或开旷草原
93	黑啄木鸟	*Dryocopus martius*	Ⅱ	欧亚大陆温带的针叶林、山毛榉林
94	黄爪隼	*Falco naumanni*	Ⅱ	旷野、荒漠草地、河谷疏林
95	红隼	*Falco tinnunculus*	Ⅱ	山地森林、森林苔原、低山丘陵、草原、旷野、森林平原、河谷和农田地区
96	红脚隼	*Falco amurensis*	Ⅱ	低山疏林、林缘、山脚平原、丘陵地区的沼泽、草地、河流、山谷和农田耕地等开阔地区
97	灰背隼	*Falco columbarius*	Ⅱ	开阔的低山丘陵、山脚平原、森林平原、海岸和森林苔原地带
98	燕隼	*Falco subbuteo*	Ⅱ	有稀疏树木生长的开阔平原、旷野、耕地、海岸、疏林和林缘地带
99	猎隼	*Falco cherrug*	Ⅰ	山地、丘陵、河谷和山脚平原地区
100	矛隼	*Falco rusticolus*	Ⅰ	开阔的岩石山地、沿海岛屿、临近海岸的河谷和森林苔原地带

续表 4-3-12

编号	种类	拉丁名	保护级别	主要生境
101	游隼	*Falco peregrinus*	Ⅱ	山地、丘陵、荒漠、半荒漠、海岸、旷野、草原、河流、沼泽与湖泊沿岸地带，开阔的农田、耕地和村屯附近
102	蓝翅八色鸫	*Pitta nympha*	Ⅱ	林下灌木草丛
103	仙八色鸫	*Pitta moluccensis*	Ⅱ	平原至低山的次生阔叶林内
104	云雀	*Alauda arvensis*	Ⅱ	草原地方、沿海一带的平原区
105	细纹苇莺	*Acrocephalus sorghophilus*	Ⅱ	湖泊、河流等水域和水域附近的芦苇丛和草丛
106	红胁绣眼鸟	*Zosterops erythropleura*	Ⅱ	阔叶林、以阔叶树为主的针阔叶混交林、竹林、次生林等各种类型森林中，果园、林缘以及村寨和地边高大的树上
107	褐头鸫	*Turdus feae*	Ⅱ	山地森林
108	红喉歌鸲	*Calliope calliope*	Ⅱ	低山丘陵和山脚平原地带的次生阔叶林和混交林、平原地带繁茂的草丛、芦苇丛
109	蓝喉歌鸲	*Luscinia svecica*	Ⅱ	苔原带、森林、沼泽及荒漠边缘的各类灌丛、芦苇丛
110	贺兰山红尾鸲	*Phoenicurus alaschanicus*	Ⅱ	山间林缘、灌丛或沿河溪两旁的小树及灌丛
111	北朱雀	*Carpodacus roseus*	Ⅱ	低海拔山区的针阔叶混交林、阔叶混交林和阔叶林，丘陵地带的杂木林和平原的榆林、柳林
112	红交嘴雀	*Loxia curvirostra*	Ⅱ	山地针叶林、以针叶林为主的针阔叶混交林
113	栗斑腹鹀	*Emberiza jankowskii*	Ⅰ	山坡草地、河岸、丘陵草地的灌丛间、山麓台地的干草原、沙丘灌丛和杂草草原
114	黄胸鹀	*Emberiza aureola*	Ⅰ	低山丘陵和开阔平原地带的灌丛、草甸、草地和林缘地带
二、	哺乳纲 MAMMALIA			
115	豺	*Cuon alpinus*	Ⅰ	南方有林的山地、丘陵
116	狼	*Canis lupus*	Ⅱ	森林、沙漠、山地、寒带草原、针叶林、草地

续表 4-3-12

编号	种类	拉丁名	保护级别	主要生境
117	赤狐	*Vulpes vulpes*	Ⅱ	森林、草原、荒漠、高山、丘陵、平原、村庄附近
118	貉	*Nyctereutes procyonoides*	Ⅱ	阔叶林中开阔、接近水源的地方或开阔草甸、茂密的灌丛带和芦苇地
119	黑熊	*Ursus thibetanus*	Ⅱ	阔叶林和针阔混交林
120	石貂	*Martes foina*	Ⅱ	多石林地、开阔草原、黄土高原的深沟谷地以及青藏高寒高原
121	青鼬(黄喉貂)	*Martes flavigula*	Ⅱ	丘陵或山地森林
122	水獭	*Lutra lutra*	Ⅱ	自然洞穴,僻静堤岸有岩石隙缝、大树老根、蜿蜒曲折、通陆通水的洞窟;竹林、草灌丛
123	兔狲	*Felis manul*	Ⅱ	灌丛草原、荒漠草原、荒漠与戈壁
124	猞猁	*Felis lynx*	Ⅱ	亚寒带针叶林、寒温带针阔混交林至高寒草甸、高寒草原、高寒灌丛草原及高寒荒漠与半荒漠等
125	金钱豹	*Panthera pardus*	Ⅰ	山区、丘陵地带、树上或森林
126	原麝	*Moschus moschiferus*	Ⅰ	针阔混交林、针叶林和郁闭度较差的阔叶林
127	马鹿	*Cervus elaphus*	Ⅱ	针阔叶混交林、林间草地、高山森林草原、稀疏灌丛、荒漠草原、溪谷沿岸
128	斑羚	*Naemorhedus goral*	Ⅰ	山地针叶林、山地针阔叶混交林和山地常绿阔叶林
三、	爬行纲 REPTILIA			
129	团花锦蛇	*Elaphe davidi*	Ⅱ	平原丘陵、山地养蚕场石缝中、柞树上、山路边、石砬子、植被不多的沙壤土山上、较湿润的石头下、草丛中、开阔的河谷地带

4.3.6 土地利用

土地利用分类依据环保部颁布的《生态环境状况评价技术规范》(HJ 192—2015)中

的用地类型划分方法，分别采用 Landsat-5TM、Landsat-8TM 数据，分辨率为 250 m，利用地理信息系统软件对评价区进行解译，对评价区的土地利用现状进行分类、统计，生成土地利用现状图。解译结果见表 4-3-13。

表 4-3-13　大清河流域土地利用现状

类型		斑块数/个	面积/km²	占比/%
耕地	旱地	10 274	20 921.35	48.686
	水田	45	85.15	0.198
	小计	10 319	21 006.50	48.884
林地	疏林地	3 011	214.64	0.499
	灌木林	6 146	6 885.05	16.022
	有林地	10 379	4 775.57	11.113
	其他林地	4 247	598.96	1.394
	小计	23 783	12 474.22	29.028
草地	低覆盖度草地	30	16.20	0.038
	中覆盖度草地	5 647	2 757.73	6.418
	高覆盖度草地	34	117.42	0.273
	小计	5 711	2 891.35	6.729
水域	河渠	1 167	176.59	0.411
	水库坑塘	3 785	784.27	1.825
	小计	4 952	960.86	2.236
城乡、工矿、居民用地	城乡居民用地	14 279	4 656.65	10.836
	其他建设用地	2 967	583.78	1.359
	小计	17 246	5 240.43	12.195
未利用土地	沼泽地	186	307.53	0.716
	裸土地	789	90.08	0.210
	裸岩石砾地	23	1.04	0.002
	小计	998	398.65	0.928
合计		63 009	42 972.01	100

大清河流域土地利用现状以耕地为主，且占有绝对优势地位。耕地面积 21 006.50 km²，占流域总面积的 48.884%，主要分布在大清河流域中下游低海拔低平原地区。林地面积合计 12 474.22 km²，占流域总面积的 29.028%，主要分布在大清河流域上游中海拔山地、中高海拔山地，以灌木林和有林地为主。草地面积合计 2 891.35 km²，占流域总面积的 6.729%，主要分布在大清河流域上游低海拔丘陵和中高海拔山地，以中覆盖度草地

为主。水域面积合计 960. 86 km^2，占流域总面积的 2. 236%，主要分布在大清河流域中下游低海拔低平原地区，以水库坑塘为主。城乡工矿居民用地合计约 5 240. 43 km^2，占流域总面积的 12. 195%，主要分布在大清河流域中下游低海拔低平原地区，以城乡居民用地为主。未利用土地合计约 398. 65 km^2，占流域总面积的 0. 928%，主要分布在大清河流域中下游低海拔低平原地区，以沼泽地为主。

4. 3. 7　生态完整性分析

本书依据《生态环境状况评价技术规范》(HJ 192—2015)提供的方法对评价范围进行定量评价，评价指标包括生物丰度指数、植被覆盖度指数、水网密度指数、土地胁迫指数、污染负荷指数及环境限制指数 6 个。在计算中，各归一化系数均采用全国归一化系数标准。

4. 3. 7. 1　规划范围各地类面积

根据野外考察并结合 2017 年的遥感卫星图片解译结果，评价范围内有林地、草地、水域、耕地、城乡/工矿/居民用地、未利用地等 6 种土地利用类型，其类型及面积见 4. 3. 4 节。

4. 3. 7. 2　生态环境质量状况

生态环境质量状况可用生态环境状况指数评价(EI)。

1. 生物丰度指数计算

生物丰度指数=(生物多样性指数 BI+生境质量指数 HQ)/2=92. 49

其中，生物多样性指数没有动态更新数据时，生物丰度指数变化等于生境质量指数的变化；生境质量指数=A_{bio}×(0. 35×林地面积+0. 21×草地面积+0. 28×水域湿地面积+0. 11×耕地面积+0. 04×建设用地面积+0. 01×未利用地面积)/区域面积=67. 70；A_{bio} 为生境质量指数的归一化系数，参考值为 511. 264 213 106 7。

评价范围内各地类生物丰度指数权重系数见表 4-3-14。

表 4-3-14　生物丰度指数权重系数

土地利用类型	权重	结构类型	分权重
林地	0. 35	有林地	0. 6
		灌木林地	0. 25
		疏林地和其他林地	0. 15
草地	0. 21	高覆盖度草地	0. 6
		中覆盖度草地	0. 3
		低覆盖度草地	0. 1
水域湿地	0. 28	河流	0. 1
		水库坑塘	0. 3
耕地	0. 11	水田	0. 6
		旱地	0. 4

续表 4-3-14

土地利用类型	权重	结构类型	分权重
建筑用地	0.04	城乡居民用地	0.3
		其他建设用地	0.3
未利用地	0.01	裸土地	0.2
		裸岩石砾	0.2
		其他未利用地	0.1

注：1. 本书中的未利用地是指盐碱地、表层盐碱聚集、只生长天然耐盐植物的土地；沙地、表层为沙覆盖、基本无植被的土地，包括沙漠，不包括水系中的沙滩；裸土地指表层为土质，基本无植被覆盖的土地；裸岩石砾地，表层为岩石或石砾，其覆盖面积>50%的土地。

2. 表中各生物丰度指数权重来源于《生态环境状况评价技术规范》（国家环保部 2015 年 3 月 13 日，HJ 192—2015）。

2. 植被覆盖指数计算

$$\text{植被覆盖指数} = \text{NDVI}_{\text{区域均值}} = A_{\text{veg}} \times \frac{\sum_{i=1}^{n} P_i}{n}$$

式中：P_i 为 5—9 月像元 NDVI 月最大值的均值，建议采用 MOD13 的 NDVI 数据，空间分辨率 250 m，或者分辨率和光谱特征类似的遥感影像产品；n 为区域像元数；A_{veg} 为植被覆盖指数的归一化系数，参考值为 0.012 116 512 4。

植被覆盖指数=68.54。

3. 水网密度指数计算

$$\text{水网密度指数} = \begin{bmatrix} A_{\text{riv}} \times \text{河流长度} + A_{\text{lak}} \times \text{水域面积（湖库、河渠和近海面积）} + \\ A_{\text{res}} \times \text{水资源量）/（}3 \times \text{总面积）} = 9.45 \end{bmatrix}$$

式中：A_{riv} 为河流长度的归一化系数，此处采用全国河流长度归一化系数 84.370 408 398 1；A_{lak} 为水域面积的归一化系数，参考值为 591.790 864 200 5；A_{res} 为水资源量的归一化系数，参考值为 86.386 954 828 1。

水网密度各因子值可见表 4-3-15。

表 4-3-15　水网密度各因子值

评价范围面积/km^2	评价范围水资源/($\times 10^6$ m^3)	评价范围湖库面积/km^2	评价范围河流总长度/km
44 020.99	4 168	873.31	4 397.03

4. 土地胁迫指数计算

$$\text{土地退化指数} = A_{\text{ero}} \times (0.4 \times \text{重度侵蚀面积} + 0.2 \times \text{中度侵蚀面积} + 0.2 \times \text{建设用地面积} + 0.2 \times \text{其他土地胁迫}) / \text{总面积} = 47.51$$

式中：A_{ero} 为土地胁迫指数的归一化系数，参考值为 236.043 567 794 8。

土地退化类型权重系数见表 4-3-16。

表 4-3-16　土地退化类型权重系数

土地退化类型	重度侵蚀	中度侵蚀	建设用地	其他土地胁迫
权重系数	0.4	0.2	0.2	0.2

注：轻度侵蚀、中度侵蚀、重度侵蚀的土地面积根据相应的植被类型及坡度所对应的土地面积计算得到。划分标准参见《土壤侵蚀分类分级标准》(SL 190—2007)。

从评价结果来看，流域内土地胁迫指数较高，主要有两方面原因：一是开发建设活动造成的水土流失越来越普遍，主要表现在采石采矿取土、道路建设、坡地耕作等活动；二是近年来过度进行农业开发，忽视生态环境的保护，加剧了人为水土流失。

5. 污染负荷指数的计算

污染负荷指数 = 0.2×A_{COD}×COD 排放量/区域年降水总量 + 0.2×A_{NH_3}×氨氮排放量/区域面积 + 0.2×A_{SO_2}×SO_2 排放量/区域面积 + 0.1×A_{YFC}×烟(粉)尘排放量/区域面积 + 0.2×A_{NO_x}×氮氧化物排放量/区域面积 + 0.1×A_{sol}×固体废物丢弃量/区域面积 = 86.42

式中：A_{COD} 为 COD 的归一化系数，参考值 4.393 739 728 9；A_{NH_3} 为氨氮的归一化系数，参考值 40.176 475 498 6；A_{SO_2} 为 SO_2 的归一化系数，参考值 0.064 866 028 7；A_{YFC} 为烟(粉)尘的归一化系数，参考值 4.090 445 932 1；A_{NO_x} 为氮氧化物的归一化系数，参考值 0.510 304 927 8；A_{sol} 为固体废物的归一化系数，参考值 0.074 989 428 3。

注：化学需氧量、氨氮数据来自相关工程规划报告，区域多年平均降水量取 727 mm，暂未将二氧化硫、烟(粉)尘、氮氧化物、固体废物排放量计入其中。

污染负荷指数权重系数见表 4-3-17。污染物排放量见表 4-3-18。

表 4-3-17　污染负荷指数权重系数

类型	化学需氧量(COD)	氨氮	二氧化硫(SO_2)	烟(粉)尘	氮氧化物	固体废物	总氮等其他污染物(a)
权重	0.2	0.2	0.2	0.1	0.2	0.1	待定

注：总氮等其他污染物的权重和归一化系数将根据污染物类型、特征和数据可获得性与其他污染物负荷类型进行统一调整。

表 4-3-18　污染物排放量　　单位：t/a

类型	化学需氧量(COD)	氨氮	二氧化硫(SO_2)	烟(粉)尘	氮氧化物	固体废物
排放量	70 499.69	6 611.83	61 088.49	107 098.47	81 505.55	0.334 7

6. 生态环境状况指数(Ecological Index, EI)计算

生态环境状况指数的权重系数可见表 4-3-19。

EI = 0.35×生物丰度指数 + 0.25×植被覆盖指数 + 0.15×水网密度指数 + 0.15×(100 − 土地胁迫指数) + 0.1×(100 − 污染负荷指数) + 环境限制指数 = 58.45

表 4-3-19　生态环境状况指数的权重系数

指标	生物丰度指数	植被覆盖度指数	水网密度指数	土地胁迫指数	污染负荷指数	环境限制指数
权重	0.35	0.25	0.15	0.15	0.1	约束性指标
计算值	92.49	68.54	9.45	47.51	4.04	—

根据上述计算结果,基于区域内出现的严重影响人居生产生活安全的生态破坏和环境污染事项,在污染物负荷未计入氮氧化物、固体废物等污染物的条件下,评价范围内 EI 为 59.41,其生态环境状况分级为良。考虑到区域环境质量现状,根据《生态环境状况评价技术规范》(HJ 192—2015),污染负荷指数最大以 100 计,在此条件下,评价范围内 EI 为 58.45,高于 55。由此可推断,评价范围内 EI 值为 58.05~59.41,评价范围生态环境状况分级为良,表明区域植被覆盖度较高,生物多样性较丰富,基本适合人类生存(见表 4-3-20)。

表 4-3-20　生态环境状况分级

级别	优	良	一般	较差	差
指数	EI≥75	55≤EI<75	35≤EI<55	20≤EI<35	EI<20
状态	植被覆盖度高,生物多样性丰富,生态系统稳定,最适合人类生存	植被覆盖度较高,生物多样性较丰富,基本适合人类生存	植被覆盖度中等,生物多样性水平一般,但有不适合人类生存的制约性因子出现	植被覆盖度较差,严重干旱少雨,物种较少,存在明显的限制人类生存的因素	条件较恶劣,人类生存环境恶劣

4.3.8　流域陆生生态环境整体特征

流域内陆生生态环境特点及存在的主要问题见表 4-3-21。

表 4-3-21　流域内陆生生态环境特点及存在的主要问题

河段	陆生生态环境特点	主要生态问题
上游山区	以森林生态系统为主,大清河流域植被类型最丰富的地区,植被型以温带针叶林、温带落叶阔叶林为主,大部分为次生林,主要树种为侧柏、油松、栎类、杨、旱柳、榆、荆条、绣线菊等。 动物资源丰富,流域内两栖类、爬行类、哺乳类动物在本区域内基本都有分布,鸟类以留鸟为主,保护物种有褐马鸡、中华秋沙鸭等,在拒马河上游有观测记录。 本区域是流域内自然保护地集中的区域,保护对象类型主要为森林生态系统,北京石花洞市级自然保护区也位于本区域,保护对象类型为地质遗迹	经过多年的综合治理,上游山区生态环境质量总体呈改善趋势,森林覆盖率显著提升,但存在单层林多、复层林少等问题

续表 4-3-21

河段	陆生生态环境特点	主要生态问题
山前平原区	以农田生态系统和人居生态系统为主,植被以农田植被为主,兼有草甸以及人工乔灌植被,植物群落结构相对简单。 因为区域河网较山区密集,大型哺乳动物偶有出现外,鼠类、蝙蝠类较为常见;两栖类和爬行类动物较为常见;鸟类以留鸟为主,包括雉科、鸠鸽科、翠鸟科等	受开发活动影响,区域内植被退化情况较为明显,主要表现在耕地和建设用地逐渐增多,林地面积破碎化较为严重,多样性指数下降;群落结构较简单
白洋淀及以下地区	以农田生态系统为主,湿地生态系统和人居生态系统占比显著,是流域内人类干扰强度最大的区域。 区域内大型陆生哺乳动物分布较少,其他两栖类和爬行类动物广布种大多都有分布。本区域候鸟、旅鸟资源较为丰富,主要集中于北大港、白洋淀等湿地。 本区域内保护地类型主要以湿地生态系统为主,主要集中于白洋淀、团泊洼、北大港等区域	白洋淀及其周边区域受湿地补水量减少、水体富营养化严重等因素影响,造成湿地面积年际变化显著,不同程度出现沼泽化趋势;滨海区域受海水影响,土地盐渍化严重

4.4 水生生态现状调查与评价

为了解规划区域水生生物现状,满足流域规划水生生态评价及保护措施需要,根据中国科学院动物研究所分别于 2018 年 6 月、9 月、12 月,2019 年 5—6 月、9—10 月对大清河流域(含白洋淀)的鱼类、浮游植物、浮游动物、大型底栖动物和水生维管束植物资源现状的调查成果,大清河流域水生生态现状如下。

4.4.1 浮游植物

根据历史资料记载,大清河流域共有浮游植物 8 门 153 属 568 种。其中,硅藻门 Bacillariophyta 种数最多,为 158 种,占全部浮游植物物种数的 27.82%;其次是裸藻门 Euglena,152 种,占全部物种的 26.76%;第三位是绿藻门 Chlorophyta,包括 140 种,占全部物种的 24.65%。其他门类还包括蓝藻门 Cyanophyta(81 种,14.26%)、甲藻门 Pyrrophyta(11 种,1.94%)、黄藻门 Xanthophy(9 种,1.58%)、隐藻门 Cryptophyta(9 种,1.58%)和金藻门 Chrysophyta(8 种,1.41%)。

根据调查结果,经过鉴定和统计,大清河河流区域共调查到浮游植物 5 门 42 属 43 种。其中,以硅藻门(Bacillariophyta)和绿藻门(Chlorophyta)种数最多,均为 16 种,分别占总种数的 37.21%。蓝藻门(Cyanophyta)次之,共 7 种,占总种数的 16.28%;裸藻门(Euglena)3 种,占总种数的 6.98%;金藻门(Chrysophyta)种数最少,仅有 1 种,占总种数的

2. 33%。蓝藻门的优势种是铜绿微囊藻 *Microcystis aeruginosa*、小席藻 *Phormidium tenu* 和微小平裂藻 *Merismopedia tenuissima*；裸藻门的优势种是绿裸藻 *Euglena virids*；硅藻门的优势种是尖针杆藻 *Synedra acusvar*、尺骨针杆藻 *Synedra ulna* 和梅尼小环藻 *Cyclotella meneghiniana*；绿藻门的优势种是四角十字藻 *Crucigenia quadrata*、二形栅藻 *Scenedesmus dimorphus* 和螺旋弓形藻 *Schroederia spiralis*。金藻门只有锥囊藻 *Dinobryor* sp. 一种。

4. 4. 2　浮游动物

对在大清河流域采集到的浮游动物样品进行鉴定和统计，该流域共有浮游动物 3 类 22 种。其中，数量最多的是轮虫类 Rotifera，共 14 种，占总种数的 63. 64%；其次是桡足类 Copepoda，共 5 种，占总种数的 22. 73%；枝角类 Cladocera 数量最少，共 3 种，占总种数的 13. 64%。浮游动物中轮虫类优势种类是针簇多肢轮虫 *Polyarthra trigla*；桡足类的优势种为近邻剑水蚤 *Cyclops vicinus*；枝角类为简弧象鼻溞 *Bosmina coregoni*。

4. 4. 3　底栖动物

根据调查，大清河流域底栖动物 5 类 38 种，其中节肢动物门摇蚊科种类最多，13 种，占底栖动物总数的 34. 21%；其他水生昆虫 12 种，占 31. 58%；软体动物 5 种，占 13. 16%；环节动物 2 种，占 5. 26%；甲壳动物 5 种，占 13. 16%。优势种包括摇蚊科的林间环足摇蚊 *Cricotopus sylvertris* 和步行多足摇蚊 *Polypedilum oipdseur*，以及软体动物门的铜锈环棱螺 *Bellamya aeruginosa*。

4. 4. 4　水生维管束植物

大清河流域水生维管束植被以草丛沼泽和浅水植物群落为主，大多分布在河流与白洋淀等库塘湿地沿岸滩地或浅水中，多数为天然次生植被。植物种类中以莎草科、眼子菜科和禾本科种类最多，其次是水鳖科和蓼科，区系以世界广布成分为主。

经过实地调查结合历史记录，共记录大清河流域水生维管束植物 60 种，隶属于 24 科 42 属。其中蕨类植物 2 科 2 属 2 种，双子叶植物 11 科 13 属 18 种，单子叶植物 11 科 26 属 35 种。

以历史资料和实地调查数据为基础，参考《国家重点保护野生植物名录》《中国物种红色名录》《北京珍稀野生植物名录》等，列出大清河流域相对较为珍稀的水生维管束植物 4 种，分别为槐叶萍、马来眼子菜、菖蒲和地笋。

4. 4. 5　鱼类

4. 4. 5. 1　**鱼类资源调查**

根据现场实地调查和历史文献资料，大清河流域共有鱼类 83 种，隶属于 11 目 21 科。其中虹鳟 *Oncorhynchus mykiss*、池沼公鱼 *Hypomesus olidus*、团头鲂 *Megalobrama amblycephala* 等为养殖引入的物种，在本地区并无自然分布。另外，还包括日本鳗鲡 Anguilla japonica、刀鲚 Colia ectenes 等洄游或河口性鱼类，故自然分布于大清河流域的土著淡水鱼类总数为 73 种，分别隶属于胡瓜鱼目 Osmeriformes、鲤形目 Cypriniformes、鲇形目 Siluriformes、颌针鱼目 Beloniformes、合鳃鱼目 Synbranchiformes 和鲈形目 Perciformes 等 6 目 14 科 54 属。

在大清河分布的土著鱼类中，多鳞白甲鱼和黄线薄鳅为国家二级重点保护水生野生动物。区域内有被列入《北京市地方重点保护水生野生动物名录（鱼类、二级）》的种类 11 种，分别是黄线薄鳅、东方薄鳅、尖头高原鳅、马口鱼、赤眼鳟、鳊、华鳈、多鳞白甲鱼、鳜、宽鳍鱲、黑鳍鳈。在 2016 年依据 IUCN 标准进行评价的鱼类名录中，流域内有 4 种鱼类属于濒危鱼类，其中尖头高原鳅和鳡为极危（CR）、黄线薄鳅为濒危（EN）、多鳞白甲鱼为易危（VU）。分布于大清河流域的种类多数为我国常见的江河平原鱼类，广布种所占比例较高；但调查区内拥有一些流域特有种，如只在拒马河分布的特有鱼类黄线薄鳅；此外，大清河还分布有海河流域特有种尖头高原鳅；流域内还有一系列中国特有种，如多鳞白甲鱼、潘氏鳅鮀、东方薄鳅等。

4.4.5.2 鱼类重要生境现状

1. 产漂流性卵鱼类产卵场

历史上大清河流域连通性高，不同河流中均存在一些产漂流性卵鱼类的产卵生境，但随着大量水库、闸口的修建，以及断流情况的加剧，目前流域内已经不存在产漂流性卵鱼类的产卵场，一些产漂流性卵的种类，如鲢、鳙、草鱼等，其种群主要依靠人工增殖放流维持。

2. 产黏沉性卵鱼类产卵场、索饵场、越冬场

白洋淀淀区以及区域内的水库等水体，主要是产黏性卵鱼类的产卵场。上游山区河段、山前平原至白洋淀河段和下游入海河段分布的鱼类也主要是产黏性卵，这些种类产卵场主要是生境选择，具有一定的随机性。

调查区域内产黏性卵鱼类的索饵场、越冬场同其产卵场。

4.5 社会环境现状调查与评价

大清河流域涉及北京市、天津市、河北省、山西省 4 个省（市）等 64 个县（市、区），4 省（市）分别占流域总面积的 7.9%、80.7%、5.0%、6.4%。流域各省（市）行政区划见表 2-1-5，土地资源情况见 2.1.2.2 节。

4.6 环境敏感目标调查与评价

4.6.1 国家重要功能区

4.6.1.1 国家重要生态功能区

根据《全国主体功能区规划》，大清河流域大部分位于太行山区水源涵养与土壤保持功能区、海河平原农产品提供功能区、京津冀大都市群，各功能区基本情况见表 8-1-1。

4.6.1.2 生物多样性保护优先区域

根据《中国生物多样性保护战略与行动计划（2011—2030 年）》，大清河流域涉及太行山生物多样性保护优先区域，该区域保护重点为加强该地区生态系统的修复，以建立自然保护区为主，重点加强对黄土高原地区次生林、吕梁山区、燕山－太行山地的典型温带森林生态系统、黄河中游湿地、滨海湿地和华中平原区湖泊湿地的保护，加强对褐马鸡等特有雉类、鹤类、雁鸭类、鹳类及其栖息地的保护。建立保护区之间的生物廊道，恢复优先区内已退化的环境，加强区域内特大城市周围湿地的恢复与保护。

4.6.1.3　全国水土保持规划

根据《全国水土保持规划（2015—2030 年）》，大清河流域位于北方土石山区—太行山山地丘陵区和华北平原区，该区域以保护和建设山地森林草原植被，提高河流上游水源涵养能力为重点，维护重要水源地安全。加强山丘区小流域综合治理、微丘岗地及平原沙土区农田水土保持工作，改善农村生产生活条件。全面加强生产建设活动和项目水土保持监督管理。

4.6.2　特殊生态敏感区

4.6.2.1　自然保护区

大清河流域综合规划项目评价范围涉及山西省、河北省、北京市、天津市 4 个省（市），22 个自然保护区，其中山西省涉及自然保护区 4 个，河北省涉及自然保护区 11 个，北京市涉及自然保护区 4 个，天津市涉及自然保护区 3 个，具体见表 4-6-1。

表 4-6-1　大清河流域规划范围自然保护区

省份	序号	保护区名称	行政区划	总面积/hm^2	主管部门	级别	保护对象	类型	与大清河系位置关系
山西省	1	灵丘县青檀自然保护区	灵丘县	1 693	林业	省级	青檀树	森林生态系统类型	唐河流经
	2	灵丘黑鹳自然保护区	灵丘县	71 592	林业	省级	黑鹳、青羊、青檀、森林生态系统	森林生态系统类型	唐河流经
	3	恒山自然保护区	浑源县	11 764.4	林业	省级	针叶林、针叶混交林	森林生态	唐河流经
	4	繁峙臭冷杉自然保护区	繁峙县	25 049.4	林业	省级	臭冷杉林	森林生态	—

续表 4-6-1

省份	序号	保护区名称	行政区划	总面积/hm^2	主管部门	级别	保护对象	类型	与大清河系位置关系
河北省	1	河北小五台山国家级自然保护区	蔚县	26 700	林业	国家级	褐马鸡、森林生态系统	森林生态系统类型	—
	2	河北驼梁国家级自然保护区	平山县	21 311.9	林业	国家级	森林生态系统、珍稀濒危野生动植物	森林生态系统类型	磁河流经
	3	河北金华山-横岭子褐马鸡省级自然保护区	涞源、涞水县	34 509.1	林业	省级	森林生态系统、褐马鸡、野生动植物	森林生态系统类型	蓬头河流经
	4	河北摩天岭省级自然保护区	易县	35 100	林业	省级	温带森林生态系统及其生物多样性	森林生态系统类型	拒马河流经
	5	河北白洋淀湿地省级自然保护区	安新县	29 696	环保	省级	湿地生态系统、鸟类、水生动植物	内陆湿地生态系统类型	白洋淀淀区
	6	河北大茂山省级自然保护区	唐县	1 353.33	林业	省级	森林生态、珍稀野生动植物、自然文化遗产	森林生态系统类型	—
	7	河北银河山省级自然保护区	阜平县	36 210.9	林业	省级	森林生态系统、稀有地质地貌资源	森林生态系统类型	—
	8	河北漫山省级自然保护区	灵寿县	12 028	林业	省级	森林生态系统、珍稀野生动植物	森林生态系统类型	—
	9	河北葛渔城县级自然保护区	安次区	5 006	林业	县级	防护林生态系统	森林生态系统类型	—
	10	河北固安县县级自然保护区	固安县	5 800	林业	县级	次生林生态系统	森林生态系统类型	—
	11	河北文安五区县级自然保护区	文安县	8 500	林业	县级	次生林生态系统	森林生态系统类型	—

续表 4-6-1

省份	序号	保护区名称	行政区划	总面积/hm^2	主管部门	级别	保护对象	类型	与大清河系位置关系
北京市	1	百花山国家级自然保护区	门头沟区	21 743.10	园林绿化	国家级	褐马鸡、兰科植物、落叶松等温带次生林	森林生态系统类型	—
	2	北京市房山拒马河水生野生动物自然保护区	房山区	1 125	园林绿化	市级	大鲵等水生野生动物	湿地类型	拒马河流经
	3	石花洞市级自然保护区	房山区	3 650	园林绿化	市级	溶洞群	地质遗迹类型	—
	4	蒲洼市级自然保护区	房山区	5 396.5	园林绿化	市级	黄檗、紫椴、褐马鸡等、天然次生林	森林生态系统类型	小西河流经
天津市	1	天津市北大港湿地自然保护区	滨海新区	34 887.13	规资	市级	湿地生态系统	湿地生态系统类型	独流减河流经
	2	古海岸与湿地国家级自然保护区	滨海新区 宁河区	35 913	规资	国家级	贝壳堤、牡蛎滩古海岸遗迹、滨海湿地	湿地生态系统类型	—
	3	团泊洼鸟类湿地自然保护区	滨海新区	6 270	规资	市级	珍稀候鸟及其生境	湿地生态系统类型	独流减河流经

4.6.2.2　世界自然文化遗产地

1. 周口店北京人遗址

周口店遗址位于北京城西南约 50 km 处的房山区境内，是 70 万年至 20 万年前的“北京人”、20 万年至 10 万年前的第 4 地点早期智人、4.2 万～3.85 万年前的田园洞人、3 万年前左右的山顶洞人生活的地方。周口店遗址共发现不同时期的各类化石和文化遗物地点 27 处，出土人类化石 200 余件，石器 10 多万件，以及大量的用火遗迹和上百种动物化石等，成为举世闻名的人类化石宝库和古人类学、考古学、古生物学、地层学、年代学、环境学及岩溶学等多学科综合研究基地。

2. 清西陵

清西陵位于河北省保定市易县城西 15 km 处的永宁山下,离北京约 120 km。清西陵是清代自雍正时起四位皇帝的陵寝之地,始建于 1730 年(雍正八年)。清西陵共有 14 座陵墓,包括雍正的泰陵、嘉庆的昌陵、道光的慕陵和光绪的崇陵,还有 3 座后陵。此外,还有怀王陵、公主陵、阿哥陵、王爷陵等共 14 座。其建筑形式体现着封建的典章制度,帝陵和后陵均用黄色琉璃瓦盖顶,妃嫔、公主、王爷园寝则以绿琉璃瓦或灰布瓦盖顶。清西陵面积达 800 余 km^2。1961 年,清西陵被列入第一批全国重点文物保护单位,2000 年 11 月,清西陵被第 24 届世界遗产委员会列为世界文化遗产和《世界遗产名录》,2001 年 1 月被评为国家首批 4A 级景区。

3. 大运河

大运河遗产分布于北京、天津、河北、山东、江苏、浙江、河南、安徽等 8 个省(市)。南北向运河北至北京、南至浙江杭州,纬度 30°12′~40°00′;东西向运河西至河南洛阳、东至浙江宁波,经度 112°25′~121°45′。大运河的开凿始于公元前 486 年的春秋时期,汉魏时曾作为国家粮食运输的主要手段,隋唐时期形成沟通京师与南北主要政治经济中心的、以东西方向为主的漕粮通道,元代以后由于中国政治中心的迁移,在公元 13~19 世纪时转而形成南北向的京杭大运河,其中很多段落至今仍发挥着重要的航运、行洪、输水等功能。

4.6.3 重要生态敏感区

4.6.3.1 风景名胜区

大清河流域范围风景名胜区为 9 个,具体见表 4-6-2。

表 4-6-2 大清河流域规划范围风景名胜区

省份	序号	名称	地点	总面积/hm^2	级别	与大清河系位置关系
山西省	1	桃花山天然溶洞	灵丘县	—	国家级	—
河北省	1	野三坡国家重点风景名胜区	涞水县	52 000	国家级	拒马河流经
	2	白石山风景名胜区	涞源县	21 500	省级	—
	3	陵山—抱阳山风景名胜区	满城县	10 000	省级	府河流经
	4	白洋淀风景名胜区	安新县、容城县、雄县、高阳县、任丘市	36 600	省级	白洋淀淀区
	5	古北岳风景名胜区	曲阳县、唐县、涞源县、阜平县	20 000	省级	—
北京市	1	石花洞国家重点风景名胜区	房山区	8 466	国家级	—
	2	十渡风景名胜区	房山区	30 100	省级	拒马河流经
	3	云居寺风景名胜区	房山区	4 230	省级	—

4.6.3.2 森林公园

大清河流域涉及的森林公园为 17 个,具体见表 4-6-3。

表 4-6-3　大清河流域规划涉及森林公园名录

所属省份	序号	名称	地点	总面积/hm^2	主管部门	级别	与大清河系位置关系
山西省	1	山西恒山国家森林公园	浑源县	30 579.65	林业	国家级	唐河流经
	2	北泉森林公园	灵丘县	1 086.67	林业	省级	—
	3	平型关森林公园	灵丘县	593.34	林业	省级	—
	4	广灵南壶森林公园	广灵县	12 500.00	林业	省级	—
北京市	1	小龙门国家森林公园	门头沟	1 595.00	林业	国家级	—
	2	天门山国家森林公园	门头沟	669.41	林业	国家级	—
	3	龙山森林公园	房山区	14 100.00	林业	省级	拒马河流经
	4	上方山国家森林公园	房山区	337.00	林业	国家级	—
	5	霞云岭国家森林公园	房山区	21 487.40	林业	国家级	大石河流经
	6	北宫国家森林公园	丰台区	914.50	林业	国家级	—
河北省	1	天生桥国家森林公园	阜平县	11 600.00	林业	国家级	—
	2	大茂山国家森林公园	唐县	1 353.33	林业	国家级	—
	3	白石山国家森林公园	涞源县	3 478.00	林业	国家级	—
	4	狼牙山森林公园	易县	2 165	林业	国家级	—
	5	河北易州国家森林公园	易县	8 446.00	林业	国家级	—
	6	石佛国家森林公园	涿州市	294.33	林业	国家级	拒马河流经
	7	野三坡国家森林公园	涞水县	22 850.00	林业	国家级	拒马河流经

4.6.3.3　地质公园

大清河流域涉及的地质公园为 7 个,具体见表 4-6-4。

表 4-6-4　大清河流域规划涉及地质公园名录

所属省份	序号	名称	地点	总面积/hm^2	主管部门	级别	保护对象	与大清河系位置关系
北京市	1	北京十渡国家地质公园	房山区	29 073	自然资源部	国家级	峡谷,河流地貌	拒马河流经
	2	北京石花洞国家地质公园	房山区	3650	自然资源部	国家级	石灰岩岩溶洞穴,各类石笋、石钟乳	—
	3	房山世界地质公园	房山区和涞水县、涞源县	104 500	自然资源部	世界级	地质遗迹	拒马河流经
	4	圣莲山市级地质公园	房山区	2 800	自然资源部	市级	地质遗迹	—

续表 4-6-4

所属省份	序号	名称	地点	总面积/hm^2	主管部门	级别	保护对象	与大清河系位置关系
河北省	1	阜平天生桥国家地质公园	阜平县	5 000	自然资源部	国家级	阜平群(28亿~25亿年)地层产地	—
	2	河北涞源白石山国家地质公园	涞源县	6 000	自然资源部	国家级	白云岩、大理岩形成的石柱,峰林地貌,泉,拒马河源头	—
	3	野三坡世界地质公园	涞水县	33 480	自然资源部	世界级	构造-冲蚀嶂谷地貌	拒马河流经

4.6.3.4　湿地公园

大清河流域范围有3处湿地公园,全部为国家级,见表4-6-5。

表 4-6-5　大清河流域范围湿地公园

序号	保护区名称	行政区域	总面积/hm^2	主要保护对象	级别	与大清河系位置关系
1	白洋淀湿地	河北省安新县、容城县、雄县、高阳县、任丘市	36 600	湿地生态系统	国家级	白洋淀淀区
2	拒马源国家城市湿地公园	河北省涞源县	600	湿地生态系统	国家级	拒马河流经
3	长沟泉水国家湿地公园	北京市房山区	387.5	湿地生态系统	国家级	—

4.6.3.5　水产种质资源保护区

大清河流域涉及的水产种质资源保护区2个,具体见表4-6-6。

表 4-6-6　大清河流域范围水产种质资源保护区

序号	保护区名称	行政区域	总面积/hm^2	主要保护对象	级别	与大清河系位置关系
1	中华鳖国家级水产种质资源保护区	河北省阜平县	6 700	中华鳖,其他保护物种包括青虾、黄颡鱼、草鱼、鲫、鲤、鲢、鳙等	国家级	沙河流经
2	白洋淀国家级水产种质资源保护区	河北省安新县	8 144	青虾、黄颡鱼、乌鳢、鳜鱼,其他保护物种包括鳖、团头鲂、田螺、中华绒螯蟹等	国家级	白洋淀淀区

4.7 “零方案”下流域环境发展趋势分析

4.7.1 水资源发展趋势分析

流域水文水资源“零”方案发展变化趋势分析，仅考虑已建水利工程的影响。

在水资源配置方面，大清河流域 1980—2018 年年均供用水量为 64.19 亿 m^3，总体呈先上升再波动下降并逐渐趋于稳定的趋势。随着流域内人口的增加、城镇化进程的加快和国民经济的快速发展，特别是雄安新区的建设，区域社会经济的发展对水资源的刚性需求进一步加大，导致水资源保障能力与经济发展不匹配，供需矛盾将更加突出，在维持现状地表水、地下水、非常规水及外流域调水等工程供水水平下，若不考虑增加外调水及节水措施，供需缺口将越来越大。如在考虑东中线后续工程不实施工况下，2035 年天津市缺水 4.72 亿 m^3，通过引黄措施解决，黄河分水方案调整中应考虑该部分引黄水量；雄安新区缺水 3 亿 m^3，需要从河北省南水北调中线其他受水区分配指标中调剂解决，但是其他受水区城市供水水源中外调水量的减少，需要超采地下水以保障城市供水安全；河北省沧州市和廊坊市缺水 0.85 亿 m^3，通过超采地下水才能基本满足用水需求，不利于生态环境修复。

在防洪减灾方面，大清河流域已经形成了由水库、河道、蓄滞洪区组成的防洪工程体系，使流域抗御洪水的能力有了较大提高，但防洪风险仍然较大。当发生“63·8”洪水，大清河流域北支南拒马河落宝滩至北河店段漫溢；北河店—白沟镇段洪水分入兰沟洼。北拒马河漫溢、白沟河右岸分洪入兰沟洼；南支漕河右堤、唐河左堤、潴龙河上游左堤分洪或决口，京广铁路在大清河范围内唐河、漕河、中易水段，洪峰流量均大于相应段铁路桥梁泄洪能力，有漫溢和冲毁的可能。淀西平原部分地区被洪水淹没。白洋淀小关分洪入文安洼。大清河流域北支小清河分洪区、兰沟洼，白洋淀及中下游东淀和文安洼将启用，流域防洪形势依然严峻。

在水资源时空变化方面，流域内已建的水利工程在一定程度上改变了水资源的时空分布。淀西平原由于长期超采，地下水存储量大幅减少，导致地下水位持续下降、含水层疏干、地面沉降，引发了一系列的生态环境问题，地下水应急储备功能严重受损或丧失。在不考虑节水措施、外调水等联合配置的情况下，预计这种趋势会持续下去。

4.7.2 水环境发展趋势分析

大清河流域全年水质达到Ⅲ类及以上标准的河长为 665.6 km，占评价河长的 24%。Ⅳ～Ⅴ类河长为 532 km，占比为 18.8%。而水质劣于Ⅴ类标准的河长为 883.2 km，占比为 31.3%。全年河干/断流河长为 737.5 km，占比为 26%。随着流域经济社会的发展，特别是雄安新区的建设，废污水排放量逐年增加，若未经处理或处理未达标的废污水直接排入水系，加之面源污染仍未得到有效控制，同时现有地表水中很多河段及湖库已无环境容量，大清河系水质超标，污染将进一步加重。

考虑到规划水平年流域城镇污水处理厂的建设运行，污水排放标准的提高，以及对流域内产业结构优化调整等措施的实施,水环境恶化的趋势会得到一定缓解,但由于经济社会的快速发展,从根本上解决流域水污染问题仍存在一定困难。若不实施流域综合规划提出的各项水资源保护措施,用限制排污总量这条红线去控制入河污染物总量,流域内这种污染状况将会持续,水环境恶化的趋势将会加剧。

4.7.3 陆生生态发展趋势分析

大清河属于中温带半湿润气候亚区,适宜的气候和地形条件为植物生长提供了良好的条件,流域植物资源十分丰富,共有维管束植物101科381属632种。流域典型植被为落叶阔叶灌丛林,主要植被类型包括荆条灌丛、沙棘灌丛、虎榛子灌丛等。大清河流域2005—2017年土地利用现状变化并不大,本区域内交通、通信、给排水等城市基础设施也基本完备。

随着雄安新区的崛起,流域内交通、住房、建设用地等城市基础设施将进一步增多,以上的建设活动都将占用大量的土地,主要占用耕地和草地。因此,零方案条件下,评价范围内的耕地面积和草地面积将有所减少;位于西部山地的自然植被类型不会发生明显变化,水域面积也不会发生明显改变。随着经济的发展,规划范围内交通条件的改善和旅游业的发展,区内人口流动性也将增加,对于动物活动产生的干扰程度会进一步加大,尤其是白洋淀周边的野生动物;而国家和省级重点保护动物因大多生活于保护区内,在“零方案”条件下,其种群规模并不会发生明显变化。

随着社会经济的发展和人类生活水平的提高,对能源和自然资源的需求量会相应有所增加,废弃物的产生量也将逐步增多。因此,在“零方案”的条件下,流域内生态系统所承受的压力会有所增加,生态环境质量会略有下降。

4.7.4 水生生态发展趋势分析

零规划方案意味着上述流域环境问题将持续恶化,反映在水生生态上,将表现为:鱼类多样性进一步下降,一些对环境有特殊需求的种类有可能从全流域消失,河流型鱼类进一步向太行山河源地区退缩;野生鱼类种群数量受到适生区萎缩的影响将进一步下降;受到过度捕捞等因素的影响,鱼类小型化将进一步严重,表现在两个方面,即渔获物中个体较小的野杂鱼和经济鱼类未成熟个体所占的比重提升;流域内各水库的鱼类资源主要依靠人工增殖放流养殖种类为主;白洋淀及水库中外来物种的占比将有所提升;局部地区水华爆发的幅度和频次将有所增加。

第 5 章　流域环境回顾性评价

5.1　上位及专项规划中关于本流域规划的实施情况

5.1.1　上位及专项规划实施情况

新中国成立后，海河流域开展了 6 次全流域范围的水利综合规划或专项规划，即 1957 年的《海河流域规划(草案)》，1966 年的《海河流域防洪规划报告》，1986 年的《海河流域综合规划》，2008 年的《海河流域防洪规划》，2010 年的《海河流域水资源综合规划》，2013 年的《海河流域综合规划(2012—2030 年)》。涉及大清河流域的内容见表 5-1-1。

表 5-1-1　上级规划及专项规划中涉及大清河流域的规划实施情况

时间	编制单位	规划名称	规划内容	规划中关于大清河流域的实施情况
1957 年	水利部北京勘测设计院	《海河流域规划(草案)》	提出“应着重消除水旱灾害，以保障农业生产的稳定和不断发展”的治理方针，同时结合防洪灌溉发展航运、开发水能，全面推行水土保持	建成了安格庄、龙门、西大洋、王快、口头、横山岭等 6 座大型水库。此外，还先后修建了中型水库 8 座及一大批小型水库，总库容 36 亿 m^3
1966 年	水利电力部海河勘测设计院	《海河流域防洪规划报告》	提出了“上蓄、中疏、下排、适当地滞”的防洪方针	集中力量扩大了中下游河道泄洪入海能力。大清河南支，对潴龙河、唐河、赵王新河进行扩大治理，加高培厚了白洋淀周边堤防，扩建了白洋淀枣林庄泄洪枢纽。大清河北支，对南拒马河、白沟河按 10~20 年一遇标准进行了扩大治理，兴建了新盖房分洪枢纽，新辟了行洪能力为 500 m^3/s 的白沟引河，将北支小洪水引入白洋淀，并对承泄南拒马河和白沟河洪水的新盖房分洪道按 5 000 m^3/s 进行了扩建；在大清河中下游，加固了东淀北大堤和千里堤，扩建了独流减河进洪枢纽，对入海尾闾独流减河按 3 200 m^3/s 规模进行了扩挖。至 20 世纪 70 年代末，基本形成了流域防洪工程体系。至 20 世纪 70 年代末，基本形成了流域防洪工程体系

续表 5-1-1

时间	编制单位	规划名称	规划内容	规划中关于大清河流域的实施情况
1986 年	水利部海河水利委员会	《海河流域综合规划》	以“全面规划,统筹兼顾,综合利用,讲究效益”作为指导方针,涵盖了防洪、供水、除涝治碱、水资源保护、水土保持、水利管理等方面	对主要行洪河道进行了治理,海河干流承泄大清河洪水由 800 m^3/s 减为 400 m^3/s,其减少的承泄量由独流减河承担,独流减河设计泄量由 3 200 m^3/s 增加到 3 600 m^3/s。依托河系防洪工程建设,天津基本达到了规定的防洪标准
2008 年	水利部海河水利委员会	《海河流域防洪规划》	坚持“上蓄、中疏、下排,适当地滞”的方针,提出了构建以河道堤防为基础、大型水库为骨干、蓄滞洪区为依托、工程措施与非工程措施相结合的海河流域综合防洪减灾体系规划方案,进一步完善了“分区防守、分流入海”的防洪格局	按照科学发展观、人与自然和谐相处的要求,对今后二十年海河流域的防洪建设和管理进行了全面、系统的部署,进一步完善流域防洪体系,提高防洪能力,保障经济社会可持续发展
2010 年	水利部海河水利委员会	《海河流域水资源综合规划》	提出了南水北调工程通水后强化节水条件下海河流域 2020 年与 2030 年水资源配置方案及节水、水资源保护、水生态修复对策措施	
2013 年	水利部海河水利委员会	《海河流域综合规划(2012—2030 年)》	在全面分析总结流域水利发展现状的基础上,结合流域经济社会对水利的需求,明确了河流功能定位,提出了流域水利发展改革目标和控制性指标,明确了建立和完善水资源合理配置和高效利用体系、水资源保护和河湖健康保障体系、防洪抗旱减灾体系、有利于水利科学发展制度体系的治理任务,提出了规划方案和对策措施	

5.1.2 水利工程建设情况

5.1.2.1 城乡供水工程

大清河流域已建供水工程包括地表水供水工程、地下水源工程、外调水工程。

地表水供水工程包括蓄水工程、引水工程和提水工程。蓄水工程包括水库及塘坝,大清河流域已建成大型水库 8 座,总库容 39.91 亿 m^3,兴利库容 19.71 亿 m^3;中型水库 22

座,总库容 6.32 亿 m^3,兴利库容 3.05 亿 m^3;小型水库 127 座,总库容 1.55 亿 m^3;塘坝 729 座,总库容 0.31 亿 m^3。现有引水工程 659 处,设计引水能力 46.05 亿 m^3,现状引水能力 3.93 亿 m^3。现有地表水提水工程 1 795 处,设计提水能力 8.56 亿 m^3,现状提水能力 4.55 亿 m^3。流域内已建大、中型水库统计表见表 5-1-2。

地下水源工程包括机井和地下水源地。大清河流域共有机井 115.1 万眼,其中规模以上 28.69 万眼,规模以下 86.41 万眼。流域地下水源地共有 47 个,其中取水量小于 1 万 m^3/d(不含 1 万 m^3/d)和取水量介于 1 万~5 万 m^3/d(不含 5 万 m^3/d)的地下水源地均为 22 个,取水量介于 5 万~15 万 m^3/d(不含 15 万 m^3/d)的地下水源地 3 个。

外调水工程包括南水北调中线一期工程、南水北调东线一期北延应急工程、引黄入冀补淀工程、位山引黄工程、潘庄应急引黄工程;同时,建有 6 处应急备用水源地。

5.1.2.2　农业灌溉工程

截至 2018 年,流域农田有效灌溉面积为 1 732 万亩,节水灌溉面积为 1 254.57 万亩,节水灌溉率达 60%。灌溉水有效利用系数 0.65,接近海河流域的平均值,比全国灌溉水有效利用系数高。其中,30 万亩以上大型灌区有 4 处,有效灌溉面积 137.5 万亩。中型灌区 24 座。大中型灌区整体配套率不高,存在干支渠未衬砌防渗、灌溉水利用系数不高等问题。

5.1.2.3　防洪减灾工程

1. 防洪

在历次规划指导下,经多年建设,大清河流域已经形成了由水库、河道、蓄滞洪区组成的防洪工程体系。目前,大清河水系上游建成王快、西大洋、横山岭、口头、龙门、安格庄等 6 座大型水库,控制流域面积 9 719 km^2,占流域山区面积的 52%。全流域主要河道修筑堤防 955 km,中下游初步治理了白沟河、南拒马河、新盖房分洪道、潴龙河、唐河、赵王新河、独流减河及海河干流等主要骨干河道,修建了新盖房枢纽、枣林庄枢纽、独流减河进洪闸、独流减河防潮闸等一批枢纽工程;设置了小清河分洪区、兰沟洼、白洋淀、东淀、文安洼、贾口洼、团泊洼等 7 处蓄滞洪区,滞洪容积 114.34 亿 m^3。现状工程情况下,通过水库拦蓄、河道泄洪,结合蓄滞洪区运用,流域中下游基本可防御 1963 年洪水(相当于 50 年一遇)。流域内平原除涝工程已初具规模,骨干排涝河道的出路已经打通,排涝系统已基本形成。防洪非工程体系建设取得进展,已建成流域防汛抗旱指挥系统。流域防洪体系的基本建立,使流域防洪能力得到提高,天津等重要城市防洪基本满足防洪标准,为流域经济社会发展提供了防洪安全保障。

2. 治涝

大清河流域平原排涝区分为南支平原、北支平原、清南、清北、黑龙港北区和青静黄排水区 6 个单元,总面积 23 670 km^2。历史上的涝灾严重,进入 20 世纪 80 年代以来,随着地下水的开采,地下水位大幅度下降,再加上排涝工程的建设,该区基本上没有发生大面积的涝灾,但是,随着工程运行年限的延长,排水沟渠的淤积,排涝泵站年久失修,使得平原区排涝能力有所降低,部分区域现状排涝标准仅为 3~5 年一遇。

大清河系已建大、中型水库统计见表 5-1-2,主要河段防洪工程现状情况见表 5-1-3,蓄滞洪区现状情况见表 5-1-4。

表 5-1-2　大清河系已建大、中型水库统计

规模		水库名称	水库位置	所在河流	水库类型	建成时间/年	水库调节性能	供水对象	总库容/万 m^3	坝高/m
大型	Ⅱ	安格庄水库	易县	中易水	山丘水库	1960	年调节	城乡生活、农业灌溉	30 900	49.4
	Ⅱ	横山岭水库	灵寿县	磁河	山丘水库	1960	年调节	农业灌溉	24 300	41
	Ⅱ	口头水库	行唐县	郜河	山丘水库	1964	年调节	农业灌溉	10 560	30
	Ⅱ	龙门水库	满城县	漕河	山丘水库	1958	年调节	农业灌溉	12 670	40.5
	Ⅰ	王快水库	曲阳县	沙河	山丘水库	1960	多年调节	城乡生活、农业灌溉	138 900	62.5
	Ⅰ	西大洋水库	唐县	唐河	山丘水库	1960	年调节	城乡生活、工矿企业、农业灌溉	113 720	56.15
	Ⅱ	北大港水库	滨海新区	独流减河	平原水库	1980	年调节	城乡生活,农业灌溉	50 000	
	Ⅱ	团泊水库	静海县	独流减河	平原水库	1978	年调节		18 000	
中型	Ⅲ	红领巾水库	行唐县	曲河	山丘水库	1959	年调节	农业灌溉	3 154	176.18
	Ⅲ	累子水库	涞水县	垒子河	山丘水库	1958	年调节	农业灌溉	1 007	72
	Ⅲ	龙潭水库	顺平县	清水河—界河—龙泉河	山丘水库	1977	年调节	农业灌溉	1 278.6	273.5
	Ⅲ	马头水库	易县	马头沟	山丘水库	1959	年调节	农业灌溉	1 000	50.2
	Ⅲ	瀑河水库	徐水县	瀑河	山丘水库	1958	年调节		8 592	49.5
	Ⅲ	宋各庄水库	涞水县	龙安沟	山丘水库	1986	年调节	农业灌溉	2 270	179
	Ⅲ	旺隆水库	易县	旺隆沟	山丘水库	1960	年调节	农业灌溉	1 275	24
	Ⅲ	燕川水库	灵寿县	燕川河	山丘水库	1976	年调节	农业灌溉	4 700	203
	Ⅲ	崇青水库	房山区	刺猬河	山丘水库	1958	多年调节	农业灌溉	2 900	77.68
	Ⅱ	大宁水库	房山区	小清河	平原水库	1987	无		3 600	62.5
	Ⅲ	牛口峪水库	房山区	周口店河	山丘水库	1972	无		1 000	93.5
	Ⅲ	天开水库	房山区	夹括河	山丘水库	1959	无		1 475	93.2

续表 5-1-2

规模		水库名称	水库位置	所在河流	水库类型	建成时间/年	水库调节性能	供水对象	总库容/万 m^3	坝高/m
中型	Ⅱ	永定河滞洪水库	房山区	永定河	平原水库	2003	无		4 389	
	Ⅲ	津南水库	津南区	洪泥河	平原水库	1998	年调节		2019	
	Ⅲ	钱圈水库	滨海新区	马厂减河大清河段	平原水库	1978	年调节	农业灌溉	2 707	
	Ⅲ	沙井子水库	滨海新区	青静黄排水渠	平原水库	1978	年调节	农业灌溉	2 000	
	Ⅲ	塘沽北塘水库	滨海新区	潮白新河	平原水库	2003	年调节	工矿企业	3 977	
	Ⅲ	塘沽黄港二库	滨海新区	潮白新河	平原水库	2009	年调节		6 904	
	Ⅲ	塘沽黄港一库	滨海新区	潮白新河	平原水库	2007	年调节		1 792	
	Ⅲ	新地河水库	东丽区	新地河	平原水库	1978	年调节		1 680	
	Ⅲ	鸭淀水库	西青区	津港运河	平原水库	1977	年调节	农业灌溉	3 360	
小型	Ⅴ	安家峪水库	行唐县	沙河	山丘水库	1976	无	农业灌溉	19.7	14
	Ⅴ	白家沟水库	灵寿县	燕川河	山丘水库	1974	无	农业灌溉	63	22.5
	Ⅳ	白家湾水库	曲阳县	孟良河	山丘水库	1958	年调节	农业灌溉	111.79	15
	Ⅴ	豹子峪水库	易县	北易水	山丘水库	1974	无	农业灌溉	12.8	14.72
	Ⅴ	北城司水库	易县	拒马河	山丘水库	1975	无	农业灌溉	10	16.32
	Ⅴ	北固城水库	唐县	曲逆河	山丘水库	1965	季调节		19.4	17
	Ⅴ	北阳沟水库	灵寿县	磁河	山丘水库	1959	无	农业灌溉	44.8	12
	Ⅴ	北庄水库	灵寿县	磁河	山丘水库	1976	无	农业灌溉	80	27
	Ⅳ	蔡家井水库	涞水县	青年水库沟	平原水库	1958	年调节	农业灌溉	868	10.2
	Ⅴ	车厂水库	行唐县	庙岭沟	山丘水库	1984	无	农业灌溉	26	11.8
	Ⅴ	车汪水库	曲阳县	沙河	山丘水库	1975	季调节	农业灌溉	12.4	10.7

续表 5-1-2

规模		水库名称	水库位置	所在河流	水库类型	建成时间/年	水库调节性能	供水对象	总库容/万 m^3	坝高/m
小型	Ⅴ	程东旺水库	曲阳县	沙河	山丘水库	1975	季调节	农业灌溉	10.6	10.4
	Ⅳ	大悲水库	顺平县	唐河	山丘水库	1958	年调节	农业灌溉	562	26.44
	Ⅴ	大河湾水库	阜平县	北流河	山丘水库	1981	季调节	农业灌溉	10.2	11
	Ⅴ	大李各庄水库	顺平县	曲逆河	山丘水库	1975	年调节	农业灌溉	37.5	13.52
	Ⅴ	大西沟水库	曲阳县	沙河	山丘水库	1977	季调节	农业灌溉	12.8	9.7
	Ⅴ	大泽水库	涞水县	紫石口沟	山丘水库	1973	无	农业灌溉	36.5	25
	Ⅴ	旦里水库	唐县	通天河	山丘水库	1986	季调节		16.7	12.7
	Ⅴ	店上水库	曲阳县	沙河	山丘水库	1975	季调节	农业灌溉	13	13.5
	Ⅴ	东杜岗水库	易县	富岗沟	山丘水库	1978	无	农业灌溉	10	15.8
	Ⅴ	董家庄水库	行唐县	庙岭沟	山丘水库	1965	无	农业灌溉	22.6	11
	Ⅴ	豆铺水库	唐县	唐河	山丘水库	1978	季调节	农业灌溉	10	14.8
	Ⅴ	对子沟水库	阜平县	北流河	山丘水库	1975	季调节	农业灌溉	12.5	17
	Ⅴ	峨峪水库	涞水县	紫石口沟	山丘水库	1973	无	农业灌溉	52.6	23.34
	Ⅴ	方岗水库	易县	中易水	山丘水库	1974	无	农业灌溉	11.4	12
	Ⅴ	福山口水库	涞水县	拒马河	山丘水库	1974	无	农业灌溉	12.21	15.5
	Ⅳ	高昌水库	唐县	运粮河	平原水库	1957	年调节		100	12.5
	Ⅴ	革新庄水库	阜平县	沙河	山丘水库	1958	季调节	农业灌溉	14	14
	Ⅴ	更生大园水库	唐县	唐河	山丘水库	1975	季调节		10	19.6
	Ⅳ	海沿水库	阜平县	柳泉河	山丘水库	1982	年调节	农业灌溉	367	22
	Ⅴ	黑山水库	灵寿县	磁河	山丘水库	1969	无	农业灌溉	15.2	13

续表 5-1-2

规模		水库名称	水库位置	所在河流	水库类型	建成时间/年	水库调节性能	供水对象	总库容/万 m^3	坝高/m
小型	Ⅳ	后山水库	灵寿县	新开河	山丘水库	1977	无	农业灌溉	130	38.4
	Ⅴ	黄金峪水库	唐县	唐河	山丘水库	1977	季调节		10.3	13
	Ⅴ	黄掌头水库	行唐县	部河	山丘水库	1971	无	农业灌溉	49.2	18
	Ⅳ	黄蒿水库	易县	王贾庄沟	山丘水库	1958	年调节	农业灌溉	338	18.1
	Ⅴ	夹子水库	唐县	唐河	山丘水库	1980	季调节		10.5	17.6
	Ⅳ	江河水库	行唐县	江河	山丘水库	1956	年调节	农业灌溉	576	17
	Ⅴ	李家洼水库	曲阳县	孟良河	山丘水库	1976	季调节	农业灌溉	20.4	12.5
	Ⅴ	栗元庄水库	唐县	唐河	山丘水库	1979	季调节		19.5	26.4
	Ⅳ	莲花池水库	易县	北易水	山丘水库	1958	年调节	农业灌溉	256.8	17.3
	Ⅳ	梁前沟水库	灵寿县	磁河	山丘水库	1958	无	农业灌溉	399	18
	Ⅳ	良岗水库	易县	中易水	山丘水库	1989	年调节	农业灌溉	137	24.5
	Ⅴ	两岭口水库	行唐县	库儿沟	山丘水库	1978	无	农业灌溉	95.6	24
	Ⅴ	柳家沟水库	唐县	唐河	山丘水库	1977	季调节		10.6	17.8
	Ⅳ	麻棚水库	阜平县	胭脂河	山丘水库	1992	季调节	农业灌溉	117.78	27.2
	Ⅳ	马连川水库	满城县	马连川河	山丘水库	1958	年调节	农业灌溉	498	24.3
	Ⅳ	米家庄水库	行唐县	庙岭沟	山丘水库	1980	年调节	农业灌溉	800	30
	Ⅴ	木井水库	涞水县	青年水库沟	山丘水库	1974	无	农业灌溉	50.8	21.35
	Ⅴ	南豹泉水库	易县	北易水	山丘水库	1974	无	农业灌溉	18	11
	Ⅴ	南城子水库	唐县	唐河	山丘水库	1986	季调节		11.5	15
	Ⅳ	南道神水库	涞源县	银坊河	山丘水库	1978	年调节	农业灌溉	155	25.95

续表 5-1-2

规模		水库名称	水库位置	所在河流	水库类型	建成时间/年	水库调节性能	供水对象	总库容/万 m^3	坝高/m
小型	Ⅴ	南固城水库	唐县	曲逆河	平原水库	1975	季调节		97.6	17
	Ⅳ	南上屯水库	涞源县	拒马河	山丘水库	1960	年调节		196.7	17.5
	Ⅳ	南孝木水库	曲阳县	孟良河	山丘水库	1958	年调节	农业灌溉	487	18.3
	Ⅴ	南峪水库	阜平县	沙河	山丘水库	1966	季调节	农业灌溉	10.6	11
	Ⅴ	牛道沟水库	曲阳县	沙河	山丘水库	1977	季调节	农业灌溉	16.6	14.9
	Ⅴ	牛下口水库	行唐县	江河	山丘水库	1971	无	农业灌溉	23.6	13
	Ⅴ	牌房水库	灵寿县	柏岭沟	山丘水库	1971	无	农业灌溉	16.1	25.2
	Ⅴ	齐古庄水库	曲阳县	沙河	山丘水库	1978	季调节	农业灌溉	10.4	9.7
	Ⅴ	祁林院水库	灵寿县	磁河	山丘水库	1975	无	农业灌溉	15.7	12
	Ⅴ	前庄水库	灵寿县	燕川河	山丘水库	1975	无	农业灌溉	17.2	17
	Ⅴ	秦王水库	唐县	唐河	山丘水库	1980	季调节		27.1	12.2
	Ⅴ	清水汪水库	曲阳县	沙河	山丘水库	1976	季调节	农业灌溉	10.5	13.5
	Ⅴ	庆华寺水库	涞水县	垒子河	山丘水库	1958	无	农业灌溉	15	12
	Ⅳ	曲水水库	徐水县	曲水河	山丘水库	1957	季调节		61.6	7.7
	Ⅴ	曲中水库	曲阳县	唐河	山丘水库	1958	季调节	农业灌溉	11.9	8.2
	Ⅴ	全山庄水库	易县	北易水	山丘水库	1975	无	农业灌溉	14.9	12
	Ⅳ	砂子洞水库	灵寿县	磁河	山丘水库	1977	无	农业灌溉	149.25	33.1
	Ⅴ	上北庄水库	行唐县	部河	山丘水库	1984	无	农业灌溉	10	16.4
	Ⅴ	上下庄水库	灵寿县	燕川河	山丘水库	1958	无	农业灌溉	65	15
	Ⅴ	上庄龙锅水库	唐县	唐河	山丘水库	1978	季调节		26.72	12

续表 5-1-2

规模		水库名称	水库位置	所在河流	水库类型	建成时间/年	水库调节性能	供水对象	总库容/万 m^3	坝高/m
小型	Ⅴ	上闫庄水库	行唐县	庙岭沟	山丘水库	1967	无	农业灌溉	43	17
	Ⅴ	神树北沟水库	行唐县	庙岭沟	山丘水库	1970	无	农业灌溉	18.19	17
	Ⅴ	神树西沟水库	行唐县	庙岭沟	山丘水库	1979	无	农业灌溉	32	17
	Ⅴ	石夹水库	阜平县	沙河	山丘水库	1973	季调节	农业灌溉	22	18
	Ⅴ	石汪沟水库	曲阳县	沙河	山丘水库	1977	季调节	农业灌溉	15.8	10.5
	Ⅴ	石匣水库	曲阳县	孟良河	山丘水库	1956	季调节	农业灌溉	64	9
	Ⅴ	史家沟水库	唐县	通天河	山丘水库	1975	季调节		10	21
	Ⅴ	双合庄水库	易县	富岗沟	山丘水库	1989	无	农业灌溉	12.5	20
	Ⅴ	水头水库	唐县	放水河	山丘水库	1976	季调节		10	10.4
	Ⅴ	寺沟水库	灵寿县	燕川河	山丘水库	1980	无	农业灌溉	85	19
	Ⅴ	宋家峪水库	唐县	通天河	山丘水库	1971	季调节		17	13.7
	Ⅴ	宿家庄水库	曲阳县	马泥河	山丘水库	1975	季调节	农业灌溉	29.2	13.7
	Ⅴ	塔沟水库	阜平县	北流河	山丘水库	1978	季调节	农业灌溉	10	18
	Ⅳ	太宁寺水库	易县	北易水	山丘水库	1958	年调节	农业灌溉	102	19.1
	Ⅴ	娃娃沟水库	灵寿县	磁河	山丘水库	1965	无	农业灌溉	22.4	22
	Ⅴ	瓦泉沟水库	阜平县	沙河	山丘水库	1973	季调节	农业灌溉	12	14
	Ⅴ	万寺院水库	灵寿县	燕川河	山丘水库	1975	无	农业灌溉	49	24
	Ⅴ	汪桥里水库	曲阳县	沙河	山丘水库	1976	季调节	农业灌溉	11.1	11
	Ⅴ	委庄水库	唐县	唐河	山丘水库	1982	季调节		17	20.8
	Ⅴ	温塘水库	阜平县	胭脂河	山丘水库	1956	季调节	农业灌溉	13	12

续表 5-1-2

规模		水库名称	水库位置	所在河流	水库类型	建成时间/年	水库调节性能	供水对象	总库容/万 m^3	坝高/m
小型	Ⅳ	卧佛寺水库	唐县	歇马沟	山丘水库	1958	年调节		471	20.5
	Ⅴ	武家沟水库	易县	富岗沟	山丘水库	1974	无	农业灌溉	12	15.9
	Ⅳ	西安水库	涿鹿县	谢家堡河	山丘水库	1978	季调节	农业灌溉	148	36
	Ⅴ	西彩庄水库	行唐县	部河	山丘水库	1970	无	农业灌溉	10.6	19
	Ⅴ	西荆尖水库	顺平县	曲逆河	平原水库	1975	年调节	农业灌溉	36	7.7
	Ⅴ	西口底水库	唐县	唐河	山丘水库	1976	季调节		14.7	18.5
	Ⅴ	西洛平水库	涞水县	垒子河	平原水库	1958	无	农业灌溉	17.5	8.31
	Ⅴ	西显口水库	唐县	曲逆河	山丘水库	1979	季调节		80	15.9
	Ⅴ	下三土门水库	唐县	通天河	山丘水库	1975	季调节		14.2	17.6
	Ⅴ	下庄石盆水库	唐县	唐河	山丘水库	1975	季调节		25.51	16.3
	Ⅳ	徐家疃水库	灵寿县	磁河	山丘水库	1958	无	农业灌溉	460	14
	Ⅴ	鸭子沟水库	易县	鸭子村沟	山丘水库	1976	无	农业灌溉	14.5	15
	Ⅳ	燕川水库	曲阳县	通天河	山丘水库	1958	年调节		461	22.3
	Ⅳ	杨家台水库	曲阳县	通天河	山丘水库	1958	年调节	农业灌溉	670	22.2
	Ⅳ	杨家庄水库	行唐县	曲河	山丘水库	1970	无	农业灌溉	190	17
	Ⅴ	窑涧水库	曲阳县	孟良河	山丘水库	1976	季调节		10.1	8.4
	Ⅴ	尹家庄水库	灵寿县	磁河	山丘水库	1976	无	农业灌溉	31	16
	Ⅴ	营里水库	灵寿县	燕川河	山丘水库	1981	无	农业灌溉	59	19
	Ⅴ	于家台水库	阜平县	北流河	山丘水库	1975	季调节	农业灌溉	10.2	14.5
	Ⅳ	于家寨水库	唐县	通天河	山丘水库	1958	年调节		814.3	27.2

续表 5-1-2

规模		水库名称	水库位置	所在河流	水库类型	建成时间/年	水库调节性能	供水对象	总库容/万 m^3	坝高/m
小型	Ⅴ	峪山庄水库	唐县	运粮河	平原水库	1980	季调节		16.2	12.3
	Ⅳ	寨地水库	曲阳县	沙河	山丘水库	1979	年调节	农业灌溉	902	28
	Ⅴ	忠勇水库	唐县	通天河	山丘水库	1975	季调节		10	18.5
	Ⅳ	庄里水库	涞水县	庄里沟	山丘水库	1958	年调节	农业灌溉	141.7	26.8
	Ⅳ	庄子河水库	曲阳县	孟良河	山丘水库	1958	年调节		104.5	20.3
	Ⅴ	大窖水库	房山区	史家营沟	山丘水库	1970	无		54.59	22.5
	Ⅳ	丁家洼水库	房山区	琉璃河	山丘水库	1958	多年调节	农业灌溉	110	15
	Ⅳ	鸽子台水库	房山区	琉璃河	山丘水库	1972	无	农业灌溉	152.19	22.2
	Ⅴ	龙门口水库	房山区	夹括河	山丘水库	1977	多年调节		63.9	22.5
	Ⅴ	水峪水库	房山区	南窖沟	山丘水库	1972	无		10	17
	Ⅴ	西太平水库	房山区	北拒马河	山丘水库	1976	无		17.04	40
	Ⅳ	永金水库	北辰区	永金引河	平原水库	1984	年调节	农业灌溉	804	
	Ⅳ	于庄子水库	滨海新区	中心桥引河	平原水库	1978	年调节	农业灌溉	300	
	Ⅴ	华山水库	灵丘县	华山河	山丘水库	1966	季调节	农业灌溉	87.28	22
	Ⅳ	唐河水电站-水库	灵丘县	唐河	山丘水库		年调节	工矿企业,农业灌溉	998.8	30.4
	Ⅴ	王庄水库	灵丘县	大东河	山丘水库	1974	季调节	农业灌溉	37.4	20

表 5-1-3　大清河流域已建河道防洪工程现状情况

工程所在河段			左堤/km	右堤/km	设计行洪能力/(m^3/s)	现状行洪能力/(m^3/s)	防洪标准	建设内容	年份
北支	南拒马河	北河店以上			2 000		10~20 年一遇	以治导线为主治理	1970
		北河店—新盖房枢纽	27.27	35.69	4 640	3 500	10~20 年一遇	扩挖、复堤，重点险工护砌	1970
	白沟河	二龙坑—白沟河	55.45	48.00	3 000	1 800~2 000	10~20 年一遇	扩挖	1968
								左堤上延加固	1983
								古城小埝段加固	1987
南支	潴龙河	北郭村—白洋淀	78.7	90.5			20 年一遇	千里堤加固、部分河道整治	1965
					陈村以上 3 000，陈村以下 1 500	陈村以上<1 000，陈村以下 1 200~1 500	20 年一遇	扩挖	1968
					1500	800	20 年一遇	新建陈村分洪道	1956
								陈村分洪道复堤加固	1964
	唐河	铁路桥—清苑高保公路	68.3	22.87	2 300	300~800	10 年一遇	河道治理	1966
								两侧开挖深水河槽、筑新堤	1975
		清苑高保公路—安新同口机站(安新韩村)	22.87	22.87	3 990	1 200	20 年一遇	东石桥以下另辟了新唐河，将入淀口由藻杂淀改为白洋淀	1973
	沙河	王快水库—铁路				800		无堤埝	
		铁路—北郭村	43.5	67.1		1 000~1 500			

续表 5-1-3

工程所在河段			左堤/km	右堤/km	设计行洪能力/(m^3/s)	现状行洪能力/(m^3/s)	防洪标准	建设内容	年份
中下游主要河道	新盖房分洪道	新盖房枢纽—陈家柳扬水站			2 000		20 年一遇	新辟	1951
					2 000			扩挖	1956
			32	32.3	5 000	2 000~2 500	20 年一遇	堤防加高培厚	1970
	新盖房分洪枢纽				5 000			新建	1968
	白沟引河	新盖房枢纽—白洋淀	9.5	9.3	500	400		新辟	1970
	白洋淀						10 年一遇		1968
								千里堤加固	1968
								新建枣林庄枢纽	1970
	枣林庄分洪道				2 000			扩建	1970
			8	8.39	2 300				1968
	赵王新河				2 000			开挖	1952
					2 700		10 年一遇		1968
					880			新建王村分洪闸	1955
	赵王新渠	枣林庄枢纽—西码头闸	28.2	43.1	2 700	1 500~1 800		疏浚、加高培厚、对右堤部分展堤	1970
	东淀							北大堤加固	1968
								第六埠泄洪口门	1968

续表 5-1-3

工程所在河段			左堤/km	右堤/km	设计行洪能力/(m^3/s)	现状行洪能力/(m^3/s)	防洪标准	建设内容	年份
中下游主要河道	独流减河				1 020			首次开辟	1953
					2 360			新建进洪闸	1969
					3 200			独流减河进洪枢纽扩建	1969
								入海尾闾扩挖	1968
					3 200			改建防潮闸	1994
					3 600	2 000		左堤东千米桥以上堤防加高加固	1994

表 5-1-4　大清河流域蓄滞洪区基本情况统计

蓄滞洪区名称	现状启用标准(重现期,a)	运用标准(重现期,a)	设计滞洪水位/m	面积/km^2	容积/亿 m^3	人口/万人	国内生产总值/亿元	所在省(市)	与敏感区位置关系
小清河分洪区	50(永定河) 5(当地)	50	27.11	335	2.86	31.02	155.74	北京、河北	—
兰沟洼	10~20	50	17.4	228	3.23	29.52	94.46	河北	—
白洋淀	10	50	9.64	1 191	27.74	86.63	190.60	河北	白洋淀湿地自然保护区、水产种质资源保护区、风景名胜区
东淀	<5	50	6.44	379	12.88	32.80	224.09	河北、天津	—
文安洼	>20	50	5.94	1 556	34.63	113.26	502.04	河北、天津	—
贾口洼	>20	50	5.94	911	16.89	51.73	276.77	天津、河北	—
团泊洼	>100	200	4.44	695	16.11	41.70	438.21	天津	
小计				5 295	114.34	386.66	1 881.91		

5.1.3　水资源保护

水资源保护取得一定进展,划定饮用水水源地共有 132 个,其中北京市 10 个,天津市 1 个,河北省 119 个,山西省 2 个。城市河湖整治力度加大,保定等城市水环境得到明显改善。截至 2018 年,大清河流域规划范围内已建成投运城镇污水集中处理厂 81 座,设计年处理规模为 7.63 亿 t,实际年处理量达到 5.97 亿 t。

开展了向重要生态目标的应急供水。为缓解白洋淀缺水状况,自 20 世纪 80 年代以来,采取从上游水库引水或跨流域调水等应急补淀措施,1980—2019 年连续 39 次向白洋淀补水,累计调水 21.66 亿 m^3,入淀水量 12.59 亿 m^3,一定程度上对修复白洋淀生态湿地功能起到了重要作用。特别是 2017 年 11 月,引黄入冀补淀工程正式通水,可缓解沿线地区农业灌溉缺水及地下水超采状况,为白洋淀实施生态补水,保持白洋淀湿地生态系统良性循环,并可作为沿线地区抗旱应急备用水源。

地下水超采综合治理初见成效。在降水与多年平均总体持平的情况下,2020 年底京津冀平原区浅层、深层地下水位较 2019 年同期有所回升。治理区浅层地下水位平均上升 0.23 m,浅层地下水回升、稳定、下降的面积比例分别为 24.3%、58.2%和 17.5%。深层承压水水位平均上升 1.34 m,深层承压水水位回升、稳定、下降面积比例分别为 59.5%、26.3%、14.2%。

5.1.4　水土流失治理

根据第一次全国水利普查成果,大清河流域轻度以上土壤侵蚀面积为 9 661.75 km^2,主要集中于山区,占流域总土地面积的 22.44%。土壤侵蚀强度主要为轻度侵蚀和中度侵蚀,其中轻度侵蚀面积 4 494.38 km^2、中度侵蚀面积为 3 554.31 km^2、强烈侵蚀面积为 1 237.82 km^2、极强烈侵蚀面积为 292.44 km^2 和剧烈侵蚀面积为 82.79 km^2。通过开展生态清洁小流域建设、京津风沙源治理、坡耕地水土流失综合治理、退耕还林等工程,水土流失综合治理取得了较大成果,同时,水土保持预防保护、监督、监测等工作得到明显加强,有效防止了人为因素造成的水土流失。根据第一次全国水利普查成果,流域内完成水土流失治理面积 8 344.55 km^2。

5.1.5　水能开发利用现状

目前,大清河水系已建水电站 40 座,总装机容量 103.40 MW,年发电量 14 772 万 kW·h,均为小型电站,全部位于大清河流域上游山区,其中引水式电站 35 座、混合式电站 2 座、闸坝式电站 3 座(见表 5-1-5)。

表 5-1-5　大清河系已建水电站统计

序号	省	地区	县	名称	所在河流	开发方式	建设情况	建成时间/年	工程等别	装机容量/kW	多年平均发电量/(万 kW · h)	与水功能区位置关系	与生态保护红线位置关系	与敏感区位置关系
1	北京市	市辖区	房山区	十渡镇大沙地	北拒马河	引水式	已建	1980	V	1 280	667	拒马河冀京缓冲区	重要河湖湿地生态保护红线	北京市房山拒马河水生野生动物自然保护区
2		市辖区	房山区	天花板二级	北拒马河	引水式	已建	1987	V	500	30			
3		市辖区	房山区	天花板一级	北拒马河	引水式	已建	1987	V	750	432			
4	河北省	保定市	易县	胶东沟口	拒马河	引水式	已建		V	820		拒马河河北保定饮用水源区	河北平原河湖滨岸带敏感生态保护红线	—
5		保定市	涞水县	平峪	拒马河	引水式	已建	1989	V	750	80	拒马河冀京缓冲区		—
6		保定市	易县	安格庄水库	中易水	引水式	已建	1961	V	9 600	650	中易水河河北保定饮用水源区 2		—
7		保定市	易县	易县康隆	中易水	引水式	已建	2005	V	3 750	320		—	—
8		保定市	易县	紫荆关三级	中易水	引水式	已建	1986	V	3 750	1 074	—	—	—
9		保定市	易县	紫荆关四级	中易水	引水式	已建	1989	V	2 500	748	—	—	—
10		保定市	易县	紫荆关五级	中易水	引水式	已建	1993	V	1 890	370	—	—	—
11		保定市	易县	紫荆关一级	中易水	引水式	已建	1994	V	3 000	627	—	—	—
12		张家口市	涿鹿县	三家台	大庙河	引水式	已建	1993	V	1 000	232	—	—	—
13		张家口市	涿鹿县	圣佛堂	大庙河	引水式	已建	2000	V	800	72			紧邻河北金华山—横岭子褐马鸡省级自然保护区缓冲区

续表 5-1-5

序号	省	地区	县	名称	所在河流	开发方式	建设情况	建成时间/年	工程等别	装机容量/kW	多年平均发电量/（万 kW·h）	与水功能区位置关系	与生态保护红线位置关系	与敏感区位置关系
14	河北省	张家口市	涿鹿县	河东	大庙河	引水式	已建	1997	V	1 600	137.3	—	—	—
15		保定市	阜平县	石牛河	胭脂河	引水式	已建		V	640	256	—	—	阜平中华鳖水产种质资源保护区实验区
16		保定市	阜平县	大柳树	沙河	引水式	已建	2 000	V	2 500	1 070	沙河晋冀保留区	河北平原河湖滨岸带敏感生态保护红线	
17		保定市	阜平县	东漕岭	沙河	引水式	已建	2008	V	960	350			
18		保定市	阜平县	陡岭台	沙河	引水式	已建	1982	V	500	80			
19		保定市	曲阳县	路庄子	沙河	引水式	已建	1984	V	3 500	365			
20		保定市	阜平县	南岭会	沙河	引水式	已建	2003	V	820	120			
21		保定市	阜平县	牛角台	沙河	引水式	已建		V	1 500	632			
22		保定市	曲阳县	王快水库–大唐工程	沙河	引水式	已建	1973	Ⅳ	21 500	1 000	沙河河北保定饮用水源区 2		王快水库饮用水水源保护区一级保护区
23		保定市	曲阳县	王快水库	沙河	引水式	已建	1995	V	2 000	390			
24		保定市	涞源县	龙家庄	唐河	引水式	已建		V	1 500	805	唐河晋冀缓冲区		—
25		保定市	涞源县	龙晟	唐河	引水式	已建		V	1 890	1 052.47			—
26		保定市	涞源县	六十道沟	唐河	引水式	已建	2009	V	2 000	334			—
27		保定市	涞源县	旭昌	唐河	引水式	已建	1985	V	750	108			—
28		保定市	唐县	倒马关	唐河	引水式	已建		V	3 750			—	—
29		保定市	唐县	北罗水泵	唐河	引水式	已建	1985	V	750	105			—

续表 5-1-5

序号	省	地区	县	名称	所在河流	开发方式	建设情况	建成时间/年	工程等别	装机容量/kW	多年平均发电量/(万 kW·h)	与水功能区位置关系	与生态保护红线位置关系	与敏感区位置关系
30	河北省	保定市	唐县	民安庄	唐河	引水式	已建	1989	V	1 890	400	唐河河北保定饮用水源区 1	—	—
31		保定市	唐县	西大洋水库	唐河	混合式	已建	1965	Ⅳ	12 200	526	唐河河北保定饮用水源区 2	河北平原河湖滨岸带敏感生态保护红线	西大洋饮用水水源保护区
32		保定市	唐县	城北	唐河	引水式	已建	1979	V	640	150	—	—	—
33		石家庄市	灵寿县	横山岭水库	磁河	闸坝式	已建	1999	V	1 550	70	磁河河北石家庄农业用水区 1	河北平原河湖滨岸带敏感生态保护红线	—
34		石家庄市	灵寿县	南营	磁河	引水式	已建	2005	V	650	130	磁河河北石家庄农业用水区 2		河北漫山省级自然保护区缓冲区
35		石家庄市	行唐县	口头水库	郜河	混合式	已建	1973	V	640	34	郜河河北石家庄农业用水区 1		—
36		保定市	易县	旺隆水库	旺隆沟	引水式	已建	1997	V	800	50	北易水河河北保定饮用水源区 1	—	—

续表 5-1-6

序号	省	地区	县	名称	所在河流	开发方式	建设情况	建成时间/年	工程等别	装机容量/kW	多年平均发电量/(万 kW·h)	与水功能区位置关系	与生态保护红线位置关系	与敏感区位置关系
37	河北省	保定市	易县	易县官座岭	旺隆沟	引水式	已建	1990	V	3 750	720	—	—	河北摩天岭省级自然保护区实验区
38	山西省	大同市	灵丘县	北泉	唐河	闸坝式	已建	1970	V	2 500	509	唐河晋冀缓冲区	—	山西灵丘黑鹤省级自然保护区实验区
39		大同市	灵丘县	上沿河	唐河	引水式	已建		V	1 630			—	
40		大同市	灵丘县	牛邦口	沙河	闸坝式	已建	1985	V	600	77	沙河晋冀保留区	山西省生态保护红线	紧邻山西灵丘黑鹤省级自然保护区核心区

5.2　水文水资源影响回顾性评价

5.2.1　流域水资源条件变化

地表水资源量：与1956—2016年相比，1980—2018年大清河流域多年平均地表水资源量由22.89亿 m^3 减少到17.65亿 m^3，减幅达到了22.9%，其中山区、淀西平原和淀东平原减少幅度分别为25.7%、40.0%和11.1%，淀西平原减幅最大，与该区域（水库坝址以下至白洋淀区间）河段断流密切相关。

地下水资源量：与1980—2000年相比，1980—2016年大清河流域多年平均地下水资源量由36.48亿 m^3 减少到33.05亿 m^3，减幅比例达到了9.4%，其中山丘区和平原区减幅分别为9.9%和9.1%，山丘区略高于平原区。

水资源总量：与1956—2016年相比，1980—2018年大清河流域多年平均水资源总量由48.91亿 m^3 减少到42.21亿 m^3，减幅比例达到了13.9%，其中山区减幅比例最大，达到了19.7%，淀东平原次之，减幅9.4%，淀西平原最小，减幅7.3%。

变化原因分析：①与1956—2016年相比，1980—2016年大清河流域多年平均降水量由538 mm减少至510 mm，减幅5.2%，其中山区、淀西平原和淀东平原减幅分别为6.0%、4.6%和4.7%，整体减幅比例不大，说明降水对水资源总量有一定的影响；②20世纪80年代以来，流域内经济高速发展，农业生产、基础设施建设和生态环境建设改变了下垫面条件（包括植被、土壤、水面、耕地、潜水位等因素），导致入渗、径流、蒸散发等水平衡要素的变化，从而造成产流量减少。综上所述，大清河流域水资源总量减少主要受下垫面影响，其次为降水量减少。

大清河流域多年平均降水量与水资源量变化情况见表5-2-1。

表5-2-1　大清河流域多年平均降水量与水资源量变化情况

类型	年份		山区	淀西平原	淀东平原	流域
降水量/mm	①	1980—2016年	521	494	505	510
	②	1956—2016年	554	518	530	538
	变幅/%		-6.0	-4.6	-4.7	-5.2
地表水资源总量/亿 m^3	①	1980—2018年	13.37	0.18	4.09	17.65
	②	1956—2016年	17.99	0.30	4.60	22.89
	变幅/%		-25.7	-40.0	-11.1	-22.9
浅层地下水资源量/亿 m^3	①	1980—2016年	12.45	20.60		33.05
	②	1980—2000年	13.82	22.66		36.48
	变幅/%		-9.9	-9.1		-9.4

续表 5-2-1

类型	年份		山区	淀西平原	淀东平原	流域
流域水资源总量/亿 m^3	①	1980—2018 年	18.67	13.38	10.16	42.21
	②	1956—2016 年	23.26	14.43	11.22	48.91
	变幅/%		-19.7	-7.3	-9.4	-13.9

5.2.2　对径流过程的影响

自 1958 年开始，大清河流域开始了大规模的水利建设，大中型水库的拦蓄作用以及引提水工程，影响了中下游减水河段径流过程，以 1956—2016 年长系列径流资料，选取北支水系、南支水系及大清河下游代表水文站、典型断面，分析大清河年径流的变化趋势。

5.2.2.1　北支水系

大清河北支为白沟河水系，主要支流有小清河、琉璃河、南拒马河、北拒马河、中易水、北易水等。北易水和中易水在北河店汇入南拒马河。琉璃河、小清河在东茨村以上汇入北拒马河后称白沟河。南拒马河和白沟河在高碑店市白沟镇附近汇合后，由新盖房枢纽经白沟引河入白洋淀，经新盖房分洪道和大清河故道入东淀。大清河北支白沟镇以上流域面积 10 151 km^2，其中张坊以上 4 820 km^2。

北支水系流域内已建有 1 座大型水库、中型水库 7 库，建成了房涞涿和易水 2 个大型灌区和 17 个中型灌区以及五一渠、官座岭和胜天渠等三大主要引水工程。

1. 径流量年际间变化趋势分析

本次评价选取上游山区的紫荆关、落宝滩，中游的东茨村、北河店，下游的新盖房等 5 个水文站多年年径流数据分析年径流变化趋势，具体见图 5-2-1。经分析可知：

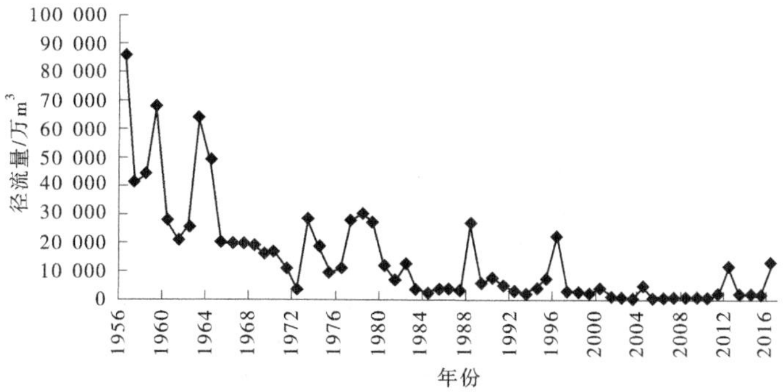

(a)紫荆关

图 5-2-1　1956—2016 年北支水系水文站年径流量变化趋势

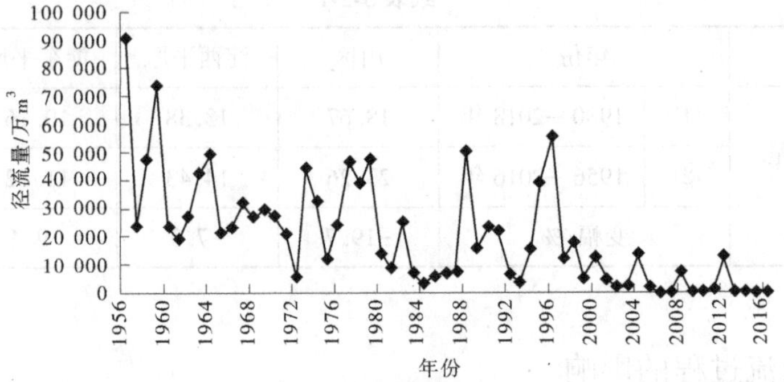

(b)落宝滩

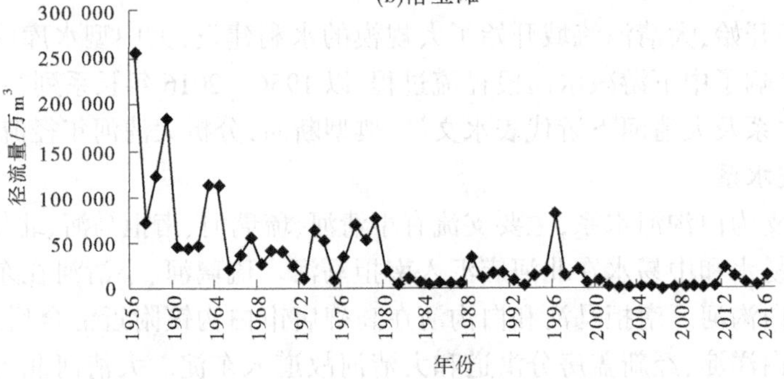

(c)东茨村

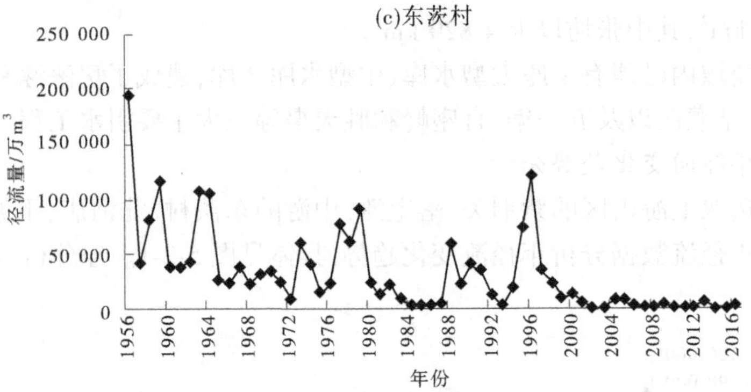

(d)北河店

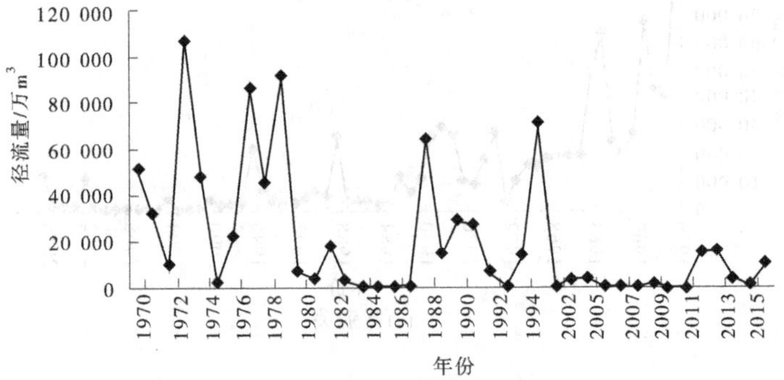

(e)新盖房

续图 5-2-1

(1)1956—2016 年,紫荆关、落宝滩、东茨村、北河店 4 个水文站年径流量呈波动下降趋势;1970—2016 年,新盖房水文站年径流量呈波动下降趋势。

(2)落宝滩、北河店、新盖房水文站存在断流情况,其中落宝滩水文站自 2006 年起年径流量骤减,2010 年、2014 年、2015 年和 2016 年年径流量均为 0;北河店水文站自 2001 年开始年径流量骤减,2002 年、2003 年、2007 年、2008 年、2010 年、2011 年、2015 年年径流量均为 0;新盖房水文站在 1984—1986 年、2002 年、2007 年、2008 年、2010 年、2011 年年径流量均为 0。

为进一步定量评估上述水文站年径流趋势性变化水平,对紫荆关、落宝滩、东茨村、北河店 4 个水文站 1956—2016 年的实测年径流量和新盖房水文站 1970—2016 年实测年径流量系列进行 Mann-Kendall 趋势检验,结果见表 5-2-2。

表 5-2-2　大清河北支水系各控制水文站年径流量 M-K 检验成果

名称	M-K 统计值	变化趋势
紫荆关	-7.520	减少显著
落宝滩	-6.110	减少显著
东茨村	-6.218 5	减少显著
北河店	-6.072	减少显著
新盖房	-3.169	减少显著

从表 5-2-2 中可以看出,上述 5 个水文站年径流检验值均为负,并均突破 $\alpha=0.05$ 的临界值(±1.96),表明实测年径流表现为减少显著的趋势。

2. 上一轮规划实施前后年径流量变化

根据《海河流域综合规划》(1993 年),大清河流域基本形成了完善的防洪工程体系,以此为节点,将长系列径流资料分为上轮规划实施前(1956—1992 年共 37 年)和上轮规划实施后(1993—2016 年共 24 年)两个阶段,分析上一轮规划实施前后,上述 5 个水文站年均径流量的变化见表 5-2-3。

表 5-2-3　上一轮规划实施前后各控制站年均径流量变化统计成果　单位:万 m^3

时段	紫荆关	落宝滩	东茨村	北河店	新盖房
上一轮规划实施前	21 518	28 354	41 779	42 540	29 025
上一轮规划实施后	3 517	8 902	10 371	13 972	8 364
差值	18 001	19 452	31 408	28 568	20 661
变化率/%	83.7	68.6	75.2	67.2	71.2

从表 5-2-3 中可以看出,上一轮规划实施后,紫荆关站、落宝滩站、东茨村站、北河店站和新盖房站年均径流量均大幅减少,该变化趋势与紫荆关站、落宝滩站、东茨村站、北河店站四站 1956—2016 年共 61 年及新盖房站 1970—2016 年共 47 年的年径流量变化趋势一致。

5.2.2.2　南支水系

南支为赵王河水系，由潴龙河（其支流为磁河、沙河等）、唐河、清水河、府河、瀑河、萍河等组成。各河均汇入白洋淀，南支白洋淀以上流域面积 21 054 km^2。现南支主流河道唐河、潴龙河上游均建有大型水库，受水库拦蓄作用影响，下游减水河段水文情势有所变化。

1. 径流量年际间变化趋势分析

本次评价选取唐河上游城头会水文站、西大洋水库坝址断面，潴龙河上游王快水库坝址断面、下游北郭村水文站，下游清水河上北新店水文站 5 个断面多年径流数据分析上一轮规划实施后年径流变化趋势，具体见图 5-2-2。经分析可知：

（1）1958—2016 年城头会水文站年径流量总体呈下降趋势；1956—2016 年西大洋水库坝址、王快水库坝址、北郭村水文站年径流量呈波动下降趋势；1966—2016 年北辛店水文站年径流量呈波动下降趋势。

（2）下游北辛店水文站、北郭村水文站存在断流情况，其中北辛店水文站多个年份年径流量不足 100 m^3，1993 年、1998—1999 年、2001 年、2003—2004 年、2006 年、2011—2012 年、2014 年年径流量均为 0；北郭村水文站在 1981 年、1984—1987 年、1992—1993 年、1997—1999 年、2001—2003 年、2006—2011 年共计 20 个年份年径流量为 0。

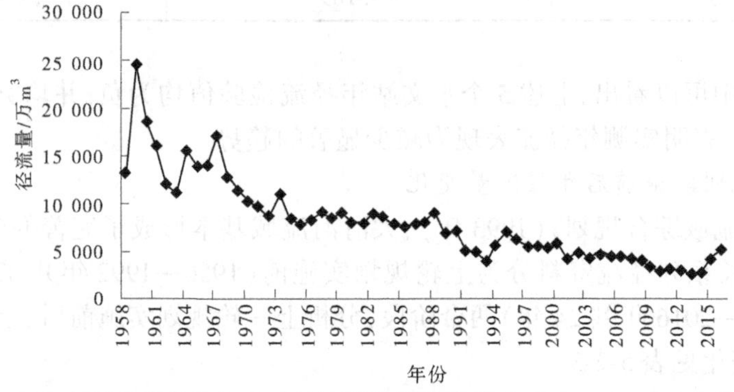

(a)城头会

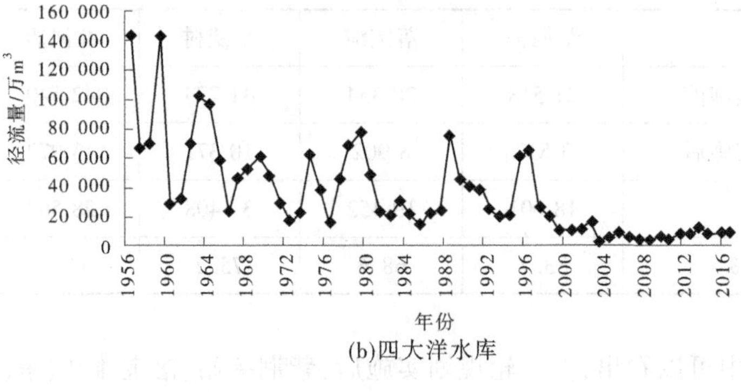

(b)四大洋水库

图 5-2-2　1956—2016 年南支水系水文站年径流量变化趋势

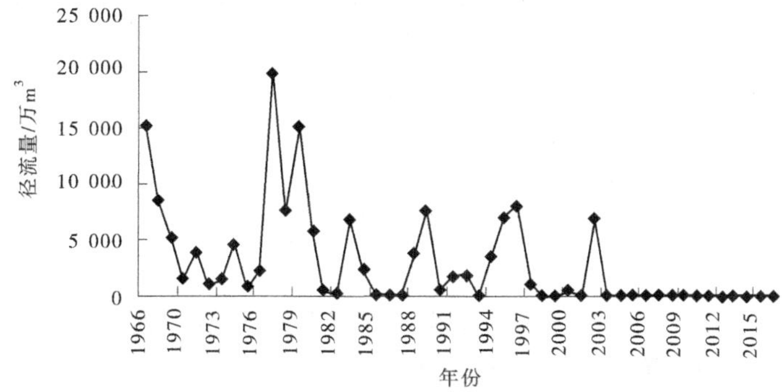

(c)北辛店

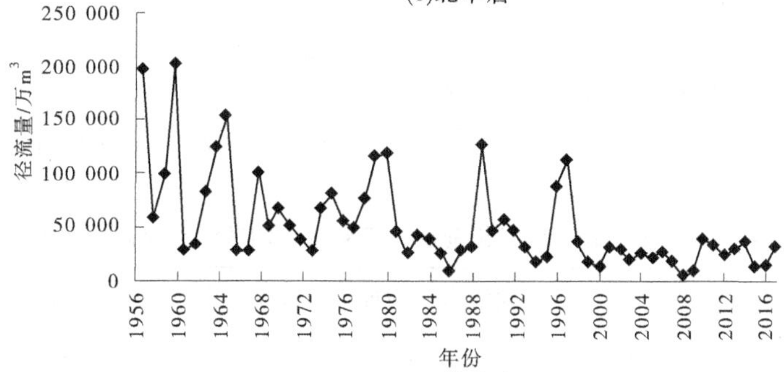

(d)王快水库

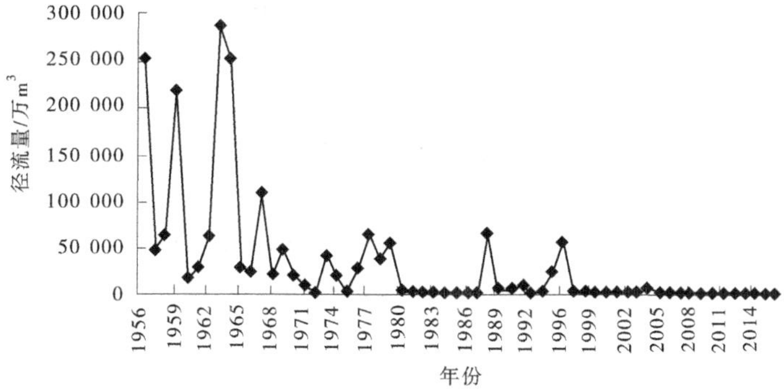

(e)北郭村

续图 5-2-2

为进一步定量评估上述水文站年径流趋势性变化水平，对西大洋水库坝址、王快水库坝址、北郭村 3 个水文站 1956—2016 年的实测年径流量、城头会水文站 1958—2016 年实测年径流量和北辛店水文站 1966—2016 年系列进行 Mann-Kendall(M-K)趋势检验，结果见表 5-2-4。

表 5-2-4　大清河南支水系各控制水文站年径流量 M-K 检验成果

名称	M-K 统计值	变化趋势
城头会	-9.204	减少显著
西大洋水库坝址	-6.563	减少显著

续表 5-2-4

名称	M-K 统计值	变化趋势
北辛店	-4.551	减少显著
王快水库坝址	-4.726	减少显著
北郭村	-5.467	减少显著

从表 5-2-4 中可以看出，上述 5 个水文站年径流检验值均为负，并均突破 $\alpha=0.05$ 的临界值(±1.96)，表明实测年径流表现为减少显著的趋势。

2. 上一轮规划实施前后控年径流量变化

根据《海河流域综合规划》(1993 年)，大清河流域基本形成了完善的防洪工程体系，以此为节点，将长系列径流资料分为上轮规划实施前(1956—1992 年共 37 年)和上轮规划实施后(1993—2016 年共 24 年)两个阶段，分析上一轮规划实施前后，上述 4 个水文站年均径流量的变化见表 5-2-5。

表 5-2-5　上一轮规划实施前后各控制站年均径流量变化统计成果　　单位：万 m^3

时段	城头会	西大洋水库坝址	北辛店	王快水库坝址	北郭村
上一轮规划实施前	10 508	50 256	4 513	66 867	47 972
上一轮规划实施后	4 469	15 332	1 167	29 373	3 758
差值	6 039	34 924	3 346	37 494	44 214
变化率/%	57.5	69.5	74.1	56.1	92.2

从表 5-2-4 中可以看出，上一轮规划实施后，城头会站、西大洋水库坝址、北辛店站、王快水库坝址和北郭村站年均径流量均大幅减少，该变化趋势与各控制站长系列年径流量变化趋势一致。

5.2.2.3　大清河下游

大清河下游接赵王新河、赵王新渠入东淀。东淀下游分别经海河干流和独流减河入海。在海河干流和独流减河入海口分别建有海河闸和独流减河防潮闸以防潮水倒灌。

根据独流减河进洪闸水文站 1955—2012 年实测流量资料统计，多年平均径流量为 6.09 亿 m^3，最大年径流量为 77.89 亿 m^3。进入 20 世纪 80 年代后，由于来水偏枯和上游用水量的不断增加，多数年份的径流量为 0，呈干涸状态。

根据白洋淀下接赵王新河的枣林庄闸下断面 1973—2016 年长系列年径流量变化趋势图(见图 5-2-3)，可以看出多个年份出现断流情况，近 44 年来，枣林庄闸下断面年径流量 M-K 统计值为-2.460，呈显著减少趋势。1993—2016 年枣林庄闸下断面年均径流量为 13 430 万 m^3，相比 1973—1993 年年均径流量减少了 58.5%。

5.2.2.4　小结

(1)落宝滩和紫荆关水文站站点、城头会站点分别位于大清河北支拒马河、大清河南

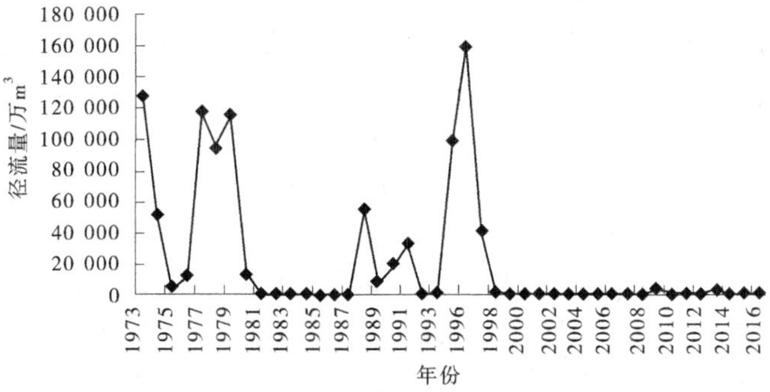

图 5-2-3 1973—2016 年枣林庄闸下年径流量变化趋势

支唐河上游,不经过灌区且不受大型水库调度控制,相比中下游流域,此三个水文站点径流量受气候变化等自然因素影响较大。

(2)大清河南北支中下游站点以及大清河干流下游典型断面在上一轮规划实施后多数年份径流量为 0,呈干涸状态。结合白洋淀流域近 54 年的年降雨 M-K 统计值-1.492,呈弱减少趋势,可知上一轮规划实施,对大清河中下游断面年径流量影响较大。

5.2.3 对白洋淀水文情势的影响

白洋淀位于大清河流域中部,上承大清河水系潴龙河、孝义河、唐河、府河、漕河、瀑河、萍河、白沟引河等河流的洪水和沥水,形成华北平原上仅存的常年积水的较大淡水湖泊。水系河流呈扇形分布,总流域面积 31 200 km^2,占大清河流域面积的 72.6%。

20 世纪 50 年代以来,白洋淀上游已建成大型水库 6 座,中小型水库 150 座。由于上游水利工程建设、水资源开发利用等原因,入淀河流已发生很大的变化,现在已全部断流,基本没有天然水经河流自然入淀,只有府河、漕河、孝义河、瀑河 4 条河流承接的城市(镇)生活污水和工业废水形成径流,但孝义河在入淀前建有橡胶坝,河水不能入淀;瀑河流量很少,不能入淀。白洋淀入淀河流见表 5-2-6。

表 5-2-6 白洋淀入淀河流

河系	河流名称	发源地	河长/km	流域面积/km^2
大清河(北支)	白沟引河	涞源盆地		10 000
大清河(南支)	萍河	定兴县南辛村	30	435
	瀑河	易县狼牙山	73	574
	漕河	易县五回岭	110	800
	府河	一亩泉	62	436
	唐河	山西浑源县	335	8 390
	孝义河	定州中古屯	90	1 262
	潴龙河	山西繁峙县	309	9 430
合计			1 009(南支)	31 327*

注:各河流流域面积统计有误差,合计面积稍大。

5.2.3.1　白洋淀入淀水量分析

据统计,1956—1984 年白洋淀流域多年平均径流量为 35.66 亿 m^3,年径流量与年降水量之比一般在 12%~45%,多年平均为 28%。而入淀水量又与产流的地区分布、年内分配的集中程度有关。当产流集中在大型水库控制流域内时,水量被水库调节利用,入淀水量小,反之则大;降水分配如果均匀,水量将被直接利用,入淀水量也少,反之则多。另外,随着人口的增多,工农业发展,用水量增加,地下水超采,造成地下水位下降,使产汇流条件发生很大变化,也减少了入淀水量。如 20 世纪 80 年代降水量级 400~450 mm 的年份,产流量 13.6 亿~13.3 亿 m^3,而同样量级且分配无特殊集中的 1957 年,径流量为 30.6 亿 m^3,1962 年为 27.05 亿 m^3,1968 年为 21.32 亿 m^3,呈逐渐减少的趋势。1956 年以来,白洋淀入淀水量见表 5-2-7(表中数据已扣除上游水库人为补水入淀量),多年入淀水量及降水量变化情况见图 5-2-4。

表 5-2-7　白洋淀入淀水量　　单位:亿 m^3

年份	入淀水量	年份	入淀水量
1956—1959 年平均	23.96	1997	0
1960—1969 年平均	17.31	1998	1.57
1970—1979 年平均	11.43	1999	0.067
1980—1989 年平均	2.37	2000	0
1990	2 66	2001	0
1991	1.96	2002	0
1992	0.82	2003	0
1993	0.45	2004	0
1994	2.38	2005	0.64
1995	2.46	2006	0
1996	2.14		

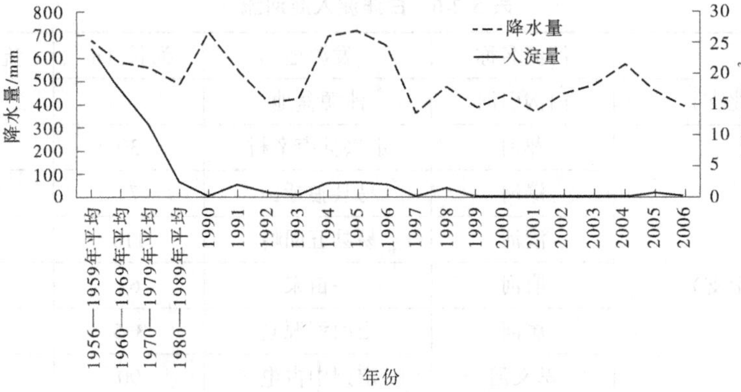

图 5-2-4　多年入淀水量及降水量变化情况

由图 5-2-4 可见,白洋淀天然入淀水量总体呈逐年减少的趋势,尤其是 20 世纪 80 年代后,除个别年份外,入淀水量明显减少,1997 年后连续处于枯水状态。目前仅府河和漕河承接污水后排入白洋淀，日入淀水量约 10 万 m^3。

白洋淀流域水资源的补给来源为大气降水，由图 5-2-4 可见，白洋淀流域年多年平均降水量总体上呈逐年减少趋势，天然入淀量变化趋势基本与流域降水量呈正相关，随着降水量减少而减少。

5.2.3.2　白洋淀水位变化分析

白洋淀水位在 20 世纪 50 年代最高，20 世纪 80 年代和 21 世纪初的水位明显低于其他年份。各年内的水位波动明显，水位最低值较多出现在 6—7 月，最高值较多出现在 9 月，如图 5-2-5 所示。当白洋淀水位在 4~5 m 时全淀干涸，20 世纪 80 年代干淀次数最多、历时最长。

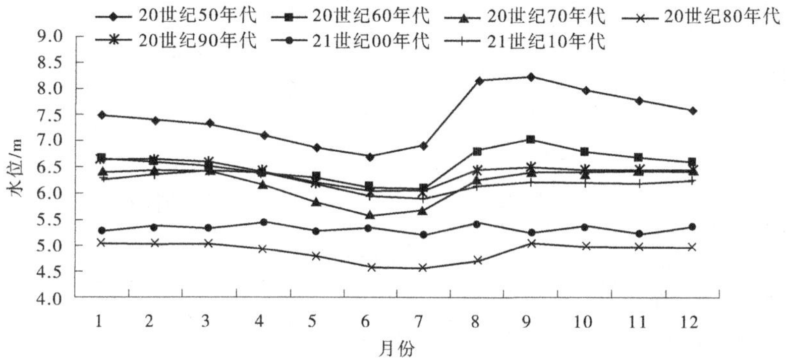

图 5-2-5　1956 年以来白洋淀水位变化

5.2.3.3　白洋淀历次补淀情况

为缓解白洋淀缺水状况，自 20 世纪 80 年代以来，采取从上游水库引水或跨流域调水等应急补淀措施，1980—2019 年连续 39 次向白洋淀补水，累计调水 21.66 亿 m^3，入淀水量 12.59 亿 m^3，一定程度上对修复白洋淀生态湿地功能起到了重要作用，白洋淀历次补淀水量见图 5-2-6、表 5-2-8。

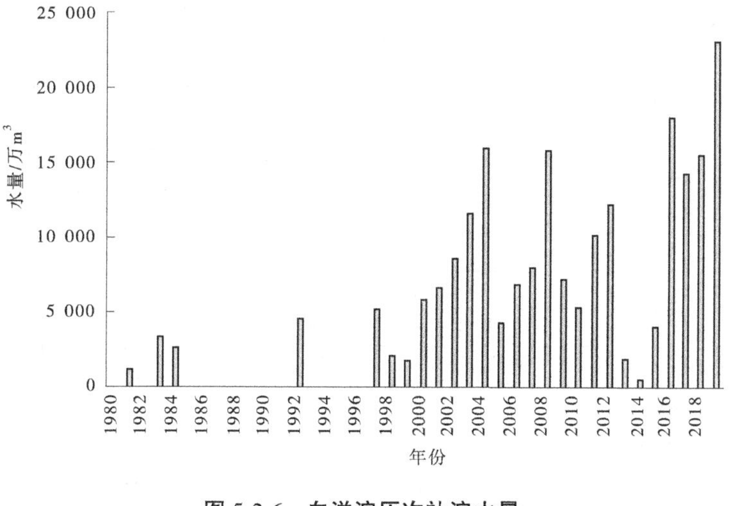

图 5-2-6　白洋淀历次补淀水量

表 5-2-8 白洋淀历次补淀成果 单位:万 m^3

序号	补水时间(年-月-日)	补水水源	入淀水量	补水路线
1	1981-11-03—11-10	安格庄水库	1 218	①安格庄水库→中易水河→南拒马河→大清河(白沟段)→白沟引河→烧车淀。 ②西大洋水库→唐河灌区总干渠→曲逆河、运粮河、蒲阳河等→界河(方顺桥处)→龙泉河→清水河(东石桥)→新金线河→府河→藻杂淀。 ③西大洋水库→唐河灌区总干渠→曲逆河、运粮河、蒲阳河等→界河→龙泉河→清水河(东石桥)→唐河→马棚淀。 ④王快水库→沙河灌区总干渠→月明河→孝义河→马棚淀。 ⑤岳城水库→民有北干渠→团结渠→支漳河→老漳河→滏东排河→北排河→紫塔干渠→陌南干渠→古洋河→韩村干渠→小白河东支→小白河→任文干渠→白洋淀。 ⑥黄河水→位山闸→三干渠→刘口闸(冀鲁交界)→清凉江→江河干渠→滏东排河→北排河→紫塔干渠→陌南干渠→古洋河→韩村干渠→小白河东支→小白河→任文干渠→白洋淀。 ⑦黄河水→渠村引黄闸→南湖干渠→第三濮清南干渠→第三濮清南西支→东风渠→新开渠→留固沟→东风渠→南干渠→支漳河→老漳河→滏东排河→北排河→献县枢纽段→紫塔干渠→陌南干渠→古洋河→韩村干渠→小白河东支→小白河→任文干渠→白洋淀。 ⑧王快、西大洋→保定市大水系连通工程→唐河总干渠
2	1983-03-04—03-11	安格庄水库	1 400	
	1983-03-06—05-12	西大洋水库	1 961	
3	1984-06-13—07-01	西大洋水库	1 219	
	1984-06-13—07-01	王快水库	1 431	
4	1992-10-18—11-01	安格庄水库	1 880	
	1992-10-17—1993-03-01	王快水库	2 709	
5	1997-12-01—12-31	安格庄水库	5 198	
6	1998-10-11	安格庄水库	2 150	
7	1999-02-24—03-07	安格庄水库	1 780	
8	2000-06-16—06-27	安格庄水库	1 800	
9	2000-12—2001-01	王快水库	4 060	
10	2001-03	安格庄水库	2 164	
11	2001-06-07	王快水库	4 513	
12	2002-02-07—03-12	西大洋水库	3 501	
13	2002-04-17—05-07	西大洋水库	1 974	
14	2002-07-30—08-20	王快水库	3 104	
15	2003-01-08—03-28	王快水库	11 634	
16	2004-03-01—06-29	岳城水库	16 000	
17	2005-03-23—04-27	安格庄水库	4 251	
18	2006-03-15—03-28	安格庄水库	828	
19	2006-03-16—04-20	王快水库	4 844	
	2006-12-01—2007-03	黄河(位山)	10 010	
20	2008-01—2008-05	黄河(位山)	15 760	
21	2009-11-02—2010-01-23	黄河(位山)	11 080	
22	2010-12-13—2011-05-10	黄河(位山)	9 347	
23	2011-11-15—2012-02-06	黄河(位山)	4 825	
24	2012-07-23—2012-08-17	白沟引河分洪	9 555	
25	2013-06-22—07-10	西大洋	1 900	
	2013-11-23—12-20	西大洋		
26	2014-08-21—08-31	西大洋	500	
27	2015-04-15—07-01	王快、西大洋	4 000	
28	2016 年 3 次补水	西大洋	18 000	
29	2017-04-25—06-24	王快、西大洋	3 300	
30	2017-11-16	黄河(渠村)	11 000	
31	2018-02-01—02-28	黄河(渠村)	3 500	
32	2018-04-06	中线水	10 000	
33	2018-11-29—2019-03-10	黄河(渠村)	8 000	
34	2019-03-01—07-10	王快、西大洋、安格庄、旺隆	17 000	

从图 5-2-7 可以看出,通过上游水库引水或跨流域调水等应急补淀措施,白洋淀水位有所提升,部分程度上对修复白洋淀生态湿地功能起到了重要作用。

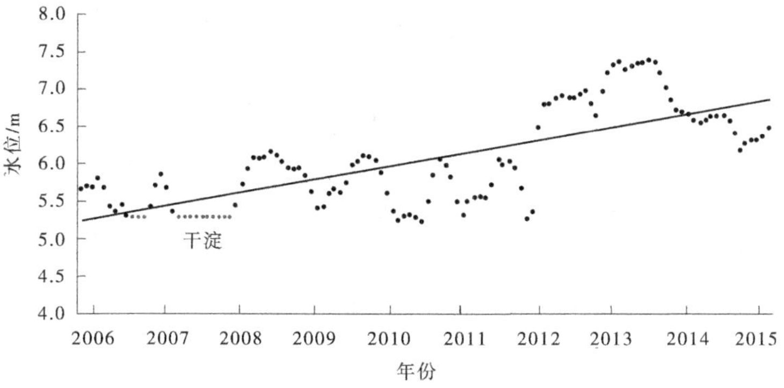

图 5-2-7　2006—2015 年白洋淀逐月水位变化

5.2.4　对泥沙的影响

大清河流域多年平均年输沙量 975 万 t,其中南支唐河最大,为 249 万 t,占全河系的 25.5%;潴龙河为 135 万 t,占 13.8%;南拒马河为 128 万 t,占 13.1%;白沟河为 106 万 t,占 10.9%。

大清河南支各河以唐河含沙量最大,多年平均为 6.6 kg/m^3(中唐梅),拒马河次之,为 2.92 kg/m^3(紫荆关),沙河为 2.24 kg/m^3(阜平),南拒马河为 1.87 kg/m^3(北河店),潴龙河 1.85 kg/m^3(北郭村),其他各河基本在 1.5 kg/m^3 以下。

统计 1980 年前后,张坊站、漫水河站、倒马关站、南庄站、独流减河进洪闸站的平均输沙量和平均含沙量,结果表明:大清河上游控制站年均输沙量、年均含沙量远大于下游控制站,并且 20 世纪 80 年代以后,各控制站的年均输沙量、年均含沙量明显减少,主要原因是大清河上游水库的修建减缓了库区的流域,造成泥沙在库区沉积,水库下游含沙量减少,使得上一轮规划实施后大清河下游断面径流中的含沙量大幅下降。

各控制站年均含沙量及年输水量减少幅度见表 5-2-9。

表 5-2-9　大清河各控制站输沙量和含沙量统计成果

河流名称	测站名	统计年段	多年平均年含沙量/(kg/m^3)	多年平均年输沙量/万 t	多年平均年输沙模数/(t/km^2)
拒马河	张坊	1957—1979	1.09	75.2	156.0
		1980—2000	0.71	19.8	41.2
		差值/%	-34.9	-73.7	-73.6
大石河	漫水河	1956—1979	0.43	5.2	78.2
		1980—2000	0.15	0.5	7.6
		差值/%	-65.1	-90.3	-90.3

续表 5-2-9

河流名称	测站名	统计年段	多年平均年含沙量/(kg/m³)	多年平均年输沙量/万 t	多年平均年输沙模数/(t/km²)
唐河	倒马关	1956—1979	9.66	308.8	1 114.7
		1980—2000	2.83	48.2	174.2
		差值/%	-70.7	-84.4	-84.4
滹沱河	南庄	1956—1979	19.48	1 354.5	1 134.8
		1980—2000	5.45	202.0	169.3
		差值/%	-72.0	-85.1	-85.1
独流减河	进洪闸	1956—1979	0.19	8.8	2.7
		1980—2000	0.01	0.4	0.1
		差值/%	-93.7	-96.0	-96.0

5.2.5 已建工程水文水资源影响回顾评价

王快水库位于大清河南支沙河上游,控制流域面积 3 770 km²,占沙河总流域面积的 59%,总库容 13.89 亿 m³,调洪库容 10.07 亿 m³,防洪库容 5.40 亿 m³,是一座以防洪为主,结合灌溉、发电的大(1)型水利枢纽工程。水库工程于 1958 年 6 月动工兴建,1960 年 6 月竣工并投入运用。1969—1972 年进行了续建。2005—2006 年进行了除险加固,目前已达到 500 年一遇设计、10 000 年一遇校核标准。

安格庄水库是大清河北支中易水上的控制工程,控制流域面积 476 km²,总库容 3.09 亿 m³,调洪库容 2.01 亿 m³,是以防洪、灌溉为主的大(2)型水利枢纽工程。水库 1958 年兴建,1964 年完成土坝防渗、排水护坡、溢洪道扩建等工程。1970—1972 年水库又进行了续建。2004 年完成保坝标准的除险加固,由于当时加固受投资规模限制,溢洪道、主坝左坝头病险问题未彻底解决。

王快水库、安格庄水库建成前后水库下游断面北郭村、北河店径流变化趋势见图 5-2-8。

由图 5-2-8 可以看出,王快水库建成后,北郭村站除 5 月径流量有所增加外,其余月份流量均有所减少,汛期 6—9 月径流量占年径流量的比例由 80.25%减少至 68.89%,枯水期 11 月至翌年 2 月径流量占年径流量的比例由 9.50%增加至 13.08%。

由图 5-2-8 可以看出,安格庄水库建成后北河店站各月份流量均有所减少,汛期 6—9 月径流量占年径流量的比例由 71.86%减少至 56.44%,枯水期 11 月至翌年 2 月径流量占年径流量的比例由 14.65%增加至 24.09%。

综合分析,王快水库和安格庄水库建成后,其下游断面北郭村站和北河店站的年均径流量有所减少,径流量年内分配趋于均匀。

5.2.5.1 河北省

1. 地下水位变化情况

根据河北省 2014—2018 年近 5 年的水资源公报,河北省全省浅层、深层地下水平均

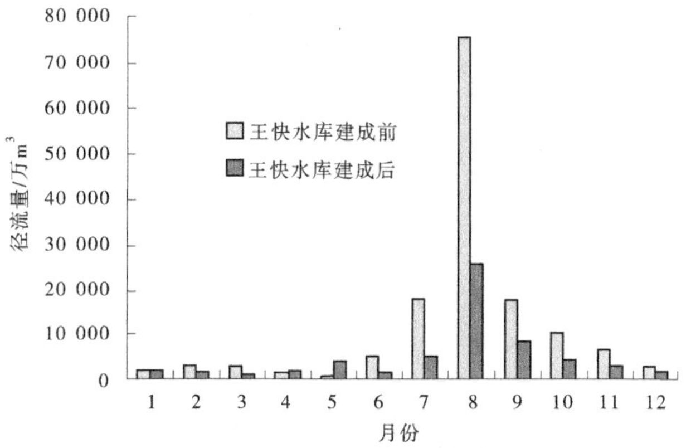

(a)北郭村水文站

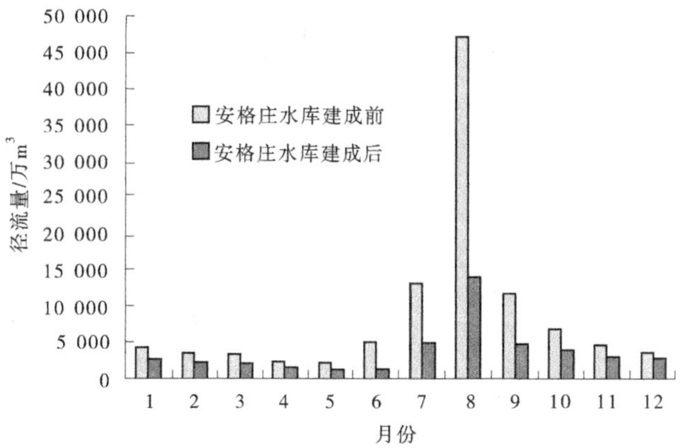

(b)北河店水文站

图 5-2-8　王快水库北郭村水文站、安格庄水库北河店水文站建成前后逐月径流量对比

埋深呈逐年下降趋势,其中浅层从 17. 11 m 减至 17. 60 m,减幅 0. 49 m;从历年浅层地下水位变化情况可以看出,大清河流域大于 50 m 的地下水位变化较大,主要集中在保定市市区东北部,小于 50 m 的地下水位变化较小。

大清河流域涉及河北省历年地下水位变化情况见图 5-2-9。

2. 地下水漏斗变化情况

大清河流域涉及的地下水漏斗主要为高蠡清漏斗和肃宁漏斗,均为浅层地下水,根据河北省 2010—2018 年的水资源公报,高蠡清漏斗中心埋深呈现逐年下降的趋势,从 28. 03 m 下降至 37. 70 m,降幅为 9. 67 m;肃宁漏斗中心埋深呈现逐年增加的趋势,从 33. 89 m 增加至 28. 31 m(2016 年),增加 5. 58 m,不同埋深等值线面积呈现增加的趋势,2016 年,高蠡清漏斗和肃宁漏斗合二为一。

大清河流域平原区(河北省)地下水漏斗中心水位埋深逐年变化情况见表 5-2-10、图 5-2-10。

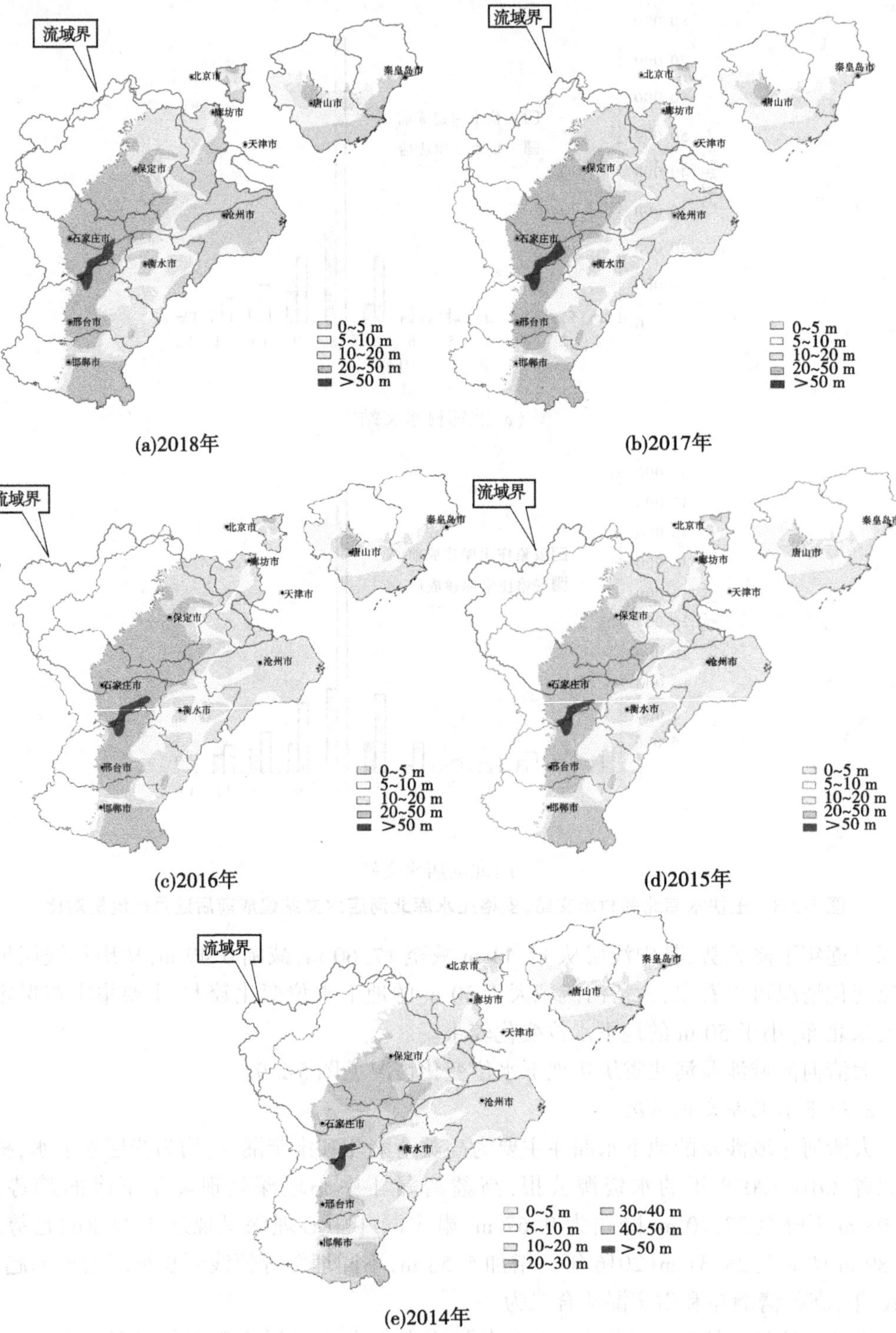

图 5-2-9 河北省平原区浅层地下水埋深近 5 年变化情况

表 5-2-10　大清河流域平原区(河北省)地下水漏斗情况变化

年份	高蠡清漏斗		肃宁漏斗		高蠡清—肃宁漏斗	
	中心埋深/m	不同埋深等值线面积/km²	中心埋深/m	不同埋深等值线面积/km²	中心埋深/m	30 m 埋深等值线面积/km²
2018					37.70	1 160(30 m)
2017					38.53	1 083(30 m)
2016	35.49	—	28.31	—		848.9(30 m)
2015	35.49	573.9(30 m)	28.31	208.2(25 m)		
2014	35.24	488(30 m)	32.96	267(25 m)		
2013	33.46	242(30 m)	27.86	210(25 m)		
2012	28.72	852(25 m)	24.24	44(25 m)		
2011	27.93	842(25 m)	33.67	202(25 m)		
2010	28.03	852.4(25 m)	33.89	211.9(25 m)		

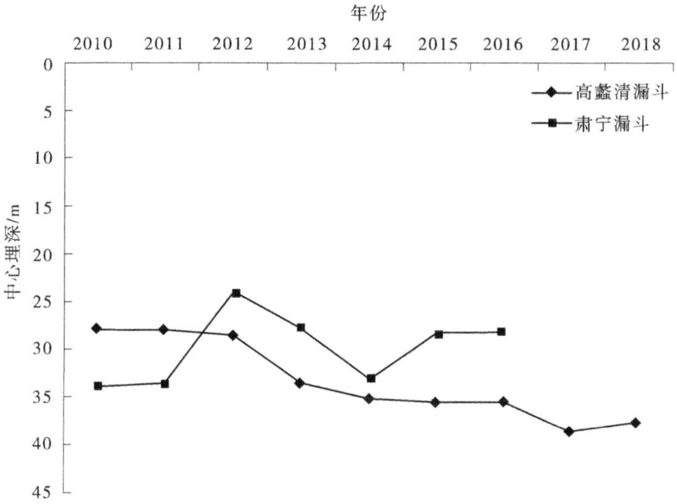

图 5-2-10　大清河流域平原区(河北省)地下水漏斗中心水位埋深逐年变化情况

5.2.5.2　北京市

根据北京市 2014—2018 年近 5 年的水资源公报,北京市全市地下水位平均埋深呈先下降后逐年提升的趋势,其中浅层从 25.23 m 增至 23.03 m,增幅 2.20 m。

地下水埋深大于 10 m 的面积从 2014 年的 5 355 km² 增至 2015 年的 5 472 km²,再逐年减至 2018 年的 5 062 km²,呈现先增加再下降的趋势,如图 5-2-11 所示。

5.2.5.3　天津市

1. 地下水位变化

根据天津市 2014—2018 年近 5 年的水资源公报,天津市全市咸水区埋深一般在 2~6 m,全淡水区埋深一般在 2~10 m,武清区北部小沙河一带埋深超过 10 m。浅层地下水平

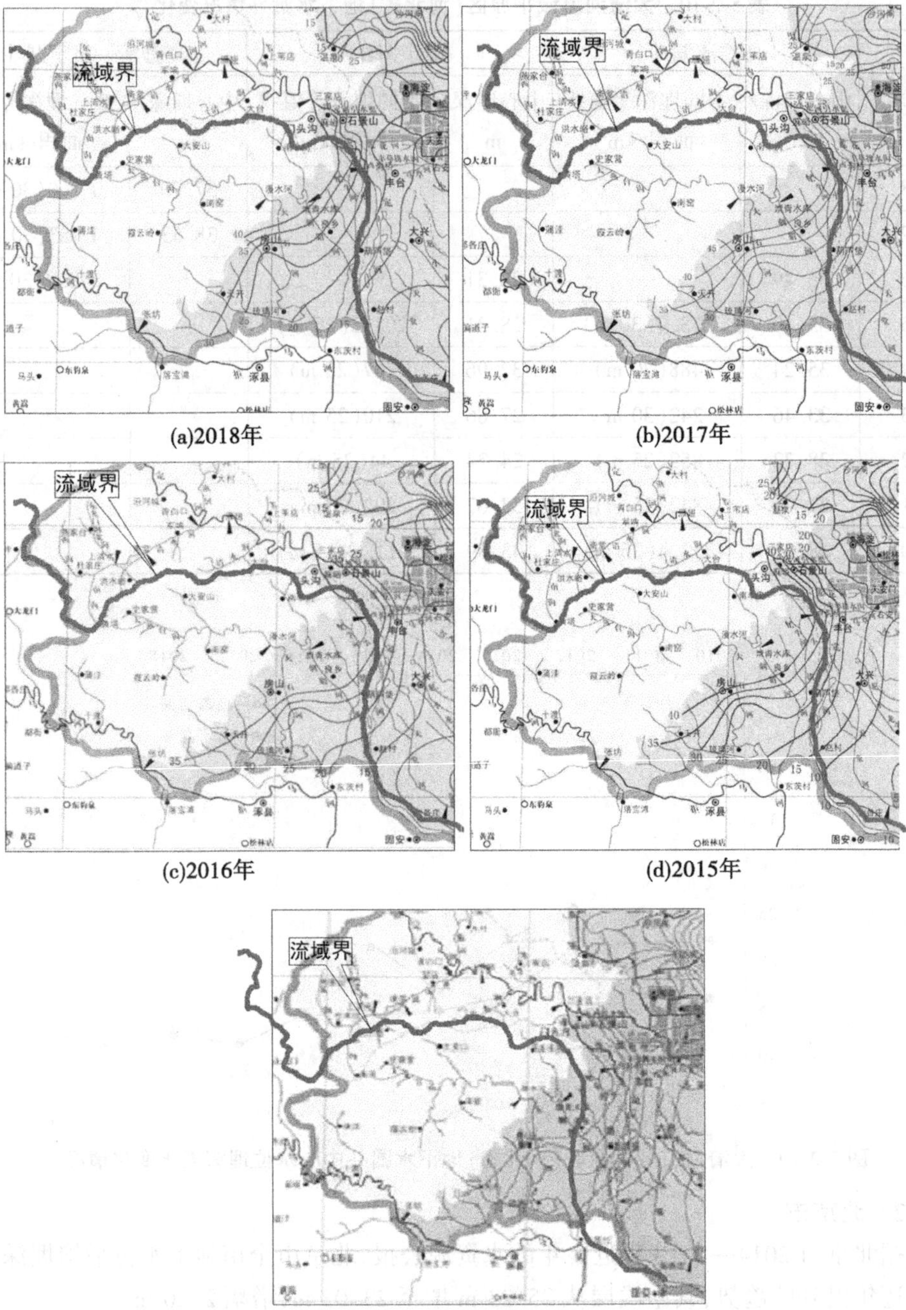

(a)2018年　(b)2017年

(c)2016年　(d)2015年

(e)2014年

图 5-2-11　北京市平原区浅层地下水埋深近 5 年变化情况

均埋深呈现波段状态,无明显上升或下降趋势。

大清河流域涉及天津市历年地下水位变化情况见图 5-2-12。

2. 地下水漏斗变化

天津市平原区地下水位漏斗统计范围为全市平原区第Ⅱ、Ⅲ承压含水组,漏斗面积为

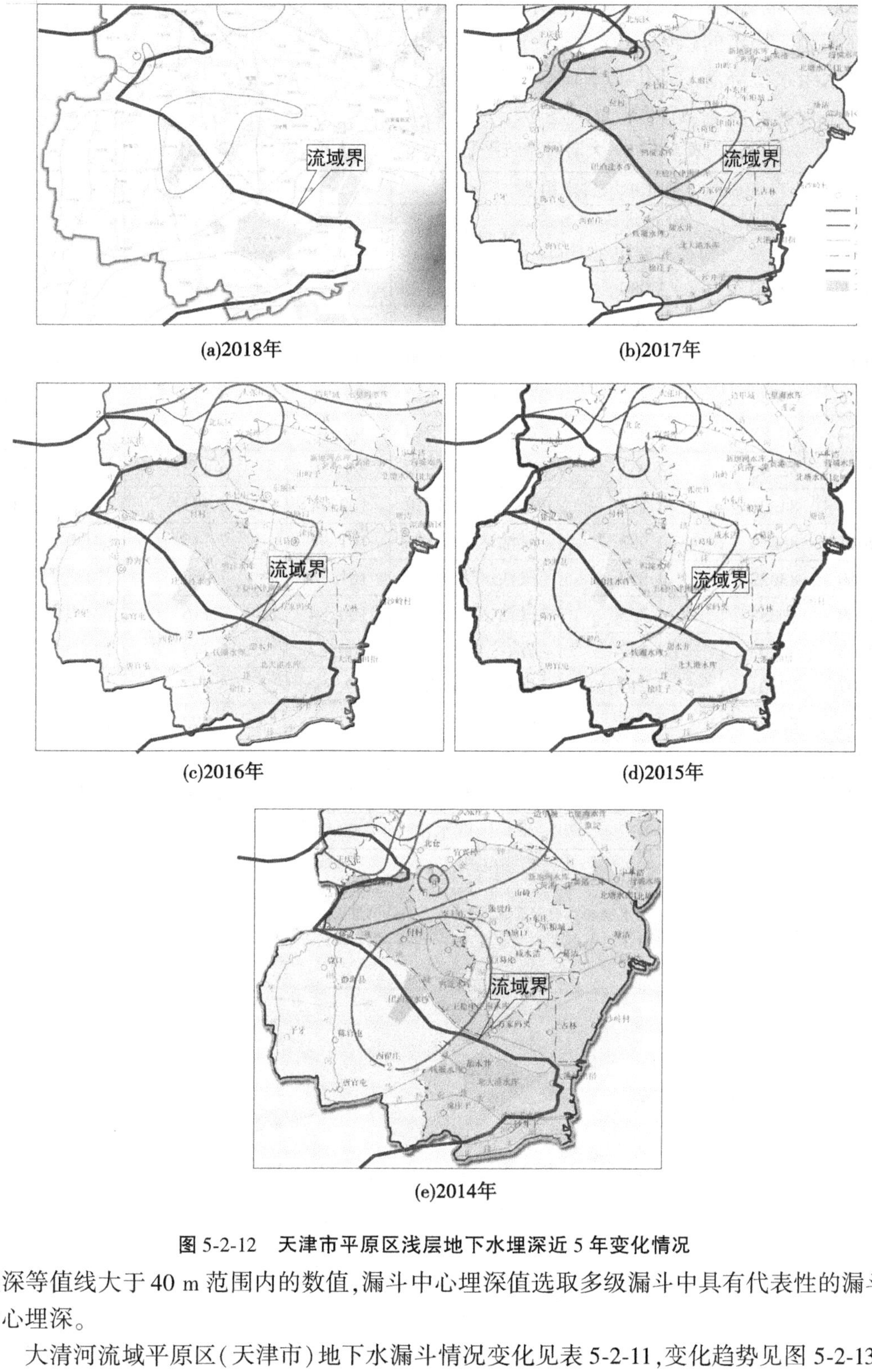

(a)2018年　(b)2017年
(c)2016年　(d)2015年
(e)2014年

图 5-2-12　天津市平原区浅层地下水埋深近 5 年变化情况

埋深等值线大于 40 m 范围内的数值，漏斗中心埋深值选取多级漏斗中具有代表性的漏斗中心埋深。

大清河流域平原区（天津市）地下水漏斗情况变化见表 5-2-11，变化趋势见图 5-2-13。

从 2003 年至 2018 年，第Ⅱ承压含水组水位降落漏斗中心埋深呈现先上升后下降再上升并逐渐趋于稳定的趋势，40 m 埋深等值线面积呈现先下降后上升再下降的趋势；第Ⅲ承压含水组水位降落漏斗中心水位较为稳定，近年来略有下降趋势，但 40 m 埋深等值线面积却呈现波动状态，近年来面积逐步增加。

表 5-2-11　大清河流域平原区(天津市)地下水漏斗情况变化

年份	第Ⅱ承压含水组			第Ⅲ承压含水组		
	中心埋深/m	40 m 埋深等值线面积/km^2	漏洞中心	中心埋深/m	40 m 埋深等值线面积/km^2	漏洞中心
2018	79.50	3 080	滨海新区大田镇	93.5	7 380	西青区杨柳镇
2017	80.51	3 292	滨海新区大田镇	98.97	6 945	西青区杨柳镇
2016	80.65	3 452	滨海新区大田镇	94.75	6 624	西青区杨柳镇
2015	80.56	3 332	滨海新区大田镇	99.07	6 548	西青区杨柳镇
2014	80.88	3 638	滨海新区大田镇	99.07	6 635	西青区杨柳镇
2013	82.93	3 951	滨海新区大田镇	99.04	6 452	西青区杨柳镇
2012	84.21	4 193	滨海新区大田镇	102.71	6 493	西青区杨柳镇
2011	85.39	4 983	汉沽区大田镇	101.96	7 145	津南区辛庄镇
2010	83.22	4 857	汉沽区大田镇	101.14	7 059	津南区辛庄镇
2009	80.58	4 793	汉沽区大田镇	100.84	7 116	津南区辛庄镇
2008	80.03	3 142	汉沽区杨家泊镇	100.87	6 409	西青区中北镇
2007	77.01	3 713	汉沽区杨家泊镇	97.88	6 897	西青区中北镇
2006	83.21	4 296	汉沽区杨家泊镇	97.3	6 892	西青区中北镇
2005	96.84	4 774	津南区双桥镇	99.4	6 767	西青区杨柳镇
2004	85.35	4 272	津南区咸水沽	97.95	6 120	西青区杨柳镇
2003	85.57	4 437	津南区咸水沽	99.3	6 226	西青区杨柳镇

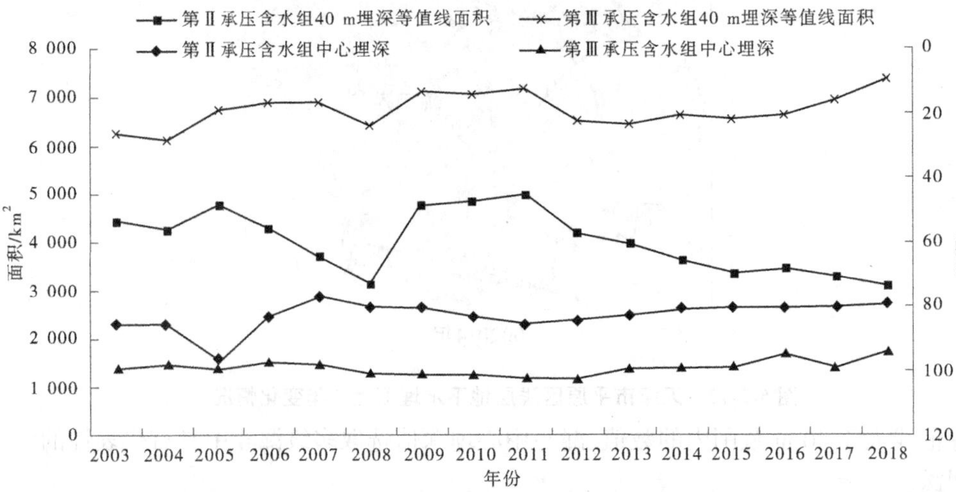

图 5-2-13　大清河平原区(天津市)地下水漏斗中心水位埋深逐年变化情况

5.3　水环境影响回顾性评价

5.3.1　流域总体水质变化情况

大清河流域涉及京、津、冀、晋 4 个省(市),共包含 74 个水功能区,同时部分水功能区存在历史水质监测资料匮乏现象。本次回顾性评价分析 2010—2016 年大清河流域内 30 个水功能区的水质变化情况。

由图 5-3-1 可知,2010—2013 年大清河流域水质逐渐改善,Ⅰ～Ⅲ类水质标准的水功能区占比由 37.50%提升至 53.57%,劣Ⅴ类水质标准的水功能区占比先减后增;2013—2016 年大清河流域水质略微恶化,Ⅰ～Ⅲ类水质标准的水功能区占比由 53.57%先减后增为 44.83%,劣Ⅴ类水质标准的水功能区占比由 32.14%先增后减为 31.03%。

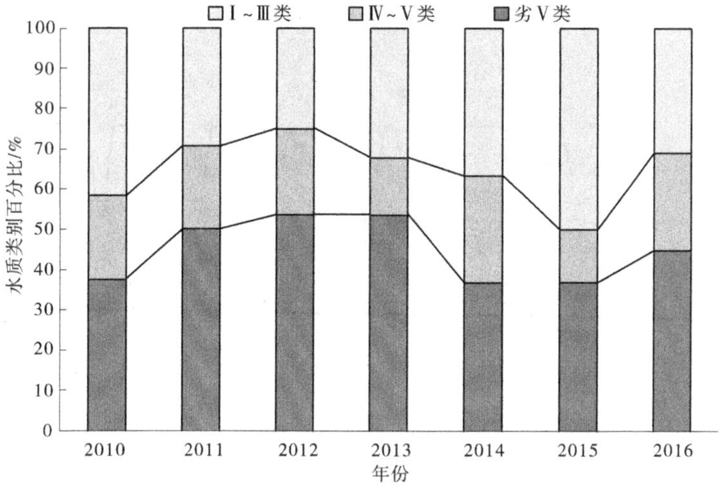

图 5-3-1　大清河流域总体水质

5.3.2　水系水质时空变化情况

根据北京、天津、河北、山西 4 省(市)各市(区)生态环境局网站公布的《环境质量公报》、水环境质量现状等数据,分析大清河流域河流水质时空变化情况。

5.3.2.1　淀区上游北支河流

1. 拒马河

拒马河选取代表断面涞源、紫荆关、大沙地、张坊分析拒马河水质情况,其中大沙地和张坊均为省界断面,分别为拒马河北京—河北的张坊断面、拒马河河北—北京的大沙地断面,其水质目标为Ⅲ类,各断面水质评价结果如图 5-3-2 所示。2016—2019 年来源断面水质在Ⅰ类至Ⅲ类之间波动,水质达标率为 100%;2013—2019 年紫荆关断面水质在Ⅰ类至

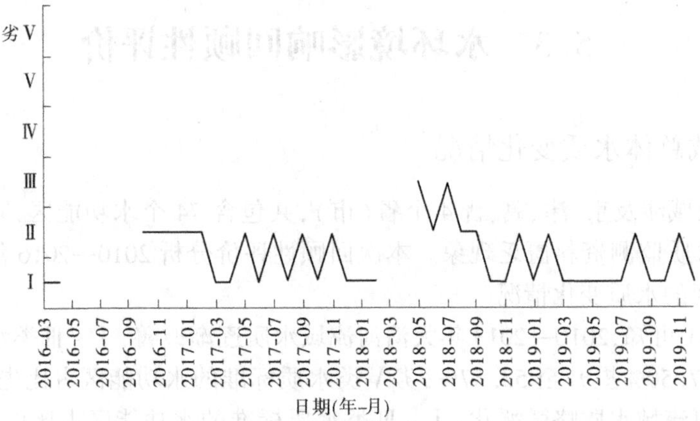

(a)涞源

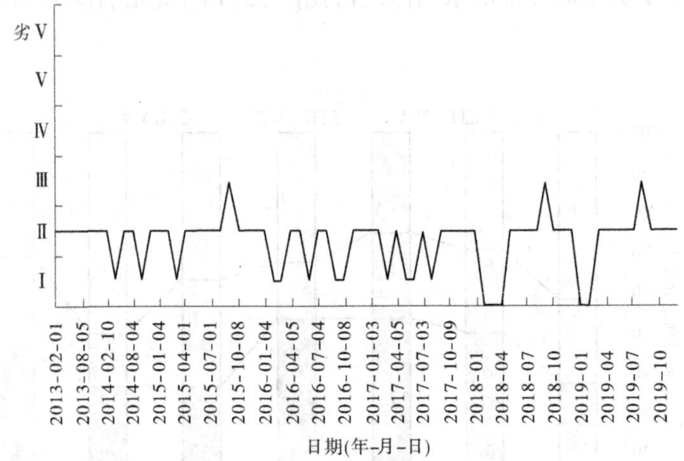

(b)紫荆关

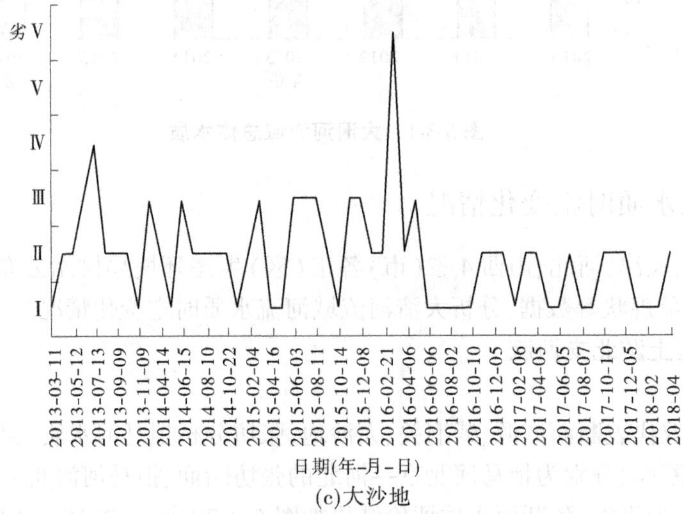

(c)大沙地

图 5-3-2　拒马河代表断面水质情况

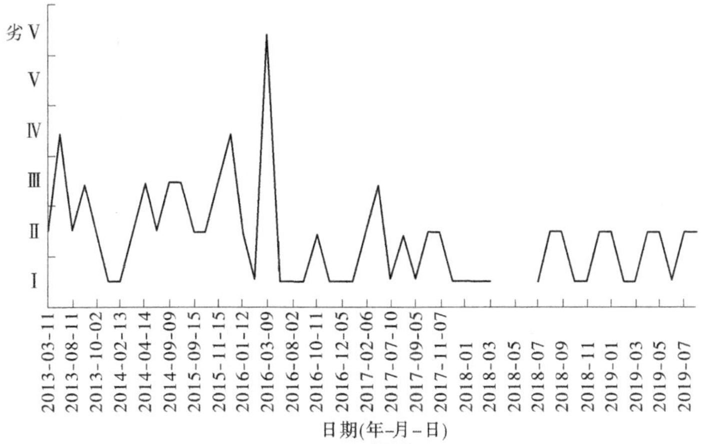

(d)张坊

续图 5-3-2

Ⅲ类之间波动,水质达标率为 100%;2013 年至 2018 年 4 月大沙地断面水质基本在Ⅰ类到Ⅲ类之间,大部分时间水质达标,水质达标率为 96.49%;2013 年至 2019 年 8 月张坊断面水质基本在Ⅰ类和Ⅲ类之间,2018 年 4—6 月断流,水质达标率为 94.44%。由断面水质结果可知,拒马河水质情况良好,其上游断面水质达标率为 100%,下游断面水质达标率达到 94.44%以上。

2. 南拒马河

南拒马河选取北河店、新盖房代表断面分析水质情况,规划水质目标为Ⅲ类,各断面评价结果如图 5-3-3 所示。2014—2018 年北河店断面水质在Ⅱ类至劣Ⅴ类之间,其中 2018 年 1—4 月、2018 年 6 月断流,水质达标率为 50%;2016 年 3 月、4 月新盖房断面断流,2016 年 11 月至 2019 年 12 月新盖房断面水质在Ⅰ类至劣Ⅴ类之间,水质达标率为 46.15%。由南拒马河断面水质结果可知,南拒马河水质较差。

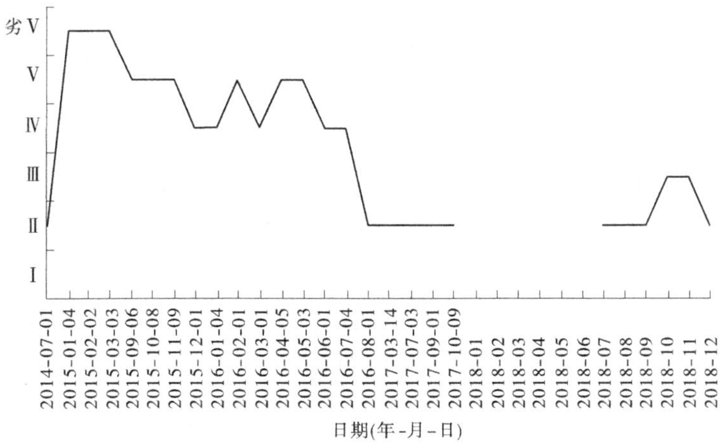

(a)北河房

图 5-3-3　南拒马河代表断面水质情况

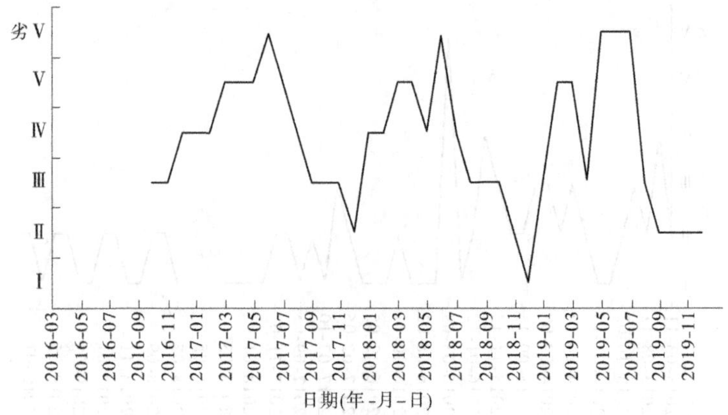

(b)新盖房

续图 5-3-3

3. 大石河

大石河选取代表断面祖村断面分析其水质情况，该断面为省界断面（大石河北京—河北），规划水质目标为Ⅳ类，其水质结果如图 5-3-4 所示，2013—2017 年祖村断面水质基本为劣Ⅴ类，2017 年以后水质略有好转，大石河水质超标较严重，水质较差。

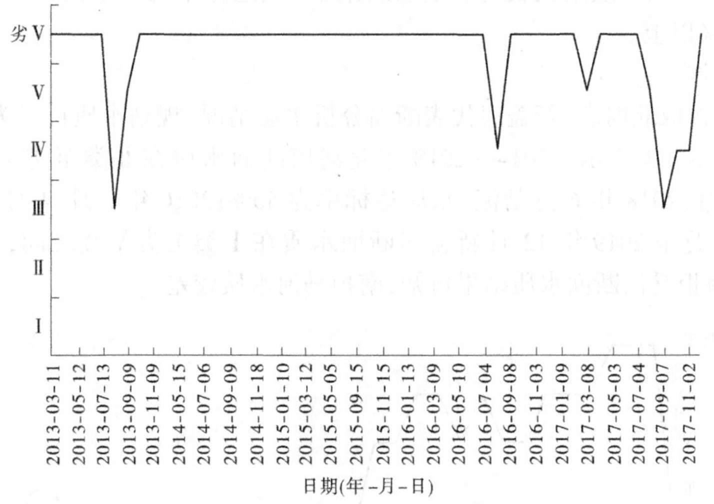

图 5-3-4　大石河代表断面（祖村）水质情况

4. 小清河

小清河选取代表断面八间房、薛庄分析其水质变化情况，其水质目标为Ⅳ类，其中八间房为省界断面（小清河北京—河北），水质评价结果如图 5-3-5 所示。

2013—2017 年八间房断面水质主要为劣Ⅴ类和Ⅴ类，水质达标率为 30.91%；2014—2017 年薛庄断面水质基本为劣Ⅴ类，部分时间达到Ⅴ类、Ⅳ类，水质达标率为 34.04%。由断面水质情况可知，小清河水质较差，2017 年较之前略有改善。

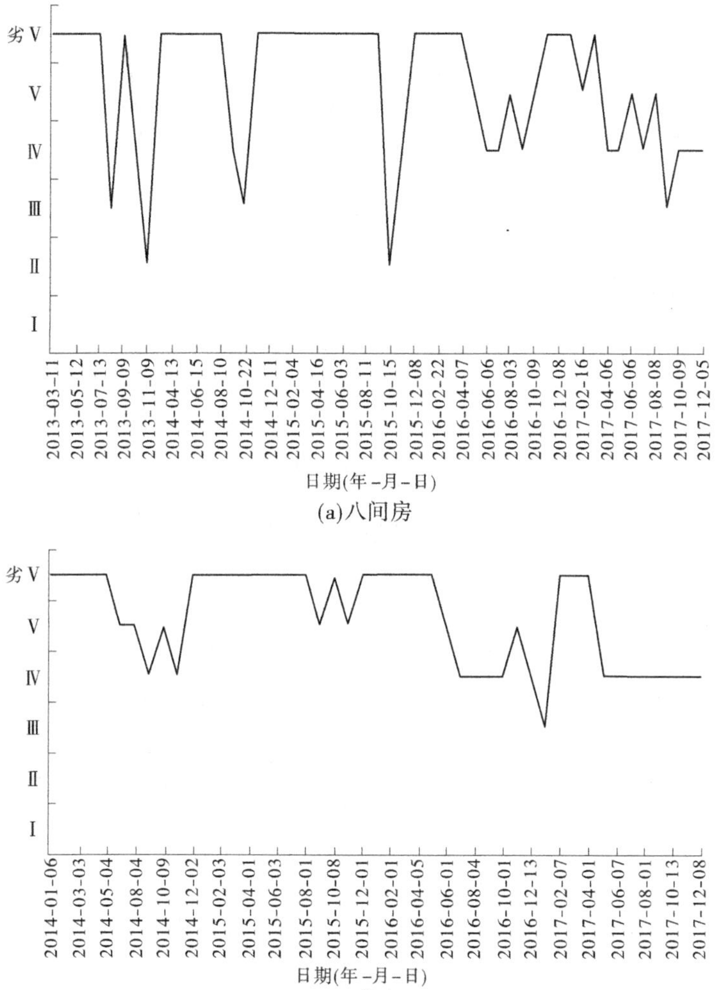

图 5-3-5　小清河代表断面水质情况

5. 白沟河

白沟河选取东马营断面分析其水质情况,该断面水质目标为Ⅲ类,其水质评价结果如图 5-3-6 所示,2014—2017 年东马营断面水质在Ⅱ类至劣Ⅴ类之间波动,主要为Ⅳ类,水质达标率为 22.73%。白沟河断面水质较差,水质超标较严重。

6. 白沟引河

白沟引河选取留通断面分析其水质情况,白洋淀水质目标为Ⅲ~Ⅳ类。其水质评价结果如图 5-3-7 所示,2014—2017 年留通断面水质在Ⅱ类至劣Ⅴ类之间波动,主要为Ⅳ类,水质达标率为 63.33%。白沟引河断面水质较好,水质超标,其 2017 年以后水质情况有所改善。

5.3.2.2　淀区上游南支河流

1. 唐河

唐河选取代表断面南水芦、水堡、中唐梅、端村分析唐河水质情况,其中南水芦和水堡

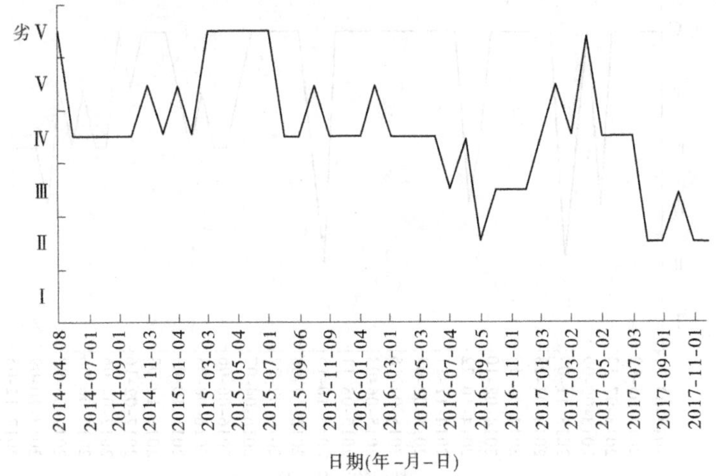

图 5-3-6　白沟河代表断面(东马营)水质情况

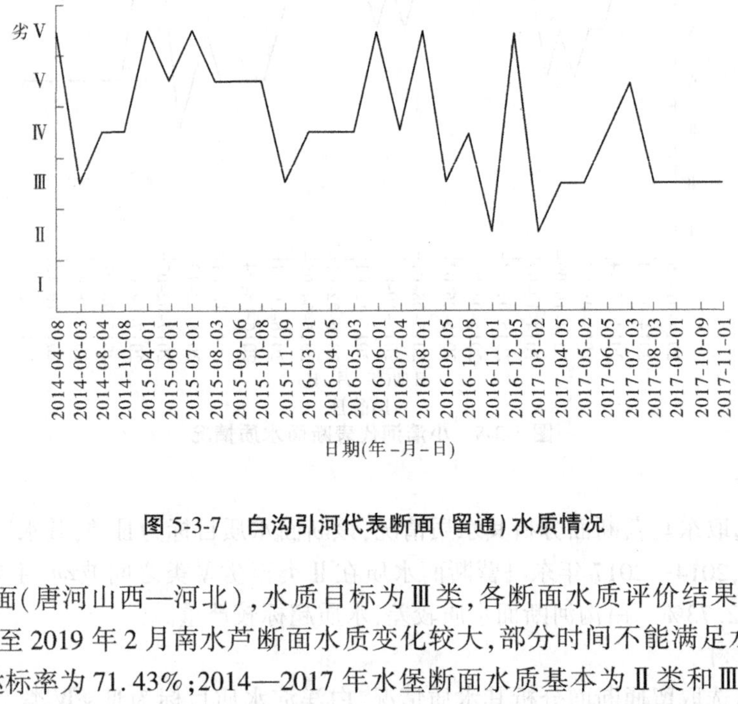

图 5-3-7　白沟引河代表断面(留通)水质情况

均为省界断面(唐河山西—河北),水质目标为Ⅲ类,各断面水质评价结果如图 5-3-8 所示。2014 年至 2019 年 2 月南水芦断面水质变化较大,部分时间不能满足水功能区水质目标,水质达标率为 71.43%;2014—2017 年水堡断面水质基本为Ⅱ类和Ⅲ类,水质达标率为 90.48%,水质超标率为 9.52%。2014—2017 年中唐梅断面水质在Ⅰ类至Ⅲ类之间波动,水质达标率为 100%。2014 年至 2019 年 4 月端村断面水质在Ⅳ类至劣Ⅴ类波动,其中 2018 年 1 月和 3 月水面结冰,水质超标率为 100%。根据各断面的水质情况,唐河中上游水质较好,水质达标率较高,唐河下游入淀处水质较差,水质超标严重。

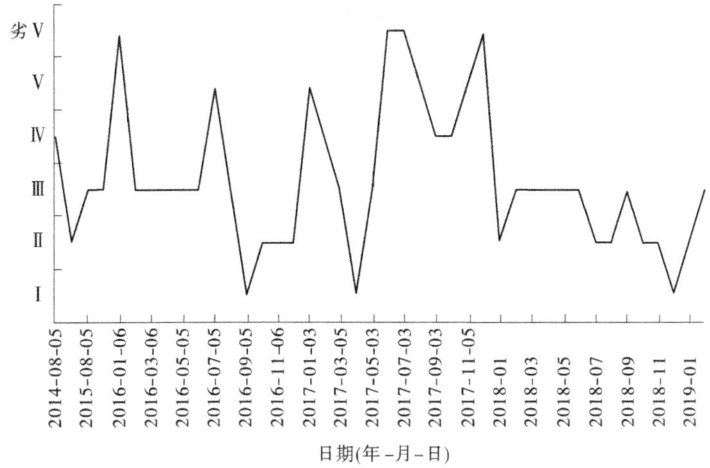

(a)南水芦

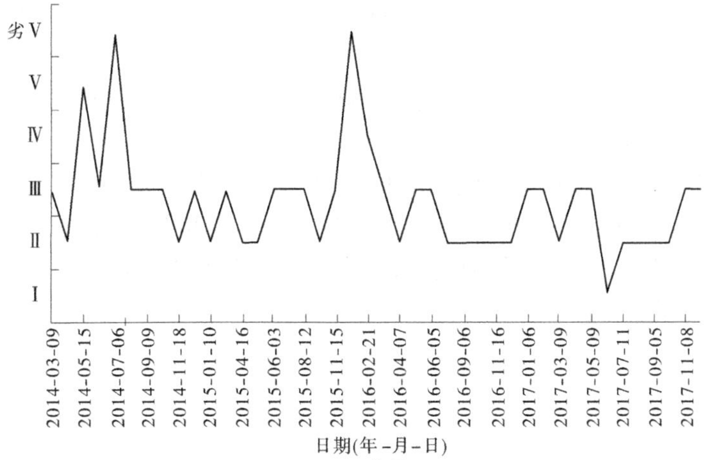

(b)水堡

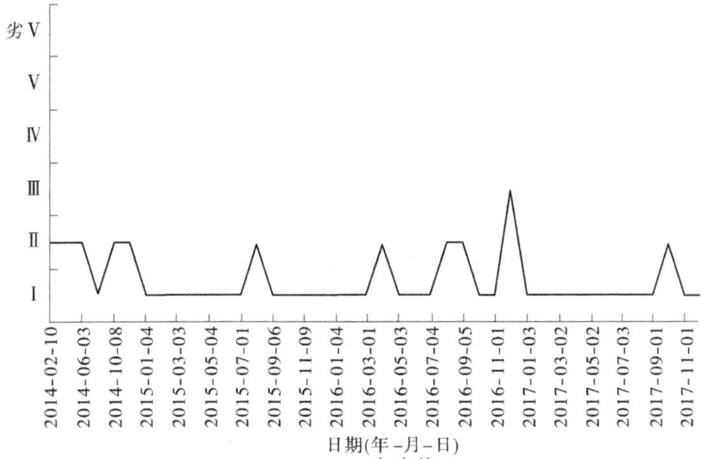

(c)中唐梅

图 5-3-8 唐河代表断面水质情况

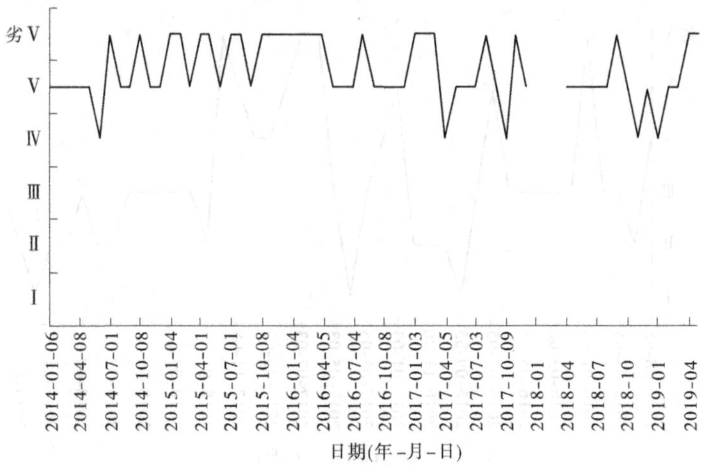

(d)端村

续图 5-3-8

2. 磁河

磁河选取五仁桥断面分析其水质情况,根据 2016—2019 年资料,磁河处于断流状态。

3. 沙河(潴龙河)

沙河(潴龙河)上游选取阜平断面分析其水质情况,其水质目标为Ⅱ类,水质评价结果如图 5-3-9 所示。2016—2019 年断面水质基本为Ⅰ类和Ⅱ类,其中 2016 年 5—9 月及 2018 年 6 月资料不足,水质达标率为 92.5%。根据断面水质资料,上游水质情况良好。水库以下河流处于断流状态。

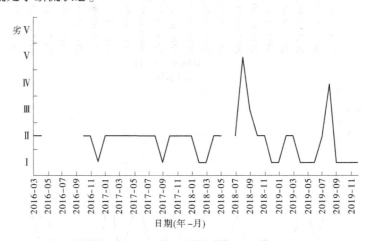

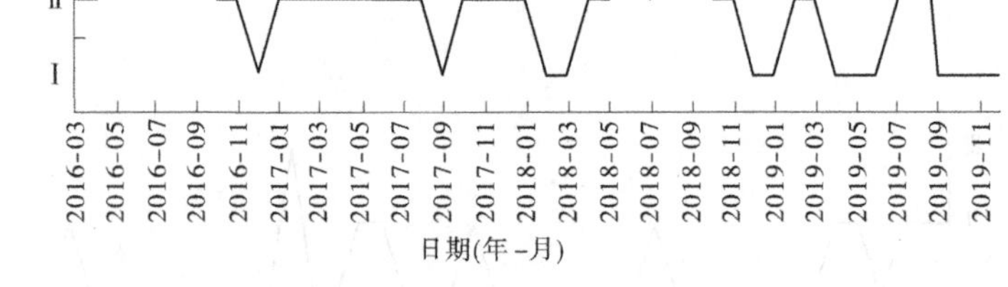

图 5-3-9　潴龙河代表断面(阜平)水质情况

4. 漕河

漕河选取马庄断面分析其水质情况,根据 2016—2019 年资料,漕河处于断流状态。

5. 孝义河

孝义河选取蒲口断面分析其水质情况,其水质目标为Ⅳ类,其水质评价结果如图 5-3-10 所示。2016—2019 年蒲口断面水质在Ⅲ类至劣Ⅴ类之间波动,水质达标率为

26.83%。由断面水质资料可知,孝义河水质较差,2016 年、2017 年水质超标率为 100%,2018 年以后水质情况较之前有所改善。

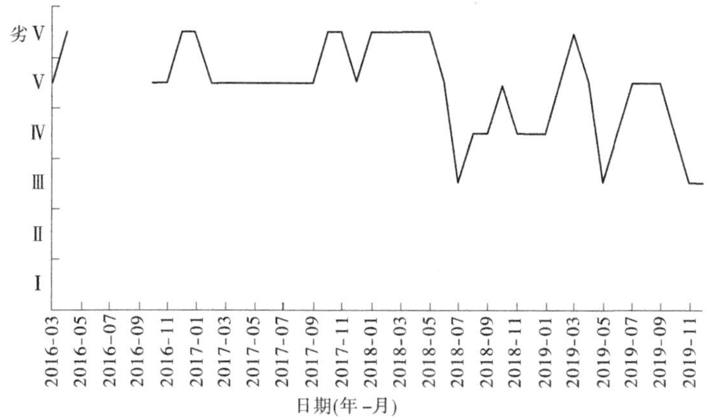

图 5-3-10　孝义河代表断面(蒲口)水质情况

6. 府河

府河选取代表断面望亭、安新桥分析其水质变化情况,其水质目标为Ⅳ类,水质评级率结果如图 5-3-11 所示。2016—2019 年望亭断面水质主要为Ⅱ类到劣Ⅴ类,水质达标率为 36.59%;2014—2017 年安新桥断面水质为劣Ⅴ类,断面水质达标率为 0。由断面水质情况可知,府河水质较差,其上游河段水质较下游略好。

5.3.2.3　白洋淀淀区

1. 白洋淀水质变化情况

a. 白洋淀总体水质变化

根据大清河流域水质检测资料,选取安新桥、大张庄、王家寨、留通、圈头、端村、采蒲台断面作为白洋淀代表断面,反映白洋淀水质变化情况。

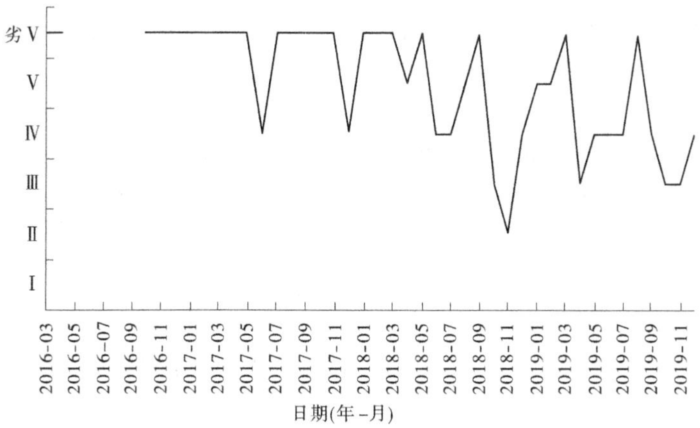

(a)望亭

图 5-3-11　府河代表断面水质情况

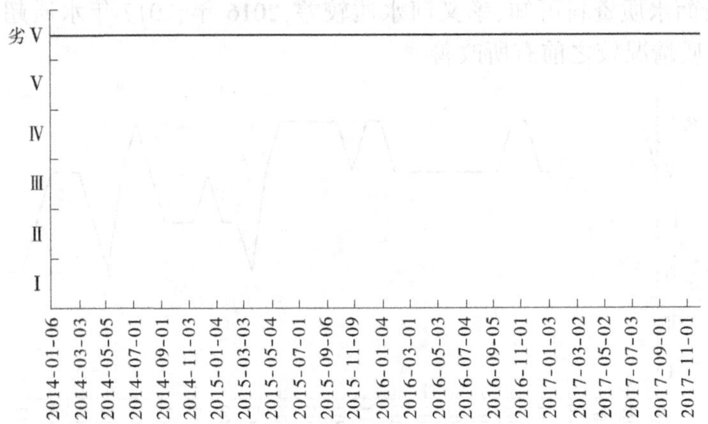

(b)安新桥

续图 5-3-11

评价指标:氨氮、总磷指标以及部分月份的化学需氧量指标。

(1)安新桥断面。

安新桥断面水质评价结果如图 5-3-12(a)所示,2014 年至 2021 年 4 月断面水质主要为劣Ⅲ类至Ⅴ类,水质达标率为 9.09%,水质超标率为 90.91%。其中 2018 年以前水质整体较差,2018 年后随着引黄入淀等生态补水工程实施后,水环境有明显改善。

(2)大张庄断面。

大张庄断面水质评价结果如图 5-3-12(b)所示,2014 年至 2021 年 4 月断面水质在Ⅲ类至劣Ⅴ类波动,水质达标率为 5.56%,水质超标率为 94.44%。

(3)王家寨断面。

王家寨断面水质评价结果如图 5-3-12(c)所示,2014 年至 2021 年 4 月断面水质在Ⅱ类至劣Ⅴ类波动,水质达标率为 33.96%,水质超标率为 62.96%。

(4)留通断面。

留通断面水质评价结果如图 5-3-12(d)所示,2014 年至 2021 年 4 月断面水质在Ⅱ类至劣Ⅴ类波动,水质达标率为 37.04%,水质超标率为 62.96%。

(5)圈头断面。

圈头断面水质评价结果如图 5-3-12(e)所示,2014 年至 2021 年 4 月断面水质在Ⅲ类至劣Ⅴ类波动,其中 2018 年 1 月无水质资料,水质达标率为 7.93%,水质超标率为 92.07%。

(6)端村断面。

端村断面水质评价结果如图 5-3-12(f)所示,2014 年至 2021 年 4 月断面水质在Ⅳ类至劣Ⅴ类波动,其中 2018 年 1 月和 3 月水面结冰,水质达标率为 1.49%,水质超标率为 98.51%。

(7)采蒲台断面。

采蒲台断面水质评价结果如图 5-3-12(g)所示,2014 年至 2021 年 4 月断面水质在Ⅲ类至劣Ⅴ类波动,其中 2018 年 1 月无水质资料,水质达标率为 10.71%,水质超标率为

89.29%。

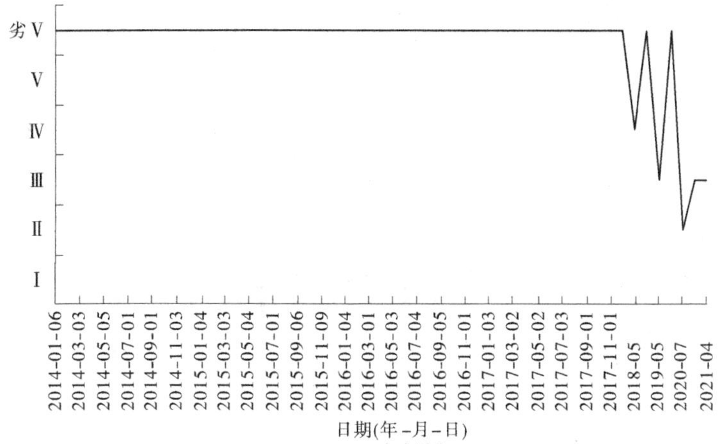

(a)安新桥

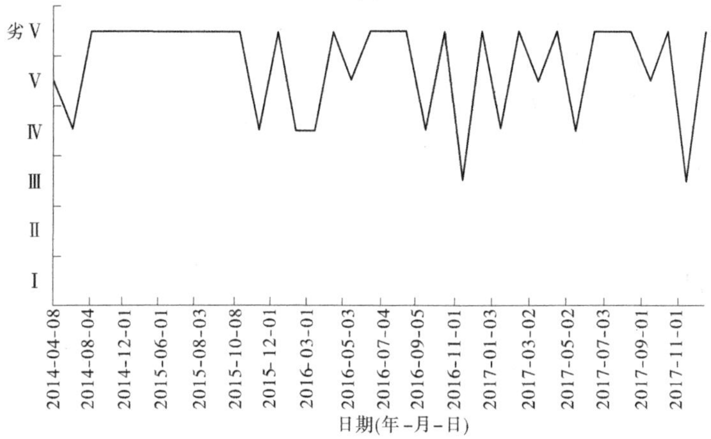

(b)大张庄

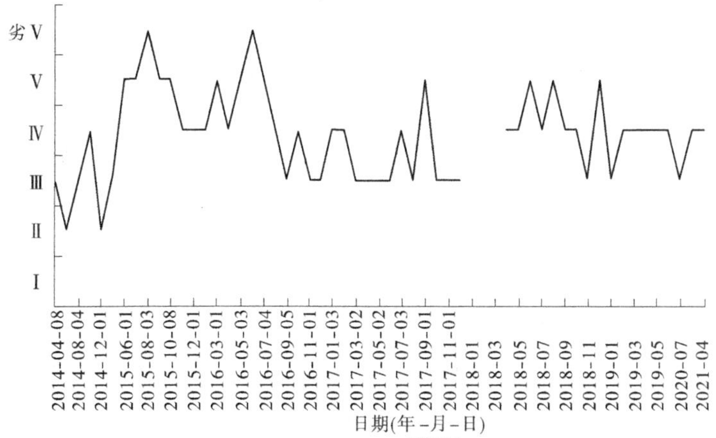

(c)王家寨

图 5-3-12　白洋淀各断面水质变化情况

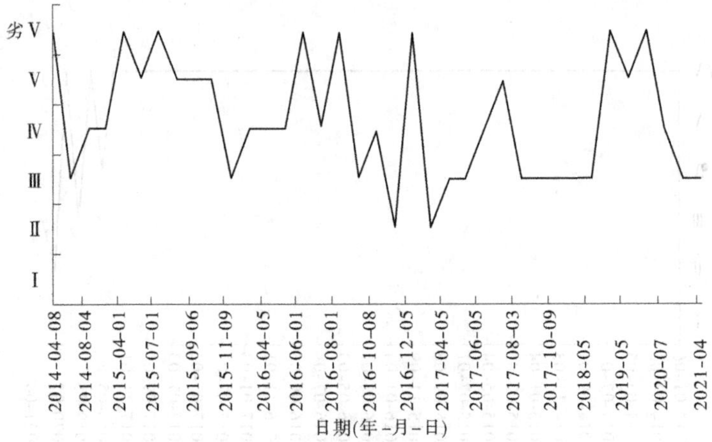

(d)留通

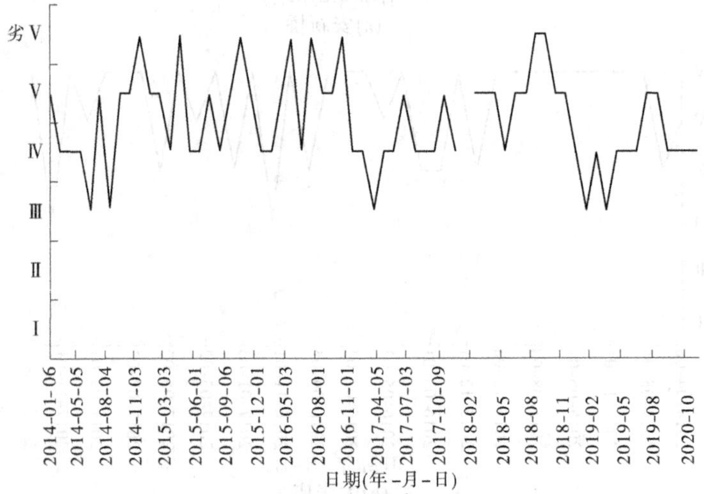

(e)圈头

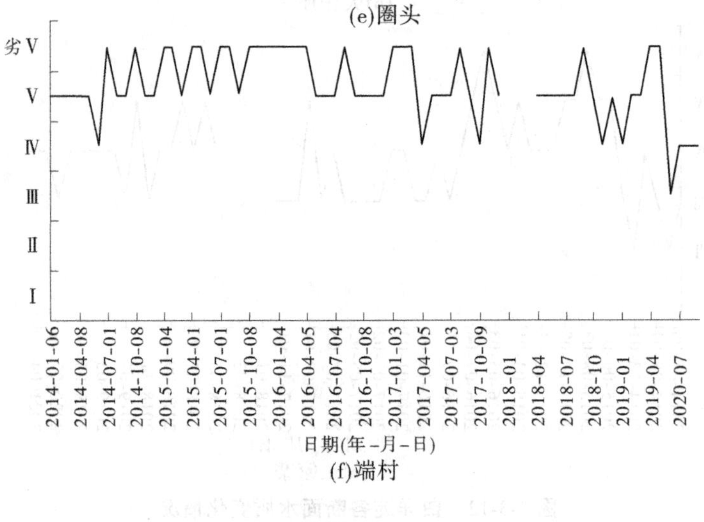

(f)端村

续图 5-3-12

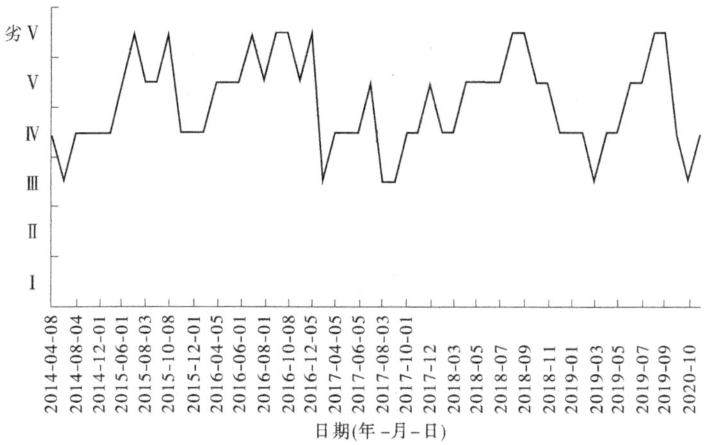

(g)采蒲台

续图 5-3-12

结合安新桥、大张庄、王家寨、留通、圈头、端村、采蒲台断面水质情况可以看出,整体而言,2018 年前白洋淀水质相对较差,大部分时段水质处于劣Ⅴ类或在Ⅲ类至劣Ⅴ类波动。引黄入淀等生态补水工程实施后,水质最优可达Ⅱ类至Ⅲ类,出现水质达劣Ⅴ类状态的时段也有所减少,且可以看出白洋淀水质较 2020 年前有明显的改善,水环境已逐步扭转恶化趋势。其主要原因为生态补水工程初步开展,其生态效益尚未完全发挥,随着补水工程生态效益的逐年叠加,淀区水质将得到进一步改善。

b. 白洋淀富营养化状态变化

(1)安新桥断面富营养化状态。

根据水质监测资料,分析安新桥断面 2014—2021 年富营养化状态变化情况,如图 5-3-13 所示,2018 年以前安新桥断面一直处于中度富营养化状态,2018 年以后安新桥断面营养程度在轻度富营养和中度富营养之间波动。

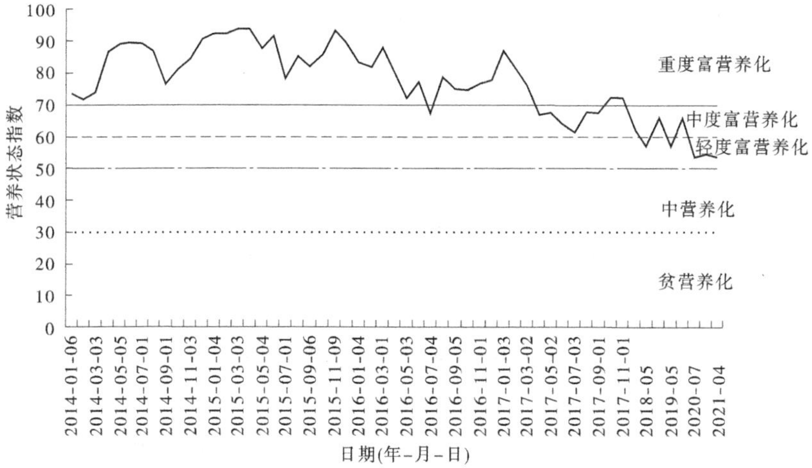

图 5-3-13　安新桥断面富营养化状态变化情况

(2)大张庄断面富营养化状态。

根据水质监测资料，分析大张庄断面 2014—2021 年富营养化状态变化情况，如图 5-3-14 所示，2018 年以前大张庄断面一直处于富营养化状态，2018 年以后大张庄断面营养程度在轻度富营养和中富营养之间波动。

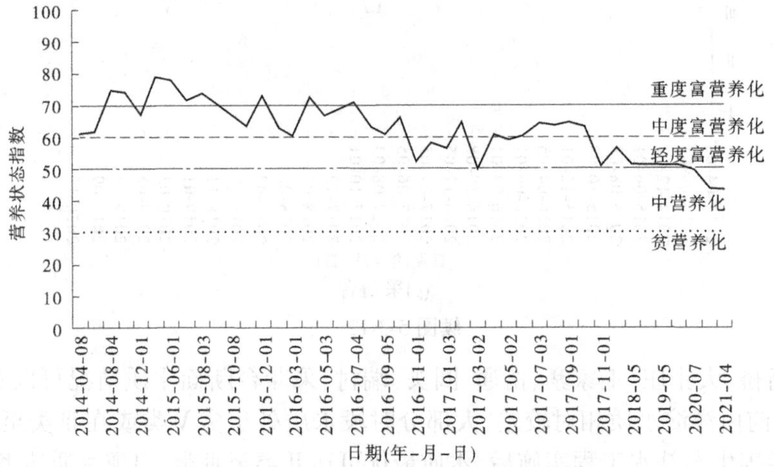

图 5-3-14　大张庄断面富营养化状态变化情况

(3)王家寨断面富营养化状态。

根据水质监测资料，分析王家寨断面 2014—2021 年富营养化状态变化情况，如图 5-3-15 所示，王家寨断面基本处于轻度富营养状态，主要为轻度富营养状态，2020 年 7 月至 2021 年 4 月间，王家寨断面营养状态为中营养。

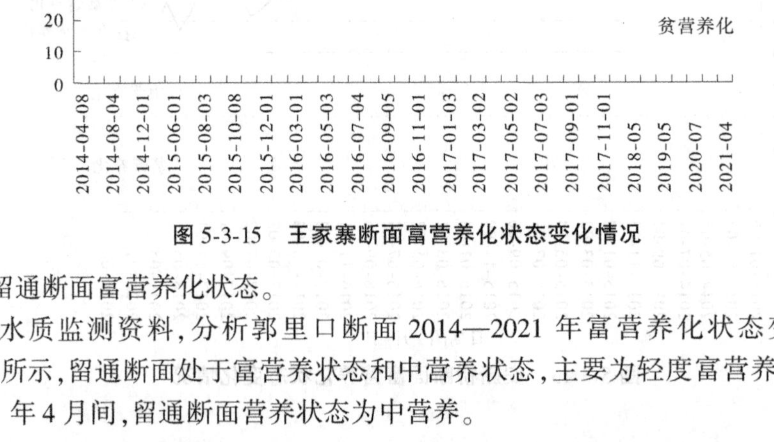

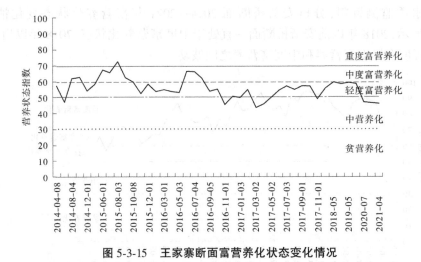

图 5-3-15　王家寨断面富营养化状态变化情况

(4)留通断面富营养化状态。

根据水质监测资料，分析郭里口断面 2014—2021 年富营养化状态变化情况，如图 5-3-16 所示，留通断面处于富营养状态和中营养状态，主要为轻度富营养化，2020 年 7 月至 2021 年 4 月间，留通断面营养状态为中营养。

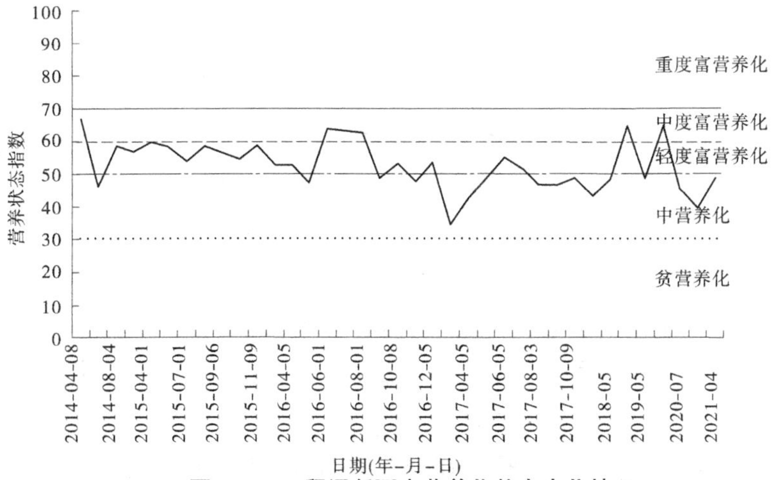

图 5-3-16　留通断面富营养化状态变化情况

(5)枣林庄断面富营养化状态。

根据水质监测资料，分析枣林庄断面 2014—2021 年富营养化状态变化情况，如图 5-3-17 所示，枣林庄断面基本处于中营养状态，部分时间处于轻度富营养状态。2020—2021 年枣林庄断面富营养化状态基本为中营养状态。

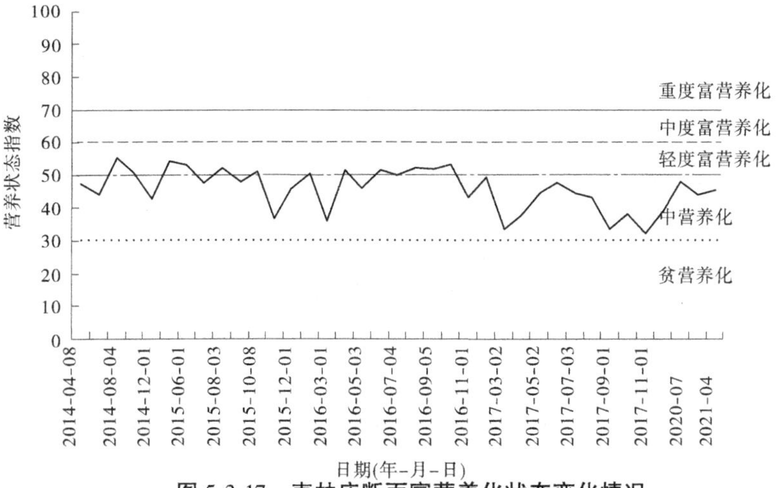

图 5-3-17　枣林庄断面富营养化状态变化情况

(6)圈头断面富营养化状态。

根据水质监测资料，分析圈头断面 2014—2021 年富营养化状态变化情况，如图 5-3-18 所示，圈头断面基本处于轻度富营养状态，部分时段为中营养状态。

(7)端村断面富营养化状态。

根据水质监测资料，分析端村断面 2014—2021 年富营养化状态变化情况，如图 5-3-19 所示。从图 5-3-19 中可以看出，2018 年以前端村断面处于富营养状态，主要为中度富营养状态，2018 年以后，端村断面营养化状态为轻度富营养至中营养。

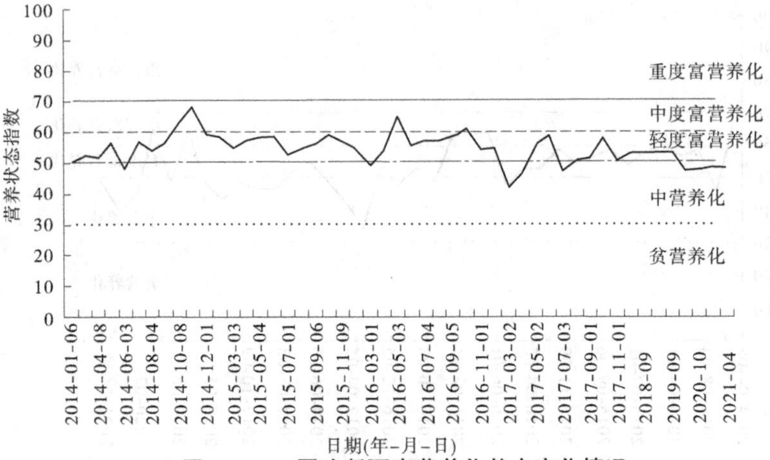

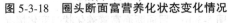

图 5-3-18　圈头断面富营养化状态变化情况

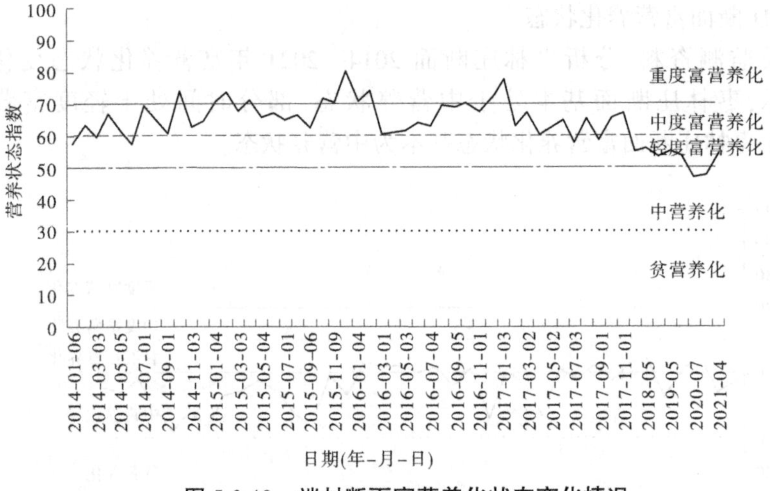

图 5-3-19　端村断面富营养化状态变化情况

(8)采蒲台断面富营养化状态。

根据水质监测资料,分析采蒲台断面 2014—2021 年富营养化状态变化情况,如图 5-3-20 所示。从图 5-3-20 中可以看出,采蒲台断面基本处于轻度富营养状态和中营养状态。

2. 白洋淀水质变化影响分析

根据对白洋淀区代表断面的水质分析,白洋淀区水质不能达到规划水质目标要求,断面多数月份处于超标状态。近年来,白洋淀通过生态补水,以及采取的有效环保措施,富营养化程度有所改善,由重度变为轻度;同时,留通断面、王家寨断面、采蒲台断面水质达标情况较好。

5.3.2.4　淀区下游河流

淀区下游河流主要有赵王新河、大清河、青静黄排水渠、独流减河等,选取赵王新河枣林庄断面、大清河安里屯断面、独流减河万家码头断面代表淀区下游水质情况,其中枣林

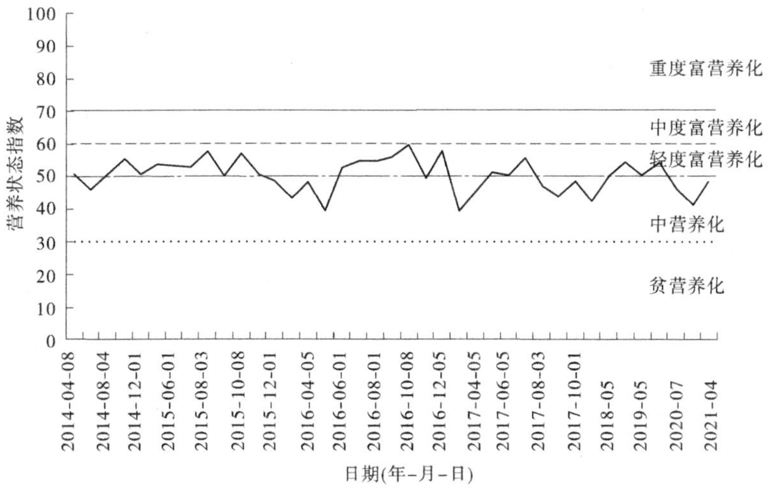

图 5-3-20　采蒲台断面富营养化状态变化情况

庄断面为出淀断面，安里屯断面为省界断面（大清河河北—天津），万家码头断面为入海断面。

枣林庄断面水质目标为Ⅳ类，水质评价结果如图 5-3-21(a)所示，2014 年至 2019 年 5 月断面水质在Ⅱ类至劣Ⅳ类之间波动，其中 2018 年 1—3 月水面结冰，水质达标率为 68.75%。

安里屯断面水质目标为Ⅲ类，水质评价结果如图 5-3-21(b)所示，2013—2017 年断面水质基本为劣Ⅳ类，水质达标率为 2.08%。

万家码头断面水质目标为Ⅳ类，水质评价结果如图 5-3-21(c)所示，2013—2017 年断面水质在Ⅳ类至劣Ⅴ类之间波动，水质达标率为 17.07%。

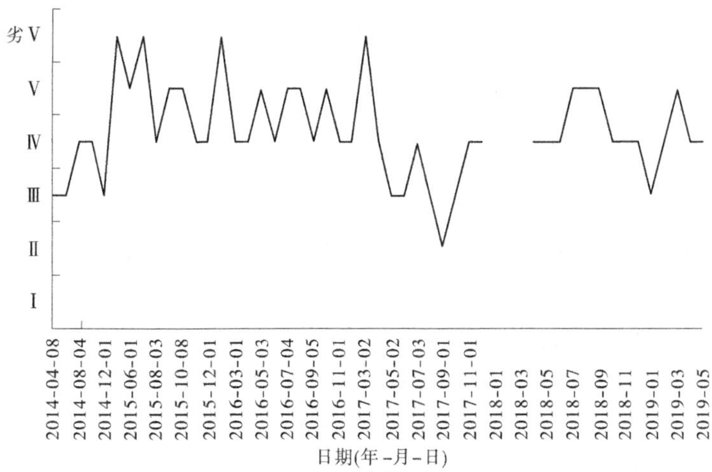

(a)枣林庄

图 5-3-21　淀区下游代表断面水质情况

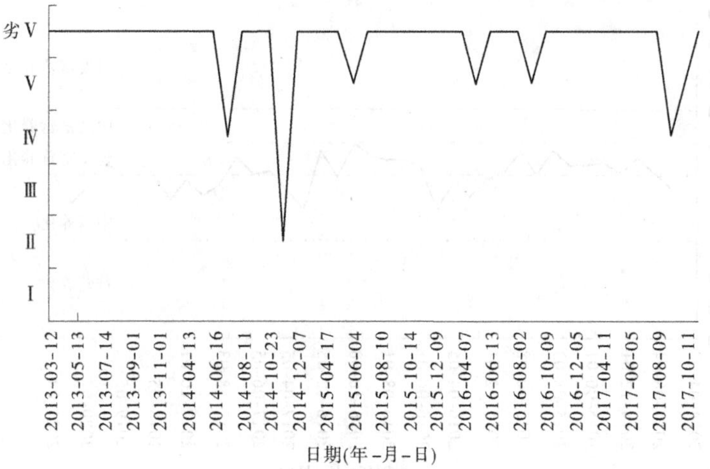

(b)安里屯

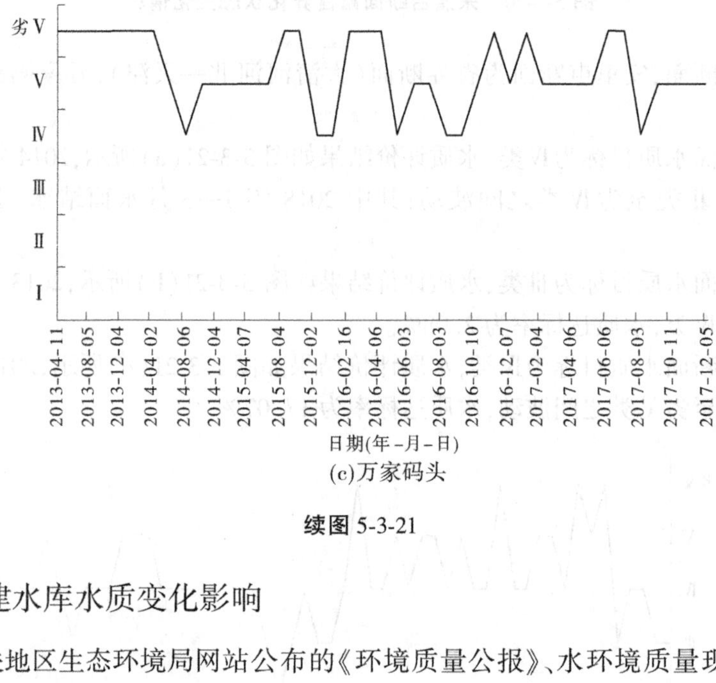

(c)万家码头

续图 5-3-21

5.3.3　已建水库水质变化影响

根据相关地区生态环境局网站公布的《环境质量公报》、水环境质量现状等数据，分析大清河流域水库水质变化情况。对氨氮、总磷指标以及部分月份的化学需氧量指标进行评价，总氮不参评。

(1)西大洋水库水质变化影响分析。

西大洋水库断面规划水质目标为Ⅲ类。水质评价结果如图 5-3-22 所示，2014 年 1 月至 2019 年 10 月，断面水质基本为Ⅰ类和Ⅱ类，满足断面水质目标，水质达标率为 100%。

(2)王快水库水质变化影响分析。

王快水库断面规划水质目标为Ⅱ类。水质评价结果如图 5-3-22 所示，断面 2016 年 5—9 月资料不足，其他时间断面水质基本为Ⅱ类，满足断面水质目标，水质达标率为 100%。该断面水质情况良好。

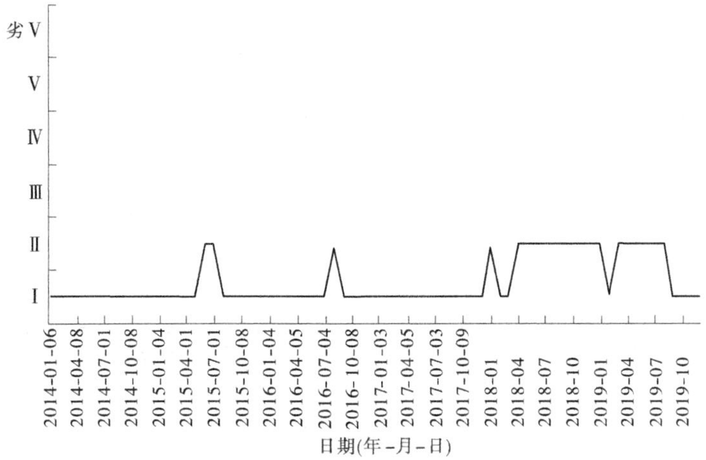

(a)西大洋水库

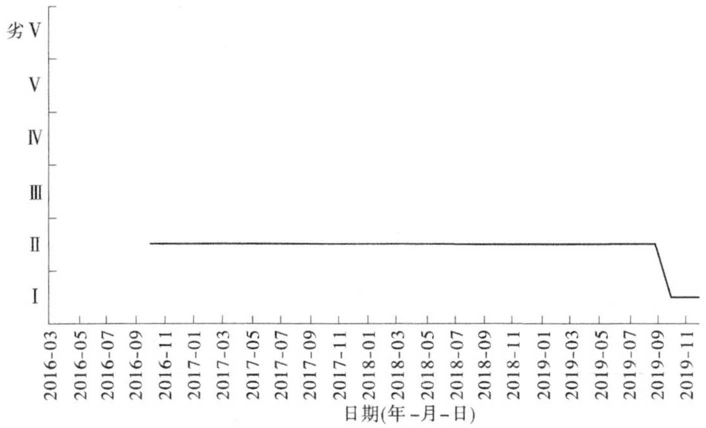

(b)王快水库

图5-3-22　西大洋和王快水库断面水质变化情况

(3)安格庄水库水质变化影响分析。

安格庄水库断面规划水质目标为Ⅱ类。水质评价结果如图5-3-23所示,断面2016年5—9月资料不足,其他时间断面水质基本为Ⅱ类和Ⅲ类,部分时间不能满足断面水质目标,水质达标率为88.57%,水质超标率为11.43%。该断面水质情况较好。

(4)北大港水库水质变化影响分析。

北大港水库断面规划水质目标为Ⅲ类。水质评价结果如图5-3-23所示,2013—2017年断面水质基本为劣Ⅴ类,部分时间为Ⅳ类,不能满足断面水质目标,水质超标率为100%。

5.3.4　环境风险源回顾性评价

5.3.4.1　唐河污水库简介

20世纪70年代,白洋淀水域污染日趋严重,为截留排入白洋淀的工业污水,保定市修建了唐河污水库。污水库位于安新县境内西南部,紧邻唐河故道(见图5-3-24),由人

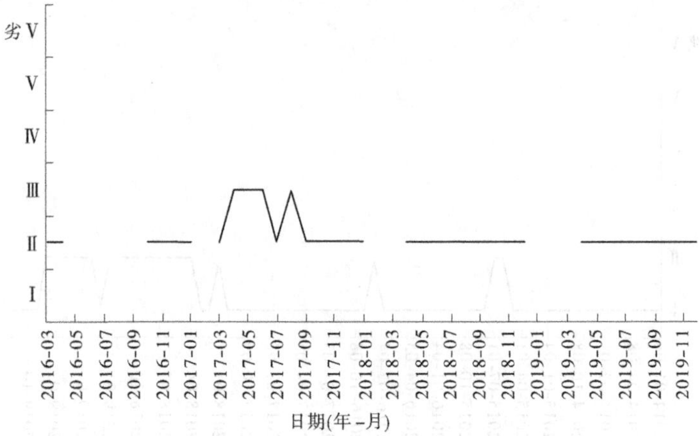

(a)安格庄水库

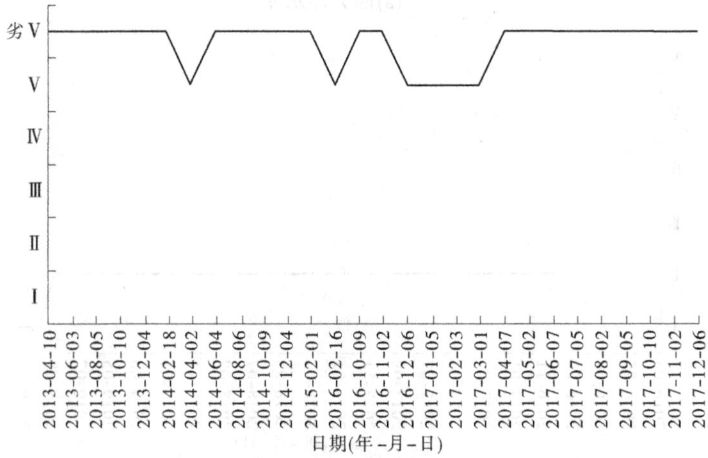

(b)北大港水库

图 5-3-23　安格庄和北大港水库断面水质变化情况

工开挖建成，东西总长 17.5 km，分南北 2 个污水库，总库容 1 350 万 m^3。唐河污水库是调蓄保定市区工业污水排放的临时措施，由于没有进行库底防渗处理，周边地下水污染严重，在调蓄污水的过程中，唐河污水库北库已经成为接纳污水和垃圾的大型渗坑，周边乡镇工业的固体废物逐渐就近倾倒至唐河污水库中，对周边地下水和下游白洋淀的水环境质量构成威胁。唐河污水库本应在 1979 年底废除，其中南污水库未启用。但北污水库由于各种原因运行至 2017 年 8 月才停止使用。目前北污水库蓄水区长度约为 7 km，由于近年没有污水继续排入，水量不断减少，处于自然干涸的过程中。

5.3.4.2　近年治理状况及效果分析

2018 年 4 月，雄安集团生态建设投资有限公司开始对唐河污水库进行总体治理，同年开始了可研报告、一期环评报告和一期初步设计工作，2019 年 9 月完成了环境调查与评估、综合治理总体方案；2019 年 12 月完成了一期工程竣工验收和环保验收，主要工程内容包括库内余水治理、固体废物清运与处置、风险管控与库区植被恢复等，2019 年 10

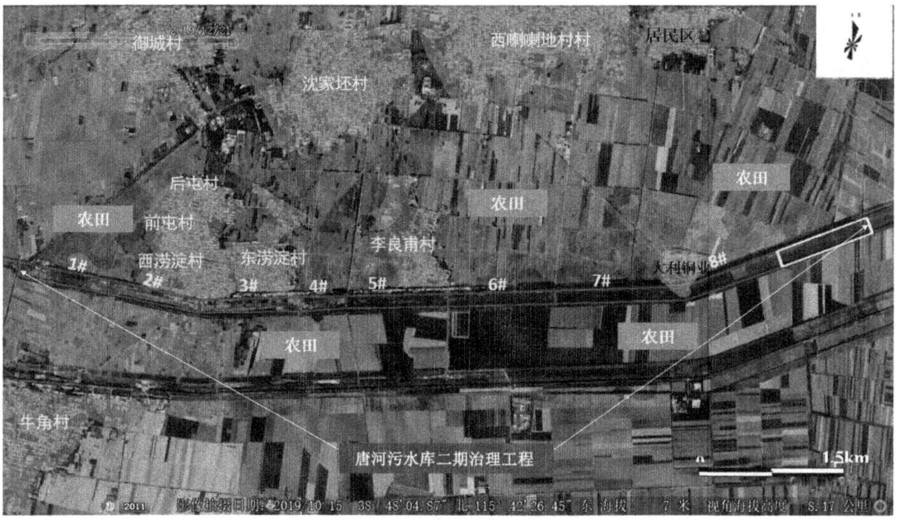

图 5-3-24　唐河污水库(北库)分布

月开始对唐河污水库开展了二期工程勘察、场地环境详细调查、风险评估以及治理与风险管控方案编制等工作;到 2020 年 4 月,项目二期可研已经批复,主要内容包括对污染土壤分类处置、渣土混合物外运处置、外运干净土回填、北污水库生态修复等。

2019 年 10 月 22 日,唐河污水库污染治理与生态修复一期工程已完成竣工验收。一期工程结束后,2019 年 10 月,对唐河污水库 1～8 号坑塘进行了污染场地的详细调查,调查结果如下:1～4 号坑浅层土壤中重金属和有机复合污染较重,7～8 号坑整坑存在不同程度的砷污染,库内渣土混合物附近区域存在重金属污染浓度异常现象;1～3 号坑堆存部分渣土混合物;场地内浅层地下水存在重金属与有机污染物不同程度超标现象。

通过一期治理工程,原库内余污水全部治理,固体废物、危险废物均全部清理,清运至有危险废物处置资质的单位处置,库区进行了生态恢复。遗留的污染土壤、渣土混合物的问题,目前二期治理工程正在进行,在落实各项治理方案后,污水库区域深层污染严重土壤将被有效阻隔,浅层土壤可通过置换及原位修复进行治理。

5.4　陆生生态环境回顾性评价

5.4.1　流域已实施规划的总体影响

5.4.1.1　土地利用变化趋势

根据 2005 年、2017 年卫星影像解译数据,近 10 年大清河流域土地类型整体稳定,土地利用结构未发生大的变化。耕地、林地、草地面积有一定程度的减少,城乡、工矿、居民用地面积持续增加。

与 2005 年相比,2017 年土地利用类型整体变化不大,主要地类仍为耕地和林地。但耕地、林地、水域及未利用土地面积均有所减少,而草地和城乡、工矿、居民用地相应增加,这主要是城市化进程加剧导致的。随着经济、工业的快速发展,人口增长且日趋向城镇集中,建设用地需求增大。大清河一系列生态修复项目的实施,使得区域草地面积有所增加,在一定程度上保障了周围生态环境质量及人居环境。2005 年和 2017 年土地利用情况对比见图 5-4-1。

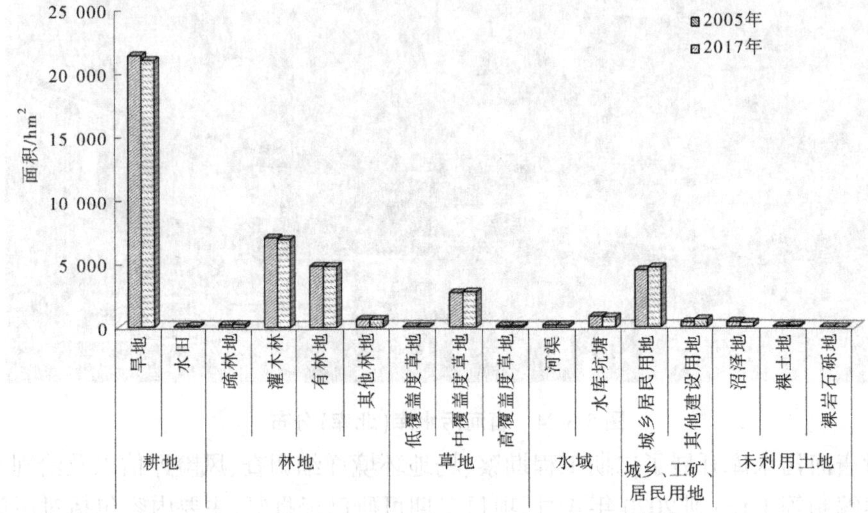

图 5-4-1 2005 年和 2017 年土地利用情况对比

5.4.1.2 湿地资源及演变趋势分析

大清河流域湿地资源相对丰富,具有重要的水源涵养功能,湿地类型中的河流、湖泊湿地是大清河水系鱼类的重要栖息地。

2017 年大清河流域湿地面积 1 268.39 km^2,占大清河流域总面积的 2.95%,略高于海河流域湿地化率(2.77%)。大清河流域湿地主要分布于大清河中下游。在湿地结构中,湖库、坑塘占有较大比重,占总湿地面积的 61.83%,其次是沼泽地,占总湿地面积的 24.25%。

2017 年与 2005 年相比,流域湿地面积总体上呈减小趋势,其中湖库、坑塘由 854.23 km^2 减少至 784.27 km^2,面积明显减小,其余河流湿地、沼泽地等面积都有所减少,总面积减少了 137.99 km^2。各湿地面积减小,使得湿地水源涵养功能有所下降。主要原因为流域降水量减少和生产生活用水量增加,河流开始发生不同程度的干涸断流,导致湿地面积减少。近年来,由于城市景观建设、生态调(补)水,城镇河段景观水面有所增加,但整体来看,区域河道干涸、断流现象依然严重。

大清河流域湿地资源及变化情况见表 5-4-1。

表 5-4-1 大清河流域湿地资源及变化情况

湿地类型	2005 年		2017 年		变化	
	面积/km^2	比例/%	面积/km^2	比例/%	变化量/km^2	比例/%
河流湿地	180.33	12.82	176.59	13.92	-3.74	-2.07
沼泽地	371.82	26.44	307.53	24.25	-64.29	-17.29
湖库、坑塘	854.23	60.74	784.27	61.83	-69.96	-8.19
合计	1 406.38	100.00	1 268.39	100.00	-137.99	

5.4.1.3　景观格局变化情况

根据项目区的实际情况，将项目区景观类型划分为耕地景观、林地景观、草地景观、建设用地景观、水域景观、未利用地景观等 6 种景观类型。选用景观多样性指数、优势度指数、密度、频度、景观比例等指数等来分析项目区景观特征。

大清河流域景观特征见表 5-4-2。

表 5-4-2　大清河流域景观特征

类型	2005 年			2017 年		
	面积/km^2	景观比例/%	密度/%	面积/km^2	景观比例/%	密度/%
草地景观	2 819.83	6.562	9.17	2 891.35	6.728	9.06
耕地景观	21 299.07	49.565	12.65	21 006.5	48.884	16.38
建设用地景观	4 786.43	11.139	28.67	5 194.10	12.195	26.76
林地景观	12 620.36	29.369	39.33	12 474.22	29.029	37.75
水域景观	1 034.56	2.408	8.70	960.86	2.236	7.86
未利用地景观	411.75	0.958	1.46	444.98	0.928	2.20

从表 5-4-2 可以看出，大清河流域 2005 年和 2017 年景观分布变化不大。各景观类型中，耕地景观面积和景观比例最高，林地景观斑块密度最大。

5.4.2　典型区域陆生生态环境回顾性评价

为进一步深入了解流域水利工程对陆生生态的影响，本书选取白洋淀作为典型区域进行回顾性评价。

白洋淀是大清河流域中游缓洪、滞沥的大型平原洼淀，承接大清河南支潴龙河、唐河、府河、漕河、瀑河、萍河、孝义河及北支白沟引河洪沥水，经调蓄后由枣林庄枢纽控制下泄。白洋淀蓄滞洪区由本淀及障水埝、淀南新堤、四门堤、新安北堤等周边区域组成，10 m 水位总面积 1 186 km^2。淀底高程一般在 4.0~5.0 m，村基高程一般在 8.0~9.0m。

白洋淀保护区面积约为 296.96 km^2，滞洪水位 9.0 m（大沽 10.5 m），相应蓄水量 24.18 亿 m^3。白洋淀周围东有千里堤，北有新安北堤，西有障水埝和四门堤，南有淀南新堤，堤防总长 203 km。

5.4.2.1　白洋淀土地利用回顾性评价

采用 1985—2020 年 Landsat-5TM、Landsat-7TM 和 Landsat-8TM 的白洋淀区域遥感影像，开展遥感影像解译工作，基于野外 GPS 地物定位，建立相应遥感专题解译标志，在遥感处理软件中完成遥感影像专题解译，通过对白洋淀区域 1985 年、1990 年、1995 年、2000 年、2005 年、2010 年、2015 年和 2020 年 8 期遥感影像进行解译和分析，揭示了白洋淀 35 年土地利用类型动态变化。白洋淀湿地土地利用类型变化见图 5-4-2 和表 5-4-3。

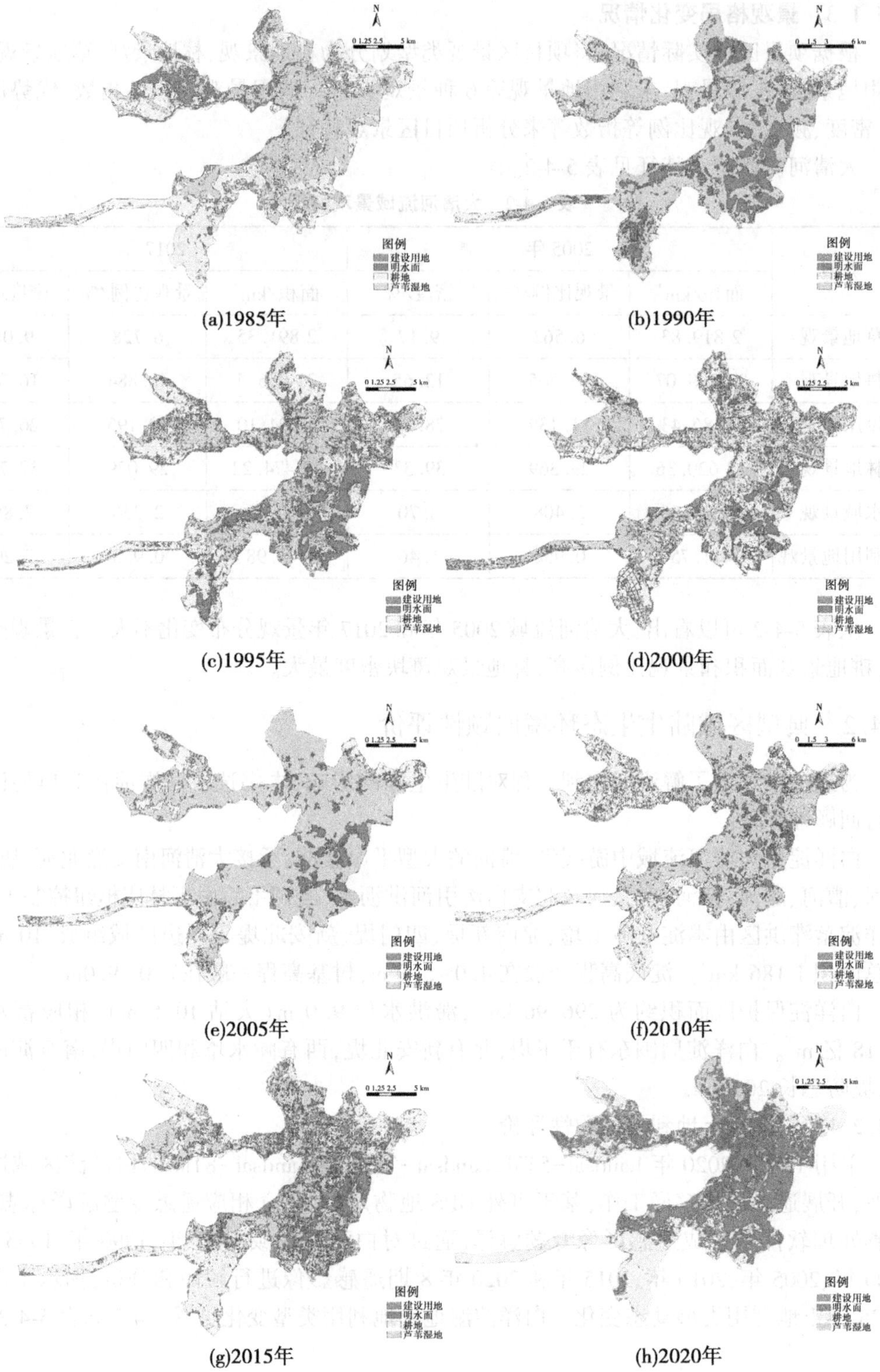

图 5-4-2　白洋淀湿地变化情况

表 5-4-3　白洋淀湿地土地利用类型变化情况　单位:km²

年份	建设用地	耕地	明水面	芦苇湿地
1985	8.845 4	115.399 8	28.436 2	144.619 8
1990	9.284 9	111.726 6	18.088 3	158.264 0
1995	5.443 8	117.506 2	49.040 4	125.614 9
2000	18.228 8	26.065 1	82.716 5	169.332 3
2005	15.325 7	54.102 1	18.992 9	208.820 6
2010	18.689 6	136.860 6	18.258 8	123.339 8
2015	20.591 3	137.306 0	23.736 0	115.552 3
2020	23.321 9	117.575 4	96.626 1	59.662 2

结果表明,白洋淀主要土地利用类型包括明水面、芦苇湿地、耕地(含台田等)、建设用地四种。

总体来看,区域内建设用地的变化规律较为简单,面积一直呈增加趋势,与同一时期淀区人口数量的增加较为一致。

1985—2020 年 35 年间,水域的面积先增加后减少,近年呈增加趋势,说明淀区水面面积与自然降水情况关系紧密,同时,近年来淀区补水工程的陆续实施,对淀区水面面积恢复作用较为显著。芦苇湿地和耕地的面积先减少后增加,建设用地面积持续增加。

芦苇湿地、耕地(含台田等)面积变化趋势较为明显,研究表明,在明水面、芦苇湿地、耕地(含台田等)三种土地利用类型中,存在一系列较为复杂的转化关系。根据本次遥感影像解译的成果及文献调查,白洋淀明水面、芦苇湿地(含台田等)面积变化与水位波动具有同步性,且呈现比较明显的阈值特征(徐卫华等,2005;庄长伟等,2011),即在阈值范围内(5.5~6.9 m),水位上升,水生作物的种植面积会增大,导致芦苇湿地增加。高出阈值,水位升高(例如洪水淹没),会导致耕地(含台田等)面积减少;低于阈值,水位降低,会导致芦苇湿地转为耕地,导致芦苇湿地面积减少。

结合杨志峰等(2006)和崔宝山等(2017)的研究及本次规划环评解译成果,1985—2020 年,白洋淀区域各景观类型的斑块密度均有所增加。其中水域和芦苇湿地、耕地(含台田等)斑块密度增加主要是因为水位总体呈下降趋势和人类活动影响,尤其是渔业养殖活动的增加,使原有水面被分割成更小的斑块,近年来实施生态补水,明水面面积增加明显;耕地(含台田等)和建设用地斑块密度增加主要是由于淀区人口数量的增加和人类活动的增强所致。此外,近 35 年来,耕地和建设用地的连接度逐渐增加,明水面和芦苇湿地、耕地(含台田等)的平均斑块面积减少,说明受人类活动影响,耕地和建设用地破碎化程度加剧,明水面和芦苇湿地、耕地(含台田等)呈现破碎化趋势。

综上所述,影响白洋淀区域陆生生态环境的主要因素包括自然降水、生态补水和人类活动。自然降水和生态补水直接影响淀区水位,人类干扰主要包括人口增加、渔业养殖活动、城镇化等,直接造成建设用地面积持续增加,造成明水面、芦苇湿地、耕地三类土地利用类型的相互转化。

5.4.2.2 湿地植被回顾性评价

白洋淀属温带大陆性季风气候区,冬季寒冷干燥,夏季炎热多雨,多年平均气温 7.3~12.7 ℃,最高气温 43.5 ℃。平均年积温在 2 992~4 409 ℃。全流域多年平均降水量为 563.7 mm,淀内以沼泽为主,土壤营养物质丰富,生物种类繁多。

淀区植被类型以芦苇群落、狭叶香蒲群落、金鱼藻群落、莲群落、紫背浮萍+槐叶萍群落等湿地植被为主,分布面积较广;小茨藻群落主要分布于前、后塘区域,大面积的穗花狐尾藻和微齿眼子菜群落分布于赵北口镇附近;龙须眼子菜群落分布范围较广,但缺乏大面积分布;而芡实+菱群落只在小杨家淀内发现,且为人工种植群落;马来眼子菜群落、荇菜群落、水鳖群落多分布于航道两侧,但未见大面积分布。

根据调查,工程建设占地类型主要为河滩地,占地区植被类型简单,常见植物种类主要有芦苇、水蓼、两栖蓼、小灯芯草、狗尾草、披碱草、小藜等草本植物。可见,工程占地区内植物种类很少,且均为常见种,在淀区周边区域均有广泛分布,工程建设不会对区域湿地植被产生较大影响。

5.4.2.3 陆生动物回顾性评价

白洋淀动物中,数量较多的有两栖类中的蛙科,爬行类中的游蛇科,鸟类中的鸭科、鹭科、鹬科,哺乳类中的啮齿目等。这与该区域自然环境是相符的。

近年来,工程的建设虽然对动物的生境带来一定的改变,但白洋淀面积较大,人为干扰小的相似生境较多,加之工程影响区内的动物以广泛分布的物种或常见种为主,迁移能力、适应能力强。因此,白洋淀工程建设对区域动物的不利影响较小。

5.4.2.4 湿地功能的回顾性评价

1. 蓄水调洪功能

由于入淀水量减少、泥沙淤积和围湖造田,白洋淀调洪水位 9.1 m 时,总库容已由原 12.92 亿 m^3 减至 10.7 亿 m^3,减少了 17.4%,水面面积减小和湿地植被的破坏降低了白洋淀湿地拦蓄洪水的能力,在丰水期不能有效地拦蓄洪水,致使洪峰向下游推进。同时,白洋淀湿地对水资源拦蓄存储作用和对河川径流调节作用的减弱,使其在枯水季节或枯水年份没有足够的地下水源补给淀内的基本生态用水和生产生活用水。这也是淀区水环境质量恶化、生物资源遭到破坏的一个主要原因。

2. 调节气候能力

白洋淀是华北地区最大的淡水湖,每年通过水面蒸发和植物蒸腾作用散失到空气中的水分子可以调节空气湿度,增加降水量,改善局部地区的小气候环境。由于白洋淀水量减少,持续干淀,水面面积缩小,使湿地生态系统的结构和功能都发生了明显变化,维持生态及调节气候的功能也有所下降。根据气象资料,对比 1995—2012 年的相关数据,发现白洋淀夏季温度增加了 2 ℃。

5.4.2.5 湿地景观格局影响分析

张敏等借助 1984—2020 年 12 期遥感影像数据提取白洋淀区域景观格局分布,综合运用景观格局指数方法和 GIS 技术分析白洋淀近 35 年的景观格局变化特征,研究结果表明:

(1)湿地景观类型组分。35 年来,挺水植物一直是白洋淀最主要的景观类型,其面积占研究区总面积比例达到 37%~61%,其次为农田、沉水植物、纯水体等;挺水植物和沉水植物呈减少趋势,农田和居民点呈持续快速增长趋势,纯水体为“增加—减少—再增加”的趋势,林地和裸土地变化幅度不大。

(2)湿地景观格局变化。平均斑块面积(MPS)在一定程度上揭示了景观的破碎化程度。研究表明,农田的 MPS 最大,其次为挺水植物。1994 年农田的 MPS 达到最低值 315.66 hm^2,之后持续波动增长,到 2009 年增加到 1 586.36 hm^2,为多年最高值。挺水植物 MPS 最大值为 1984 年的 691.08 hm^2,到 1989 年迅速降低到 77.67 hm^2,之后缓慢增长到 2004 年达到一个小峰值,为 309.42 hm^2,随后逐年降低。纯水体的最大值出现在 1989 年,最小值在 2004 年。纯水体、沉水植物、裸土地、居民点和林地的 MPS 较小,景观斑块破碎且分布零散。

5.4.3　河流廊道生态状况

5.4.3.1　河湖岸带生境状况

大清河流域河流在山前平原地区干涸断流情况严重,沿岸村庄、垃圾侵占河道问题突出,非法采砂问题严重,河漫滩植被破坏,人工农业生态系统增加,河岸带得分较低。

白洋淀淀区内随着人口不断增加,耕地和居民地面积显著增加,从 1974 年的 71 km^2 增加到 2016 年的 176.7 km^2,增长了 1.5 倍。生境呈破碎化,生物多样性遭受破坏。沼泽化趋势明显,淀内生物栖息失去了应有的亲水空间。白洋淀湖滨带破坏较为严重,白洋淀湖滨带评分较低。

2016 年北大港芦苇湿地面积达 110.6 km^2,占北大港湿地面积的 44.5%,芦苇湿地是其主要的湿地类型,植被覆盖度得分较高,河湖岸带生境状况整体为良好状态。团泊洼由于农用地盲目开垦,湖滨带评分较低。

大清河流域河湖岸带生境状况评价见表 5-4-4。

表 5-4-4　大清河流域河湖岸带生境状况评价

河流/湖库	河段(湖库)	评价赋分				评价结果
		岸坡稳定性	植被覆盖度	人工干扰程度	综合得分	
大清河	拒马河	67	50	60	59	中
	南拒马河	66	50	60	59	中
	白沟河	69	60	60	63	良
	大清河	69	70	50	63	良
	独流减河	76	80	80	79	良
白洋淀	白洋淀	60	70	40	57	中
北大港	北大港	75	85	75	78	良
团泊洼	团泊洼	61	75	30	55	中

5.4.3.2　纵向连通性

统计大清河流域主要河流的大中型闸坝个数,可见水利设施对河流控制力增强的同时,也使得河流纵向连续性遭到严重破坏,水流流速减小,降低了污染物扩散能力和水体的自净能力,引发水生态问题。大清河流域主要河流连续性见表 5-4-5。

表 5-4-5　大清河流域主要河流连续性

河流名称	河流长度/km	闸坝数量/座	百公里闸坝个数（个/100 km）
拒马河	220	10	4.55
南拒马河	123	3	2.44
白沟河	56	1	1.79
唐河	359	11	3.06
独流减河	70.3	14	19.91
南运河	50.1	2	3.99
海河	72	17	23.61

5.4.4　已建成水电站对陆生生态环境影响

5.4.4.1　对植物、植被的影响

目前大清河水系已建水电站 40 座,总装机容量 103.40 MW,年发电量 14 772 万 kW · h,均为小型电站,90%为引水式电站。其中,建成时间最早的为 1961 年建成的安格庄水库中易水引水式电站,目前该水电站已平稳运行 60 年,建成时间较晚的水电站也已运行近 10 余年。

由于水电站均已建成时间较长,电站建筑物早已与周边环境融为一体,工程建设占用植被面积有限,且以次生性植被为主,没有改变区域内植被的分布格局,未造成任何植被类型的消失。因此,工程建设对水电站周边的植被、植物资源影响很小。

水电站对植被的影响主要为电站工作人员的日常活动带来的影响,但电站职工较少,而且电站运行过程中加强了员工生态环境保护方面的宣传教育,加强了员工用火安全管理以及生态环境保护方面的管理(如禁止员工砍伐林木),电站运行对植物植被的影响较小。据调查,电站厂区、拦河坝、引水渠、前池等永久占地工程周边的植被与附近其他区域的植被无显著差异,水电站多年运行期间对周边植被的影响很小。

总之,工程建设不可避免地会对评价区植被、植物资源产生一定的影响,但所受影响的植被类型、植物物种在项目区及周边区域广泛分布,都是常见种、广布种,工程影响到的只是局部及次生性较强的植被及植物种群的小部分个体,未导致物种灭绝,也未改变评价区域的区系性质。水电站建设时间较早,运行时间较长,现场已无施工痕迹,电站建筑物早已和周边环境融为一体,已建水电站对区域内植被、植物资源未造成明显影响。

5.4.4.2　对野生动物的影响

1. 项目建设改变动物生境条件

水电站的建设不可避免地会占用一部分动物生境,电站运行后坝前蓄水将影响甚至

淹没哺乳类、鸟类、爬行类和两栖类原有的栖息环境、取食地和巢穴等,对其会有不同程度的影响。由于大多数动物有趋避的本能,水电站建设区以外的环境未遭破坏,工程建设不会对动物种群产生太大的影响,它们会选择适宜的生境继续生存和生活。由于野生动物适应性强,随着植被的恢复和新生态系统的建立,动物区系也得到了一定程度的恢复和发展。

2. 河段减水造成生境条件变化

水电站引水发电导致坝址至厂区河段水流量急剧减少,在枯水季节对该河段两栖类动物的栖息和繁衍产生较大影响。由于水量的减少,部分河床可能出现裸露,局部河段空气湿度降低,使适应于潮湿环境的两栖类种类、数量减少,而喜欢干燥环境的爬行动物种类由于适宜生境的扩大,种群数量可能增加。水量减少后,两栖类可栖息和繁衍的空间大幅减少,因此保留必要的生态流量对维持该河段两栖类的正常栖息尤为重要。由于电站已建成并运行时间较长,上述影响早已存在,在电站多年的运行过程中,区域两栖类动物已逐渐适应这种生境。

综上分析,目前电站至今已运行时间较长,电站建筑物早已和周边环境融为一体,生态环境逐渐得到了恢复,动物种群数量已重新得以恢复,重新维持了生态系统的平衡,目前水电站建设区域野生动物已适应此影响,并建立了新的栖息地,且水电站运行过程中均加强了员工生态环境保护方面的宣传教育及管理(如禁止工作人员捕杀野生动物,增强工作人员环保意识,不购买、不食用野生动物及制品等)。因此,已建成水电站对流域内野生动物的影响较小。

5.5　水生生态环境回顾性评价

5.5.1　已建水利水电工程对水生生态环境回顾性评价

河流生态系统中生物群落与生境具有一致性,生境是生物群落的生存条件,生境的多样性是生物群落多样性的基础。影响河流生态系统的因素有自然因素和人类社会活动因素两类,其中人类社会活动是影响河流生态系统的最主要因素。

人类活动对河流生态系统的影响首先是河流生境条件的改变,主要表现在以下三个方面:一是河流水文条件的改变,如水量、水位、流速、径流过程等;二是河流地貌特征的改变,如河流纵向形态、横向形态、河流泥沙情况、河岸土壤及地质条件等;三是水环境条件的改变,如水质、水温等。河流的水文条件、环境条件及地貌特征直接影响到河流生物栖息地质量,进而决定了河流生态系统的生物多样性水平。河流生境因子及其对河流生态系统引起胁迫的主要原因与影响见表 5-5-1。综合分析可知,河流小水电开发、水利工程建设(水库、拦河坝)、过度捕捞、水污染等都是影响水生生态系统的主要因素。

表 5-5-1　河流生境因子及其对河流生态系统引起胁迫的主要原因与影响

生境因子		引起胁迫的主要原因	对河流生态系统的主要影响
水文条件	流量	超量取水	河道物理特征的改变,满足不了河流生态需水量要求,生态功能退化,生物多样性减少
	径流过程	水库调蓄	改变了自然河流丰枯变化的水文模式,打破河流生物群落和生长条件和规律,导致有些靠丰枯变化抑制的有害物种爆发
地貌特征	纵向蜿蜒性	河流纵向自然形态直线化	生境异质性减少,导致生物多样性降低
	纵向连通性	水库、闸坝等水利工程建设	河流纵向水流、营养物质输送及生物通道的不连续,导致生物多样性降低
	横向断面多样性	河流横断面规则化、渠道化	生境异质性减少,导致生物多样性降低
	横向连通性	堤防、刚性硬质不透水护坡等水利工程建设	河流横向水流、营养物质输送及生物通道的不连续,导致生物多样性降低
	泥沙冲淤及河势变化	森林砍伐、山地开垦等导致水土流失及水流对河岸的冲刷	河流泥沙冲淤失衡,河势发生变化
	河岸植被覆盖率	河岸土壤的物理化学性质(如土质、渗透性等)及人类的干扰(如对河岸带土地的开垦,采用硬质护坡等)	降低河岸带生物栖息地质量及河流系统的水质自净化能力及美学价值,影响河岸带功能
	河岸与地下水的交换性	防渗水利工程(如高封闭率防渗墙工程)	阻碍了河道水与近水域陆地区域地下水间的交换,导致近水域陆地区域水环境恶化
水环境条件	水质	工业、生活废水排放的点源污染及农业造成的面源污染	生物生存条件恶化,生物数量种类减少,河流功能退化
	水温	水库底孔下泄、河岸及河内遮蔽物的减少	控制着许多水生冷血动物的生化和生理过程,进而影响生物的多度和丰度
	底泥污染	排入河流中的污染物质被底泥吸附	泥沙对污染物质的吸附和解析作用影响水生环境

5.5.1.1　对水生生境的影响

1. 水文情势变化

上游山区水库皆依原来河谷修建，建库后河谷水面变宽，水面面积增加，水流变缓，库区由原先的急流环境转变为缓流、静水环境。同时，由于人工调节，水库水位在不同季节出现消落，而出现消落的时间往往与河流自然节律相反。由于水库对泥沙的沉降作用，水体透明度会得到一定的改善，特别是平水期明显增大。

2. 阻隔效应

由于大坝的阻隔，完整的河流环境被分割成不同片段，水生生境的片段化和破碎化将导致鱼类等水生生物形成大小不同的异质种群，种群间基因不能交流，将使区域内原自然分布的种群受到不同程度的影响。种群数量较大的种类被大坝阻隔在不同区段的群体间将出现遗传分化；种群数量较少的种类遗传多样性将逐步降低，危及物种生存，甚至导致种群灭绝的概率增加。

除了这些大型水库，流域内还分布有大量的小型水库和闸口。流域内小型水库就有上百座，将原本连通的羽状河流片段化，形成大小不一的异质生境。这些水库、闸口的存在，进一步加剧了流域生态水量的缺失。这些小型水库大多是引水式开发，形成大量的减水和脱水河段，严重破坏了水生生物和鱼类的生境，不仅影响饵料生物的生长，还直接导致鱼类的死亡和种群的退缩。

5.5.1.2　对鱼类的影响

根据鱼类资源现状调查的结果，同历史本底进行比较，大清河流域鱼类资源退化明显，无论从物种多样性，还是种群数量上都体现出了明显的下降趋势。目前尚能发现的种类多数为中国东部江河平原区常见的物种，一些特有种、江海洄游性种类消失，同时鱼类小型化现象严重。过去流域开发带来了一系列生态影响，对鱼类的影响主要体现在以下几个方面。

1. 大坝、闸口等阻隔效应对鱼类的影响

20 世纪 50 年代以来，大清河流域修建了大批水利工程，除了一些大型的水库，在各支流上还修建了大量的小型电站和小型水工设施，这些都将原本连通的羽状河流片段化，形成大小不一的异质生境，更为重要的是阻隔了鱼类种群间的遗传交流和洄游通道。

大坝的建设将使河流的连续性受到影响，不仅阻隔了洄游鱼类的通道，对半洄游性鱼类和非洄游性鱼类也有很强的阻隔效应。已有研究表明，由于大坝的阻隔，完整的河流环境被分割成不同的片段，鱼类生境的片段化和破碎化将导致形成大小不同的异质种群，种群间基因不能交流，将使区域内原自然分布的种群受到不同程度的影响。流域内一系列的水库、闸口的检视，使得原自然连通的河流将被连续的梯级阻隔，河流生境片段化严重。

大坝的阻隔首先导致一些江海洄游性种类在流域内消失。日本鳗鲡是降海产卵的鱼类，其产卵场在以琉球海沟为中心的海域，每年需要溯河进入中国、朝鲜半岛、日本等的淡水江河、湖泊完成育肥。历史上在大清河流域，日本鳗鲡是比较常见的物种，然而随着闸口、水库的建设，江海洄游通道受阻，目前日本鳗鲡在大清河流域已基本消失。

大坝的阻隔作用对于一些纯淡水鱼类顺利完成生活史也有着重要的不利影响。著名的四大家鱼，即青、草、鲢、鳙，都是产漂流性卵的鱼类，性成熟亲鱼产下受精卵后，其比重略大于水，其受精卵后续的发育需要一定的水流激荡从而漂流于江河之中，受精卵在漂流过程中逐渐发育成仔稚鱼，仔稚鱼再进一步漂流至水面开阔的江段或湖泊育肥成熟。因此，这些鱼类生活史的完成，需要很长一段流水河段，通常都在数百千米以上。大清河流域内大型水库的建设，水量减少，河道断流，目前已经基本不存在满足这些中大型产漂流性卵鱼类的自然生存空间。因此可以判断，青、草、鲢、鳙在大清河流域目前不存在自然繁殖种群，尽管这些鱼类在流域内的水库内都比较常见（依产量依次为鲢、鳙、草鱼等），但均为人工增殖放流的群体。

2. 大坝引起水文情势的变化对鱼类的影响

通常水库建成运行后，库区水位抬高，水深增加，水面面积增加，水流变缓，河流的水动力学过程发生较大的变化，呈现湖泊水动力学特征，这些变化的结果直接缩减了那些适应河流流水生活鱼类的适生生境，使其种群退缩到库区范围之外，但由于河道经常性断流，进一步恶化了这些鱼类的生存环境，使得这些鱼类，特别是一些珍稀、特有鱼类迅速退出大清河流域，甚至消失。

3. 生态水量匮乏、人为活动影响对鱼类的影响

在流域内气候持续变暖、趋向干旱的大环境背景下，大型水库生态水量泄放不足，使得大清河流域多条河流由太行山脉进入到平原区时出现断流，一些小型引水式发电站也造成局部河段的减脱水。这些都极大压缩了鱼类的生存空间，势必导致鱼类物种多样性和种群数量的大幅下降。同时，河道及周边人类活动的加剧，如在河道内修建永久或临时性的设施、小生境的破坏、周边旅游业的持续开发，都给鱼类施加了不同程度的影响。

多鳞白甲鱼是唯一在长江以北地区分布的具有洞穴生活习性的种类，在大清河流域主要分布于拒马河。多鳞白甲鱼通常自 10 月下旬陆续进入到附近的泉穴中（以鱼谷洞为主）蛰伏越冬至翌年 4 月中下旬，历时近 6 个月（张春光，1986），谷雨前后集中从越冬的泉穴中游出进入到河流中摄食、繁殖，历史上数量较多时甚至可以形成“鱼泉”现象。拒马河是该物种分布的最北限，在研究动物适应演化和动物地理时具有重要的科学意义。然而，由于持续的水量减少、旅游开发，洞穴和河流不再连通，大量的适生生境消失，使得目前多鳞白甲鱼已经基本退出大清河流域，近 10 年的野外跟踪调查，均未在拒马河流域发现自然种群。其他如黄线薄鳅等，同样受到断流和人类活动的干扰，适生生境消失，而不见或少见于流域内。

4. 水质恶化、水污染对鱼类的影响

大清河流域水污染情况比较严峻，除个别水库外，多数河流水质状况不佳。水域污染对于鱼类等水生生物的种群维持影响巨大，严重破坏了鱼类赖以生存的水体环境，物种多样性下降明显，影响鱼类的群落结构，一些对环境比较敏感的物种消失，而一些耐污性较强的种类，如鲫、麦穗鱼、泥鳅能得以生存。

5. 酷渔滥捕对鱼类的影响

现状调查时发现，多数河流、水库的捕捞压力都非常巨大（见图 5-5-1）。非法或不当的捕捞方式，如电鱼、绵密的地笼等，对鱼类资源量的破坏十分巨大。酷渔滥捕的结果除严重降低鱼类的多样性及种群数量外，还造成了鱼类小型化现象，即以渔获物中以小型鱼类种类为主和小型个体为主。大量的成熟个体和繁殖亲鱼早早地即从水体中被捕捞出

售，使得鱼类种群的补充受到重大影响。

(a)拒马河上游小型引水式发电站及减脱水河段

(b)拒马河酷渔滥捕

图 5-5-1　拒马河上游现场情况

5.5.1.3　对其他水生生物的影响

1. 对浮游植物的影响

大清河流域上游河流区，其浮游植物多样性在开发之前为河流型。河流中的浮游植物通常以硅藻门的种类为主，以流域内河流生境保存较好的拒马河为例，硅藻门的种类最多，占该河流浮游植物总数的 64%，各采样点出现频度均为 100%，其数量占藻类总数的 74%，说明硅藻为优势类群，浮游植物的群落结构属于硅藻型。然而原有的河流变成河道型水库后，水体环境由河流生态型向水库生态型转化，水面增大，水流速度减缓，水体营养物质滞流时间延长，泥沙沉降，水体透明度增大，被淹没区域土壤内营养物质渗出，水中有机物质及营养盐将增加，这些条件的变化均有利于浮游生物的生长繁殖。一般库尾尚能保持一定的流水条件，库尾至坝前流速趋缓，库区浮游植物种类和现存量随即发生变化。硅藻门的种类和细胞密度所占比例会下降，而绿藻和蓝藻门的种类与数量则会明显增多。例如，西大洋水库和王快水库等的浮游植物调查均显示，绿藻门种类所占的比例最高，分别占 43%和 36%，而硅藻门所占的比例均退居到第二位。因库区不同区域水文情势和生态环境的不同，浮游植物种类和细胞密度变化也存在一定的差异，例如，西大洋水库浮游植物种类较多的地点位于唐河入库口及坝前，水库中心区种类数量反而不多，但是库中心细胞密度最高，唐河入库口的细胞密度反而最低。

水体污染、水量减少等因素对于浮游植物的影响剧烈。相较而言，河流受到的影响更为巨大，物种多样性和种群数量下降都比较明显。依 2018 年实地调查结果，各监测点的数量皆不足 20 种，尽管河流本身浮游植物种类较水库、湖泊内分布的种类为少，但同历史记录比较，浮游植物的物种多样性仍然处于较低水平。

2. 对浮游动物的影响

流域内各主要水库建成后，库区水流减缓、水深增加、水面扩大、透明度增大，淹没区植被、土壤内营养物质渗出，引起水中有机物质及矿物质增加，加上水体滞流时间延长和泥沙沉降，将导致营养物质滞留和积累，水体初级生产力提高。上述条件的改变不仅会直接影响浮游动物的生长与繁殖，而且通过浮游植物间接影响浮游动物。水库蓄水后，枝角类和桡足类的种群数量有所增加，可能形成优势类群。但由于环境异质性的降低，浮游动物物种多样性会有所下降。

浮游动物的群落结构和种类组成上的变化可以反映水体污染的程度,浮游动物的多样性增加、种群密度降低、均匀度上升,一定程度上意味着水体水质的良好或向好趋势;而物种多样性的降低、少数物种(特别是耐污种)的种群密度占据优势,则显示水体水质的恶化。大清河流域浮游动物群落结构是以原生动物为主,轮虫次之,2009 年对全流域河流部分的调查共检测到浮游动物 103 属 172 种,其中原生动物 45 属 85 种,占 49.42%;轮虫 40 属 59 种,占 34.30%;二者合计几乎占到了浮游动物总种数的 85%。从不同调查点来看,白沟河种类最多,以一些中污性指示种类为主,如萼花臂尾轮虫、角突臂尾轮虫、剪形臂尾轮虫等。

3. 对底栖动物的影响

对底栖动物的影响主要体现在不同方面,水体形态的改变将同时影响底栖动物的多样性组成和种群规模。流域内若干大型水库的修建,河段由河道型流水生态变成缓流的水库生境,原有的底栖动物的种类组成、优势种和生物量将会发生相应变化。库区河段底栖动物种类分布较建坝前将有所增加,结构组成中节肢动物、线形动物所占比重将有一定幅度的上升,环节动物、软体动物所占比重将有所下降,生物密度、生物量较建坝前将有所提高,其中线形动物、环节动物密度分布较建坝前将有所增加。适于静水生境的摇蚊科生物等水生昆虫种类分布将有所增加,生物密度、生物量将提升;在库尾水域,因水体保持一定微流,原有种类将得到一定维持,但分布数量、范围将大幅缩减。

另外,污染水平对于底栖动物也有较大影响。底栖动物的栖息地相对较固定,活动范围较小,生活周期较长,对外界压力和水质污染的耐受性程度均有不同的特点,并且与底泥直接接触机会多,在较长时间一旦环境发生变化,即导致环境因子改变,出现群落类型转变的顺序过程,严重时可导致原群落结构的瓦解或破坏。底栖动物的这些变化在河流与水库均有不同程度的体现。例如 2003 年对拒马河的调查,检出底栖动物 28 种,分别隶属于 18 科 23 属,主要为三大类群,即软体动物 14 种,环节动物 6 种,水生昆虫 8 种。调查结果显示,各调查位点的底栖动物多样性指数值随污染程度的增加而略有下降,农田灌溉水及旅游业所带来的生活垃圾污染,使底栖动物种数有一定的减少,而适应富营养水体的某些种类在湖泊中占极优势地位,从而导致物种多样性的下降。2013 年对大清河流域摇蚊幼虫的调查,共采集到摇蚊幼虫 46 种,隶属 4 亚科 25 属,基于摇蚊幼虫群落结构特征,大清河流域水质情况比较复杂,但显示多数地区已达富营养化水平。大清河东西向流域特征变化明显,可分为上游低山区、中游丘陵区和下游平原区,其水域环境也有从东到西逐渐恶化的趋势,在回归分析中,大清河的摇蚊幼虫 Margalef 丰富度指数呈现出与经度负相关的变化,有从上游向下游递减的趋势,也印证了大清河从上游到下游的水质变化状况。水库的网箱养殖造成底泥富营养化,也同样改变了底栖动物的群落结构。

4. 对水生维管束植物的影响

河流型水库的存在,使库区水流变缓,泥沙逐渐沉积,水体透明度升高,原来的耕地、林地、园地、库湾等可以为河漫滩湿生植被的滋生提供良好的生存条件,挺水植物、沉水植物分布区域及生物量有可能增加,局部库湾也有可能出现浮叶植物和漂浮植物,但增加量有限。水位的变化对于岸边水生维管束植物的正常生长也会带来一定不利影响。建库运行后水位上升,永久性淹没原消落区水生植被,并形成新的消落区。由于水位的不稳定消长,库岸处较难形成有规模的水生维管束植物群落。现状调查时发现一些调查点尚保有一定的水生维管束植物群落,但随着个别地区无序开发和人类干扰加剧,湿地有所退化,不利于水生维管束植物群落物种多样性的系统稳定性。

5.5.1.4　生态水量情况

1. 主要河流干涸断流

20 世纪 50 年代,大清河流域主要河道水量充沛,常年有水,湖泊密布,湿地连片。20 世纪 70 年代以来,随着流域大中型水库的建设和水资源开发利用的提高,中下游河流开始发生不同程度的干涸断流,湿地面积大幅减少。从 2006—2015 年的近 10 年数据统计,白洋淀北支南拒马河断流、干涸 350 d 左右,白沟河断流、干涸也超过 150 d;南支唐河断流、干涸在 300 d 以上。独流减河进洪闸至万家码头存在干涸情况,万家码头至防潮闸河段常年有水,但基本处于长期断流状态;大清河断流干涸严重,河流水生态严重退化;海河干流断流现象较为严重。

大清河流域主要河流干涸及断流情况见表 5-5-2。

表 5-5-2　大清河流域主要河流干涸及断流情况

河流	起止范围		2006—2015 年平均	
	起始断面	终止断面	干涸天数/d	断流天数/d
南拒马河	张坊	新盖房	343	351
小清河	大宁水库	东茨村	347	365
白沟河	东茨村	新盖房	155	167
瀑河	源头	白洋淀	365	365
漕河	龙门水库	白洋淀	326	365
唐河	西大洋水库坝下	白洋淀	314	356
潴龙河	北郭村	白洋淀	208	283
大清河	新盖房	新镇	314	342
	新镇	进洪闸	282	288
独流减河	进洪闸	万家码头	52	331
	万家码头	防潮闸	0	353
海河干流	三岔口	海河闸	0	291

2. 重要湿地萎缩

受到入淀水量锐减以及人类大规模开发等因素的影响,白洋淀水面和湿地面积逐渐萎缩。白洋淀从 20 世纪 60 年代开始就不断出现干淀现象。20 世纪 70 年代后,白洋淀水面缩减了 27%,到 1987 年干淀达到最低值;2000 年后,受到“引岳济淀”“引黄济淀”等跨流域补水工程影响,水面和湿地面积呈上升趋势。2018 年白洋淀湿地水面面积恢复至 226 km^2。

北大港水库曾多次作为引黄济津的调蓄水库，从 20 世纪 70 年代以来，与北大港水库相连的独流减河多年没有大水，由于上游独流减河来水减少，除引黄济津调水外，北大港水库多年无水可蓄，土地利用类型以芦苇（内陆滩涂）为主，占湿地总面积的 79.0%以上，水生态系统遭到一定程度的破坏，北大港湿地面积在 1985 年达到最大值，1985—2016 年湿地面积呈下降趋势。

团泊洼水库蓄水水源来自南运河、大清河及黑龙港河沥水，自 1978 年团泊鸟类自然保护区所依托的团泊水库建成以来已经数次干涸，特别是自 1996 年起连续 5 年的干涸。2002 年通过引黄工程调水 1 300 万 m^3，加上降雨沥水，湿地生境得以恢复。整体而言，1985—2016 年团泊洼的总湿地面积呈减少趋势。由于没有长期稳定的生态用水来源，加之蒸腾与渗漏作用，水库存水量逐年减少，如再不能及时补充生态用水，团泊湿地面临再一次消亡的可能性。

3. 生态水量满足程度

近年来受降水量减少、用水增加和下垫面变化影响，天然径流量锐减，大清河流域合计生态需水量 7.58 亿 m^3，占大清河流域 1956—2016 年多年平均地表水资源量的 33.1%。同时河道外用水需求的增加大量挤占河道生态用水，加剧了河道生态水量短缺程度。主要河流、湖泊生态水量满足状况见 3.1.7 节。

4. 入海水量不足

海河干流在 1959 年以前入海水量丰富，多年平均径流为 95.6 亿 m^3，1959 年以后，由于上游地区用水量不断增加，海河各主要支流又另辟新河入海，致使经海河闸下泄的入海水量也逐渐减少。据统计，海河闸多年平均入海径流 20 世纪 60 年代为 44.83 亿 m^3，70 年代为 10.1 亿 m^3，80 年代为 1.7 亿 m^3，90 年代为 2.51 亿 m^3。1959—2002 年多年平均入海径流为 14.53 亿 m^3，仅为海河建闸前的 15.2%，其中 1976 年无径流入海。由于长期闭闸挡潮，使潮水所带泥沙在闸下落淤，造成河口严重淤积。

独流减河自 1969 年扩挖以来，由于海河流域除个别年份外长期干旱，导致独流减河入海径流很少。1971—2002 年平均入海径流量为 2.19 亿 m^3，防潮闸多年平均入海径流 20 世纪 70 年代为 4.14 亿 m^3，80 年代为 0.07 亿 m^3，90 年代为 2.79 亿 m^3。以 1977 年入海量最多，达 23.2 亿 m^3，其余大部分年份闭闸无径流下泄。由于上游来水层层拦蓄、滞洪，由进洪闸下泄径流含沙量较小，加之河道纵坡平缓，从防潮闸入海径流基本为清水。

5. 河湖岸带被侵占

大清河流域河流在山前平原地区干涸断流情况严重，沿岸村庄、垃圾侵占河道问题突出，非法采砂问题十分严重，河漫滩植被破坏，人工农业生态系统增加。

白洋淀淀区内随着人口的不断增长，耕地和居民地面积显著增加，从 1974 年的 71 km^2 增加到 2016 年的 176.7 km^2，增长了 1.5 倍。生境呈破碎化，生物多样性遭受破坏。沼泽化趋势明显，淀内生物栖息失去了应有的亲水空间，湖滨带破坏较为严重。

2016 年北大港芦苇湿地面积达 110.6 km^2，占北大港湿地面积的 44.5%，芦苇湿地是其主要的湿地类型，植被覆盖度较高，河湖岸带生境状况整体为良好状态。团泊洼存在农用地盲目开垦湖滨的情况。

5.5.1.5　已建工程水生生态保护措施回顾性评价

流域内已建工程主要以大中型水库为主,根据初步调查,已建工程在水生生态保护措施方面的现状和问题总结如下。

1. 滤食性鱼类的增殖放流

流域内一些主要水库都已经较大规模地开展了滤食性鱼类(以鲢、鳙鱼类为主)的增殖放流工作,利用这些鱼类滤食水体浮游植物的生物学特性,控制蓝绿藻的种群数量,降低水华发生的可能性。例如,西大洋水库 2018 年增殖放流以鲢、鳙为主的鱼类约 15 000 kg。这一措施的施行,在一定程度上维持了水库水质,同时也提升了水库的渔业产值,产生了一定的社会效益和经济效益。

2. 清退网箱养殖

网箱养殖作为水库渔业的一部分,过去在流域内的各个水库都比较普遍。网箱养殖由于需要投入大量饵料,食物残渣加上养殖鱼类的排泄、排遗物都逐渐沉积在底泥当中,是水库底泥严重污染的重要成因。近年来,各个水库逐渐清退网箱养殖,例如西大洋水库于 2003 年 7 月开始,逐步将网箱养殖退出库区,使得库区水质逐步得以加强,极大程度地缓解了底泥污染的压力。

3. 缺乏综合的水生生态保护方案

目前流域内各已建工程所施行的一些水生生态保护性措施总体来讲程度有限,还是以维持水质、聚焦水环境为主,忽略了水生生物多样性的保护。水生生物多样性是水生生态的核心,未来应作为水生生态保护的重中之重加以考虑。

此外,对于已有的保护措施(如增殖放流),尚缺乏有效的生态评估,对于增殖放流等工作产生的生态环境价值把握不准,没有基于环境维持的增殖放流计划,从而影响了放流资金的安排与投入,使得每年增殖放流量的设计比较盲目,需要加以改善。

综合而言,目前在流域层面缺乏完整的水生生态保护方案,缺乏以维系水生生物多样性为考量的生态流量泄放规划,缺乏水生生境多样性的改善规划,全流域各主要工程间缺乏联动和统一调配规划,这些都制约了流域水生生态的保护。因此,亟待在全流域范围内制订科学、合理的水生生态保护方案。

5.5.2　白洋淀水生生物群落的变化

5.5.2.1　环境变化

白洋淀的环境变化,受到了大清河流域开发的深刻影响。概括起来,基本可以分成两个阶段。第一阶段:1958—1963 年,在以蓄为主的方针指导下,在上游山区修建了一大批大、中、小型水库,总库容 36.19 亿 m^3,而白洋淀流域多年平均水资源总量为 31.1 亿 m^3,即将全流域的水资源全都放在水库里还不能将水库都蓄满。对建库前后典型年水量比较可以看出,在同样的降水条件下,建库前和建库后的入淀水量有显著区别。在年降水量相似的情况下,1957 年入淀水量是 1968 年的 3 倍之多,而 1986 年入淀水量甚至为 0(陈龙等,2011)。第二阶段:20 世纪 60 年代中期到 70 年代,平原区以发展灌溉为中心的大规模机井建设,使机井保有量及地下水开采量迅速增加,1987 年,年开采量已达 26 亿 m^3,比 50 年代增加十几亿立方米。此外,1969 年开挖了白沟引河,使大清河北支拒马河的水直接向南引入白洋淀,白洋淀流域面积增加了1/3。经过几十年大规模的水利工程建设,加上气候变化的影响,近20多年来,基本上已无天然径流入淀,究其原因,从流域尺度考虑,气候变化影响占总变化量的43.9%,而人类活动影响则占到56.1%(刘克岩等,2007),其中最主要的因素就是水利工程的建设。目前,为了维持白洋淀的生态环境,在白洋淀即将出现干淀危机的时候,只有靠上游水库放水或者外流域调水,如"引黄济淀""引岳济淀""引黄入冀补淀",来缓解淀区的生态压力。

5.5.2.2 生物群落变化

郑葆珊等于1958年调查共得11目17科50属54种鱼类,此时因水利工程尚未开始大规模兴建,白洋淀有数条支流,20世纪50年代平均入淀水量为18.27亿 m^3,入淀水量极为丰富,又以大清河作为出口,与海河相通,淀内水生植物、浮游生物和底栖动物繁茂,鱼的种类和数量都很丰富,尚存在洄游性的鱼类,如鲻科、鳗鲡科等,反映了上游水库调蓄作用前的情况,比较接近自然状况,调查结果可以作为该区域背景值(陈龙等,2011)。

上游的拦洪建库加上大清河下游筑坝和围水造田,已经彻底改变了白洋淀原来的环境条件。不但阻截了顺河入淀的鱼类,切断了洄游鱼类的入淀通道,而且使得白洋淀除汛期排洪外,很少有水入淀,20世纪70年代平均入淀量为11.43亿 m^3,较20世纪50年代下降了37%。因此,在这种情况下,1975—1976年调查仅得到35种鱼类(王所安和顾景龄,1981),所减少的主要是沿海河溯水入淀和上游河流产卵入淀的鱼类,如鳗鲡、梭鱼、银鱼等。进入20世纪80年代后,上游生活、灌溉用水大幅增加,入淀水量持续下降,平均仅为2.77亿 m^3,甚至在1983—1988年连续干淀,导致环境进一步恶化,鱼类资源遭到严重破坏,在1988年8月重新蓄水后,1989—1991年的两次调查分别仅得到24种鱼类(曹玉萍,1991;韩希福和王所安,1991),为历次调查最低值;经过数年的恢复,到2001—2002年调查得到33种(曹玉萍等,2003),最近的一次调查为2007—2009年(赵春龙等,2007;谢松和贺华东,2010),仅仅得到鱼类7目11科25种,且很多为人工养殖种类,与1958年调查结果相差甚远,除了洄游性的鱼类,一些大型的经济鱼类也相继消失。

为解决白洋淀缺水问题,从1981年开始河北省先后从上游的西大洋、王快、安格庄水库向白洋淀补水;2006年开始实施引黄济淀,至2015年已跨流域调水5次,白洋淀收水约5.1亿 m^3;2017年和2018年又分别从黄河引水3次,白洋淀收水2.25亿 m^3,截至2018年底,共从黄河收水7.26亿 m^3。在人工增殖放流的同时,由于水量增加、水质改善,一些土著鱼类的种群数量得以逐步恢复。近年来,白洋淀在持续的环境修复和生态补水后,水生生态一直维持在较为稳定的状态,项目组在2018年和2019年的调查中分别调查到27种和31种,可见目前白洋淀淀区的鱼类物种数量基本在30种左右,另外过去一些难以见到的物种,如鳡、鳜等也有所发现。

5.5.2.3 变化原因

白洋淀区富营养化亦是长期的问题,1982—2011年,白洋淀总磷(TP)浓度均值为(0.75±0.66)mg/L,TP浓度范围为0.00~2.60 mg/L($n=30$)。1988年以后,总氮浓度的所有值均大于2.0 mg/L[平均值(11.21±8.64)mg/L]。从1999年,TN、TP和叶绿素a的营养状态指数值都不小于53,白洋淀呈富营养状态。湖泊中TN、TP比值均值为16.31±7.33($n=20$),TN、TP比值变化范围为4.95~26.76。这与20世纪80年代以来,白洋淀流域工业、农业和水产养殖活动的迅速发展导致大量外源营养物质(从扩散和点源)流入白洋淀有关;2002 年白洋淀因干淀引入黄河水,使得白洋淀 TN、TP 浓度迅速下降,此后随着流域内生产和生活大量排放污染物,TN、TP 又呈上升趋势,但在 2009 年以后 TN、TP 浓度再次呈现下降趋势。运用 Pearson 相关分析,结果表明,浮游植物与 TN($r=0.67, P<0.01$)和 TP($r=0.37, P<0.05$)呈显著正相关,而底栖藻类和大型沉水植物与 TN($r=0.77, P<0.01$;$r=0.67, P<0.01$)和 TP($r=0.54, P<0.01$;$r=0.36, P<0.05$)呈显著负相关。因此,富营养化是白洋淀底栖初级和次级生产力向浮游初级和次级生产力转变的主要驱动力(李华等,2018)。

5.6　环境敏感区环境影响回顾性评价

5.6.1　国家重点生态功能区

太行山区水源涵养与土壤保持功能区是大清河流域重要的生态功能区。受全球气候变暖、持续干旱及人为开发活动的影响,大清河河流径流量下降,白洋淀以上主要河流有断流现象,湿地萎缩,生物多样性下降,生态环境一度恶化。为了维护国家生态安全,国家及省、市先后批复了《南水北调(东、中线)受水区地下水压采总体方案》《河北雄安新区及白洋淀上游流域山水林田湖生态保护修复工程试点实施方案》《雄安新区及周边地下水超采综合治理方案》《山西省大清河流域(唐河、沙河)生态修复与保护规划(2017—2030年)》《华北地下水超采综合治理河湖地下水回补试点方案(2018—2019 年)》《关于印发华北地区地下水超采综合治理行动方案的通知》,以上规划的主要措施包括水资源配置及节水工程、河流水系整治工程、地下水保护工程、河源保护、植被恢复及水土保持工程、水污染治理工程等为主要内容的生态环境保护与建设项目,规划的实施对于恢复大清河流域山区生态环境、实现地下水采补平衡、维护国家生态安全和流域水资源安全发挥了重要作用。

5.6.2　其他环境敏感区

为了保护生态环境,国家各个部门在大清河流域建立的各类保护区,主要有灵丘县青檀自然保护区、灵丘黑鹳自然保护区等 22 处自然保护区,周口店北京人遗址、清西陵、大运河等 3 处世界自然文化遗产地,桃花山天然溶洞、野三坡国家重点风景名胜区,白石山风景名胜区等 9 处风景名胜区,山西恒山国家森林公园、北泉森林公园等 17 处森林公园,北京十渡国家地质公园、北京石花洞国家地质公园等 7 处地质公园,白洋淀湿地、拒马源国家城市湿地公园、长沟泉水国家湿地公园等 3 处湿地公园,中华鳖国家级水产种质资源保护区、白洋淀国家级水产种质资源保护区等 2 处水产种质资源保护区,饮用水水源保护区 132 处。这些敏感区呈点、线、面状分布于大清河流域。

一方面,防洪工程建设、水能开发及水资源配置工程的实施,会对敏感区产生不利的影响。其中,上游水利设施建设已经造成白洋淀以上河流局部河段断流,影响到河流生态系统及生态敏感区。另一方面,各种保护区的建设、生物多样性保护等生态保护规划或工程的实施，也在一定程度上改善了流域生态环境，使得流域生物多样性、珍稀物种及其栖息地等保护对象得到有效保护。

5.7　社会环境回顾性评价

一是修建了一批防洪减灾工程，有力地保障了大清河流域防洪安全，对确保两岸群众的生命财产安全、保障经济社会发展和生态安全发挥了重要作用。

二是修建了一批蓄水、引水、提水工程等，为流域及相关地区生活、工农业发展提供了供水保障，促进了人民群众生活质量的提高和经济社会的发展。

三是各级政府和有关部门组织开展了大规模的水土流失治理，通过开展生态清洁小流域建设、京津风沙源治理、坡耕地水土流失综合治理、退耕还林等工程，水土流失综合治理取得了较大成果，改善了当地的生产、生活条件，取得了一定的生态效益。主要表现为水土流失面积减少，生态环境持续改善；农业生产能力提高，农民收入增长，促进了地方经济发展。

四是划定了国家重点生态功能区“太行山区水源涵养与土壤保持重要区”、生物多样性优先保护区域（太行山），并实施了《南水北调（东、中线）受水区地下水压采总体方案》《白洋淀生态环境治理和保护条例》等一系列规划、方案等，有关部门也分别成立了灵丘县青檀自然保护区、灵丘黑鹳自然保护区等22个自然保护区。这些生态保护取得了显著的成效，部分地区生态环境明显好转，湿地萎缩趋势得到缓解，植被覆盖度有所增加，对维护流域及河流生态平衡具有重要意义。

五是水能资源开发为经济社会发展提供了一定的清洁能源。

5.8　资源环境保护“三线”评价

5.8.1　生态保护红线

2018年京津冀生态保护红线划定，与现有水电站、水库进行叠图分析，现有21座水库、24座小水电站位于生态保护红线范围内。这些水利水电工程建设导致下游河道减脱水，对水生态环境有一定影响。

位于生态保护红线内的水利水电工程分布见图5-8-1。

5.8.2　环境质量底线

2018年水功能区达标率提高至40.4%，双指标达标率提高至52.6%。大清河流域COD、氨氮现状年纳污能力分别为1.93万t/a、0.09万t/a，COD入河量为1.65万t，氨氮入河量为0.13万t，不满足环境质量底线。

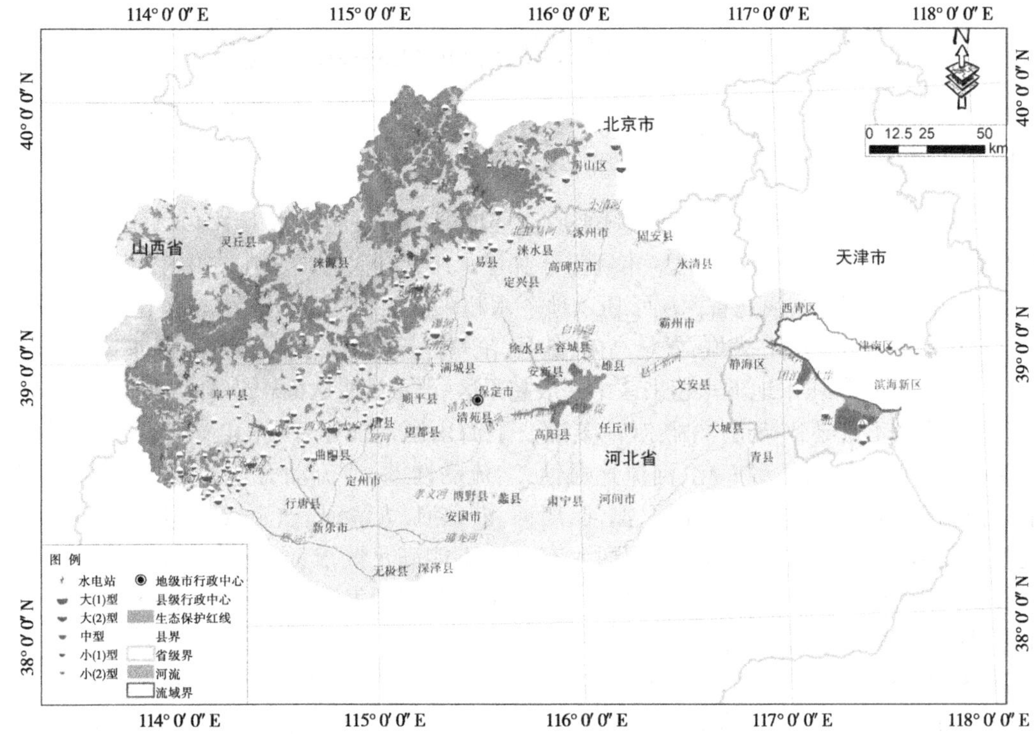

图 5-8-1　位于生态保护红线内的水利水电工程分布

5.8.3　资源利用上线

5.8.3.1　用水总量

现状年大清河流域 2018 年总用水量为 62.71 亿 m^3，其中北京市、天津市、河北省和山西省的用水总量分别为 2.73 亿 m^3、17.84 亿 m^3、41.70 亿 m^3 和 0.44 亿 m^3，均满足各片区用水总量控制指标。

5.8.3.2　用水效率

现状年大清河流域万元工业增加值为 13 m^3/万元，其中北京市、天津市、河北省和山西省分别为 15 m^3/万元、16 m^3/万元、10 m^3/万元和 23 m^3/万元；流域农田灌溉水有效利用系数为 0.65，其中北京市、天津市、河北省和山西省分别为 0.72、0.68、0.65 和 0.52。

大清河流域整体的用水节约水平较高，但考虑到流域内省(市)际间差别较大，部分地区用水浪费现象依然存在，工业和农业仍有节水潜力。

5.8.3.3　生态水量满足程度

河流生态水量为 1.82 亿 m^3，湿地生态水量为 5.76 亿 m^3，入海水量为 0.73 亿 m^3，河流水量山区、平原不重复累计，扣除上下游重复量后，大清河流域合计生态需水量 7.58 亿 m^3，占大清河流域 1956—2016 年多年平均地表水资源量的 33.1%。

5.9 需重点解决的生态环境问题

5.9.1 流域内存在的生态环境问题

(1)地下水超采严重。大清河流域平原浅层地下水超采区面积为 1.49 万 km^2,主要分布在淀西平原的保定、石家庄等县(市、区)。深层承压水开采主要集中在中东部平原,面积为 1.73 万 km^2。其中,河北省深层承压水地下水超采区面积为 0.71 万 km^2,主要分布在淀东平原的廊坊霸州、文安、大城,保定高阳、蠡县,沧州任丘、青县、肃宁、献县,衡水饶阳、安平等县(市)。深层承压水地下水超采区中一般超采区、严重超采区面积分别占 29%和 71%。

(2)流量不足导致河道干涸、湿地萎缩。上游山区河流水库、水电站建设,平原河流闸坝林立,河道片段化、渠库化,河流连通性差、流动性差,河流动力学过程基本消失。其中南拒马河、小清河、白沟河、瀑河、漕河、唐河、潴龙河、大清河、独流减河、南运河、海河干流等河段出现了不同程度的脱流,河段生态基流不能满足要求,河流纵向连通性、水流连续性受到影响。同时,由于入湖水量锐减及人类大范围开发等因素影响,白洋淀、北大港水库、团泊洼水库等水面和湿地逐步萎缩。

(3)中下游水环境污染问题突出。由于河道水流过程弱化,水环境问题突出。2010—2016 年大清河流域水质呈逐渐改善—恶化—改善的趋势,2016 年流域水功能区达标个数为 19 个,达标率为 33.9%,不达标个数为 37 个。2018 年略有提高,达标率为 40.4%。

(4)河流生态环境质量差、生物多样性低,水生态功能退化严重。大清河流域河流生态环境状况恶化,难以为生物群落提供适宜的生存和繁殖栖息地。淀西和淀东平原河流生态环境较差,导致流域水生生物物种贫化,浮游植物、浮游动物、底栖动物群落多样性水平较低,分别为 0~1.43、0~1.38 和 0~2.16。

(5)上游水土流失较严重。大清河上游地区属于北方土石山区,地貌类型以丘陵为主,属于半干旱地区,生态环境脆弱,地形破碎,且暴雨集中,由于近年来的无序开发,如超载放牧、草原乱采滥挖、采矿等人类活动,再加上气候变化等不利影响,水土流失严重。

5.9.2 流域内产生生态环境问题的原因

(1)水资源供需矛盾。大清河流域水资源禀赋差,且由于近年降水量减少且下垫面条件变化,1980—2018 年平均水资源总量较 1956—2016 年大幅减少,但区域内城市集中,有北京、天津和保定等大都市,人口稠密,产业集聚,发展势头强劲,同时该区域为农产品主产区,对水资源的刚性需求强,经济社会发展与区域水资源关系严重失衡,成为流域内水环境态势严峻的根本根源。

(2)生态水量不足。随着降水量减少、地下水位下降和上游水资源开发利用强度的提高,经济社会发展与流域水资源关系失衡,大清河水系生态用水难以保障。

(3)各类污染物输入量大。区域人口密集、产业聚集,城市群用水排水强度高,带来的水污染物排放聚化效应突出;畜禽养殖、农业种植及小作坊等生产生活造成的污染以及内源释放,是水质下降的主要内部原因。

(4)生态空间萎缩。大清河水系两岸村庄较多,人为干扰强度大,超过生态环境承载力,蓝绿生态空间破碎化、挤占严重,生态功能受损。

(5)生态环境管理体制机制不完善。环保意识淡薄,管理方式粗放,以治理体系和治理能力现代化为保障的生态文明制度体系有待健全。

5.10　资源环境制约因素分析

(1)水资源短缺因素是流域发展的最短板。

大清河流域水资源贫乏,人均水资源量 132 m^3,亩均水资源量 195 m^3,分别仅为全国平均水平的 6%和 12%。由于气候变化和人类活动影响,流域内水资源显著衰减,年均水资源量由 1956—2016 年的 48.91 亿 m^3 减少到 1980—2018 年的 42.21 亿 m^3,减幅比例达到了 13.9%。流域水资源开发利用率 113%,其中地表水资源开发利用率 65%,平原浅层地下水供水量为可开采量的 161%。

由于开发利用程度较高,流域内环淀河流干涸现象严重,湖库湿地萎缩,水环境污染。从大清河流域水资源量分析,无可供水量。从加强流域水环境改善及水生态修复要求,地表水资源开发利用率需减至规划年的 50%,地下水压采实现采补平衡,流域内水资源直接影响着大清河流域水资源利用规划方案。

(2)流域生态功能定位和生态环境保护要求的制约因素。

从国家生态安全位置层面,大清河流域上游位于我国太行山区水源涵养与土壤保持重要区,生态环境脆弱,部分地区列入国家禁止开发区,分布有银河山等自然保护区,属于国家禁止开发区。国家层面相关规划对大清河流域生态环境提出了严格保护要求。

从流域水资源安全和生态安全层面,上游地区是流域重要水源涵养区,在维系水资源安全、流域生态安全和社会经济发展中肩负着十分重要的角色。同时,大清河中上游水系鱼类资源丰富,有阜平中华鳖、白洋淀 2 处水产种质资源保护区,在流域内人为活动较为频繁的状况下,上游水系土著鱼类栖息地保护尤为迫切和重要。

从中国生物多样性保护层面,大清河流域上游位于太行山生物多样性优先保护区域,生境类型多样,生物多样性丰富,应给予严格保护。

综合以上分析,大清河流域综合治理开发及保护不仅要考虑流域本身的生态社会经济发展、水资源利用、生态环境保护等问题,更重要的是从国家生态安全和海河流域水资源安全及生态安全角度战略高度,妥善处理开发和保护的关系,确保海河流域甚至国家生态安全和水资源安全。

(3)环境敏感区的制约(法律法规红线)。

为了保护大清河流域生态环境,相关部门在大清河流域设置各类敏感区。其中包括 22 处自然保护区、3 处世界自然文化遗产地、9 处风景名胜区、17 处森林公园、7 处地质公园、3 处湿地公园、2 处水产种质资源保护区、132 处饮用水水源保护区。国家针对这些区域制定了相关法律法规,在规划过程中,应充分协调流域治理开发与敏感区保护之间的关系,妥善处理防洪规划、供水工程等的工程布局与敏感区的关系。

第6章　环境影响识别与评价指标体系

6.1　环境影响识别与筛选

大清河流域综合规划由防洪排涝规划、水资源利用规划、水资源保护规划、水生态保护与修复规划、综合管理规划等组成,根据规划目标、布局及各专项规划的主要内容,在现状调查和规划分析的基础上,从维持流域水资源和生态安全战略角度,充分考虑大清河流域生态环境特点、社会经济背景等,进行大清河流域综合规划环境影响识别,重点关注流域性、累积性和长期性环境影响,识别规划方案实施可能对资源环境系统和社会经济系统造成的影响。

6.1.1　规划体系环境影响因素分析

根据大清河流域综合规划总体目标、布局,规划实施将对流域、区域和河流资源环境系统造成影响,从宏观上分析,规划对环境的主要影响是长期的、有利的,有利于保障流域的防洪安全、供水安全,促进流域生态环境、河流生态系统的良性发展,形成环境友好型社会。根据规划拟定的防洪、水资源开发利用、水资源保护、水生态保护与修复等工程布局,对可能引起的有利、不利环境影响进行识别,见表6-1-1。

(1)防洪排涝规划。

防洪排涝规划对环境影响主要表现为:规划体系的完善,在保障人民生命财产安全、保障社会经济安全的同时,也保障了流域生态安全,为流域生态系统生态功能的正常发挥提供了基本保障。

防洪排涝规划对环境的不利影响主要表现在具体防洪工程施工阶段,施工活动的影响主要表现为对土地利用、陆生生态、水生生态、自然保护区的影响,主要为线状。

(2)水资源利用规划。

通过水资源的合理配置和节约用水、水资源统一调度,将对流域的社会环境、生态环境产生较大影响。

对流域性的环境影响主要表现为:水资源的优化配置改善了流域及相关地区的生产、生活供水条件,保障了河流生态水量,实现了地下水采补平衡,将对流域的社会环境、水生生态产生一定的有利影响;工业、农业、生活节水措施将促进流域节水型社会建设,对经济社会的可持续发展产生有利影响;重点城市供水工程将对流域社会环境产生有利影响。

规划拟建水资源配置工程在施工期将对周边环境产生点状、线状影响,主要影响要素及因子为水环境、陆生生态、水土流失等。

(3)水资源保护、水生态保护与修复规划。

水资源保护、水生态保护与修复规划是生态保护类规划,水资源保护规划根据水功能

表 6-1-1　规划各体系环境影响识别

规划体系	规划内容	环境影响因素	影响范围（宏观层面）	可能的有利环境影响	可能的不利环境影响
水资源利用规划	全面推行节水措施，建设节水型社会；增加供水能力，提高用水效率。主要新建工程包括以下几类： ①节水工程；②地下水压采措施；③重点城市供水工程；④航运规划	水文情势，水生态，水资源，水环境	水资源利用的重点在大清河中、下游；大清河中游有南水北调中线、引黄入冀补淀，对该工程下游河段的水文情势、水生态影响较大。水资源利用规划的影响范围主要在大清河中、下游	提高流域内用水效率，促进节水型社会建设；缓解水资源供需矛盾，改善生活生产供水条件；实现地下水采补平衡；保障生态环境用水；改善生活条件	用水量增加带来的水环境风险；用水量增加对断面水质保障程度；航运增加水环境风险，对生态保护红线的影响
防洪排涝规划	主要新增的工程包括：①骨干河道及重要支流治理工程；②蓄滞洪区治理规划；③病险水库除险加固工程；④城市防洪工程；⑤风暴潮防御、中小河流治理、山洪灾害防治工程；⑥排涝工程	社会环境，水文情势变化，水生态环境（河流廊道），土地占用	大清河流域规划的防洪工程具有工程分散的特点，骨干河道、大中型河流，以及蓄滞洪区是本次规划的重点保护区。防洪排涝规划影响范围为大清河流域	保障流域及相关地区防洪安全，为经济社会发展提供条件；避免洪水及山洪泥石流灾害带来的灾难	对饮用水水源保护区等敏感保护区、生态保护红线的影响
水资源保护、水生态保护与修复	水资源保护：①地表水、地下水资源保护；②水源地保护工程。 水生态修复：①山区水源涵养保护；②河流水环境治理；③重点湿地保护与修复。 水土保持规划：重点预防区采取保护管理、封育、局部治理等措施。重点治理区主要新建工程包括：小流域综合治理措施、坡耕地治理及侵蚀沟道治理	水环境，饮用水水源保护区，水文情势、水生态，生态环境（林草植被、土地利用）	大清河中、下游水质不达标，水资源保护规划的影响范围主要是中、下游。 大清河上游山区是水源涵养区，流域内分布有 2 处水产种质资源保护区，是珍稀濒危鱼类的重要栖息地，水生态保护影响范围主要是全流域。 大清河流域土壤侵蚀强度主要为轻度、中度，水土流失防治规划影响范围主要在大清河上游山区	改善河流水环境，促进水功能区水质达标； 保障重点城市供水安全，改善河流生态系统； 减少入河泥沙量；减轻区域水土流失，改善人民生活、生产条件；提高植被覆盖率，维护和改善区域生态功能	水土保持规划增加水资源消耗；增加对上游山区水源涵养区的扰动
管理体系	完善体制机制、建立健全法制、增强管理能力	管理体系实施	大清河流域	为防洪、水资源优化配置、水资源保护、生态保护提供保障措施	—

区的保护要求、河流的纳污能力,提出了污染物排放要求,并提出污染物削减量及水资源保护措施;水生态保护规划提出了流域生态功能定位,从保护河流生态系统的角度提出了生态水量及保障措施、重要湿地保护措施、河道水环境治理和生态廊道建设等。

水资源与水生态保护对流域环境的影响主要是有利影响,主要影响要素及因子为水环境、水生态系统、自然保护区及社会环境。

水土保持规划是生态环境建设类规划,主要为小流域综合治理措施、坡耕地治理及侵蚀沟道治理。环境的影响以有利影响为主,通过水土流失治理,增加生态修复面积,尤其是上游生态修复面积的增加,有利于水源涵养功能的发挥。不利影响主要集中在施工期。

6.1.2 规划河段环境影响因素分析

根据规划制定的各河段治理开发与保护的主要任务、主要工程,结合区域自然、社会环境特点,分河段识别规划可能引起的环境影响及影响性质、范围,见表 6-1-2。

6.2 评价指标

评价指标是量化了的环境目标,本次评价提出了大清河流域环境保护目标的评价指标选取原则:

(1)体现国家生态文明建设、实施最严格水资源管理制度等要求。

(2)符合大清河流域在国家生态安全及流域水资源安全中的定位。

(3)依据国家层面有关规划区划提出的资源环境目标及指标。

(4)参考规划提出的控制性指标及生态环境保护目标及生态红线、水资源利用上线、污染物入河控制量等约束性指标。

(5)易于获取、便于统计和量化。

根据以上原则,围绕大清河流域环境保护目标,充分考虑大清河流域生态环境特征及上中下游的自然环境特点,从水资源、水环境、生态环境、社会环境等方面选取了大清河流域环境保护目标的评价指标,如表 2-5-1 所示。

本次评价选取水资源开发利用程度、水功能区水质达标率、覆盖率、景观多样性、景观优势度、河流纵向连通性等部分指标进行介绍。

6.2.1 水资源开发利用程度

水资源生态安全可开发利用率是指基于流域生态安全的流域内各类生产与生活用水及河道外生态用水的总量占流域内水资源量的合理限度。地表水资源开发利用率计算公式如下:

$$C = W_u / W_r \tag{6-2-1}$$

式中:C 为水资源开发利用率;W_u 为水资源用水量;W_r 为水资源量。

表 6-1-2　各河段主要规划内容环境影响识别

区域	国家相关定位	省区相关定位	河段及区域功能定位及保护要求	主要环境保护对象	规划内容		环境影响因子	影响范围及程度	影响性质
上游山区	国家优化开发区、国家禁止开发区	河北省重点生态功能区(冀西太行山山区)、山西省级重点生态功能区(五台山水源涵养生态功能区)、山西省级农产品主产区(桑干河河谷盆地农产品主产区)、北京市生态涵养区发展区	以生态环境与水源涵养保护、生物多样性保护、源头水保护为主,在强化生态环境保护的基础上,合理进行防洪工程建设	国家重点生态功能区(太行山区水源涵养与土壤保持重要区)、生物多样性优先保护区域(太行山)、灵丘县青檀自然保护区、灵丘县黑鹳自然保护区、恒山自然保护区、繁峙臭冷杉自然保护区、河北小五台山自然保护区等	水资源利用规划	城镇生活节水、工业节水、农业节水	社会环境	评价区,影响较大	长期有利
							水文水资源	减小地表水开发利用程度,影响较小	长期有利
							生态环境	上游,有利影响	长期有利
					防洪排涝规划	河道治理、城市防洪、排涝规划	社会环境	大清河流域,影响较大	长期有利
							水文资源	影响较小	短期不利
							敏感区	水产种质资源保护区、生态保护红线,影响较小	短期不利
					水资源保护、水生态保护与修复	水土保持:保护管理、封育、局部治理	生态环境	水源涵养区大面积增加水保林,会产生有利影响	长期有利
						水源地保护、地表水和地下水资源保护;山区水源涵养保护、河口湿地	水环境	上游,有利影响	长期有利
							生态环境	上游,有利影响	长期有利

续表 6-1-2

区域	国家相关定位	省区相关定位	河段及区域功能定位及保护要求	主要环境保护对象	规划内容		环境影响因子	影响范围及程度	影响性质
山前平原	国家重点开发区（冀中南地区）、限制开发区（黄淮海平原主产区）	—	以合理开发、优化配置、全面节约、有效保护水资源为主，兼顾防洪减灾、水土流失治理，严格控制入河排污总量，加强饮用水水源保护	白洋淀湿地自然保护区、水产种质资源保护区、地下水	水资源利用规划	城镇生活节水、工业节水、农业节水；地下水压采、重点城市供水	社会环境	雄安新区、保定市等重点城市供水，影响较大	长期有利
							水文水资源	减小地表水开发利用程度，影响较小； 地下水采补平衡，影响较小	长期有利
							生态环境	中游，有利影响	长期有利
					防洪排涝规划	河道治理、蓄滞洪区治理、城市防洪、风暴潮防御、排涝规划	社会环境	大清河流域，影响较大	长期有利
							水文资源	影响较小	短期不利
							敏感区	南水北调中线饮用水水源保护区、生态保护红线、白洋淀水产种质资源保护区，影响较小	短期不利
					水资源保护、水生态保护与修复	水土保持：保护管理、局部治理	生态环境	增加林草覆盖率，有利影响	长期有利
						①河流水环境综合治理；②白洋淀水生态修复；③河流生态廊道建设、防护林建设；④水源地保护、地表水和地下水资源保护	水环境	中游，有利影响	长期有利
							生态环境	中游，有利影响	长期有利

续表 6-1-2

区域	国家相关定位	省区相关定位	河段及区域功能定位及保护要求	主要环境保护对象	规划内容		环境影响因子	影响范围及程度	影响性质
下游平原	国家优化开发区、国家重点开发区(冀中南地区)、限制开发区(黄淮海平原主产区)	河北省级重点开发区域(黑龙港中北部部分地区)、天津市优化发展区和重点开发区	以水土保持、防洪为重点,建设一定数量的水资源开发利用、防洪减灾工程,修复河流生态,加强蓄滞洪区建设与调整,保障流域和天津市防洪安全;实施水土保持综合治理,严格控制入河排污总量,加强饮用水水源保护	团泊洼鸟类自然保护区、北大港湿地自然保护区、古海岸与湿地国家级自然保护区等	水资源利用规划	城镇生活节水、工业节水、农业节水;地下水压采、重点城市供水	社会环境	评价区,影响较大	长期有利
							水文水资源	减小地表水开发利用程度,影响较小	长期有利
							生态环境	上游,有利影响	长期有利
					防洪排涝规划	河道治理、蓄滞洪区治理、城市防洪、风暴潮防御、排涝规划	社会环境	大清河流域,影响较大	长期有利
							水文资源	影响较小	短期不利
							敏感区	团泊洼鸟类自然保护区、北大港湿地,影响较小	短期不利
					水资源保护、水生态保护与修复	水土保持:保护管理、局部治理	生态环境	增加林草覆盖率,有利影响	长期不利
						①河流水环境综合治理;②白洋淀水生态修复;③河流生态廊道建设、防护林建设;④水源地保护、地表水和地下水资源保护	水环境	有利影响	长期有利
							生态环境	有利影响	长期有利
					航运规划	航道规划	水环境	不利影响	长期不利
							水生生态	不利影响	长期不利
							社会环境	有利影响	长期有利

综合各类研究成果，目前国际上公认的保障流域生态安全的水资源可开发利用率为40%左右。

6.2.2　水功能区水质达标率

水功能区水质达标率指在某水系（河流、湖泊），水功能区水质达到其水质目标的个数占水功能区总数的比例。水功能区水质达标率反映河流水质满足水资源开发利用和生态与环境保护需要的状况。在评价子时段 T_j 内，各类别水功能区个数达标率（C_{jk}）的计算公式为：

$$C_{jk} = \frac{d_{jk}}{Z_{jk}} \tag{6-2-2}$$

式中：C_{jk} 为第 j 个评价子时段第 k 类水功能区个数达标率（%）；d_{jk} 为第 k 类水功能区达到水质目标的个数；Z_{jk} 为第 k 类水功能区的总个数。

水功能区达标率不再区分水功能一级区和二级区，即开发利用区各类水功能区个数、长度或面积与其他水功能一级区个数、长度或面积一并计算。

6.2.3　植被覆盖率

植被覆盖率指某一地域植物（包括林地和草地）垂直投影面积与该地域面积之比，用百分数表示。

6.2.4　景观优势度和景观多样性

景观优势度是一种判别景观模地的指标，用它可以综合评价景观生态质量。优势度及模地的计算判别方法参照《环境影响评价技术导则生态影响》（HJ 19—2011）推荐的公式：

密度　R_d = 拼块 i 的数目/拼块总数×100%

频率　R_f = 拼块 i 出现的样方数/总样方数×100%

景观比例　L_p = 拼块 i 的面积/样地总面积×100%

优势度值　$D_0 = [(R_d+R_f)/2+L_p]/2\times100\%$　(6-2-3)

其中，样方规格为 1 km×1 km，对景观全覆盖取样，并用 Merrington Maxine“t-分布点的百分比表”进行检验。

景观优势度指数：$$D = H_{max} + \sum_{i=1}^{m}[p(i)\times\log_2(P_i)] \tag{6-2-4}$$

式中：H_{max} 为最大多样性指数，$H_{max} = \log_2(m)$；P_i 为第 i 类嵌块体占景观总面积的比例；m 为评价区景观嵌块体的类型总数；H 为多样性指数，其值越大，表示景观的多样性越大。

景观多样性的计算公式为：

$$H = -\sum_{i=1}^{m}[p(i)\times\log_2(P_i)] \tag{6-2-5}$$

第 7 章　环境影响预测与评价

7.1　水文水资源影响预测与评价

7.1.1　零方案下流域水文水资源影响分析

流域现状年本地水资源开发利用率较高，不考虑南水北调中东线后续工程等新增外调水工程，仅考虑东线一期、中线一期、引滦入津等现状年已有外调水工程的前提下，从供需平衡、地下水环境、河湖生态环境用水角度分析零方案下规划年流域环境影响。

7.1.1.1　零方案下供需平衡的影响分析

未来大清河流域内随着人口增长和社会经济水平的提高，用水需求将会较现状年进一步增长，在不考虑南水北调中、东线后续工程等新增外调水工程的前提下，流域内水资源总量和供水能力相对有限，致使水资源供需矛盾更突出，进而引发一系列生态环境问题。

从全流域层面进行需水量分析，流域内生活用水量增加，2035 年生活用水量为 25.63 亿 m^3，较现状年 12.95 亿 m^3 增加了 12.68 亿 m^3。工业用水量增加，2035 年为 10.63 亿 m^3，较现状年的 8.58 亿 m^3 增加了 2.05 亿 m^3。农业节水规划实施后，农田灌溉水利用系数明显提高，由现状年的 0.65 增加到 2025 年的 0.68，再增加到 2035 年的 0.69，农业用水量明显降低，由现状年的 34.20 亿 m^3 减少到 2035 年的 26.56 亿 m^3。河道外生态环境用水由现状年的 6.97 亿 m^3 增加到 2035 年的 9.00 亿 m^3，增幅达 29.1%。其中，雄安新区 2035 年总配置水量 4.50 亿 m^3，较现状年的 2.66 亿 m^3 增加了 1.85 亿 m^3（见表 7-1-1）。水量增加的主要原因为生活、工业和生态环境用水量增加，同时农业用水量显著减少。

从全流域层面进行可供水量分析，不考虑南水北调中、东线后续工程。2035 年地表水可供水量为 7.45 亿 m^3，小于现状年地表水配置量的 7.80 亿 m^3；地下水可供水量为 24.05 亿 m^3，小于现状年存在超采地下水的 33.68 亿 m^3；2035 年仅考虑东线一期、中线一期、引滦入津等现状年已有外调水工程，外调水可供水量为 24.82 亿 m^3，大于现状年外调水可供水量的 15.67 亿 m^3；2035 年非常规水可供水量为 10.08 亿 m^3，大于现状年的 5.55 亿 m^3。地表水优化减少、地下水控制超采、外调水及非常规水合理扩大的前提下，流域内依然存在 5.42 亿 m^3 的缺口，缺口主要集中在天津和河北，对应生态环境及农业供水。天津市的缺水量需要通过应急引黄供水措施解决；雄安新区缺水量需要从河北省南水北调中线其他受水区的分配指标中调剂解决，但是其他受水区城市供水水源中外调水量的减少，需要采取应急供水措施保障城市供水安全；河北省沧州、廊坊、保定的缺水量需要通过应急供水措施解决，也在一定程度上影响了流域生态环境的修复。

表 7-1-1　零方案下水资源配置影响分析

单位：亿 m^3

年份	分区	需水量						可供水量									缺水量	缺水率/%
		生活		工业	农业	生态	合计	地表水	地下水	外调水					非常规水	合计		
		城镇	农村							中线一期	东线一期北延	引滦	引黄	小计				
现状年	北京	0.70	0.18	0.51	0.53	0.81	2.73	0.77	1.37						0.59	2.73	—	—
	天津	6.10	0.07	5.17	2.01	4.49	17.84	0.86	1.84	11.04		0.78		11.82	3.32	17.84	—	—
	河北	3.32	2.49	2.88	31.35	1.66	41.69	5.96	30.25	3.33			0.52	3.85	1.64	41.70	—	—
	山西	0.03	0.07	0.02	0.31	0.01	0.45	0.22	0.22						0.00	0.44	—	—
	全流域	10.14	2.81	8.58	34.20	6.97	62.71	7.80	33.68	14.37	0.00	0.78	0.52	15.67	5.55	62.71	—	—
	雄安	0.16	0.14	0.14	2.16	0.05	2.66	0.25	2.12	0.05	0.00	0.00	0.00	0.05	0.13	2.55	—	—
规划年（无中东线后续工程）	北京	1.26	0.19	0.66	0.73	0.95	3.79	0.55	1.64	0.88				0.88	0.72	3.79	0.00	0.0
	天津	9.97	0.11	5.97	1.91	4.60	22.56	1.78	0.50	7.80	0.20	3.00		11.00	5.15	18.43	-4.13	-18.3
	河北	12.31	1.66	3.92	23.57	3.43	44.90	4.85	21.64	12.26	0.16		0.52	12.94	4.18	43.61	-1.29	-2.9
	山西	0.09	0.04	0.07	0.35	0.02	0.57	0.27	0.27						0.03	0.58	0.01	0
	全流域	23.62	2.01	10.63	26.56	9.00	71.82	7.45	24.05	20.94	0.36	3.00	0.52	24.82	10.08	66.40	-5.42	-6.7
	雄安	2.48	0.12	0.40	0.82	0.68	4.50	0.05	0.62	3.20				3.20	0.63	4.50	0.0	0.0

7.1.1.2　零方案下地下水环境影响

流域现状年地下水超采严重，现状年地下水供水量33.68亿 m^3，其中超采地下水10.75亿 m^3（浅层地下水5.75亿 m^3，深层地下水5.00亿 m^3）。至2035年地下水供水量24.05亿 m^3，其中位于大清河山区的山西省及部分河北省不考虑地下水可供水量限制，北京市地下水供水量1.64亿 m^3，小于北京市平原区地下水可供水量的2.27亿 m^3，而天津市地下水供水量0.50亿 m^3 与天津市平原区地下水可供水量的0.51亿 m^3 基本持平，同时河北省地下水供水量21.64亿 m^3，也与河北省平原区地下水可供水量的21.60亿 m^3 基本持平（见表7-1-2）。因此，可以看出，零方案下地下水处于满载临界状态，不超采的可供水量与地下水供水量持平，无法对依然严重超采的地下水实现恢复与改善。

表7-1-2　零方案下地下水环境影响分析　　单位：亿 m^3

水平年	分区/分省	浅层地下水			深层地下水	合计	
		可开采量	开采量	超采量		开采量	超采量
现状年	北京	2.27	1.16	0	0	1.16	0
	天津	0.51	0.4	0	1.44	1.84	0
	河北	21.6	25.8	5.75	3.56	29.36	5.75
	山西	—	0.25	—	—	0.25	—
	大清河流域	24.38	27.36	5.75	5.00	32.36	5.75
2035	北京	2.27	1.64	0	0	1.64	0
	天津	0.51	0.50	0	0	0.50	0
	河北	21.60	21.64*	0	0	21.64*	0
	山西	—*	0.27	—	—	0.27	—
	大清河流域	24.38	24.05	0	0	24.05	0

注：*大清河流域山西省界及部分河北省界位于山区，山区地下水与平原区地表水存在一定重叠，因此大清河山区区域不考虑地下水可供水量。

7.1.1.3　零方案下河湖生态环境用水影响

流域现状年生态环境用水被严重挤占，同时规划年生态环境需水量9.00亿 m^3，较现状年的6.97亿 m^3 有所增加。在不考虑南水北调中、东线后续配套工程的前提下，北京市、山西省内生态环境用水基本可以满足，而天津4.60亿 m^3 的生态用水需求在4.13亿 m^3 的用水缺口下难以得到保障，河北省境内除雄安新区及白洋淀可通过生态补水可以得到保障外，其他环淀河流生态环境用水受地下漏斗的影响同样难以保障。

7.1.2　规划实施后水资源影响分析

7.1.2.1　流域水资源总体影响分析

大清河流域水资源短缺，水资源现状调蓄能力不足且分布不均，经济社会发展与水资源供给矛盾日益突出。引江补汉工程、南水北调东线二期等工程实施后，将进一步改变大清河流域水资源时空配置过程，给白洋淀等河湖水文情势带来较大影响。根据规划水资源配置方案，分析规划实施后区域水资源配置、用水结构、生态水量的变化，分析论证水资源利用主要问题及发展趋势。

规划实施后，大清河流域2025年、2035年供水总量较现状年分别增加了3.21亿m^3、8.98亿m^3，其中地表水供水减少了0.35亿m^3、1.60亿m^3，外调水供水增加了8.69亿m^3、16.41亿m^3，非常规水源增加了1.89亿m^3、4.52亿m^3。地下水资源开采总量由现状年的33.69亿m^3减少到2025年的26.67亿m^3、2035年的23.33亿m^3，2035年地下水采补平衡。

规划年用水结构发生变化，生活、工业配置水量均较现状年呈增长的态势。2025年、2035年生活配置水量19.88亿m^3、25.63亿m^3，较现状年增加6.92亿m^3、12.67亿m^3，增幅53.4%、97.8%；工业配置水量9.62亿m^3、10.63亿m^3，较现状年增加1.04亿m^3、2.05亿m^3，增幅12.1%、23.9%。农业配置水量较现状年呈减少态势，2025年、2035年配置水量29.56亿m^3、26.43亿m^3，较现状年减少4.64亿m^3、7.77亿m^3，减幅13.6%、22.7%。规划年生态配置水量总体呈增长态势，河道外生态环境用水由现状年的6.97亿m^3增加到2035年的9.00亿m^3，较现状年增加2.03亿m^3，增幅29.1%。规划年供水量增长最大的为生活用水，其次为生态用水、工业用水。现状年与规划年水资源配置变化见图7-1-1、图7-1-2。

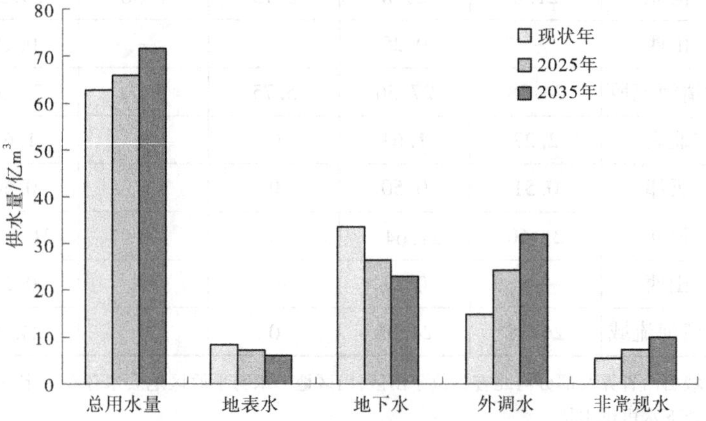

图7-1-1　现状年与规划年供水量配置变化

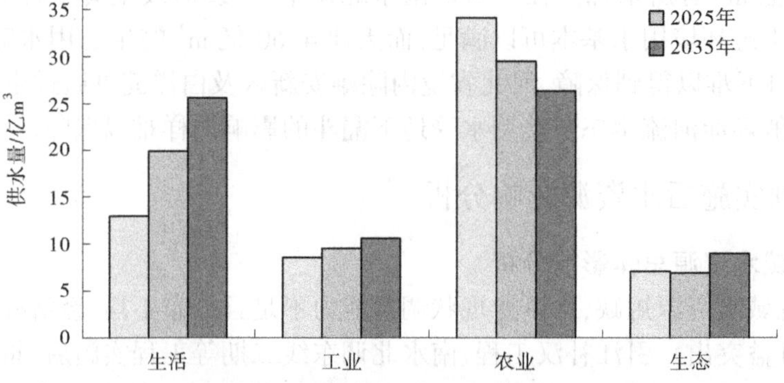

图7-1-2　现状年与规划年分行业供水量配置变化

规划实施后大清河流域基本形成了以外调水为主、当地地表水有效补充、地下水逐步置换、非常规水利用增加的供水格局。

7.1.2.2　流域山区、淀西平原及淀东平原水资源影响分析

1. 大清河山区

大清河山区 2025 年、2035 年供水量较现状年分别增加了 1.60 亿 m^3、2.07 亿 m^3，其中地表水供水量分别增加了 0.12 亿 m^3、0.12 亿 m^3，地下水供水量分别增加了 1.16 亿 m^3、1.50 亿 m^3。跟现状年相比，供水结构中增加了非常规水源，2025 年和 2035 年非常规水供水量分别为 0.32 亿 m^3、0.45 亿 m^3，主要用于生态和工业。大清河山区的生活和农业用水由地表水和地下水提供。

规划年用水结构发生变化，生活、工业、农业及生态配置水量均呈增长态势。2025 年、2035 年生活配置水量 1.83 亿 m^3、2.25 亿 m^3，较现状年增加 1.26 亿 m^3、1.68 亿 m^3，增幅 221.9%、294.0%；工业配置水量 0.20 亿 m^3、0.24 亿 m^3，较现状年增加 0.05 亿 m^3、0.09 亿 m^3，增幅 36.1%、58.7%；农业配置水量 2.05 亿 m^3、1.98 亿 m^3，现状年增加 0.28 亿 m^3、0.21 亿 m^3，增幅 15.7%、12.0%；生态配置水量 0.21 亿 m^3、0.30 亿 m^3，较现状年增加 0.004 亿 m^3、0.09 亿 m^3，增幅 1.9%、42.5%。规划年供水量增长最大的为生活用水，其次为工业用水。现状年与规划年水资源配置变化见图 7-1-3、图 7-1-4。

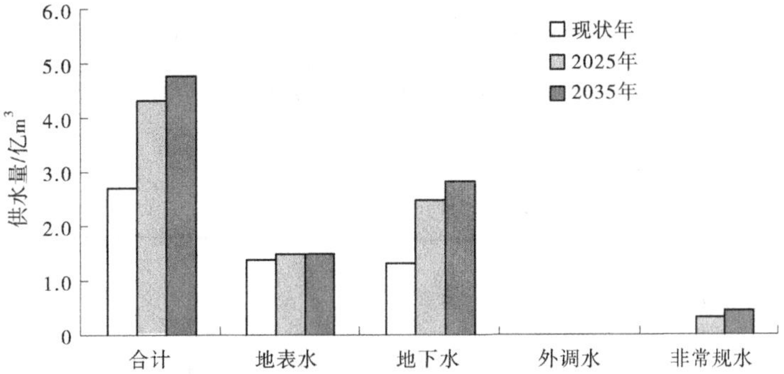

图 7-1-3　大清河山区现状年与规划年水资源配置变化

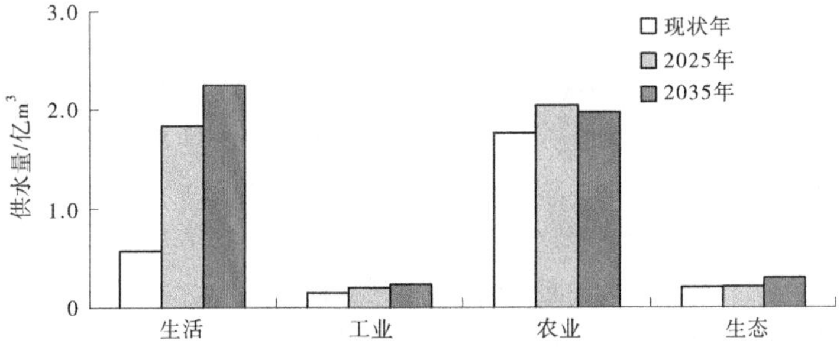

图 7-1-4　大清河山区现状年与规划年分行业供水量

2. 大清河淀西平原

大清河淀西平原 2025 年、2035 年供水量较现状年分别增加了 1.33 亿 m^3、1.19 亿 m^3，其中，外调水供水量分别增加了 6.66 亿 m^3、8.72 亿 m^3，主要用于生活和工业，非常规

水供水量分别增加了 0.72 亿 m^3、1.47 亿 m^3，主要用于生态。2025 年、2035 年地下水开采量减少了 6.42 亿 m^3、8.48 亿 m^3，2035 年地表水供水量减少了 0.53 亿 m^3。大清河淀西平原的农业用水大部分由地下水提供，少量由地表水提供。

规划年用水结构基本保持不变，生活、工业及生态配置水量均呈增长态势。2025 年、2035 年生活配置水量 7.44 亿 m^3、9.08 亿 m^3，较现状年增加 3.08 亿 m^3、4.72 亿 m^3，增幅 70.6%、108.2%；工业配置水量 2.63 亿 m^3、3.03 亿 m^3，较现状年增加 0.39 亿 m^3、0.79 亿 m^3，增幅 17.2%、35.1%；生态配置水量 2.40 亿 m^3、3.21 亿 m^3，较现状年增加 0.46 亿 m^3、1.27 亿 m^3，增幅 23.9%、65.6%；农业配置水量 19.80 亿 m^3、16.82 亿 m^3，较现状年减少 2.60 亿 m^3、5.58 亿 m^3，减幅 11.6%、24.9%。规划年供水量增长较大的为生活和生态用水，其次为工业用水。现状年与规划年水资源配置变化见图 7-1-5、图 7-1-6。

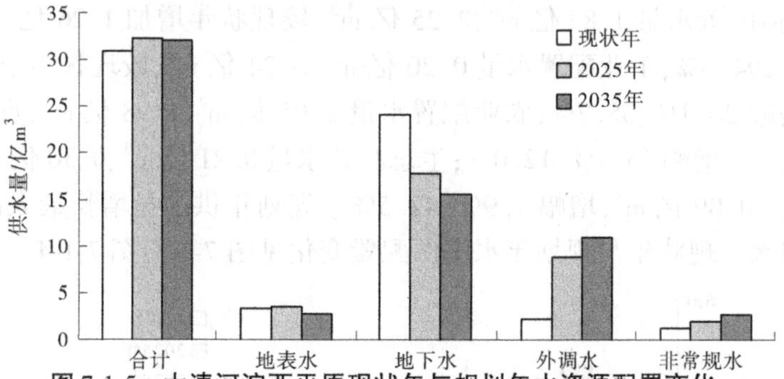

图 7-1-5 大清河淀西平原现状年与规划年水资源配置变化

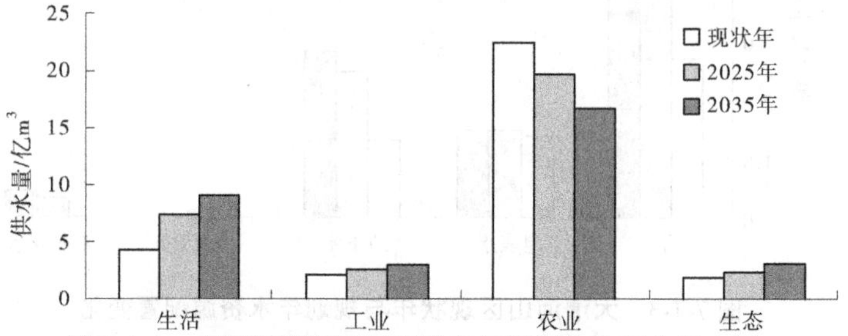

图 7-1-6 大清河淀西平原现状年与规划年分行业供水量

3. 大清河淀东平原

大清河淀东平原 2025 年、2035 年供水量较现状年分别增加了 0.28 亿 m^3、5.72 亿 m^3，其中，外调水供水量分别增加了 2.02 亿 m^3、7.09 亿 m^3，主要用于生活和工业，非常规水供水量分别增加了 0.86 亿 m^3、2.60 亿 m^3，主要用于生态。地下水开采量减少了 1.94 亿 m^3、3.38 亿 m^3，地表水供水量减少了 0.66 亿 m^3、1.19 亿 m^3。大清河淀东平原的农业用水大部分由地下水提供，少量由地表水和外调水提供。

规划年用水结构发生变化，生活、工业配置水量均呈增长态势。2025 年、2035 年生活配置水量 10.60 亿 m^3、14.31 亿 m^3，较现状年增加 2.57 亿 m^3、6.28 亿 m^3，增幅 32.0%、78.2%；工业配置水量 6.79 亿 m^3、7.37 亿 m^3，较现状年增加 0.60 亿 m^3、1.18 亿 m^3，增幅 9.7%、19.0%。2025 年、2035 年农业配置水量 7.72 亿 m^3、7.63 亿 m^3，较现状年减少 2.31 亿 m^3、2.40 亿 m^3，减幅 23.1%、23.9%。生态配置水量呈增长态势，2035 年增长到

5.49 亿 m^3，较现状年增加 0.67 亿 m^3，增幅 13.9%。规划年供水量增长最大的为生活用水，其次为生态用水。现状年与规划年水资源配置变化见图 7-1-7、图 7-1-8。

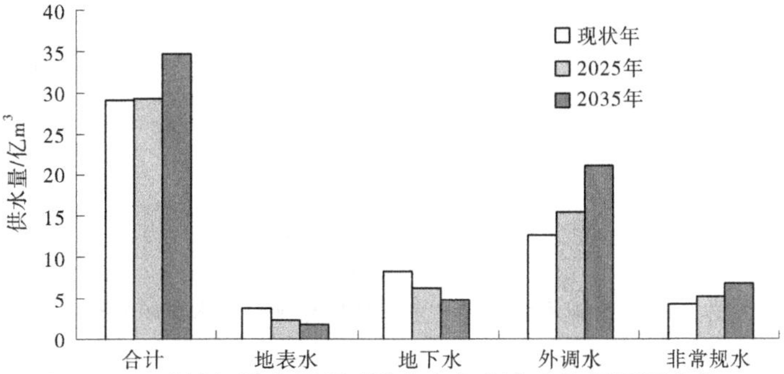

图 7-1-7　大清河淀东平原现状年与规划年水资源配置变化

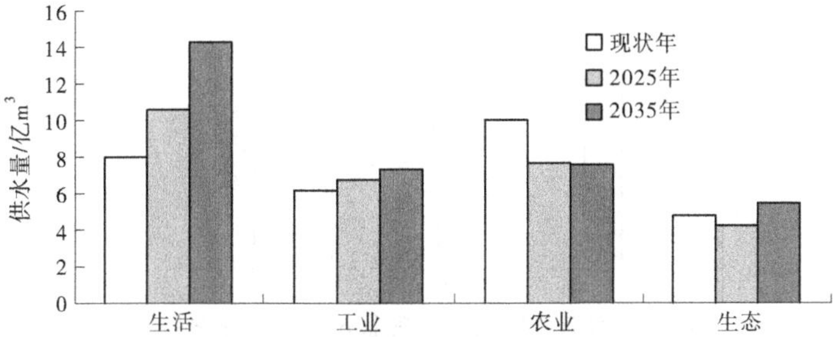

图 7-1-8　大清河淀东平原现状年与规划年分行业供水量

7.1.2.3　流域各省(市)水资源影响分析

1. 北京

大清河流域内北京 2025 年、2035 年供水量较现状年分别增加了 0.69 亿 m^3、1.06 亿 m^3。相比现状年，外调水水源分别增加了 0.88 亿 m^3、1.30 亿 m^3，主要用于生活和工业；非常规水供水量分别增加了 0.003 亿 m^3、0.14 亿 m^3，主要用于生态；地表水供水量相比现状年减少了 0.45 亿 m^3、0.22 亿 m^3。地下水供水量呈现先增加后减少趋势，2025 年较现状年增加了 0.26 亿 m^3，2035 年较现状年减少了 0.18 亿 m^3；大清河流域内北京的农业用水大部分由地下水提供，少量由地表水提供。

规划年用水结构基本保持不变，生活、工业、农业及生态配置水量均呈增长态势。2025 年、2035 年生活配置水量 1.22 亿 m^3、1.45 亿 m^3，较现状年增加 0.34 亿 m^3、0.57 亿 m^3，增幅 39.0%、64.9%；工业配置水量 0.58 亿 m^3、0.66 亿 m^3，较现状年增加 0.07 亿 m^3、0.15 亿 m^3，增幅 14.1%、29.7%；农业配置水量 0.74 亿 m^3、0.73 亿 m^3，较现状年增加 0.21 亿 m^3、0.20 亿 m^3，增幅 39.7%、38.1%；生态配置水量 0.88 亿 m^3、0.94 亿 m^3，较现状年增加 0.07 亿 m^3、0.13 亿 m^3，增幅 8.2%、16.2%。规划年供水量增长最大的为生活用水，其次为农业用水。现状年与规划年水资源配置变化见图 7-1-9、图 7-1-10。

2. 天津

天津 2025 年供水量较现状年减少了 0.13 亿 m^3，2035 年供水量较现状年增加了 4.72 亿 m^3，其中，外调水供水量 2025 年减少了 0.29 亿 m^3，2035 年增加了 3.90 亿 m^3，主要用

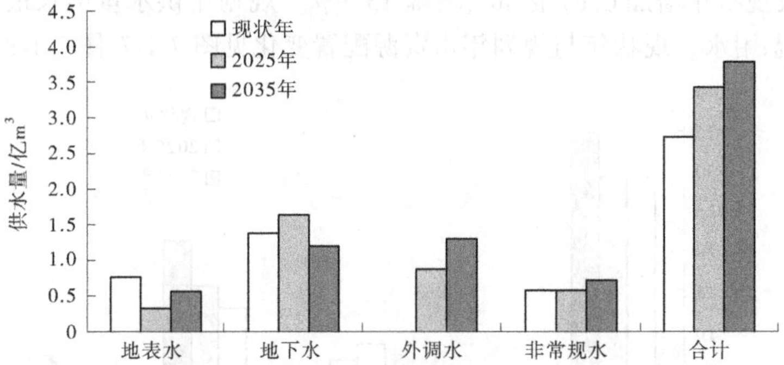

图 7-1-9　大清河流域内北京现状年与规划年水资源配置变化

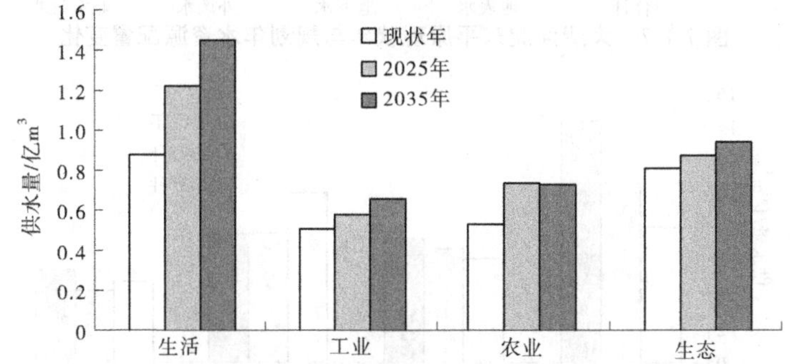

图 7-1-10　大清河流域内北京现状年与规划年分行业供水量

于生活和工业,非常规水供水量分别增加了 0.58 亿 m^3、1.83 亿 m^3,主要用于生态。地下水开采量分别减少了 1.34 亿 m^3、1.35 亿 m^3,地表水供水量分别增加了 0.92 亿 m^3、0.35 亿 m^3。天津的农业用水大部分由地下水和地表水提供,外调水少量补充。

规划年用水结构基本不变,生活、工业配置水量均呈增长态势。2025 年、2035 年生活配置水量 7.31 亿 m^3、10.08 亿 m^3,较现状年增加 1.14 亿 m^3、3.91 亿 m^3,增幅 18.4%、63.4%;工业配置水量 5.58 亿 m^3、5.97 亿 m^3,较现状年增加 0.41 亿 m^3、0.80 亿 m^3,增幅 8.0%、15.5%;农业配置水量 1.23 亿 m^3、1.91 亿 m^3,较现状年减少 0.78 亿 m^3、0.10 亿 m^3,减幅 38.8%、5.0%。生态配置水量总体呈增加的态势,2035 年生态配置水量 4.60 亿 m^3,较现状年增加 0.11 亿 m^3,增幅 2.5%。规划年供水量增长最大的为生活用水,其次为工业用水。现状年与规划年水资源配置变化见图 7-1-11、图 7-1-12。

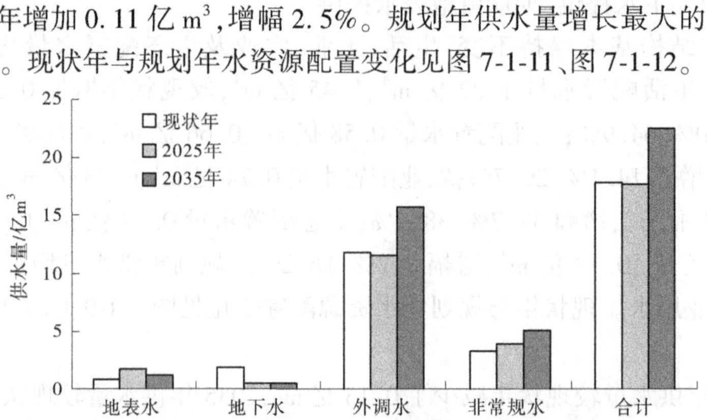

图 7-1-11　天津现状年与规划年水资源配置变化

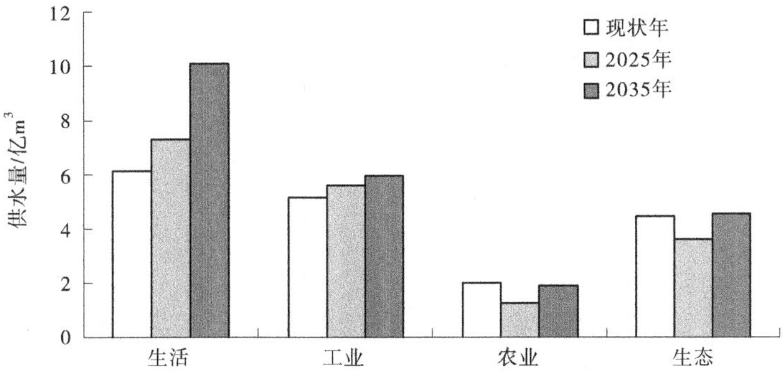

图 7-1-12　天津现状年与规划年分行业供水量

3. 河北

大清河流域内河北省 2025 年、2035 年供水量较现状年分别增加了 2.55 亿 m³、3.06 亿 m³，其中，外调水供水量分别增加了 8.10 亿 m³、11.21 亿 m³，主要用于生活和工业，非常规水供水量分别增加了 1.29 亿 m³、2.52 亿 m³，主要用于生态。地下水和地表水呈减少趋势，2025 年、2035 年地下水开采量分别减少了 5.96 亿 m³、8.92 亿 m³，2025 年、2035 年地表水供水量分别减少了 0.87 亿 m³、1.74 亿 m³。河北的农业用水大部分由地下水提供，外调水和地表水少量补充。

规划年用水结构基本保持不变，生活、工业和生态配置水量均呈增长态势。2025 年、2035 年生活配置水量 11.24 亿 m³、13.97 亿 m³，较现状年增加 5.43 亿 m³、8.16 亿 m³，增幅 93.5%、140.4%；工业配置水量 3.40 亿 m³、3.92 亿 m³，较现状年增加 0.52 亿 m³、1.04 亿 m³，增幅 17.9%、36.3%；生态配置水量 2.37 亿 m³、3.43 亿 m³，较现状年增加 0.71 亿 m³、1.77 亿 m³，增幅 43.0%、106.7%。农业配置水量 27.23 亿 m³、23.44 亿 m³，较现状年减少 4.12 亿 m³、7.91 亿 m³，减幅 13.1%、25.2%。规划年供水量增长最大的为生活用水，其次为生态用水。现状年与规划年水资源配置变化见图 7-1-13、图 7-1-14。

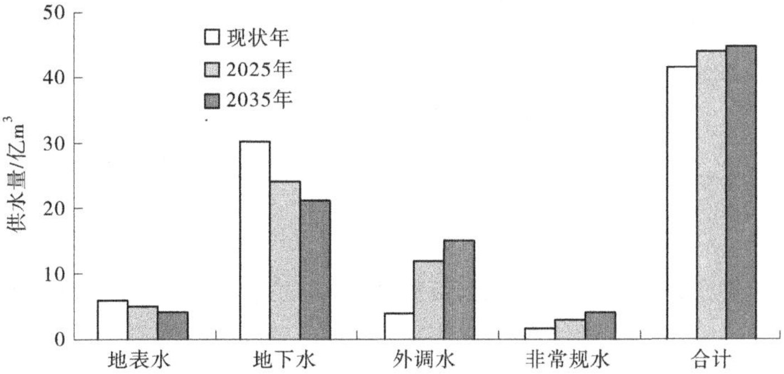

图 7-1-13　大清河流域河北省现状年与规划年水资源配置变化

4. 山西

大清河流域内山西省 2025 年、2035 年供水量较现状年分别增加了 0.10 亿 m³、0.13 亿 m³。相比现状年，规划水平年供水结构中增加了非常规水源，供水量分别为 0.02 亿 m³、0.03 亿 m³，主要用于生态和工业；地下水供水量分别增加了 0.03 亿 m³、0.09 亿

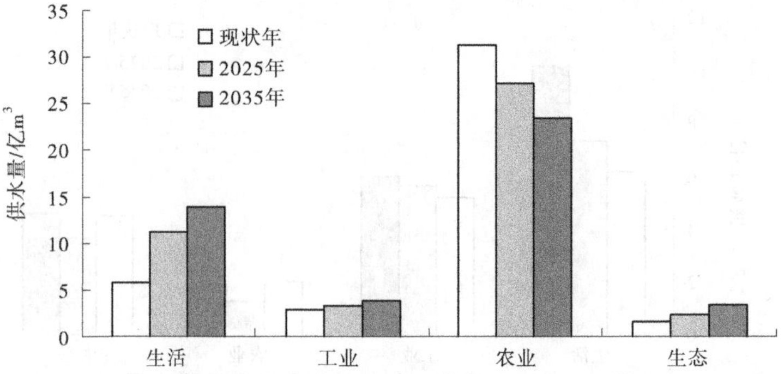

图 7-1-14　大清河流域河北省现状年与规划年分行业供水量

m³;地表水供水量分别增加了 0.05 亿 m³、0.01 亿 m³。大清河流域内山西省的生活和农业用水大部分由地表水和地下水提供。

规划年用水结构基本保持不变,生活、工业、农业及生态配置水量均呈增长态势。2025 年、2035 年生活配置水量 0.10 亿 m³、0.13 亿 m³,较现状年增加 0.002 亿 m³、0.03 亿 m³,增幅 1.6%、27.7%;工业配置水量 0.06 亿 m³、0.07 亿 m³,较现状年增加 0.04 亿 m³、0.05 亿 m³,增幅 200.1%、271.4%;2025 年和 2035 年生态配置水量均为 0.02 亿 m³,较现状年增加 0.01 亿 m³,增幅约 100%;农业配置水量 0.36 亿 m³、0.35 亿 m³,较现状年增加 0.05 亿 m³、0.04 亿 m³,增幅 15.2%、12.0%。规划年供水量增长最大的为工业用水,其次为生态用水。现状年与规划年水资源配置变化见图 7-1-15、图 7-1-16。

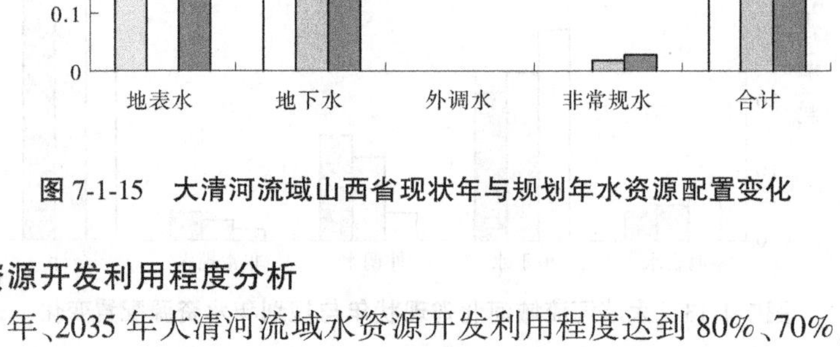

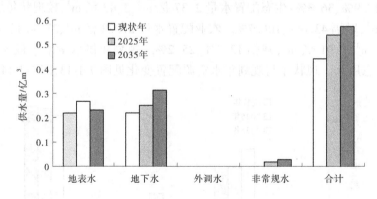

图 7-1-15　大清河流域山西省现状年与规划年水资源配置变化

7.1.2.4　水资源开发利用程度分析

规划 2025 年、2035 年大清河流域水资源开发利用程度达到 80%、70%,较现状 113% 分别降低了 33%、43%。规划 2025 年、2035 年大清河流域地表水开发利用程度达到 54%、50%,较现状 65%分别降低了 11%、15%。规划 2035 年大清河流域平原浅层地下水由现状的 127%降低至 88%,实现地下水压采平衡。

规划水平年 2035 年大清河山区、大清河淀西平原及大清河淀东平原多年平均条件下水资源开发利用率将分别达到 32%、98%、69%,与现状年相比,大清河山区的水资源开发

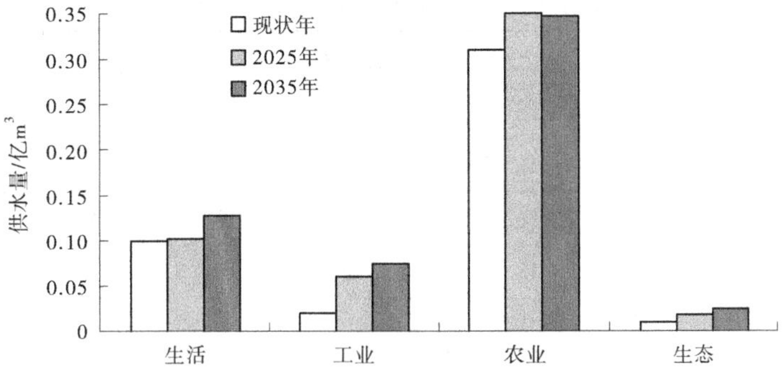

图 7-1-16 大清河流域山西省现状年与规划年分行业供水量

利用率提高了12%,大清河淀西平原和大清河淀东平原水资源开发利用率分别降低了48%、55%。整个大清河流域,淀西平原和淀东平原开发利用率最高,山区开发利用率较低(见图7-1-17)。

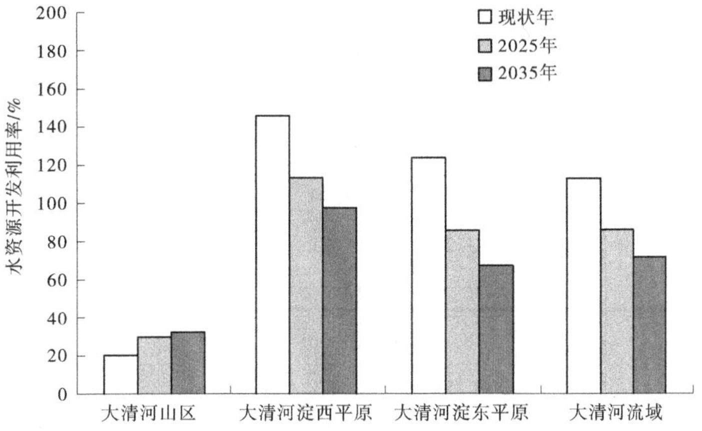

图 7-1-17 现状与规划年水资源开发利用率

7.1.2.5 地下水超采分析

2018年,大清河流域平原区地下水开采量为32.36亿m³,超采量为10.75亿m³。2025年、2035年大清河流域平原区地下水开采量分别为24.19亿m³、20.51亿m³,开采量较现状年减少了8.17亿m³、11.85亿m³。2025年、2035年浅层地下水开采量分别为23.44亿m³、20.51亿m³,较现状年减少了3.92亿m³、6.85亿m³,超采量分别为0.74亿m³、0,较现状年减少了5.01亿m³、5.75亿m³。2025年、2035年深层地下水开采量均为0,较现状年减少了5亿m³。规划年大清河流域调整水资源配置结构,减少了地下水开采,优化了供水格局,基本形成了以外调水为主、当地地表水有效补充、地下水逐步置换、非常规水利用增加的供水格局。

大清河流域地下水开采情况见表7-1-3。

表 7-1-3　大清河流域地下水开采情况

分区/分省		水平年	浅层地下水			深层地下水	合计	
			可开采量	开采量	超采量		开采量	超采量
现状年	大清河淀西平原	北京	2.27	1.16	0	0	1.16	0
		河北	16.39	22.14	5.75	0.78	22.92	6.53
		小计	18.66	23.30	5.75	0.78	24.08	6.53
	大清河淀东平原	天津	0.51	0.40	0	1.44	1.84	1.44
		河北	5.21	3.66	0	2.78	6.44	2.78
		小计	5.72	4.06	0	4.22	8.28	4.22
	合计		24.38	27.36	5.75	5.00	32.36	10.75
2025 年	大清河淀西平原	北京	2.27	1.34	0	0	1.34	0
		河北	16.39	16.39	0.11	0	16.50	0.11
		小计	18.66	17.73	0.11	0	17.84	0.11
	大清河淀东平原	天津	0.51	0.51	0	0	0.51	0
		河北	5.21	5.21	0.63	0	5.84	0.63
		小计	5.72	5.72	0.63	0	6.35	0.63
	合计		24.38	23.44	0.74	0	24.19	0.74
2035 年	大清河淀西平原	北京	2.27	0.90	0	0	0.90	0
		河北	16.39	14.70	0	0	14.70	0
		小计	18.66	15.60	0	0	15.60	0
	大清河淀东平原	天津	0.51	0.50	0	0	0.50	0
		河北	5.21	4.41	0	0	4.41	0
		小计	5.72	4.91	0	0	4.91	0
	合计		24.38	20.51	0	0	20.51	0

自 2018 年底《华北地下水超采区综合治理行动方案》实施以来，地下水超采问题逐步得到改善，地下水位降落漏斗增加、水位持续下降的恶化趋势得到缓解。随着节约本地水、增加外调水对本地超采地下水的置换，超采量逐年减少。但根据流域水资源供需分析，至 2025 年依然存在水资源缺口，主要为河北省农业缺水，地下水超采量由 2018 年的 10.75 亿 m^3 减少至 0.74 亿 m^3；2035 年随着本地水资源的进一步高效节约、中东线后续工程的推进，将不再出现超采地下水的问题。

2025 规划水平年地下水超采对超采区局部地下水位降落漏斗存在一定的不利影响，同时致使地下水位持续下降，地下水难以实现采补平衡。但整体而言，较现状 2018 年的地下漏斗增加速率和地下水位降低速率已有明显改善，同时大清河流域临近的永定河流域、子牙河流域地下水回补后也会对大清河流域地下水位产生一定的积极影响。

7.1.3　对水文情势的影响

7.1.3.1　防洪排涝规划影响

1. 新建水库工程

新建水库主要为张坊水库、土门水库、李思庄水库，均作为资源点保留，规划期内不予实施。二道河水库进一步研究建设的必要性和可行性。

(1)张坊水库。

张坊水库位于大清河北支拒马河，控制流域面积 4 820 km^2，水库主要任务为防洪、供水，并兼顾灌溉发电。总库容 7.9 亿 m^3，其中调洪库容 4.7 亿 m^3。设计洪水位(100 年一遇)为 186.35 m，校核水位(5 000 年一遇)为 193.15 m。

水库建成后，将改变河道原有的天然状态，河流流域形态和地貌发生改变。流速降低，坝前库区段形成一定的缓流区域，河流流动性明显降低，坝前形成湖库，自库尾至坝址形成约 20 km 的缓流区域，水域面积明显增大，蓄水面积约 20 km^2。建议在张坊水库项目设计阶段考虑坝下生态需水过程下泄生态流量，以减缓工程建设运行对下游水文情势的不利影响。

(2)土门水库、李思庄水库、二道河水库。

土门水库位于大清河南支清水河支流界河上，控制流域面积 244 km^2，水库主要任务是防洪、灌溉、城市供水及发电。总库容 1 亿 m^3。主坝为斜墙土坝，坝顶高程 147 m(黄海高程)，最大坝高 37.0 m，坝顶长 385 m。溢洪道在右岸，净宽 35 m，堰顶高程 134 m。设计标准 100 年一遇，校核标准 2 000 年一遇。

李思庄水库位于大清河南支界河支流蒲阳河上，控制流域面积 106 km^2，水库主要任务是防洪、灌溉。总库容 1 亿 m^3。主坝为斜墙土坝，坝顶高程 124.8 m，最大坝高 35.8 m，坝顶长 630 m；溢洪道位于左岸，堰顶高程 114.5 m，净宽 20 m。水库洪水调度运用原则为：10 年一遇及以下洪水水库不泄，20 年一遇限泄 50 m^3/s，超 20 年一遇洪水不限泄。

二道河水库位于北京市房山区大石河干流上，控制流域面积为 351 km^2，水库主要任务以防洪为主，兼顾其他功能。设计水位 272.00 m，校核水位 274.70 m，总库容 5 154.5 万 m^3。水库洪水调度运用原则为：10 年一遇及以下洪水水库不泄，20 年一遇限泄 1 028 m^3/s，50 年一遇洪水限泄 1 743 m^3/s。

水库建成后，将改变河道原有的天然状态，河流流域形态和地貌发生改变。流速降低，坝前库区段形成一定的缓流区域，河流流动性明显降低。同时，水位抬升，水域面积也有所增加。建议在各水库项目设计阶段考虑坝下生态需水过程下泄生态流量，以减缓工程建设运行对下游水文情势的不利影响。

2. 河道治理工程

大清河干支流河道治理工程，主要通过堤防加固、主河槽疏浚等方式提高行洪能力，使现状河道防洪标准达到设计标准，工程实施期间会对水文情势造成一定的波动，但影响是短期的，通过施工期和施工工艺的优化可以得到减缓。工程实施后，在洪水期间，河道的水位和流速将会有一定程度的变化，缓解大洪水时河道持续高水位水文情势的变化，有利于减少回水影响范围，形成稳定的流态，同时保护堤防两岸的安全。

水库除险加固工程主要对现有水库进行维修加固,不改变水库库容,仅在施工期间会对水库水体造成扰动,但影响是短期的,施工结束后影响随之消失。

7.1.3.2 水资源配置对河道径流过程的影响

规划水平年2025年、2035年通过优化水资源配置,地表水的供水量较现状年分别减少0、1.25亿m^3,可退还部分挤占的河流生态水量,另外外调水和非常规水的增加也可以补给部分河道的生态水量。因此,规划水平年大清河流域河道的径流量较现状年有所增加。

1. 山区河流

现状山区河道径流均为降水汇流,本次规划未在山区河道新建控制性工程,规划水平年参与配置的地表水水源主要来源于王快水库、西大洋水库、安格庄水库等已建的控制性工程。因此,本轮规划实施后,对山区河流的径流过程基本无影响。

2. 中下游河流

南水北调中线通水后,拒马河张坊断面以上五一渠、官座岭渠和胜天渠减少取水量,置换当地地表水补充河道生态水量,可增加拒马河的径流量。

在向白洋淀补水的同时,将富裕水量作为沙河河道生态水量,结合王快水库调度管理和汛期弃水下泄生态水量,保障沙河年生态水量0.38亿m^3。结合西大洋水库调度管理和汛期弃水下泄生态水量,向白洋淀补水的同时,富裕水量也可补充唐河河道生态水量,保障下泄多年平均天然径流量10%作为唐河生态水量。另外两条环淀河流还可以通过外调水的渠道退水以及城镇再生水下泄补充生态水量,在一定程度上可改善现状干涸恶况,增加河道径流量。

南拒马河近5年实测水量0.22亿m^3,基本满足蒸发渗漏量,本次规划利用涞水、定兴县的再生水补充河道生态用水,结合华北地下水超采综合治理河湖地下水回补,南拒马河作为试点河段,可利用南水北调中线水经中易水相机补水,加之当地地表水,相比现状年年径流量略有增加。白沟河主要依靠天然来水、涝积水及城镇再生水下泄补充生态水量,河道径流量增加有限。

独流减河现状实测水量0.16亿m^3,不能满足河道所需的0.27亿m^3蒸发渗漏量,本次规划利用上游赵王新河和大清河下泄水量,约1亿m^3。其次利用天津市区、静海区污水处理厂的再生水约0.11亿m^3非汛期回灌入独流减河下游宽河槽湿地。还可利用天津市规划建设的南部水循环体系(天津市北水南调工程)向独流减河补水,年循环供水量1.1亿m^3。经过以上补水措施,可向独流减河生态补水2.57亿m^3水量。因此,本轮规划实施后,独流减河的径流量有较大幅度的增加。海河干流通过上游下泄水量、再生水补充以及外调水置换当地地表水等措施补充生态水量,河道径流量有所增加。

7.1.3.3 湿地水位变化

1. 白洋淀

根据相关规划,2023—2035年,每年3—6月,白洋淀水位保持在6.5~7.0 m,该时段蒸发渗漏量损失0.67亿m^3,补水0.3亿m^3,保证低水位迎汛,7—8月为主汛期,白洋淀水位按汛限水位迎汛,水位6.5~6.8 m,该时段蒸发渗漏损失0.33亿m^3,补水0.4亿m^3,9—10月,水位保持在6.5~7.0 m,该时段蒸发渗漏损失0.33亿m^3,补水0.1亿m^3,11月至翌年 2 月，白洋淀水位保持在 6.5~7.0 m，该时段蒸发渗漏损失 0.67 亿 m^3，补水 2.2 亿 m^3，本次规划通过统筹引黄水（引黄入冀补淀 1.1 亿 m^3）、南水北调水（东线二期补水 0.9 亿 m^3）、当地地表水（供水约 1 亿 m^3）等各类水源可保障入淀水量 3 亿 m^3，使白洋淀淀区的水位达到 6.5~7.0 m，湿地面积逐渐恢复至 360 km^2，生态系统进入良好状态。

2. 北大港水库

本次规划北大港湿地采用生态水位法计算，以蒸发渗漏损失为最小生态水量，北大港湿地利用雨洪水及引黄济津工程补水 1.34 亿 m^3。湿地生态补水量以满足蒸发渗漏损失为主，其对湿地的水位影响较小，但生态水量的补充对湿地生态环境改善产生有利影响。

3. 团泊洼

本次规划团泊洼湿地采用生态水位法计算，以蒸发渗漏损失为最小生态水量 0.6 亿 m^3，根据近 5 年实测水量，团泊洼湿地水量可满足其最小生态水量要求。本次规划利用当地涝水、再生水及天津市南北水系连通补水或引滦水继续保障其最小生态水量，在维持现状生态水位的基础上，有条件的多补充湿地生态水量，进一步改善湿地生态环境。

7.1.3.4　地下水位变化

根据河北省 2014—2018 年近 5 年的水资源公报，以及大清河流域主要地下水漏斗变化（见表 5-2-10），通过实施严格的水资源管理制度，严格控制用水总量，并随着 2018—2019 年实施华北地下水超采综合治理，大清河流域现状地下水位下降趋势减缓，地下水漏斗面积扩大趋势得以遏制。

本次规划，一是依据《推进南水北调配套工程建设和江水利用实施方案》要求，通过南水北调置换以及工业城镇节水实现地下水压采 5.08 亿 m^3；二是结合《河北省地下水超采治理规划》，通过调整农业种植方式实现地下水压采 2.68 亿 m^3，发展高效节水农业实现地下水压采 1.95 亿 m^3；三是通过统筹外调水置换农业灌溉用地下水，实现压减地下水超采量 2.50 亿 m^3；四是实施河湖地下水回补，如通过南水北调中线一期工程沿线退水闸、雨洪资源、上游水库相机补水 6.2 亿~9.3 亿 m^3，年均回补地下水 2.6 亿~3.5 亿 m^3。通过一系列地下水超采治理措施，建设南水北调中线配套及引黄等地下水压采替代水源工程，2025 年压采地下水 10.21 亿 m^3，压采率达到 90%以上，到 2035 年实现地下水采补平衡。

本次规划将严格按照《华北地区地下水超采综合治理行动方案》的总体要求，实现以上地下水超采治理目标。根据现状流域内已实施地下水治理措施出现正面效应，可推断本轮地下水压采规划实施后，流域内的地下水位下降趋势将进一步得到遏制，为地下水位回升创造强有利条件。

7.1.4　生态水量满足程度影响分析

7.1.4.1　生态水量计算方法

1. 山区河流

已有规划成果的山区控制站利用 1980—2016 年系列进行复核。根据《海河流域综合规划》，拒马河紫荆关断面规划生态水量为 1956—2000 年系列多年平均径流量的 30%即 0.72 亿 m^3/a，由于 1980—2016 年系列地表水资源量均值较 1956—2000 年系列减幅

22.7%，本次规划采用1980—2016年系列进行复核：紫荆关断面多年平均径流量的30%为0.38亿m^3/a，为切实符合大清河流域现状水资源状况，紫荆关断面生态水量取0.38亿m^3/a。

2. 平原河流

对于发源于山区、汇水面积较大且具有水库控制节点的平原河流（中易水、沙河、唐河），将水库多年平均天然径流量的10%作为其生态需水量。根据《海河流域综合规划》，对于水体连通和生境维持功能的河段，要保障一定的生态基流，原则上采用Tennant法计算，平原河流取多年平均天然径流量的10%～20%作为生态水量。本次规划取安格庄水库、王快水库及西大洋水库的多年平均天然径流量的10%作为坝下断面下泄生态水量是合理的。对于没有水库控制的拒马河、南拒马河、白沟河，取出山口多年平均天然径流量的10%作为其生态需水量。并选择以上河流，分10月至翌年3月（较枯时段）和4—9月（较丰时段）提出不同时段生态水量。

根据《海河流域综合规划》，独流减河等大量接纳城市排水的河流，生态水量根据现状实测水平确定。近5年独流减河（进洪闸—防潮闸）平均实测水量为0.16亿m^3，本次规划通过生态景观功能法计算其蒸发渗漏量，同时独流减河考虑入海水量，确定独流减河最小生态需水量为0.27亿m^3/a，保持常年有水面。海河干流（子北汇流口—海河闸）的最小生态需水量直接依据海河流域综合规划成果即0.6亿m^3/a。

3. 湿地

白洋淀依据相关规划，2035年入淀水量3亿m^3。北大港水库和团泊洼水库依据海河流域综合规划成果确定其最小生态水量。

7.1.4.2 生态水保障程度分析

1. 山区河流

根据近10年实测资料及近5年实测水量，拒马河紫荆关断面及张坊断面满足最小生态水量的要求。本次规划通过取用水管控、强化节水等措施加强管理，维持现状，不再寻求新的水源配置。

2. 平原河流

平原河流沙河王快水库坝下断面、中易水安格庄水库坝下断面近5年实测水量是满足最小生态需水量要求的，本次规划按照王快水库、安格庄水库多年平均天然径流量的10%下泄生态水量，继续保障两个水库坝下断面的生态水量需求。

唐河西大洋水库坝下断面近5年实测水量不满足最小生态需水量要求，本次规划按照西大洋水库多年平均天然径流量的10%下泄生态水量，满足其最小生态水量要求。

白沟河东茨村断面、南拒马河北河店断面近5年实测水量是满足最小生态需水量要求的，本次规划统筹上游来水、再生水及外调水的相机补水，进一步保障两个断面的生态水量需求。

独流减河进洪闸—防潮闸断面近5年实测水量不满足最小生态需水量要求，本次规划可通过上游赵王新河和大清河下泄水量，天津市区、静海区污水处理厂再生水及天津市北水南调工程向独流减河补水等多举措保障其最小生态水量要求。但考虑到近5年实测水量较小，本次规划确定的生态需水量小于海河流域综合规划成果，规划水平年配置水量仅能保证满足本轮规划提出的生态需水量,不能满足海河流域综合规划提出的生态水量要求。

海河干流近 5 年实测水量是满足最小生态需水量要求,本次规划通过雨洪资源、引滦水补给、再生水下泄及南水北调东线实施后置换当地地表水等措施进一步保障海河干流的生态水量需求。

3. 湿地

白洋淀依靠引黄入冀补淀、南水北调东线,王快、西大洋、安格庄 3 座水库水量下泄,以及白沟引河、府河、孝义河上游城镇污水处理厂尾水可保障入淀水量 3 亿 m^3,满足生态水量的需求;团泊洼湿地依靠当地涝水、黑龙港河和各干支渠沥水、纪庄子污水处理厂再生水(10 万 t/d)深度处理后用水以及天津市南北水系沟通工程枯水年向团泊洼湿地的补水量(1 200 万 m^3),或利用引滦水等生态补水措施满足其 0.6 亿 m^3 生态水量需求;在南水北调东线通水以前,北大港可利用天津市雨洪水 0.34 亿 m^3 及引黄济津 1 亿 m^3 进行生态补水。大清河流域主要河流及湿地生态水量满足程度见表 7-1-4。

综上,在统筹考虑本地水、再生水、外调水等生态补水水源的基础上,一定程度上保障了河流、湿地的生态水量,在一定程度上改善了入淀河流及白洋淀淀区生态环境。但大清河流域河道长期干涸,河流地表水-地下水转化关系已经紊乱,生境及生态多样性已遭受破坏,仅保障其生态水量,不能形成常态生态流量补给,无法从根本上解决问题。同时从长远角度来讲,河流及湿地的生态需水保障依赖于流域地下水位的修复、外调水和再生水联合调度等多项补水措施的共同作用,如遇特枯或极端水文年,生态水量保障程度会大大降低。

7.1.5　蓄滞洪区调整规划对洪水的影响分析

为了分析蓄滞洪区调整对蓄滞洪区调度运用的影响,本次规划针对《大清河流域设计洪水复核报告》(2017)水文成果(以下简称“新洪水成果”),对大清河流域 50 年、100 年一遇设计洪水进行了洪水演进模拟计算,对调整前后东淀、文安洼、贾口洼关键节点水位和水量进行了对比分析。

7.1.5.1　新洪水成果模拟结果分析(先用文安洼)

新洪水成果 1956 年典型来水条件下,50~200 年一遇洪水,调整前后东淀第六埠最高水位、蓄洪量基本不变,淹没面积减少 4.7~5.7 km^2;文安洼控制点大赵最高水位抬高了 0.02~0.08 m,滞蓄水量减少了 0.2 亿~1.1 亿 m^3,淹没面积减少了 27.6~150.7 km^2;贾口洼 50 年、100 年一遇洪水时未启用,200 年一遇洪水时八堡控制点最高水位抬高 0.18 m,滞蓄洪量增加了 0.9 亿 m^3,淹没面积增加了 21.5 km^2。总体上看,东淀、文安洼、贾口洼调整对东淀第六埠水位、滞蓄水量、淹没面积影响较小;对文安洼水位、滞蓄水量、淹没面积有一定影响,但从 100 年一遇及以下洪水来看,调整后控制点水位均未超过控制运用水位 5.94 m;防洪规划水文成果下,调整对贾口洼影响较大,控制点水位、滞蓄水量、淹没面积均增长较多,新洪水成果下贾口洼不启用。

为了研究贾口洼内安全区调整的影响,在计算时假定了东淀第六埠水位达到 6.44 m 时,不考虑王村闸分洪情况,先启用贾口洼滞洪,贾口洼达到控制运用水位 5.94 m 后再启用文安洼的情况。

表 7-1-4　本次规划实施后生态水量满足程度统计

类型	主要河流	控制站范围	近5年平均实测水量（亿 m^3/a）	海河流域综合规划生态水量/（亿 m^3/a）	本次规划计算最小生态水量/（亿 m^3/a）	本次规划生态水量（亿 m^3/a）	生态水量来源	生态水量满足程度
山区河流	拒马河	紫荆关	1.23	0.72（1956—2000年系列多年平均径流量的30%）	0.38（1980—2016年系列多年平均径流量的30%）	维持现状	本流域降水汇流，规划水平年可保证生态余量0.46亿 m^3	满足本规划提出的生态水量，不满足海河流域综合规划要求
	拒马河	张坊	1.24	—	0.29	维持现状	规划水平年张坊断面以上取水量维持现状，可以保证生态余量0.29亿 m^3	满足
平原河流	中易水	安格庄水库坝下	0.40	—	0.04	0.04	结合安格庄水库调度管理和汛期弃水下泄生态水量，保障年生态水量0.04亿 m^3	满足
	沙河	王快水库坝下	0.93	—	0.38	0.38	结合王快水库调度管理和汛期弃水下泄生态水量，保障年生态水量0.38亿 m^3	满足
	白沟河	东茨村	1.22	—	0.22	0.22	上游北拒马河来水、小清河及琉璃河涝水、房山区城镇再生水	满足
	南拒马河	北河店	0.22	—	0.11	0.11	涞水县、定兴县再生水0.16亿 m^3，现状实测水量0.14亿 m^3；华北地下水超采综合治理河湖地下水回补试点河段；南水北调中线水，经中易水相机补水	满足
	唐河	西大洋水库坝下	0.03	0.68（西大洋水库—入淀口）	0.25	0.25	结合西大洋水库调度管理和汛期弃水下泄生态水量，保障年生态水量0.25亿 m^3	满足

续表 7-1-4

类型	主要河流	控制站范围	近 5 年平均实测水量（亿 m^3/a）	海河流域综合规划生态水量/（亿 m^3/a）	本次规划计算最小生态水量/（亿 m^3/a）	本次规划生态水量（亿 m^3/a）	生态水量来源	生态水量满足程度
平原河流	独流减河	进洪闸—防潮闸	0.16	1.24	0.27	0.27	上游赵王新河和大清河下泄水量；天津市区、静海区污水处理厂再生水；天津市北水南调工程向独流减河补水	满足本规划提出的生态水量，不满足海河流域综合规划要求
平原河流	海河干流	子北汇流口—海河闸	1.27	0.60	0.60	0.60	雨洪资源；引滦水补给 0.3 亿 m^3；再生水下泄；南水北调东线实施后置换当地地表水	满足
湿地	白洋淀		1.48	1.05	2.12（蒸发渗漏需水）	3	南水北调东线二期实施前，引黄入冀补淀 2 亿 m^3；地表水通过王快、西大洋、安格庄 3 座水库供水 1 亿～1.5 亿 m^3；白沟引河、府河、孝义河上游城镇污水处理厂尾水入淀 0.6 亿 m^3。南水北调东线二期实施后，引黄入冀补淀 1.1 亿 m^3；地表水通过王快、西大洋、安格庄 3 座水库供水 1 亿～1.5 亿 m^3；南水北调水东线二期补水 0.9 亿 m^3	满足
湿地	团泊洼		0.60	0.60	0.60	0.60	当地涝水、黑龙港河和各干支渠沥水；纪庄子污水处理厂再生水（10 万 t/d）；天津市南北水系沟通工程枯水年补水量为 1 200 万 m^3；也可利用引滦水，通过于桥水库、海河干流相机补水	满足
湿地	北大港		0.67	2.16	2.16	近期 1.34 亿 m^3；远期 2.16 亿 m^3	在南水北调东线工程通水以前，可利用天津市雨洪水 0.34 亿 m^3 及引黄济津 1 亿 m^3	满足

7.1.5.2 新洪水成果模拟结果分析(先用贾口洼)

新洪水成果1956年典型来水条件下,50年、100年一遇洪水,调整前后东淀第六埠最高水位基本不变,滞蓄水量略有减小,淹没面积减少了4.6~5.6 km^2;文安洼50年、100年一遇不启用;贾口洼50年洪水时,八堡控制点最高水位抬高了0.20 m,滞蓄水量减小了0.9亿 m^3,淹没面积减小了23.1 km^2,100年一遇洪水时八堡控制点最高水位基本不变,滞蓄水量、淹没面积略有减小。

总体上看,先用贾口洼滞洪方案,锅底、滩里分洪口门分洪下,东淀、文安洼、贾口洼调整后东淀第六埠水位、滞蓄水量、淹没面积影响较小;文安洼大赵水位影响较小,滞蓄水量、淹没面积减小较多;贾口洼则是50年一遇洪水时控制点水位有一定增加,滞蓄水量、淹没面积减小较多,100年一遇洪水子牙产业园区扒开南北围堤口门行洪后受影响较小。

7.2 水环境影响预测与评价

规划对水环境的影响主要是由水资源利用规划和水资源保护规划引起的,水资源开发利用实施后水资源时空发生了什么变化,对水质会产生什么样的影响。水资源保护规划提出措施是否能保证目标可达,即水功能区、纳污能力、饮用水水源地水质是否能达到既定的保护目标。

7.2.1 用水结构变化对水环境的影响

未来大清河流域用水结构将有所变化,进而对水环境产生了一定的影响。从全流域层面分析,流域内生活用水增加,2025年为19.88亿 m^3,较现状年的12.96亿 m^3 增加了6.92亿 m^3;2035年为25.63亿 m^3,较现状年增加了12.67亿 m^3。工业用水增加,2025年为9.62亿 m^3,较现状年的8.58亿 m^3 增加了1.04亿 m^3;2035年为10.63亿 m^3,较现状年增加了2.05亿 m^3。生活用水和工业用水的增加,使得污染物的产生量略有增加,但是随着污水处理厂的处理能力及处理规模的提升,污染物入河量将进一步得到控制,对流域水环境影响较小。农业节水规划实施后,农田灌溉水利用系数明显提高,由现状年的0.65增加到2025年的0.68,再增加到2035年的0.69,农业用水量明显降低,由现状年的34.20亿 m^3 减少到2025年的29.56亿 m^3,再减少到2035年的26.43亿 m^3,因此农业退水水量有所降低。河道外生态环境用水由现状年的6.97亿 m^3 增加到2035年的9.00亿 m^3,增幅达29.1%。其中,雄安新区2025年总配置水量3.86亿 m^3,较现状年的2.66亿 m^3 增加了1.20亿 m^3;2035年总配置水量4.51亿 m^3,较现状年的2.66亿 m^3 增加了1.85亿 m^3。水量增加的主要原因为生活、工业和生态环境用水增加,污染物产生量增加,但雄安新区水污染物排放标准要求较高,处理达标后污染物排放量相对较少,同时农业用水显著减少。

随着南水北调、引滦、引黄等跨流域外调水工程的逐步实施,利用外地水替换本地水,本地水配置量减少,2025年为34.12亿 m^3,较现状年的42.27亿 m^3 减少了8.15亿 m^3;2035年为29.54亿 m^3,较现状年的42.27亿 m^3 减少了12.73亿 m^3,主要原因均为现状年超采地下水严重。外调水及非常规水增加,2025年为31.80亿 m^3,较现状年的20.44

亿 m^3 增加了 11.36 亿 m^3；2035 年为 42.15 亿 m^3，较现状年的 20.44 亿 m^3 增加了 21.71 亿 m^3。外调水及非常规水置换本地水后，缓解了本地用水矛盾，河道内生态水量及河道外生态环境用水进一步得到保障，对流域水环境产生了积极影响。其中，雄安新区 2025 年 3.86 亿 m^3 配置水量中，有 2.20 亿 m^3 水量由南水北调中线提供，当地地表水、地下水、非常规水分别为 0.11 亿 m^3、1.07 亿 m^3、0.48 亿 m^3；2035 年 4.51 亿 m^3 配置水量中，有 3.20 亿 m^3 水量由南水北调中线提供，当地地表水、地下水、非常规水分别为 0.05 亿 m^3、0.62 亿 m^3、0.63 亿 m^3。

在水污染物处理能力方面，根据近年流域污水处理厂建设运营情况，截至 2018 年，大清河流域规划范围内已建成投运城镇污水集中处理厂 81 座，其中北京市 12 座，天津市 5 座（仅考虑流域内静海区），河北省 58 座，山西省 6 座，设计年处理规模为 7.63 亿 t。此外，本次为流域外的天津市城区（市内六区、滨海新区等）供水，考虑天津市滨海新区、西青区、津南区、东丽区、滨海新区等现有污水处理厂 18 座，流域外受水区污水处理厂设计年处理规模为 6.42 亿 t/a。因此，本次大清河流域水资源配置受水区污水设计年处理规模总计 14.05 亿 t/a。根据污染排水预测，2025 年大清河流域点源污染排水量 11.06 亿 t/a，京津冀晋四省（市）排水均满足各省（市）处理规模；2035 年大清河流域点源污染排水量 10.88 亿 t/a，京津冀晋四省（市）排水均满足各省（市）处理规模。

综上所述，大清河流域用水结构的变化对流域内水环境影响较小。不同水平年用水结构变化对水环境影响分析见表 7-2-1。

近年来，南水北调、引滦入津、引黄入冀补淀工程等各项外调水工程逐步实施，对大清河流域产生了一定的积极影响，主要体现为：①外调水资源调入至大清河流域后，替换了部分本地水源，缓解了本地水资源压力，使得河道内生态水量、河道外生态环境用水进一步得到保障，水环境、水生态恶化趋势得到遏制；②外调水通过河道调入本流域的过程中，改善了流域内部分河道的水文水动力条件，使得破碎化的河道恢复连通性，为水生态的恢复奠定基础；③外调水水质优于本地水质，依据大清河流域现状水质调查，流域内河道水质基本为Ⅳ～劣Ⅴ类，而外调水基本为Ⅲ～Ⅳ类水体，对流域内污染物的稀释降解起到了积极作用。

7.2.2　规划实施对水环境污染物的影响

大清河流域涉及京津冀晋四个省（市），经济社会迅速发展，城市化程度大大增加，工业和城镇生活用水比例大幅度提高，局部地区水资源供求矛盾将进一步加剧，流域水污染物带来的水环境压力也将进一步加大。

规划的实施，将对大清河流域内水资源的"供用耗排"过程产生一定影响，并影响与之相关联的废污水排放。水资源利用规划提出，完善水资源合理配置体系、深挖节水潜力、控制地下水压采、引入外调水、保障供水安全，提高水资源利用的质量和效率，外调水对流域部分水系起到一定的置换作用；水资源保护规划提出，整治排污口布局、强化地表及地下水源地保护，提出了严格的排放标准，进一步限制了水污染物的排放，保障流域水环境质量；而水生态保护和修复及水土保持规划等，在遏制水生态恶化趋势、改善水土流失状况，消纳降解水环境污染物方面产生了一定的积极影响。

表 7-2-1　不同水平年用水结构变化对水环境影响分析

单位：亿 m^3

省份	水平年	生活	工业	农业	生态环境	合计	点源排水量	年处理规模	水质目标及水环境影响分析
北京	现状年	0.88	0.51	0.53	0.81	2.73	0.68	0.85	生活、工业、农业用水增加，污染物产生量略有增加，随着污水收集处理能力的提升，实际点源排水量减少，且满足处理规模；而生态环境用水增加，有利于水质改善。综合分析，用水结构对大清河北京市界内水环境影响较小
	2025 年	1.22	0.58	0.74	0.88	3.42	0.68	0.85	
	2035 年	1.45	0.66	0.73	0.94	3.78	0.63	0.85	
天津	现状年	6.17	5.17	2.01	4.49	17.84	4.08(0.11)	7.60(0.18)	生活、工业用水增加，污染物产生量略有增加，满足处理规模；农业节水规划实施后用水量减少，生态环境用水增加。综合分析，用水结构对大清河天津市界内水环境影响较小(注：括号内为流域界内静海区)
	2025 年	7.31	5.58	1.23	3.59	17.71	4.83(0.13)	7.60(0.18)	
	2035 年	10.08	5.97	1.91	4.60	22.56	4.82(0.17)	7.60(0.18)	
河北	现状年	5.81	2.88	31.35	1.66	41.70	5.00	6.30	生活、工业用水增加，同时保定市新增处理规模 28.08 万 m^3/d，污染物产生量略有增加，但依然满足处理规模；农业节水规划实施后用水量减少，生态环境用水增加。综合分析，用水结构对大清河河北省界内水环境影响较小
	2025 年	11.24	3.40	27.23	2.37	44.24	5.49	7.32	
	2035 年	13.97	3.92	23.44	3.43	44.76	5.37	7.32	

续表 7-2-1

省份	水平年	生活	工业	农业	生态环境	合计	点源排水量	年处理规模	水质目标及水环境影响分析
山西	现状年	0.10	0.02	0.31	0.01	0.44	0.18	0.30	总用水量的增加量与生活用水增加量基本相同,用水结构整体变化不大。随着污水收集能力的提升,点源排水量减少。综合分析,用水结构对大清河山西省界内水环境影响较小
	2025 年	0.10	0.06	0.36	0.02	0.54	0.06	0.30	
	2035 年	0.13	0.07	0.35	0.02	0.57	0.06	0.30	
合计	现状年	12.96	8.58	34.20	6.97	62.71	9.94(5.97)	14.05(7.63)	生活、工业用水增加,污染物产生量增加,但依然满足流域处理规模;农业用水减少,生态环境用水增加。整体而言,用水结构变化对大清河流域水质影响较小
	2025 年	19.88	9.62	29.56	6.86	65.92	11.06(6.36)	15.07(7.63)	
	2035 年	25.63	10.63	26.43	9.00	71.69	10.88(6.23)	15.07(7.63)	
其中,雄安新区	现状年	0.31	0.14	2.16	0.05	2.66	0.26	0.34	新区设立后人口激增,生活、工业用水增加,同时保定市新增处理规模 28.08 万 m^3/d,污染物产生量略有增加,但依然满足处理规模;农业用水显著减少,生态环境用水增加。综合分析,用水结构对雄安新区水环境影响较小
	2025 年	1.92	0.30	1.09	0.55	3.86	0.84	1.36	
	2035 年	2.60	0.40	0.82	0.68	4.50	1.05	1.36	

注:天津市静海区位于流域界内,其余天津市受水区(市内六区、东丽区、西青区、津南区、北辰区、滨海新区)污水处理厂均位于流域界外,其排水也未进入大清河淀东水系独流减河,而是进入大沽排水河、北塘排水河等独流入海的排污河道。

选取常见的 COD、氨氮、总氮、总磷作为典型水环境污染物，其中 COD、氨氮可作为流域水功能区承载能力评价因子，总氮、总磷作为流域湖库富营养化评价因子。

7.2.2.1 水资源利用规划对水环境污染物的影响

水资源利用规划对水环境污染物的影响主要体现在外调水引入对流域部分水系起到一定的置换作用，主要集中在白洋淀及白洋淀以下的平原水系，以下重点从引黄水、引江水(含南水北调中线和东线)和引滦水等外调水水源进行分析。此外，航运规划充分考虑了与大运河通水通航、白洋淀补水、南水北调东线二期工程的衔接，优先实现旅游通航，也对流域水环境污染物提出了更高的要求。

1. 外调水水源对水环境污染物的影响

(1)引黄水。

按照《黄河流域水资源综合规划》安排，南水北调东、中线生效后，多年平均河北省引黄配置水量为 6.20 亿 m^3；必要时，根据河北省、天津市的缺水情况和黄河来水情况，可以向河北、天津应急供水。经分析，2025 年，南水北调东线未完全生效，大清河流域引黄水量供河道外经济社会为 1.05 亿 m^3，主要是供河北省农业用水、天津市生活及工业用水。2035 年，随着东、中线生效，大清河流域引黄水量供河道外经济社会为 0.52 亿 m^3，均为河北省农业用水。

根据《引黄入冀补淀环境影响评价报告书》，工程河北受水区多年平均引黄水量 6.20 亿 m^3，最大引水量为 7.03 亿 m^3，其中白洋淀生态补水 2.55 亿 m^3(扣除输水损失后净补水量 1.1 亿 m^3)。根据 2021 年 4 月采蒲台断面水质实测数据，引黄水入淀后 COD、氨氮、总磷浓度较低，可满足Ⅲ～Ⅳ类水质要求，而总氮明显高于Ⅴ类水质要求(湖库标准)，如表 7-2-2 所示。

表 7-2-2 引黄水入淀后淀区入口水质一览表　　单位：mg/L

断面位置	水环境污染物	浓度	水质类别(括号内为水质下限)
采蒲台(2021 年 4 月)	COD	27	Ⅳ(30)
	氨氮	1.1	Ⅳ(1.5)
	总氮	0.84	Ⅴ(2.0 以下)
	总磷	0.04	Ⅲ(0.05)

(2)引江水(含南水北调中线和东线)。

根据正在开展的《南水北调东线二期工程可行性研究报告》相关安排，结合《雄安新区总体规划》《引江补汉工程规划》，经分析，2025 年，大清河流域多年平均中线一期工程供水量为 19.94 亿 m^3，其中，北京 0.88 亿 m^3，天津 7.8 亿 m^3，河北 11.26 亿 m^3；东线一期北延供水 0.36 亿 m^3，其中向天津供水 0.2 亿 m^3，向河北供水 0.16 亿 m^3。2035 年，引江补汉工程实施后，大清河流域中线工程供水量为 22.97 亿 m^3，其中，北京 1.30 亿 m^3，天津 7.8 亿 m^3，河北 13.87 亿 m^3；东线二期工程供水 5.58 亿 m^3，其中，天津 4.92 亿 m^3，河北 0.66 亿 m^3。

引江水水质方面，考虑到东线二期完成后通过支线为白洋淀相机补水，选取九宣闸断面水质对入白洋淀水质做类比分析。根据《南水北调东线二期工程规划》对水质现状及预测结果，九宣闸断面水质见表 7-2-3。

表 7-2-3　九宣闸断面水质一览表　单位：mg/L

断面位置	水环境污染物	浓度	水质类别（括号内为水质下限）
九宣闸	COD	1.482	Ⅰ（15）
	氨氮	0.111	Ⅰ（0.15）
	总磷	0.054	Ⅱ（0.1）

（3）引滦水。

近年来，由于受气候（降雨、温度）变化及人类活动的影响，潘家口水库入库水量明显减少，潘家口和大黑汀水库 75%保证率可供水量已远低于国办发〔1983〕44 号中规定的 19.5 亿 m^3，引滦供水量从设计的 10 亿 m^3/a 减少到平均 6 亿 m^3/a，本次以此为限值，结合有关规划及近年来的实际供水情况，确定天津市大清河流域 2025 年、2035 年利用引滦水量均为 3.0 亿 m^3。

引滦水主要供天津市生产生活用水，可结合来水情况经由“于桥水库—引滦明渠—海河—子牙河—黑龙港河—港团河—青年渠—北大港水库”调水路线向北大港水库实施调水，增加水库水源储备；未向白洋淀补水。以近年于桥水库水质做类比分析，根据《引滦水源保护于桥水库综合治理污染底泥清除工程环境影响报告书》，于桥水库水质结果见表 7-2-4。考虑到规划年引滦水源减少至 3.0 亿 m^3，引滦水水质对北大港水质影响较小。

表 7-2-4　于桥水库出口断面水质一览表　单位：mg/L

断面位置	水环境污染物	浓度	水质类别（括号内为水质下限）
放水洞（水库出口）	COD	5.63	Ⅰ（15）
	氨氮	0.17	Ⅱ（0.5）
	总氮	1.49	Ⅳ（1.5）
	总磷	0.06	Ⅱ（0.1）

2. 航运规划对水环境污染物的影响

本次航运规划以旅游开发为契机，以海河干流为纽带，适当恢复、发展局部观光旅游航线；赵王新河、子牙河、南运河等其他历史通航河流保留航运功能，有条件时逐步实现复航。主要包括津保航线、南运河两条航线。

保津航线、南运河全航线禁止船舶向河道排污，强化船舶污染治理管控，建立港口和船舶水污染物接收、转运处置联合监管机制，推行“船上储存交岸处置”的治理模式。因旅游开发导致的大量人员、餐饮企业在河流沿岸集中，多依托港口码头等船舶停靠区域，应加强对沿岸大量人员及餐饮企业等旅游业次生产业生活垃圾、废污水的收集处置，废水可交由码头统一收集处理或直接连通至周边市政排水管网，旅游景区及河流沿岸设置垃圾桶、移动厕所等，定期清掏收集，并交由市政部门统一运至垃圾处理厂处理，不会直接进入周边环境,对周边水体影响较小。此外,还应预防船舶污染事故,强化污染应急处置,提升油品、危险化学品泄漏等水上污染事故联防联控和应急处置能力等。因此,以旅游开发为契机的航运规划未直接新增流域水污染物,基本不会对大清河流域航道及相关水系产生不利影响。

7.2.2.2　水资源保护规划对水环境污染物的影响

综合规划水资源保护规划中提出水功能区达标建设,主要包括入河排污口布局与整治、污水处理厂新改扩建与提标改造、再生水厂及利用设施建设、河湖水环境综合治理等对流域水环境进行治理与保护,对水环境污染物的影响主要体现在京津冀晋四省(市)各自提出水环境污染物排放标准,以下从京津冀晋四省(市)各自水环境污染物排放标准进行分析(见表 7-2-5)。

表 7-2-5　京津冀晋四省(市)排放标准与其他水环境污染物相关规范/标准对比

单位:mg/L

北京市

排水去向 / 排放要求	排放污水单位		村庄生活污水 现有处理站		村庄生活污水 新改扩建处理站		城镇污水处理厂	
受纳水体	Ⅱ、Ⅲ	Ⅳ、Ⅴ	Ⅱ、Ⅲ	Ⅳ、Ⅴ	Ⅱ、Ⅲ	Ⅳ、Ⅴ	Ⅱ、Ⅲ	Ⅳ、Ⅴ
COD	20	30	50	60	30	40	20	30
氨氮	1	1.5	5	8	1.5	5	1	1.5
总氮	10	15	15	20	15	15	10	15
总磷	0.2	0.3	0.5	1.0	0.3	0.4	0.2	0.3

天津市

排水去向 / 排放要求	排放污水单位		城镇污水处理厂		
受纳水体	Ⅳ类及以上	Ⅴ	规模≥10 000 m^3/d	设计规模<10 000 m^3/d 且≥1 000 m^3/d	设计规模<1 000 m^3/d
COD	30	40	30	40	50
氨氮	1.5	2	1.5	2	5
总氮	10	15	10	15	15
总磷	0.3	0.4	0.3	0.4	0.5

续表 7-2-5

河北省

排水去向								
排放要求	排放污水单位			村庄生活污水				
受纳水体	核心控制区	重点控制区	一般控制区	湖泊、水库等半封闭水域	Ⅲ	Ⅳ、Ⅴ	直排入淀	直排入主要入淀河流
COD	20	30	40	50	60	100	20	30
氨氮	1	1.5	5	5	8	15	1	1.5
总氮	10	15	15	15	20	30	15	15
总磷	0.2	0.3	0.4	0.5	1	3	0.2	0.3

山西省

排水去向								
排放要求	生活污水	其他排放污水		城镇污水处理厂		地表水环境质量标准		
受纳水体	Ⅱ ~ Ⅴ	Ⅱ、Ⅲ	Ⅳ、Ⅴ	一级 A 标	一级 B 标	Ⅲ	Ⅳ	Ⅴ
COD	40	30	40	50	60	20	30	40
氨氮	1	1.5	2	5	8	1	1.5	2
总氮	—	—	—	15	20	(1)	(1.5)	(2)
总磷	0.4	0.3	0.4	0.5	1	0.2 (0.05)	0.3 (0.1)	0.4 (0.2)

注:地表水环境质量标准中括号内为湖库标准。

1. 北京市

北京市发布了《北京水污染物综合排放标准》(DB 11/307—2013),于 2014 年 1 月 1 日开始实施,对于直接向地表水体排放污水的单位(村庄生活污水处理站除外),要求排入Ⅱ、Ⅲ类水体 COD≤20 mg/L,氨氮≤1.0 mg/L,总氮≤10 mg/L,总磷≤0.2 mg/L;排入Ⅳ、Ⅴ类水体 COD≤30 mg/L,氨氮≤1.5 mg/L,总氮≤15 mg/L,总磷≤0.3 mg/L。

对于村庄生活污水处理站,要求现有污水处理站排入Ⅱ、Ⅲ类水体 COD≤50 mg/L,氨氮≤5 mg/L,总氮≤15 mg/L,总磷≤0.5 mg/L;排入Ⅳ、Ⅴ类水体 COD≤60 mg/L,氨氮≤8 mg/L,总氮≤20 mg/L,总磷≤1.0 mg/L。要求新(改、扩)污水处理站排入Ⅱ、Ⅲ类水体 COD≤30 mg/L,氨氮≤1.5 mg/L,总氮≤15 mg/L,总磷≤0.3 mg/L;排入Ⅳ、Ⅴ类水体 COD≤40 mg/L,氨氮≤5 mg/L,总氮≤15 mg/L,总磷≤0.4 mg/L。

此外,北京市还颁布了污水处理厂排放的地方标准《城镇污水处理厂水污染物排放标准》(DB 11/890—2012),其中排入北京市Ⅱ、Ⅲ类水体的污水处理厂执行 A 标准

(COD≤20 mg/L,氨氮≤1.0 mg/L,总氮≤10 mg/L,总磷≤0.2 mg/L);排入北京市Ⅳ、Ⅴ类水体的污水处理厂执行 B 标准(COD≤30 mg/L,氨氮≤1.5 mg/L,总氮≤15 mg/L,总磷≤0.3 mg/L),与北京市污水综合排放标准基本相同。

2. 天津市

天津市发布了《天津市污水综合排放标准》(DB 12/356—2018),2018 年 2 月 1 日开始实施,排入Ⅳ类及以上水体,要求 COD≤30 mg/L,氨氮≤1.5 mg/L,总氮≤10 mg/L,总磷≤0.3 mg/L;排入Ⅴ类水体,要求 COD≤40 mg/L,氨氮≤2 mg/L,总氮≤15 mg/L,总磷≤0.4 mg/L。

此外,天津市还颁布了污水处理厂排放的地方标准《城镇污水处理厂水污染物排放标准》(DB 12/599—2015),其中污水处理厂设计规模≥10 000 m^3/d 时,执行 A 标准(COD≤30 mg/L,氨氮≤1.5 mg/L,总氮≤10 mg/L,总磷≤0.3 mg/L);设计规模<10 000 m^3/d 且≥1 000 m^3/d 时,执行 B 标准(COD≤40 mg/L,氨氮≤2.0 mg/L,总氮≤15 mg/L,总磷≤0.4 mg/L);设计规模<1 000 m^3/d 时,执行 C 标准(COD≤50 mg/L,氨氮≤5.0 mg/L,总氮≤15 mg/L,总磷≤0.5 mg/L)。

考虑到天津市污水综合排放标准与污水处理厂排放标准排放原则上存在差异性,实际过程中应统筹考虑受纳水体水质目标与污水处理厂规模,按照较严标准执行。

3. 河北省

河北省针对大清河流域发布了《大清河流域水污染物排放标准》(DB 13/2795—2018),于 2018 年 10 月 1 日实施。标准中设定了化学需氧量、五日生化需氧量、氨氮、总氮、总磷等 5 项水污染物排放限值。大清河流域核心控制区污染物排放限值与北京标准中最严的 A 类相当,如 COD 为 20 mg/L、氨氮为 1.0 mg/L、总氮为 10 mg/L、总磷为 0.2 mg/L;重点控制区排放限值与北京标准中的 B 类相当,COD 为 30 mg/L、氨氮为 1.5 mg/L、总氮为 15 mg/L、总磷为 0.3 mg/L;一般控制区 COD 为 40 mg/L、氨氮为 5.0 mg/L、总氮为 15 mg/L、总磷为 0.4 mg/L,比国家规定的城镇污水处理厂一级 A 的 50 mg/L 严格。

此外,河北省发布了地方标准《农村生活污水排放标准》(DB 13/2171—2020),于 2021 年 3 月 1 日实施。标准中设定化学需氧量、悬浮物、氨氮、总氮、总磷、动植物油、类大肠杆菌群、pH 值等 8 项水污染物排放限值。排入湖泊、水库等半封闭水域时,执行一级标准(COD≤50 mg/L,氨氮≤5 mg/L,总氮≤15 mg/L,总磷≤0.5 mg/L);排入Ⅲ类水体时,执行二级标准(COD≤60 mg/L,氨氮≤8 mg/L,总氮≤20 mg/L,总磷≤1 mg/L),排入Ⅳ、Ⅴ类水体时,执行三级标准(COD≤100 mg/L,氨氮≤15 mg/L,总氮≤30 mg/L,总磷≤3 mg/L)。对白洋淀等有特殊需求的地区还进一步提高了要求,直排入淀要求 COD≤20 mg/L,氨氮≤1 mg/L,总氮≤15 mg/L,总磷≤0.2 mg/L,直排入主要入淀河流要求 COD≤30 mg/L,氨氮≤1.5 mg/L,总氮≤15 mg/L,总磷≤0.3 mg/L。其中,雄安新区全区位于核心控制区,水污染物排放标准相对较高。

4. 山西省

山西省发布了《污水综合排放标准》(DB 14/1928—2019),于 2021 年 1 月 1 日开始实施。生活污水排入Ⅱ~Ⅴ类水环境功能区,要求 COD≤40 mg/L,氨氮≤1.0 mg/L,总磷≤0.4 mg/L。其他污水排入Ⅱ、Ⅲ类水体 COD≤30 mg/L,氨氮≤1.5 mg/L,总磷≤0.3 mg/L;排入Ⅳ、Ⅴ类水体 COD≤40 mg/L,氨氮≤2 mg/L,总磷≤0.4 mg/L。

京津冀晋四省(市)对水污染物排放均提出了各自的排放标准。从四个省(市)水污染物排放标准分析,以北京、河北流域水污染物排放标准要求最严,部分水体排放要求接近河流Ⅲ类水体标准(河流总氮不参评,下同),天津、山西流域水污染物排放标准也不低于河流Ⅴ类水体标准。北京、河北提出了农村生活污水排放要求,尤其是河北省内对直排入淀、直排入主要入淀河流的农村污水处理标准可达河流Ⅲ~Ⅳ类水体标准。北京、天津提出了城镇污水处理标准,除天津市设计规模小于1 000 m^3/d 的小型污水处理厂外,也基本可达河流Ⅲ~Ⅴ类水体标准。从各污染物因子分析,除天津市设计规模小于1 000 m^3/d 的小型污水处理厂、河北农村生活污水外,COD、氨氮、总磷基本满足河流Ⅲ~Ⅴ类水体标准。一般而言,流域中下游主要湖库如白洋淀、北大港等水域周边禁止污染物直接排放,但是水域上游水污染物中总氮、总磷基本超出湖库标准,经地表汇流汇入湖库后,总氮总磷浓度依然相对较高,可能会带来一定的富营养化风险。

根据《关于北京市生态环境分区管控（“三线一单”）的实施意见》《天津市人民政府关于实施“三线一单”生态环境分区管控的意见》《河北省人民政府关于加快实施“三线一单”生态环境分区管控的意见》《山西省人民政府关于实施“三线一单”生态环境分区管控的意见》,明确京津冀晋四省(市)生态环境管控单元分为优先保护单元、重点管控单元及一般管控单元,如图7-2-1所示。大清河流域北京市境内涉及房山区、丰台区、门头沟区等,优先保护单元主要为房山区西南部的拒马河流域,以控制污染物入河、确保水质达标为主要任务,重点管控单元主要为大石河中下游流域,应严格执行城镇生活及工业废污水排放标准。其余区域均为一般管控单元。

大清河流域天津市境内涉及静海区全域及西青区、滨海新区部分区域。优先保护单元主要为南运河、北大港水库、团泊水库,主要考虑南水北调东线后续工程保障南运河、北大港水库作为输水廊道的水质安全。独流减河右岸主要为重点管控单元,应严格执行城镇生活及工业废污水排放标准。

大清河流域河北省境内涉及雄安新区和石家庄、张家口、保定、廊坊、沧州、衡水6个地级市。其中优先保护单元主要为西部山区、白洋淀及环淀河流和南水北调中线水系等,西部山区以水源涵养、水土保持、水质保障为主,白洋淀及环淀河流以水质保障、水生态修复为主,南水北调中线相关水系以水质保障为主。大清河流域河北省境内各重要城市以重点管控单元为主,应严格执行城镇生活及工业废污水排放标准。流域界内一般管控单元主要分布于东南、西南区域。

大清河流域山西省境内涉及沂州、大同两个地级市。优先保护单元主要为灵丘县城区内唐河上游部分河段,重点管控单元主要为灵丘县城区,一方面需要严格执行城镇生活污水排放标准,另一方面还需重点保障唐河山西段的水质达标。其余区域均为一般管控单元。

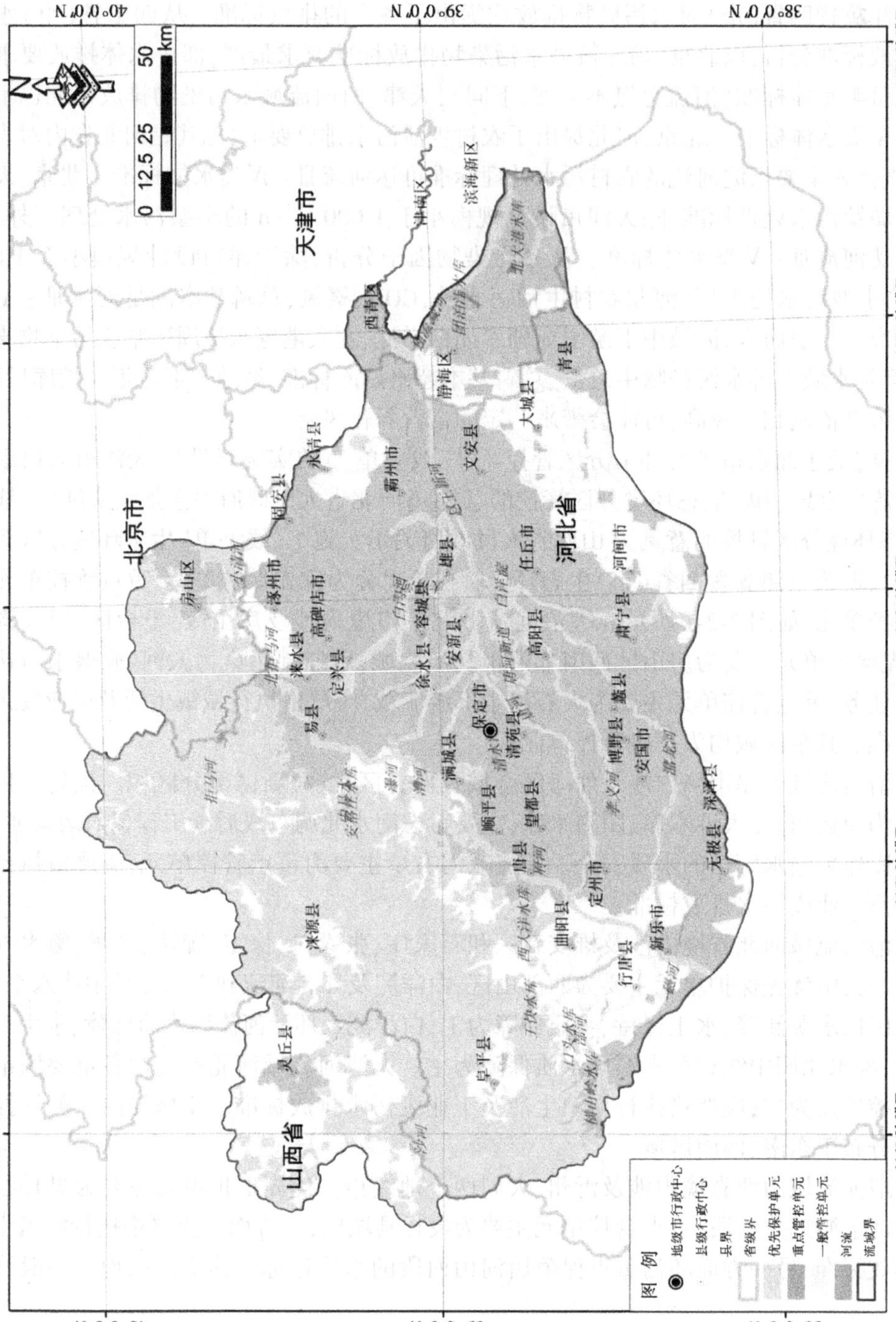

图 7-2-1 大清河流域京津冀晋四省(市)"三线一单"生态环境管控单元

7.2.2.3　规划实施后水环境污染物预测

大清河流域涉及京津冀晋四省(市),经济社会迅速发展,城市化程度大大增加,工业和城镇生活用水比例大幅度提高,局部地区水资源供求矛盾进一步加剧。流域综合规划提出,在水资源利用方面,完善水资源合理配置体系,保障供水安全,特别是重点城市区域的供水安全;在水资源保护方面,构建水资源保护和河湖健康保障体系,维护河湖健康。规划的实施,将对大清河流域内水资源的“供用耗排”过程产生一定影响,并影响与之相关联的废污水排放。

1. 需水预测

根据水资源利用规划可知,2025 年,流域总需水量达到 66.74 亿 m^3,其中,生活 19.87 亿 m^3,工业 9.62 亿 m^3,农业 30.38 亿 m^3,生态环境 6.87 亿 m^3。2035 年,流域总需水量达到 71.82 亿 m^3,其中,生活 25.63 亿 m^3,工业 10.63 亿 m^3,农业 26.56 亿 m^3,生态环境 9.00 亿 m^3。最终需水预测结果见表 7-2-6。

表 7-2-6　大清河流域多年平均需水预测结果　　单位:亿 m^3

水平年	水资源分区	省级行政区	需水量					
			城镇生活	农村生活	工业	农业	生态	合计
基准年	大清河山区	北京	0.08	0.06	0.05	0.12	0.04	0.35
		山西	0.03	0.04	0.02	0.35	0.01	0.45
		河北	0.77	0.25	0.08	1.84	0.16	3.10
		小计	0.88	0.36	0.15	2.31	0.20	3.90
	大清河淀西平原	北京	0.62	0.12	0.46	0.73	0.77	2.70
		河北	2.65	1.08	1.78	24.44	1.17	31.12
		小计	3.27	1.20	2.24	25.17	1.93	33.82
	大清河淀东平原	天津	6.10	0.08	5.17	2.22	3.25	16.81
		河北	1.42	0.64	1.02	8.85	0.33	12.25
		小计	7.52	0.71	6.19	11.07	3.58	29.06
	合计		11.67	2.27	8.58	38.54	5.72	66.78
	行政区划	北京	0.70	0.18	0.51	0.85	0.80	3.05
		天津	6.10	0.08	5.17	2.22	3.25	16.81
		河北	4.84	1.98	2.88	35.12	1.65	46.47
		其中雄安新区	0.16	0.14	0.14	2.24	0.05	2.74
		山西	0.03	0.04	0.02	0.35	0.01	0.45

续表 7-2-6

水平年	水资源分区	省级行政区	需水量					
			城镇生活	农村生活	工业	农业	生态	合计
2025 年	大清河山区	北京	0.12	0.08	0.06	0.11	0.03	0.39
		山西	0.06	0.04	0.06	0.36	0.02	0.54
		河北	1.19	0.35	0.09	1.58	0.16	3.37
		小计	1.37	0.46	0.20	2.05	0.21	4.30
	大清河淀西平原	北京	0.91	0.13	0.53	0.63	0.85	3.03
		河北	5.31	1.10	2.10	19.21	1.56	29.28
		小计	6.21	1.23	2.63	19.84	2.40	32.31
	大清河淀东平原	天津	7.22	0.08	5.58	1.94	3.59	18.42
		河北	2.64	0.66	1.21	6.55	0.65	11.70
		小计	9.86	0.74	6.79	8.49	4.24	30.13
	合计		17.44	2.43	9.62	30.38	6.87	66.74
	行政区划	北京	1.02	0.20	0.58	0.74	0.88	3.42
		天津	7.22	0.08	5.58	1.94	3.59	18.42
		河北	9.14	2.11	3.40	27.34	2.37	44.36
		其中雄安新区	1.76	0.16	0.30	1.09	0.55	3.86
		山西	0.06	0.04	0.06	0.36	0.02	0.54
2035 年	大清河山区	北京	0.15	0.08	0.06	0.11	0.04	0.44
		山西	0.09	0.04	0.07	0.35	0.02	0.57
		河北	1.60	0.29	0.10	1.53	0.24	3.75
		小计	1.84	0.41	0.24	1.98	0.30	4.77
	大清河淀西平原	北京	1.11	0.11	0.60	0.62	0.90	3.35
		河北	6.99	0.86	2.43	16.24	2.31	28.83
		小计	8.10	0.97	3.03	16.87	3.21	32.18
	大清河淀东平原	天津	9.97	0.11	5.97	1.91	4.60	22.56
		河北	3.72	0.51	1.40	5.80	0.89	12.31
		小计	13.68	0.62	7.37	7.71	5.49	34.88
	合计		23.62	2.01	10.63	26.56	9.00	71.82
	行政区划	北京	1.26	0.19	0.66	0.73	0.94	3.79
		天津	9.97	0.11	5.97	1.91	4.60	22.56
		河北	12.31	1.66	3.92	23.57	3.43	44.90
		其中雄安新区	2.48	0.12	0.40	0.82	0.68	4.50
		山西	0.09	0.04	0.07	0.35	0.02	0.57

2. 污染物入河量预测

点源污染物主要为生活及工业用水退水，考虑到京津冀地区节水用具推广、工业用水重复利用等节水水平相对较高，点源污染物入河系数较小。入河形式以排污口汇入为主，现状年大清河流域 74 个水功能区中有 60 个排污口，排入 25 个水功能区，其余 49 个水功能区无排污口。天津市区内北塘排水河、北京排水河为天津市区主要排污通道，未直接进入大清河流域水系。

面源污染物主要为农业用水退水，入河形式主要为随径流汇入周边水系。一方面华北地区以旱地为主，退水量相对较少；另一方面，仅西部山区具备汇水条件，平原河网两岸多有堤防，面源不易进入河道。因此，面源入河量较小。

此外，近年来雄安新区对白洋淀上游河流如孝义河、府河、沙河、漕河、白沟河等开展水体达标方案研究，同时对上游水库及入淀河流提出生态水量要求，进一步保障淀区下游水环境。

参照《海河流域水资源保护规划》《海河流域综合规则》，并严格按照京津冀晋四省市流域水污染物排放标准及城镇污水处理厂排放标准，依据水资源利用规划中四省市的配置水量预测规划年流域污染物入河量，预测结果见表 7-2-7。至 2025 年，流域内 COD 入河量约为 14 809.93 t/a、氨氮入河量约为 806.88 t/a；至 2035 年，流域内 COD 入河量约为 12 183.10 t/a、氨氮入河量约为 650.86 t/a。

表 7-2-7　大清河流域水污染物入河量预测结果

年份	分区		用水量/（亿 m^3/a）	排污量/（亿 m^3·a）	入河量 COD/（t/a）	入河量 NH_3-N/（t/a）
2025	大清河山区	北京	0.39	0.10	306.03	13.34
		河北	3.37	0.73	1 082.55	54.13
		山西	0.54	0.09	262.18	11.80
	大清河淀西平原	北京	3.03	0.63	1 891.63	83.05
		河北	29.24	4.63	8 314.99	415.75
	大清河淀东平原	天津	17.71	4.92	1 401.14	70.06
		河北	11.64	2.17	1 551.40	158.77
	合计		65.92	13.27	14 809.93	806.88
	北京		3.42	0.73	2 197.67	96.38
	天津		17.71	4.92	1 401.14	70.06
	河北		44.25	7.53	10 948.94	628.64
	山西		0.54	0.09	262.18	11.80
	其中雄安新区		3.86	0.91	163.50	8.18

续表 7-2-7

年份	分区		用水量/(亿 m^3/a)	排污量/(亿 $m^3 \cdot a$)	入河量 COD/(t/a)	入河量 NH_3-N/(t/a)
2035	大清河山区	北京	0.44	0.09	281.79	12.28
		河北	3.75	0.69	930.82	46.54
		山西	0.57	0.08	244.28	10.99
	大清河淀西平原	北京	3.35	0.58	1 751.29	76.88
		河北	28.78	4.06	6 548.97	327.45
	大清河淀东平原	天津	22.56	4.93	1 329.12	64.31
		河北	12.23	2.03	1 096.83	112.41
	合计		71.69	12.46	12 183.10	650.86
	北京		3.79	0.68	2 033.08	89.17
	天津		22.56	4.93	1 329.12	64.31
	河北		44.77	6.77	8 576.62	486.40
	山西		0.57	0.08	244.28	10.99
	其中雄安新区		4.51	0.95	98.40	4.92

3. 水质影响预测

大清河流域水系冗杂,各县(市、区)水污染物最终汇入至北支、南支以及淀东主要水系中。至规划水平年,随着水资源利用规划、水资源保护规划的实施,流域内水资源配置得到优化,上游山区生态水量基本维持现状,中下游以白洋淀为核心生态水量得到进一步保障。根据《海河流域综合规则(2012—2030)》以及本次综合规划,在北支、南支及淀东生态用水得到满足的前提下,规划年各水功能区纳污能力与现状基本相同。

根据预测,至 2025 年,流域内 COD 入河量约为 14 809.93 t/a、氨氮入河量约为 806.88 t/a;至 2035 年,流域内 COD 入河量约为 12 183.09 t/a、氨氮入河量约为 650.86 t/a,均满足全流域 COD 纳污能力 19 310.34 t/a、氨氮纳污能力 945.32 t/a,流域内水功能区水质基本达标。

4. 主要河道水质预测

(1)北支水系——白沟河干流。

大清河流域北支为白沟河水系,主要支流有小清河、琉璃河、南拒马河、北拒马河、中易水、北易水等,涉及白沟河河北保定饮用水水源区,水质目标为Ⅲ类。该河段主要承接北京房山区、北京丰台区、保定市、张家口市内各区县废污水,入河排污量合计约 2.35 亿 m^3,COD 入河量约 3 638.17 t/a,氨氮入河量约 169.42 t/a。根据河北水利厅及雄安新区相关文件,采用白沟河生态水量(0.18 亿 m^3/a)为最不利水文条件,对白沟河干流水质进行预测。经计算,COD 浓度为 17.58 mg/L,氨氮浓度为 0.88 mg/L,满足Ⅲ类水质目标要求。

(2)南支水系——唐河、潴龙河。

南支为赵王河水系，由潴龙河（其支流为磁河、沙河等）、唐河、清水河、府河、瀑河、萍河等，涉及唐河河北保定农业用水区、唐河河北保定缓冲区、潴龙河河北保定保留区、沙河河北保定农业用水区等，水质目标为Ⅲ～Ⅳ类。选取其中流量相对较大的唐河、潴龙河进行水质预测分析。该河段主要承接山西大同及河北石家庄、保定、衡水等各区县的废污水，入河排污量合计约 3.19 亿 m^3，COD 入河量约 6 780.53 t/a，氨氮入河量约 337.81 t/a。

根据河北水利厅及雄安新区相关文件，采用唐河、潴龙河生态水量（唐河 0.13 亿 m^3/a，潴龙河 0.04 亿 m^3/a）为最不利水文条件，对河流水质进行预测。经计算，唐河河北保定农业用水区 COD 浓度为 22.31 mg/L，氨氮浓度为 1.12 mg/L，满足唐河河北保定农业用水区Ⅳ类水质目标要求，随着西大洋水库水量下泄和污染物自然沉降，并结合唐河水体达标方案要求，至唐河河北保定缓冲区水质基本可达Ⅲ类，最终进入白洋淀。经计算，潴龙河 COD 浓度为 17.07 mg/L，氨氮浓度为 0.85 mg/L，满足潴龙河河北保定保留区Ⅲ类水质目标要求。

（3）淀东水系——独流减河。

淀东平原主要考虑独流减河，主要涉及独流减河天津农业用水区，水质目标为Ⅳ类。该河段主要承接河北保定、沧州、廊坊和天津西青区、静海、滨海新区等各区县废污水，入河排污量合计约 6.54 亿 m^3，COD 入河量约 2 656.04 t/a，氨氮入河量约 187.77 t/a（天津市内部分污染物排放至大沽排水河，未进入大清河水系）。根据本次规划提出的生态水量要求，采用独流减河生态水量（0.27 亿 m^3/a）为最不利水文条件，对河流水质进行预测。经计算，独流减河 COD 浓度为 28.10 mg/L，氨氮浓度为 0.95 mg/L，满足独流减河天津农业用水区Ⅳ类水质目标要求。

5. 雄安新区及白洋淀水质预测

a. 雄安新区

根据大清河流域水资源配置及污染物预测，雄安新区 2025 年配置水量 3.86 亿 m^3，其中生活用水量 1.92 亿 m^3、工业用水量 0.30 亿 m^3、农业用水量 1.09 亿 m^3、生态环境用水量 0.55 亿 m^3，相应排水量 0.91 亿 m^3，COD 排放量 163.50 t/a，NH_3-N 排放量 8.18 t/a；雄安新区 2035 年配置水量 4.51 亿 m^3，其中生活用水量 2.60 亿 m^3、工业用水量 0.40 亿 m^3、农业用水量 0.82 亿 m^3、生态环境用水量 0.68 亿 m^3，相应排水量 0.95 亿 m^3，COD 排放量 98.40 t/a，NH_3-N 排放量 4.92 t/a。

b. 白洋淀

根据《白洋淀生态环境治理和保护规划》，白洋淀入淀水量为 3 亿 m^3，其中引黄入冀补淀 2.0 亿 m^3，上游水库、非常规水或其他外调水 1.0 亿 m^3。淀区水质达到国家地表水环境质量Ⅲ～Ⅳ类标准。南水北调东线后续工程建设后，将为白洋淀补水 0.9 亿 m^3，相应引黄入冀补淀水量减少至 1.1 亿 m^3。

根据雄安新区相关文件，至规划水平年白洋淀入淀河流生态环境流量方案中，白沟引河生态需水量 0.18 亿 m^3（0.56 m^3/s）、萍河生态需水量 0.12 亿 m^3（0.38 m^3/s）、瀑河生态需水量 0.14 亿 m^3（0.45 m^3/s）、漕河生态需水量 0.06 亿 m^3、府河生态需水量 0.40 亿 m^3（1.27 m^3/s）、唐河生态需水量 0.13 亿 m^3、孝义河生态需水量 0.35 亿 m^3（1.12 m^3/s）、潴龙河生态需水量 0.04 亿 m^3，合计 1.42 亿 m^3。而依据水资源配置，雄安新区非常规水可供水量达 0.63 亿 m^3，结合入淀河流水量可远超过 1.0 亿 m^3 的目标要求。

根据《重点流域水生态环境保护规划(2021—2025)》，白洋淀南刘庄、鸪丁淀、段村、枣林庄等非湖心区断面水质目标为Ⅳ类，烧车淀、圈头、采蒲台、光淀张庄等湖心区断面水质目标为Ⅲ类。

依据以上生态补水规划、环淀河流规划以及雄安新区排水情况，分不同预测工况对白洋淀水质进行预测，具体过程及结果如下：

(1)计算方法。

参照《环境影响评价技术导则 地表水环境》(HJ 2.3—2018)，采用湖库均匀混合模型计算，公式如下：

$$C = \frac{W}{Q + kV}$$

式中：C 为污染物浓度，mg/L；W 为单位时间污染物排放量，g/s；Q 为水量平衡时流入流出水量，m^3/s；k 为污染物衰减系数，1/s；V 为水体体积，m^3。

(2)预测工况。

以 2025 年为近期工况，不考虑南水北调东线生态补水量；以 2035 年为远期工况，考虑南水北调东线为白洋淀生态补水 0.9 亿 m^3。湖心区水质目标按照Ⅲ类水质控制。

(3)边界条件及参数。

近期水平年，根据 2021 年 4 月白洋淀实测水质类别，圈头断面水质为Ⅳ类(COD 为 21 mg/L、氨氮为 0.21 mg/L、总氮为 0.90 mg/L、总磷为 0.04 mg/L)、采蒲台断面水质为Ⅳ类(COD 为 27 mg/L、氨氮为 0.24 mg/L、总氮为 0.84 mg/L、总磷为 0.04 mg/L)、光淀张庄断面水质为Ⅳ类(COD 为 28 mg/L、氨氮为 0.42 mg/L、总氮为 0.82 mg/L、总磷为 0.02 mg/L)，以断面平均水质为淀区本底水质，以采蒲台入口断面水质为引黄入冀补淀来水水质，上游入淀河流以本次配水后的预测结果为水质本底，以《大清河流域水污染物排放标准》(DB 13/2795—2018)核心控制区水污染物排放标准作为再生水水质标准。

远期水平年，以 2021 年 4 月白洋淀实测水质与Ⅲ类水质上限较优值为淀区本底水质，以采蒲台入口断面水质为引黄入冀补淀来水水质，以Ⅲ类水质为东线补水入淀水质，上游入淀河流以本次配水后的预测结果为水质本底，以《大清河流域水污染物排放标准》(DB 13/2795—2018)核心控制区水污染物排放标准作为再生水水质标准。

衰减系数参照同类项目选取。

(4)计算结果。

近期水平年，经预测白洋淀淀区 COD、NH_3-N、TN、TP 浓度分别为 21.85 mg/L、0.46 mg/L、2.57 mg/L、0.07 mg/L，COD 浓度达地表水质量标准Ⅳ类标准(COD≤30 mg/L)，NH_3-N 浓度达地表水质量标准Ⅲ类标准(NH_3-N≤1.0 mg/L)，TN 浓度超过地表水质量湖库质量标准Ⅴ类标准(TN≤2.0 mg/L)，TP 浓度达地表水质量湖库质量标准Ⅳ类标准(TP≤0.1 mg/L)，较 2021 年 4 月实测水质略有改善，但总氮浓度依然不容乐观。

远期水平年，经预测白洋淀淀区 COD、NH_3-N、TN、TP 浓度分别为 19.04 mg/L、0.45 mg/L、2.51 mg/L、0.07 mg/L，COD 浓度达地表水质量标准Ⅲ类标准(COD≤20 mg/L)，NH_3-N 浓度达地表水质量标准Ⅲ类标准(NH_3-N≤1.0 mg/L)，TN 浓度超过地表水质量

湖库质量标准Ⅴ类标准(TN≤2.0 mg/L),TP 浓度达地表水质量湖库质量标准Ⅳ类标准(TP≤0.1 mg/L),较近期水平年水质略有改善,淀区内 COD、氨氮基本满足Ⅲ类水质标准,总磷基本满足Ⅲ类水质标准,但总氮浓度依然不容乐观。

分析总氮浓度相比其他指标略高的原因,根据《大清河流域水污染物排放标准》(DB 13/2795—2018),雄安新区为大清河流域核心控制区,主要指标排水标准 COD 为 20 mg/L、氨氮为 1.0 mg/L、总氮为 10 mg/L、总磷为 0.2 mg/L,而白洋淀湖心区Ⅲ类质量标准(湖库标准)中 COD 为 20 mg/L、氨氮为 1.0 mg/L、总氮为 1.0 mg/L、总磷为 0.05 mg/L,排水标准中总氮限值是质量标准的 10 倍,总磷则是 4 倍。环淀河流上游所在的大清河流域重点控制区排水标准将较核心控制区更低。而本次预测均采用最不利工况,即取排水标准上限为处理后排放浓度。因此,为进一步改善白洋淀水环境,建议强化雄安新区及环淀河流上游区域污染物处理达标排放管理,淀区推荐具有一定氮磷吸附作用的本地优势种湿地植物。

7.2.3　规划实施对水环境承载力的影响

7.2.3.1　水功能区纳污能力

根据《海河流域水资源保护规划》,大清河流域 74 个水功能区现状纳污能力 COD 和氨氮分别为 1.93 万 t/a、0.09 万 t/a。考虑到南水北调通水后置换当地地表水,河道内径流量增加,规划水平年纳污能力有所提高。全流域及各省纳污能力统计见表 7-2-8。

表 7-2-8　各省纳污能力统计

河系/省级行政区	现状纳污能力/(t/a)	
	COD	氨氮
北京	2 572.14	110.41
天津	2 792.48	139.60
河北	13 651.45	682.29
山西	294.27	12.92
全流域	19 310.34	945.32

大清河流域 74 个水功能区中,2018 年达标率为 40.4%。符合《海河流域水资源保护规划》水功能区达标目标分解成果,2025 年规划达标率 76%,2035 年达标率不小于 97%。各省(市)基准年及规划水平年达标率统计见表 7-2-9。

表 7-2-9　各省(市)水功能区达标目标　%

河系/省级行政区	基准年达标率	2018 年达标率	2025 年达标率	2035 年达标率
北京	0	66.7	75	100
天津	8.3	16.4	53.3	93
河北	39.4	44.7	80.8	98
山西	100	66.7	100	100
全流域	33.9	40.4	75.7	97

7.2.3.2　水功能区污染物入河量控制方案

根据规划年污染物排放量预测分析可知，大清河流域以点源污染物入河量为主，同时考虑到面源污染物难以收集且不易控制，本次规划主要对点源污染物提出入河量控制方案，同时提出部分面源污染物控制措施，统筹考虑限制流域污染物入河。

1.入河控制量限排要求

结合现状入河量复核污染物入河控制量，大清河流域2025年COD、氨氮入河控制量为1.93万t/a、0.09万t/a，2035年COD、氨氮入河控制量为1.93万t/a、0.09万t/a。均满足《海河流域水资源保护规划》提出的各省(市)纳污能力要求指标。

各省(市)入河控制量见表7-2-10。

表7-2-10　各省(市)入河控制量　　单位:t/a

河系/省级行政区	现状入河量		2025年入河控制量		2035年入河控制量	
	COD	氨氮	COD	氨氮	COD	氨氮
北京	1 112.60	158.55	2 572.14	110.41	2 572.14	110.41
天津	538.21	139.60	2 792.48	139.60	2 792.48	139.60
河北	14 632.37	944.61	13 651.45	682.29	13 651.45	682.29
山西	231.55	4.13	294.27	12.92	294.27	12.92
全流域	16 514.73	1 246.89	19 310.34	945.32	19 310.34	945.32

2.点源污染物入河量控制方案

流域内点源污染物方面，调整流域内入河排污口布局，将规划水域划分为禁设排污区、严格限设排污区和一般限设排污区三类；根据污染物入河总量控制分解方案，提出包括污水处理后回用、入污水管网集中处理、按水功能区要求截污导流或调整排放，以及关闭或者搬迁排污企业等主要水功能区入河排污口综合整治方案；城镇生活污水收集配套管网的设计、建设与投运应与污水处理设施的新建、改建、扩建同步，提高流域内废污水收集处理率，必要时对污水处理厂进行提标改造，统筹水功能区监督管理要求，合理布局入河排污口，充分发挥污水处理设施效益；结合再生水用途，选择成熟合理的再生水生产工艺，充分利用再生水资源。

3.面源污染物入河量削减

面源污染物难以收集且不易控制，主要考虑围绕白洋淀、团泊洼、北大港、王快水库、西大洋水库等重要湖库湿地，开展湖库周边面源整治；限制灌区化肥使用量，提高灌溉水利用系数，减少灌区退水等措施；规模化集中养殖替代禽畜散养等。同时，在大清河流域内台头镇5个河口汇入下游，新建河道生态净化湿地。在独流减河西青区程村排水河汇入独流减河上游和陈台子泵站上游、静海区良王庄泵站上游和迎丰泵站上游分别利用河道滩地建设4处生态净化湿地。对流域内面源污染物入河量削减产生一定的积极作用。

7.2.3.3　规划实施后水环境承载力分析

流域水环境承载能力主要与流域内总水资源量、水资源利用程度等要素相关，同时还应兼顾污染物的排放量与区域削减量，以此分析规划实施后对流域水环境承载能力的影响。规划实施后，在落实各项水污染防治措施后，污染物入河量列于表7-2-11。根据水资源利用规划，本次综合规划为天津市供水后，退水主要通过天津市内的北塘排水河、大沽排水河及其他小沟渠排泄，未进入大清河流域内水功能区，因此天津市污染入河量主要为面源污染，本阶段直接按照污染物限排要求计作污染物入河量。

表 7-2-11　大清河流域规划水平年污染物入河量

年份	分区	污染物入河量预测/(t/a)		纳污能力/(t/a)		剩余污染物允许排放量/%	
		COD	NH_3-N	COD	NH_3-N	COD	NH_3-N
2025	北京	2 197.67	96.38	2 572.14	110.41	15	13
	天津	1 401.14	70.06	2 792.48	139.6	50	50
	河北	10 948.94	628.64	13 651.45	682.29	20	8
	山西	262.18	11.80	294.27	12.92	11	9
	合计	14 809.93	806.88	19 310.34	945.32	23	15
2035	北京	2 033.08	89.17	2 572.14	110.41	21	19
	天津	1 329.12	64.31	2 792.48	139.6	52	54
	河北	8 576.62	486.40	13 651.45	682.29	37	29
	山西	244.28	10.99	294.27	12.92	17	15
	合计	12 183.10	650.87	19 310.34	945.32	37	31

规划实施后，通过分区严格执行污染物排放标准、加速促进产业转型发展、污水处理厂提标改造、控制分散式点源入河、加大面源治理力度等一系列水污染防治措施，进一步控制流域内的污染物入河量，对水环境产生了一定的积极影响。至 2025 年，流域内 COD、氨氮污染物入河量分别为 14 809.93 t/a、806.88 t/a，满足 COD、氨氮纳污能力要求(19 310.34 t/a、945.32 t/a)，四省(市)COD、氨氮的剩余污染物允许排放量分别为 11%~50%、8%~50%，流域内京津冀晋四省(市)均满足各省(市)的分解目标，扭转了水环境承载能力不足的态势，对水环境产生了积极影响。

至 2035 年，流域内 COD、氨氮污染物入河量分别为 12 183.09 t/a、650.86 t/a，满足 COD、氨氮纳污能力要求(19 310.34 t/a、945.32 t/a)，四省(市)COD、氨氮的剩余污染物允许排放量分别为 17%~52%、15%~54%，流域内京津冀晋四省(市)均满足各省(市)的分解目标，进一步扭转了水环境承载能力不足的态势，对水环境产生了积极影响。

7.2.4　规划实施对湖库富营养化的影响

本次规划提出，对安格庄水库及其他 4 座中小型水库进行除险加固，其余山区湖库无规划内容，新建水库均作为资源点保留规划期内不予实施；通过节水规划、地下水治理、外流域调水等措施保障白洋淀生态水位。因此，规划年除白洋淀外，本次规划对其余大型湖库富营养化程度无不利影响，本次重点对白洋淀富营养化程度进行预测评价。此外，对北大港咸化进行分析评价。

7.2.4.1 白洋淀

参照《水域纳污能力计算规程》(GB/T 25173—2010),依据吉柯奈尔-迪龙(Kirchner-Dillon)模型进行湖泊 TP、TN 浓度预测,通过对预测结果的评价来判断规划水平年湖体的富营养化程度。稳态吉柯奈尔-迪龙模型可简化为如下数学表达式:

$$C_{\mathrm{p}} = \frac{I_{\mathrm{c}}}{Q_{出}} \cdot \frac{W_{出}}{W_{入}}$$

式中:C_{p} 为湖(库)中氮、磷的平均浓度,mg/L;I_{c} 为年湖(库)氮、磷负荷,t/a;$Q_{出}$ 为湖(库)年出流水量,m^3/a;$W_{出}$ 为年出湖(库)的氮、磷量,t/a;$W_{入}$ 为年入湖(库)的氮、磷量,t/a。

根据海河流域水资源保护局开展的相关研究,2010—2015 年 6 年平均入淀水量为 2.05 亿 m^3,出淀水量为 0.17 亿 m^3,淀区污染物总磷、总氮污染负荷总共为 0.04 万 t/a 和 0.48 万 t/a。根据《白洋淀生态环境治理和保护规划》,白洋淀入淀水量为 3 亿 m^3,其中引黄入冀补淀 2.0 亿 m^3,上游水库、非常规水或其他外调水为 1.0 亿 m^3。

本次规划中,近期水平年引黄入冀补淀 2.0 亿 m^3,上游水库、非常规水或其他外调水为 1.0 亿 m^3,而结合水资源配置及水环境预测结果,环淀河流入淀及雄安新区非常规水等大于 1.0 亿 m^3 的水量要求;远期水平年引黄入冀补淀 1.1 亿 m^3,南水北调东线 0.9 亿 m^3,上游水库、非常规水或其他外调水为 1.0 亿 m^3,而结合水资源配置及水环境预测结果,环淀河流入淀及雄安新区非常规水等大于 1.0 亿 m^3 的水量要求。近远期规划年总氮、总磷负荷则根据《大清河流域水污染物排放标准》(DB 13/2795—2018)等排放标准以及水环境预测结果确定。经预测,近期水平年 TN、TP 浓度分别为 2.57 mg/L 和 0.07 mg/L,远期水平年 TN、TP 浓度分别为 2.51 mg/L 和 0.07 mg/L(见表 7-2-12)。

表 7-2-12　湖泊水质预测参数取值

富营养化主要指标		I_{c}/(万 t/a)	$Q_{出}$/(亿 m^3/a)	$W_{出}$/(t/a)	$W_{入}$/(t/a)	C_{p}/(mg/L)
近期年	TN	2.44	4.37	112.50	241.37	2.60
	TP	0.05	4.37	3.00	5.29	0.07
远期年	TN	2.37	4.37	109.53	234.32	2.53
	TP	0.05	4.37	2.93	5.15	0.07

根据《地表水资源质量评价技术规程》(SL 395—2007),水库营养状态评价标准及分级方法见表 7-2-13。

采用指数法进行湖库营养状态评价,计算公式如下:

$$\mathrm{EI} = \sum_{n=1}^{N} E_n / N$$

式中:EI 为营养状态指数;E_n 为评价项目赋分值,需线性插值法计算赋分值;N 为评价项目个数。

表 7-2-13　水库营养状态评价标准及分级方法

营养状态分级 EI		评价项目赋分值 E_n	TN/(mg/L)	TP/(mg/L)
贫营养 0≤EI≤20		10	0.02	0.001
		20	0.05	0.004
中营养 20<EI≤50		30	0.10	0.010
		40	0.30	0.025
		50	0.50	0.050
富营养	轻度富营养 50<EI≤60	60	1.00	0.100
	中度富营养 60<EI≤80	70	2.00	0.200
		80	6.00	0.600
	重度富营养 80<EI≤100	90	9.00	0.900
		100	16.00	1.300

由预测分析可知,近期年 TN、TP 浓度分别为 2.60 mg/L 和 0.07 mg/L,远期年 TN、TP 浓度分别为 2.53 mg/L、0.07mg/L。根据湖库富营养化评分与分级标准,近期年 TN 赋分值为 71.50,TP 赋分值为 57,营养化指数为 64.25,营养化程度为中度富营养;远期年 TN 赋分值为 71.33,TP 赋分值为 57,营养化指数为 64.17,营养化程度为中度富营养。

分析总氮浓度相比总磷浓度略高的原因,根据《大清河流域水污染物排放标准》(DB 13/2795—2018),雄安新区为大清河流域核心控制区,主要指标排水标准 COD 为 20 mg/L、氨氮为 1.0 mg/L、总氮为 10 mg/L、总磷为 0.2 mg/L,而白洋淀湖心区Ⅲ类质量标准(湖库标准)中 COD 为 20 mg/L、氨氮为 1.0 mg/L、总氮为 1.0 mg/L、总磷为 0.05 mg/L,排水标准中总氮限值是质量标准的 10 倍,总磷则是 4 倍。环淀河流上游所在的大清河流域重点控制区排水标准将较核心控制区更低。而本次预测均采用最不利工况,即取排水标准上限为处理后排放浓度。因此,建议强化雄安新区及环淀河流上游区域污染物处理达标排放管理,淀区推荐具有一定氮磷吸附作用的本地优势种湿地植物,改善淀区富营养化程度。

7.2.4.2　北大港水库

根据《北大港水库蓄水水质咸化风险和防治对策研究》,水库咸化风险受到蒸发、降雨、土壤释盐、下渗及地下水补给等因子的综合作用。南水北调东线二期供水后,将北大港作为调蓄湖库,蓄水水位和蓄水量增加。当水库换水率增高时,水库氯离子被带出的量增多,同时蓄水水位抬升,对地下水和底泥中氯离子释放的压力增大,水库咸化风险降低。在调度设计过程中已充分考虑了水质咸化的风险,设计了相应的排咸工程及措施,开挖排咸沟渠,人为构建较低的排泄基准面,起到排盐、排碱的作用,有效防止周围的土地盐渍化和沼泽化。

7.2.4.3　新建水库

本次规划涉及新建水库 4 座,其中新建水库主要为张坊水库、土门水库、李思庄水库,作为资源点保留,规划期内不予实施;二道河水库进一步研究建设的必要性和可行性。其中,张坊水库、土门水库、李思庄水库总库容均不小于 1 亿 m^3,二道河水库总库容 5 154.5 万 m^3。类比流域内已建大中型水库营养化程度可知,大清河流域已建大中型水库多为中营养—中度富营养程度。建议在项目设计阶段进一步论证各水库的水体营养化程度,对于富营养化风险较大的水库应提出必要的环境保护措施和应急管理措施，以减缓水体富营养化带来的不利影响。

7.2.5 规划实施对水温的影响

本次规划提出，对安格庄水库及其他4座中小型水库进行除险加固，其余山区湖库无规划内容，新建水库均作为资源点保留，规划期内不予实施；通过节水规划、地下水治理、外流域调水等措施保障白洋淀生态水位。本次重点对已建及新建大型水库水温影响进行分析评价（见表7-2-14、表7-2-15）。

表7-2-14 已建大型水库水温评价

省市	湖库名称	坝址多年平均径流量/亿 m^3	水库总库容/亿 m^3	α	温度是否分层
河北	西大洋水库	5.50	11.37	0.48	稳定分层
天津	北大港水库	6.66	5.00	1.33	稳定分层
河北	横山岭水库	1.67	2.43	0.69	稳定分层
河北	口头水库	0.33	1.06	0.31	稳定分层
河北	王快水库	6.90	13.89	0.50	稳定分层
河北	安格庄水库	1.60	3.09	0.52	稳定分层
河北	龙门水库	0.89	1.27	0.70	稳定分层
河北	瀑河水库	0.43	0.86	0.50	稳定分层
天津	团泊洼水库	0.34	1.80	0.19	稳定分层

表7-2-15 新建大型水库水温评价

序号	新建水库	坝址多年平均径流量/亿 m^3	水库总库容/亿 m^3	α	温度是否分层
1	张坊水库	2.40	7.9	0.30	稳定分层
2	土门水库	0.12	1.0	0.12	稳定分层
3	李思庄水库	0.05	1.0	0.05	稳定分层
4	二道河水库	0.18	0.52	0.35	稳定分层

已建大型水库水温影响评价见表7-2-14。可以看出 α 均小于10，因此均为稳定分层型水库。但考虑到大清河流域水系季节性特征明显，水温分层对下游影响相对较小。对于本次规划的新建水库，规划期内不实施，建议在项目设计阶段进一步分析论证水温分层情况及对下游的影响。

7.3 陆生生态影响与评价

7.3.1 对生态系统服务功能的影响

7.3.1.1 生态系统和生态完整性影响

大清河流域的生态系统类型主要包括森林生态系统、农业生态系统、湿地生态系统和人居生态系统四大类。农业生态系统是流域最主要的生态系统类型，其次为森林生态系统。对生态系统及其完整性产生影响的规划主要为水土保持规划，其次为防洪治涝和水资源利用规划。规划对生态系统的影响分析见表7.3-1。

表7-3-1　规划对生态系统的影响分析

生态系统类型	分布	服务功能	相关规划内容	影响
森林生态系统	主要分布在大清河流域北部山区及局部水分条件较好的地段	涵养水源，保育土壤，调节气候，物种保育	封育管护、建设生态涵养林、水土保持等	水土保持的实施，使得林地面积增加，有利于森林生态系统的正向演替及生态系统服务功能的发挥
湿地生态系统	主要包括河流湿地生态系统、湖泊湿地生态系统和沼泽湿地生态系统，分布于河渠、坑塘、湖泊、滩地、沼泽地	涵养水源，保育土壤，调节气候，物种保育，净化环境	水资源利用规划、水生生态修复与保护、生态补水、水系连通工程、生态湿地建设、湿地生态修复等	加强湿地周边的水源涵养能力和与周边水系的水力联系，有利于湿地生态系统的蓄水补水，有利于维护湿地生态系统服务功能
农业生态系统	主要分布在流域中部平原地区或地势平坦的地区	提供农产品	节水灌溉、水土保持、防洪排涝	灌区节水及水土保持规划的实施，使得灌溉条件得到改善，生产力得到提高，有利于农业生态系统服务功能的发挥
人居生态系统	流域人口密集居住地	提供产品	—	—

对农业生态系统的影响主要表现为：通过实施节水灌溉，一方面可以节约用水，另一方面有利于改善农田灌溉条件和农作物的生长条件，缓解旱灾对农业生态系统的不利影响；灌溉条件改善后有利于提高耕地的复耕系数，减少耕地闲置率，水田作物的播种比例将会提高，有利于改善农田生态系统质量和生物多样性。防洪和治涝规划实施将减少洪涝、泥石流等自然灾害造成的农作物损失，有利于提高粮食产量。水土保持规划实施将减少水土资源流失，为农业发展保存重要的水土资源。规划实施对农业生态系统的影响主要体现在规划工程建设可能会占用部分农田，但比例较小，影响有限。

规划对森林生态系统的影响主要表现为：在规划工程实施过程中，施工临时占地可能会引起植被面积的少量减少，但随着规划项目的逐步完成，相应施工临时占地会恢复为原有的土地利用类型。因此，因规划工程实施而产生的不利影响较小。水土保持规划实施将直接提高流域森林覆盖率，提高土壤涵养水源能力，有利于减少水土资源流失；防洪治涝和水土保持规划实施后，将减少洪涝、泥石流等自然灾害对森林植被的影响；水资源利用规划将增加流域水域面积和有效灌溉面积，有利于改善局地小气候，增加空气湿度，有利于森林生态系统的正向演替等。对城镇/村落生态系统的影响主要表现为：防洪排涝规划实施之后，堤防等对于洪水具有更有效的控制作用，降低了城镇和村落受洪水与干旱威胁的风险。

对湿地生态系统的影响主要表现为:水土保持规划实施之后,可有效降低流域范围内的水土流失,减少悬浮物对水质的污染;生态湿地建设、湿地生态修复等工程的实施将加强湿地周边的水源涵养能力和与周边水系的水力联系,有利于湿地生态系统的蓄水补水,从而为水生生物提供良好的生存空间,为野生动物提供更充足的食物、水源、隐蔽地及生活栖息地等,有利于维护湿地生态系统的服务功能。

7.3.1.2　对生态系统结构的影响

1. 对生态系统空间结构的影响

规划对生态系统结构的影响主要表现在两个方面:景观连通度、各类型生态系统的分布格局。

大清河流域范围内林地景观、建筑用地景观和耕地景观所占较高,其中林地主要分布在流域上游地区,而建筑用地和耕地主要分布在流域中下游的低海拔平原地区。一方面,人居生态系统主要受人为因素影响,而林地和耕地本身斑块间连通度较高,抗干扰能力较强;另一方面,项目实施后可增强区域水源涵养能力,满足人类精神生活的需求。相对于林地和耕地覆盖范围而言,规划拟实施的病险水库除险加固、河堤建设、河道治理等项目,均为点状或线状干扰。因此,规划的实施并不会对森林生态系统和农业生态系统的面积与景观连通度产生显著性影响。

2. 对群落演替的影响

规划对流域内部分群落的演替产生明显影响,具体表现为:

(1)河流两岸丘陵与山谷区域的部分森林群落将会由于空气湿度的增加以及生态环境保护规划的实施而趋于正向演替,地带性植被的面积将逐渐增加。

(2)工程实施后占地及其附近一定范围内的森林群落将会在短时间内发生逆向演替,先锋群落或人工植被将在一定时期(数十年)内占据优势。

3. 对生态系统服务功能的影响

根据联合国千年生态系统评估(Millennium Ecosystem Assessment, MA)报告,生态系统服务功能共分为4个大类(支持、供给、调节、文化),共计20个小类。大清河流域综合规划的实施对评价范围内生态系统服务功能的影响以有利影响为主,不利影响较小。

(1)支持功能。大清河流域综合规划中病险水库除险加固可提升区域水源涵养能力,改善气候条件;河道治理、蓄滞洪区治理和排涝、水土保持规划的实施将降低流域内水土流失速率,提高湿地生态环境质量,从而保障流域内生态系统在土壤形成、养分循环以及初级生产等方面的支持功能。

(2)供给功能。大清河流域综合规划中,蓄滞洪区治理和排涝规划的实施能保障流域内生态系统产品的持续供给;重点城市水资源利用规划的实施有利于增加灌溉面积,提高农业生态系统的粮食和纤维供给的能力,完善区域供水网络,强化水源互联互通,形成多源互补的供水格局;水资源、水生态保护与修复规划的实施有利于保护流域内生态多样性,维持其基因库规模,维护区域良性生态系统。

(3)调节功能。大清河流域综合规划中,防洪排涝规划、水资源保护规划的实施有利于维持森林、农业与湿地生态系统的稳定,从而提高系统涵养与调节水分的能力;水资源利用规划、生态环境保护规划和水土保持规划的实施有利于增加植被覆盖率以及群落生物量，从而提高系统调节气候、净化水源的能力。

（4）文化功能。大清河流域综合规划中，水土保持、生态环境保护规划的实施有利于提升系统的生态景观效果，从而提高流域内生态系统娱乐与生态旅游的功能。

7.3.1.3　对生态环境质量的影响

随着大清河流域综合规划的实施，尤其是防洪排涝规划工程的实施，在短期内流域的林地、草地、耕地面积可能会呈减少的趋势，相反水域的面积将会增大。因此，短期内规划范围内的生物丰度指数将会随着林地、草地、耕地面积的减小而略有减小，植被覆盖指数随着规划占用部分植被面积而减小、下降。

从长期效应分析，随着水资源保护规划、水生态保护与修复规划的实施，有利于保护和改善流域生态环境质量。尤其是水土保持规划将加强现有森林保护，积极对边远山区、河流源头区、水源涵养区、水源保护区的森林植被采取抚育更新、林分改造、补植补种、自然修复，大力营造水源涵养林、水土保持林，有利于保护流域森林植被资源，使流域林地面积有所增加。林地的生物丰度指数权重高于草地、耕地和水域的权重，流域的生物丰度指数可能会增大，同时植被覆盖指数增加，将使土地胁迫指数下降。规划的实施有利于提高流域灌溉面积、播种面积、复耕指数，改善农业种植结构、农作物生长条件，从而提高流域的粮食产量和农田的生物丰度，改善农田生态系统质量。另外，随着时间的推移，规划工程项目的环境保护措施效果也将逐渐发挥，有利于缓解工程建设对区域环境质量的不利影响。

综上所述，从短期来看，规划工程项目的实施会对区域生态环境质量有一定影响；但从长远角度考虑，规划工程对生态环境的影响随着时间的推移将逐渐减弱，同时水土保持、灌溉、水资源保护、水生态保护与修复等专业规划的实施，将改善流域生态环境质量，有利于提高流域的生态环境质量。

7.3.1.4　工程对主要生态问题的影响趋势

（1）有利于减缓生态功能退化问题。

不合理的开发利用活动使大清河水生态环境呈恶化态势，河流水生态功能退化，进而导致大清河两岸陆生生态恶化。

流域内防洪工程数量较多，工程占地等将使部分森林、灌草丛和农田植被受损，但由于规划内容多为修建河堤、河道治理等线形工程，新增占地面积不大，对大清河流域陆生动植物的总体影响不大。且规划的实施有利于改善干支流水环境质量，对河两岸陆生生态系统的稳定和持续发展有一定程度的正向作用。

（2）有利于防治水土流失。

大清河流域水土流失区域面积较大，已治理区主要为轻度和中度土壤侵蚀区域，未治理区域大都为土壤侵蚀较强的远山瘦沟，治理难度较大；已完成的治理工程标准偏低，配套工程不完备，流域内森林覆盖率较低，许多治理区生态尚未形成良性循环。

规划实施后，将提高流域的防洪和排涝标准，减少水土流失，有利于减少洪涝、泥石流等自然灾害对陆生动植物的不利影响。林草植被得到了有效保护与恢复，生态环境将进一步趋向好转。

7.3.2 对陆生植物的影响

大清河流域陆生植物影响分析见表 7-3-2。

表 7-3-2 大清河流域陆生植物影响分析

区域	规划工程	工程内容	区域特点及植被状况	对植被的影响
上游山区	水土保持工程	封育管护,治理水土流失等	以森林生态系统为主,大清河流域植被类型最丰富的地区,植被类型以温带针叶林、温带落叶阔叶林为主,大部分为次生林	加强水土保持和水源涵养,改善植被状况,使该区域植被覆盖率增加
	生态修复工程	建设生态涵养林、湿地等		
山前平原区	水土保持工程	封育管护,治理水土流失等	以农业生态系统和人居生态系统为主,植被以农田植被为主,兼有草甸以及人工乔灌植被,植物群落结构相对简单	水土保持规划的实施,使该区域植被覆盖率增加
	水资源保护、水生态修复工程	临河垃圾清理、沙化河道治理(含清淤、生态护岸、主槽整治、河道防护林)、水系连通工程、排污口整治、地表水及地下水水源地保护工程等		有利于提高大清河流域的水源涵养能力,减缓和有效控制水土流失。提高植被覆盖度
	防洪排涝工程	水库除险加固、河道治理、蓄滞洪区治理等		防洪工程具有不连续、分散的特点,占地面积小,施工方式简单,工程占地主要在河流两岸,且多为常见植物物种,对植物物种及植被生物量影响很小
	水库规划	张坊、土门、李思庄作为资源点保留规划期内不予实施;二道河水库进一步研究建设的必要性和可行性		水库工程使得土地利用发生改变,但对于下游区域,占地面积不大,不会引起植物物种多样性变化,但会使生物量减少

续表 7-3-2

区域	规划工程	工程内容	区域特点及植被状况	对植被的影响
白洋淀及以下地区	水土保持工程	封育管护，治理水土流失等	以农业生态系统为主，湿地生态系统和人居生态系统占比显著，是流域内人类干扰强度最大的区域	水土保持规划的实施，可使该区域植被覆盖率增加
	水资源保护、水生态修复工程	林带建设、生态补水、水系连通工程、生态湿地建设、排污口整治等		有效改善河道内外生态环境，有利于提高流域的水源涵养能力，减缓和有效控制水土流失，提高植被覆盖度
	防洪排涝工程、水资源利用工程	水库除险加固、河道治理、蓄滞洪区治理、干渠及供水管网修建等		防洪工程分布于河流两岸，工程分散，占地面积小，对植物物种及植被生物量影响很小
	航道规划	碍航设施改造、河流生态修复及景观提升		码头等建设占地会导致现有土地利用类型改变，使生物量减少

7.3.2.1　对植被类型的影响

大清河流域综合规划中，对植被影响较大的规划主要为防洪排涝规划和水土保持规划，其次为水资源利用规划，其他规划对其影响有限。其中，水土保持规划主要为有利影响；防洪排涝规划既有有利影响，也有不利影响；水资源利用规划则主要表现为不利影响。

根据相关资料和相关文献，结合实地考察，大清河流域内有野生种子植物 623 种，隶属于 101 科 381 属。根据大清河流域综合规划，结合植被类型分布图等分析，大清河流域内农田植被等栽培植被分布较广，其次为落叶阔叶灌木林、落叶阔叶林等，受损植被主要为灌丛草地、农田和落叶阔叶林，这些群落的组成植物均为常见植物种类，如侧柏、刺槐、榆、栎类等乔木，荆条、酸枣、绣线菊、胡枝子、小叶鼠李等灌木，白草、黄背草、蒿类、碱蓬等草本，春(冬)小麦、高粱、谷子、糜子、紫花苜蓿、向日葵、糖甜菜、油菜等农田植被及苹果、梨、枣、山楂、柿、核桃等园地植被。

大清河流域综合规划首先通过新建与加固堤防、整治河道、新建水库等措施，不断提高沿岸保护对象的防洪标准，进而能够对河道两侧的植被起到保护作用。因此，能够增加植被面积和植物物种的数量，当环境有所改善后，还可能增加这一区域的植物种类；水资源利用规划等在增加区域农作物植被生物量和产量的同时，也能够为农田周边植物提供适宜的生长环境，增加周边草本植物的种类和数量。有效的水资源配置在改善评价区域水资源平衡的同时，能够增加区域的空气湿润度；同时结合水资源综合管理，也能够丰富区域植物种类，特别是在原来干旱的区域，小气候因空间湿度的增加，可能会丰富物种数量。

除永久占地外，规划实施对区域植物生长和分布的影响是暂时的、可恢复的，并且规划实施区域水热条件组合较好，植物种群生长旺盛，更新繁殖良好，不会对区域的植被类型产生较大的影响。

在规划阶段，拟建的堤防、河道整治位置尚未明确，难以对其影响做出准确评价。在工程实施阶段，环评工作应及早介入，规避工程实施对天然林等产生不利影响。

7.3.2.2　对植物多样性的影响

对陆生植物影响较大的规划主要为防洪排涝规划和水土保持规划，其次为水资源利用规划，其他规划对其影响有限。其中，水土保持规划主要为有利影响；防洪排涝规划既有有利影响，也有不利影响；水资源利用规划则主要表现为不利影响。

1. 防洪排涝规划

防洪排涝规划中对陆生植物影响较大的主要为水库工程，本次规划期内规划新建阜平县石漕沟水库 1 座，规划涉及新建水库 4 座，其中新建水库主要为张坊水库、土门水库、李思庄水库，作为资源点保留，规划期内不予实施；二道河水库进一步研究建设的必要性和可行性。因此，防洪排涝规划对陆生生态产生影响的工程主要是水库工程、水库除险加固、修建堤防、河道整治等工程。

新建水库、水库除险加固、新建与加固堤防、整治河道等工程实施过程中，对植被的影响主要是工程占地可能导致植被数量上的损失。根据大清河流域综合规划，规划项目的实施导致的受损植被主要为灌丛草地、农田和落叶阔叶林。这些群落的组成植物均为常见植物种类，工程建设不会对评价范围内的植物多样性造成不利影响。

防洪排涝规划工程建设对植物种类影响较大的是水库工程，新建水库工程蓄水前，将对工程淹没区内所有植被进行清理，淹没线以下的所有植物及其生境都将全部消亡。但就目前拟建工程所设置的地点来看，将来被淹没的植物在评价区内都是广域分布的，且淹没的种类不多。因此，水库淹没不会造成植物种类的丧失。同时，水库蓄水后，水域面积的扩大与水位线的抬升，将增加水汽的蒸发量，使局部区域的空气湿度有所增加，这种小区域环境的变化会对以后植物种类的构成、生长和种群消长造成一定的影响。少数对湿度要求较高且目前种群数量较少的种类，在水库蓄水后其个体数量可能会有所增加，同时也会排挤目前已有的一些适应干旱环境的植物。但水库对环境的改善作用有限，因此当地原生植物种类构成将不会发生显著变化。

水库除险加固、新建与加固堤防、整治河道等工程实施完成后，可不断提高沿岸保护对象的防洪标准，进而能够对河道两侧的植被起到保护作用。因此，能够增加植被面积和植物物种的数量，当环境有所改善后，还可能增加这一区域的植物种类；供水与灌溉节水改造在增加区域农作物植被生物量和产量的同时，也能够为农田周边植物提供适宜的生长环境，增加周边草本植物的种类和数量。有效的水资源配置在改善评价区域水资源平衡的同时，能够增加区域的空气湿润度；同时结合水资源综合管理，也能够丰富区域植物种类，特别是在原来干旱的区域，小气候因空间湿度的增加，可能丰富物种数量。

2. 水土保持规划

大清河流域规划中对有林地、灌木林地和高覆盖草地及水库上游水源涵养区域等山区采取保护管理、封育、局部治理等措施实施预防规划，对丘陵区、风沙区及平原河渠岸坡水土流失集中分布区域采取工程措施和林草措施实施综合治理规划，并通过动态监测和综合监管等手段加强对重点预防保护区和重点治理区的监督管理。水土保持规划的实施，主要对植物资源产生直接有利影响，有利于改善流域生态环境。

水土保持规划的实施将直接增加流域的林草地面积，提高林草地覆盖率，减少人类活动对植被的干扰和破坏，经过一定的时间，通过植物群落的自然演替，由于施工占地等受损的生态系统将逐渐得到恢复。

3. 航运规划

航运规划主要采取碍航设施改造、河流生态修复及景观提升等措施，项目建设施工时将清除场地内的部分植被，导致小范围内植被覆盖率急剧下降。由于项目区植物都是广布种，没有稀有种。因此，工程施工对植物的影响只引起数量的减少，不会造成物种的灭绝。

运营期地面设施主要有码头以及场区道路等，这些地面设施的建设对现有植被造成一定的破坏，造成植被覆盖面积的减少，但通过场区范围内的地面硬化和绿化来减少土壤裸露，使区域内的植被可以得到恢复和重建，对植物多样性影响较小。

4. 小结

防洪排涝和水资源利用规划对地表植被的影响主要表现在：规划新建水库、水库除险加固、堤防、河道整治、供水管网等工程建设占地将造成部分植物资源受损，影响较为分散，且多以施工期暂时性影响为主。防洪排涝规划实施后，将提高流域的防洪和排涝标准，减少洪涝、泥石流等自然灾害的发生概率，有利于减少洪涝、泥石流等自然灾害造成的农作物、林草地等植被损失，对维持区域稳定、良好的生态环境和生态平衡等具有积极意义。

7.3.2.3　对重点保护植物和古树名木的影响

1. 对重点保护植物的影响

评价范围内，国家重点保护植物共有 4 种，分别是野大豆（*Glycine soja*）、刺五加（*Acanthopanax senticosus*）、紫椴（*Tilia amurensis* Rupr.）和水曲柳（*Fraxinus mandshurica*），均为国家Ⅱ级保护植物；评价区地方重点保护植物共计 55 种，其中河北省级重点保护植物 42 种，北京市级重点保护植物 28 种，山西省级重点保护植物 6 种。

根据其生态习性和分布区现状，刺五加主要分布于流域西部太行山区，在评价范围内散状零星分布；水曲柳林在流域内分布极为有限，在流域西部的水库周边水源涵养区的落叶阔叶林中有少量的分布，水曲柳多为零星散生，规划实施可能会对其部分个体产生影响。在工程实施阶段，需根据实地调查情况，采取一定的就地或迁地保护措施；野大豆在大清河流域内较为常见，生于河岸、草地或灌丛中甚至田边，规划实施可能会对其产生较大影响。

2. 对古树名木的影响

防洪排涝规划影响相对较小。由于规划阶段工程的具体位置、规模和开发方式等尚不明确，难于有效识别具体工程建设对古树名木的影响性质与程度。因此，在各具体建设项目的环境影响报告书编制阶段，应根据工程可研报告做好永久占地区和间接影响区内古树名木的详细调查工作，认真分析工程建设对古树名木的影响，通过优化工程设计方案避让不利影响，或采取异地移栽、就地保护等保护措施，有效保护古树资源。

7.3.3　对陆生动物的影响

规划实施对野生动物的影响主要分为短期影响和长期影响两类。其中，短期影响主要是施工活动对陆生野生动物的影响，主要表现在工程建设过程中临时占地对野生动物生境格局的改变，运输车辆及施工人员的频繁活动，施工机械噪声对野生动物生存的扰动，水土流失、环境污染等对野生动物栖息地的影响等。长期影响主要体现在水利工程线性阻隔产生的影响方面。大清河流域陆生动物影响分析见表 7-3-3。

表 7-3-3　大清河流域陆生动物影响分析

区域	规划工程	工程内容	区域特点及动物状况	对动物影响
上游山区	水土保持工程	封育管护，治理水土流失等	动物资源丰富，流域内两栖类、爬行类、哺乳类动物在本区域内基本都有分布，鸟类以留鸟为主，保护物种有褐马鸡、中华秋沙鸭等，在拒马河上游有观测记录	使植被生物量增加，动物生境得到改善
	生态修复工程	建设生态涵养林、湿地等		
山前平原区	水土保持工程	封育管护，治理水土流失等	因为区域河网较山区密集，大型哺乳动物偶有出现外，鼠类、蝙蝠类较为常见；两栖类和爬行类动物较为常见；鸟类以留鸟为主，包括雉科、鸠鸽科、翠鸟科等	水土保持工程措施，使得植被生物量增加，动物生境得到改善
	水资源保护、水生态修复工程	临河垃圾清理、沙化河道治理（含清淤、生态护岸、主槽整治、河道防护林）、水系连通工程、排污口整治、地表水及地下水水源地保护工程等		有利于提高植被覆盖率，改善水资源环境，改善水禽及两栖爬行类的生境，有利于动物保护
	水库规划	张坊、土门、李思庄作为资源点保留规划期内不予实施；二道河水库进一步研究建设的必要性和可行性		水库工程使得土地利用发生了改变，但对于下游区域，占地面积不大，不会影响动物生境，对动物影响很小
	防洪排涝工程	水库除险加固、河道治理、蓄滞洪区治理等		工程建设会对地表植被、水域环境产生扰动，但由于占地面积小，对野生动物的生境影响很小

续表 7-3-3

区域	规划工程	工程内容	区域特点及动物状况	对动物影响
白洋淀及以下地区	水土保持工程	封育管护，治理水土流失等	区域内大型陆生哺乳动物分布较少，其他两栖类和爬行类动物广布种大多都有分布。本区域候鸟、旅鸟资源较为丰富，主要集中于北大港、白洋淀等湿地	水土保持规划的实施，使该区域植被覆盖率增加，动物生境得到改善
	水资源保护、水生态修复工程	林带建设、生态补水、水系连通工程、生态湿地建设、排污口整治等		有利于提高植被覆盖率，改善水资源环境，改善水禽及两栖爬行类的生境，有利于动物保护
	防洪排涝工程	水库除险加固、河道治理、蓄滞洪区治理等		防洪工程分布于河流两岸，是珍稀水禽及两栖爬行类的生境，但由于工程分散，占地面积小，对生境的影响很小
	航道规划	碍航设施改造、河流生态修复及景观提升等		航道工程分布于河流及两岸，工程占地面积小，对动物生境的影响很小

7.3.3.1　短期影响

1. 对两栖类和爬行类动物的影响

(1)不利影响。

流域综合规划评价区域两栖和爬行类动物的迁移能力相对较弱，施工对其影响较为明显。主要表现为新建水库、河道治理、蓄滞洪区治理、航运规划等工程构筑物占地及临时施工区、施工道路等直接占用了两栖、爬行类动物的繁殖、取食、隐蔽等活动空间；新建渠道挖方、护坡导致的水土流失，导致渠道及附近两栖类产卵、孵化场水体短期内悬浮物含量的增加，影响了施工区两栖类的栖息和繁殖；施工期间产生的粉尘沾附在周边的草本植物上，降低了两栖类、爬行类生境的质量；施工期间产生的生活垃圾，可能会污染地表水，使水体有机污染物浓度增加，将直接导致两栖、爬行类水域生态环境的恶化。由于施工区域内物种均为一般常见种类，在评价区及周边区域均有广泛分布。这些动物对生态环境的适应能力较强，具有一定的迁移和规避危险的能力，工程施工可能导致施工区及其周边两栖、爬行类动物种类与数量的减少，但工程实施区分布有大面积水域、沼泽、草甸、有林地等适宜生境，施工不会改变其种类组成与种群数量。另外，随着本次规划有关生态保护工程的实施，施工区地表植被、水域环境可在较短的时间内得到较好的恢复，施工对两栖类和爬行类动物的影响可以接受。

(2)有利影响。

防洪工程等措施不断提高沿岸保护对象的防洪标准，减少洪水灾害的发生，进而减少由于洪水所造成的爬行动物死亡和生存环境淹没。同时，能够为两栖动物提供稳定的生活和繁殖环境；新建与加固堤防、整治河道等能够有效地保护河岸两侧的植被和减少土壤流失，进一步保护了爬行动物巢穴并为其提供了稳定的生活环境，河段整治工程还能使周边环境变好，为爬行和两栖动物生存提供保障，防洪堤和护岸工程还能增加两栖与陆生动物之间的自然生态关系，增加河道沿岸两栖动物数量，为爬行动物的捕食提供基础。水库工程建成蓄水后，将使陆栖型两栖动物向海拔稍高处迁移，由于水面上升速度不快，最大上升垂直距离较小，故适应过程将较顺利。工程建成后，将给静水型两栖动物形成更丰富的静水或缓流水环境，水域面积的增大将为两栖和爬行动物提供良好的栖息环境。供水与灌溉工程在改善灌区的农作物及周边杂草环境的同时，也为两栖和爬行动物提供良好的生存环境，增加其数量。水资源与水生态修复工程也能够直接改善两栖和爬行动物的生存环境与栖息地。

2. 对鸟类的影响

通过综合治理工程的完善，环境的改变能够使得评价区域的鸟类生存环境得到改善。主要表现在：一是堤防及护岸修建能够增加林间及林下等地植被中底栖动物的数量，直接增加了鸟类的摄食，不仅可以直接影响鸟类群落的变化，而且通过对生境植被的反作用，间接影响鸟类群落的动态变化；二是水库等工程将使水域面积增大，修建能够为鸟类尤其是水禽类提供良好的生存和繁殖环境，增加水鸟的种类，丰富水库周边鸟类多样性；三是植被恢复工程能够增加大清河流域周围的植被面积，为鸟类提供更优的生存环境。

3. 对哺乳类的影响

流域范围内哺乳类有 6 目 22 科 87 种，由于项目区分布以鼠类、鼬类及托氏兔、狗獾、貉等中小型平原地带常见种类为主，生境多样、生态适应幅度广，逃逸规避能力强，施工对其分布与种群数量的影响十分有限；渠道呈线状分布，新建渠道工程占地面积很小。工程实施后，随着水土保持、植被恢复等措施的实施，临时占地的地表植被将逐步得到改善，兽类受到占用与破坏的栖息环境将会逐渐得到补偿与恢复；同时，工程采取分期分段施工方式，每 5~10 km 设一个施工段，单位堤段内的工程量有限，施工周期较短，对局部区域兽类扰动的时间与强度均较小。因此，施工对本区兽类的影响是可以接受的。

除施工期间对哺乳类动物有影响外，在总体规划近期工程完成后，哺乳类的种群数量也将发生变化。防洪减灾工程以及水资源与水生态保护等保护措施完成后，能够改善评价区域的总体生态环境。首先为哺乳类动物提供良好的生存环境，增加评价区域的哺乳类动物数量；其次，环境的改善能够增加动物的种类，为哺乳类动物的捕食创造良好的条件；再次，评价区域环境的改善能减少自然灾害对哺乳类动物造成的破坏，保护哺乳类动物的生存。总之，流域综合规划实施完成后，对哺乳类动物保护作用大于负面影响作用。

7.3.3.2　长期影响

规划工程涉及河湖连通、堤坝等线形工程，会对野生动物生境产生切割作用。其中，飞行能力较强的鸟类基本不受影响，主要受影响对象为两栖类、爬行类和小型兽类。由于野生动物对环境的适应能力较强，具有规避危险的本能，它们会主动向周边适宜生境中迁移，而且项目区人类活动频繁，使得目前栖息在此区域的野生动物具有了一定的抗干扰能力和适应性，同时渠道和堤防工程等线形工程本身不会对野生动物个体造成直接伤害，尽管可能造成野生动物的阻隔效应，使种群数量及分布区域产生变化，但由于工程施工区域和直接影响区域面积同区域总面积相比较小，并不会对野生动物的栖息、繁殖造成彻底的隔离；根据规划，将会实施一系列生物措施对生态环境进行恢复，并逐渐形成新的生态景观格局，被迫迁离的野生动物仍可返回利用原有的栖息地，或适应新环境，建立新秩序。因此，规划工程实施对野生动物影响可以接受。

7.3.4　对湿地生态系统的影响

规划实施对湿地生态系统的影响，主要由防洪排涝规划中的水库除险加固、围堤建设、河堤建设，水资源利用规划中的农村综合治理工程、河湖水系连通工程，水资源保护规划中的环境整治工程、湿地建设工程，以及水生态保护与修复规划中的河湖连通工程、生物多样性恢复、水土保持有关工程造成。上述工程对湿地生态系统的影响主要是正面影响。

河湖连通等工程可以加强区内的水力联系，有利于恢复湿地水面面积，为以芦苇沼泽为主要繁殖生境的珍稀水禽提供重建繁殖地的机会。此外，供水相关工程可提高土壤的含水量，促进了草甸向湿生方向转化，有利于湿地恢复，增加湿地生态系统生物多样性，为白鹤、丹顶鹤等保护鸟类提供更多的优质栖息地，为水禽停歇取食提供更大的空间，有利于湿地生态系统的恢复。

7.3.5　对景观格局的影响

规划实施不会对流域土地利用及景观格局产生明显影响，规划对土地利用及景观格局的影响主要包括水土保持规划、防洪、水资源配置等具体工程永久及临时占地的影响。

7.3.5.1　对景观结构变化的影响

评价区是一个由多种生态系统组成的复合系统，主要包括草地生态系统、森林生态系统以及农田生态系统等。各景观系统相互交织，按自由规律组合形成整个评价区的统一景观系统。

大清河流域现状景观类型中，耕地景观面积和景观比例最高，其次为林地景观；其他景观类型面积和景观比例都比较低。斑块密度中，最高的为林地景观类型，其次为建筑用地景观类型，耕地景观类型斑块密度为 16.38%；其他景观类型的斑块密度都比较低。据此，大清河流域规划的相关工程在实施前后，流域景观结构不会发生显著变化。相关工程建成后，耕地和林地的频率、景观比例以及优势度仍将占主要优势。由于这几种景观类型在本区域分布广泛、分布面积大，相关工程的建设对其作为基质、具有较高景观优势度的性质不会发生改变，其他类型的景观优势度同样相对变化不大。因此，大清河流域目前规划的相关工程，不会对本区域土地利用及景观结构产生较大影响。

7.3.5.2　对景观多样性的影响

景观多样性是指景观在结构、功能和时间变化方面的多样性，其分析源于景观生态学景观格局演变分析研究。由表 7-3-4 可以看出，2005—2017 年，评价区斑块总数由 49 093 个增加到 63 009 个，说明呈现出一定的破碎化加剧态势，相应平均斑块面积也由 87.53 hm^2 减少到 68.2 hm^2。

表 7-3-4　2005—2017 年大清河流域景观多样性变化统计

年度	斑块多样性		类型多样性		
	斑块数	平均斑块面积/hm²	SHDI 多样性	SHEI 均匀度	优势度
2005	49 093	87.53	1.480 2	0.826 1	0.269 1
2017	63 009	68.2	1.501 8	0.838 2	0.258 8

对类型多样性分析可以反映出评价区景观类型的丰富度和复杂度。由景观类型多样性分析的结果可以看出，评价区 2005—2017 年，多样性指数从 1.480 2 增大到 1.501 8，均匀度从 0.826 1 增大到 0.838 2，优势度从 0.269 1 减小到 0.258 8。这反映出 2005 年时，评价区的景观类型结构相对简单，均质化程度相对较高，耕地和林地为优势景观。到 2017 年，虽然优势景观仍为耕地和林地，但已经开始被复杂化的景观取代，使得多样性指数增大、均匀度增大，优势度减少。

综上所述，2005—2017 年，随着城镇、农村居民点以及相关建设工程的持续扩张，大清河流域局部区域出现了景观破碎化加剧的现象，稳定的自然景观斑块减少，不稳定的景观斑块逐年增加，在这种变化趋势下，生态景观格局的稳定性受到一定威胁。但由于数量不多，因此此种负面影响总体上不明显。以耕地和林地景观为基质的高度均质化的景观生态系统在 12 年期间没有发生大的变化。因此，可以预测目前大清河流域规划中拟建的相关工程不会对大清河流域的景观多样性有大的影响。

7.3.5.3　对自然景观协调性的影响

大清河流域综合规划对评价区域土地利用及景观协调性的影响，可按照施工时间顺序，分为建设阶段和工程运行阶段。

建设阶段对于评价区域景观协调性的影响：一是空间破碎化严重，水厂、水库等点状工程的建设和施工道路、防洪堤等线状工程的建设，使得评价区域景观类型变得更加复杂，加重区域的景观破碎度和空间隔离效应，但是这种影响是短暂的。随着工程的完成，植被恢复措施的完善，评价区域的景观会恢复到原有状态。二是施工建设期间由于人为活动加剧及地表植被破坏，使得施工范围景观不协调，人为活动痕迹明显，工程痕迹严重。

运行阶段对自然景观的影响：一是工程施工结束后，植被恢复措施未形成期间，人为活动痕迹明显，而防洪堤等线状工程的增加改变了流域范围内的总体景观，使得斑块数量和廊道长度增加，使得区域的景观格局发生变化；二是防洪堤等线状工程数量的增加，使得视觉效果发生改变，从原有的自然环境向人为景观转变，但是这种转变相对于评价区域面积而言较小，且较为集中。

总体而言，大清河流域综合规划建设的工程对于评价区域景观变化有一定的影响，但这种影响较小，且不会明显改变评价区域的景观格局。只要在规划和施工建设期间，根据实际情况做好植被资源和流域两侧景观的保护，就可以有效维持相关工程与自然景观的协调性。

7.4　水生生态影响与评价

7.4.1　规划实施对水生生物的影响

7.4.1.1　对水生生物的总体影响

根据规划和环境现状实际进行分析，开展其对水生生物类群的影响识别，分为有利影响和不利影响。经识别，水资源保护和水生态保护与修复均为有利影响，而防洪排涝和水土保持的影响不能确定。规划要素对水生生物影响性质及程度矩阵识别分析结果见表 7-4-1。

表 7-4-1　大清河流域规划对水生生物影响程度

类群	水资源保护	防洪排涝	水资源利用	水生态保护与修复	水土保持
浮游植物	++	-	-	+++	+
浮游动物	++	-	-	+++	+
底栖动物	++	-	-	+++	+
鱼类	+++	-	-	+++	+

注："空白"：无影响或不确定，"-"：不利影响，"+"：有利影响。

7.4.1.2　对浮游植物的影响

1. 浮游植物的特点

根据历史资料记载，大清河流域共有浮游植物 8 门 153 属 568 种。与之前历史资料相比，大清河流域的浮游植物物种数量非常少，多样性低，且仅以少数类群为主，如硅藻门和绿藻门，其他门类很少甚至没有。白洋淀区的浮游植物体现了明显的湖泊特点，种类和多样性相对较高，但与历史水平相比仍有差距。

2. 实施规划对浮游植物的影响

(1) 水资源利用规划影响。

生态补水后河段流量增加，水体流速加快，对水体高营养负荷有一定的降解作用。预计硅藻门等物种数量较前增加。由于水面积较前扩展，退水导致水体营养物质总量增加，浮游植物生物总量将增加。

(2) 防洪工程影响。

本次规划涉及新建水库 4 座，其中新建水库主要为张坊水库、土门水库、李思庄水库，作为资源点保留，规划期内不予实施；二道河水库进一步研究建设的必要性和可行性。规划水库建成后，水生生境将有所改善，浮游植物增加，随后浮游动物、底栖动物、鱼类等种类、数量将逐步恢复。

堤防工程运行后，河道两岸得到整固，丰水期对河水的"束流"作用增强，河水漫滩现象消失，河床冲刷作用强化，对浮游植物繁衍影响不大。堤防河段丰水期浮游植物数量有下降的可能，枯水期因河道流量原本较小，对浮游植物影响程度有限。河道治理施工过程中,会造成水体浑浊度上升,短期影响浮游植物的光合作用,进一步影响其他水生生物。

(3)水污染治理。

在水污染治理目标下,上游河流(特别是水源地)的水质得到进一步改善,水体营养程度将有所下降,河道水体的浮游植物组成将以硅藻门种类为主。

7.4.1.3 对浮游动物的影响

1. 浮游动物的特点

对在大清河流域采集到的浮游动物样品进行鉴定和统计,该流域共有浮游动物 3 类 22 种。与之前的调查结果相比,大清河流域的浮游动物和浮游植物一样,多样性很低,种类急剧减少,优势种明显且组成简单,以轮虫为主。类似于白洋淀浮游植物的特点,物种丰度相对较多,但是与历史相比仍有差距。

2. 实施规划对浮游动物的影响

(1)水资源利用规划影响。

供水后,在营养成分输入不变的情况下,浮游动物现存量可能增加,但幅度不大。

(2)防洪工程影响。

本次规划涉及新建水库对浮游动物的影响与对浮游植物的影响一致,工程运行后,随着浮游植物的增加,浮游动物逐步恢复。

防洪排涝规划对浮游动物影响主要在施工期。施工时,挖掘、钻探等造成瞬时大量悬浮物,导致水体浑浊、透明度下降,近江段浮游动物数量会有所下降。工程完工后,增加项目区域江段水域和陆域屏障,水域与陆域之间生物往来、物质流通会受到一定影响,河道中的浮游动物生存环境减少。但由于工程建设对水文情势影响较小,故完工后浮游动物群落特征与原河道相似。

(3)水污染治理。

水环境改善之后,有利于浮游动物的生长和繁殖。

7.4.1.4 对底栖动物的影响

1. 底栖动物的特点

大清河流域底栖动物 5 类 38 种,相比于历史文献记载,可以看出大清河流域底栖动物组成明显降低,优势种非常明显,以摇蚊科和部分水生昆虫为主,其余物种很少。

2. 实施规划对底栖动物的影响

(1)水资源利用规划影响。

河段流量增加,水体流速加快,对水体高营养负荷有一定的降解作用。水资源利用工程完成后,河段内蜉蝣目等清洁水体指示物种数量较前增加,正颤蚓等耐氧型物种数量下降。由于水面面积较之前扩展,底栖动物生物总量有增加的可能。

(2)防洪工程影响。

本次规划涉及新建水库,规划实施后,工程施工占地区底栖动物群落受到直接破坏,工程影响区悬浮物沉降等引起河流底质变化,影响底栖动物组成。但随着水流的冲刷,工程所涉及河段的底栖动物种类、数量和生物量将逐渐恢复至原有状态。

7.4.1.5　对鱼类的影响

1. 鱼类资源的特点

根据现场实地调查和历史文献资料，大清河流域共有鱼类 83 种，隶属于 11 目 21 科。其中虹鳟、池沼公鱼、团头鲂等为养殖引入的物种，在本地区并无自然分布；另外还包括日本鳗鲡、刀鲚等洄游或河口性鱼类，故自然分布于大清河流域的土著淡水鱼类总数为 73 种。目前，流域内分布的鱼类以中国东部江河平原的广布物种为主，物种多样性低、种群破坏严重。

2. 实施规划对鱼类资源的影响

(1) 水资源利用规划影响。

规划内通过生态补水，使得流域内水资源利用的矛盾在一定程度上有所缓解，有利于鱼类物种多样性的维持与恢复。白洋淀水位的上升，将扩大鱼类适宜栖居的面积，有利于鱼类种群数量的恢复。但是补水会增加流域内外来物种入侵的风险，但影响程度如何，需要在补水过程中持续对外来物种进行监测并加以评估。

(2) 防洪工程影响。

本次规划涉及新建水库 4 座，水库大坝的建设将使河流的连续性受到影响，生物迁移、交流受阻，从而产生一系列的生态效应。水库下泄水的水量、流速、流态等水文情势与天然状态相比有较大改变，水温、透明度、气体饱和度等也会有所变化，坝下河段水生生境的变化会对水生生物，特别是鱼类的繁衍生息产生一系列的影响。

规划实施后，河流渠道化破坏了河流的横向连通性，生境多样性降低，河岸带植被等受到破坏，降低了其过滤和自净的功能，同时也破坏了水生生物赖以生存的环境，使一些沉水植物、底栖植物、着生藻类等资源量大幅减少甚至消失，破坏了鱼类索饵场，使鱼类等水生生物失去了食物来源；沿岸带的一些河漫滩等可能是鱼类繁殖的重要场所，防洪排涝规划的实施可能破坏其产卵场，对鱼类资源产生进一步的影响。

(3) 水污染治理。

水环境得到改善，无疑将对鱼类的物种多样性和种群数量的提升有着正面的影响，一些对水质要求较高的鱼类（如鳜）将逐渐得到恢复。

(4) 叠加影响。

在现有规划内容的基础上可以判断，在流域综合规划实施后，流域水生生态环境将有所改善，生态环境相对较好的源头区将得到重点保护，有利于源头区适应流水生活的鱼类种群的恢复。中下游（特别是白洋淀区）的水质环境将得到提升，部分河流的连通性得到一定程度的恢复，这都有利于鱼类多样性的维持甚至恢复。总体上看，目前流域的鱼类多样性现状将得以维持，流域内的鱼类资源可以得到一定程度的改善，但由于仍然存在水资源短缺和利用上的矛盾，这种改善的幅度将是有限的。另外，河道治理和防洪工程施工会对当地的野生鱼类种群造成短期的影响，供水规划也还存在外来物种引入的生态风险。

7.4.1.6　对白洋淀水生生态的影响

大清河规划实施后，将在一定程度上缓解目前白洋淀淀区面临的水生态问题，水资源和水环境将得到改善。在现状基础上,未来白洋淀淀区水生生态的改善应有正确的定位,不宜盲目追求恢复历史水生生物多样性的目标。建议从整体水生生态系统的角度考虑,提升白洋淀水生生态系统的稳定性和抵抗力,使其保有长期的动态平衡。

生态系统的自动调节能力有大有小,抵抗力、稳定性有高有低。一般来说,生态系统的成分越单纯,营养结构越简单,自动调节能力就越小,抵抗力、稳定性就越低。鱼类作为水域生态系统中食物链的顶端,其群落组成结构直接或者间接影响整个生态系统的健康。而鱼类的生活时长与生活范围较大,可通过各种复杂的生活史行为利用水生资源,并通过下行效应影响水体的水生植被、浮游生物等方面。因此,未来白洋淀的水生生态维持应以鱼类多样性作为抓手,在规划基础上,以自然恢复为主,通过生境再造与修复、增殖放流、科学规划管理,促进形成一个拥有功能多样性的健康的鱼类群落结构,不同食性(肉食性、杂食性、植食性和滤食性)鱼类、不同水层栖居鱼类、不同体型鱼类的自然配置,可以利用鱼类在水生生态系统中的上行效应与下行效应,构建一个复杂的水生生态系统,增加水域未来抵抗突发环境和气候变化的能力。同时,不但可促进渔业资源的合理利用,还可为其他生态系统提供支持。

7.4.2 综合规划对水生生态系统影响的综合评价

在大清河流域综合规划中,防洪、供水对水生态影响相对较大;水资源保护、水生态保护和水土保持规划对水生态的影响主要为正面影响;其他规划对水生态的影响总体较小,但部分涉水规划及工程,如桥梁建设等,也将对水生态产生一定影响。

规划实施对水生生境的有利影响主要表现为:综合管理规划对人类活动的范围与程度提出了较高的要求,有利于减少人类活动对流域水生生境的破坏;水资源、水生态保护和水土保持规划有利于抑制流域水污染、保障河流生态需水、控制外源性营养物质的输入。

根据防洪排涝规划,堤防建设使河道趋向于平直化和均一化,破坏了河流与边滩、洪泛区的联系,降低了水生生境的复杂度。但本次规划的堤防建设主要是加固堤防,对水生生境的影响程度有限。

7.5 社会环境影响与评价

7.5.1 规划实施的社会效益分析

按照"上蓄、中疏、下排,适当地滞"的防洪方针,防洪排涝规划实施后,将进一步完善以河道堤防为基础、大型水库为骨干、蓄滞洪区为依托的防洪工程体系,大清河系设计防洪标准为50年一遇,蓄滞洪区可按计划及时分洪蓄水。流域总体防洪能力得到进一步保障,有效防止洪灾引起的疾病流行和环境污染等问题,为防洪保护区内工农业生产和人民生命财产安全提供可靠保障,增加社会安全感,改善生存环境和投资环境,为流域内各省

(市)的经济、社会、环境的可持续发展创造有利条件。排涝规划实施后,将在涝区形成"自排、机排"相结合的治涝体系,可显著改善涝区生活、生产、生存环境,为农村带来发展机遇,为农业粮食的增产增收提供强有力的保障,增加当地农民收入,推动区域经济发展,维持区域经济社会稳定,减少由涝灾引起的疾病流行,促进社会和谐发展,避免环境污染和生态恶化等方面产生积极影响。

通过实施城镇生活、工业及农业节水,加大现有外调水工程续建配套建设,提高中水回用率,压采地下水,完善及新建重点城市供水工程,逐步建立与大清河流域相适应的水资源合理配置格局,建成水资源配置和高效利用保障体系,可保障流域内饮水安全、粮食安全、城市供水安全和生态安全,满足人民生活水平提高、经济社会发展、粮食安全保障和生态环境保护的用水需求,促进水资源与经济社会和生态环境的协调发展。

水资源保护、水生态保护与修复规划实施后,进一步巩固山区水源涵养功能,在一定程度上改善入淀河流及白洋淀淀区生态环境;控制对流域内自然保护区、风景名胜区、森林公园、地质公园、重要湿地、水产种质资源保护区、世界自然遗产等生态敏感区的干扰和影响,保护重要水生生物及其生境。水土保持措施实施后,至 2035 年累计新增水土流失治理面积 4 412.56 km^2,水土流失严重地区将得到初步治理,减少进入江河湖库的泥沙,有效保护耕地资源,改善生态环境和农村生产生活条件,促进农村经济发展。

7.5.2　对流域经济社会的影响

本规划实施后,可提高大清河流域防灾减灾能力,保障饮水安全,保障水资源与水生态环境,对促进流域各省(市)经济发展有积极作用。

7.5.2.1　防洪排涝体现建设对经济社会发展的影响

在进行河道治理、蓄滞洪区调整、加强城市防洪堤等建设,以及采取相关的非工程防洪措施后,大清河流域,特别是雄安新区和天津市等重点城市的泄洪能力将得到显著提升,解决目前重点城市遭受洪水风险的问题。治涝规划结合大清河流域的暴雨径流特点和经济社会发展要求,采用机排和自排相结合的措施,改善和提高涝区排涝能力,使流域内地级城市治涝标准采用 20 年一遇,一般城市为 10 年一遇。南支平原、北支平原涝区等排涝标准为机排 5~10 年一遇、自排 10 年一遇。

大清河流域依旧存在洪水风险,提高雄安新区防洪标准,流域防洪形势依然严峻。防洪排涝规划实施后,将完善流域综合防洪减灾体系,进一步提高防洪排涝标准及防洪减灾能力,保护城市及人民生命和财产安全,促进流域经济社会可持续发展。

7.5.2.2　优化配置和保护水资源对经济社会发展的影响

大清河流域多年平均地表水资源量为 22.89 亿 m^3(1956—2016 年),多年平均地下水资源量为 33.05 亿 m^3(矿化度 $M \leq 2$ g/L,1980—2016 年),流域现状人均用水量 195 m^3,比海河流域的低,流域用水量主要集中在农业用水,2018 年流域总供水量为 62.71 亿 m^3。在供需平衡考虑节水措施、外调水分析后,2035 水平年,多年平均缺水量为 0.13 亿 m^3,缺水率达 0.2%,主要为河北省农业灌溉缺水,同时实现地下水采补平衡。因此,流域水资源优化配置与保护是保障流域经济社会可持续发展的重要条件。

本规划的水资源利用规划按生活、生产和生态环境用水三大用水需求,充分考虑区域的水资源承载力,对流域内水资源利用进行了优化配置,确保流域水资源能够满足城市供水、灌溉用水和生态需水要求,使流域水资源能够保障经济社会可持续发展。水资源保护规划中提出了加强饮用水水源保护和污染源控制的方案,规划实施后,在数量和质量上保障雄安新区、天津市等重点城镇供水。地下水压采规划实施后,实现地下水有序开发、采补平衡、良性循环、功能健康和可持续利用。

7.5.2.3 保护水资源与水生态环境对经济社会发展的影响

受气候和下垫面变化等因素的影响,大清河流域水资源禀赋条件相对较差,同时自20世纪80年代以来呈持续减少趋势,但受流域内人口增加、产业集聚、灌溉耕地面积增加等,对水资源的刚性需求强,供水长期处于紧平衡状态,生态环境用水被大量挤占,进而导致河道干涸、湿地萎缩、生境呈破碎化、生物多样性遭受破坏等一系列水生态问题。工业废水、生活污水及农业面源污染使大清河流域的污染负荷日益加重,水生态环境呈恶化趋势;白洋淀上游支流因工程建设影响了河流生态系统的完整性和生物多样性,河段内水生生物资源减少。

大清河流域土壤侵蚀强度主要为轻度侵蚀和中度侵蚀,土壤侵蚀类型主要为水力侵蚀和风力侵蚀。流域内开展了一系列水土流失治理措施,通过开展生态清洁小流域建设、京津风沙源治理、坡耕地水土流失综合治理、退耕还林等工程,水土流失综合治理取得了较大成果。同时,水土保持预防保护、监督、监测等工作得到明显加强,有效防止了人为因素造成的水土流失。但流域内水土流失综合治理任务依然很重,许多治理区生态尚未形成良性循环;水土保持意识有待加强,人为水土流失问题突出;规模有限,管护不到位,水土流失治理效益发挥不足;部门协作有待进一步加强。

随着经济社会的发展和环境保护意识的逐渐提升,对生态与环境提出了更高的要求,流域内存在的上述生态环境问题亟待解决。大清河流域综合规划包括水资源保护、水生态保护与修复等方面的规划内容,对流域目前存在的问题提出了切实可行的解决方案。在水资源保护方面,规划提出了加强地表水纳污能力与污染物入河量控制;加强地下水污染脆弱性较高地区的管理和控制、泉域保护;提出了进行地表水及地下水水源地保护区划分、生态修复与保护工程、健全监测监控系统、面源污染控制工程等。水生态保护与修复方面,提出了山区水源涵养保护、河流水环境治理、河流生态廊道建设、河道防护林建设、重点湿地保护与修复。水土保持方面,以小流域为单元,山水田林路全面规划,工程、植物和保护性耕作措施合理配置,坡沟兼治,保土蓄水,缓洪拦淤,改善生态,防灾减灾。

上述规划内容实施后,可有效改善目前流域内存在的生态环境问题,使生态环境逐步向良性循环方向发展,对促进区域经济社会和生态环境协调、可持续发展有重要的推动作用。

7.5.3　土地资源影响

大清河流域综合规划范围内土地总面积 42 972 km^2，土地利用类型以耕地和林地为主。对流域土地资源影响较大的规划主要为防洪除涝、水土保持规划。

7.5.3.1　对土地利用方式的影响

从大清河流域过去 10 年土地利用方式的变化趋势可以看出，大清河流域耕地面积总体呈现减少的趋势，其主要原因除"退耕还林"外，建设用地也占用了部分耕地。防洪排涝规划的实施，有利于提高中下游地区，特别是雄安新区、天津市的防洪抗灾能力，促进整个流域经济社会水平进一步发展。随着流域城镇化水平的进一步提高，城市发展对建设用地的需求将进一步加大，可能加剧建设用地与耕地之间的矛盾。

灌溉节水规划的实施，将使大清河流域耕地有效灌溉面积增加 137.5 万亩，农田灌溉水有效利用系数从现状年的 0.65 提高至规划年的 0.69；压采地下水 12.71 亿 m^3，实现地下水采补平衡。排涝规划基本维持原排涝系统，重点安排建筑物维修加固和骨干河道清淤，使各级河道排涝畅通，机排标准偏低的区域增加机排能力。防洪、排涝规划实施后，流域内农田水利基础设施得到进一步加强，土地耕作条件得到改善，减少了耕地受旱灾和洪涝灾害的影响，对于提高土地的利用率和产出率、促进农业可持续发展、提高农业综合生产能力、保障粮食安全等都具有重要意义。

7.5.3.2　对土地利用类型及数量的影响

规划工程主要为防洪工程、水资源利用工程、水资源保护工程、水生态修复等工程，永久占地将占用部分土地，主要为耕地、园地、林地等地类，占当地土地资源总量的比例较小，且规划项目规模较小，分散在整个流域范围内，永久占地不会对流域土地利用造成显著的不利影响。水土保持规划中退耕还林、水土保持林草以及小流域综合治理等措施的实施，使林草覆盖率累计增加 3.7%。水土保持规划实施后，将大大增加流域内林地、草地的面积。防洪排涝规划的实施可减少山洪灾害对土地资源的危害，改造后将增加可利用土地的面积，一些适宜的荒草地、林地、疏林地、灌木林等将被进一步开发利用而减少。

随着各项规划的实施，流域内各类土地类型的数量将发生改变，其中林地、水域、建设用地的数量将有所增加，耕地数量将减少，土地利用类型变化趋势将与过去 10 年的变化趋势基本保持一致。

7.5.3.3　对土壤环境质量的影响

大清河流域轻度以上土壤侵蚀面积为 7 822.30 km^2，主要集中于山区，占流域总土地面积的 17.76%，土壤侵蚀类型主要为水力侵蚀和风力侵蚀。据科学观测，15°～25°的坡耕地每年每公顷流失水量 400～600 m^3，流失土壤 30～150 t；土壤中的氮、磷、钾、有机质等养分都同时流掉，造成土地日益瘠薄，田间持水能力降低，不耐旱，使农作物产量降低。水土流失使土层变薄，造成土壤肥力降低，水源涵养功能不足，极易发生切沟、滑塌、崩岗等地质灾害，引起环境质量下降和生态平衡失调。

大清河流域受涝区主要分布在中下游，受涝区主要为南支平原、北支平原、清南、清北、黑龙港北区和青静黄排水区，均是当地的粮食高产稳产地区。土地长期受涝易导致土地潜育化，从而使土壤还原性有害物质增多；降低土壤的生物活动，抑制土壤中有机物矿化作用；导致农作物遭受洪灾，农作物减产。

水土流失和长期受涝都易造成土壤环境质量恶化，导致土地退化。水土保持规划实施后，将对流域内 4 412.56 km^2 土壤侵蚀区进行水土流失综合治理，提高土壤保土、保水能力，减少土壤中有机质、矿物营养元素的流失，有利于保护大清河流域土地资源环境质量，防止土地退化，实现流域生态环境良性循环。

7.5.4　人群健康影响

防洪、排涝规划实施后，可提高流域的防洪和治涝标准，减少洪涝的发生概率，减少洪灾造成的介水传染病的流行。供水规划实施后，有利于保障流域城乡居民饮用水安全，减少疾病的发生率。

规划拟建的河道治理等工程施工期间，施工人员在施工区高度集中，可能造成传染病的感染与流行；如预防不及时，施工人员与当地居民接触，还可能导致传染病的扩散，对当地居民健康产生影响。因此，应加强工程施工期疾病预防和人群健康的保护。

7.6　重点功能区及环境敏感区影响预测与评价

7.6.1　规划工程与重要功能区及环境敏感区的位置关系

大清河流域内涉及国家划定的重要生态功能区（太行山区水源涵养与土壤保持功能区）、生物多样性优先保护区域（太行山）及重要水功能区等。

大清河流域范围内涉及特殊生态敏感区（自然保护区、世界文化和自然遗产）和重要生态敏感区（风景名胜区、地质公园、森林公园、湿地公园、水产种质资源保护区），其中特殊生态敏感区 25 个，重要生态敏感区 38 个。此外，还有饮用水水源保护区 132 个。规划工程与重要功能区及环境敏感区的位置关系见表 7-6-1。

7.6.2　规划对环境敏感区的影响（法律红线）

大清河流域范围内有特殊生态敏感区 25 个，重要生态敏感区 38 个；此外，还有饮用水水源保护区 132 个。各规划内容会对环境敏感区产生影响。

7.6.2.1　水资源配置工程对环境敏感区的影响

水资源配置工程包括雄安重点城市供水工程、南水北调东线和中线配套工程（雄安干渠、干线调蓄库）、大型灌区续建配套及节水改造工程，以及部分中小型灌区的续建配套及节水改造工程等。

水资源配置工程与环境敏感区位置关系见表 7-6-2。

表 7-6-1 规划工程与重要功能区及环境敏感区的位置关系

敏感区类型	名称	水资源利用规划	防洪排涝规划	水资源保护、水生态保护与修复规划
全国生态功能区划(修编版)	太行山区水源涵养与土壤保持功能区		安格庄水库、旺隆水库、旦里水库、崇青水库、天开水库除险加固;清水河、中易水、北易水治理各1处	排污口整治、减少污染物入河量、生态涵养林建设、封育治理、水土流失治理
中国生物多样性保护纲要	太行山生物多样性优先保护区域		安格庄水库、旺隆水库除险加固;中易水、北易水治理各1处	
世界文化遗产	大运河	南运河		
自然保护区	拒马河市级野生动物自然保护区		张坊水库	拒马河1处
	白洋淀湿地自然保护区			白洋淀生态修复工程1处
	团泊洼鸟类自然保护区		独流减河治理1处	独流减河、团泊洼2处
	北大港湿地自然保护区		独流减河治理1处	独流减河、北大港2处
地质公园	北京十渡国家地质公园		张坊水库	拒马河1处
	房山世界地质公园		张坊水库	拒马河1处
森林公园	龙山森林公园			拒马河1处
	恒山森林公园			生态涵养林建设、封育治理、水土流失治理
风景名胜区	十渡风景名胜区		张坊水库	拒马河1处
	白洋淀风景名胜区			白洋淀生态修复工程1处
水产种质资源保护区	白洋淀			白洋淀生态修复工程1处
	阜平中华鳖	石槽沟水库1处		
饮用水水源保护区	南水北调中线水源保护区	雄安干渠、府河输水线路、扩建保沧干渠、中管头分水口—沙河干渠线路各1处	北拒马河、南拒马河、唐河、清水河、中易水河、北易水河、沙河等7处河道治理工程	北拒马河、南拒马河、瀑河、漕河、唐河等5处;南拒马河与萍河连通工程1处,安格庄水库与瀑河水库连通工程1处
	一亩泉地下水水源保护区			保定市大水系与漕河连通工程1处
	沙河地下水水源地		沙河河道治理1处	

续表 7-6-1

敏感区类型	名称	水资源利用规划	防洪排涝规划	水资源保护、水生态保护与修复规划
生态保护红线	南水北调中线水源保护生态保护红线	府河输水线路、扩建保沧干渠、中管头分水口—沙河干渠线路、雄安干渠	白沟河、南拒马河、北拒马河、潴龙河、唐河、清水河、中易水、北易水、沙河等 9 处河道治理工程	唐河、北拒马河、拒马河、南拒马河、瀑河、漕河、唐河、潴龙河、安格庄水库与爆河水库连通工程等
	河湖滨岸带敏感生态保护红线	府河输水线路、扩建保沧干渠、中管头分水口—沙河干渠线路、雄安干渠及石槽沟水库； 赵王新河、大清河、南运河、海河干流等航运	张坊水库、二道河水库、土门水库； 白沟河、南拒马河、北拒马河、潴龙河(陈村分洪道)、唐河、清水河、新盖房分洪道、赵王新河、独流减河及大港分洪道、中易水、北易水、小清河、沙河、瀑河、孝义河、府河、漕河等河道治理工程	唐河、北拒马河、拒马河、南拒马河、白沟河、白沟引河、爆河、漕河、府河、唐河、潴龙河、白洋淀大清河故道、赵王新河、独流减河、北大港湿地、团泊洼湿地、中易水等河道；保定市区大水系与漕河连通工程、爆河与萍河连通工程、漕河与爆河连通工程、漕河与黑水沟连通工程、南拒马河与萍河连通工程、沙河干渠与孝义河连通工程、潴龙河与小白河连通工程、沙河干渠与潴龙河连通工程等工程
	水源涵养、水土保持生态保护红线			安格庄水库与龙门水库连通工程、生态涵养林建设、水土保持规划
“三线一单”	生态环境管控单元	雄安干渠、府河输水线路、扩建保沧干渠、中管头分水口−沙河干渠线路穿越优先保护单元；张坊镇集中供水厂、大石窝河西联村供水厂占用优先保护单元；大型灌区节水改造设计优先保护单元； 赵王新河、大清河、南运河、海河干流等航运均涉及优先保护单元	张坊水库、土门水库、李思庄水库、二道河水库、北拒马河、南拒马河、白沟河、北易水、清水河、唐河、潴龙河(沙河)、新盖房分洪道、赵王新河、漕河、瀑河、孝义河、独流减河等 13 处河道治理工程；安格庄水库、旦里水库、忠勇水库、黄金峪水库除险加固位于优先保护单元	唐河、拒马河等河道生态修复工程、水系连通工程、生态涵养林建设、封育治理、水土流失治理均涉及优先保护单元

表 7-6-2　水资源配置工程与环境敏感区位置关系

规划	河流	工程内容	与环境敏感区位置关系
水资源配置	雄安干渠	自总干渠郑家佐口门以北引水向新区专供水的雄安干渠，输水线路全长约 55 km，设计流量 15~20 m^3/s，与天津干线形成雄安新区双线骨干供水格局	涉及南水北调中线水源保护区
	府河输水线路	自中线总干渠蒲阳河退水闸取水，设计退水流量为 67.5 m^3/s，新建输水管道长 3.22 km，将水引入唐河总干渠，经保定大水系输水入白洋淀，线路全长约 50 km，设计输水流量为 10 m^3/s	涉及南水北调中线水源保护区
	扩建保沧干渠	利用中管头分水口门，扩建保沧干渠或建设输水管道扩大南水北调中线一期工程供水规模，满足新区南部供水要求	涉及南水北调中线水源保护区
	中管头分水口—沙河干渠线路	中管头分水口—沙河干渠—月明河—孝义河汇入白洋淀等连通工程	涉及南水北调中线水源保护区
	石槽沟水库	由引水工程、石漕沟水库和供水工程组成，工程任务是向县城供水。引水工程是将沙河水引至石漕沟水库，由沙河上的龙王庄壅水坝和相应的引水隧洞组成；石漕沟水库位于阜平县大沙河支流葛家台沟上，水库总库容 2 063 万 m^3	涉及阜平中华鳖国家级水产种质资源保护区实验区

府河输水线路、扩建保沧干渠、中管头分水口—沙河干渠线路、雄安干渠涉及南水北调中线水源保护区，考虑为供水工程，符合饮用水水源保护区管理要求。

石槽沟水库龙王庄壅水坝位于阜平中华鳖水产种质资源保护区实验区，工程施工期及运行后对保护区水生生物产生一定的影响。根据农业农村部渔业渔政管理局关于石槽沟水库枢纽工程对阜平中华鳖国家级水产种质资源保护区影响专题论证报告意见的复函（农渔资环便〔2019〕98 号），原则同意专题报告的主要结论及渔业资源保护和补偿措施。

7.6.2.2　防洪排涝规划对环境敏感区的影响

防洪工程包括水库工程、骨干河道治理工程、重要支流治理工程和中小河流治理工程，经叠图可知，张坊水库涉及拒马河市级野生动物自然保护区、北京十渡国家地质公园、房山世界地质公园、十渡风景名胜区。

河道治理工程中有 4 处骨干河道治理工程穿越南水北调中线水源保护区，1 处北大港湿地自然保护区实验区，3 处重要支流治理规划穿越南水北调中线水源保护区，1 处穿越沙河地下水水源地。

防洪排涝规划与环境敏感区位置关系见表 7-6-3。

表 7-6-3 防洪排涝规划与环境敏感区位置关系

规划	河流	工程内容	与环境敏感区位置关系
骨干河道治理规划	北拒马河	堵闭北拒马河中支,利用北支和南支行洪;堤防加高加固、堤顶硬化、险工治理、穿堤建筑物改建、河道疏挖、生态护坡等	穿越南水北调中线水源保护区
	南拒马河	堤防加高加固、堤顶硬化、险工治理、穿堤建筑物改建、河道深槽疏挖、生态护坡	穿越南水北调中线水源保护区
	唐河	西大洋水库至京广铁路桥段按治导线整治,对过水能力不足的河段,适当挖深河槽;铁路桥至温仁段筑堤;温仁至入淀口段复堤,对河道两岸险工进行治理,并对建筑物进行除险加固;为便于防汛交通,右堤堤顶硬化	穿越南水北调中线水源保护区
	清水河	堤防加高加固、险工治理、堤顶硬化、河道清淤扩挖、穿堤建筑物改建及生态护坡等,并增设清水河入唐河口改道工程	穿越南水北调中线水源保护区
	独流减河	大港分洪道予以保留	涉及北大港湿地自然保护区实验区
重要支流治理规划	中易水	挖槽筑沙堤,堤距 200 m 左右,新建排水涵洞	穿越南水北调中线水源保护区
	北易水	在主河槽两岸滩地筑沙堤,结合取土修整主河道,堤距一般为 200~250 m,建排水涵洞	穿越南水北调中线水源保护区
	沙河	铁路以西划定治导线,采取固定河槽、清障、成滩固险等措施;铁路以东在划定治导线的同时,两岸筑堤加固	穿越南水北调中线水源保护区、沙河地下水水源地

张坊水库坝址位于拒马河水生野生动物自然保护区的缓冲区,水库库区会涉及核心区,不符合《中华人民共和国自然保护区条例》中规定的"在自然保护区的核心区和缓冲区内,不得建设任何生产设施",具有环境制约性。同时,张坊水库涉及北京十渡国家地质公园、房山世界地质公园、十渡风景名胜区,与《风景名胜区条例》中规定的"风景名胜区内的建设项目应当符合风景名胜区规划,并与景观相协调,不得破坏景观、污染环境、妨碍游览"、《地质遗迹保护管理规定》规定的"不得在保护区内修建与地质遗迹保护无关的厂房或其他建筑设施"冲突。

南水北调中线一期工程总干渠河北段担负着向北京、天津及河北省中南部地区城镇生活供水的重要任务,是京津冀重要的饮用水水源,总干渠饮用水一级水源保护区面积 112 km^2,二级水源保护区面积 110 km^2。总干渠均采用倒虹吸方式穿越北拒马河、南拒马河、唐河、清水河、独流减河、中易水、北易水、沙河等河道,封闭渠道长度为 0.4~2 km,防洪工程具有不连续、分散的特点,占地面积小,施工方式简单,工程占地主要在河流两岸。

这 8 处防洪工程均以跨越的方式穿越南水北调中线总干渠，施工范围控制在现有堤防河宽范围内，不与总干渠水面直接接触，因此防洪工程对饮用水水源保护区影响不大。考虑到饮用水水源保护区的敏感性及法律约束，应妥善处理规划防洪工程与饮用水水源保护区的关系，在规划实施阶段应按照有关法律法规要求征求主管部门的意见。

独流减河涉及团泊洼鸟类自然保护区实验区和北大港湿地自然保护区实验区，本次防洪规划对大港分洪道予以保留，不实施建设内容，因此不会对保护区产生影响。

7.6.2.3　水生态保护与修复规划对环境敏感区的影响

水生生态修复措施包括临河垃圾清理、河道治理（含清淤、生态护岸、主槽整治、河道防护林）、水系连通工程、防护林带等，与环境敏感区位置关系见表 7-6-4。

表 7-6-4　水生态保护与修复规划与环境敏感区位置关系

规划	河流	工程内容	与环境敏感区位置关系
水生态修复措施	拒马河	建设增殖放流项目、保护区设置边界牌、设置管理机构	位于拒马河市级野生动物自然保护区、北京十渡国家地质公园、房山世界地质公园、龙山森林公园、十渡风景名胜区
	北拒马河	治理废弃砂石场 1.4 万亩、防护林带 1.0 万亩	穿越南水北调中线水源保护区
	南拒马河	治理废弃砂石场 0.6 万亩、防护林带 0.5 万亩、森林公园	穿越南水北调中线水源保护区
	瀑河	临河垃圾清理、河道治理	穿越南水北调中线水源保护区
	漕河	临河垃圾清理、河道治理	穿越南水北调中线水源保护区
	唐河	临河垃圾清理、河道治理	穿越南水北调中线水源保护区
	白洋淀	沙洲与岛屿生境建设、淀区生物多样性恢复措施；环淀林带及新城北部林带建设、生态搬迁工程	位于白洋淀湿地省级自然保护区、白洋淀风景名胜区、白洋淀水产种质资源保护区
	独流减河	建设景观林带、宽河槽生态湿地	团泊洼鸟类湿地自然保护区、北大港湿地自然保护区
	团泊洼	生态补水、退化湿地修复、植被封育、绿化改造、护林保湿工程、科研及监测能力提升工程等	团泊洼鸟类湿地自然保护区
	北大港	生态补水、科研及监测能力提升工程、水质净化、水系连通工程、李二湾入海口治理等	北大港湿地自然保护区

续表 7-6-4

规划	河流	工程内容	与环境敏感区位置关系
水系连通工程	保定市区大水系与漕河连通工程		一亩泉地下水饮用水水源保护区
	南拒马河与萍河连通工程		穿越南水北调中线水源保护区
	安格庄水库与瀑河水库连通工程		穿越南水北调中线水源保护区
其他工程	生态涵养林 2 万亩、封育治理 19.05 万亩		恒山国家森林公园
	水土保持:封育管护面积 7 987.81 km^2;治理水土流失面积 4 044.11 km^2		可能涉及上游山区各类环境敏感区

拒马河水生态保护内容主要为建设增殖放流项目、保护区设置边界牌、设置管理机构等,其中边界牌沿保护区边界设置,施工期间严格控制施工范围,禁止人员、车辆等活动进入保护区内,对保护区的影响较小。增殖放流站初步选址位于北京市房山区,通过增殖放流,可以实现逐步恢复流域鱼类多样性;利用部分鱼类的生物学特点,维持和改善流域水体环境;对一些资源性鱼类种群进行补充,促进流域鱼类资源的恢复。

生态保护与修复规划中涉及白洋淀湿地省级自然保护区、白洋淀风景名胜区、白洋淀水产种质资源保护区的项目主要为沙洲与岛屿生境建设、淀区生物多样性恢复措施、环淀林带及新城北部林带建设、生态搬迁工程,对白洋淀的影响主要集中在施工期内,以短时、局部的人为扰动为主,随着施工的结束而消失;运行期间工程效益逐步发挥,进一步修复生物栖息生境、恢复生态系统多样性和稳定性。

生态保护与修复规划中涉及团泊洼鸟类湿地自然保护区的项目主要为独流减河建设景观林带、宽河槽生态湿地,团泊洼生态补水、退化湿地修复、植被封育、绿化改造、护林保湿工程、科研及监测能力提升工程等,不利影响主要集中在施工期。考虑到以上工程施工建设合理避让鸟类迁徙的主要季节,因此施工期间人为扰动对团泊洼鸟类湿地自然保护区影响较小;运行期间工程效益逐步发挥,充分利用黑龙港河及各干支渠沥水补充团泊洼生态需水,植被封育、护林保湿、绿化改造湿地生态系统进一步改善了团泊洼湿地生态环境,同时为鸟类提供适宜的栖息环境,对保护鸟类多样性、保障候鸟季节性迁徙产生一定的积极影响。

生态保护与修复规划中涉及北大港湿地自然保护区的项目主要为生态补水、科研及监测能力提升工程、水质净化、水系连通工程、李二湾入海口治理等,不利影响主要集中在施工期,以短时、局部的人为扰动为主,随着施工的结束而消失;运行期间工程效益逐步发挥,近期利用独流减河、周边城镇再生水,远期结合南水北调东线等外调水,保障北大港湿地生态环境用水,结合北大港水库压咸需求进一步净化和改善水质,保护北大港湿地生态系统。

水生态修复措施的实施,一方面清除了河道沿岸垃圾,治理了河道内的废弃砂石场,减少了周边污染源;另一方面防护林建设、绿化改造、生态湿地建设,特别是对白洋淀、团泊洼和北大港三处自然保护区采取生态补水、退化湿地修复等措施，将有效改善河道内外生态环境；同时水土保持工程的实施，有利于提高大清河流域的水源涵养能力，提高植被覆盖度，减缓和有效控制水土流失，整体上，对流域的生态环境是有利的。局部的工程可能会对各自然保护地产生短暂的不利影响，但是可以通过一些措施得以减缓。

各水系连通工程只有大致的位置，鉴于饮用水水源保护区的敏感性，建议在下一步的规划实施过程中，保定市区大水系与漕河连通工程、南拒马河与萍河连通工程、安格庄水库与瀑河水库连通工程避开饮用水水源保护区，以最大限度地避免对饮用水水源保护区的影响。

7.6.2.4　航运规划对环境敏感区的影响

航运规划中南运河涉及中国大运河世界遗产，本次规划是《大运河河道水系治理管护规划》《河北省大运河文化保护传承利用规划》《河北省大运河通水通航实施意见》，并考虑未来水源条件，对旅游航线和保留航运功能的航线提出航道规划。根据《大运河遗产保护与管理总体规划(2012—2030)》和《中国大运河遗产管理规划》，“在大运河的遗产区内，除文物保护、防洪除涝、船闸及航运规划与维护、水工设施保护和维护、输水河道工程、港口整治与建设、跨河桥梁工程等工程外，不得进行其他建设工程或者爆破、钻探、挖掘等作业”。本次南运河航道规划符合总体规划，运行过程中存在船舶如发生碰撞、搁浅、倾覆等安全事故引发的漏油等环境风险，造成次生生态破坏和环境污染，一方面应妥善收集处置各类污废水，依托岸上污水处理设施处理，禁止直接排入南运河；另一方面应严格落实通航安全的相关规定，加强管理，减少船舶碰撞等安全事故发生。加强项目应急能力建设，配备必要的溢油应急物资和装备。按照《企业事业单位突发环境事件应急预案备案管理办法(试行)》(环发〔2015〕4 号)要求，制定和完善项目突发环境事件应急预案，相关风险防范要求和应急措施应纳入预案，做好与地方政府及其相关部门、海事等相关应急预案的衔接和联动，并按相关规定报送有关部门备案。严格落实备案后的应急预案，按规定开展必要的培训、宣传和演练，适时进行修订与完善。一旦发生溢油等事故，应立即启动相关预案，妥善应对。

7.6.3　规划对国家重要功能区的影响(生态红线)

7.6.3.1　国家各类重要功能区的保护要求

根据国家级区域相关规划，大清河流域大部分位于太行山区水源涵养与土壤保持功能区、海河平原农产品提供功能区、京津冀大都市群，生物多样性保护优先区域(太行山)、重要水功能区、水土保持重点治理区等。国家在相关规划区划中明确提出了严格的保护要求，如表 7-6-5 所示。

7.6.3.2　规划对国家重要生态功能区的影响

根据全国生态功能区规划，大清河流域内涉及“太行山区水源涵养与土壤保持重要区”的门头沟、房山区、易县、涞源县、满城县、顺平县、曲阳县、阜平县、蔚县、涿鹿县、行唐县、灵寿县、灵丘县、浑源县、广灵县、繁峙县等，综合规划中的防洪除涝规划、水生态保护与修复规划会对国家重要生态功能区产生影响。

表 7-6-5 流域内国家各类重要功能区基本情况

功能区		管控原则或保护要求
全国生态功能区划(修编版)	Ⅰ-01-07 太行山区水源涵养与土壤保持重要区	加大退化生态系统恢复与重建的力度;有效实施坡耕地退耕还林还草措施; 加强自然资源开发监管,严格控制和合理规划开山采石,控制矿产资源开发对生态的影响和破坏; 发展生态林果业、旅游业及相关特色产业
中国生物多样性保护纲要	太行山生物多样性保护优先区域	加强该地区生态系统的修复,以建立自然保护区为主,重点加强对黄土高原地区次生林、吕梁山区、燕山-太行山地的典型温带森林生态系统、黄河中游湿地、滨海湿地和华中平原区湖泊湿地的保护,加强对褐马鸡等特有雉类、鹤类、雁鸭类、鹳类及其栖息地的保护。建立保护区之间的生物廊道,恢复优先区内已退化的环境。加强区域内特大城市周围湿地的恢复与保护
全国水土保持规划(2015—2030年)	北方土石山区	提高太行山山地丘陵区森林水源涵养能力,加强京津风沙源区综合治理,改造坡耕地,发展特色产业,巩固退耕还林还草成果

1. 水资源利用规划对国家重要生态功能区的影响

水资源利用规划中,磁左灌区、革命大渠灌区等中型灌区节水改造,以及石槽沟水库及河北镇集中供水水厂均位于太行山区水源涵养与土壤保持重要区。

中型灌区续建配套及节水改造工程主要在现有灌区范围内实施,主要针对现有干支渠、建筑物及田间工程进行作业,由于灌区面积相对较小,土地利用性质未变化,而节水改造工程的实施,提高了灌溉水利用系数,有利于该区域水源涵养功能的发挥。

石槽沟水库建设将形成一定规模的淹没区,土地利用性质由原来的林地变为水库水面,改变了土地利用性质,对于水源涵养与土壤保持有一定的影响。集中供水水厂为点状工程,且位于集镇范围内,对区域水源涵养与土壤保持功能影响较小。

水资源利用规划与国家重要生态功能区的位置关系见表 7-6-6。

表 7-6-6 水资源利用规划与国家重要生态功能区的位置关系

工程类别	河流/水库	治理措施	与生态功能区的位置关系
灌区节水改造	磁左灌区	续建配套及节水改造:干支渠防渗、建筑物、田间工程	位于重要生态功能区之内
	革命大渠灌区	续建配套及节水改造:干支渠防渗、建筑物、田间工程	位于重要生态功能区之内
供水工程	石槽沟水库	新建供水水库	位于重要生态功能区之内
	河北镇集中供水厂	新建供水厂	位于重要生态功能区之内

2. 防洪排涝规划对国家重要生态功能区的影响

防洪工程中,涉及国家重要生态功能区的干流防洪工程有 8 处,其中 5 处为水库除险加固工程,另外 3 处为河道治理规划工程,长度约 31 km。

水库除险加固工程均在水库现有管理范围内实施,不改变现有土地利用方式,对生态环境及珍稀植物的影响很小。河道治理工程分布于环淀河流两岸,工程具有不连续、分散的特点,占地面积小,施工方式简单,防洪工程对土地利用方式、生态环境及珍稀植物的影响很小,施工期间,会对生态环境产生不利影响,但影响较小,不会影响生态功能的发挥,规划实施后防洪工程在保障生态安全方面发挥着积极的作用,有利于促进生态系统的正常演替。

防洪工程与国家重要生态功能区的位置关系见表 7-6-7。

表 7-6-7　防洪工程与国家重要生态功能区的位置关系

工程类别	河流/水库	治理措施	与生态功能区的位置关系
水库除险加固	安格庄水库	溢洪道、坝体加固	位于重要生态功能区之内
	旺隆水库	输水洞加固,更换启闭设施,溢洪道加固,大坝防渗	位于重要生态功能区之内
	旦里水库	坝体加固、防渗处理,完善管理监测设施	位于重要生态功能区之内
	崇青水库	主副坝加固,新建排水设施;输水洞改造加固;溢洪道修缮;完善监测管理系统	位于重要生态功能区之内
	天开水库	将主坝输水洞进水闸进行改造;对崇青水库溢洪道水闸进行改造;疏通溢洪道;完善管理监测设施	位于重要生态功能区之内
骨干河道治理工程	清水河	堤防加高加固、险工治理、堤顶硬化、河道清淤扩挖、穿堤建筑物改建及生态护坡等,并增设清水河入唐河口改道	约 24 km 位于重要生态功能区之内
重要支流治理工程	中易水	挖槽筑沙堤,堤距 200 m 左右,新建排水涵洞	约 10 km 位于重要生态功能区之内
	北易水	在主河槽两岸滩地筑沙堤,结合取土修整主河道,堤距一般为 200 ~ 250 m,建排水涵洞	约 7 km 位于重要生态功能区之内

3. 水资源保护规划及水生态修复规划对国家重要生态功能区的影响

水资源保护规划提出了以下措施:一是对排污口进行整治,设置尾水生态湿地处理、达标排放及升级改造项目;二是对地表水、地下水水源地实施保护工程,如设置警示牌、保护标语,修建围栏,周边污染源治理等;三是对上游山区泉域开展雨污分流、建设人工湿地、生态种植等活动。水生态保护措施提出了以下措施:一是在上游山区建设生态涵养林,对天然植被实施封育治理,同时在拒马河河道建设防护林带,开展增殖放流等项目;二是对入淀河流进行沙化河道治理、河道防护林建设、河道整治及生态修复,同时建设南拒马森林公园,对因人类不合理活动造成的受损河道进行综合治理。以上措施的落实可以提高大清河上游水源涵养能力,对国家重要生态功能区具有积极作用。

水土保持规划提出了耕坡地治理、林草种植、生态修复等治理措施。其中水土保持类型中的“太行山西北部山地涵养区”位于“太行山区水源涵养与土壤保持重要区”,水土保持类型中的“太行山东部山地丘陵水源涵养区保土区”部分区域位于“太行山区水源涵养与土壤保持重要区”。本次水土保持规划,对河流源头区、重要水源区、河流两岸及湖泊和水库周边区域等区域实施保护管理、封育、局部治理等措施;对山区、丘陵区、风沙区及平原河渠岸坡水土流失集中分布区域实施小流域综合治理措施、坡耕地治理和侵蚀沟道治理及林草措施,水土保持规划实施后,流域内未利用地面积减少,但对土地利用影响较小,也不会影响景观格局。规划阶段水土保持工程的具体位置尚未确定。建议在规划实施阶段避开珍稀植物分布区域,以避免对珍稀植物的影响。水土保持工程的实施,会使得植被覆盖率增加。总体上,水土保持规划对国家重要生态功能区的影响较小,规划实施后,水保林、人工种草及生态修复面积增加,有利于水源涵养功能的发挥。但其中“太行山西北部山地涵养区”位于大清河源区,该区域分布有黑鹳省级自然保护区,生态环境敏感,规划提出的本区域水土保持以自然修复为主,符合该区域的保护要求;局部治理措施如小流域综合治理等,环评认为,应该加强论证源区水土保持措施的可行性。

7.6.3.3　规划对生物多样性区域的影响

根据《中国生物多样性保护战略与行动计划》,流域内涉及太行山生物多样性保护优先区域,综合规划中的防洪排涝规划、水生态保护与修复规划对生物多样性区域产生影响,规划工程措施与生物多样性区的位置关系见表 7-6-8。

表 7-6-8　规划工程措施与生物多样性区的位置关系

工程类别	河流/水库	治理措施	与生物多样性区的位置关系
水资源利用工程	华山灌区	续建配套及节水改造:干支渠防渗、建筑物、田间工程	位于生物多样性区之内
	大东河灌区	续建配套及节水改造:干支渠防渗、建筑物、田间工程	位于生物多样性区之内
	北跃灌区	续建配套及节水改造:干支渠防渗、建筑物、田间工程	位于生物多样性区之内
	固城灌区	续建配套及节水改造:干支渠防渗、建筑物、田间工程	位于生物多样性区之内
	南山区有机农业自动化高效节水工程	续建配套及节水改造:干支渠防渗、建筑物、田间工程	位于生物多样性区之内
	灵丘县污水厂提标改造	污水厂提标改造	位于生物多样性区之内
	河北镇集中供水厂	新建供水厂	位于生物多样性区之内
	丁家洼水厂	新建供水厂	位于生物多样性区之内

续表 7-6-8

工程类别	河流/水库	治理措施	与生物多样性区的位置关系
防洪排涝规划	安格庄水库	溢洪道、坝体加固	位于生物多样性区之内
	旺隆水库	输水洞加固,更换启闭设施,溢洪道加固,大坝防渗	位于生物多样性区之内
	中易水	挖槽筑沙堤,堤距 200 m 左右,新建排水涵洞	约 12 km 位于生物多样性区之内
	北易水	在主河槽两岸滩地筑沙堤,结合取土修整主河道,堤距一般为 200~250 m,建排水涵洞	约 15 km 位于生物多样性区之内
水资源与水生态保护规划	水资源保护	一是对排污口进行整治,设置尾水生态湿地处理、达标排放及升级改造;二是对地表水、地下水水源地实施保护工程,如设置警示牌、保护标语,修建围栏,周边污染源治理等;三是对上游山区泉域开展雨污分流、建设人工湿地、生态种植等措施	位于生物多样性区之内
	水生态修复	一是在上游山区建设生态涵养林,对天然植被实施封育治理,同时在拒马河河道建设防护林带,开展增殖放流等项目;二是对入淀河流进行沙化河道治理、河道防护林建设、河道整治及生态修复,同时建设南拒马森林公园	
	水土保持	对河流源头区、重要水源区、河流两岸及湖泊和水库周边区域等区域实施保护管理、封育、局部治理等	

中型灌区续建配套及节水改造工程主要在现有灌区范围内实施,主要针对现有干支渠、建筑物及田间工程进行作业,不改变现有土地利用方式;污水厂提标改造可改善出厂水质,对于改善河流水质有积极作用;水库除险加固工程均在水库现有管理范围内实施,不改变现有土地利用方式;河道治理工程分布于环淀河流两岸,工程具有不连续、分散的特点,占地面积小,施工方式简单,防洪工程对土地利用方式、生态环境及珍稀植物的影响很小。水生态保护与修复规划在保障生态安全方面发挥着积极的作用,有利于促进生态系统的正常演替。

7.6.4　规划对生态保护红线的影响

7.6.4.1　水资源利用规划对生态保护红线的影响

水资源利用规划包括水资源配置、节水规划、地下水压采工程等内容,经叠图可知,府河输水线路、扩建保沧干渠、中管头分水口—沙河干渠线路、雄安干渠及石槽沟水库涉及生态保护红线。

其中,府河输水线路、扩建保沧干渠、中管头分水口—沙河干渠线路、雄安干渠涉及南水北调中线水源保护区和河湖滨岸带敏感生态保护红线,考虑为供水工程,符合生态保护红线管控要求。

石槽沟水库龙王庄壅水坝位于河湖滨岸带敏感生态保护红线,工程施工期及运行后对保护区水生生物产生一定的影响。根据农业农村部渔业渔政管理局关于石槽沟水库枢纽工程对阜平中华鳖国家级水产种质资源保护区影响专题论证报告意见的复函(农渔资环便〔2019〕98 号),原则同意专题报告的主要结论及渔业资源保护和补偿措施。

赵王新河、大清河、子牙河、海河干流、南运河航道均涉及河湖滨岸带敏感生态保护红线,根据中共中央办公厅、国务院办公厅印发的《关于在国土空间规划中统筹划定落实三条控制线的指导意见》,"生态保护红线内,自然保护地核心保护区原则上禁止人为活动,其他区域严格禁止开发性、生产性建设活动,在符合现行法律法规的前提下,除国家重大战略项目外,仅允许对生态功能不造成破坏的有限人为活动,主要包括:……不破坏生态功能的适度参观旅游和相关的必要公共设施建设……"。因此,航运规划是符合"三条控制线"相关要求的。运行过程中落实水污染防治措施及相关环境风险应急预案后,对生态保护红线的影响较小。水资源利用规划与生态保护红线的位置关系见表 7-6-9。

表 7-6-9　水资源利用规划与生态保护红线的位置关系

工程类别	河流/水库	治理措施	与生态保护红线的位置关系
供水工程	石槽沟水库	新建供水水库	涉及河湖滨岸带敏感生态保护红线
	雄安干渠	自总干渠郑家佐口门以北引水向新区专供水的雄安干渠,输水线路全长约 55 km,设计流量 15~20 m^3/s,与天津干线形成雄安新区双线骨干供水格局	穿越河湖滨岸带敏感生态保护红线、涉及南水北调生态保护红线
	府河输水线路	自中线总干渠蒲阳河退水闸取水,设计退水流量为 67.5 m^3/s,新建输水管道长 3.22 km,将水引入唐河总干渠,经保定大水系输水入白洋淀,线路全长约 50 km,设计输水流量为 10 m^3/s	穿越河湖滨岸带敏感生态保护红线、涉及南水北调生态保护红线
	扩建保沧干渠	利用中管头分水口门,扩建保沧干渠或建设输水管道扩大南水北调中线一期工程供水规模,满足新区南部供水要求	穿越河湖滨岸带敏感生态保护红线、涉及南水北调生态保护红线
	中管头分水口—沙河干渠线路	中管头分水口—沙河干渠—月明河—孝义河汇入白洋淀等连通工程	穿越河湖滨岸带敏感生态保护红线、涉及南水北调生态保护红线

7.6.4.2　防洪排涝规划对生态保护红线的影响

防洪工程包括水库工程、骨干河道治理工程、重要支流治理工程和中小河流治理工程,经叠图可知,张坊水库涉及京西南水土保持与水土流失防治生态保护红线、重要河湖湿地生态保护红线;二道河水库涉及京西南水土保持与水土流失防治生态保护红线;土门水库涉及河湖滨岸带敏感生态保护红线。除小清河、孝义河外，其他河道治理工程均涉及河湖滨岸带敏感生态保护红线，穿越南水北调生态保护红线 9 处，分别为白沟河、南拒马河、北拒马河、潴龙河、唐河、清水河、中易水、北易水、沙河等河道治理工程。

张坊水库涉及重要河湖湿地生态保护红线中的拒马河水生野生动物市级自然保护区、拒马河风景名胜区的一级保护区(核心景区)，应按照现有法律法规进行管理，水库库区涉及核心区，不符合《中华人民共和国自然保护区条例》中规定的“在自然保护区的核心区和缓冲区内，不得建设任何生产设施”，具有环境制约性。同时，张坊水库涉及北京十渡国家地质公园、房山世界地质公园、十渡风景名胜区，与《风景名胜区条例》中规定的“风景名胜区内的建设项目应当符合风景名胜区规划，并与景观相协调，不得破坏景观、污染环境、妨碍游览”、《地质遗迹保护管理规定》规定的“不得在保护区内修建与地质遗迹保护无关的厂房或其他建筑设施”冲突。

大清河淀西平原区现状防洪标准不足 10 年一遇，清南平原区、清北平原区现状防洪标准为 20~50 年一遇，大清河下游天津市及周边地区防洪标准大于 50 年一遇。雄安新区起步区现状防洪标准约 20 年一遇，流域防洪形势仍十分严峻。规划工程二道河水库、土门水库、河道治理工程等均在现状河道内开展，选址具有唯一性，无法避让生态保护红线，同时均属于不损害主体功能的基础设施建设工程，是《海河流域综合规划》《大清河流域防洪规划》等确定的防洪工程。规划内容实施后，防洪保护对象全面达到规划防洪标准，建成完善的现代化防洪排涝减灾体系，有效保障流域防洪安全。

防洪排涝规划与生态保护红线的位置关系见表 7-6-10。

表 7-6-10　防洪排涝规划与生态保护红线的位置关系

名称	河流	工程内容/治理内容	与生态保护红线的位置关系
水库工程		张坊水库：防洪与供水，并兼顾灌溉发电	涉及京西南水土保持与水土流失防治生态保护红线、重要河湖湿地生态保护红线
		二道河水库：以防洪为主，兼顾其他功能	涉及京西南水土保持与水土流失防治生态保护红线
		土门水库：防洪、灌溉、城市供水及发电	涉及河湖滨岸带敏感生态保护红线
骨干河道治理规划	白沟河	堤防加固、堤顶硬化、穿堤建筑物改建、生态护坡等	全线涉及河湖滨岸带敏感生态保护红线
	南拒马河	堤防加高加固、堤顶硬化、险工治理、穿堤建筑物改建、河道深槽疏挖、生态护坡	全线涉及河湖滨岸带敏感生态保护红线、穿越南水北调生态保护红线
	北拒马河	堵闭北拒马河中支，堤防加高加固、堤顶硬化、险工治理、穿堤建筑物改建、河道疏挖、生态护坡	全线涉及河湖滨岸带敏感生态保护红线、穿越南水北调生态保护红线
	潴龙河(陈村分洪道)	左右堤全线复堤，除险加固；加高加固陈村分洪道左右堤堤防；在陈村建分洪枢纽工程；河道卡口段及入淀口清淤；对潴龙河右堤修筑堤顶路面	全线涉及河湖滨岸带敏感生态保护红线、穿越南水北调生态保护红线

续表 7-6-10

名称	河流	工程内容/治理内容	与生态保护红线的位置关系
骨干河道治理规划	唐河	西大洋水库至京广铁路桥段按治导线整治，适当挖深河槽；铁路桥至温仁段按行洪 1 190 m^3/s 筑堤；温仁至入淀口段按 1 190～3 500 m^3/s 复堤，对河道两岸险工进行治理，并对建筑物进行除险加固；为便于防汛交通，右堤堤顶硬化	全线涉及河湖滨岸带敏感生态保护红线、穿越南水北调生态保护红线
	清水河	堤防加高加固、险工治理、堤顶硬化、河道清淤扩挖、穿堤建筑物改建及生态护坡等，并增设清水河入唐河口改道工程	涉及河湖滨岸带敏感生态保护红线长度 50.5 km、穿越南水北调生态保护红线
	新盖房分洪道	堤防加高加固、堤顶硬化、险工治理、穿堤建筑物改建、生态护坡等	涉及河湖滨岸带敏感生态保护红线
	赵王新河	堤防加高加固、堤顶硬化、穿堤建筑物改建、生态防护及河道清淤扩挖	全线涉及河湖滨岸带敏感生态保护红线
	独流减河及大港分洪道	大港分洪道予以保留	涉及独流减河滨岸带生态保护红线
重要支流治理规划	中易水	挖槽筑沙堤，堤距 200 m 左右，新建排水涵洞	全线涉及河湖滨岸带敏感生态保护红线、穿越南水北调生态保护红线
	北易水	在主河槽两岸滩地筑沙堤，结合取土修整主河道，堤距一般为 200～250 m，建排水涵洞	穿越南水北调生态保护红线
	小清河	河道深槽扩挖、堤防加高加固、穿堤建筑物工程和堤顶硬化工程	—
	沙河	铁路以西划定治导线，采用固定河槽、清障、成滩固险等措施；铁路以东在划定治导线的同时，两岸筑堤加固	全线涉及河湖滨岸带敏感生态保护红线、穿越南水北调生态保护红线
	瀑河	堤防加高加固、堤顶硬化、险工治理、疏浚拓宽河槽、生态护坡等；瀑河左堤新区边界处结合寨里西堤修建一处退水工程	全线涉及河湖滨岸带敏感生态保护红线
	孝义河	河段清淤、堤防加高加固及新建、堤顶硬化、生态护坡等	—
	府河	河段清淤扩挖、堤防加高加固及新建、堤顶硬化、生态护坡等	涉及河湖滨岸带敏感生态保护红线长度 6.9 km
	漕河	河段清淤扩挖、堤防加高加固及新建、堤顶硬化、生态护坡等	全线涉及河湖滨岸带敏感生态保护红线

7.6.4.3　水生态保护与修复规划对生态保护红线的影响

水生态修复措施包括临河垃圾清理、河道治理(含清淤、生态护岸、主槽整治、河道防护林)、水系连通工程、防护林带等。

水生态保护与修复规划对流域的生态环境是有利的,局部的工程可能会对各自然保护地产生短暂的不利影响,但是可以通过一些措施得以减缓。规划工程均在现状河道内开展,选址具有唯一性,无法避让生态保护红线,均属于生态保护修复工程,满足生态保护红线管理要求。

水生态保护与修复规划与生态保护红线的位置关系见表 7-6-11。

表 7-6-11　水生态保护与修复规划与生态保护红线的位置关系

规划	河流	工程内容	与生态保护红线的位置关系
水生态修复措施	唐河	唐河湿地 2 处(踏涧河入河口—张旺沟段、王庄堡—汤头段)	涉及河湖滨岸带敏感生态保护红线、南水北调生态保护红线
	北拒马河	治理废弃砂石场 1.4 万亩、防护林带 1.0 万亩	涉及河湖滨岸带敏感生态保护红线、南水北调生态保护红线
	拒马河	建设增殖放流项目;保护区设置边界牌+管理机构	涉及河湖滨岸带敏感生态保护红线、南水北调生态保护红线
	南拒马河	治理废弃砂石场 0.6 万亩、防护林带 0.5 万亩;建设森林公园	涉及河湖滨岸带敏感生态保护红线、南水北调生态保护红线
	白沟河	治理废弃砂石场 0.2 万亩、防护林带 0.2 万亩	涉及河湖滨岸带敏感生态保护红线
	白沟引河	临河垃圾清理、河道治理(含清淤、生态护岸、主槽整治、河道防护林)	涉及河湖滨岸带敏感生态保护红线
	瀑河	临河垃圾清理、河道治理(含清淤、河道防护林、河口湿地)	涉及河湖滨岸带敏感生态保护红线、南水北调生态保护红线
	漕河	临河垃圾清理、河道治理(含清淤、生态护岸、主槽整治、河道防护林)	涉及河湖滨岸带敏感生态保护红线、南水北调生态保护红线
	府河	临河垃圾清理、河道治理(含清淤、生态护岸、主槽整治、河道防护林、河口湿地)	涉及河湖滨岸带敏感生态保护红线长度 6.9 km
	唐河	临河垃圾清理、河道治理(含清淤、生态护岸、主槽整治、河道防护林)	涉及河湖滨岸带敏感生态保护红线、南水北调生态保护红线
	孝义河	临河垃圾清理、河道治理(含清淤、生态护岸、主槽整治、河道防护林、河口湿地)	—
	潴龙河	临河垃圾清理、河道治理(含清淤、生态护岸、主槽整治、河道防护林)	涉及河湖滨岸带敏感生态保护红线、南水北调生态保护红线

续表 7-6-11

规划	河流	工程内容	与生态保护红线的位置关系
水生态修复措施	白洋淀	沙洲与岛屿生境建设、淀区生物多样性恢复措施；环淀林带及新城北部林带建设、生态搬迁工程	涉及河湖滨岸带敏感生态保护红线
	大清河故道	建设森林公园、防护林、河道生态净化湿地	涉及河湖滨岸带敏感生态保护红线
	赵王新河	建设赵王新河森林公园、扩挖清淤、防护林带	涉及河湖滨岸带敏感生态保护红线
	独流减河	建设景观林带、宽河槽生态湿地	涉及独流减河河滨岸带生态保护红线
	北大港湿地	生态补水、科研及监测能力提升工程、水质净化、水系连通工程、李二湾入海口治理等	涉及独流减河河滨岸带生态保护红线
	团泊洼湿地	生态补水、退化湿地修复、植被封育、绿化改造、护林保湿工程、科研及监测能力提升工程等	涉及独流减河河滨岸带生态保护红线
	萍河	临河垃圾清理、河道治理（含生态护岸、主槽整治、河道防护林）	—
	中易水	治理废弃砂石场 0.2 万亩、防护林带 0.3 万亩	涉及独流减河河滨岸带生态保护红线
水系连通工程	安格庄水库与龙门水库连通工程		涉及水源涵养生态保护红线
	安格庄水库与爆河水库连通工程		涉及南水北调生态保护红线
	保定市区大水系与漕河连通工程		涉及河湖滨岸带敏感生态保护红线
	爆河与萍河连通工程		涉及河湖滨岸带敏感生态保护红线
	漕河与爆河连通工程		涉及河湖滨岸带敏感生态保护红线
	漕河与黑水沟连通工程		涉及河湖滨岸带敏感生态保护红线
	南拒马河与萍河连通工程		涉及河湖滨岸带敏感生态保护红线
	沙河干渠与孝义河连通工程		涉及河湖滨岸带敏感生态保护红线
	潴龙河与小白河连通工程		涉及河湖滨岸带敏感生态保护红线
	沙河干渠与潴龙河连通工程		涉及河湖滨岸带敏感生态保护红线

续表 7-6-11

规划	河流	工程内容	与生态保护红线的位置关系
其他工程	生态涵养林 2 万亩、封育治理 19.05 万亩		涉及水源涵养、水土保持生态保护红线
	水土保持:封育管护面积 7 987.81 km^2;治理水土流失面积 4 044.11 km^2		涉及水源涵养、水土保持生态保护红线

7.7　环境风险预测与评价

由规划分析、环境现状、影响预测等章节可知,大清河流域综合规划实施后带来的环境风险主要包括两方面:一方面是水资源配置对河流生态带来的风险,另一方面是供水工程实施对中下游生态和水环境带来的风险。

7.7.1　生物入侵风险预测与评价

大清河流域人均水资源量 132 m^3,亩均水资源量 195 m^3,仅为全国平均水平的 6%和 12%,属于典型的资源型缺水地区。受气候及下垫面变化影响,近年来流域水资源呈衰减趋势,导致资源型缺水问题越发严重,而雄安新区建设对水资源保障提出了新的要求。大清河流域年平均供水量 64.19 亿 m^3(1980—2018 年),扣除深层承压水开采量、非常规水供水量及外流域调入水量,水资源总体开发利用程度为 113%,远远超过国际公认的 40%的水资源开发生态警戒线。为缓解流域缺水现状,规划引黄入冀补淀工程、南水北调中线一期和南水北调后续工程等跨流域调水工程,因此在调水过程中有可能存在外来生物物种入侵风险。

在长距离调水工程建设和运行中,可采取必要的工程措施与非工程措施防范生物入侵风险。调水工程建成运行后,在取水口设置拦鱼及生物入侵防控措施;各流域实施水生生境流通性修复、鱼类增殖放流、重要鱼类和保护鸟类生境修复,保护并维持本区域的生物多样性;加强流域水域水生态跟踪监测和研究,不断优化调水工程调度运行和生态保护措施;必要时,开展水生态保护措施专项设计、水生态系统修复专项工程等。

7.7.2　水环境风险预测与评价

随着社会经济的进一步发展,该区域水资源利用程度的提高,多条入淀河道存在断流的情况,河段水环境压力较大;流域内社会经济发展水平较高、人口相对密集,水库供水压力和水环境重要性不言而喻;同时,流域内尚有部分航运线路以及南水北调等长距离调水线路,也存在一定的水环境风险。本次规划期内各项水资源保护、水环境修复各项措施的实施,在一定程度上缓解了区域的水环境压力,但水环境风险,尤其是具备供水任务的水库枢纽、航运线路以及长距离调水线路等水环境风险依然面临较大的压力。

7.7.2.1　水库水环境风险分析与评价

水库水环境风险源主要为上游河道或库区突发水环境风险事故等。

库区上游河道周边的重要工业企业及生活污水处理厂应严格执行相关的废污水排放标准,及时对废污水处理设备进行检修、维护,制定水环境突发事件应急预案。若发生废污水排放事故,应执行应急防控措施,以减少废污水事故排放发生的概率。对于库区内可能发生的突发水环境风险事故(如生产桥事故侧翻、漏油,库区有毒水华等),应提前编制水环境突发事件应急预案,明确应急调度人员,定期检查应急物资,必要时及时关停水库供水,防止污染水体进入水库供水系统。

7.7.2.2 航运线路水环境风险分析与评价

航运线路水环境风险源主要为游轮航行过程中由碰撞、搁浅、倾覆等安全事故引发的漏油以及非正常污水排放等。

严格落实通航安全相关规定,加强管理,减少船舶碰撞等安全事故的发生。加强项目应急能力建设,配备必要的溢油应急物资和装备。按照《企业事业单位突发环境事件应急预案备案管理办法(试行)》(环发〔2015〕4 号)要求,制定和完善项目突发环境事件应急预案,相关风险防范要求和应急措施应纳入预案,做好与地方政府及其相关部门、海事等相关应急预案的衔接和联动,并按相关规定报送有关部门备案。严格落实备案后的应急预案,按规定开展必要的培训、宣传和演练,适时进行修订与完善。一旦发生溢油等事故,应立即启动相关预案,妥善应对。同时,加强港口码头的人员管理,严禁游轮上生活垃圾废水向水体偷排漏排,应交由码头港口后统一进行处理。

7.7.2.3 长距离调水线路水环境风险分析与评价

长距离调水线路水环境风险源,主要为跨河桥梁翻车等事故导致的突发环境事件以及局部暴雨污染水体风险。

长距离输水线路均设置防护屏障、围挡等,因此仅跨河交通桥处可能存在翻车等事故引发的突发环境事件。应在桥梁两侧醒目位置设置限速、禁止超车等警示标志,并提示所属水域功能,以提醒驾驶员谨慎驾驶;桥面设置径流收集系统,针对翻车事故引发的物料倾斜、暴雨过程中的初期雨水等进行收集,防止其进入水体;制定应急预案,配置应急人员,储备应急物资,及时快速地处理突发水环境事件。

7.7.3 施工期风险预测与评价

施工期间布设的生产、生活废水处理设备,一旦水处理设备失效,废污水将有可能直接进入水体而污染水质。

施工地质条件风险主要来自地质条件的不确定性、气候条件的变化、原材料质量的不确定性、施工条件及人为因素等方面,其主要风险为:开挖的边坡出现塌方、滑坡;雨季的强降雨引起洪水;爆破作业对周边建筑物、设施等造成的损坏,对周围人群造成危害等。

施工期间产生的弃土、弃渣,如不合理堆放,遇暴雨会造成较大水土流失风险。

在炸药和油料车辆运输过程中,有可能遇到或发生交通事故,引发炸药和油料爆炸或造成油料泄漏,从而污染周围生态环境,降低环境质量。

7.8　区域资源与环境对规划实施的承载能力分析

7.8.1　水资源与环境承载状态评估

参照《水利部办公厅关于印发〈全国水资源承载能力监测预警技术大纲(修订版)〉的通知》(办水总函〔2016〕1429 号)中的水资源承载状况分析评价方法,以用水总量 W、平原地区地下水开采量 G 为评价指标,对大清河流域水资源承载能力进行分析。

现状年大清河流域水资源量(地表水资源量和地下水资源量)存在超载现象,主要是地下水超采导致的,2018 年浅层地下水超采 5.75 亿 m^3,深层地下水开采 5 亿 m^3。本轮规划实施后,2025 年水资源量依然超载,主要为浅层地下水超采 0.74 亿 m^3,主要用于河北省农业用水。但相比现状年,超载程度大大降低,2035 年则实现水资源量不超载。由此可知,本轮规划通过增加外调水、提高再生水利用等措施,置换本流域的地表水和地下水,一定程度上缓解了流域的水资源承载压力。

大清河流域水资源承载状况评价见表 7-8-1。

表 7-8-1　大清河流域水资源承载状况评价　　单位:亿 m^3

要素		评价指标	现状年	2025 年	2035 年	承载能力基线	现状年	2025 年	2035 年	承载状况评价		
										现状年	2025 年	2035 年
水量	大清河流域	用水总量 W	42.27	34.12	29.54	用水总量指标 W_0	32.66	34.01	34.01	严重超载	超载	不超载
水量	大清河流域	平原区地下水开采量 G	32.36	24.19	20.51	平原区地下水开采量指标 G_0	24.38	24.38	24.38	严重超载	超载	不超载
评价方法		严重超载 $W \geq 1.2W_0$;超载 $W_0 \leq W < 1.2W_0$;临近状态 $0.9W_0 \leq W < W_0$;不超载 $W < 0.9W_0$										
评价方法		严重超采 $G \geq 1.2G_0$ 或超采区浅层地下水超采系数≥0.3 或存在深层承压水开采量或存在山丘区地下水过度开采;超载 $G_0 \leq G < 1.2G_0$ 或超采区浅层地下水超采系数介于(0,0.3]或存在山丘区地下水过度开采;临近状态 $0.9G_0 \leq G < G_0$;不超载 $G < 0.9G_0$										

7.8.2　水环境承载力状态评估

参照《水利部办公厅关于印发〈全国水资源承载能力监测预警技术大纲(修订版)〉的通知》(办水总函〔2016〕1429 号)中的水资源承载状况分析评价方法,以水功能区水质达标率 Q、污染物入河量 P 为评价指标,对大清河流域水环境承载能力进行分析,评价标准及评价结果见表 7-8-2。

现状年大清河流域水功能区达标率偏低,仅为 40.4%,处于超载状态,主要是地区经济发展水平较高,人口密度较大,污染物入河量偏多导致的。本轮规划实施后,通过采取排污口整治、污水处理厂提标改造等一系列措施,大清河流域水功能区达标率从现状年超载状态(40.4%)逐步变为规划年 2025 年的临界状态(75.7%),再变为规划年 2035 年的不超载(97%);而在污染物入河量方面,规划年 2025 年、2035 年大清河流域均为不超载状态。因此,整体而言,本轮规划的实施,一定程度上缓解了流域的水环境承载压力。

大清河流域水环境承载能力分析评价见表 7-8-2。

表 7-8-2　大清河流域水环境承载能力分析评价

要素		评价指标		现状年	2025 年	2035 年	承载能力基线	现状年	2025 年	2035 年	承载状况评价		
											现状年	2025 年	2035 年
水质	大清河流域	水功能区水质达标率 Q/%		40.4	75.7	97	100	40.4	75.7	97	超载	临界状态	不超载
		污染物入河量 P/(t/a)	COD	16 514.72	14 809.96	12 183.09	纳污能力		19 310.34	19 310.34		不超载	不超载
			氨氮	1 253.01	806.88	650.86	纳污能力		945.32	945.32		不超载	不超载
评价方法		水功能区水质达标率 Q		$Q \leqslant 0.4Q_0$ 为严重超载;$0.4Q_0 < Q \leqslant 0.6Q_0$ 为超载;$0.6Q_0 < Q \leqslant 0.8Q_0$ 为临界状态;$Q > 0.8Q_0$ 为不超载									
		污染物入河量 P		$P > 3P_0$ 为严重超载;$1.2P_0 < P \leqslant 3P_0$ 为超载;$1.1P_0 < P \leqslant 1.2P_0$ 为临界状态;$P \leqslant 1.1P_0$ 为不超载									

7.8.3　生态承载力影响分析

规划对大清河流域生态承载力的影响是复杂的,包括正效应和负效应。其中,正效应为水土保持规划的实施会节约能源足迹和增加生态承载力,负效应主要为一些规划工程,堤防等防洪设施建设占地会减小生态承载力。

7.8.3.1　水生态保护红线影响分析

大清河流域综合规划建立了水生态空间管控体系,强化了水生态空间及水生生境保护,完善水生态空间保护与管控的措施,并加强对太行山水土保持–生物多样性维护生态保护红线、河湖滨岸带敏感脆弱区和白洋淀湿地、团泊–北大港湿地生物多样性维护生态保护红线、独流减河河滨岸带生态保护红线等生态保护红线区的保护与修复,起到积极作用。

7.8.3.2　生态承载力影响分析

1. 水土保持规划对生态承载力的影响

水土保持规划评价重点治理区域水土流失综合治理对生态承载力的影响,范围主要分布在山区、丘陵区、风沙区及平原河渠岸坡水土流失集中分布区域,包括太行山西北部山地丘陵防沙水源涵养区、太行山东部山地丘陵水源涵养保土区、京津冀城市群人居环境维护农田防护区、津冀鲁渤海湾生态维护区、黄泛平原防沙农田防护区。

大清河流域重点治理区的水土流失综合治理范围和规模见表 7-8-3。

表 7-8-3　大清河流域重点治理区的水土流失综合治理范围和规模

行政区划	增加生物生产性面积/km^2	
	近期治理面积	远期治理面积
山西省	339.10	712.47
河北省	1 200.01	3 200.00
北京市	242.09	488.27
天津市	8.87	11.83
合计	1 790.07	4 412.57

大清河流域重点治理项目区水土保持近期治理水土流失面积为 1 790.07 km^2，增加生物生产面积 1 790.07 km^2；远期治理水土流失面积为 4 412.57 km^2，增加生物生产面积 4 412.57 km^2。

2. 规划工程占地对生态承载力的影响

防洪工程、水资源配置工程中的渠道将会占用部分土地，在一定程度上减少土地的生态承载力，但面积较小，对生态承载力影响不大。

7.9　流域可持续发展影响预测与分析

(1)流域防洪能力明显提高，为社会经济可持续发展提供基础条件。

在大清河水系白沟河(二龙坑至新盖房枢纽)、南拒马河(北河店以上、北河店至新盖房枢纽)、北拒马河(涿州市区段、南北支分流段)、潴龙河(陈村分洪道)、唐河(东石桥以上、东石桥至入淀口)、清水河(铁路桥以上、铁路桥至东石桥)、新盖房分洪道(新盖房闸至陈家柳)、赵王新河(枣林庄至王村闸)等骨干河道分别按照 5 年一遇、20 年一遇、50 年一遇、100 年一遇、200 年一遇标准进行治理，设计流量在 330~5 500 m^3/s，治理内容包括河槽整治、复堤、除险加固、修筑堤顶路、生态护岸等工程。

在中易水、北易水、小清河(河北段)、沙河、瀑河(瀑河水库至入淀口)、孝义河(定州市中古屯村至入淀口)、府河(玉兰大街至建昌村)、漕河(方上村至入淀口)等重要支流分别按照 10 年一遇、20 年一遇、50 年一遇标准进行治理，设计流量在 500~3 560 m^3/s，治理内容包括河段清淤、堤防加高加固及新建、堤顶硬化、生态护坡等。

根据流域经济社会发展和新的防洪形式，对蓄滞洪区进行了部分调整，其中小清河分洪区结合旧村改造适度扩大涿同安全区，扩大后涿同安全区；兰沟洼调整为重要滞洪区；白洋淀将新安北堤以北、障水埝寨里西堤以东部分调整为防洪保护区，不再承担缓滞洪任务；东淀新增沿河六、邱滑黄、上中下段、肖家堡等安全区，扩大王疙瘩安全区；在文安洼Ⅰ区内，适度扩大左各庄安全区和大城县城安全区，取消天津市静海区茁头、高庄 2 处安全区(尚未实施建设)的方案；在Ⅱ区任丘市适度划定防洪保护区；贾口洼取消子牙镇、双塘镇及静海县城(贾口洼内部分)安全区；团泊洼暂不做调整。

根据城市发展规划，重点对雄安新区、保定市、定州市、涿州市等重点城市进行防洪规划，使其防洪能力分别提高至 100～200 年一遇、50～100 年一遇、100 年一遇、50～100 年一遇。

根据流域内水库存在的主要问题，结合当地灌溉、供水等的实际需求，规划对安格庄水库、旺隆水库等在近期完成除险加固任务。

防洪规划实施后，大清河流域防洪体系逐步完善，防洪能力显著提高，随着城市河段防洪工程建设的完善，骨干河流、重要支流河段防洪工程的实施，加强病险水库除险加固和山洪灾害防治，调整蓄滞洪区，显著提高流域防洪能力，将有效保护流域内人民群众的生命财产安全，减少洪水灾害造成的生命财产损失，为流域人民创造一个良好的生产、生活和生态环境，对维护社会稳定、构建和谐社会、实现流域经济可持续发展具有重要意义。

（2）调整流域产业结构，改善流域生活生产供水条件，促进流域经济社会可持续发展。

针对大清河流域水资源开发利用中存在的水资源供需矛盾等问题，在需水方面，大力推进节水型社会建设，通过产业结构调整和加大节水力度，根据大清河流域各省（市）社会经济发展相关规划，预测 2025 年流域总人口将达到 3 437 万人，城镇化率达到 74%，GDP 将达到 2.72 万亿元，工业增加值达到 0.93 万亿元；2035 年流域总人口将达到 3 664 万人，城镇化率达到 81%，GDP 将达到 4.49 万亿元，工业增加值达到 1.47 万亿元。

供水方面，规划 2025 年，统筹考虑流域河道内外以及大清河外调水需求，配置流域内河道外总供水量 65.92 亿 m^3，其中当地地表水 7.45 亿 m^3，占 11%；地下水 26.67 亿 m^3，占 41%；外调水 24.36 亿 m^3，占 37%；非常规水源 7.44 亿 m^3，占 11%。水资源配置后流域内缺水量为 0.82 亿 m^3，缺水率为 1.2%，主要为天津、河北生态环境和农业灌溉缺水。

规划 2035 年，统筹考虑流域河道内外以及大清河外调水需求，配置流域内河道外总供水量 71.69 亿 m^3，缺水量 0.13 亿 m^3，缺水率为 0.2%，主要是河北省农业灌溉缺水。

规划实施后将极大地缓解流域内部分地区严峻的缺水形势，实现地下水采补平衡；饮用水水源工程的实施，进一步改善流域生活生产供水条件，将促进流域人群健康、人民生活水平的提高，有利于工农业稳定发展，对大清河流域的社会经济可持续发展提供了良好的基础。

（3）发展提高用水效率，促进节水型社会建设。

根据《节水灌溉工程技术规范》（GB/T 50363—2006）流域相关州（市）灌区续建配套与节水改造工程规划规模、灌区现状用水情况和节水措施安排等，灌区的灌溉水利用系数从现有的 0.65 提高到 2025 年和 2035 年的 0.68 和 0.69；到 2025 年流域万元工业增加值用水量下降至 10.4 m^3，水重复利用率提高到 90%；2035 年万元增加值用水量下降至 7.2 m^3，水重复利用率提高到 92%。预计 2025 年工业可节约水量为 1.14 亿 m^3，2035 年工业累计可节约水量 2.34 亿 m^3。到 2025 年，节水器具普及率达到 90%，管网输水漏失率降低为 10%，可节约水量 0.37 亿 m^3；2035 年节水器具普及率达到 99%，管网输水漏失率达到国家节水型城市标准要求，可节约水量 0.39 亿 m^3。

规划实施后，通过对农业、工业和城镇生活等行业采取相应的节水措施，到 2025 年、2035 年大清河流域累计节水量分别为 5.13 亿 m^3、7.76 亿 m^3。这对于流域内构建节水型社会具有重大的意义。

(4)保障重点供水需求及饮水安全,促进流域人群健康。

流域内北京、天津被确定为京津冀地区重要城市,雄安新区作为北京非首都功能疏解集中承载地,未来要统筹生产、生活、生态三大空间,构建蓝绿交织、疏密有度、水城共融的空间格局,坚持以资源环境承载能力为刚性约束条件,科学确定开发边界、人口规模、用地规模、开发强度。

规划 2025 年新区总人口达到 250 万人,其中城镇人口 210 万人,城镇化率 84%;2035 年总人口达到 300 万人,其中城镇人口 272 万人,城镇化率 91%。2025 年、2035 年,雄安新区需水量分别为 5.78 亿 m^3 和 6.68 亿 m^3。天津市 2025 年和 2035 年市内六区和滨海新区总人口分别为 754 万人和 831 万人,需水量分别达到 12.84 亿 m^3 和 15.70 亿 m^3。雄安新区和天津市的发展亟待改扩建现有供用水设施,以满足新增供水需求。

规划结合天津市区、雄安新区、保定市城市发展和生态建设空间需求,依托南水北调中线一期工程、引黄入冀补淀调水工程和西大洋、王快水库、安格庄水库为主要供水水源,以已建的天津干线、保沧干渠和新建雄安干渠为骨干输水通道,构建"两纵三横"的水资源配置工程格局,合理利用外调水、当地水、再生水,完善区域供水网络,强化水源互联互通,形成多源互补的供水格局,将全面解决雄安新区、天津市城镇供水及饮水干渠问题,为流域人群健康提供基础的用水保障。

第 8 章　规划方案环境合理性论证与优化调整建议

基于国家、流域及省区对大清河流域的发展定位和环境保护要求,综合论证规划目标与定位的合理性;基于规划实施后的环境影响预测结果,尤其是对生态环境、水环境的影响评价结论以及对敏感保护目标的影响分析结论;基于"三线一单"的成果等内容,分析论证规划目标与发展定位的合理性。从开发布局、规模、方式、时序等方面提出规划方案的优化调整建议。

8.1　国家对大清河流域生态保护的定位及要求

8.1.1　大清河流域生态保护定位及要求

大清河流域上游多分布中山、低山丘陵,为太行山区水源涵养与土壤保持功能区;山前平原以低山丘陵为主,局部为冲积平原,为黄淮海平原农产品主产区;下游以平原为主,主要是海河及其支流永定河、滹沱河冲积而成,为京津冀大都市群。流域内有阜平中华鳖、白洋淀等地方特有鱼类及生境保护区,对维系大清河上中游鱼类资源至关重要,具有重要的生态保护价值。

大清河流域国家相关规划、区划生态环境保护定位及要求见表 8-1-1,区域各省(市)生态环境保护定位及要求见表 8-1-2。

表 8-1-1　大清河流域国家相关规划、区划生态环境保护定位及要求

规划及区划名称		功能区/生态功能区	生态环境保护定位及要求
国家	《全国主体功能区规划》	环渤海地区—京津冀地区	率先加快转变经济发展方式,调整优化经济结构,提升参与全球分工与竞争的层次
		冀中南地区	统筹规划国土空间、健全城市规模结构、促进人口加快集聚、形成现代产业体系、提高发展质量、完善基础设施、保护生态环境、把握开发时序
		黄淮海平原主产区	着力保护耕地,稳定粮食生产,发展现代农业,增强农业综合生产能力,增加农民收入,加快建设社会主义新农村,保障农产品供给,确保国家粮食安全和食物安全

续表 8-1-1

规划及区划名称		功能区/生态功能区	生态环境保护定位及要求
国家	《全国生态功能区划(修编版)》	Ⅰ-01-07 太行山区水源涵养与土壤保持重要区	加大退化生态系统恢复与重建的力度,有效实施坡耕地退耕还林还草措施; 加强自然资源开发监管,严格控制和合理规划开山采石,控制矿产资源开发对生态的影响和破坏; 发展生态林果业、旅游业及相关特色产业
		Ⅱ-01-13 海河平原农产品提供功能区	严格保护基本农田,培养土壤肥力。加强农田基本建设,增强抗自然灾害的能力。加强水利建设,大力发展节水农业;种养结合,科学施肥。 在草地畜牧业区,要科学确定草场载畜量,实行季节畜牧业,实现草畜平衡;草地封育改良相结合,实施大范围轮封轮牧制度
		Ⅲ-01-01 京津冀大都市群	加强城市发展规划,控制城市规模,合理布局城市功能组团; 加强生态城市建设,大力调整产业结构,提高资源利用效率,控制城市污染,推进循环经济和循环社会的建设
	中国生物多样性保护纲要	太行山生物多样性保护优先区域	加强该地区生态系统的修复,以建立自然保护区为主,重点加强对黄土高原地区次生林、吕梁山区、燕山—太行山地的典型温带森林生态系统、黄河中游湿地、滨海湿地和华中平原区湖泊湿地的保护,加强对褐马鸡等特有雉类、鹤类、雁鸭类、鹳类及其栖息地的保护。建立保护区之间的生物廊道,恢复优先区内已退化的环境。加强区域内特大城市周围湿地的恢复与保护
	全国水土保持规划(2015—2030年)	北方土石山区	提高太行山山地丘陵区森林水源涵养能力,加强京津风沙源区综合治理,改造坡耕地,发展特色产业,巩固退耕还林还草成果
	全国重要江河湖泊水功能区规划	拒马河河北保定饮用水水源、南拒马河河北保定饮用水水源,唐河河北保定饮用水水源区 1 和 2	保护区内禁止进行不利于水资源及自然生态保护的开发利用活动
	海河流域综合规划(2012—2030年)	大清河系	北支拒马河张坊以上段具有供水、生态和水力发电功能;南支潴龙河、唐河等均为重要行洪河道,肩负着大清河南支洪水顺利泄入白洋淀的重要任务。中游的北拒马河、南拒马河、白沟河、新盖房分洪道、赵王新渠均以行洪、排涝为主,兼有灌溉功能。下游的独流减河是保障天津市防洪安全的南部防线,同时具有蓄水灌溉功能,其中西千米桥至东千米桥段是天津市重要湿地,具有生态功能。独流减河河口右岸是重要的岸线利用区域。 根据河道内生态环境用水要求和水资源配置方案,主要控制断面应满足以下控制性指标要求:大清河生态需水总量为 6.24 亿 m^3

表 8-1-2　大清河流域区域省(市)生态环境保护定位及要求

区域省(市)		功能区/生态功能区	生态环境保护定位及要求
区域	北京市	Ⅰ-10 燕山—太行山山地落叶阔叶林生态区	主要功能为水土保持,要注意森林的抚育和保护,通过植树造林提高该区的森林覆盖率。禁止在高坡度区域进行开垦活动,通过山坡防护工程和山沟治理工程等一些工程措施,减轻水土流失现状。加强对采矿区的管理工作,尽量减少矿区的塌陷现象
	北京市	Ⅰ-9 京津唐城镇与城郊农业生态区	主要功能为农业发展,防风固沙重要,地下水资源保护中等重要。加快生态农业的发展步伐,发展可持续农业和节水农业,追求的是经济效益和生态效益相结合的双重效应,减少农业对环境污染、水土流失和旱涝灾害造成的负面影响
	天津市	$Ⅱ_3$ 中部城市综合经济发展生态亚区	主要功能为城市经济综合发展
	天津市	$Ⅱ_4$ 津南平原旱作农业生态亚区	主要功能为农业生产;湿地保护,水源涵养,生物多样性保护,水文调蓄
	天津市	$Ⅱ_5$ 海岸带综合利用生态亚区	主要功能为化工工业;海淡水综合利用;石化工业;海洋产业;盐业取水区,滩涂养殖;港口、航道
	河北省	燕山—太行山生态涵养区	京津冀生态保护屏障,在全省乃至京津地区保护城市供水安全、防治水土流失、防减风沙灾害、保护生物多样性等方面具有特殊重要的地位,既是平原地区众多城市的地表水源涵养保护区,又是河北省重要的林果生产、矿产采选、生态旅游等产业基地
	河北省	京津保中心区生态过渡区	包括廊坊市、保定市东部地区。该区域是京津城市功能拓展和产业转移的重要承接地,是全国“两横三纵”城市化战略格局中京广纵轴北端,是河北省休闲度假、健身康复、养老居住、观光农业、有机蔬菜供应和宜居生活区
	河北省	低平原生态修复区	包括石家庄、衡水、沧州等平原地区。该区域是南水北调中线和东线引江工程建设保护区,为河北省经济发展水平较高的区域,农业和原材料工业基地具有全国意义,是重要的农业种质资源保护区
	河北省	海岸海域生态防护区	包括沧州的海岸带、岛屿和前海,分为秦唐和沧州海岸海域两个生态亚区。该区域分布着全国和河北省重要的滨海湿地保护区、海洋生物多样性保护区和旅游度假区,同时又是全国和河北省重要的海盐生产基地、煤炭外运枢纽、海水养殖基地以及重化工工业重点建设区和油气资源重点开发区
	山西省	太行山山地丘陵暖温带落叶阔叶林灌草丛生态区	该区主要在重要水源涵养区建立生态功能保护区,加强对水源涵养区的保护和管理;加强生态恢复和生态建设,治理土壤侵蚀,恢复与重建水源涵养区森林、灌丛、草地、湿地等生态系统;控制水污染,减轻水污染负荷,严格限制发展导致水污染的产业;提高现有自然保护区的建设管理水平;发展以农村沼气为主的农村可再生能源,保护自然植被

8.1.2　大清河流域敏感区的制约性

大清河流域属于经济较为发达地区，用水总量大，水资源开发利用率高，生态环境用水被大量挤占，但流域内水资源禀赋条件相对较差，供需矛盾将长期存在；同时，流域内众多区域位于国家限制和禁止开发区域，相关法律法规和相关规划对大清河流域生态环境提出了严格的保护要求。

流域上游分布有“太行山区水源涵养与土壤保持功能区”“黄淮海平原主产区”等国家重点生态功能区，属于国家限制开发区，要严格管制各类开发活动，严格控制开发强度；流域内分布有灵丘县青檀自然保护区、灵丘黑鹳自然保护区等 22 处自然保护区，周口店北京人遗址、清西陵、大运河等 3 处世界自然文化遗产地，桃花山天然溶洞、野三坡国家重点风景名胜区、白石山风景名胜区等 9 处风景名胜区，山西恒山国家森林公园、北泉森林公园等 17 处森林公园，北京十渡国家地质公园、北京石花洞国家地质公园等 7 处地质公园，白洋淀湿地、拒马源国家城市湿地公园、长沟泉水国家湿地公园等 3 处湿地公园，中华鳖国家级水产种质资源保护区、白洋淀国家级水产种质资源保护区等 2 处水产种质资源保护区，饮用水水源保护区 132 处，属于国家禁止开发区域，《中华人民共和国自然保护区管理条例》《全国主体功能区规划》等法律法规及规划对各自然保护区提出了严格的保护要求。

流域内分布有国家Ⅱ级保护野生植物 4 种，分别是野大豆、刺五加、紫椴和水曲柳；地方重点保护植物共计 55 种，其中河北省级重点保护植物 42 种，北京市级重点保护植物 28 种，山西省级重点保护植物 6 种。国家重点保护野生动物 129 种，其中国家一级保护野生动物 40 种、国家二级保护野生动物 89 种，山西省级重点保护动物 26 种，河北省级重点保护动物 229 种，北京市重点保护动物 111 种，天津市重点保护动物 346 种。列入《北京市地方重点保护水生野生动物名录(鱼类、二级)》的种类有 11 种，分别是黄线薄鳅、东方薄鳅、尖头高原鳅、马口鱼、赤眼鳟、鳊、华鳈、多鳞白甲鱼、鳜、宽鳍鱲、黑鳍鳈；在 2016 年依据 IUCN 标准进行评价的鱼类名录中，流域内有 4 种鱼类属于濒危鱼类，其中尖头高原鳅和鳍为极危(CR)，黄线薄鳅为濒危(EN)，多鳞白甲鱼为易危(VU)。《中华人民共和国野生动物保护法》《中华人民共和国渔业法》《中华人民共和国水生野生动物保护实施条例》对珍稀保护鱼类及其栖息地提出了严格的保护要求。

8.2　规划治理开发任务及功能定位环境合理性

本次规划综合考虑各河段资源环境特点、经济社会发展要求、治理开发与保护的总体部署，明确了各河段治理开发与保护的主要任务，具体内容如下：一是“上游山区为流域水源涵养区和水源地：以水源涵养和水源地保护为重点”；二是“山前平原区为流域人口、产业集聚区：以全面节水、水生态修复、地下水压采和水污染防治为重点”；三是“白洋淀及周边区域为雄安新区所在地：以白洋淀生态环境治理和新城水安全体系构建为重点”；四是“淀东平原区为经济发展区：以水环境改善、水生态修复、地下水压采、防洪能力提高为重点”。

规划河段治理开发任务及功能性定位环境合理性分析见表 8-2-1。

表 8-2-1 规划河段治理开发任务及功能性定位环境合理性分析

规划区域划分	治理开发及功能定位	生态环境保护要求	环境合理性分析
上游山区	流域水源涵养区和水源地:以水源涵养和水源地保护为重点	属于太行山区水源涵养与土壤保持重要区,太行山生物多样性保护优先区域,分布有多处自然保护区,该区域以水源涵养和水源地保护为主,实施退耕还林还草;强化水源地保护和监管,加强对散煤、采矿等整治力度,实行严格监管,确保水源地安全	该河段治理开发任务和功能定位基本符合国家生态环境保护定位和要求
山前平原区	山前平原区为流域人口、产业集聚区:以全面节水、水生态修复、生态水量保障、地下水压采和水污染防治为重点	属于黄淮海平原主产区等国家限制开发区,实施大规模农业节水灌溉,优化调整种植结构,适当退减灌溉面积,实施地下水超采区综合治理;全方位推进水污染防治,实行更加严格的产业准入政策,严控高污染、高耗水企业,推进生态型工业园区改造,提高污水处理厂排放标准,大幅减少入河污染物总量;逐步推进河流绿色生态廊道建设,改善水生态环境状况	该河段治理开发任务和功能定位基本符合生态环境要求
白洋淀及周边区域	雄安新区所在地:以白洋淀生态环境治理和新城水安全体系构建为重点	加强白洋淀水生态环境保护修复,防洪安全体系;制订城区防洪布局方案、加强城市节水和供水保障	该河段治理开发任务和功能定位基本符合生态环境要求,但要做好水产种质资源保护,防范水污染风险
淀东平原区	经济发展区:以水环境改善、水生态修复、防洪能力提高为重点	属于京津冀大都市群等优化开发区,扩大下游河道行洪能力,修复河流生态,加强蓄滞洪区建设与调整,保障流域和天津市的防洪安全	该河段治理开发任务和功能定位基本符合生态环境要求

8.3 规划目标及控制性指标环境合理性

8.3.1 规划目标的合理性

通过流域综合规划的实施,协调好流域内用水、外调水的关系,实现地下水压采平衡,水资源合理配置和高效利用;骨干河道、重要支流及重点城市防洪区河段达到设防标准,统筹蓄滞洪区与河道的蓄泄关系,防洪体系进一步完善;入河污染物得到有效控制,水环境得以治理并逐步改善;进一步巩固山区水源涵养功能,在一定程度上改善入淀河流及白洋淀淀区生态环境;流域管理水平提高,从而实现流域人口、资源、环境与经济社会的协调发展。

（1）实行最严格水资源管理制度，深挖当地节水潜力，充分高效利用外调水，加大使用非常规水，优化水资源配置，在保障经济社会发展和生态环境基本用水需求的前提下，实现流域经济社会用水总量低速增长和上下游用水和谐。使流域节水灌溉率由 60%提高到 72.8%，灌溉水利用系数由现状的 0.65 提高到 0.69；万元工业增加值用水量降低至 7.2 m^3/万元；工业用水重复利用率由现状的 84%左右提高到 92%以上；供水管网漏失率达到国家节水型城市标准要求。地下水压采量 12.71 亿 m^3，实现流域地下水采补平衡，超采亏空水量逐步填补。进一步完善雄安新区、天津、保定等城市供水保障体系，提高重点城市供水保障率。

本项规划目标将促进水资源的高效利用和节水型社会的建设，为实施最严格的水资源管理制度提供支撑，该规划目标与国家有关水资源管理的政策一致，符合国家环境保护的要求。

（2）建设和完善骨干防洪工程体系，提高重点区域、重点保护对象的防洪能力，全面提升洪水调控和风险管理能力。

本项治理目标将全面提高流域防洪能力，使骨干河道、重要治理工程、重点城市防洪工程全面达标，山洪灾害得到进一步控制，可有效保障生态安全，目标设置合理。

（3）加强水功能区管理，严格限制排污总量控制。建成完善的河湖连通体系，河湖生态水量得到有效保障，水生态环境得到根本改善，水生态系统实现良性循环。

（4）累计新增水土流失治理面积 4 412.56 km^2，林草覆盖率累计增加 3.7%，水土保持率增加 3%，流域内形成完善的预防监督体系，各级水土保持监督队伍健全。

本项规划目标可改善大清河流域水环境和水生态系统恶化趋势，改善重点河段及区域水环境及水生态状况，符合国家环境保护的相关要求，对比分析海河流域相关指标，目标设置基本合理。

大清河流域规划目标合理性分析见表 8-3-1。

8.3.2　环境目标可达性分析

根据规划环境影响分析评价结果及规划实施前后主要评价指标变化情况，结合规划方案调整和环境保护措施，充分考虑大清河流域生态环境现状及社会经济背景，评价论证了大清河流域综合规划环境保护目标可达性（见表 8-3-2）。

8.3.2.1　**水资源**

1. 外调水支持性分析

大清河流域外调水有引黄、引滦、引江水（含南水北调中线、南水北调东线）。

（1）引黄水量。大清河流域引黄工程包括引黄入冀补淀工程、位山引黄工程、潘庄应急引黄工程。2001—2016 年流域累计引黄水量为 16.02 亿 m^3，其中天津市引水量为 12.20 亿 m^3，河北省引水量为 3.82 亿 m^3；2016 年河北省引黄水量 0.55 亿 m^3。本次规划 2025 年河北引黄水量 0.55 亿 m^3、2035 年河北引黄水量 0.52 亿 m^3，在现状年引黄水量指标范围内。由此可知，现状的引水渠道能够支撑规划水平年的调水要求。

（2）引滦水量。2001—2016 年引滦工程向天津市供水 76.40 亿 m^3，年均供水 4.78 亿 m^3。根据《天津市供水规划（2018—2035 年）》，2025 年，除蓟州区外，其他各区基本形成

表 8-3-1　大清河流域规划目标合理性分析

大清河流域规划目标			相关规划		环境合理性分析
指标	2025 年	2035 年	国家相关要求	海河流域规划目标	
河道防洪标准	大清河下游地区仍维持原规划治理标准 50 年一遇。对于重点区域，结合保护对象的重要性分别确定防洪标准：天津市城区及雄安新区起步区防洪标准为 200 年一遇，雄安新区五组团防洪标准为 100 年一遇，保定市防洪标准为 100 年一遇，涿州市防洪标准为 50 年一遇，雄安新区特色小镇防洪标准原则上为 50 年一遇，其他县级市和县城为 20~50 年一遇		根据《防洪标准》(GB 50201—2014)，特别重要城市是 200 年一遇，重要城市是 100 年一遇，中等城市是 50 年一遇，重要城镇为 20 年一遇。 根据《雄安新区河北雄安规划纲要》：建设新区防洪安全体系。按照分区设防、重点保障原则，结合新区城镇规模及规划布局，确定起步区防洪标准为 200 年一遇，5 个外围组团防洪标准为 100 年一遇，其他特色小城镇防洪标准原则上为 50 年一遇；综合采用“蓄、疏、固、垫、架”等措施，确保千年大计万无一失	大清河流域设计标准为 50 年一遇	对比大清河流域与国家及海河流域，河道防洪标准目标基本合理
地下水压采量	2025 年，流域新增地下水压采量 10.21 亿 m^3	2035 年，地下水压采量 12.71 亿 m^3，实现流域地下水采补平衡	华北地区地下水超采综合治理行动方案：2022 年京津冀地区现状超采量压减率超过 70%，约 2/3 超采区实现采补平衡；2035 年力争全面实现采补平衡	2020 年，海河流域地下水压采量 46.2 亿 m^3；2030 年，地下水压采量 79.2 亿 m^3	对比大清河流域与国家及海河流域，地下水压采量目标基本合理
灌溉水利用系数	2025 年提高到 0.68	2035 年提高到 0.69	2020 年农田灌溉水有效利用系数提高到 0.55 以上，2030 年提高到 0.6 以上	2020 年由现状的 0.65 提高到 0.70；2030 年提高到 0.75	本次规划提出的灌溉水利用系数低于海流规划控制指标，原因为部分灌区水源由地下水调整为地表水

续表 8-3-1

大清河流域规划目标			相关规划		环境合理性分析
指标	2025 年	2035 年	国家相关要求	海河流域规划目标	
工业用水重复利用率	2025 年由现状的 84%左右提高到 90%以上	2035 年达到 92%以上	—	2020 年由现状的 81%左右提高到 87%以上； 2030 年达到 90%以上	对比大清河流域与国家及海河流域，大清河流域工业重复利用率目标合理
白洋淀水位	由现状年的 0.624 m 提高到 6.5~7.0 m；淀区面积达到 360 km^2		力争淀区面积达到 360 km^2，年入淀水量保持 3 亿~4 亿 m^3，淀区正常水位达到 6.5~7.0 m	大清河以白洋淀湿地生态保护为核心，重点保障上游南、北两支河流生态水量下泄，控制府河等水体污染，基本保障白洋淀生态水量，改善白洋淀水质	白洋淀湿地生态保护是大清河生态保护的核心，利用多水源补淀，有利于维持白洋淀生态水位，改善白洋淀水质，因此白洋淀水位目标基本合理
白洋淀水质类别	由现状年的Ⅲ~劣Ⅴ类提高到Ⅲ~Ⅳ类		流域水污染治理基本完成，府河、孝义河等 8 条河流水质稳定在国家地表水环境质量Ⅳ类标准；淀区纯水村和淀边村整治全面完成；淀区水质达到国家地表水环境质量Ⅲ~Ⅳ类标准		白洋淀湿地生态保护是大清河生态保护的核心，利用多水源补淀，有利于维持白洋淀生态水位，改善白洋淀水质，因此白洋淀水质类别目标基本合理
水土保持	2025 年累计新增水土流失治理面积 1 790.07 km^2，林草覆盖率累计增加 1.5%，水土保持率增加 1.2%	2035 年累计新增水土流失治理面积 4 412.56 km^2，林草覆盖率累计增加 3.7%，水土保持率增加 3%	—	治理重点应以人工造林为主，结合封禁治理，进一步提高林草覆盖度，适当发展林果产业。造林工程与坡面和沟道治理工程密切配合，在土地较少的土石山区以硬埂梯田、石埂梯田为主；在黄土丘陵区，以软埂梯田和隔坡梯田为主	大清河流域水土保持目标基本合理

表 8-3-2　大清河流域综合规划环境目标可达性

环境要素		环境目标	评价指标	现状年(2018 年)	规划年(2035 年)	可达性分析
水资源	水资源利用上线(地表水)	优化水资源配置,促进水资源可持续利用;提高水资源利用效率	地表水资源开发利用率/%	65	50	可达
			万元工业增加值用水量/(m^3/万元)	13	7.2	可达
			城市供水管网漏损率/%	14	达到国家节水型城市标准要求	可达
			工业用水重复利用率/%	84	92	可达
			农田灌溉水利用系数	0.65	0.69	可达
			再生水利用率/%	35	39	可达
			用水总量/(亿 m^3/a)	62.71	71.69	可达
	水资源利用上线(地下水)	确保实现地下水采补平衡,超采亏空水量逐步填补	地下水开采量/(亿 m^3/a)	33.69	23.33	严格执行《河北省人民政府关于公布地下水超采区、禁止开采区和限制开采区范围的通知》,同时通过水源置换、种植方式调整、高效节水工程等措施情况下,目标可达
			地下水压采量/(亿 m^3/年)	—	12.71	
水环境	水源地	满足饮用水水源地水质要求	集中饮用水水源地水质达标率/%	100	100	可达
	污染物入河控制量	满足水功能区水质要求;控制水污染,改善下游部分支流水环境	纳污能力 COD/(万 t/a)	1.93	1.93	
			纳污能力氨氮/(万 t/a)	0.09	0.09	

续表 8-3-2

环境要素		环境目标	评价指标	现状年(2018 年)	规划年(2035 年)	可达性分析
水生生态	生态需水	进一步巩固山区水源涵养功能,在一定程度上改善入淀河流及白洋淀淀区生态环境; 保障重要断面/河段生态水量	重要断面/河段生态需水满足程度	山区:保持天然径流过程; 淀西平原:主要河道干涸断流,湖泊湿地萎缩; 淀东平原:主要河道长期断流	山区:基本维持天然径流过程。 淀西平原和淀东平原:通过引黄水、引江水、水库水和再生水等生态水量调度,主要河道的生态需水量,改善现状干涸断流状况;湖泊湿地保障其最小生态需水量,遏制湿地萎缩趋势	山区河流依靠流域降水汇流满足生态水量要求;统筹地表水、再生水、外调水给平原河流(中易水、沙河、唐河、白沟河、南拒马河、独流减河、海河干流)以及团泊洼、北大港湿地进行生态补水; 划定拒马河水生生物保护区、太行山区,涵盖各主要河流上游地区(王快水库以上以阜平中华鳖水产种质资源保护区核心区范围为准)的连片保护区以及以白洋淀为核心区开展综合治理和生境恢复 依靠引黄入冀补淀工程、南水北调东线工程和王快、西大洋、安格庄 3 座水库水量下泄以及白沟引河、府河、孝义河上游城镇污水处理厂尾水可保障入淀水量 3 亿 m^3,逐步恢复 6.5~7 m 水位。目标基本可达
	其他指标		主要湖泊湿地水面面积/km^2	342	488	
			河道内(含湖泊湿地)生态水量/亿 m^3	6.60	7.58	
			珍稀濒危及特有土著鱼类栖息地状况	生境萎缩	生境破坏趋势得到缓解	

续表 8-3-2

环境要素		环境目标	评价指标	现状年(2018 年)	规划年(2035 年)	可达性分析
陆生生态	环境敏感区	水源涵养功能不下降(备注:不因本规划实施而下降); 符合各环境敏感区的保护要求	国家重点生态功能区、生物多样性优先保护区域		限制开发,天然草地、林地等绿色生态空间面积不减少	可达
			自然保护地、生态保护红线;饮用水水源保护区(禁止开发区)		禁止开发,依法整顿保护区内水电站	考虑到水电站涉及问题复杂、利益相关者较多,有待政府部门及机构进行逐步清理和整顿,在实际操作中难度较大,因此该目标实现存在较大困难及风险
	陆生生态	水源涵养功能及生物多样性保护功能不下降	林草比例/%	38.047	林草比例不减少、质量不降低	可达
	水土流失	防治流域水土流失	治理面积	完成治理水土流失面积 8 344.55 km^2	累计新增水土流失治理面积 4 412.56 km^2	可达
			水土保持率	—	增加 3.0%	可达
			林草覆盖率	—	累计增加 3.7%	可达
社会环境		完善防洪体系,提高流域防洪减灾能力; 协调经济发展与资源环境保护的矛盾,促进社会可持续发展	骨干河流、支流河段防洪长度及标准		中下游河系达到维持 50 年一遇标准	可达
			供水量/亿 m^3	62.71	71.69	可达
			节水灌溉面积/万亩	1 254.57	1 494.57	可达

注:地表水资源开发利用率=(当地地表水供水量+山丘区地下水供水量)/地表水资源量。

南水北调水和引滦水双水源保障格局;2035 年,南水北调东线通水后,天津市将形成以南水北调供水为主,引滦水补充、备用的水源保障格局。本次规划引滦水量为 3 亿 m^3。由此可知,现状的引滦济津工程能够满足规划水平年的调水要求。

(3)南水北调工程。南水北调中线一期工程于 2014 年 12 月 12 日正式通水,多年平均来水条件下,北京市分配水量为 10.52 亿 m^3,天津市分配水量为 8.63 亿 m^3,河北省分配水量为 30.4 亿 m^3。截至 2015 年 12 月 4 日,中线一期工程累计分水量 21.7 亿 m^3,其中向北京输水 8.22 亿 m^3,天津 3.73 亿 m^3,河北 1.25 亿 m^3;截至 2016 年底,中线一期工程累计向大清河流域调水 13.18 亿 m^3,其中天津市调入水量为 11.60 亿 m^3,河北省调入水量为 1.58 亿 m^3;截至 2018 年 4 月 19 日,南水北调中线一期工程已向河北省供水 20 亿 m^3。本次规划 2025 年中线一期工程给北京分配 0.88 亿 m^3、给河北分配 11.26 亿 m^3、给天津分配 7.8 亿 m^3,2035 年引江补汉工程实施后中线一期工程给北京分配 1.30 亿 m^3、给河北分配 13.86 亿 m^3、给天津分配 7.8 亿 m^3。根据历年的中线一期工程供水水量,现有配套的供水工程能够满足规划水平年的调水要求。另外,本次规划配置的东线一期北延(0.36 亿 m^3)、南水北调东线二期(5.59 亿 m^3)的调水量均在工程规划的配水指标范围内,其工程配套的供水能力能够满足本轮规划配置的外调水需求。

综上所述,本次规划配置的外调水量均在各项调水规划/工程的分水指标范围内,同时现有配套的引黄、引滦及南水北调中线一期工程的供水能力能够支撑本次规划的外调水量需求,因此本次规划的外调水量目标可达。

2. 地下水压采目标

到 2025 年地下水压采量为 10.21 亿 m^3,2035 年实现地下水采补平衡,压采量为 12.71 亿 m^3。

参照《华北地区地下水超采综合治理行动 2020 年度总结评估报告》,地下水压采实施保障措施及实施效果如下。

a. 地下水压采实施保障措施

(1)组织领导。

2020 年 5 月 18 日,胡春华副总理赴河北省实地考察地下水超采治理工作,并主持召开专题会议,做出坚定不移地推进调水补水、加快恢复区域河湖水系、加大引水调水工程建设力度、全面加强节水等重要部署。水利部认真贯彻党中央、国务院决策部署,充分发挥牵头抓总作用,会同有关部门和京津冀三省(市),及时印发年度工作要点,明确任务分工,努力克服疫情影响,持续推动重点任务措施落实。京津冀三省(市)成立了相应的领导小组和工作机制,党政主要负责同志亲自研究部署、实地调研督办,高位推动行动方案实施。

(2)方案落实。

为系统推进华北地区地下水超采治理,水利部、财政部、国家发展改革委、农业农村部联合印发了《华北地区地下水超采综合治理行动方案》,同时天津市、河北省编制了《天津市地下水超采综合治理实施计划》《河北省地下水超采综合治理规划》《河北省地下水超采治理五年实施计划(2018—2022 年)》,以及相应年度等实施计划,各实施计划措施及目标见表 8-3-3。

表 8-3-3 各省(市)地下水超采综合治理实施计划及目标

行动方案	超采治理目标	治理措施	重点治理行动
《华北地区地下水超采综合治理行动方案》	到 2022 年,在正常来水情况下,京津冀地区压减地下水开采量 25.7 亿 m^3,现状超采量压减率超过 70%,约 2/3 地下水实现采补平衡; 到 2035 年,力争全面实现地下水采补平衡,超采亏空水量逐步填补,海河流域水资源开发利用强度由现状的 106%降低到 75%左右,其中地表水开发利用率控制在 52%左右	“一减”:节水、结构调整; “一增”:南水北调中线、东线,引黄水、当地水	①强化重点领域节水:推进农业节水增效、加快工业节水减排、加强城镇节水减损; ②严控开发规划和强度:调整农业种植结构、优化调整产业结构; ③多渠道增加水源供给:用足用好南水北调中线水、增供南水北调东线水、适度增加引黄水、加大当地水和非常规水利用、实施地下水水源置换; ④实施河湖地下水回补:实施河湖清理整治、实施河湖相机生态补水、先期开展地下水回补试点; ⑤严控地下水利用管控:强化地下水禁采限采管理、关停城镇自备井和农灌井、严格水资源承载能力刚性约束、健全地下水监测计量体系;推进水权水价水资源税改革
《河北省地下水超采综合治理规划技术报告》	到 2020 年,全省平原区地下水超采状况得到遏制,基本实现地下水采补平衡,地下水压采量 51 亿~54 亿 m^3,压采率不低于 85%; 2020 年后,地下水超采状况全面遏制,地下水达到采补平衡	“节”,大力发展以节水灌溉为主的全社会节水。 “引”,就是最大限度引用外调水。 “蓄”,就是加快实施蓄水工程。 “调”,就是着力调整种植结构。 “管”,就是从严管控取用地下水	①城市综合治理措施:南水北调中线、滦河水置换、工业城市节水; ②农村综合治理措施:农业节水、农业高效节水灌溉、外流域调水、当地水挖潜利用、种植结构调整、云水资源开发利用; ③体制机制创新:推进水价综合改革、严格用水总量控制、强化水资源统一调度、创新运行管护机制、构建基层水利服务体系、完善政策法规体系
《河北省地下水超采治理五年实施计划》	2020 年全省地下水压采量为 51 亿~54 亿 m^3,压采率达到 85% 以上,2030 年实现地下水采补平衡		①农村综合治理措施:调整种植结构(季节性休耕、旱作雨养种植、非农作物替代农作物)、冬小麦节水稳产配套技术、农业节水灌溉工程、引黄水源置换、引江水源置换(置换农村生活用水、相机补充农业灌溉用水、统筹兼顾生态环境用水)、科学利用雨洪资源和非常规水资源; ②城市综合治理措施:工业和生活节水、南水北调受水区城市超采治理、非受水区城市超采治理

续表 8-3-3

行动方案	超采治理目标	治理措施	重点治理行动
《天津市地下水超采综合治理实施计划》	2019 年底前,区政府所在地城镇范围全面禁采;到 2020 年,地面沉降严重的地区、重大工程附近区域全面禁采;到 2022 年,除应急情况外,超采区基本实现深层地下水“零”开采	①强化各业节水,提高用水效率;②实施水源转换,严控地下水开采;③强化水源调度,增加水源供给;④严格用水管控,建立长效机制	推进农业节水增效,加快工业给水减排,加强城镇节水降损,实施城镇集中供水、企事业单位和农村生活用水及农业水源转换工程,强化地下水禁采管理,加强地下水监测与保护,多渠道增加水源供给,实施河湖清理整治,完善水系连通,实施河湖生态补水,严格水资源承载能力刚性约束,优化调整产业布局结构,调整农业生产结构,推进水权水价改革
《河北省人民政府关于公布地下水超采区、禁止开采区和限制开采区范围的通知》	划定地下水超采区、禁止开采区和限制开采区,管控要求: ①在地下水禁采区内,不得开凿新的取水井,不得新增地下水取水量。 ②在地下水限采区内,一般不得开凿新的取水井,生活用水更新井除外。因抢险救灾、应急供水开凿的取水井,用完后应当及时封存,不得作为长期井使用。对当地社会发展和群众生活有重大影响的重点建设项目确需取用地下水的,应按照用 1 减 2 的比例以及先减后加的原则,同步削减其他取水单位的地下水开采量,且不得深层、浅层地下水相互替代。 ③在地下水限采区,地下水取水许可实行分级审批,审批权限划分如下:年取用地下水量在 20 万 m^3 以下(含 20 万 m^3)的由市有关行政主管部门审批,年取用地下水量在 20 万 m^3 以上的由省水行政主管部门审批。已由省水行政主管部门审批但本次下放权限后应由市有关行政主管部门审批的取水许可项目,其取水许可监督检查、取水许可延续等工作相应由市有关行政主管部门负责		

(3)资金保障。

为保障治理工作顺利实施并取得成效,国家有关部门、京津冀三省(市)统筹现有资金渠道,积极予以支持,为重点工作落实提供保障。2020 年,中央和省级财政共落实华北地下水超采治理投资 85.03 亿元。中央财政资金共安排 55.26 亿元,其中,通过水利发展资金安排河北省 41.07 亿元、北京市 0.15 亿元、天津市 1.67 亿元,重点实施河湖疏浚整治、水源置换、农业水价综合改革等项目;通过农业生产发展资金安排河北省 10.75 亿元,主要补助种植结构调整、水肥一体化等项目;安排华北地区湿地补助资金 1.0 亿元。中央预算内资金安排 0.62 亿元支持河北省大型灌区配套节水改造。京津冀三省(市)积极筹措资金,2020 年省级财政累计投入资金 29.77 亿元,其中河北、北京、天津分别落实 16.5 亿元、8.9 亿元、4.37 亿元(见图 8-3-1)。另外,中央预算内资金安排 3.02 亿元建设南水北调东线一期北延应急供水工程,安排 9.9 亿元支持永定河综合治理与生态修复。

(4)跟踪评估。

水利部定期跟踪实施进展,按季度组织相关部门和地方报送工作情况;组织京津冀三

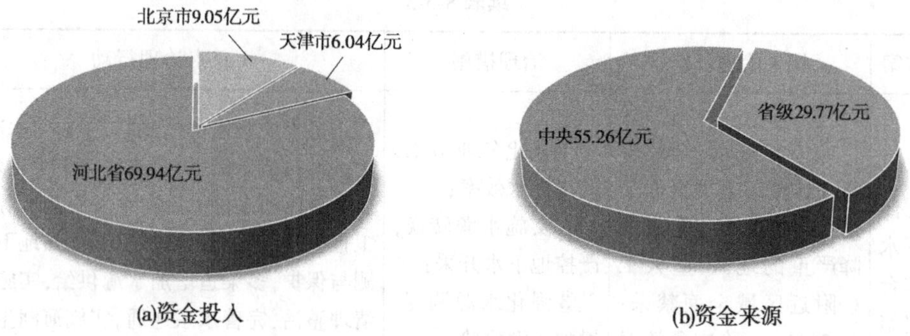

图 8-3-1　**资金投入情况**

省(市)完成新一轮地下水超采区评价,摸清现状地下水超采底账,更新地下水超采底图。加强跟踪督促和监督检查,先后派出 13 个调研组赴治理区督促指导,开展了 21 批次暗访,对河湖生态补水、机井关停、水源置换工程等 200 多处项目暗访核查,针对发现的问题及时督促整改。利用国家和省级地下水监测网络,动态监测、逐月评估地下水位变化情况,通过无人机航测、遥感解译等手段,对补水河湖水面和有水河长变化进行动态分析。建设华北地下水超采综合治理信息管理系统,开展试运行。

b. 实施效果

2020 年,华北地下水超采“一减、一增”综合治理措施取得明显成效,地下水位变化、生态补水效果明显好于 2019 年。在降水与多年平均总体持平的情况下,2020 年底京津冀平原区浅层、深层地下水位较 2019 年同期有所回升。治理区浅层地下水位平均上升 0. 23 m,浅层地下水回升、稳定、下降的面积比例分别为 24. 3%、58. 2%和 17. 5%。深层承压水水位平均上升 1. 34 m,深层承压水水位回升、稳定、下降面积比例分别为 59. 5%、26. 3%、14. 2%。河湖生态补水效果良好,补水河道有水河长 1 873 km,形成水面面积 734 km^2,与 2018 年实施生态补水前相比,分别增加 967 km、348 km^2,永定河、滹沱河、七里河、泜河、南运河和瀑河等 6 条河流实现全线贯通,补水河流入渗回补地下水水量 20. 5 亿 m^3。根据 2020 年 11 月底水质检测数据,37 个地表水水质监测断面中,26 个监测断面水质达到Ⅲ类及以上标准(比例为 70. 3%)。

c. 本次规划地下水压采措施目标可达性分析

本次规划地下水压采措施目标可达性分析见表 8-3-4。

8. 3. 2. 2　水环境

1. 水环境目标

本次水环境目标为《全国重要江河湖泊水功能区划(2011—2030 年)》确定的水功能区水质目标。

2. 各省(市)相关水污染防治方案及措施

近年来,围绕“水十条”及相关水污染防治规划措施,京津冀晋四省(市)开展了大量水污染防治、水环境整治、水生态修复行动,对大清河流域内水环境产生了一定的积极影响。

表 8-3-4　本次规划地下水压采措施目标可达性分析

治理措施项目		2035 年治理目标		治理措施分析	可达性分析
		面积/万亩	压采量/亿 m^3		
城市	水源置换+节水		5.58	依据《推进南水北调配套工程建设和江水利用实施方案》，通过南水北调水源置换及工业城镇节水，其中： ①节水方面：万元工业增加值用水量由现状的 13 m^3 减至 7.2 m^3，再生水利用率从 35%增加至 39%，工业用水重复利用率从 84%增加至 92%，节水器具普及率从 78%增加至 99%，供水管网漏损率从 14%减至达到国家节水型城市标准要求； ②水源置换：规划年重点城市雄安新区、天津市和保定市供水水源中均以外调水为主，其中雄安新区生活、工业和城镇生态需水量为 3.68 亿 m^3，由实施引江补汉工程后中线供水 3.20 亿 m^3；天津市城区多年平均需水量为 15.70 亿 m^3，优先使用中线水，配置中线供水量 6.47 亿 m^3，东线供水量 4.35 亿 m^3，地表水供水量 2.65 亿 m^3，非常规水供水量 2.23 亿 m^3，用水缺口采取启用地下水应急备用水源地或由南水北调增供或引黄应急供水等措施满足；保定市多年平均需水量为 3.08 亿 m^3，配置中线一期 2.48 亿 m^3，非常规水 0.49 亿 m^3，王快、西大洋水库供水 0.04 亿 m^3，地下水供水 0.07 亿 m^3	可达
农村	种植方式调整	182.2	2.68	依据《河北省地下水超采综合治理规划》，实施农业种植方式调整 182.2 万亩，主要为季节性休耕、旱作雨养种植、非农作物替代农作物，农田灌溉水有效利用系数从 0.65 增加至 0.69	可达
	高效节水工程	265	1.95	依据《河北省地下水超采综合治理规划》，发展高效节水 265 万亩，其中高标准灌溉面积 150 万亩，亩均节水 40 m^3；喷灌、微灌高效节水灌溉面积 100 万亩，蔬菜微灌亩均节水 200 m^3，小麦玉米喷灌、经济作物和林果微灌亩均节水 60 m^3	可达
	水源置换		2.50	①通过建设城镇供水管网先周边农村延伸，引江水置换沧州、廊坊等地农村生活取用深层承压水； ②充分利用南水北调通水后城市返还给农业的水量，加大雨洪水和非常规水利用；在保障规划目标用水的前提下，利用南水北调中线总干渠中管头等分水口门，相机向沙河灌区等供水；利用南水北调东线一期北延应急供水工程，用于沿线河湖生态补水和农业灌溉；配合国家加快东线二期工程前期工作，优化河北境内工程布局； ③实施引黄入冀补淀灌区配套工程，替换沧州、廊坊井灌 13 万亩； ④通过实施河湖清理整治、河湖水系连通、河湖相机生态补水，补充地下水	可达
	小计	447.2	7.13		
合计		447.2	12.71		

(1)河北省。

河北省水污染防治工作领导小组办公室组织制定并印发了《河北省碧水保卫战三年行动计划(2018—2020 年)》。行动计划中提出:要突出京津冀水源涵养和生态环境支撑区、雄安新区等在内的五大区域水环境质量改善,着力开展白洋淀流域治理、工业污水达标整治、河流湖库流域综合治理等八大专项行动,加快实施一批骨干工程项目,确保水环境目标如期实现,为京津冀协同发展提供有力的水生态环境支撑。到 2020 年,入淀河流府河安州断面达到地表水Ⅴ类标准(氨氮≤3 mg/L),孝义河蒲口断面达到地表水Ⅴ类标准(氨氮≤6.5 mg/L);白洋淀湖心区水质达到地表水Ⅲ~Ⅳ类标准,南刘庄断面稳定达到或优于地表水Ⅴ类标准。

针对白沟河、漕河、沙河等环淀河流因地制宜地提出各项水污染治理措施,编制水体达标方案,如《保定市白沟河新盖房断面水体达标方案》《保定市漕河马庄断面水体达标方案》《保定市府河焦庄和安州断面水体达标方案》《保定市沙河灌渠大寺头断面水体达标方案》《保定市孝义河蒲口断面水体达标方案》等。提出的措施包括:新改扩建污水处理厂、建设配套管网工程改善城镇生活污染;对部分工业企业提出提标改造要求,以减小对地下水污染隐患;开展农村环境综合整治项目,提高农村生活垃圾及生活污水的收集处理率。

河北省针对大清河流域发布了《大清河流域水污染物排放标准》,于 2018 年 10 月 1 日实施。标准中设定了化学需氧量、五日生化需氧量、氨氮、总氮、总磷等 5 项水污染物排放限值。大清河流域核心控制区污染物排放限值与北京标准中最严的 A 类相当,如 COD 为 20 mg/L、氨氮为 1.0 mg/L、总氮为 10 mg/L、总磷为 0.2 mg/L;重点控制区排放限值与北京标准中的 B 类相当,COD 为 30 mg/L、氨氮为 1.5 mg/L、总氮为 15 mg/L、总磷为 0.3 mg/L;一般控制区 COD 为 40 mg/L、氨氮为 5.0 mg/L、总氮为 15 mg/L、总磷为 0.4 mg/L,比国家规定的城镇污水处理厂一级 A 的 50 mg/L 严格。

此外,河北省发布了地方标准《农村生活污水排放标准》(DB 13/2171—2020),于 2021 年 3 月 1 日实施。标准中设定化学需氧量、悬浮物、氨氮、总氮、总磷、动植物油、类大肠杆菌群、pH 值等 8 项水污染物排放限值。排入湖泊、水库等半封闭水域时,执行一级标准,排入Ⅲ类水体时,执行二级标准;排入Ⅳ、Ⅴ类水体时,执行三级标准。对白洋淀等有特殊需求的地区还进一步提高了要求,直排入淀要求与北京标准中的 A 类相当,直排入主要入淀河流要求与北京标准中的 B 类相当。

(2)天津市。

天津市人民政府印发天津市打好污染防治攻坚战八个作战计划的通知,其中《天津市打好碧水保卫战三年作战计划(2018—2020 年)》提出,到 2020 年,全市基本消除黑臭水体;城市集中式饮用水水源水质全部达到或优于Ⅲ类标准;渤海天津海域生态环境保持稳定;地表水水质优良(达到或优于Ⅲ类)比例达到 40%以上,丧失使用功能的水体(劣于Ⅴ类)断面比例降低到 30%以下;地下水质量考核点位水质级别保持稳定,极差点位比例不超过 25%。

结合天津市滨海新区沿海特性,针对性地制定了《天津滨海新区水体达标方案》,明确提出调整产业结构、优化空间布局、推动循环经济,控制城镇生活污染治理、狠抓工业防治、推进农业农村污染防治、加强船舶港口污染控制等。严格控制海岸排污，落实海上排污许可相关规定。

天津市发布了《天津市污水综合排放标准》(DB 12/356—2018)，2018 年 2 月 1 日开始实施，排入Ⅳ类及以上水体，要求 COD≤30 mg/L，氨氮≤1.5 mg/L，总氮≤10 mg/L，总磷≤0.3 mg/L；排入Ⅴ类水体，要求 COD≤40 mg/L，氨氮≤2 mg/L，总氮≤15 mg/L，总磷≤0.4 mg/L。

此外，天津市还颁布了污水处理厂排放的地方标准《城镇污水处理厂水污染物排放标准》(DB 12/599—2015)，其中污水处理厂设计规模≥10 000 m^3/d 时，执行 A 标准(COD≤30 mg/L，氨氮≤1.5 mg/L，总氮≤10 mg/L，总磷≤0.3 mg/L)；设计规模<10 000 m^3/d 且≥1 000 m^3/d 时，执行 B 标准(COD≤40 mg/L，氨氮≤2.0 mg/L，总氮≤15 mg/L，总磷≤0.4 mg/L)；设计规模<1 000 m^3/d 时，执行 C 标准(COD≤50 mg/L，氨氮≤5.0 mg/L，总氮≤15 mg/L，总磷≤0.5 mg/L)。

(3)北京市。

北京市发布了《北京水污染物综合排放标准》(DB 11/307—2013)，于 2014 年 1 月 1 日开始实施，对于直接向地表水体排放污水的单位(村庄生活污水处理站除外)，要求排入Ⅱ、Ⅲ类水体 COD≤20 mg/L，氨氮≤1.0 mg/L，总氮≤10 mg/L，总磷≤0.2 mg/L；排入Ⅳ、Ⅴ类水体 COD≤30 mg/L，氨氮≤1.5 mg/L，总氮≤15 mg/L，总磷≤0.3 mg/L。

对于村庄生活污水处理站，要求现有污水处理站排入Ⅱ、Ⅲ类水体 COD≤50 mg/L，氨氮≤5 mg/L，总氮≤15 mg/L，总磷≤0.5 mg/L；排入Ⅳ、Ⅴ类水体 COD≤60 mg/L，氨氮≤8 mg/L，总氮≤20 mg/L，总磷≤1.0 mg/L。要求新(改、扩)污水处理站排入Ⅱ、Ⅲ类水体 COD≤30 mg/L，氨氮≤1.5 mg/L，总氮≤15 mg/L，总磷≤0.3 mg/L；排入Ⅳ、Ⅴ类水体 COD≤40 mg/L，氨氮≤5 mg/L，总氮≤15 mg/L，总磷≤0.4 mg/L。

此外，北京市还颁布了污水处理厂排放的地方标准《城镇污水处理厂水污染物排放标准》(DB 11/890—2012)，其中排入北京市Ⅱ、Ⅲ类水体的污水处理厂执行 A 标准(COD≤20 mg/L，氨氮≤1.0 mg/L，总氮≤10 mg/L，总磷≤0.2 mg/L)；排入北京市Ⅳ、Ⅴ类水体的污水处理厂执行 B 标准(COD≤30 mg/L，氨氮≤1.5 mg/L，总氮≤15 mg/L，总磷≤0.3 mg/L)，与北京市污水综合排放标准基本相同。

(4)山西省。

山西省人民政府办公厅印发了《山西省水污染防治 2018 年行动计划》，提出“国考 58 个地表水监测断面中水质优良(达到或优于Ⅲ类)断面比例达到 53.4%，劣Ⅴ类的水体断面比例下降到 17.2%。设区市集中式饮用水水源水质达到或优于Ⅲ类比例，总体达到 92%以上，地下水质量考核点位水质极差比例控制在 6%以内。汾河流域各城市全面消除黑臭水体，其余设区城市建成区黑臭水体消除比例达到 80%”。

山西省发布了《污水综合排放标准》(DB 14/1928—2019)，于 2021 年 1 月 1 日开始实施。生活污水排入Ⅱ～Ⅴ类水环境功能区，要求 COD≤40 mg/L，氨氮≤1.0 mg/L，总磷≤0.4 mg/L。其他排放污水排入Ⅱ、Ⅲ类水体 COD≤30 mg/L，氨氮≤1.5 mg/L，总磷≤0.3 mg/L；排入Ⅳ、Ⅴ类水体 COD≤40 mg/L，氨氮≤2 mg/L，总磷≤0.4 mg/L。

京津冀晋四省(市)水污染防治相关行动的开展，为大清河流域扭转水环境恶化的态势，为水资源保护规划的实施和达效创造了有利条件，为流域水环境目标的实现奠定了基础。

3. 本次规划水环境目标可达性分析

(1) 污染物入河控制量目标。

流域污染物主要分为点源污染物和面源污染物，其中规划年点源污染物排放量贡献率为 88%~90%，面源污染物占比相对较少。因此，主要对流域内污染物进行综合整治，主要包括优化调整入河排污口布局、严格执行污染物排放标准、促进产业转型发展、污水处理厂提标改造、综合整治河道黑臭水体、农业农村污染防治、新增生态净化湿地、污水循环利用等。通过各项水污染治理措施，大清河流域污染物 COD、氨氮入河控制量分别为 1.93 万 t/a、0.09 万 t/a。

京津冀晋四省(市)分别颁布了水污染物综合排放标准，北京、天津还颁布了污水处理厂地方标准，进一步限制了污染物入河浓度；随着规划年各项治污措施、防治措施的实施，入河排污口的综合整治，点源污染物得到有效控制；而面源污染经湖库周边整治、农业面源污染治理、生态净化湿地后存在一定程度的削减。因此，污染物入河控制量目标基本可达。

(2) 水功能区达标率目标。

根据各水功能区水质目标确定大清河流域总 COD、氨氮纳污能力分别为 1.93 万 t/a、0.09 万 t/a。本次规划确定的流域污染物 COD、氨氮入河控制量分别为 1.93 万 t/a、0.09 万 t/a，均小于流域纳污能力。因此，在水环境污染物入河量满足纳污能力要求，同时流域内河道生态需水量满足的前提下，流域内水功能区达标率目标基本可达。

(3) 白洋淀水质目标。

引黄入冀补淀、南水北调东线及中线为白洋淀补充水源，补水水源水质要求为Ⅲ~Ⅳ类水体。为确保白洋淀淀区水质目标，将分入淀河流水质及淀区水质两部分保障其目标可达性。

入淀河流水质方面，主要按照不低于Ⅳ类的水质目标进行控制。依据规划，针对入淀河流，从流域控源截污、内源治理生态修复、环境流量保障和加强河道管理等方面提出具体规划要求，确保入淀河流水质达标；工业污染方面，从优化新区产业发展格局、推进传统产业集聚区污染控制等方面提出规划要求；针对新区农村，分别从农村生活污水治理、垃圾治理、农业面源污染防治、养殖污染防治四个方面细化了规划内容。依据《河北雄安新区及白洋淀上游流域山水林田湖生态保护修复工程》，从入淀河流水量、水质角度进行生态保护与修复。通过建设河流生态基流恢复与水资源保障工程，保障入淀河流水资源量及生态需水量；通过入河污染控制工程，新建 3 个项目涉及县城市污水厂新改扩建与提标改造，21 个项目涉及城镇污水厂建设工程，达标处理市县级城镇生活污水；新建 60 项临河农村污水与垃圾处理工程，削减临河村庄污水及垃圾污染；河道水质改善与生态修复工程，开展萍河、漕河、大清河干流等河流水质提升及生态修复工程建设，通过河道清淤、生态修复等措施全面提升入淀河流水质；通过水系连通工程，利用引水增加河流水量，提升自净能力及河流流动性，通过全面开展以上工程，可有效削减入淀河流内源污染、控制外污染源、提升河流水量及流动性，可全面保障入淀水质提升至Ⅳ类。

淀区水质方面，主要按照Ⅲ~Ⅳ类的水质目标进行控制。依据规划要求，对淀区周边城市水污染进行综合治理，建立高标准的污水处理系统及垃圾处理系统，实施雨污分流，推行垃圾分类，建设海绵城市；对农村及农业面源，近期采用可移动式污水处理设施，远期执行雄安新区相关标准要求，严禁污水入淀入河；近期保留村庄配置临时或可移动式垃圾收集设施，利用新区和周边现有设施进行处置和资源化利用，远期建设先进专业的垃圾处理系统，形成垃圾治理长效机制；发展绿色生态农业。调整农业种植结构，转变施肥方式，科学使用农药，建立农田生物拦截带，严控农田退水。依据《河北雄安新区及白洋淀上游流域山水林田湖生态保护修复工程》，围绕淀区的疏浚、连通、生态改善、台田、湿地等内容进行整治，通过开展七大淀区的疏浚处置、围堤围埝拆除、垃圾处理、沙洲和鸟岛等生境修复，鸟类、植被、生物、鱼类等生物多样性修复，淀区生态需水与水资源保障，淀区水动力连通和水动力调控，淀区台田修复和维管束植被种植，五大湿地的构建等工程，有效提升整个淀区的整体生态环境、水环境品质，保障淀区水质提升和水体连通，完善淀区的湿地体系和生态系统循环，有利于整个淀区自然化、体系化的生态循环，可保障淀区水质由Ⅳ、Ⅴ类提升至稳定Ⅲ~Ⅳ类。

综上所述，在水环境污染物入河量满足纳污能力要求，同时流域内河道生态需水量满足的前提下，COD、氨氮污染物入河控制量、水功能区达标率以及白洋淀水质三个指标是可达的（见表 8-3-5）。

表 8-3-5　本次规划水环境措施目标可达性分析

环境要素		环境目标	评价指标	现状年（2018 年）	规划年（2035 年）	可达性分析
水环境	污染物入河控制量	满足水功能区水质要求； 控制水污染，改善下游部分支流水环境； 满足白洋淀水质目标	纳污能力 COD/（万 t/a）	1.93	1.93	在水环境污染物入河量满足纳污能力要求，同时流域内河道生态需水量满足的前提下，COD、氨氮污染物入河控制量、水功能区达标率以及白洋淀水质三个指标是可达的。 对白洋淀入淀河流及淀区各项治理措施，保障淀区水质指标基本可达
			纳污能力氨氮/（万 t/a）	0.09	0.09	
	其他指标		白洋淀水质	Ⅴ类	Ⅲ~Ⅳ类	

8.3.2.3　水生态

1. 环保目标

进一步巩固山区水源涵养功能，在一定程度上改善入淀河流及白洋淀淀区生态环境。

2. 保障措施

a. 政策保障

（1）生态补水。

根据规划要求，白洋淀淀区正常水位将保持在 6.5~7.0 m，淀区面积稳定在 360 km^2。为了实现这一目标，引黄入冀补淀工程将建立稳定的常态化补水机制，于每年 11 月到翌年2月向白洋淀实施冬季补水，每年通过白洋淀引黄泵站入淀补水量可达1.1亿m^3。

经过多年建设，南水北调工程在保定市形成以南北走向的中线总干渠为纵，以东西走向的廊涿干渠、天津干渠、保沧干渠为横，结合与南水北调总干渠连通的王快、西大洋、安格庄3座大型水库，构筑起"一纵三横三库"为骨干体系的南水北调供水工程，年分配5.5亿m^3长江水。

(2)本次规划拟划定的栖息地保护区已有的政策保障。

目前，野三坡风景名胜区、涞水野三坡国家级森林公园和涞源县拒马源国家城市湿地公园都已经被列入《保定市主体功能区负面清单》(保定市发改委2017年8月7日公布)，属于禁止开发区域。

阜平中华鳖国家级水产种质资源保护区所在河段已纳入保定市主体功能区负面清单，根据《保定市主体功能区负面清单》要求，禁止在保护区内从事围湖造田、围海造地或围填海工程，禁止新建排污口。核心区内严禁从事任何生产建设活动。水产种质资源保护区特别保护期内不得从事捕捞、爆破作业以及其他可能对保护区内生物资源和生态环境造成损害的活动。

白洋淀作为国家重要湿地，是河北省级自然保护区，同时也是国家级水产种质资源保护区和风景名胜区，已被列入《保定市主体功能区负面清单》。

b. 已有实施的生态补水

2019年围绕恢复白洋淀生态功能，改善白洋淀水生态环境，河北省统筹调度多种水源，累计向白洋淀生态补水已超过3.5亿m^3。截至2019年12月中旬，白洋淀水位超过7 m，水面面积达到270多km^2，实现了向白洋淀生态补水的年度目标。

白洋淀是雄安新区最重要的生态支撑，8条入淀河流上游均在保定市。2018年，保定市通过合理调配本地地表水、南水北调退水，合理利用雨洪资源等实施多源补给，实现河道过水6.5亿m^3，使雄安新区的水生态质量得到明显提升，白洋淀蓄水量维持高位。2019年，依照河北省政府下发的补水方案，保定市结合河道现状，主要对沙河总干渠—月明河—孝义河(补水时间2019年3月25日至7月10日，流量前期按3 m^3/s调度)，唐河总干渠—曲逆河—界河—龙泉河—清水河(补水时间2019年3月25日至6月1日，流量按2~4 m^3/s调度)，市区府河—白洋淀，中易水—南拒马河(预计补水量0.12亿m^3，补水时间分为2019年3月1日至4月1日，流量按4.5 m^3/s调度)，北易水—中易水—南拒马河(预计补水量0.07亿m^3，补水时间分为2019年3月1日至4月1日，流量按2.5 m^3/s调度)等主要河道进行补水，预计总补水约1.7亿m^3，截至2019年4月1日共计放水2 660万m^3，全市从南到北多条河道(约400 km河道)实现清水流动，沿线地下水位明显上升，对恢复改善全市水生态、打造良好水环境具有重要意义。

天津充分利用引江中线、引江东线、引滦水等优质水源实施生态补水，全年累计为海河、独流减河等重点河道及北大港湿地、团泊湿地等重要湖泊湿地补水14亿m^3，有效改善了河湖生态水质。为提升北大港湿地生态环境质量，为候鸟迁徙提供良好环境，利用于桥水库引滦水源和汛期雨洪资源为北大港水库实施补水。水库蓄水量由干库状况增加至1.81亿m^3，水面面积由不足30 km^2增加至119 km^2，为珍稀候鸟的迁徙、繁衍提供了良好栖息地，同时为改善本市南部四河及周边地区水环境提供了水源储备。

团泊洼湿地持续实施年度生态补水工程,2018—2019 年累计置换补水 1.38 亿 m^3,水质保持良好的同时,实现了团泊湖 1.36 亿 m^3 的蓄水量。

c. 本次规划拟划定的栖息地保护区先天有利条件

根据目前流域内水生态现状,对于栖息地保护,建议朝着形成"一带、一片、一淀"的流域整体栖息地保护方向进行规划。其中"一带"指拒马河水生生物保护区,形成连通性完整、生境异质性高的河流型保护区,成为流域保护的示范性建设;"一片"指的是太行山区,涵盖各主要河流上游地区(王快水库以上以阜平中华鳖水产种质资源保护区核心区范围为准)的连片保护区,保护区的形成不但对于水生生物有重要意义,对于水源涵养等水资源保护也有重要帮助;"一淀"则是指以白洋淀为核心区开展综合治理和生境恢复,为雄安新区建设打造良好的生态环境。

本次规划水生态保护措施目标可达性分析见表 8-3-6。

表 8-3-6　本次规划水生态保护措施目标可达性分析

环境要素	环境目标	治理措施	可达性分析
水生生态	进一步巩固山区水源涵养功能,在一定程度上改善入淀河流及白洋淀淀区生态环境; 形成"一带、一片、一淀"的流域整体栖息地保护区; 白洋淀水位达到 6.5~7.0 m	山区河流依靠流域降水汇流满足生态水量要求;统筹地表水、再生水、外调水给平原河流(中易水、沙河、唐河、白沟河、南拒马河、独流减河、海河干流)以及团泊湖、北大港湿地进行生态补水	基本可达
		划定拒马河水生生物保护区以及以白洋淀为核心区开展综合治理和生境恢复	可达
		依靠引黄入冀补淀工程、南水北调东线工程和王快、西大洋、安格庄 3 座水库水量下泄以及白沟引河、府河、孝义河上游城镇污水处理厂尾水可保障入淀水量 3 亿 m^3,逐步恢复 6.5~7.0 m 水位	可达

8.3.3　规划控制性指标

为了规范流域不同河段的开发利用活动、控制开发强度,为实施流域综合管理提供依据,必须划定经济社会发展活动不可逾越的"红线"。针对不同河段及区域治理开发与保护的任务,考虑维护河流健康的要求,从水资源管理、河道内生态环境用水等方面,选择了河道防洪标准达标率、主要城市(组团)防洪标准达标率、地表水资源开发利用率、万元工业增加值用水量、农田灌溉水有效利用系数、用水总量、再生水利用率、水功能区水质达标率、水功能区限制排污量(COD)、水功能区限制排污量(氨氮)、河道内生态需水量、白洋淀水位、白洋淀水质类别、新增地下水压采量等主要控制指标。

8.3.3.1　防洪减灾控制指标

2025 年、2035 年河道防洪标准达标率不低于 60%、100%,主要城市(组团)防洪标准达标率不低于 60%、100%。

大清河流域防洪减灾控制指标的确定，主要依据流域上、中、下游的不同特点，结合流域防洪区划以及社会经济发展等要求确定。

8.3.3.2　**水资源管理控制指标**

2025 年、2035 年用水总量分别控制在 65.92 亿 m^3、71.69 亿 m^3 以内，地表水资源开发利用率控制在 54%、50%，新增地下水压采量 10.21 亿 m^3、12.71 亿 m^3，万元工业增加值用水量控制在 10.4 m^3/万元和 7.2 m^3/万元，灌溉水利用系数达到 0.68、0.69，再生水利用率控制在 38%、39%。

大清河供水及用水效率指标的制定，以海河流域水资源综合规划为依据，考虑了流域水资源量的变化，统筹协调河道外经济社会发展用水和河道内生态环境用水之间的关系，提出的控制指标基本合理可行。

8.3.3.3　**水质目标及入河污染物总量**

根据《中国水功能区划》和北京市、天津市、河北省、山西省人民政府批复的水功能区划以及确定的规划目标，详见第 4 章 4.2.1 节。

根据《海河流域综合规划》，大清河主要污染物入河控制量指标：2020 年 COD 为 2.61 万 t/a，氨氮为 0.13 万 t/a；2030 年 COD 为 2.87 万 t/a，氨氮为 0.14 万 t/a。大清河水系主要污染物入河控制量指标：COD 为 1.93 万 t/a，氨氮为 0.09 万 t/a。水质目标的确定主要根据断面所在水功能区的水质目标，所选取的断面均为重要水功能区控制断面，断面设置合理。

为实现流域水功能区目标，必须实行最严格的水域纳污“红线”控制制度。以流域水功能区纳污能力为约束条件，考虑区域经济社会发展、布局和污染治理水平，评价认为提出的水质目标及入河污染物总量控制指标基本合理可行。

8.3.3.4　**生态水量指标**

考虑流域水资源状况和供需矛盾日趋尖锐的情况，统筹协调经济社会发展用水和河道内生态环境用水关系，经供需平衡分析，河流生态水量为 1.82 亿 m^3，湿地生态水量为 5.76 亿 m^3，入海水量 0.73 亿 m^3，河流水量山区、平原不重复累计，扣除上下游重复量后，大清河流域合计生态需水量 7.58 亿 m^3。

山区河流拒马河紫荆关断面按照多年平均径流量的 30%下泄生态水量，由于该断面依靠本流域降雨径流可满足其生态水量要求，本次规划通过取用水管控、强化节水等措施加强管理，维持现状。考虑到 1980—2016 年系列地表水资源量均值较 1956—2000 年系列减幅 22.7%，减幅较大，本次规划采用 1980—2016 年系列进行复核，确定紫荆关断面为 1980—2016 年系列多年平均径流量的 30%，对照《海河流域综合规划》，小于海流规规划成果（1956—2000 系列多年平均径流量的 30%即 0.72 亿 m^3），但更切实符合大清河流域现状水资源状况。

平原河流沙河王快水库坝下断面、中易水安格庄水库坝下断面及唐河西大洋水库坝下断面按照水库多年平均天然径流量的 10%下泄生态水量，根据《海河流域综合规划》，对于水体连通和生境维持功能的河段，要保障一定的生态基流，原则上采用 Tennant 法计算，平原河流取多年平均天然径流量的 10%～20%作为生态水量，因此原则上，本次规划提出以上断面下泄的生态水量是合理的。

根据《海河流域综合规划》,独流减河等大量接纳城市排水的河流,生态水量根据现状实测水平确定。近 5 年独流减河(进洪闸—防潮闸)平均实测水量为 0.16 亿 m^3,本次规划通过生态景观功能法计算其蒸发渗漏量,同时独流减河考虑入海水量,确定独流减河最小生态需水量为 0.27 亿 m^3/a,保持常年有水面。由于独流减河近 5 年实测水量较小,本次规划确定的生态需水量小于海河流域综合规划成果(2013 年前每年有 0.5 亿~2 亿 m^3 涝水和污水排入河道,确定的生态需水量 1.24 亿 m^3),但本规划确定生态需水量原则与海流规保持一致,因此确定的生态需水量基本合理。

海河干流(子北汇流口—海河闸)、团泊洼水库和北大港水库的最小生态水量均与海河流域综合规划成果保持一致,同时满足海河流域综合规划成果要求。

综上所述,本次规划提出的河流湿地的生态水量指标基本合理。

8.4　规划布局的环境合理性分析

从主体功能区划、水功能区划、生态功能区划等相关功能区划的保护要求、环境敏感区的制约性等方面论证规划布局的环境合理性。

8.4.1　水资源利用规划

水资源利用规划包括水资源配置、地下水压采规划、节水规划、重点城市供水、航运规划等相关内容。水资源开发利用总体布局具体见第 3 章 3.1.3 节。

8.4.1.1　水资源配置、地下水压采、节水规划

上游山区以太行山脉为主,是大清河流域水源涵养和水源地,人口和产业分布较少,但水土流失严重,存在一定的水源地安全隐患;山前平原、淀区周边以及下游地区,人口及产业密度较大,现状水资源条件勉强支撑区域经济社会发展,地下水超采现象严重。随着雄安新区的成立,保定市、天津市以及北京市等重点城市的发展,水资源承载能力已成为严重制约之一。本次流域规划遵循习近平总书记“节水优先、空间均衡、系统治理、两手发力”的十六字治水方针,从本地水、外调水两方面发力优化调整流域水资源配置。对于上游山区,以提高节水水平、保障用水安全为主;对于山前平原、下游平原等水资源承载压力较大区域,进一步深挖节水潜力、控制地下水压采、充分利用外调水,解决“三生”用水矛盾,优化原有水资源配置,并选取试点河流开展地下水回补工程;对于淀区周边区域,随着雄安新区的成立,区域人口及产业激增,白洋淀淀区生态环境用水需求也明显提高,“三生”用水量机械增长明显,因此以水资源配置为主,兼顾白洋淀的生态补水与环境整治。

基准年供水量为 57.02 亿 m^3,缺水量为 9.76 亿 m^3,缺水率达 14.6%,缺水区域主要为河北省和天津市。现状年供水主要通过超采地下水和外调水解决,其中以地下水为主,占比 53.7%,外调水次之,占比 23.7%。本次规划按照“节水优先、量水而行”的原则,在优先保证生活用水和河道内基本生态用水的前提下,实现地下水采补平衡、逐步改善,统筹协调河道内生态用水和河道外经济社会发展用水之间的关系,当地地表水、地下水、外调水、非常规水等多水源联合调度,至规划水平年 2035 年,缺水量减至 0.13 亿 m^3,缺水

率为 0.2%，主要是河北省农业灌溉缺水。从空间布局分析，流域内缺水情况得到基本缓解。

此外，雄安干渠、府河输水线路、扩建保沧干渠、中管头分水口—沙河干渠线路穿越优先保护单元；张坊镇集中供水厂、大石窝河西联村供水厂占用优先保护单元；大型灌区节水改造设计优先保护单元。供水线路工程与供水水厂属于基础设施建设工程，且环境影响主要集中在施工期；灌区节水改造可进一步减少农业用水量及退水量。因此，上述工程符合"三线一单"要求。

水资源利用规划布局合理性分析见表 8-4-1。

表 8-4-1 水资源利用规划布局合理性分析

规划名称	布局	合理性分析
水资源配置	实行最严格的水资源管理制度，深挖当地节水潜力，充分高效利用外调水，加大使用非常规水，开展地下水整治，优化水资源配置，在保障经济社会发展和生态环境基本用水需求的前提下，实现流域经济社会用水总量低速增长和上下游用水和谐	水资源配置成果：由前文水资源配置结果及影响可知，与基准年相比，2025 年和 2035 年，各个水源和用水对象水资源配置变化较大，其中供水量中地表水和地下水用水量逐步降低，非常规水和外调水供水量大幅增加；用水量中生活用水、工业用水、生态用水增加，农业灌溉用水量下降。整个流域缺水量减至 0.13 亿 m^3，缺水率为 0.2%，主要是河北省农业灌溉缺水。从空间布局分析，流域内缺水情况得到基本缓解
地下水压采	城镇：通过优化产业布局，推进工业和城镇节水；南水北调水源置换及工业城市节水。 农村：种植方式调整、农业节水灌溉、水源置换、河湖地下水回补等措施	地下水压采规划重点区域为城镇及灌区，主要分布在大清河流域中下游，而大清河流域的敏感目标和重要生态功能区主要分布在大清河中上游。因此，环评认为，节水规划的布局较合理
节水规划	城镇生活及工业节水：全面推进节水型城市建设、推进城镇供水管网改造、推行节水型用水器具，并加强服务业节水；推进工业节水改造、严控高耗水生产项目、充分利用引江、引黄和海水资源、强化企业内部用水管理。建设节水型社会和工业。 农业节水：以沙河、唐河、易水和房涞涿等 4 处大型灌区，24 处中型灌区为重点，调整种植结构，解决灌区渠道防渗工程，发展田间畦灌工程，加强灌区节水改造，建设节水型农业	节水规划的重点主要分布在淀西及淀东平原城镇内及现有灌区内，而流域的敏感目标和重要生态功能区主要分布在大清河中上游。因此，环评认为，节水规划的布局较合理

续表 8-4-1

规划名称	布局	合理性分析
重点城市供水	结合天津市区、雄安新区、保定市城市发展和生态建设空间需求，依托南水北调中线一期工程、东线二期工程、引黄入冀补淀调水工程和西大洋、王快水库、安格庄水库为主要供水水源，以已建的天津干线、保沧干渠和新建雄安干渠及调蓄库为骨干输水通道，构建“两纵三横”的水资源配置工程格局，合理利用外调水、当地水、再生水，完善区域供水网络，强化水源互联互通，形成多源互补的供水格局	本次水资源利用规划重点在中游的雄安新区、保定市和下游的天津市，而大清河流域的敏感目标和重要生态功能区主要分布在大清河中上游。本次重点城市供水尽量依托已建的引调水线路和现有河道，新建府河输水线路、扩建保沧干渠、中管头分水口—沙河干渠线路、雄安干渠涉及南水北调中线水源保护区，考虑为供水工程，符合饮用水水源保护区管理要求；石槽沟水库龙王庄壅水坝位于阜平中华鳖水产种质资源保护区实验区，已取得农业农村部渔业渔政管理局关于石槽沟水库枢纽工程对阜平中华鳖国家级水产种质资源保护区影响专题论证报告意见的复函（农渔资环便〔2019〕98 号），原则同意专题报告的主要结论及渔业资源保护和补偿措施。因此，环评认为，供水工程的布局是合理的

由表 8-4-1 分析可知，水资源利用规划布局符合大清河流域相关规划、区划生态环境保护定位。

8.4.1.2　航运规划

赵王新河、大清河、子牙河、海河干流、南运河均涉及河湖滨岸带敏感生态保护红线，根据《关于在国土空间规划中统筹划定落实三条控制线的指导意见》，生态保护红线内“在符合现行法律法规前提下，除国家重大战略项目外，仅允许对生态功能不造成破坏的有限人为活动，主要包括：……不破坏生态功能的适度参观旅游和相关的必要公共设施建设……”，本次规划航运均为旅游航线，与“三条控制线”中相关要求是符合的。根据《大运河遗产保护与管理总体规划（2012—2030）》，遗产利用与展示规划中提出“充分发挥内河航运所具有的运量大、成本低、能耗小的优势，在服务于当前经济社会发展需求的同时，使京杭大运河及浙东运河大部分河段的历史功能得以延续”，根据南水北调东线通水后的水源条件，规划为内河Ⅵ级航道，以分段旅游客运为主。因此，南运河规划与大运河规划的要求是符合的。

大清河流域内河航道规划布局合理性分析见表 8-4-2。

表 8-4-2　大清河流域内河航道规划布局合理性分析

航道名称	起讫点	里程/km	航道等级	合理性分析
赵王新河	枣林庄枢纽—任庄子	42	Ⅵ	赵王新河、大清河、子牙河、海河干流、南运河均涉及河湖滨岸带敏感生态保护红线；南运河涉及大运河世界遗产。以上工程均符合《关于在国土空间规划中统筹划定落实三条控制线的指导意见》《大运河遗产保护与管理总体规划（2012—2030）》《中国大运河遗产管理规划》等管控要求，运行过程中落实水污染防治措施及相关环境风险应急预案后，对生态保护红线的影响较小，布局合理
大清河	任庄子—第六埠	33	Ⅵ	
子牙河	第六埠—子北汇流口	30	Ⅵ	
海河干流	子北汇流口—光华桥	9	Ⅵ	
	光华桥—二道闸	25	Ⅵ	
	二道闸—滨海大桥	28	Ⅲ	
	滨海大桥—海河闸	11	Ⅰ	
南运河	穿运枢纽—三岔河口	125	Ⅵ	
合计		303		

8.4.2　防洪排涝规划

以雄安新区防洪规划为契机，对全流域上下游防洪排涝体系进行系统治理调整，遵循“上蓄、中疏、下排，适当地滞”的防洪方针，完善以河道堤防为基础、大型水库为骨干、蓄滞洪区为依托的防洪工程体系。对于上游山区，充分发挥大中型水库枢纽的蓄水效益，因此上游山区以大中型水库除险加固为主，兼顾山洪灾害治理；山前平原区、白洋淀周边区域，受雄安新区防洪规划影响，适当提高防洪标准，对不满足防洪标准的河道进行分段治理，随着河道防洪标准的提高，缓解蓄滞洪区分洪压力，因此需对流域防洪体系及洪水安排进行优化调整；对于下游区域，以城市防洪与排涝为主，沿渤海区域全面禁止新增围填海，坚决保护自然岸线。

北拒马河、南拒马河、白沟河、北易水、清水河、唐河、潴龙河（沙河）、新盖房分洪道、赵王新河、漕河、瀑河、孝义河、独流减河等 13 处河道治理；安格庄水库、旦里水库、忠勇水库、黄金峪水库除险加固位于优先保护单元，上述工程均属于防洪工程，不属于禁止或限制的开发建设活动，符合“三线一单”中生态环境管控要求。

防洪排涝规划分为水库工程规划、河道治理规划、蓄滞洪区治理规划、城市防洪规划、排涝规划、风暴潮防御中小河流治理山洪灾害防治规划及排涝规划等内容。防洪排涝规划总体布局见第 3 章 3.1.5 节。具体细化布局见表 8-4-3。

由表 8-4-3 分析可知，从布局上考虑，除张坊水库坝址位于拒马河水生野生动物自然保护区的缓冲区，水库库区会涉及核心区，具有环境制约性外，其他防洪排涝布局符合大清河流域相关规划、区划生态环境保护定位；工程布置、工程内容考虑了环境敏感区的制约性，规划布局基本合理。

表 8-4-3　防洪排涝规划布局合理性分析

规划名称	布局	合理性分析
水库工程规划	本次规划涉及新建水库 4 座，其中新建水库主要为张坊水库、土门水库、李思庄水库，作为资源点保留，规划期内不予实施；二道河水库进一步研究建设的必要性和可行性。还有安格庄水库、旺隆水库、旦里水库、忠勇水库、黄金峪水库等 5 座水库经安全鉴定为病险水库。根据这 5 座水库存在的主要问题，结合当地灌溉、供水等的实际需求，规划安排在近期完成除险加固任务	张坊水库坝址位于拒马河水生野生动物自然保护区的缓冲区，水库库区会涉及核心区，不符合《中华人民共和国自然保护区条例》中规定的“在自然保护区的核心区和缓冲区内，不得建设任何生产设施”，具有环境制约性。同时，张坊水库涉及北京十渡国家地质公园、房山世界地质公园、十渡风景名胜区，与《风景名胜区条例》中规定的“风景名胜区内的建设项目应当符合风景名胜区规划，并与景观相协调，不得破坏景观、污染环境、妨碍游览”、《地质遗迹保护管理规定》规定的“不得在保护区内修建与地质遗迹保护无关的厂房或其他建筑设施”冲突。 二道河水库涉及京西南水土保持与水土流失防治生态保护红线；土门水库涉及河湖滨岸带敏感生态保护红线，符合《关于在国土空间规划中统筹划定落实三条控制线的指导意见》中规定的“必须且无法避让、符合县级以上国土空间规划的线性基础设施建设、防洪和供水设施建设与运行维护”的要求，布局合理。 病险水库基本都位于大清河上游，安格庄水库、旺隆水库、旦里水库、崇青水库、天开水库位于太行山水源涵养与土壤保持功能区；安格庄水库、旺隆水库位于太行山生物多样性优先保护区域，考虑到水库除险加固的必要性、工程性质，对重点生态功能区及生物多样性区域的影响相对较小。布局基本合理
河道治理工程	按照“上蓄、中疏、下排，适当地滞”的防洪方针，完善以河道堤防为基础、大型水库为骨干、蓄滞洪区为依托的防洪工程体系。此处以河道堤防为主。 北支骨干河道包括白沟河、南北拒马河；南支骨干河道包括潴龙河(陈村分洪道)、唐河(清水河)；中下游骨干河道包括新盖房分洪道、赵王新河等，独流减河已按规划标准治理，本次规划不做安排。流域南北支重要支流河道包括中易水、北易水、小清河、沙河、瀑河、孝义河、府河、漕河等	骨干河流和重要支流防洪的重点是人口较为集中，社会经济较为发达的山前平原及淀西平原。 与环境敏感区位置关系：北拒马河、南拒马河、唐河、清水河、中易水、北易水治理穿越南水北调中线水源保护区，独流减河涉及北大港湿地自然保护区实验区，沙河治理穿越沙河地下水水源地；清水河、中易水和北易水涉及太行山水源涵养与土壤保持功能区；中易水和北易水涉及太行山生物多样性优先保护区域；河道治理工程均涉及生态保护红线。考虑到防洪工程建设的必要性、工程性质及对敏感区域的影响，涉及敏感区的工程主要为堤防等工程，且多为地上跨越现有南水北调中线总干渠，不直接接触，因此对环境的影响相对较小，布局基本合理

续表 8-4-3

规划名称	布局	合理性分析
蓄滞洪区治理	小清河:安全区 3 处未调整; 兰沟洼:一般蓄滞洪区调整为重要蓄滞洪区; 白洋淀:安全区由 6 处调整为 5 处,蓄滞洪区面积减少; 东淀:安全区由 5 处调整为 9 处; 文安洼:安全区由 7 处调整为 5 处; 贾口洼:安全区由 5 处调整为 2 处,蓄滞洪区面积减小; 团泊洼:维持现状	一方面,大清河系设计洪水减小 20%以上;另一方面,独流减河达标建设后,与蓄滞洪区设立时相比下泄能力增大,蓄滞洪区蓄洪量会相应减少。另外,由于地面沉降,蓄滞洪区容积又有不同程度的增加。 蓄滞洪区调整不涉及环境敏感区、生态保护红线、太行山水源涵养与土壤保持功能区和太行山生物多样性优先保护区域。因此,蓄滞洪区调整布局基本合理
城市防洪	对雄安新区、保定市、定州市和涿州市进行防洪排涝规划,其中雄安新区分别对起步区、寨里、雄昝组团对现有堤防加高加固提高防洪标准;结合流域河道规划治理,加高加固漕河右堤、界河左堤,南部加高加固龙泉河、清水河左堤,使得中心城区的防洪标准达到 100 年一遇。满城区、清苑区城区防洪工程可结合中心城区防洪工程建设一并解决。徐水区城区防洪可采取局部防护的工程措施,使其防洪标准提高到 50~100 年一遇;定州市、涿州市结合河道治理规划,加高加固堤防	新安北堤治理紧邻白洋淀湿地自然保护区实验区,根据《新安北堤防洪治理工程(一期)项目环境影响报告书》,新建防洪段永久占地及布置土料场临时占地涉及实验区,两者占用保护区总面积 0.7%,比例很小,且影响的植被主要为农作物、狗尾草、葎草、灰绿藜,以及少量人工栽植的小乔木等,无珍稀、濒危物种。不会对保护区整体湿地生态系统结构产生较大影响,更不会影响其生态系统的稳定性,对保护区这个生态系统稳定性所产生的负面影响较小。同时,考虑到雄安新区规划,防洪工程建设的必要性、工程性质及对敏感区域的影响,涉及敏感区的工程主要为现有堤防工程加高,对环境的影响相对较小,布局基本合理
风暴潮防御、中小河流治理及山洪灾害防治	按照"渤海八条"全面禁止新增围填海、坚决保护自然岸线等要求,相应调整原防潮规划的堤线布置; 中小型河流治理,主要为堤防护岸加固和建设、河道清淤疏浚、排涝工程等。 以小流域综合治理为重点加强山丘区河流山洪灾害防治,采取"以防为主,防治结合,非工程措施与工程措施相结合"的综合治理措施,有效减轻山洪灾害	风暴潮防御、中小河流治理及山洪灾害主要以防为主,对敏感区不会产生不利影响,布局基本合理
排涝规划	本次规划基本维持原排涝系统,重点安排建筑物维修加固和骨干河道清淤,新挖渠系,使各级河道排涝畅通,机排标准偏低的区域增加机排能力,扩建或重建排涝泵站	排涝规划主要有利用现有河道,工程内容主要有清淤、扩建或者重建排涝泵站,对环境的影响相对较小,布局基本合理

8.4.3 水资源保护规划

大清河流域地处华北平原,人口、产业分布密集,区域水环境压力较大。上游山区主要为大中型水库水资源保护,充分发挥水库水源地及水源涵养功能;山前平原则是兼顾地表水及地下水资源保护,对环淀河流进行综合治理,选取试点河流开展地下水回补工程;淀区周边水资源保护为流域水资源保护的核心,充分利用优质外调水资源,维持淀区生态水位在 6.5~7.0 m,水质基本可满足Ⅲ~Ⅳ类水质目标;对下游地区,主要对水功能区水环境进行治理,限制污染物入河量、整治排污口等。

水资源保护规划分为地表水资源保护规划、水源地保护规划、地下水保护规划等。水资源保护规划总体布局见第 3 章表 3-1-23。

大清河流域水资源与水生态保护布局合理性分析见表 8-4-4。

表 8-4-4 大清河流域水资源与水生态保护布局合理性分析

规划名称		布局	合理性分析
水资源	地表水资源保护规划	①纳污能力与污染物入河量控制。②水功能区达标建设:入河排污口布局与整治、河湖水环境综合治理、环境风险源治理;③管理措施	严格按照各水功能区纳污能力及现状污染物入河情况确定污染物入河控制量,同时落实各项水污染防治措施,规划提出的布局基本合理
	水源地保护规划	地表水水源地:保护区划分、生态修复与保护工程、面源污染控制工程、健全监测监控体系、南水北调中线及配套工程水源保护。 地下水水源地:保护区划分、水源地保护区隔离防护工程、水源地保护区污染治理工程	划分地表水及地下水源地保护区,对水源地进行隔离保护,控制水源地上游及周边污染源,规划提出的布局基本合理
	地下水保护规划	以地下水饮用水水源地水质保护工程为重点; 泉域保护:划分泉域保护区;环境整治及湿地建设工程;监测体系	规划对地下水污染脆弱性较高的地区及保护意义较大的泉域进行保护和治理,控制周边污染源,规划提出的布局基本合理

由表 8-4-4 分析可知,水资源保护规划符合大清河流域相关规划、区划生态环境保护定位,并充分考虑了自然保护区及水产种质资源保护区等环境敏感区的制约性,规划布局比较合理。

8.4.4 水生态保护与修复规划

8.4.4.1 水生态保护与修复规划

水生态保护与修复规划中,上游山区重点通过水源涵养林建设解决水源涵养不足问题,实施退耕还林还草;山前平原,开展清洁小流域建设,推进河流绿色生态廊道建设及沙化河段治理,同时强化大中型水库水源地保护和监管,确保水源地安全,并保障下泄一定生态水量;白洋淀及周边地区打造"一淀多环绕"的生态修复格局,环淀河流开展水环境综合整治、生态水面维持、河岸带生境修复及多水源生态水量联调方案;白洋淀以下地区通过生态补水,恢复河道水面,开展河岸带生态修复,建设生态湿地等。

水生态保护与修复规划对流域的生态环境是有利的,局部的工程可能会对各自然保护区产生短暂的不利影响,但是可以通过一些措施得以减缓。规划工程均在现状河道内开展,选址具有唯一性,无法避让生态保护红线,均属于生态保护修复工程,满足生态保护红线管理要求。各水系连通工程只有大致的位置,鉴于饮用水水源保护区的敏感性,建议在下一步的规划实施过程中,保定市区大水系与漕河连通工程、南拒马河与萍河连通工程、安格庄水库与瀑河水库连通工程避开饮用水水源保护区。

唐河、拒马河等河道生态修复工程、水系连通工程、生态涵养林建设、封育治理、水土流失治理均涉及优先保护单元,上述工程均属于生态修复工程,可改善上游山区水源涵养与水土保持情况,符合"三线一单"中生态环境管控要求。

水生态保护与修复规划布局考虑了大清河流域相关规划、区划生态环境保护定位及重要生态功能区的要求,规划布局基本合理。具体细化布局见表 8-4-5。

表 8-4-5　水生态保护与修复规划布局合理性分析

规划名称		布局	合理性分析
水生态	上游山区	退耕还林还草;大中型水源地保护和监管	拒马河、北拒马河、南拒马河、瀑河、漕河、唐河、白洋淀、独流减河、团泊洼、北大港水生态修复工程涉及自然保护区、水源保护区、生态保护红线等环境敏感区; 水系连通工程涉及一亩泉、南水北调中线等水源保护区; 水土保持工程涉及恒山国家森林公园等
	中游平原	清洁小流域建设、绿色农业和农村污染防治、面源污染防治;农业节水退还河道生态用水;地下水超采区治理;水污染防治;推进河流绿色生态廊道建设及沙化河段治理;白洋淀及环淀河流水环境综合整治及生境修复	
	下游平原	排污口整治、生态湿地建设、河道水面恢复、河岸带生态修复;生态补水	

8.4.4.2　**水土保持规划**

根据大清河流域水土保持"两区"划分情况和水土保持区划结果,实施分区防治战略,对有林地、灌木林地和高覆盖草地及水库上游水源涵养区域采取保护管理、封育、局部治理等措施;对山区、丘陵区、风沙区及平原河渠岸坡水土流失集中分布区域采取工程和林草措施。规划布局合理性分析见表 8-4-6。

由表 8-4-6 分析可知,水土保持规划布局考虑了大清河流域相关规划、区划生态环境保护定位及重要生态功能区的要求,规划布局基本合理。

表 8-4-6　水土保持规划布局合理性分析

水土保持分区	治理规划	合理性分析
太行山西北部山地丘陵防沙水源涵养区	水土保持措施为陡坡退耕、还林还草，选择高产、优质抗旱、耐贫瘠和速生树种，封禁治理，沟道治理，修筑沟头防护、谷坊坝、淤地坝、拦砂坝等，选择适宜的优良树种，加强现有低产人工林（小老树）改造，清洁生产；治理沟道，保土固沟，布设防护林带、截流沟；谷坊、塘坝、小水库等，发展坝地农业生产和水土保持产业；在有条件的地区，积极推进生态清洁小流域建设，以小流域为单元，划分“生态修复、生态治理、生态保护”三道防线；积极推进矿区生态恢复等	该区域位于南支、北支各河流源区，国家重点生态功能区（太行山区水源涵养与土壤保持重要区）、生物多样性优先保护区（太行山），应以自然恢复为主，局部水土流失严重区域进行治理，本次布局符合国家相关要求
太行山东部山地丘陵水源涵养保土区	以小流域为单元，实施综合治理，开展坡改梯工程，设小型拦蓄饮水工程，节水节灌，布置拦沙、排洪等骨干工程；沟道治理和坡面治理结合，排水疏导和截水拦蓄结合；在有条件的地区，积极推进生态清洁小流域建设，以小流域为单元，实施控制生活垃圾和生活污水排放、防治面源污染、保护水源地清洁等生态清洁小流域工程	
京津冀城市群人居环境维护农田防护区	加强水土保持建设，开展水土保持宣传，提高城市森林覆盖度和人均公共绿地占有面积；营造和改造农田防护林网、河岸防护林等；加强农田水利建设，健全灌排系统，推广和发展节水灌溉，提高灌溉效率	该区域以发展农业为主，本次规划布局基本符合国家相关要求
津冀鲁渤海湾生态维护区	改造盐碱地，提高土壤肥力和生产力，加强滨海植物带建设，营造防风混交林和沿海防护林，加强河道综合治理，实施湿地保护与恢复，加强生产建设项目水土保持监督管理工作，有效控制人为水土流失	该区域以改造盐碱地、发展农业为主，本次规划布局基本符合国家相关要求
黄泛平原防沙农田防护区	沿沟渠栽植乔灌建设农田防护林带，在沙岗地种植防风固沙林，在缓起伏沙地种植乡土经济林；在村庄四周建设村庄防护林；建设灌、蓄、排水体系，在沙地建设经果林，高中产农田进行农作物种植，对小沙丘或缓起伏沙丘围平，对残次林进行改造	该区域以发展农业为主，本次规划布局基本符合国家相关要求

8.5　规划方案环境合理性分析

本节从资源和环境承载力、生态与环境保护要求、经济社会与环境的协调性等方面论证规划方案及规模的合理性。根据规划协调性分析和环境影响预测评价结果，考虑大清河流域自然环境特点，本节主要分析水资源配置、防洪、水资源保护、水生态保护与修复等方案及规模的环境合理性。

8.5.1　水资源利用规划的环境合理性

8.5.1.1　环境合理性总体分析

基准年需水总量为66.78亿m^3,供水量为57.02亿m^3,缺水量为9.76亿m^3,缺水率达14.6%,缺水区域集中在河北省、天津市和北京市,主要为农业缺水,山区、淀西及淀东平原均缺水,缺水量分别为0.29亿m^3、5.32亿m^3和4.16亿m^3,缺水率分别为7.4%、15.7%和14.3%,通过超采地下水满足需水需求。

2025年需水总量为66.74亿m^3,供水量为63.38亿m^3,缺水量为3.36亿m^3,缺水率达5.0%,主要为天津、河北农业灌溉缺水。其中,河北省依旧是全省缺水,山区、淀西及淀东平原均缺水,缺水量分别为0.71亿m^3、0.26亿m^3和2.39亿m^3,缺水率分别为16.6%、0.8%和7.9%。天津市缺水量为1.24亿m^3,缺水率为6.7%。采取适度超采地下水、应急引黄等措施满足需水要求,配置总水量为65.92亿m^3,缺水率降低到1.2%。

南水北调中、东线后续工程未实施,2035年需水总量为71.82亿m^3,供水量为66.40亿m^3,流域缺水量为5.42亿m^3,缺水率为7.5%,主要是天津和河北省农业灌溉缺水,全部集中在淀西和淀东平原。南水北调中、东线后续工程实施后,2035年需水总量为71.82亿m^3,供水量为71.69亿m^3,缺水量为0.13亿m^3,缺水率达0.2%,主要是河北省农业灌溉缺水,全部集中在淀西和淀东平原。

综上所述,在优先保证生活用水和河道内基本生态用水的前提下,通过当地地表水、地下水、外调水、非常规水等多水源联合调度,大清河流域缺水区域分布地区由基准年的山区、淀西、淀东平原均有分布,到2035年仅分布在淀西和淀东平原,缺水率从基准年的14.6%减至2035年的0.2%,缺水区域及缺水率均大幅下降。因此,从水资源供需分析角度,水资源配置基本缓解了流域缺水情况,用水总量、用水效率、生态水量满足程度满足资源利用上线,水环境满足环境质量底线。大清河流域各分区缺水量及缺水率情况统计见表8-5-1和图8-5-1。

8.5.1.2　配置方案环境合理性

1. 水资源配置原则合理性分析

规划提出大清河流域水资源配置要与《海河流域综合规划(2012—2030年)》《海河流域水资源综合规划》等成果的水资源总体配置方案相协调,坚持“以水定城、以水定地、以水定人、以水定产”,把水资源作为最大的刚性约束,按照“节水优先、量水而行”的原则,针对流域水资源特点、经济社会发展用水需求以及河湖生态功能要求,在优先保证生活用水和河道内基本生态用水的前提下,实现地下水采补平衡、逐步改善,统筹协调河道内生态用水和河道外经济社会发展用水之间的关系,多水源联合调度,共同保障供水区经济社会和生态环境用水需求。①城市供水退减挤占的河道内基本生态和农业用水,严格限制利用地下水。②向城市供水的水库优先下泄河道基本生态流量,一般年份全部退还挤占的农业灌溉用水,枯水年以现状向城镇供水能力为限制优先满足城市用水需求。③地下水超采区采取“节、控、调、管”等措施实施综合治理,全面压减深层地下水,控制浅层地下水开采,逐步实现采补平衡和地下水位逐步回升。④非常规水供城镇生态和工业,有条件的地区农田灌溉配置部分非常规水。

表 8-5-1　大清河流域各分区缺水量及缺水率情况统计

分区/分省	水平年	基准年				2025 年				2035 年(有中、东线后续工程)				2035 年(无中、东线后续工程)			
		需水量/亿 m^3	供水量/亿 m^3	缺水量/亿 m^3	缺水率/%	需水量/亿 m^3	供水量/亿 m^3	缺水量/亿 m^3	缺水率/%	需水量/亿 m^3	供水量/亿 m^3	缺水量/亿 m^3	缺水率/%	需水量/亿 m^3	供水量/亿 m^3	缺水量/亿 m^3	缺水率/%
大清河山区	北京	0.35	0.35	0	0	0.39	0.39	0	0	0.44	0.45	0	0	0.44	0.45	0	0
	山西	0.45	0.44	0	-0.7	0.54	0.54	0	0	0.57	0.57	0	0	0.57	0.57	0	-0.8
	河北	3.10	2.82	-0.28	-9.1	3.37	2.66	-0.71	-21.2	3.75	3.75	0	0	3.75	3.75	0	0
	小计	3.90	3.61	-0.29	-7.4	4.30	3.59	-0.71	-16.6	4.77	4.77	0	0	4.77	4.77	0	-0.1
大清河淀西平原	北京	2.70	2.70	0	0	3.03	3.03	0	0	3.35	3.35	0	0	3.35	3.35	0	0
	河北	31.12	25.80	-5.32	-17.1	29.28	29.02	-0.26	-0.9	28.83	28.78	-0.05	-0.2	28.83	28.68	-0.15	-0.5
	小计	33.82	28.50	-5.32	-15.7	32.31	32.05	-0.26	-0.8	32.18	32.13	-0.05	-0.2	32.18	32.03	-0.15	-0.5
大清河淀东平原	天津	16.81	15.34	-1.47	-8.7	18.42	17.18	-1.24	-6.7	22.56	22.56	0	0	22.56	18.42	-4.14	-18.3
	河北	12.25	9.56	-2.69	-22.0	11.70	10.56	-1.15	-9.8	12.31	12.23	-0.08	-0.7	12.31	11.17	-1.14	-9.3
	小计	29.06	24.90	-4.16	-14.3	30.13	27.74	-2.39	-7.9	34.88	34.79	-0.08	-0.2	34.88	29.59	-5.28	-15.1
合计		66.78	57.02	-9.76	-14.6	66.74	63.38	-3.36	-5.0	71.82	71.69	-0.13	-0.2	71.82	66.39	-5.44	-7.6
北京		3.05	3.05	0	0	3.42	3.42	0	0	3.79	3.79	0	0	3.79	3.79	0	0
天津		16.81	15.34	-1.47	-8.7	18.42	17.18	-1.24	-6.7	22.56	22.56	0	0	22.56	18.42	-4.14	-18.3
河北		46.47	38.18	-8.29	-17.8	44.36	42.24	-2.12	-4.8	44.90	44.76	-0.13	-0.3	44.90	43.61	-1.29	-2.9
山西		0.45	0.44	0	-0.7	0.54	0.54	0	0	0.57	0.57	0	0	0.57	0.57	0	-0.8
大清河流域		66.78	57.02	-9.76	-14.6	66.74	63.38	-3.36	-5.0	71.82	71.69	-0.13	-0.2	71.82	66.39	-5.44	-7.6

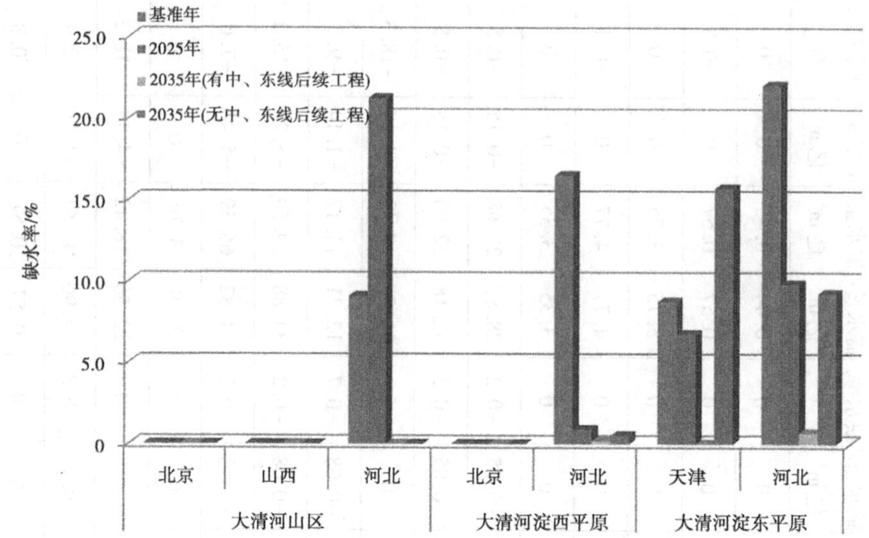

图 8-5-1 大清河流域各分区缺水量统计

规划环评认为，水资源配置思路总体合理，结合大清河流域水资源紧缺状况，统筹考虑了现有供水工程及规划供水工程，充分考虑了河道内河湖生态需水和河道外环境景观用水需求，水资源配置布局按照"四定"原则，在进一步挖掘节水潜力的基础上，按照优先利用外调水、合理利用地表水、控制利用地下水、加大利用再生水和海水淡化水量，规划水平年 2035 年已充分考虑了外调水量增加后的非常规水源的利用量，利用外调水替换当地水给生活和工业供水，充分利用当地水供农业灌溉，体现了节水的要求。此外，利用引黄水和南水北调东线水用于补偿当地供水缺口为农业供水，当地地表水开发利用率由现状年的 65%降至 50%，水资源配置方案合理，符合节水要求。

2. 用水总量指标合理性分析

水资源可利用量是流域水资源开发利用的最大控制上线。大清河流域多年平均水资源量为 48.91 亿 m^3(1956—2016 年)，多年平均水资源可利用量为 34.01 亿 m^3，其中地表水资源可利用量为 7.45 亿 m^3(1956—2016 年)，地下水不重复可利用量 26.56 亿 m^3(2001—2016 年)。规划水平年 2035 年地表水供水量占地表水资源可利用量的 83%，较现状年降低 33%；地下水供水量占地下水不重复可利用量的 88%，较现状年降低 39%。各主要河湖水系的水资源开发利用量未超出水资源可利用量范围。

从总量控制角度分析，根据各省(市)最严格水资源管理制度的相关政策文件，2030 年大清河流域用水总量控制指标为 88.18 亿 m^3，本次规划 2035 年配置总水量 71.69 亿 m^3。各省(市)供水范围规划水平年总配置水量均在 2030 年用水总量控制指标范围内，符合用水总量控制指标刚性约束。大清河流域配置总水量与总量控制指标对比见表 8-5-2。

3. 水资源开发利用程度环境合理性分析

大清河流域现状年水资源开发利用率为 113%，2025 年、2035 年水资源开发利用程度分别为 80%、70%，仍保持在较高水平，高于国际上公认的保障流域生态安全的水资源可开发利用率(30%~50%)，高于海河流域和蓟运河水资源开发利用程度。

表 8-5-2　大清河流域配置总水量与总量控制指标对比　单位：亿 m³

省级行政区	2025 年			2035 年		
	总量控制指标	配置总水量	指标余量	总量控制指标	配置总水量	指标余量
北京市	3. 71	3. 42	0. 29	4. 10	3. 79	0. 32
天津市	21. 62	17. 71	3. 91	24. 01	22. 56	1. 45
河北省	52. 67	44. 25	8. 43	59. 45	44. 77	14. 68
山西省	0. 57	0. 54	0. 04	0. 62	0. 57	0. 05
大清河流域	78. 58	65. 92	12. 66	88. 18	71. 69	16. 49

注：1. 总量控制指标分别为 2020 年和 2030 年指标。
2. 河北规划水平年配置水量中含雄安新区配置水量。

流域水资源开发利用程度环境合理性分析见表 8-5-3。

表 8-5-3　流域水资源开发利用程度环境合理性分析　%

流域	水资源开发利用率			水资源生态安全开发利用程度（国际上公认）	海河流域水资源生态安全开发利用程度	水资源开发利用程度及评价		
	现状年	2025 年	2035 年			现状年	2025 年	2035 年
大清河	113	80	70	30~50	50	113 评价结果为“劣”	80 评价结果为“劣”	70 评价结果为“劣”
蓟运河	72		66			72 评价结果为“劣”		66 评价结果为“劣”
海河流域	67	60	60			67 评价结果为“劣”	60 评价结果为“劣”	60 评价结果为“劣”

4. 用水规模合理性分析

2035 年配置水量为 71. 69 亿 m³，其中山区、淀西平原和淀东平原分别配置水量 4. 77 亿 m³、32. 13 亿 m³ 和 34. 79 亿 m³，占比分别为 6. 7%、44. 8%和 48. 5%。该水资源配置中，淀西和淀东平原配置水量均比较大，符合全国主体功能区规划中提出的国家优化开发区域（渤海地区—京津冀地区）、国家重点开发区域（冀中南地区）和国家限制开发区（农产品主产区—黄淮海平原主产区）的功能定位。

规划年与历史用水量对比见图 8-5-2。

5. 用水结构合理性分析

现状年城乡生活、农业灌溉、工业用水、生态比例依次为 20. 7%、54. 5%、13. 7%和

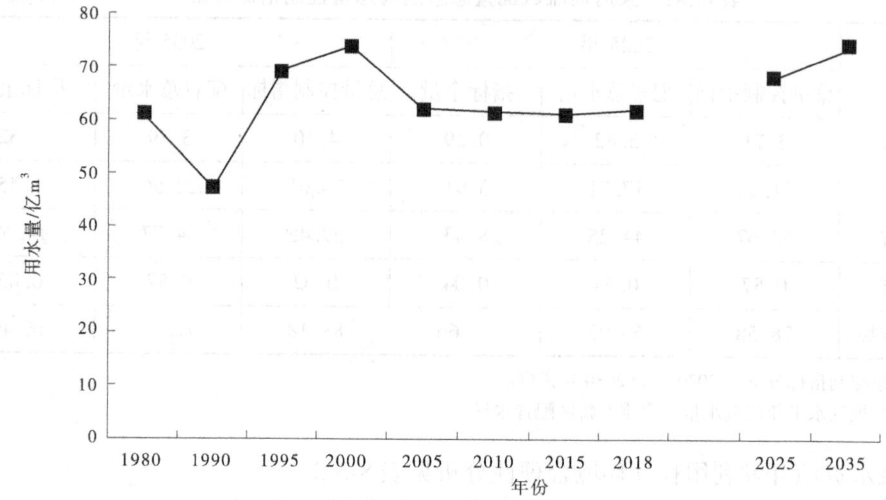

图 8-5-2 规划年与历史用水量对比

11.1%，与现状相比，用水结构总体发生了一定的变化，其中规划年农业用水比例由现状的54.5%下降到36.9%，生活用水比例由现状的20.7%增加至35.8%，工业用水比例由现状的13.7%减少至14.8%，生态用水由现状年的11.1%增加至12.6%。由现状年农业用水占有最大的用水份额变为生活和农业份额相当，其次为工业用水和生态用水，规划水平年用水结构更加合理。

现状年与规划年用水结构对比见图8-5-3，规划年与历史用水结构对比见图8-5-4。

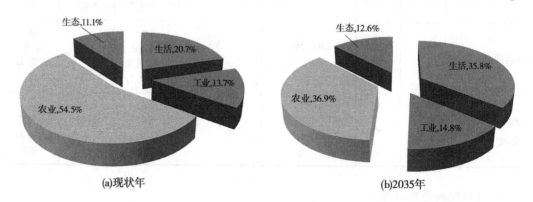

图 8-5-3 现状年与规划年用水结构对比

2035年生活、工业和生态用水均有所增加，其中城乡生活配置水量25.63亿m^3，较现状年增加12.67亿m^3，年均增幅5.4%；工业配置水量10.63亿m^3，较现状年增加2.05亿m^3，年均增幅1.3%；生态配置水量9.00亿m^3，较现状年增加2.03亿m^3，年均增幅1.6%；农业配置水量26.43亿m^3，较现状年减少7.77亿m^3，年均减幅1.3%。因此，规划年供水量增长最大的为城乡生活用水，其次为工业用水、生态用水，由于节水灌溉等工程实施，农业用水大幅下降。

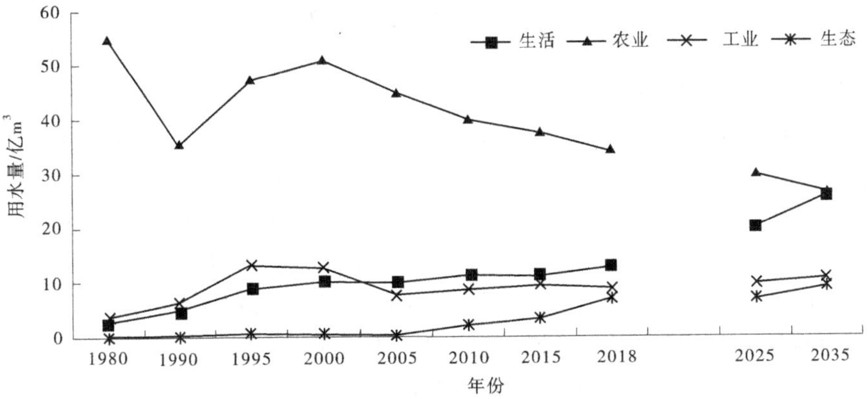

图 8-5-4　规划年与历史用水结构对比

与现状年相比，规划年生活用水增加量最多，主要是京津冀协同发展和城镇化需求导致。一方面，人口数量增长，现状年大清河流域总人口 3 167 万人（含天津市永定新河以南部分），未来随着经济社会发展，流域内人口将呈增长但增速放缓趋势，预测 2035 年流域总人口将达到 3 664 万人，年均增长 0. 9%，未来随着经济社会发展，流域内人口将呈增长但增速放缓趋势；另一方面，城镇化率增加，现状年城镇化率为 67%，2035 年达到 81%，城镇人口增加 834 万人（增幅 39%），鉴于城乡生活供水量为刚需，故水资源配置增加最多。

与现状年相比，规划年农业用水减少量大，考虑了地下水压采方面的要求，主要是两个方面的原因，一方面是大力发展节水灌溉，农业是大清河流域的主要用水户，现状流域内石家庄、保定、廊坊、沧州等地均为粮食生产核心区，未来在维持粮食主产核心区定位不变，稳定粮食生产的同时，推进农业高质量发展。根据河北省政府出台的《关于抓好“三农”领域重点工作确保如期实现全面小康的实施意见》，未来调整优化农业结构，大力发展高质量农业，积极发展绿色农业，加大地下水超采综合治理力度。按照《华北地区地下水超采综合治理行动方案》和《全国地下水利用与保护规划》安排，到 2025 年、2035 年流域发展高效节水灌溉面积分别为 240 万亩和 265 万亩，种植方式调整面积分别为 130 万亩和 182. 2 万亩（见表 8-5-4），本次需水预测种植方式调整部分按照旱作农业计算需水量。另一方面是灌溉水利用系数的提高，将由现状的 0. 65 提高到 0. 69 左右。规划年大清河流域种植方式调整及发展节水灌溉面积情况见表 8-5-4。

表 8-5-4　规划年大清河流域种植方式调整及发展节水灌溉面积　　单位：万亩

三级区	2025 年						2035 年					
	高效节水	种植结构调整				合计	高效节水	种植结构调整				合计
		季节性休耕	旱作雨养面积	退耕面积	小计			季节性休耕	旱作雨养面积	退耕面积	小计	
淀西平原	218	6	53	50	109	327	243	43	53	61	158	401
淀东平原	22	5	13	3	21	43	22	7	14	4	25	47
合计	240	11	66	53	130	370	265	50	67	65	183	448

水资源配置规模总体符合京津冀协同发展、雄安新区建设等经济社会发展要求。外调水供水量 32.08 亿 m^3，占总供水量的 44.8%，通过外调水，逐步置换当地地表水和地下水水源，当地地表水和地下水供水量削减分别为 1.60 亿 m^3 和 10.36 亿 m^3；非常规水源配置水量 10.07 亿 m^3，规划范围内城市污水处理率达到 95%左右，污水处理再生水利用率提高到 32%~52%，再生水利用率 39%，符合《关于推进污水资源化利用的指导意见》（发改环资〔2021〕13 号）明确的“全国地级及以上缺水城市再生水利用率达到 25%以上，京津冀地区达到 35%以上”，《国家节水行动方案》明确的“在缺水城市 2020 年再生水利用率达到 20%以上”，以及《水污染防治行动计划》明确的“到 2020 年，缺水城市再生水利用率达到 20%以上，京津冀区域达到 30%以上”的节水目标要求。

6. 河道内生态环境需水合理性及满足程度分析

本次规划重点提出白洋淀及主要入淀河流、省界及单独入海河流的生态需水量，各断面及湿地生态需水量指标确定原则基本与《海河流域综合规划》要求保持一致。

山区河流的生态需水量通过本地的降雨径流可以满足；上游有水库控制的沙河、中易水及唐河按照水库多年平均天然径流量的 10%下泄生态水量，满足其坝下断面的生态水量要求，对于无水库控制平原河流白沟河东茨村断面、南拒马河北河店断面，通过统筹上游来水、再生水及外调水的相机补水，保障断面的生态水量需求；独流减河进洪闸—防潮闸断面通过上游赵王新河和大清河下泄水量，天津市区、静海区污水处理厂再生水及天津市北水南调工程向独流减河补水等多举措保障其最小生态水量要求；海河干流通过雨洪资源、引滦水补给、再生水下泄及南水北调东线实施后置换当地地表水等措施保障生态水量需求。

白洋淀依靠引黄入冀补淀、南水北调东线和王快、西大洋、安格庄 3 座水库水量下泄以及白沟引河、府河、孝义河上游城镇污水处理厂尾水可保障入淀水量 3 亿 m^3，满足生态水量的需求；团泊洼湿地依靠当地涝水、黑龙港河和各干支渠沥水、纪庄子污水处理厂再生水（10 万 t/d）深度处理后用水以及天津市南北水系沟通工程枯水年向团泊洼湿地的补水量（1 200 万 m^3），或利用引滦水等生态补水措施满足其 0.6 亿 m^3 生态水量需求；在南水北调东线工程通水以前，北大港可利用天津市雨洪水 0.34 亿 m^3 及引黄济津 1 亿 m^3 进行生态补水，在南水北调东线工程通水以后，可满足生态用水需求。

本轮规划实施后，在一定程度上补充了以上河流、湿地的生态水量，在一定程度上改善了入淀河流及白洋淀淀区生态环境，具有一定的积极影响。但大清河流域河道长期干涸，河流地表-地下水转化关系已经紊乱，生物生境及生态多样性已遭受破坏，仅保障其生态水量，不能形成常态生态流量补给，无法从根本上解决问题，生态水量部分依靠外调水支撑，遇特枯或极端水文年时生态水量无法保障。从长远角度来讲，河流及湿地的生态需水保障依赖于流域地下水位的修复、外调水和再生水的联合调度等多项补水措施共同作用。

7. 地下水供水规模变化环境合理性

从水资源分区角度看，虽然山区地下水供水量 2025 年和 2035 年较现状年均有较大幅增加，增加比例分别为 88.0%和 114.2%，但是考虑到大清河流域山区无外调水源，为支撑经济社会发展，规划年地下水供水量有所增加，并且 2035 年供水量未超过 2010 年以来山区地下水供水量最大值；淀西平原、淀东平原地下水供水量 2025 年和 2035 年较现状年均大幅减少，其中淀西减少比例分别为 25.9%和 35.2%，淀东分别为 23.4%和 40.8%。

从分省(市)角度看，山西省地下水供水量 2025 年和 2035 年较现状年均有大幅增加，增加比例分别为 13.6%和 42.5%，但是从供水增加数量上来看，2035 年山西地下水供水量较现状年仅增加 0.11 亿 m^3；北京市先增加后减少，2025 年增加比例为 18.6%，2035 年减少 12.6%；天津市和河北省大幅下降，其中天津市减少比例分别为 72.7%和 73.0%，河北省减少比例分别为 19.7%和 29.5%。

从全流域角度看，全流域地下水供水量 2025 年和 2035 年较现状年均有大幅减少，减少比例分别为 20.8%和 30.7%，有利于地下水压采，具有环境合理性。地下水供水规模见表 8-5-5。

表 8-5-5　现状年与规划年地下水供水规模变化

分区/分省		水平年	供水量/亿 m^3	变化/%
水资源分区	大清河山区	现状年	1.32	
		2025 年	2.48	88.0
		2035 年	2.83	114.2
	大清河淀西平原	现状年	24.08	
		2025 年	17.84	−25.9
		2035 年	15.60	−35.2
	大清河淀东平原	现状年	8.29	
		2025 年	6.35	−23.4
		2035 年	4.91	−40.8
	大清河合计	现状年	33.69	
		2025 年	26.67	−20.8
		2035 年	23.34	−30.7
分省	北京市	现状年	1.38	
		2025 年	1.64	18.6
		2035 年	1.21	−12.6
	天津市	现状年	1.85	
		2025 年	0.51	−72.7
		2035 年	0.50	−73.0
	河北省	现状年	30.24	
		2025 年	24.28	−19.7
		2035 年	21.32	−29.5
	山西省	现状年	0.22	
		2025 年	0.25	13.6
		2035 年	0.31	42.5

8. 外调水用途合理性分析

流域外调水应做到分质供水、优水优用,从配置情况看,2025 年外调水配置水量 24.36 亿 m^3,分别分配给生活、工业、城镇生态、农业 16.37 亿 m^3、7.09 亿 m^3、0、0.89 亿 m^3(农业主要是引黄工程和南水北调东线一期北延工程供水);2035 年外调水配置水量 32.07 亿 m^3,分别分配给生活、工业、城镇生态、农业 22.04 亿 m^3、8.94 亿 m^3、0.20 亿 m^3、0.89 亿 m^3(农业主要是引黄工程 0.52 亿 m^3 和南水北调东线一期北延工程 0.36 亿 m^3)。基本做到了外调水优先供给生活和工业用水,具有环境合理性。外调水用途情况见表 8-5-6。

表 8-5-6 规划年外调水用途情况

单位:亿 m^3

水资源分区	行政分区	2025 年					2035 年				
		生活	工业	城镇生态	农业	合计	生活	工业	城镇生态	农业	合计
大清河山区	北京	0.00	0.00	0.00	0.00	0.00	0.00	0.00	0.00	0.00	0.00
	山西	0.00	0.00	0.00	0.00	0.00	0.00	0.00	0.00	0.00	0.00
	河北	0.00	0.00	0.00	0.00	0.00	0.00	0.00	0.00	0.00	0.00
	小计	0.00	0.00	0.00	0.00	0.00	0.00	0.00	0.00	0.00	0.00
大清河淀西平原	北京	0.58	0.30	0.00	0.00	0.88	0.87	0.44	0.00	0.00	1.30
	河北	6.06	1.97	0.00	0.00	8.04	7.33	2.23	0.09	0.00	9.66
	小计	6.64	2.27	0.00	0.00	8.92	8.20	2.67	0.09	0.00	10.96
大清河淀东平原	天津	7.14	4.18	0.00	0.20	11.53	10.08	5.43	0.00	0.20	15.72
	河北	2.59	0.64	0.00	0.69	3.91	3.76	0.84	0.11	0.69	5.39
	小计	9.73	4.82	0.00	0.89	15.44	13.84	6.27	0.11	0.89	21.11
合计		16.37	7.09	0.00	0.89	24.36	22.04	8.94	0.20	0.89	32.07
北京		0.58	0.30	0.00	0.00	0.88	0.87	0.44	0.00	0.00	1.30
天津		7.14	4.19	0.00	0.20	11.53	10.08	5.44	0.00	0.20	15.72
河北		8.65	2.61	0.00	0.69	11.95	11.09	3.07	0.20	0.69	15.05
山西		0.00	0.00	0.00	0.00	0.00	0.00	0.00	0.00	0.00	0.00
合计		16.37	7.09	0.00	0.89	24.36	22.04	8.94	0.20	0.89	32.07
其中雄安新区		1.91	0.29	0.00	0.00	2.20	2.60	0.40	0.20	0.00	3.20

9. 节水及再生水利用可行性分析

(1)再生水利用可行性分析。

根据《关于推进污水资源化利用的指导意见》(发改环资〔2021〕13 号),到 2025 年全国地级及以上缺水城市再生水利用率达到 25%以上,京津冀地区达到 35%以上。本次规划提出规划范围内城市污水处理率达到 95%左右,针对河道外经济社会发展再生水利用指标,提出 2025 年再生水利用率指标为 38%、2035 年再生水利用率指标为 39%,符合《关于推进污水资源化利用的指导意见》相关要求。

(2)节水可行性分析。

大清河流域节水水平与海河流域以及全国相比,总体处于国内领先水平,万元工业增加值用水量 13 m^3/万元,现状农田灌溉有效利用系数为 0.65。根据《国家节水行动方案》(发改环资规〔2019〕695 号)、《京津冀工业节水行动计划》(工信部联节〔2019〕197 号),以及北京、天津和河北省各省(市)的节水行动方案,大清河流域主要通过调整优化高耗水行业结构和布局、加强工业节水技术改造、积极推行水循环梯级利用等措施加大工业节水力度。

①调整优化高耗水行业结构和布局。严格控制高耗水行业新增产能,坚决落实高耗水工艺、技术和装备按期淘汰工作。坚决落实主体功能区规划,严格控制高耗水新建、改建、扩建项目,推进高耗水企业向沿海地区或水资源条件允许的工业园区集中。

②加强工业节水技术改造。完善供用水计量体系和在线监测系统,推动年用水量 20 万 m^3 的大中型高用水企业、园区建设智慧用水管理系统。大力推广高效冷却、洗涤、循环用水、废污水再生利用、高耗水生产工艺替代等节水工艺和技术,推动高耗水行业节水增效。

③积极推行水循环梯级利用。推进现有企业和园区开展以节水为重点内容的绿色高质量转型升级和循环化改造,积极推行水循环梯级利用、集中处理和企业间循环用水,建立、培育一批节水标杆企业和园区。

在强化工业节水的前提下,大清河流域工业需水量由现状的 8.58 亿 m^3 增加到 2035 年的 10.63 亿 m^3,增加了 2.05 亿 m^3,年均增长率 1.3%。工业用水量预测主要从以下两个方面考虑:一是现状工业节水水平已处于国际领先水平,节水潜力有限,随着工业增加值的增长,工业用水还将有一定幅度的增加;二是考虑雄安新区的设立,天津市、河北省作为非首都功能疏解地,房山区作为疏解首都中心区人口及相关产业承接区,即使在工业节水水平提高的前提下,流域工业需水有一定程度的增长是合理的。这一预测结果同《京津冀协同发展水利专项规划》中有关工业需水增长趋势一致,且本次规划大清河流域工业需水年均增长率小于《京津冀协同发展水利专项规划》中的年均增长率 1.7%。

按照《华北地区地下水超采综合治理行动方案》和《全国地下水利用与保护规划》安排,《大清河流域综合规划》提出,未来流域通过调整种植结构、发展高效节水灌溉、推广冬小麦节水稳产配套技术等措施推进农业节水增效,到 2025 年、2035 年发展高效节水灌溉面积分别为 240 万亩和 265 万亩,种植方式调整面积分别为 130 万亩和 182.2 万亩。

8.5.1.3　水资源利用效率环境合理性分析

本次人口预测是在《北京市城市总体规划(2016—2035 年)》《房山分区规划(国土空间规划)(2017—2035 年)》《天津市国土空间总体规划(2019—2035 年)》《河北省人口发展规划(2018—2035 年)》《河北雄安新区规划纲要》《河北雄安新区总体规划(2018—2035 年)》等有关省(市)、区域规划的基础上制定的,有关人口规模严格控制不超上述规划,优化调整产业结构,同时在考虑流域各行业节水挖潜的基础上进行预测。

本次从流域规划水平年人口预测成果、生活用水定额、万元工业增加值用水量、农田灌溉综合定额、用水总量等方面进一步分析水资源利用效率的环境合理性。

1. 人口预测成果合理性

经分析,大清河流域人口由2016年的3 167万人(含天津市永定新河以南部分)分别增加至2025年、2035年的3 437万人和3 664万人,流域年均人口增长率2018—2025年为1.2%,2018—2035年为0.9%,除河北省外均略小于有关规划中的年均人口增长率,考虑到雄安新区承接北京非首都功能疏解的发展定位和辐射带动作用,大清河流域河北省2018—2035年人口增长率为0.9%,略高于全省人口增长率0.3%,其他省(市)年均人口增长率与有关规划增长率相比均低于或相当,预测成果合理。流域内各省(市)人口增长率比较见表8-5-7。

表8-5-7 大清河流域年均人口增长率比较

省级行政区	2010—2018年增长率	本次预测增长率		有关省(市)规划	
		2018—2025年	2018—2035年	增长率	规划
北京	2.5	1.1	1.1	1.1	《房山分区规划(国土空间规划)(2017—2035年)》
天津	3.0	1.3	1.3	1.5	《天津市国土空间总体规划(2019—2035年)》
河北	0.8	1.4	0.9	0.3	《河北省人口发展规划(2018—2035年)》
山西	0.7	0.6	0.5	1.1	《山西省"十三五"人口发展规划》

注:有关省(市)规划中增长率为按照2018年人口和相关规划中规划年人口计算的全省人口增长率。

2. 用水定额的合理性分析

规划在充分考虑节约用水的前提下,根据水资源承载能力、开发利用条件和工程布局等因素,对流域内各部门不同水平年的需水进行预测。为客观评价大清河流域河道外需水预测合理性,规划环评将大清河流域河道外需水预测指标与海河流域及蓟运河等海河重要水系河道外预测指标进行了对比分析(见表8-5-8、表8-5-9)。

表8-5-8 大清河流域生活与工业需水预测指标对比分析

流域	城镇生活用水定额/[L/(人·d)]			农村生活用水定额/[L/(人·d)]			工业用水定额/(m^3/万元)		
	基准年	2025年	2035年	基准年	2025年	2035年	基准年	2025年	2035年
大清河	90	111	130	60	75	78	13	10.4	7.2
蓟运河			110(2030)			90(2030)			10.2(2030)
海河		122(2020)	128(2030)			80(2030)		21.4(2020)	13.4(2030)
指标分析	与其他流域比,大清河流域城镇居民生活和农村居民用水定额,总体上略低于海河流域的生活用水定额。工业需水预测指标均比其他流域低。总体上,需水预测指标基本合理								

表 8-5-9　大清河流域农业需水预测指标对比分析

流域	2018 年			2025 年			2035 年		
	灌溉定额/（m^3/亩）	有效灌溉面积/万亩	农田灌溉水利用系数	灌溉定额/（m^3/亩）	有效灌溉面积/万亩	农田灌溉水利用系数	灌溉定额/（m^3/亩）	有效灌溉面积/万亩	农田灌溉水利用系数
大清河	202	1 732	0.65	166	1 602	0.68	147	1 550	0.69
蓟运河	188		0.45~0.7				174（2030）		0.75（2030）
海河	224		0.64	237（2020）	2 009（2020）	0.73（2020）	233（2030）	1 997（2030）	0.75（2030）
全国平均	380		0.54						
指标分析	规划水平年大清河农田灌溉水利用系数略低于海河流域及蓟运河流域，但远高于全国平均水平；农业灌溉定额均小于海河流域及蓟运河流域。需水预测指标较合理								

（1）生活用水定额。

大清河流域城镇生活需水量由基准年的 11.67 亿 m^3 增加到规划水平年的 23.62 亿 m^3，增加了 11.95 亿 m^3。2035 规划水平年城镇生活综合用水定额为 218 L/（人·d）（居民生活用水定额 130 L/（人·d）和公共用水定额的 88 L/（人·d），与目前我国省会城市平均水平相当，低于北京市现状水平 254 L/（人·d）。考虑到未来第三产业比重提高带来的城镇公共用水量增加，以及国民收入提高到中等发达国家水平，居民生活用水水平将进一步提高，规划采用的城镇生活定额水平是适宜的。生活用水指标分析对比见表 8-5-8。

（2）万元工业增加值用水量。

随着工业节水水平的不断提高，工业用水成本逐渐增加，节水难度也不断增加，当工业用水定额下降到一定幅度时，其下降空间将逐步减小。为方便对比，将供水范围万元工业增加值用水量折算为 2005 年价格水平年口径。2025 年和 2035 年大清河流域万元工业增加值用水量分别为 10.4 m、7.2 m，均低于《海河流域综合规划》确定的该区域工业用水定额，符合工业相关节水的要求。工业用水指标分析对比见表 8-5-8。

（3）农田灌溉综合定额。

按照《华北地区地下水超采综合治理行动方案》和《全国地下水利用与保护规划》安排，《大清河流域综合规划》在充分考虑流域各区域节水潜力的基础上进行需水预测，通过采取综合节水措施推进农业节水增效，到 2025 年、2035 年发展高效节水灌溉面积分别为 240 万亩和 265 万亩，种植方式调整面积分别为 130 万亩和 182.2 万亩。农业用水指标分析对比见表 8-5-9。

3. 需水预测合理性分析

需水预测成果与基准年比较，2035 年总需水量比基准年增加 8%，用水总量年均增长 0.4%，小于海河流域 2030 年用水总量指标控制下的年均增长率 2.3%，也小于《京津冀协同发展水利专项规划》需水预测年均增长率 1.7%。因此，从总需水量的增长速度看，流域总需水量保持一定增幅是合理的，如表 8-5-10 所示。

表 8-5-10 大清河流域多年平均需水预测成果 单位:亿 m^3

分区/分省	基准年	2025 年			2035 年		
	需水量	需水量	较基准年变化情况		需水量	较基准年变化情况	
大清河山区	3.90	4.30	0.4	10.26%	4.77	0.87	22.31%
大清河淀西平原	33.82	32.31	-1.51	-4.46%	32.18	-1.64	-4.85%
大清河淀东平原	29.06	30.13	1.07	3.68%	34.88	5.82	20.03%
北京	3.05	3.42	0.37	12.13%	3.79	0.74	24.26%
天津	16.81	18.42	1.61	9.58%	22.56	5.75	34.21%
河北	46.47	44.36	-2.11	-4.54%	44.90	-1.57	-3.38%
山西	0.45	0.54	0.09	20.00%	0.57	0.12	26.67%
大清河流域	66.78	66.74	-0.04	-0.06%	71.82	5.04	7.55%

8.5.1.4 与调水“三先三后”原则的合理性论证

1.关于“先节水后调水”原则分析

规划水资源配置及需水预测时,对节水予以充分考虑,其中通过供水管网的升级改造,降低集中供水管网的漏失率,提高城市供水效率,全流域城镇供水管网漏损率由现状年的14%降低至达到国家节水型城市标准要求,城镇居民生活用水定额为130 L/(人·d),满足《城市居民生活用水量标准》(GB/T 50331—2002)的要求。

工业节水通过合理调整工业布局和结构,限制高耗水行业发展,采用新工艺、新设备提高工业用水重复利用率等措施。万元工业增加值用水量由现状年的13 m^3 降低至规划年的7.2 m^3,工业用水重复利用率由84%增加至92%,生产用水定额较现状有了明显的降低,满足《海河流域水资源综合规划》的要求。

在农业节水方面,积极推进种植方式调整,如增加季节性休耕、旱作雨养种植、退减灌溉面积等;同时对沙河、唐河、易水等3处大型灌区及18处中型灌区进行续建配套及节水改造。规划年,灌溉水有效利用系数提升至0.69,农田灌溉定额降至147 m^3/亩,满足《海河流域水资源综合规划》的要求。

2.关于先治污后通水原则

大清河流域规划范围内已建成投运城镇污水集中处理厂81座,其中北京市12座,天津市5座,河北省58座,山西省6座,设计年处理规模为7.63亿t,实际年处理量达到5.97亿t。针对现状部分建制镇没有污水处理设施,部分污水处理厂的负荷率尚未达到设计规划等问题,本次规划提出了相关内容。

(1)以国务院批复的《全国重要江河湖泊水功能区划(2011—2030年)》为依据,以规划区涉及的江河湖泊水功能区划成果为基础,根据江河湖泊水功能区划及其水质保护要求,严格限制排污总量控制,将规划水域划分为禁设排污区(17个)、严格限设排污区(34个)和一般限设排污区(23)三类。

(2)为了提高再生水利用率,规划期内规划实施新建房山区长沟镇再生水厂(一期)

工程、琉璃河污水处理厂提标改造工程、灵丘县污水处理厂提标改造工程等。严格执行污染物排放标准。河北省政府颁布实施的《大清河流域水污染物排放标准》中将流域划分为核心控制区、重点控制区、一般控制区三个控制区域。核心控制区、重点控制区污染物排放限值分别与北京市水污染物排放标准中 A 类、B 类相当，一般控制区污染物排放限值严于国家规定的城镇污水处理厂一级 A 标准。北京市水污染物排放标准中 A 类、B 类相当于地表水环境质量标准Ⅲ类及Ⅳ类水体要求。天津市水污染物排放标准中直接排放一、二级标准相当于Ⅳ类及Ⅴ类水体要求。山西省污染物排放标准中矿井水排放限值相当于Ⅲ类水体要求，生活污水及其他排水排放限值相当于或严于Ⅴ类水体要求。

(3)规划年，非常规水源供水量 10.07 亿 m^3，流域再生水利用率达到 39%。

3. 关于"先环保后用水"原则分析

基于大清河流域水系状况，统筹山水田林草湖生命共同体，实施流域生态系统整体保护、系统修复和综合治理。本次规划提出加强山区水土流失综合治理，加强河、湖等水资源保护和水污染防治，完善排污口整治和污水处理厂及管网建设，开展流域内河(湖)水系连通工程。

经分析，本次规划涉及外流域调水工程较好地体现了"三先三后"原则(先节水后调水、先治污后通水、先环保后用水)。然而，应根据生态环境保护刚性约束要求，针对现状流域内河湖水质较差，应优先治理污染，在控源减排、截污纳管、生态修复的前提下，再科学开展水系连通工程。河湖连通布局，应根据区域水资源条件、河湖分布特点、水生态系统、用水需求等因素，需要在进行反复调研和实验的基础上开展，加强已建水系连通工程的后评估，以避免生态破坏。

8.5.1.5 外调水量合理性分析

外调水包括引黄、引江(含南水北调中线和东线)、引滦。

1. 引黄

按照《黄河流域水资源综合规划》安排，南水北调东、中线工程生效后，河北省引黄配置水量为 6.2 亿 m^3；本次规划年大清河流域引黄水量供河道外经济社会 0.52 亿 m^3，主要是供河北省农业用水，引黄水量在河北省引黄分水指标范围内。

2. 南水北调工程

大清河流域涉及南水北调工程中线一期、东线一期工程北延、中东线后续工程(引江补汉工程和东线二期工程)，各工程进展和实施情况如下：

(1)南水北调中线一期。

南水北调中线一期工程已于 2014 年底建成通水，根据《南水北调总体规划》，京津冀南水北调中线一期分配水量 49.5 亿 m^3，其中北京 10.5 亿 m^3，天津 8.6 亿 m^3，河北 30.4 亿 m^3(其中雄安新区 0.25 亿 m^3)。大清河流域中线一期工程多年平均供水量为 19.94 亿 m^3，其中，北京 0.88 亿 m^3，天津 7.8 亿 m^3，河北 11.26 亿 m^3(其中雄安新区通过河北省内部调剂 1.95 亿 m^3 后中线供水 2.20 亿 m^3)。

2018 年，京津冀南水北调中线一期供水量 39.5 亿 m^3，为水量指标的 79.8%，其中北京 9.3 亿 m^3，天津 11 亿 m^3，河北 19.2 亿 m^3。

(2)南水北调东线一期工程北延。

南水北调东线一期工程北延应急供水工程已于2021年5月建成通水，根据《南水北调东线一期工程北延应急供水初步设计报告》，供水范围涉及天津，河北邢台、衡水和沧州，主要是置换深层地下水超采区的农业用水，多年平均可供水量3.5亿m^3。

2025年，大清河流域东线一期北延供水0.36亿m^3，其中向天津供水0.2亿m^3，向河北供水0.16亿m^3(不涉及雄安新区)。

(3)南水北调东线二期工程和引江补汉工程。

南水北调东线二期工程和引江补汉工程规划目前正在开展可研工作。

根据《南水北调东线二期工程可行性研究》和《引江补汉工程规划》，大清河流域南水北调东、中线供水区涉及北京、天津以及河北省石家庄、保定、沧州、衡水、廊坊、雄安新区的57个县(市、区)，其中东、中线联合供水区涉及北京、天津以及河北省沧州市的任丘、河间、献县、肃宁，衡水市的饶阳、廊坊市的文安、大城21个县(市、区)，见图8-5-5。

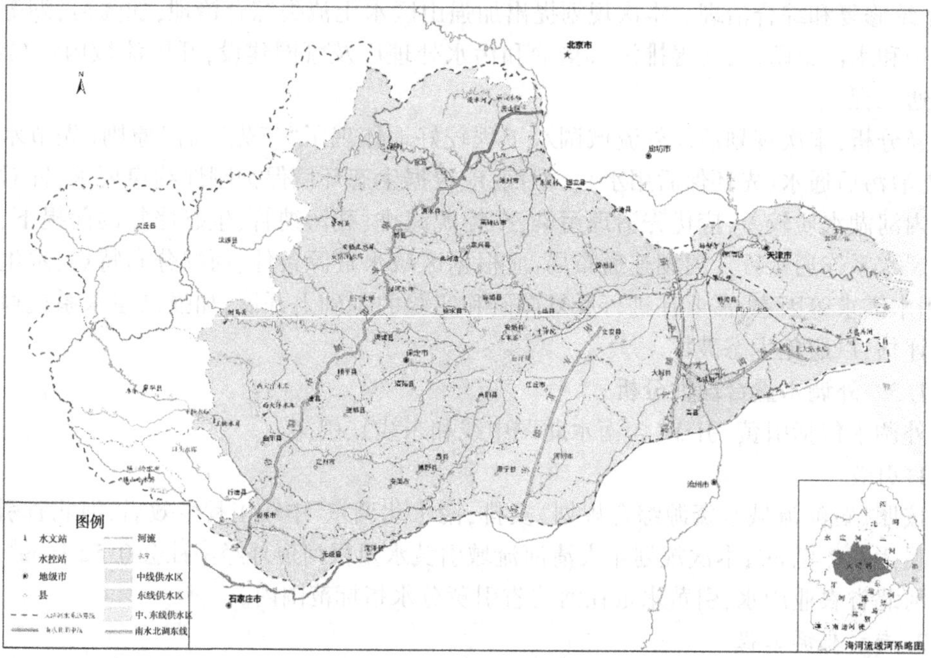

图8-5-5　大清河流域南水北调工程供水范围示意图

根据《南水北调东线二期工程可行性研究》《雄安新区总体规划》《引江补汉工程可行性研究》，2035年，京津冀东线二期工程可供水量24.5亿m^3(分水口门)，其中北京4亿m^3，天津8.1亿m^3，河北12.4亿m^3；大清河流域东线二期工程供水5.59亿m^3，其中，天津4.92亿m^3，河北0.67亿m^3(不含向白洋淀生态补水0.9亿m^3)。2035年，引江补汉工程实施后，京津冀中线工程可供水量61.3亿m^3，比中线一期工程增加供水11.8亿m^3；大清河流域中线工程供水量22.96亿m^3，比中线一期工程增加供水4.92亿m^3(扣除雄安新区从河北省内调剂的1.9亿m^3)，其中，北京0.42亿m^3，河北4.5亿m^3(含雄安新区2.9亿m^3)，增供的中线水量主要用于生活和工业。

大清河流域南水北调东、中线供水量见表8-5-11，水资源配置方案中配置的南水北调水量情况见表8-5-12，大清河流域南水北调工程范围见表8-5-13。

表 8-5-11　大清河流域南水北调东、中线供水量　　单位：亿 m^3

区域	类别	工程	北京	天津	河北	合计
全省	供水量	中线一期	10.5	8.6	30.4	49.5
		中线(引江补汉实施后)	15.6	8.6	37.1	61.3
		东线二期	4.0	8.1	12.4	24.5
	增供水量	小计	9.1	8.1	19.1	36.3
		其中中线	5.1	0.0	6.7	11.8
大清河流域	供水量	中线一期	0.88	7.80	11.26	19.94
		东中线后续	1.30	12.72	14.53	28.55
	增供水量	小计	0.42	4.92	5.17	10.51
大清河流域增供水量占京津冀增供水量比例/%			5	61	27	29

表 8-5-12　水资源配置方案与南水北调工程规划设计成果的衔接关系　　单位：亿 m^3

水资源分区	行政分区	2025 年					2035 年				
		生活	工业	城镇生态	农业和农村生态	合计	生活	工业	城镇生态	农业和农村生态	合计
大清河山区	北京	0.00	0.00	0.00	0.00	0.00	0.00	0.00	0.00	0.00	0.00
	山西	0.00	0.00	0.00	0.00	0.00	0.00	0.00	0.00	0.00	0.00
	河北	0.00	0.00	0.00	0.00	0.00	0.00	0.00	0.00	0.00	0.00
	小计	0.00	0.00	0.00	0.00	0.00	0.00	0.00	0.00	0.00	0.00
大清河淀西平原	北京	0.58	0.30	0.00	0.00	0.88	0.87	0.44	0.00	0.00	1.30
	河北	6.06	1.97	0.00	0.00	8.03	7.33	2.23	0.09	0.00	9.66
	小计	6.64	2.27	0.00	0.00	8.91	8.20	2.67	0.09	0.00	10.96
大清河淀东平原	天津	4.02	3.78	0.00	0.20	8.00	8.09	4.43	0.00	0.20	12.72
	河北	2.59	0.64	0.00	0.16	3.39	3.75	0.84	0.11	0.16	4.87
	小计	6.61	4.42	0.00	0.36	11.39	11.84	5.27	0.11	0.36	17.59
合计		13.25	6.69	0.00	0.36	20.30	20.04	7.94	0.20	0.36	28.55
北京		0.58	0.30	0.00	0.00	0.88	0.87	0.44	0.00	0.00	1.30
天津		4.02	3.78	0.00	0.20	8.00	8.09	4.43	0.00	0.20	12.72
河北		8.65	2.61	0.00	0.16	11.42	11.09	3.07	0.20	0.16	14.53
山西		0.00	0.00	0.00	0.00	0.00	0.00	0.00	0.00	0.00	0.00
合计		13.25	6.69	0.00	0.36	20.30	20.04	7.94	0.20	0.36	28.55

3. 引滦

近年来，由于受气候（降雨、温度）变化及人类活动的影响，潘家口水库入库水量明显减少，潘家口和大黑汀水库 75%保证率可供水量已远低于国办发〔1983〕44 号中规定的

表 8-5-13　大清河流域南水北调东中线供水范围

行政区		中线供水区			东线供水区		
省级	地级	地级以上	县(市、区)	县城	地级以上城市	县(市、区)	县城
北京		北京市	*房山区*		北京市	*房山区*	
天津		天津市	*和平区、河西区、河东区、南开区、河北区、红桥区、东丽区、西青区、津南区、北辰区、武清区、静海区、滨海新区*		天津市	*和平区、河西区、河东区、南开区、河北区、红桥区、东丽区、西青区、津南区、北辰区、武清区、静海区、滨海新区*	
河北	石家庄		藁城市、新乐市	正定、无极、深泽	—	—	—
	保定市	保定市区(竞秀区、南市区、莲池区)	定州市、涿州市、安国市、高碑店市	定兴、徐水、蠡县、望都、博野、唐县、涞水、顺平、易县、高阳、满城、清苑、曲阳	—	—	—
	雄安新区	主城区		雄县、容城、安新、昝岗、寨里	—	—	仅供白洋淀生态
	沧州市		*任丘市、河间市*	*献县、肃宁*		*任丘市、河间市*	*献县、肃宁*、青县
	衡水市			*安平、饶阳*			*饶阳*
	廊坊市		霸州市	固安市、永清县、*文安县、大城县*			*文安县、大城县*

注:斜体字体为东、中线联合供水区。

19.5 亿 m³,引滦供水量从设计的 10 亿 m³/a 减少到平均 6 亿 m³/a。根据《天津市供水规划(2018—2035 年)》,2025 年,除蓟州区外,其他各区基本形成南水北调水和引滦水双水源保障格局;2035 年,南水北调东线通水后,天津市将形成以南水北调供水为主,引滦水补充、备用的水源保障格局。本次结合该规划和近年引滦的实际供水情况,确定天津市大清河流域规划年利用引滦水量为 3 亿 m³。

大清河流域规划水平年不同频率外调水供水量见表 8-5-14。大清河流域规划水平年外调水分配情况见表 8-5-15。

表 8-5-14　大清河流域规划水平年不同频率外调水供水量(多年平均)　单位:亿 m³

省级行政区	2025 年外调水供水量					2035 年外调水供水量					
	中线一期	东线一期北延	引滦	引黄	合计	中线一期	东线一期北延	东中线后续	引滦	引黄	合计
北京	0.88				0.88	0.88	0.00	0.42	0.00	0.00	1.30
天津	7.80	0.20	3.00	0.53	11.53	7.80	0.20	4.72	3.00	0.00	15.72
河北	11.26	0.16		0.52	11.95	9.31	0.16	5.06	0.00	0.52	15.05
其中雄安新区	2.20	0.00	0.00	0.00	2.20	0.25	0.00	2.95	0.00	0.00	3.20
山西	0.00	0.00	0.00	0.00	0.00	0.00	0.00	0.00	0.00	0.00	0.00
合计	19.94	0.36	3.00	1.05	24.36	17.99	0.36	10.20	3.00	0.52	32.07

表 8-5-15　大清河流域规划水平年外调水分配情况　单位:亿 m³

年份	省(市)	中线		东线一期北延应急	东线二期	引滦	引黄
		现有	引江补汉工程实施后				
2018 年	北京						
	河北	3.33					0.72
	天津	11.04				0.78	
	合计	14.37					
2025 年	北京	0.88					
	河北	11.26		0.16			0.52
	天津	7.8		0.20		3.00	0.53
	合计	19.94		0.36		3.00	1.05
2035 年(无后续工程)	北京	0.88					
	河北	7.80		0.16			0.52
	天津	12.26		0.20		3.00	
	合计	20.94		0.36		3.00	0.52
2035 年(有后续工程)	北京		1.30				
	河北		13.87		0.67		0.52
	天津		7.80		4.92	3.00	
	合计		22.97		5.59	3.00	0.52
2035 年供水能力	北京	10.50	15.60		4.00		
	河北	30.40	37.10	0.16	12.40		6.20
	天津	8.60	8.60	0.20	8.10	6.00	
	合计	49.50	61.30	0.36	24.50	6.00	6.20
支撑性分析		满足	满足	满足	满足	满足	满足

8.5.2 水资源保护规划方案及环境合理性

8.5.2.1 环境合理性总体分析

为实现水功能区水质目标,大清河流域须在执行国家城镇污水集中处理、回用和达标排放,以及循环经济等要求的基础上,实行更为严格的水资源管理制度,本次规划在核定水功能区水域纳污能力基础上,确定了大清河流域 COD 入河控制量为 1.93 万 t/a,氨氮入河控制量为 0.09 万 t/a。划分地表水及地下水源地保护区,对水源地进行隔离保护,控制水源地上游及周边污染源,加强地下水污染脆弱性较高地区的管理与控制,对流域内重要泉域进行保护及补水,遏制泉域水水位下降和水质恶化的趋势。

水资源保护规划实施后,通过加强地表水及地下水水源地保护、开展入河排污口整治、加强污染源控制等一系列措施,扭转了大清河流域现状水环境污染、水生态恶化的趋势,对地表水和地下水水源地保护具有积极作用。

8.5.2.2 基于"三线一单"要求的环境合理性分析

2020 年京津冀晋四省(市)"三线一单"空间管控要求相继发布,对大清河流域水环境提出了新的空间管控要求,分析流域内水环境的区域功能及开发利用情况,将环境管控单元划分为优先保护、重点管控和一般管控等三类。

优先保护单元主要包括四省(市)境内如白洋淀及环淀河流,南水北调东、中线输水廊道,西部山区水源涵养区等,除有限人为活动外,禁止或限制大规模的工业发展、矿产等自然资源开发利用和城镇建设,本次水资源保护规划以区域水质保护、水生态修复、水源涵养、水土保持为主,充分保护流域内优先保护单元,南水北调等重大引水工程、白洋淀入淀河流两侧范围严格执行引调水工程等相关法律规定;将流域内依托城市及其周边城镇的区域划为重点管控单元,并根据其区域内产业行业特点进一步细分为城镇生活、工业、农业等污染重点管控单元,以产业高质量发展和环境污染治理为主,针对性加强污染物排放控制和环境风险防控,保障满足区域纳污限排及水功能区要求,本次水资源保护规划中提出入河排污口布局整治、河湖水环境综合治理、优化调整产业布局、大力推进农业农村污染防治等,针对各行业特点提出相应治污控污措施,符合重点管控单元的管控要求;流域内除优先保护单元、重点管控单元以外区域均为一般管控单元,以经济社会可持续发展为导向,生态环境保护与适度开发相结合,开发建设应执行区域生态环境保护的基本要求,严格执行关于产业准入、总量控制和污染物排放标准等管控要求,保障水功能区水质达标。

因此,本次水资源保护规划与四省(市)"三线一单"水环境空间管控要求基本符合。

8.5.3 水生态保护与修复方案环境合理性

大清河流域综合规划生态保护目标为:遏制水资源的过度开发,合理调配生活、生产、生态用水。

大清河上游山区河段(水库以上以及北支拒马河、南北拒马河、易水河、白沟河等),重点通过水源涵养林建设、清洁小流域建设等,解决水源涵养不足、面源污染严重等问题,其中高耗水农业种植区域,要严格控制用水总量,深入开展农业节水,退还被挤占的河道生态用水。大清河山前平原(水库以下至白洋淀,包括白洋淀、南支入淀河流及白沟引河)打造"一淀多环绕"的生态修复格局,发挥白洋淀在京津冀协同发展、雄安新区建设中的生态功能支撑作用,通过村落生态搬迁、实施补(调)水、淀区生态清淤和综合治理、栖息地修复等措施,逐步还原湿地水面和湿地、提高水体自净能力,恢复淀区自然风貌。环淀河流开展生态水面维持、河岸带生境修复及多水源生态水量联调方案。大清河下游(白洋淀以下)河段重点通过入河排污口整治、生态湿地建设、河道水面恢复、河岸带生态修复等,构建绿色生态河流廊道。北大港、团泊洼等滨海湿地重点通过生态补水、生境修复等措施,改善生物栖息地环境,促进生物多样性保护。

水土保持规划中提出预防规模 2025 年 1 588.23 km^2,2035 年 1 984.63 km^2。主要采取封育措施和治理措施。治理规模 2025 年 1 790.07 km^2,2035 年 4 412.56 km^2。治理措施体系包括工程措施和林草措施。

水资源和水生态环境保护规划提出利用再生水、水库下泄及外调水联合调度,保证平原河流、下游河道及主要湿地的生态水量,在一定程度上改善入淀河流及白洋淀淀区生态环境,具有一定的积极影响。考虑到大清河流域存在河道断流干涸、湿地萎缩、生境呈破碎化、生物多样性遭受破坏等问题,规划配置的生态水量部分依靠外调水支撑,遇特枯或极端水文年时生态水量无法保障。同时,从长远角度来讲,河流及湿地的生态需水保障依赖于流域地下水位的修复、外调水和再生水的联合调度等多项补水措施的共同作用。

8.6　规划实施时序的环境合理性分析

规划按照经济社会及生态效益好的项目优先安排原则,提出 2025 年、2035 年规划实施安排意见。

8.6.1　2025 年前实施安排

2025 年优先实施不存在环境制约因素,技术经济指标相对较好,建设用地和移民搬迁难度不大,不新增地方政府债务等问题,前期工作比较充分的项目;水利基础设施薄弱地区,工程建设对精准扶贫和实现全面小康社会具有重大促进作用的项目。基于以上原则,2025 年前优先安排的项目如下:

(1)防洪排涝工程。病险水库除险加固工程 5 项、城市防洪工程 2 项、中小河流治理、山洪沟治理工程等。

(2)水资源配置工程。供水工程 2 项、农业节水工程 3 项、地下水压采工程 5 项;保津航线、南运河力争实现分段旅游通航。

(3)水资源保护工程。污水处理厂建设 3 项。

(4)水生态保护与修复工程。生态保护与修复 6 项。

8.6.2　2035 年前实施安排

2035 年前优先安排的项目如下:

(1)防洪排涝工程。骨干河道治理工程 3 项、重要支流河道治理工程 8 项、蓄滞洪区建设 6 项、重点城市防洪 3 项、河北省山洪沟治理工程及排涝工程。

(2)水资源配置工程。供水工程8项、农业节水工程1项、地下水压采工程1项、污水处理厂建设4项;保津航线、南运河实现全线旅游通航,其他适宜河段通航稳妥推进。

(3)水资源保护工程。泉域保护工程1项。

(4)水生态保护与修复工程。生态保护与修复4项。

规划提出的分期实施方案是在充分考虑最严格水资源管理制度,流域水资源开发利用现状、工程建设基础的前提下制定的,并考虑了与其他相关规划的衔接,规划时序总体安排是合理的。

规划水库及航道制约性因素分析见表8-6-1。

表8-6-1　规划水库及航道制约性因素分析

<table>
<tr><th colspan="2">规划内容</th><th>工程内容</th><th>制约性因素</th></tr>
<tr><td rowspan="4">水库</td><td>张坊水库</td><td>水库主要任务为防洪、供水,并兼顾灌溉发电。总库容7.9亿 m^3,其中调洪库容4.7亿 m^3。设计洪水位(100年一遇)为186.35 m,校核水位(5 000年一遇)为193.15 m</td><td rowspan="4">1.水资源短缺是水库建设的制约性因素之一。大清河流域水资源贫乏,由于气候变化和人类活动影响,流域内水资源显著衰减,由于开发利用程度较高,流域内环淀河流干涸现象严重,湖库湿地萎缩,水环境污染。考虑到目前大清河流域水资源开发利用率较高,张坊水库、土门水库、李思庄水库、二道河水库等大型水库实施将进一步加大流域水资源开发利用率。
2.流域生态功能定位和生态环境保护要求制约。大清河流域上游位于我国太行山区水源涵养与土壤保持重要区,生态环境脆弱,部分地区列入国家禁止开发区,国家层面相关规划对大清河流域生态环境提出了严格保护要求。大清河流域综合治理开发及保护不仅仅是考虑流域本身的生态社会经济发展、水资源利用、生态环境保护等问题,更重要的是从国家生态安全和海河流域水资源安全及生态安全角度战略高度,妥善处理开发和保护的关系,确保海河流域甚至国家生态安全和水资源安全。
3.规划工程涉及环境敏感区,应充分协调流域治理开发与敏感区保护之间的关系。张坊水库涉及拒马河市级野生动物自然保护区、北京十渡国家湿地公园、房山世界地质公园、十渡风景名胜区;张坊水库涉及“规划集中式生活饮用水水源地(Ⅱ类)”、地下水“房山区南部储备区”和“房山区张坊应急水源区”、张坊水库涉及“三线一单”环境优先保护区。张坊水库涉及京西南水土保持与水土流失防治生态保护红线、重要河湖湿地生态保护红线;二道河水库涉及京西南水土保持与水土流失防治生态保护红线;土门水库涉及河湖滨岸带敏感生态保护红线。
张坊水库坝址位于拒马河水生野生动物自然保护区的缓冲区,水库库区会涉及核心区,不符合《中华人民共和国自然保护区条例》中规定的“在自然保护区的核心区和缓冲区内,不得建设任何生产设施”,具有环境制约性。同时,张坊水库涉及北京十渡国家地质公园、房山世界地质公园、十渡风景名胜区,与《风景名胜区条例》中规定的“风景名胜区内的建设项目应当符合风景名胜区规划,并与景观相协调,不得破坏景观、污染环境、妨碍游览”、《地质遗迹保护管理规定》规定的“不得在保护区内修建与地质遗迹保护无关的厂房或其他建筑设施”冲突</td></tr>
<tr><td>土门水库</td><td>水库主要任务是防洪、灌溉、城市供水及发电,总库容1亿 m^3,最大坝高37.0 m</td></tr>
<tr><td>李思庄水库</td><td>水库主要任务是防洪、灌溉,总库容1亿 m^3,最大坝高35.8 m</td></tr>
<tr><td>二道河水库</td><td>水库主要任务以防洪为主,兼顾其他功能。设计水位272.00 m,校核水位274.70 m,总库容5 154.5万 m^3</td></tr>
</table>

续表 8-6-1

规划内容		工程内容	制约性因素
航道	赵王新河	碍航设施改造、河流生态修复及景观提升等	1. 水资源短缺是航道的制约性因素之一。大清河流域水资源贫乏，由于气候变化和人类活动影响，流域内水资源显著衰减，由于开发利用程度较高，流域内环淀河流干涸现象严重，湖库湿地萎缩。南运河现状因水源不足长期处于停航状态。 2. 流域生态功能定位和生态环境保护要求制约。国家层面相关规划对大清河流域生态环境提出了严格保护要求。大清河中上游水系阜平中华鳖、白洋淀 2 处水产种质资源保护区，在流域内人为活动较为频繁的状况下，上游水系土著鱼类栖息地保护尤为迫切和重要。 3. 规划工程涉及环境敏感区，应充分协调流域治理开发与敏感区保护之间的关系。南运河涉及中国大运河世界遗产；所有航道规划涉及河湖滨岸带敏感生态保护红线
	大清河		
	子牙河		
	海河干流		
	南运河		

8.7　规划方案的效益论证

大清河流域综合规划立足四省（市）经济社会可持续发展需求，统筹协调开发与保护、兴利与除害、整体与局部、近期与长远的关系，明确了防洪排涝、供水、水资源保护、水生态保护与修复等重点任务，构建了水资源合理配置和高效利用、防洪减灾、水资源保护和河湖健康保障、流域管理等体系。规划的实施是保障未来北京、天津、河北、山西供水安全、生态安全的需要，具备重大的经济社会效益和生态环境效益。

8.7.1　防洪减灾效益

大清河流域受自然条件限制和人类活动影响，流域水利仍存在诸多问题有待解决。防洪体系尚不适应新形势要求，流域防洪形势依然严峻。一是除独流减河、南拒马河外，其他骨干河道行洪能力仅为规划设计流量的 40%～70%，白沟河、新盖房分洪道等部分河道行洪标准仅为 10 年一遇左右；二是雄安新区现状防洪标准仅约 20 年一遇；三是经济发展与蓄滞洪区运用的矛盾突出，蓄滞洪区启用难度越来越大，且普遍存在堤防不达标、进退洪设施不完善、安全建设严重滞后等问题。规划实施后，防洪保护对象全面达到规划防洪标准，建成完善的现代化防洪排涝减灾体系，有效保障流域防洪安全。4 级以上堤防全部达到国家规范标准，蓄滞洪区能按标准启用，支流河道及中小河流得到整治，海堤达到防潮标准，地级以上城市达到规定的防洪标准，平原排涝区达到规定的排涝标准。防洪体系的建成，减轻了河道两岸的洪水威胁，降低了人民群众防洪、抗洪的经济损失，保障了人民正常的生活、生产秩序，对流域经济社会的发展和生态环境的改善有重要意义。

8.7.2　供水及保障人群健康效益

大清河流域基准年缺水量为 9.76 亿 m^3，缺水率达 14.6%，缺水区域主要集中在河北省和天津市，主要为农业缺水，且流域内仍以地下水为主要供水水源。通过水资源利用规划的实施，规划年缺水量降至 0.13 亿 m^3，缺水率达 0.2%，主要是河北省农业灌溉缺水，全部集中在淀东平原，外调水为流域主要供水水源。流域地表水资源开发利用率从现状年的 65%降至 50%，用水效率进一步提升，用水结构不断优化，各省（市）生产、生活供水水量、水质可基本满足要求，为国民经济持续、快速、稳定发展提供有力支撑。规划实施后，集中式饮用水水源地水质全面达标，城乡饮水安全得到有效保障，供水安全程度显著提高，对人群健康具有积极的促进作用。

8.7.3 环境效益

大清河流域综合规划立足于解决流域现有涉水生态环境问题，通过严格遵守规划及规划环评提出的水域空间管控和“三线一单”要求，严格执行水资源配置优先序、水资源和水生态保护、水土保持等措施，规划实施后，将对目前流域内存在的涉水生态环境问题起到一定的减缓和改善作用。

（1）现状河流连通性受损，水生生境遭受累积性阻隔；规划实施后，采取水生态保护措施在一定程度上减缓了小水电无序开发造成的阻隔、脱流等河流生态破坏问题。

（2）现状河流水功能区达标率较低，水质不容乐观，规划实施后，水资源保护措施在一定程度上减缓了水污染问题，规划年水功能区达标率提高。

（3）大清河流域现状主要河流断流干涸、湿地萎缩，通过规划的实施，山区河流通过取用水管控、强化节水等措施加强管理，改善水环境和保护水源地。对平原河流及湿地，通过合理利用当地地表水资源，结合再生水利用和南水北调、引黄、引滦等生态补水，保障了大清河流域生态水量。

8.8 规划方案的优化调整建议

规划环评根据早期介入原则要求，从规划编制初期开始全程介入，在规划编制过程中，规划环评对重要敏感区产生明显影响的规划方案，提出了优化调整建议（见表 8-8-1），根据优化调整建议，规划进行了多次优化和调整。以下是规划方案优化调整过程。

8.8.1 水资源配置方案的优化调整过程

考虑到大清河流域供需矛盾突出、资源禀赋性差、地表水开发利用率高、地下水超采严重等特点，本次规划过程中，根据环评提出优化调整建议，进一步复核了大清河流域的外调水分水指标，并充分挖掘各行业的节水潜力，压减地下水供水比例，严禁开采深层承压水，减少地表水供水量，逐步降低地表水开发利用率。目前，水资源配置方案中已扣除水生态保护与修复规划提出的河道内生态水量，在优先保证河道内基本生态用水的前提下，配置河道外经济社会发展用水，配置方案符合各省（市）最严格水资源控制指标，在外调水分水指标内适当增加了其供水比例，提高再生水的利用率，不开采深层承压水，浅层地下水达到采补平衡，减少地表水供水量，地表水开发利用率由现状的 65%降至 50%。

8.8.2 防洪工程布局优化调整过程

8.8.2.1 水库规划

考虑到目前大清河流域水资源开发利用率较高，流域内白洋淀以上主要河流干涸断

表 8-8-1　大清河流域综合规划已采纳的优化调整建议一览表

规划方案名称	调整前	环评提出的建议	规划采纳情况	落实后分析
水资源配置方案	2025 年非常规水源供水量占总供水量比例为 10.6%，2035 年为 12%	考虑到大清河流域资源性缺水的严重性，适当增加非常规水源供水比例	已采纳：落实规划环评提出的调整建议，增加非常规水源供水量占总供水量比例：2025 年 11.3%、2035 年 14.0%	规划调整后，有利缓解大清河流域的供需矛盾
	2025 年，需采取适度超采地下水（含开采部分深层承压水）等措施满足需水要求	严禁开采深层承压水	已采纳：落实规划环评提出的调整建议，规划水平年 2025 年水资源配置中地下水供水量不含深层承压水，2035 年水资源配置实现地下水采补平衡	规划调整后，有利于地下水压采目标的实现，进一步修复地下水生态环境
	未有水资源利用上线控制指标	提出水资源利用上线	已采纳：落实规划环评提出的调整建议，大清河流域涉及北京市、天津市、河北省和山西省 4 个省（市），根据各省（市）最严格水资源管理制度的相关政策文件，2030 年大清河流域用水总量控制指标为 88.18 亿 m^3	本次规划 2035 年配置总水量 71.69 亿 m^3。各省（市）供水范围规划水平年总配置水量均在 2030 年用水总量控制指标范围内，符合用水总量控制指标刚性约束
	水资源供需配置未统筹协调河道内生态用水和河道外经济社会发展用水之间的关系，河道内生态水量配置和水生态保护与修复规划提出的河道内生态水量不匹配	水资源供需配置中应统筹考虑河道内生态水量与河道外经济社会发展用水，且与水生态保护与修复规划提出生态水量相协调	已采纳：针对流域河湖生态功能要求，在水资源供需配置中扣除水生态保护与修复规划提出的河道内生态水量，在优先保证河道内基本生态用水前提下，配置河道外经济社会发展用水	规划调整后，统筹协调了河道内生态用水和河道外经济社会发展用水之间的关系，通过当地地表水、地下水、外调水、非常规水等多水源联合调度，共同保障供水区经济社会和生态环境用水需求

续表 8-8-1

规划方案名称	调整前	环评提出的建议	规划采纳情况	落实后分析
防洪排涝规划	规划远期择机安排北支拒马河上新建张坊水库；在南支界河及其支流蒲阳河上新建土门水库和李思庄水库；在大石河上新建二道河水库	考虑到目前大清河流域水资源开发利用率较高，张坊水库、土门水库、李思庄水库、二道河水库等大型水库实施将进一步加大流域水资源开发利用率，水环境及水生态环境进一步恶化。同时，考虑张坊水库涉及拒马河水生野生动物自然保护区、十渡风景名胜区和北京十渡国家地质公园(北京十渡国家地质公园与十渡风景名胜区部分区域重合)；建议调整为保留坝址，未来根据情况变化再进行研究	已采纳：本次规划涉及新建水库 4 座，其中新建水库主要为张坊水库、土门水库、李思庄水库，作为资源点保留规划期内不予实施；二道河水库进一步研究建设的必要性和可行性	规划调整后，规划水平年内不会进一步提高地表水资源开发利用率
	河道治理规划：规划对北支骨干河道包括白沟河、南北拒马河；南支骨干河道包括潴龙河(陈村分洪道)、唐河(清水河)；中下游骨干河道包括新盖房分洪道、赵王新河等进行治理；对中易水、北易水、小清河干流治理(河北段)、沙河、瀑河、孝义河、府河、漕河进行治理	①北拒马河部分治理河段涉及拒马河水生野生动物自然保护区，建议取消； ②涉及生态保护红线工程，结合《生态保护红线勘界定标技术规程》(环办生态〔2019〕49 号)，重点分析河道治理工程是否纳入生态保护红线中的正面清单，尽可能将工程所在区域红线进行调整； ③北拒马河、南拒马河、唐河、清水河、中易水、北易水、沙河河道治理穿越南水北调中线饮用水水源保护区，考虑中线通过顶管穿越各河道，建议工程实施前优化设计，严格控制施工范围；沙河治理穿越沙河地下水饮用水水源保护区，建议调整删除涉及水源保护区河段	已采纳： ①已取消了涉及拒马河水生野生动物自然保护区的北拒马河段； ②与《生态保护红线勘界定标技术规程》(环办生态〔2019〕49 号)等要求对比分析，河道治理工程属于基础设施建设，纳入生态保护红线正面清单； ③工程实施前优化设计，严格控制施工范围	规划调整后，可以减少工程实施对生态保护红线、拒马河水生野生动物自然保护区的影响；减轻各治理河段对饮用水水源保护区的影响
	蓄滞洪区调整规划：白洋淀综合治理工程包括枣林庄枢纽改建、千里堤加高加固、白洋淀蓄滞洪区周边堤防整治、淀区开卡除埝工程等	白洋淀综合治理工程涉及白洋淀湿地自然保护区(水产种质资源保护区)、生态保护红线，建议在规划阶段优化堤线选择	已采纳：为保障雄安新区方案安全，结合《河北雄安新区规划纲要》和《雄安新区防洪规划》，对新安北堤等堤线进行了优化	在充分论证枣林庄枢纽改建、千里堤加高加固、白洋淀蓄滞洪区周边堤防整治、淀区开卡除埝工程对白洋淀自然保护区的影响，以及取得主管部门同意后，减轻对环境敏感区的影响

续表 8-8-1

规划方案名称	调整前	环评提出的建议	规划采纳情况	落实后分析
水资源保护规划	至 2025 年水功能区 COD、氨氮限制排污量分别为 3.15 万 t/a、0.25 万 t/a；至 2025 年水功能区 COD、氨氮限制排污量分别为 2.52 万 t/a、0.15 万 t/a	结合现状年各水功能区入河污染物统计及纳污能力，重新复核水功能区污染物限制排污量	已采纳：更改为“至 2025 年水功能区 COD、氨氮限制排污量分别为 1.93 万 t/a、0.09 万 t/a；至 2035 年水功能区 COD、氨氮限制排污量分别为 1.93 万 t/a、0.09 万 t/a”	结合供水规划，补充规划年污染物入河量预测，复核规划年污染物入河量与限制排污量间的关系，并与相应的水资源保护规划相匹配，确保限制排污量的可达
	至 2025 年新增地下水压采量指标为 8.57 亿 m^3；至 2035 年新增地下水压采量指标为 11.25 亿 m^3	结合《华北地下水超采区综合治理行动方案》，重新复核新增地下水压采量指标	已采纳：至 2025 年新增地下水压采量指标为 10.21 亿 m^3；至 2035 年新增地下水压采量指标为 12.71 亿 m^3	进一步结合《华北地下水超采区综合治理行动方案》，优化地下水资源保护措施，将本次规划与该方案措施相匹配
水生态保护与修复	水资源配置中河道生态用水配水量与目标生态需水量不协调	明确并完善生态水量计算范围；补充入海生态水量计算及要求	已采纳：补充了 9 条河流、3 个湿地，总生态需水量 75 774 万 m^3，并提出了生态水量来源	各断面及湿地确定生态需水指标原则与海流规规划成果基本保持一致
	保定市大水系与漕河连通工程、南拒马河与萍河连通工程、安格庄水库与瀑河水库连通工程分别与一亩泉、南水北调中线相交	建议优化水系连通工程选线，尽可能避让饮用水水源保护区	部分采纳：各水系连通工程只有大致的位置，鉴于饮用水水源保护区的敏感性，建议在下一步的规划实施过程中，避开饮用水水源保护区，以最大限度地避免对饮用水水源保护区的影响	经下一步规划实施避让饮用水水源保护区后，可减轻对水源保护区的影响
	至 2025 年白洋淀水位为 6.5 m，相应水质类型为Ⅳ类；至 2035 年白洋淀水位指标为 7.0 m，相应水质类型为Ⅲ类	白洋淀淀区范围较大，水质及水位有一定的波动，建议设置最低指标要求或范围性指标要求	已采纳：2025—2035 年，白洋淀水位指标为 6.5~7.0 m，相应水质类型为Ⅲ~Ⅳ类	白洋淀水生态保护与修复指标合理，在落实各项水生态保护与修复措施的前提下，基本可达

流情况尤为严重，环淀河流主要河段年均干涸 304 d，年均断流 326 d。近年来，由于城市景观建设、生态调（补）水，城镇河段景观水面有所增加，但整体来看，区域河道干涸、断流现象依然严重。张坊水库、土门水库、李思庄水库、二道河水库等大型水库的实施将进一步加大流域水资源开发利用率，水环境及水生态环境进一步恶化。同时，考虑张坊水库涉及“规划集中式生活饮用水水源地（Ⅱ类）”、地下水“房山区南部储备区”和“房山区张坊应急水源区”、拒马河水生野生动物自然保护区、十渡风景名胜区和北京十渡国家地质公园（北京十渡国家地质公园与十渡风景名胜区部分区域重合），经与规划编制单位沟通，张坊水库、土门水库、李思庄水库，作为资源点保留，规划期内不予实施；二道河水库进一步研究建设的必要性和可行性。

8.8.2.2 河道治理规划

河道治理规划包括骨干河道治理和中小河流治理，其中北拒马河治理工程涉及拒马河水生野生动物自然保护区，建议本次规划取消该段治理内容；其他骨干河道及中小河流治理工程均涉及河北平原河湖滨岸带生态保护红线，建议重点分析河道治理工程是否纳入生态保护红线中的正面清单，尽可能将工程所在区域红线进行调整。修改后的规划报告已采纳规划环评的建议，考虑环境保护的要求，取消了北拒马河治理工程中涉及保护区河段；河道治理工程属于基础设施建设，纳入生态保护红线正面清单。

8.8.2.3 蓄滞洪区规划

白洋淀综合治理工程包括枣林庄枢纽改建、千里堤加高加固、白洋淀蓄滞洪区周边堤防整治、淀区开卡除埝工程等，涉及白洋淀湿地自然保护区（水产种质资源保护区）、生态保护红线，建议在规划阶段优化堤线选择。为保障雄安新区方案安全，规划方案结合《河北雄安新区规划纲要》和《雄安新区防洪规划》，对新安北堤等堤线进行了优化。

8.8.3 水资源保护及水生态修复规划调整过程

结合《华北地下水超采区综合治理行动方案》，对规划年地下水压采指标进行了调整，至 2025 年新增地下水压采量指标 10.21 亿 m^3，至 2035 年新增地下水压采量指标 12.71 亿 m^3，同时进一步建议优化地下水资源保护措施，将本次规划与《华北地下水超采区综合治理行动方案》措施相匹配。

结合《海河流域综合规划》《海河流域水资源保护规划》《京津冀协同发展六河五湖综合治理与生态修复总体规划》对大清河流域生态环境用水的要求，从全流域上中下游统筹考虑，环评建议复核生态水量计算范围及方法，补充流域内河流生态水量现状满足程度的分析，并据此优化生态水量指标，完善生态水量保障措施。

白洋淀作为大清河重要湿地，对承接流域上下游生态环境健康发展具有重要意义。本次环评综合考虑截至 2025 年白洋淀各项跨流域调水补水工程已基本建成达效，生态效益亦逐步发挥，建议取消近、远两期生态水位指标，改为“2025—2035 年生态水位达 6.5～7.0 m”。综合规划基本采纳此条建议。

第 9 章　环境保护对策和措施

9.1　环境保护总体要求

本次流域综合规划实施过程中，应树立底线思维，严守资源利用上线、环境质量底线、生态保护红线，将各类涉水开发活动限制在资源环境承载能力之内，尽可能减少对自然生态系统的干扰，确保生态安全。

9.1.1　严守"三线一单"

（1）生态保护红线。生态保护红线是生态安全保障的底线，大清河流域生态保护红线包括自然保护区等重要生态多样性保护区，饮用水水源保护区等重要水源保护和涵养区，重要水土保持区，其他具有重要生态功能或者生态环境敏感、脆弱的区域等。在生态保护红线内，禁止与严格控制各类开发建设活动，但对于国家和省重大基础设施、重大民生项目等，经依法批准可以建设。

（2）环境质量底线。规划实施过程中，确保 2035 年点源污染物 COD、氨氮入河控制量为 1.93 万 t/a、0.09 万 t/a。对入河排污口设置水域分类管理，其中禁设排污区水域有 17 个，严格限设排污区水域有 34 个，一般限设排污区水域有 23 个。

（3）资源利用上线。2035 年流域用水总量按 71.69 亿 m^3 控制，再生水利用率不低于 39%；万元工业增加值用水量控制在 7.2 m^3/万元，农田亩均灌溉用水量 147 m^3/亩，灌溉水利用系数达到 0.69。

（4）环境准入清单。优先保护单元、重点管控单元和一般管控单元管控要求见表 2-3-2。

9.1.2　流域生态环境保护

大清河流域在我国生态安全和水资源安全方面具有重要作用，为保护大清河流域生态环境，国家及各省（市）相关部门开展了一系列生态保护与修复工作，如表 9-1-1 所示。

表 9-1-1　大清河流域已开展的生态保护与修复工作

类别	支撑文件	发布部门/起草单位	具体工作内容
流域生态治理与保护	《京津冀协同发展生态环境保护规划》	国家发展改革委、环境保护部(2014 年)	到 2020 年,城乡环境基础设施体系基本完善,主要污染物排放总量大幅削减,区域生态环境质量明显改善,$PM_{2.5}$ 浓度比 2012 年下降 40%左右,重要水功能区达标率达到 73%以上,基本实现地下水采补平衡,森林覆盖率达到 30%以上,湿地保有量达到 130 万 hm^2 以上,“山水林田湖”的生态功能得到改善。 到 2030 年,区域生态环境质量显著改善,地级及以上城市空气环境质量达到国家标准要求,水体消除劣Ⅴ类,区域生态系统基本得到恢复,在全国率先建成生态文明示范区
	《京津冀协同发展六河五湖综合治理与生态修复总体规划》	水利部海河水利委员会(2016 年)	建设大清河京津南部生态屏障。重点打造小清河—拒马河—白沟河—大清河—独流减河生态走廊,治理防洪薄弱环节,实施平原沙化河段治理,维持河道生态水面,修复河岸带生境,建设滨海湿地,实施多水源生态水量联调,同时综合治理南北拒马河。通过综合治理,恢复大清河供水、生态、防洪等主要功能,水功能区水质达标率达到 78%,防洪标准达到 50 年一遇,平原河道 4.2 亿 m^3 生态水量得到保障。南支赵王新河、唐河、潴龙河等归入白洋淀综合治理方案之中
	《河北雄安新区及白洋淀上游流域山水林田湖生态保护修复工程试点实施方案》	河北雄安新区筹备工作委员会、保定市人民政府(2017 年 4 月)	提出在白洋淀及其上游流域尺度上开展山地、河流、森林、天地和淀泊生态系统保护修复工程,以及流域生态环境一体化管理能力建设等一系列生态环境保护专项行动,试点方案规划 763 个项目,实施期限为 2017—2020 年,投资概算 1 536.36 亿元
	《山西省大清河流域(唐河、沙河)生态修复与保护规划(2017—2030 年)》	大同市人民政府、忻州市人民政府(2017 年 8 月)	按照“节水优先、空间均衡、系统治理、两手发力”的新时期治水方针,本次生态修复与保护规划包括五个部分:①水资源配置及节水工程;②河流水系整治工程;③地下水保护工程;④河源保护、植被恢复及水土保持工程;⑤水污染治理工程。规划实施期限为 2017—2030 年,估算总投资 48.87 亿元
	《白洋淀生态环境治理和保护规划(2018—2035 年)》	河北省人民政府(2018 年)	优化水资源配置方案,兼顾周边城市用水需求,结合南水北调等调水工程,对白洋淀,以及南拒马河、白沟河、白沟引河、瀑河、萍河、漕河、唐河、府河、孝义河、潴龙河、中易水等入淀河流进行生态补水,满足生态需水要求,同时对白沟引河、瀑河、萍河、府河、孝义河同步实现河流环境流量的保障
	《白洋淀生态环境治理和保护条例》	河北省人大(2021 年)	条例分别从规划与管控、环境污染治理、生态修复与保护、防洪与排涝、保障与监督、法律责任等方面做了规范。条例草案突出目标导向,聚焦解决白洋淀流域突出的环境污染和生态破坏问题,细化落实上位法重大法律制度,突出了防洪、补水、治污一体化建设,建立淀内外、左右岸、上下游、全流域协同治理机制,强化了相关法律责任,构建了生态环境治理和保护体系,切实增强了白洋淀生态环境治理保护的系统性、整体性、协同性

续表 9-1-1

类别	支撑文件	发布部门/起草单位	具体工作内容
地下水修复	《南水北调(东、中线)受水区地下水压采总体方案》	河北省水利厅、南水北调办(2010 年)	地下水压采可分成三类:第一类是面向直接受水区地下水压采的南水北调配套工程,含输水、调蓄、处理、配水等 4 个亚类。第二类是面向间接受水区的农业及农村生活地下水压采的替代水源工程。第三类是其他相关工程,如水井封填、监测、计量、人工回灌等工程。受水区涉及北京、天津两个直辖市和河北、河南、山东、江苏等 4 省的 36 个地级行政区。受水区面积约 23 万 km^2。到 2020 年,在有替代水源保障的前提下,受水区总计可压缩地下水开采量近 53 亿 m^3
	《雄安新区及周边地下水超采综合治理方案》	河北省水利水电第二勘测设计研究院编制(2017 年 7 月)	通过实施超采综合治理,到 2020 年,雄安新区地下水基本实现采补平衡;到 2025 年,新区周边地下水超采量全部退减,地下水实现采补平衡、良性循环,地下水超采状况得到遏制,地下水资源储备功能得到恢复。 通过实施非农作物替代农作物、压减小麦种植面积等种植结构调整,以及实施南水北调中线、引黄入冀补淀等水源置换工程,现状超采的地下水将全部得到退还,地下水漏斗中心及超采区地下水位明显回升,基本实现地下水资源可持续利用,白洋淀淀区及周边的生态系统健康得到基本恢复,部分地区的地面塌陷、地面沉降、土地沙化等生态与环境问题将得到有效缓解
	《河北省人民政府关于公布地下水超采区、禁止开采区和限制开采区范围的通知》(冀政字〔2017〕48 号)	河北省人民政府(2018 年 11 月)	公布了地下水超采区、禁止开采区和限制开采区范围,河北省地下水超采区范围面积共 69 693.3 km^2。其中,浅层地下水超采区面积 36 669.5 km^2,深层地下水超采区面积 42 157.8 km^2,重叠面积 9 134 km^2。 ①在地下水禁采区内,不得开凿新的取水井,不得新增地下水取水量。②在地下水限采区内,一般不得开凿新的取水井,生活用水更新井除外。因抢险救灾、应急供水开凿的取水井,用完后应当及时封存,不得作为长期井使用。对当地社会发展和群众生活有重大影响的重点建设项目确需取用地下水的,应按照用 1 减 2 的比例以及先减后加的原则,同步削减其他取水单位的地下水开采量,且不得深层、浅层地下水相互替代。③在地下水限采区,地下水取水许可实行分级审批

续表 9-1-1

类别	支撑文件	发布部门/起草单位	具体工作内容
地下水修复	《河北省地下水超采综合治理五年实施计划(2018—2022年)》	河北省人民政府(2018年)	到2022年全省地下水压采量达到54亿 m^3 以上,压采率达到90%以上,其中城市全部完成地下水压采任务,农村压采率达到86%以上。雄安新区和南水北调中线受水区城市提前到2020年、张家口坝上地区提前到2022年完成地下水压采任务。 雄安新区治理措施是加快南水北调配套工程建设,替代城市地下水超采量;通过调整种植结构,发展喷灌、微灌等最先进的高效节水灌溉技术等,解决农村地下水超采问题。2018年底前,雄安新区利用引江水压减城市地下水超采量0.15亿 m^3,实现城市地下水采补平衡。到2020年,新区有效灌溉面积将减少到60万亩,压采地下水0.4亿 m^3,可基本实现地下水采补平衡
	《华北地下水超采综合治理河湖地下水回补试点方案(2018—2019年)》	水利部、河北省人民政府(2018年8月)	争取通过1年左右时间的试点,对滹沱河、滏阳河、南拒马河试点增加河道生态补水7.5亿~10.0亿 m^3,输水期间力争新增河湖、湿地补水面积27~37 km^2,试点河道得到初步整治,河道形态逐步恢复,河道内生态水量有效增加,沿线地下水位普遍回升,河湖生态功能逐步恢复,水生态空间有所增加
	《关于印发华北地区地下水超采综合治理行动方案的通知》(水规计〔2019〕33号)	水利部、财政部、国家发展改革委、农业农村部(2019年1月)	以京津冀地区为重点,包括北京、天津、河北3个省市地下水超采区域,涉及11个地级市149个县(市、区),占3省市总县数的84%,治理面积8.7万 km^2。重点推进节、控、调、管等治理措施,实现大部分超采区采补平衡
	《关于地下水超采综合治理的实施意见》(冀办〔2019〕17号)	河北省委办公厅、省政府办公厅(2019年)	具体目标是:在巩固实际压采量26.6亿 m^3 的基础上,通过强化节水、增加引水、调整结构、生态补水、严格管控等综合措施,2018—2022年再压减25亿 m^3。 通过采取"节、引、调、补、蓄、管"6大重点行动,到2022年,累计压减地下水超采量51.6亿 m^3,回补地下水8亿~13亿 m^3,总体实现省域地下水采补平衡,城镇地下水位全面回升,浅层地下水超采问题得到解决,深层地下水开采量大幅压减
	《关于推进污水资源化利用的指导意见》	发改环资〔2021〕13号	意见提出,在城镇、工业和农业农村等领域系统开展污水资源化利用,以缺水地区和水环境敏感区域为重点,以城镇生活污水资源化利用为突破口,以工业利用和生态补水为主要途径,全面推动我国污水资源化利用实现高质量发展。污水资源化利用的重点领域包括城镇生活污水、工业废水、农业农村污水等三方面,部署实施污水收集及资源化利用设施建设工程、区域再生水循环利用工程、工业废水循环利用工程、农业农村污水以用促治工程、污水近零排放科技创新试点工程以及综合开展污水资源化利用试点示范等重点工程,并就各项工程建设提出了具体要求

续表 9-1-1

类别	支撑文件	发布部门/起草单位	具体工作内容
法律、法规	《国家节水行动方案》	国家发展改革委 水利部（发改环资规〔2019〕695号）	本方案采用定性与定量相结合的方式，注重近期和远期目标的有机衔接，以全国水资源综合规划、全国水中长期供求规划等为依据，结合31个省级行政区供水、用水、节水等现状，构建节水目标指标体系。提出了“总量强度双控”“农业节水增效”“工业节水减排”“城镇节水降损”“重点地区节水开源”“科技创新引领”六大行动
	《京津冀工业节水行动计划》	工业和信息化部 水利部 科技部 财政部（工信部联节〔2019〕197号）	主体内容由总体要求和目标、主要任务、保障措施，以及相关附件组成。其中，“总体要求和目标”中提出了实施京津冀工业节水行动的工作思路以及2022年工作目标；“主要任务”包括调整优化高耗水行业结构和布局、促进节水技术推广应用与创新集成、加强节水技术改造、强化企业用水管理、大力推进非常规水源利用等5大节水任务、13项具体措施，是今后一个时期推进京津冀工业节水的主体工作内容；“保障措施”包括加强组织领导、加大政策支持、加强交流与宣传等3项具体措施，以保障京津冀工业节水工作的有效推进
	《大清河流域水污染物排放标准》	河北省质监局、河北省环保厅（DB 13/2795—2018）	规定了河北省大清河流域内水污染物的排放控制、监测、实施与监督要求
	《河北省白洋淀水体环境保护管理规定》	河北省人民政府（1995年4月22日）	为加强白洋淀水体环境保护工作，防治污染，保障人体健康，促进白洋淀淀区和周边地区经济、社会事业的发展，根据《中华人民共和国水污染防治法》等有关法律、法规制定本规定
	《保定市白洋淀水体上游生态环境保护条例》	河北省人民政府（2019年）	为了保护和改善保定市白洋淀上游（流入白洋淀的拒马河、白沟河、萍河、瀑河、漕河、府河、唐河、孝义河、潴龙河等河流流经的保定市区域）生态环境，推进生态文明建设，促进经济社会可持续发展，根据《中华人民共和国环境保护法》《中华人民共和国水污染防治法》等有关法律法规的规定，结合本市实际，制定本条例
	《河北省河湖保护和治理条例》	河北省人民政府（2020年3月22日）	本条例是全国首部以河湖保护和治理为核心内容列入立法计划，共分7章64条，紧紧围绕保护和治理两大主题，设立了总则、规划编制、治理和修复、保护和监管、河湖长制、法律责任等章节，对于加强河湖保护、保障河湖功能、改善水生态环境具有重要的现实意义

续表 9-1-1

类别	支撑文件	发布部门/起草单位	具体工作内容
法律、法规	《河北省地下水管理条例》	河北省人民政府（2018 年 11 月 1 日）	条例立足河北实际，着力解决制约地下水管控不严、计量监测不到位、处罚力度弱等瓶颈问题，从严加强地下水保护和利用
	《河北省取水许可管理办法》	河北省人民政府（2018 年 9 月 1 日）	为进一步规范取用水管理，理清地下水取水许可思路，严格控制地下水开采，省水利厅以水资源保护和优化配置为重点，通过重新核定已经许可的水量，明确各地取水许可存量；通过制订水资源配置方案，确定不同水源、不同行业的取水许可余量；以依法、优化、协同、高效为着力点开展取水许可审批流程再造，全力做好许可管理工作
	《河北省节水行动实施方案》	省水利厅、省发展改革委（2019 年 8 月 12 日）	方案结合河北省缺水现状，确定了 2020 年、2022 年和 2035 年的主要目标。要以习近平生态文明思想为指导，认真践行新时期治水方针，加强党委和政府对节水工作的领导。强化水资源消耗总量和强度指标刚性约束，突出抓好农业、工业、城镇节水，深化体制机制技术创新，加快用水方式向节约集约转变，提高用水效率。要开展总量强度双控、农业节水增效、工业节水减排、城镇节水降损和重点地区节水开源 5 个行动
	《河北省推进全社会节水工作十项措施》	河北省人民政府（冀政办字〔2020〕24 号）	提出要强化组织领导，成立河北省节约用水工作领导小组，加强对全省节约用水工作统一领导。省有关部门建立沟通会商、情况通报制度。市、县政府强化组织领导，加大统筹协调力度，确保节水目标完成
新成立管理部门	雄安新区生态环境局	成立时间：2018 年 5 月 16 日	雄安新区生态环境局承担雄安新区规划建设局、公共服务局和综合执法局统一划转的生态环境保护、城乡各类污染排放监管相关行政许可、行政执法等管理职责
	生态环境部北海海域海河流域生态环境局	成立时间：2019 年 5 月 20 日	海河流域北海海域生态环境监督管理局所辖海河流域和北海海域，以及黄河和东北沿黄渤海诸河入海断面以下河口，依据法律、行政法规的规定和生态环境部的授权或委托，负责水资源、水生态、水环境方面的生态环境监管工作

9.1.3　分河段水生态、水环境生态保护和修复的目标要求

结合重点河段生态功能及定位，分河段明确流域水生态、水环境生态保护和修复的目标要求，具体见表 9-1-2。

表 9-1-2　分河段明确流域水生态、水环境生态保护和修复的目标要求

河流名称		保护和修复目标(2035 年)		生态功能定位
		水生态	水环境	
拒马河	张坊以上		Ⅱ~Ⅲ类	“京南生态绿楔—拒马河—白洋淀”的南北向生态廊道
	张坊以下		Ⅲ类	
白沟引河			Ⅳ类	
唐河	西大洋水库以上	建设绿色生态廊道，通过河淀联动、生态补水，建设滨河、滨淀植被缓冲带，修复“水生—湿生—陆生”的异质性生境，加强水体至陆地的连通性，增加新区及周边湿地面积，实现水域、湿地、林地生态空间的连续性	Ⅱ~Ⅲ类	“太行山脉—渤海湾”的东西向生态廊道
	西大洋水库以下		Ⅳ类	
沙河	王快水库以上		Ⅱ~Ⅲ类	
	王快水库以下		Ⅳ类	
瀑河			Ⅳ类	
萍河			Ⅳ类	
漕河			Ⅳ类	
府河			Ⅳ类	
孝义河			Ⅳ类	
赵王新河			Ⅳ类	
独流减河			Ⅲ~Ⅴ类	
白洋淀		年入淀水量维持在 3 亿 m^3 左右，淀区正常水位保持在 6.5~7.0 m，淀区面积稳定在 360 km^2 左右	淀区水质达到国家地表水环境质量Ⅲ~Ⅳ类标准	蓄洪滞沥、生态涵养、生产生活和休闲游憩

9.2　生态水量

9.2.1　生态水量保障措施

9.2.1.1　白洋淀生态用水保障措施

结合河北雄安新区规划纲要、《白洋淀生态环境治理和保护规划(2018—2035 年)》等区域规划，提出一系列工程措施和非工程措施，保障白洋淀生态用水需求。

1. 工程措施

(1)实施补水工程。建设引黄入冀补淀扬水泵站、位山引黄渠首等配套工程;建设应急补水工程,利用沿线唐河、瀑河、北拒马河等退水闸向白洋淀应急补水;开展瀑河水库防渗改造,新建兰沟洼仿自然湿地。

(2)加强水系连通。适时建设安格庄水库—瀑河水库等水库连通工程,建设潴龙河—小白河、瀑河—萍河、漕河—瀑河、沙河干渠—孝义河等连通工程,实现多方向多水源补淀。

(3)合理利用再生水。建设再生水处理设施及配套管网,统一配置再生水资源,提高利用效率。

2. 非工程措施

(1)落实节水措施。坚持节水优先,提高大清河流域生产、生活用水效率;优化用水结构,控制水资源需求增量;全面普及节水器具,建设节水型城市。

(2)建立多水源补水机制。合理确定白洋淀生态用水量及分配调度方案。相机延长引黄入冀补淀引水时间,增加补淀水量。

(3)建立水安全智慧管理系统。加强物联网和大数据、云计算、平台化、移动化等信息技术应用,完善流域水信息立体监测体系和水安全指挥调控体系。

9.2.1.2　其他河流、湖库生态用水保障措施

结合《华北地区地下水超采综合治理规划》《河北雄安新区规划纲要》《白洋淀生态环境治理和保护规划(2018—2035年)》等区域规划,以及地方水体达标规划,优化水资源配置方案,兼顾周边城市用水需求,对白洋淀,以及南拒马河、白沟河、白沟引河、瀑河、萍河、漕河、唐河、府河、孝义河、潴龙河、中易水等入淀河流进行生态补水,满足生态需水要求,同时对白沟引河、瀑河、萍河、府河、孝义河同步实现河流环境流量的保障。

生态水量保障措施见表9-2-1。

9.2.2　小水电整治措施

参照《水利部 国家发展改革委 生态环境部 国家能源局关于开展长江经济带小水电清理整改工作的意见》(水电〔2018〕312号),提出本流域内小水电清理整改建议,在全面核查、科学评估的基础上,按照退出、保留、整改三类提出处置意见,并报省级人民政府同意,建立台账。

9.2.2.1　分类整改建议

1. 退出类

位于自然保护区核心区或缓冲区内的(未分区的自然保护区视为核心区和缓冲区);自2003年9月1日《环境影响评价法》实施后未办理环评手续违法开工建设且生态环境破坏严重的;自2013年以来未发电且生态环境破坏严重的;大坝已鉴定为危坝,严重影响防洪安全,重新整改又不经济的;县级以上人民政府及其部门文件明确要求退出而未执行到位的,列入退出类,原则上应立即退出。其中,位于自然保护区核心区或缓冲区内但在其批准设立前合法合规建设,不涉及自然保护区核心区和缓冲区,且具有防洪、灌溉、供水等综合利用功能,又对生态环境影响小的,可以限期退出。

表 9-2-1　生态水量保障措施

类型	主要河流	生态水量来源
山区河流	拒马河	本流域降水汇流,规划水平年可保证生态水量 0.46 亿 m^3
平原河流	白沟河	上游北拒马河来水、小清河及琉璃河涝水、房山区城镇再生水
	中易水	结合安格庄水库调度管理和汛期弃水下泄生态水量,保障年生态水量 0.04 亿 m^3
	南拒马河	涞水县、定兴县再生水 0.16 亿 m^3,现状实测水量 0.14 亿 m^3;结合华北地下水超采综合治理河湖地下水回补,南拒马河作为试点河段,可利用南水北调中线水经中易水相机补水,加之当地地表水,基本可以满足生态水量需求
	白沟引河	利用兰沟洼仿自然湿地,调节北拒马河、南拒马河、白沟河、白沟引河等来水过程,水量 0.18 亿 m^3,保障河流基本流量 0.56 m^3/s
	瀑河、萍河	将瀑河水库作为备用水源地,通过瀑河、萍河适时向新区补水,同步实现河流水动力改善和环境流量的保障,瀑河和萍河生态水量 0.14 亿 m^3 和 0.12 亿 m^3
	漕河、唐河	近淀河段通过适当河道疏浚,改善下游生态环境,利用白洋淀壅高水位回水和提水,保持一定水面,漕河和唐河水量分别为 0.06 亿 m^3 和 0.13 亿 m^3,保障河流基本流量 0.45 m^3/s 和 0.38 m^3/s。 结合西大洋水库调度管理和汛期弃水下泄生态水量,保障唐河西大洋水库坝下断面年生态水量 0.25 亿 m^3
	府河	接纳保定市区污水处理厂排水,可满足生态需水量要求,水量 0.40 亿 m^3,保障河流基本流量 1.27 m^3/s
	孝义河	主要承接安国、博野、蠡县、高阳等县城的污水处理厂排水,水量 0.35 亿 m^3,保障河流基本流量 1.12 m^3/s
	沙河/潴龙河	实施潴龙河与小白河连通工程,结合白洋淀壅高水位回水,实现近淀河段常年保持一定水面,水量 0.04 亿 m^3。结合王快水库调度管理和汛期弃水下泄生态水量,保障沙河王快水库坝下断面年生态水量 0.38 亿 m^3
	独流减河	上游赵王新河和大清河下泄水量,约 1 亿 m^3;天津市区、静海区污水处理厂再生水约 0.47 亿 m^3;天津市北水南调年循环供水量 1.1 亿 m^3;还可利用天津市规划建设的南部水循环体系(天津市北水南调工程)补水,并考虑分阶段实现入海水量
	海河干流	一方面可利用本身的雨洪资源,另一方面由引滦水补给,还可以考虑塘沽新河污水处理厂的再生水通过黑猪河进入河道补充生态水。南水北调东线通水后也可置换当地地表水补充生态水。此外,根据天津市水循环系统将海河、子牙河、独流减河、北运河、永定新河、西七里海湿地进行沟通,也可适当补充河道生态水

续表 9-2-1

<table>
<tr><th>类型</th><th>主要河流</th><th>生态水量来源</th></tr>
<tr><td rowspan="3">湿地</td><td>白洋淀</td><td>南水北调东线二期实施前，引黄入冀补淀 2 亿 m^3；地表水通过王快、西大洋、安格庄 3 座水库供水 1 亿~1.5 亿 m^3；白沟引河、府河、孝义河上游城镇污水处理厂尾水入淀 0.6 亿 m^3。南水北调东线二期实施后，引黄入冀补淀 1.1 亿 m^3；地表水通过王快、西大洋、安格庄 3 座水库供水 1 亿~1.5 亿 m^3；南水北调水东线二期补水 0.9 亿 m^3</td></tr>
<tr><td>北大港</td><td>在南水北调东线工程通水以前，可利用天津市雨洪水 0.34 亿 m^3 及引滦水进行生态补水，近期年可通过东线一期北延工程应急补水；在南水北调东线工程通水以后，综合利用雨洪水和外调水，可满足北大港周边湿地生态保护要求</td></tr>
<tr><td>团泊洼</td><td>团泊洼湿地现状水源首先为当地涝水，黑龙港河和各干支渠沥水汇流面积 623 km^2，沥水可以进入团泊洼湿地。另外，纪庄子污水处理厂再生水（10 万 t/d）进行深度处理后作为团泊洼湿地的生态用水，天津市南北水系沟通工程枯水年向团泊洼湿地的补水量为 1 200 万 m^3。也可利用引滦水，通过于桥水库、海河干流向团泊洼湿地相机补水</td></tr>
</table>

退出类电站应部分或全部拆除，要避免造成新的生态环境破坏和安全隐患。除仍然需要发挥防洪、灌溉、供水等综合效应的电站外，其他的均应拆除拦河闸坝，封堵取水口，消除对流量下泄、河流阻隔等的影响；未拆除的，应对其进行生态修复，通过修建生态流量泄放设施、监测设施以及必要的过鱼设施等，减轻其对流量下泄、河流阻隔等的不利影响。要逐站明确退出时间，制订退出方案，明确是否补偿以及补偿标准、补偿方式等，必要时应进行社会风险评估。

大清河流域内位于自然保护区与鱼类栖息地小水电站分布见图 9-2-1。

小水电与自然保护区敏感区位置关系见表 9-2-2。

2. 保留类

同时满足以下条件的可以保留：一是依法依规履行了行政许可手续；二是不涉及自然保护区核心区、缓冲区和其他依法依规应禁止开发区域；三是满足生态流量下泄要求。

3. 整改类

未列入退出类、保留类的，列入整改类。对审批手续不全的，由相关主管部门根据综合评估意见以及整改措施落实情况等，指导小水电业主完善有关手续。依法依规应处罚的，应在办理手续前依法处罚到位。对不满足生态流量要求的，主要采取修建生态流量泄放设施、安装生态流量监测设施、生态调度运行等工程和非工程措施，保障生态流量。对存在水环境污染或水生生态破坏的，采取对应有效的水污染治理、增殖放流以及必要的过鱼等生态修复措施。要逐站制订整改方案，明确整改目标、措施。小水电业主要按照经批准的整改方案严格整改，整改一座，销号一座。

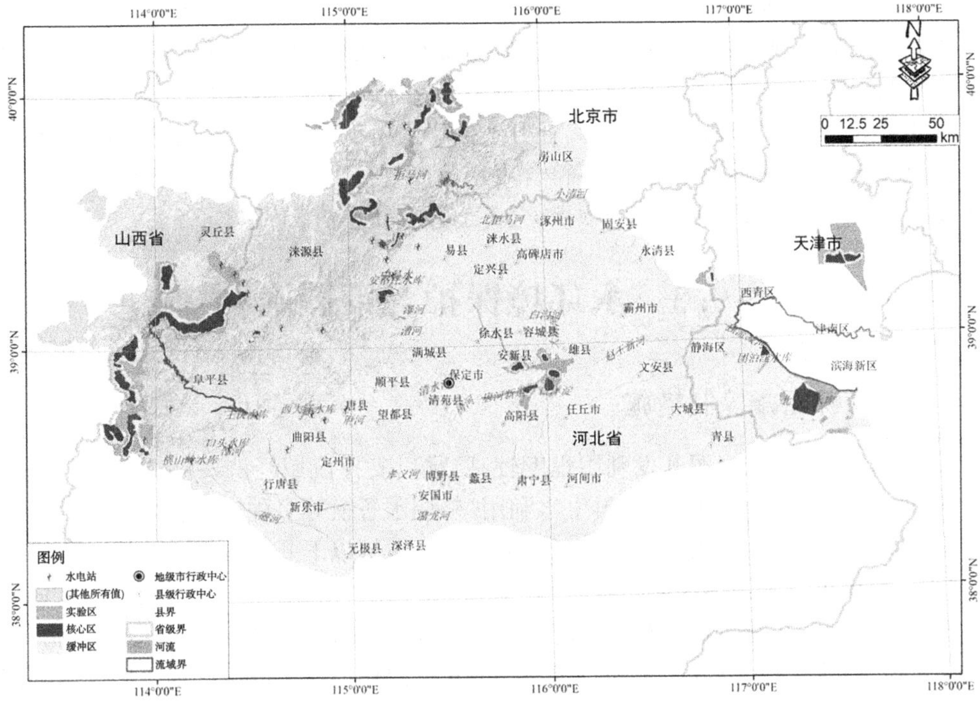

图 9-2-1　位于自然保护区与鱼类栖息地小水电站分布

表 9-2-2　小水电与自然保护区敏感区位置关系

序号	省	地区	县	名称	所在河流	开发方式	工程等别	与敏感区位置关系
1	北京市	市辖区	房山区	十渡镇大沙地	北拒马河	引水式	V	北京市房山拒马河水生野生动物自然保护区
2		市辖区	房山区	天花板二级	北拒马河	引水式	V	
3		市辖区	房山区	天花板一级	北拒马河	引水式	V	
4	河北省	张家口市	涿鹿县	圣佛堂	大庙河	引水式	V	紧邻河北金华山－横岭子褐马鸡省级自然保护区缓冲区
5		石家庄市	灵寿县	南营	磁河	引水式	V	河北漫山省级自然保护区缓冲区
6		保定市	易县	易县官座岭	旺隆沟	引水式	V	河北摩天岭省级自然保护区实验区
7	山西省	大同市	灵丘县	北泉	唐河	闸坝式	V	山西灵丘黑鹤省级自然保护区实验区
8		大同市	灵丘县	上沿河	唐河	引水式	V	
9		大同市	灵丘县	牛邦口	沙河	闸坝式	V	紧邻山西灵丘黑鹤省级自然保护区核心区

9.2.2.2 严控新建项目

各地要依法依规编制或修订流域综合规划及专项规划，并同步开展规划环评，合理确定开发与保护边界。除与生态环境保护相协调的且是国务院及其相关部门、省级人民政府认可的脱贫攻坚项目外，严控新建商业开发的小水电项目。坚持规划、规划环评和项目联动，对小水电新建项目严格把关，不符合规划及规划环评、审批手续不全的一律不得开工建设。对已审批但未开工建设的项目，全部进行重新评估。

9.3 水环境保护对策措施

9.3.1 水资源压减控制措施

大清河流域本地水资源开发利用程度较高，难以支撑流域经济发展的需求。至规划年，通过地表水节水、地下水压采、再生水利用、外调水置换等多种措施，控制水资源压减，缓解水资源压力。本次提出的水资源压减措施主要包括以下几个方面。

9.3.1.1 强化水资源刚性约束作用

习近平总书记在河南主持召开黄河流域生态保护和高质量发展座谈会时强调，要坚持以水定城、以水定地、以水定人、以水定产，把水资源作为最大的刚性约束。大清河流域涉及京津冀晋四个省(市)，水系交错复杂，用水需求与水源分布不均衡。应强化水资源刚性约束作用，实行最严格的水资源管理制度，落实各省市“三条红线”中用水总量、用水效率等相关指标，明确大清河流域总体用水总量要求(2025 年和 2035 年用水总量分别为 65.92 亿 m^3 和 71.69 亿 m^3)，推动流域人水和谐发展。

9.3.1.2 统筹配置和有序利用水资源

合理有序使用外调水、控制使用地表水和地下水、积极利用非常规水，进一步做好流域和区域水资源统筹调配，减少水资源消耗，逐步降低过度开发河流和地区的开发利用强度，退减被挤占的生态用水。加快完善流域和重点区域水资源配置，强化水资源统一调度，统筹协调生活、生产、生态用水。大力推进非常规水源利用，将非常规水源纳入区域水资源统一配置。

加快明晰区域和取用水户初始水权，稳步推进确权登记，建立健全水权初始分配制度。深入贯彻落实《国务院办公厅关于推进农业水价综合改革的意见》(国办发〔2016〕2号)，建立健全农业水价形成机制，建立精准补贴和节水奖励机制。积极推进水资源税费改革。

9.3.1.3 严控开发规模和强度

建立健全规划和建设项目水资源论证制度，完善规划水资源论证的相关政策措施。针对流域本地水资源开发利用情况，调整种植结构，完善节水灌溉设施，优化产业布局。对于农业开发，推进适水种植和量水生产，严格控制发展高耗水农作物，扩大低耗水和耐旱作物种植比例，必要时实施轮作休耕、旱作雨养、高效节水灌溉等措施。对于工业企业开发，推动产业有序转移流动，优化调整布局和结构，鼓励创新型产业、绿色产业发展，结合供给侧结构性改革和化解过剩产能，压减或淘汰高耗水产业不达标产能，推进高耗水工业结构调整。

9.3.1.4　全面挖掘流域节水潜力

大清河流域现状节水水平适中,但各行业依然具有一定节水潜力,进一步大力推进农业、工业、城镇节水,建设节水型社会,重点围绕农业节水增效、工业节水减排、城镇节水降损开展。

加快灌区续建配套建设和现代化改造,依托高标准农田建设项目统筹推进高效节水灌溉规模化、集约化,大力发展喷灌、微灌、管道输水灌溉。大力推进工业节水改造,定期开展水平衡测试及水效对标,对超过取用水定额的企业,限期实施节水改造,加强肥水深度处理和达标再利用。全面推进节水型城市建设,提高城市节水工作系统性,将节水落实到城镇规划、建设、管理的各个环节,实现优水优用、循环循序利用,推进海绵城市建设,因地制宜实施雨污分流,提高雨水资源利用水平,实施供水管网改造建设,降低供水管网漏损。深入开展公共领域、居民家庭节水,普及推广节水型用水器具。

9.3.1.5　开展地下水综合治理

为系统推进华北地区地下水综合治理,水利部、财政部、国家发展改革委、农业农村部联合印发了《华北地区地下水超采综合治理行动方案》。行动方案要求华北地区到 2022 年,通过强化节水、实行禁采限采、调整农业种植结构、充分利用当地水和外调水置换地下水开采等措施,京津冀地区现状超采量压减率超过 70%,约 2/3 地下水超采区实现采补平衡;到 2035 年,通过进一步采取节水措施、加大非常规水利用、实施南水北调东中线后续工程等措施,力争全面实现地下水采补平衡,超采亏空水量逐步填补。为解决华北地下水超采问题,在 2018 年、2019 年生态补水的基础上,水利部积极协调京津冀三省(市)深入推进 2020 年华北地下水超采综合治理河湖生态补水,通过进一步优化水资源配置,统筹多水源调度,充分发挥南水北调、引黄入冀、引滦等跨流域调水工程效益,有序推进了南拒马河、唐河、沙河-潴龙河、北拒马河-白沟河、瀑河等 8 条常态化补水河流及白洋淀、北大港、团泊洼等 3 处湿地,补水量 15.35 亿 m^3,完成年度补水目标的 180%。生态补水通过河床下渗进入地下,回补地下水,增加地下水储量,抬高水位。10 月底,7 条(个)补水河湖周边 10 km 范围内浅层地下水位同比平均回升 0.18 m,深层地下水位同比平均回升 1.36 m,有效增加了地下水储量。

同时,流域内京津冀晋各省(市)也积极开展了地下水综合整治相关行动。天津市、河北省(保定市)、山西省等编制了地下水超采实施方案与计划,明确提出规划年地下水超采目标,开展相关生态补水工程。

天津市编制了《天津市地下水超采综合治理实施计划》,通过强化节水、调整农业生产结构、优化产业结构与布局、充分利用当地水、加大非常规水利用、实施南水北调东中线后续工程、外调水置换地下水开采和严格地下水管控等措施,到 2020 年,地面沉降严重的地区、重大工程附近区域全面禁采;到 2022 年,除应急情况外,超采区基本实现深层地下水“零”开采。加大河湖生态补水量,稳定回补地下水,有效改善河湖水生态状况。同时,还编制了《天津市地下水压采攻坚方案(2018—2020 年)》,规划 2020—2022 年,通过严格地下水取水许可审批、严格禁限采区管理、加强取水许可事中、事后监管等管控措施,进一步推动深层地下水压采。2035 年,基本实现超采区深层地下水采补平衡,水位全面回升。

河北省针对本省地下水问题，编制了《河北省地下水超采治理五年实施计划（2018—2022年）》，确定到2022年，全省地下水压采率达到90%以上，其中城市全部完成地下水压采任务，农村压采率达到86%以上，雄安新区和南水北调中线受水区城市提前到2020年，而根据《河北省地下水超采综合治理规划（2015—2030年）》，到2030年实现全省地下水采补平衡。由于农田灌溉为主要用水对象，为进一步减少农田灌溉用水量，河北省开展高效节水灌溉工作，省水利厅组织编写了《河北省节水压采高效节水灌溉发展总体方案（2016—2020年）》，根据总体方案，石家庄、张家口、廊坊、保定、沧州、衡水等行政区发展节水灌溉面积783万亩，将有效遏制地下水超采情况。其中，保定市已完成“两库连通、西水东调，引水济市、穿府补淀”等工程，通过一系列工程向保定市部分主要河道及白洋淀实施生态补水，2019年调配水量达到5.5亿m^3；沧州市通过引黄、引江和水库引水等途径为黑龙港河、南运河、子牙河等河道补水；天津市利用于桥水库、引滦水源、南水北调东线引江水源和汛期雨洪资源为北大港水库实施补水，水库蓄水量由干库状况增加至1.81亿m^3。通过河道生态补水，逐步改善河道生态环境，较长时间段内保持生态水面并回补地下水。

山西省人民政府已经批复了《山西省地下水超采区综合治理实施方案（2019年度）》，通过该方案的实施，将实现关井650眼，压采地下水0.79亿m^3，实现有效遏制项目区正常年份地下水位下降。

大清河流域内各省（市）均结合自身情况编制地下水超采实施方案与计划，与大清河流域综合规划地下水压采目标相协调，为流域地下水综合整治提供了有力支持。

9.3.1.6 **多渠道增加水源供给**

充分挖掘多渠道水源，结合本地非常规水源及外流域调水，缓解本地水资源压力：①用足用好南水北调中线水，中线一期工程2016—2017年为京津冀城乡供水28亿m^3，剩余未达效供水能力约23亿m^3，中线后期至2035年通过实施引江补汉工程还可增加近30亿m^3；②增供南水北调东线水，东线一期可增加京津冀地区供水能力约2.05亿m^3，东线二期至2035年预计可向华北地区再增加50亿m^3左右；③适度增加引黄水，通过引黄入冀补淀工程引水约8.6亿m^3，为沿线农业灌溉和生态补水；④加大当地雨洪水资源及非常规水利用，结合海绵城市建设，因地制宜实施雨水积蓄利用改造，有条件的沿海城镇将淡化海水作为市政新增供水及应急备用水源，新建及现有污水处理厂提标扩容，确保再生水水质、水量满足河道生态及城市景观绿化需求。

9.3.2 水功能区保护措施

根据大清河流域水功能区的纳污能力，制定了污染物总量控制方案；规划了排污口布局调整及综合整治、污水厂提标扩容改造等水环境保护工程措施；提出了地表水、地下水替代及应急备用水源地保护措施；规划了水环境监测体系，提出了加强重点污染源和排污口综合整治、强化水源地安全保障措施，监测和管理相结合，开展宣传教育提高全社会的水环境保护意识等环境管理措施。根据规划内容、水质现状评价及影响预测，水功能区的保护措施可分为流域水污染治理重点区域保护措施、流域水污染防治措施及流域水污染监测与管理措施等三个方面。

9.3.2.1　流域水污染治理重点区域保护措施

根据现状年流域水质评价结果，大清河流域地表水水质较差，汛期、非汛期水质无明显差别。水质优于Ⅲ类的水体主要分布在流域内上游，集中在河北省保定市。劣Ⅴ类水体主要分布在下游，天津劣Ⅴ类水体占比最高，是大清河流域水环境综合治理的重点区域。建议河北、天津有关部门根据水资源与水环境保护的总体目标要求，进一步提高水污染防治和水资源保护工作力度，尽快增加和落实城市污水处理的规划，确保水功能区区划水质目标如期实现，主要采取以下措施：

(1)根据水功能区纳污能力计算结果，结合国家产业政策的要求、清洁生产和循环经济的标准，以及《大清河流域水污染物排放标准》等内容，根据工业污染的调查，以工业园区为重点加强流域内水污染防治工作，严格按照污染物限排总量控制污染物入河，在全流域工业污染实现达标排放，控制大清河各水系入河口水质达标。

(2)针对上游不达标的唐河等源头水保护区，开展水功能区内生活污染源入河排污治理，控制化肥、农药、农村生活垃圾和分散式养殖等污染，通过坑、塘、池等工程措施，减少径流冲刷和土壤流失。对北拒马河、白沟河、中易水、大清河、独流减河等不达标的水功能区，实施"一河一策"治理方案、"重要断面水体达标方案"，严格执行《大清河流域水污染物排放标准》(DB 13/2795—2018)、《天津市污水综合排放标准》(DB 12/356—2018)、《北京水污染物综合排放标准》(DB 11/307—2013)、山西省《污水综合排放标准》(DB 14/1928—2019)、河北省《农村生活污水排放标准》(DB 13/2171—2020)、山西省《污水综合排放标准》(DB 14/1928—2019)，加强上游及周边工业、畜禽养殖入河排污口的治理，同时对农业面源进行控制，利用生物系统拦截净化面源。针对瀑河、漕河、界河、唐河等断流或河干河流，首先通过生态补水，保障河流水面，同时按照不达标的水功能区进行治理。

(3)强化城镇点源污染治理，全面淘汰落后产能，积极发展循环经济，大力推行清洁生产，各企业向工业园区集中布设，严格执行污染物排放标准；对各省(市)各城镇污水处理厂进行提标改造，确保达到《城镇污水处理厂水污染物排放标准》(DB 11/890—2012)、《城镇污水处理厂水污染物排放标准》(DB 12/599—2015)后排入河道，目前暂未建设污水处理厂的各级乡镇，根据相关规划及流域水环境保护总体要求，加快推进城镇污水处理厂的建设，实现城镇污水、垃圾设施全覆盖和稳定运行。

(4)防止灌溉回归水对环境水体造成污染，推动生态农业发展，严禁高毒、剧毒、高残留农药的使用，强化测土配方，开展化学农药、化肥减量行动，降低农业面源流失量，加强集约化禽畜养殖场污水的处置和管理；合理规划灌区内进排水路线，在重点饮用水水源保护区、滨河耕作区、灌区退水入河前设置生态阻隔带；开展湖库、河流周边人工湿地建设，延长农田退水径流的滞留时间，利用高等水生物吸收部分氮、磷等污染物，使径流得以初步净化，净化后的水经出水口排入附近水体或回用，防止造成水功能区局部水域富营养化；加强灌区面源污染监测和基础研究，建立农田面源监测预警机制。

(5)落实"河长制"等管理制度和机制，划定河湖水域管理蓝线，对流域内河湖的水域和岸线实行常态化管理，做到"一水体一岸线一责任人"；集中开展打击偷排漏排、非法采砂、垃圾入河、非法养殖及侵占河道等违法行为；定人、定责、定时清理水面垃圾和岸线垃圾，确保各水体水面和岸线的洁净美观；定期向社会公布河(湖)治理情况，为营造良好的人居环境和休闲娱乐环境提供保障。

(6)强化重点企业环境监管,生态环境部门对达标排放并且排放的水污染总量在允许范围内的工业企业单位核发排污许可证,对达标排放但总量超过控制指标的,当地政府下达限期治理要求。对建设项目试生产期间可核发临时许可证,竣工验收后核发正式许可证。对污染严重、不符合产业政策的企业实施关闭;对不能满足总量控制和水环境质量目标要求的企业进行深度治理。加强新建项目的环境管理,并加强对重点污染企业的监控,严格按照国家相关规定核发排污许可证。对于滨海新区等临海区域,强化海上排污监管,落实国家海上污染排放许可证制度。

(7)因地制宜、加强村镇生活污水和垃圾处理,根据各省(市)农村经济社会发展水平和自然环境特点,结合生活垃圾和污水基本特征,按照减量化、无害化和资源化的处理原则,因地制宜选择合理的处置方式:①对于靠近县城政府所在地(15 km 范围内)的村镇采取转用处理方式,即"村级收集—乡镇集中—县级处理",有条件的村镇可以接入城镇污水处理管网集中处理污水,生活垃圾运输到县城垃圾处理场集中处理;②距离县城政府所在地较远且人口相对集中的村镇,采取建设中小型污水处理站及配套收集管网,集中连片处理;建设沼气池,综合利用生活垃圾;③距离城镇政府所在地较远的乡镇但人口相对分散的村庄,以堆肥还田为主。

(8)加强入淀河流及淀区水环境治理

入淀河流水质方面,依据规划要求,针对入淀河流,从流域控源截污、内源治理生态修复、环境流量保障和加强河道管理等方面提出具体规划要求,确保入淀河流水质达标;工业污染方面,从优化新区产业发展格局、推进传统产业集聚区污染控制等方面提出规划要求;针对新区农村,分别从农村生活污水治理、垃圾治理、农业面源污染防治、养殖污染防治四个方面细化了规划内容。依据《河北雄安新区及白洋淀上游流域山水林田湖生态保护修复工程》,入淀河流从水量、水质角度进行生态保护与修复。通过建设河流生态基流恢复与水资源保障工程,保障入淀河流水资源量及生态需水量;通过入河污染控制工程,新建 3 个项目涉及县城市污水厂改扩建与提标改造,21 个项目涉及城镇污水厂建设工程,达标处理市、县级城镇生活污水;新建 60 项临河农村污水与垃圾处理工程,削减临河村庄污水及垃圾污染;河道水质改善与生态修复工程,开展萍河、漕河、大清河干流等河流水质提升及生态修复工程建设,通过河道清淤、生态修复等措施全面提升入淀河流水质;通过水系连通工程,利用引水增加河流水量,提升河水自净能力及河流流动性。

淀区水质方面,主要按照Ⅲ~Ⅳ类水质目标进行控制。对淀区周边城市水污染进行综合治理,建立高标准的污水处理系统及垃圾处理系统,实施雨污分流,推行垃圾分类,建设海绵城市;对农村及农业面源,近期采用可移动式污水处理设施,远期执行雄安新区相关标准要求,严禁污水入淀入河;近期保留村庄配置临时或可移动式垃圾收集设施,利用新区和周边现有设施进行处置和资源化利用,远期建设先进专业的垃圾处理系统,形成垃圾治理长效机制;发展绿色生态农业。调整农业种植结构,转变施肥方式,科学使用农药,建立农田生物拦截带,严控农田退水。依据《河北雄安新区及白洋淀上游流域山水林田湖生态保护修复工程》,围绕淀区的疏浚、连通、生态改善、台田、湿地等内容进行整治,通过开展七大淀区的疏浚处置、围堤围埝拆除、垃圾处理、沙洲和鸟岛等生境修复,鸟类、植被、生物、鱼类等生物多样性修复,淀区生态需水与水资源保障,淀区水动力连通和水动力调控,淀区台田修复和维管束植被种植,五大湿地的构建等工程,有效提升整个淀区的整体生态环境、水环境品质,保障淀区水质提升和水体连通,完善淀区的湿地体系和生态系统循环。

此外,天津市颁布了《天津滨海新区水体达标方案》,保定市相应颁布了《保定市白沟河新盖房断面水体达标方案》《保定市漕河马庄断面水体达标方案》《保定市府河焦庄和安州断面水体达标方案》《保定市沙河灌渠大寺头断面水体达标方案》《保定市孝义河蒲口断面水体达标方案》等。通过改扩建污水处理厂、建设配套管网工程改善城镇生活污染;对部分工业企业提出提标改造要求,以减小对地下水污染隐患;开展农村环境综合整治项目,提高农村生活垃圾及生活污水的收集处理率。

9.3.2.2　流域水污染防治措施

(1)上游山区人口和产业分布较少,但在晋冀交界地区有散煤集散地,且山区采矿造成的水土流失、面源污染相对严重,对于上游需加强对散煤、采矿等整治力度,实施严格管控;加强水土保持和水源涵养,实施退耕还林还草;强化大中型水库水源地保护,划定水源保护区,对重要水源地实行严格的封闭式管理和保护。

(2)山前平原区为现状人口、产业较为集聚的地区,“小散乱污”企业较多,农田灌溉面积大,且大部分河道常年干涸,无序采砂取土问题突出,点源和面源污染严重。该区以全面节水和水污染防治为重点,实施农业节水灌溉,适当退减灌溉面积,实施地下水超采区综合治理;推进水污染防治,实施更加严格的产业准入政策,严控高污染、高耗水企业,推进生态型工业园区改造,大幅减少入河污染物总量。

(3)白洋淀及周边地区为雄安新区所在地,白洋淀水污染严重,水生态空间萎缩严重,淀区和周边围堤有大量居民,水环境治理难度大。一方面,加强白洋淀水生态环境保护修复,大幅削减入淀污染物总量;另一方面,加强城市节水和供水保障工作,严格控制用水增长,合理调配各类水源,加大污水处理回用,按照《大清河流域水污染物排放标准》提高污水处理标准,推行水务一体化管理。

(4)白洋淀以下地区水环境污染、水生态问题严重,应加强河流生态修复及水环境整治。

(5)对水源保护区、自然保护区、珍稀濒危鱼类栖息地等敏感目标所在河段,规划实施过程中应实现废水零排放。

(6)在不影响防洪和河道整治工程的前提下,对小清河北京景观娱乐用水区及大石河下段北京景观娱乐用水区涉及的排污口、海河、独流减河沿线22个入河排污口,对磁河、南拒马河等11条河流沿线涉及的23个入河排污口,唐河山西灵丘工业、农业用水区涉及的1个入河排污口进行整治。结合城市景观改造,开展重点污染河段水污染生态修复、清淤工程。

(7)应制定好风险应急预案,及时应对,如采取工程调度、化学药剂处理等措施保证供水安全。

9.3.2.3　流域水污染监测与管理措施

(1)根据《海河流域重要江河湖泊水功能区纳污能力核定和分阶段限制排污总量控

制方案》的规定,统筹协调大清河水资源保护,严格入河排污管理,进一步强化大清河流域入河排污口等级和审查制度,加强对排污口的监督管理。

(2)为逐步落实最严格的纳污红线监督管理制度,提出大清河流域水资源保护监督管理体系框架意见,主要包括建立健全水功能区监测、评估管理体系、水功能区限制排污总量控制监督管理,入河排污口设置审批管理,饮用水水源安全保障以及水生生态系统保护与修复等措施。

(3)根据水资源保护规划确定的水功能区限制纳污红线总量控制方案,实施严格的水污染排放总量控制制度,满足水资源保护的要求。

(4)严重超出水功能区纳污"红线"的区域,实施核减取水量或限制审批新增取水,限制审批入河排污口。

(5)全面强化大清河流域水质监测体系,有效监控水功能区水质、省(区)界断面、饮用水水源地水质和污染物入河总量,基本实现大清河流域规划功能区水质及纳污总量常规监测工作,全面掌握大清河水系、地下水、水源地水质和污染物入河量等状况。

(6)加强规划方案实施过程中具体工程建设、施工,运行中生产、生活污水排放管理。

(7)加强宣传工作,提高流域居民的水资源保护和水资源节约再利用意识。

9.3.3　水源地安全保障措施

9.3.3.1　强化饮用水水源保护区划分与保护

(1)强化饮用水水源保护区划分。

大清河流域综合规划的水资源保护规划中,按照《全国城市饮用水水源地安全保障规划》,对水源地安全从预防为主提出了隔离防护、水污染防治等工程措施,以及加强城镇饮用水水源地监管能力建设,强化饮用水水源保护区监督管理等管理措施。

(2)加强隔离保护与宣传警示。

落实水资源与水生态保护规划,对达到或优于Ⅲ类水质标准的,主要采取隔离防护的工程措施。针对水源地实施隔离防护工程,并在水源保护区边界、关键地段设置界碑、界桩、警示牌和水源保护宣传牌等。优先对列入全国重要饮用水水源地名录的西大洋水库和王快水库、一亩泉水源地等 3 个水源地实施隔离防护与宣传示警工程。

(3)采取水源地污染综合整治工程。

加强饮用水水源保护区周边城镇污水的集中收集处理,对临近保护区的乡镇生活污水集中收集处理,开展截污并网、污水处理设施建设及人工湿地建设等(见表 9-3-1)。

(4)面源污染治理工程。

针对存在水质污染隐患的水源地,开展流域内农村环境综合整治和内源污染治理。对水库型水源地,进行水产养殖治理、网箱养殖清理,限期清退鱼塘养殖或建设人工湿地。

(5)生态保护与修复工程。

生态保护和修复工程主要针对湖库型水源地的入湖库支流、湖库周边、湖库内建设生态保护与修复工程,通过生物净化作用改善入湖库支流水质和湖库水质。生态保护和修复工程主要包括人工湿地建设、河湖岸边带生态修复、湖库内生态修复、水源涵养与封育保护等。

表 9-3-1　饮用水水源保护区污染源整治措施

序号	名称	水污染防治措施
1	王快水库	建设生态防护绿化隔离工程和湖滨带生态修复工程
2	西大洋水库	建设水源地保护警示牌、保护标语、水源地保护立碑；建设 615 hm^2 滨河生态保护带；水库上游拆除规模化养殖场，对水库沿岸的村庄进行农村集中连片整治，建设农村垃圾集中处理设施。在浑源县 11 处畜禽养殖面源污染区建设粪场，防雨淋、防溢流设施，在 50 个村庄供水水源地实施保护措施，建立隔离防护、污染源综合整治、生态修复与保护等综合工程体系
3	大同市灵丘县自来水公司水源地	对大同市灵丘县自来水公司水源地采取物理隔离设施进行防护，修建围栏（网）3.5 km，建设生物隔离工程 0.74 km^2。关闭大同市灵丘县自来水公司水源地保护区内的 5 个排污口

（6）建立饮用水水源地生态补偿机制。

针对王快水库、西大洋水库等跨县（市）水源地开展水生态补偿机制建设，形成“受益者付费、保护者得到合理补偿”的水源地保护长效机制，完善补偿标准体系和补偿方式，针对不同地区和流域、不同类型水源地的特点，发挥政府主导作用，充分利用行政、市场、法律等多种手段，探索建立多样化的补偿方式。

9.3.3.2　健全水源地保护管理法规体系

根据相关法律法规制定流域饮用水水源保护区保护管理条例，切实加强水源地保护工作。加快水源地信息采集、传输和监控体系建设。尽快建立水源地监测站网，建设监测实验室和监测队伍，提高水源地水量、水质监测能力和快速反应能力；建设水质预报和突发水污染事故的预警预报系统，加强城市饮用水水源地监管能力建设。强化饮用水水源保护区监督管理，禁止在饮用水水源保护区内设置排污口。

9.3.3.3　制定城市饮用水安全保障的应急预案

地方各级人民政府应根据水资源条件，制定城市饮用水安全保障的应急预案，成立应急指挥机构，建立技术、物资和人员保障系统，落实重大事件的值班、报告、处理制度，形成有效的预警和应急救援机制。当水源地、供水水质发生重大变化或供水水量严重不足时，供水单位必须立即采取措施并报请当地人民政府及时启动应急预案。

9.3.3.4　加强监测能力建设

以大清河流域主要骨干河道、重要地表水源地、地下水超采区等对象为重点，以强化水资源环境承载能力为刚性约束，以水资源监控能力建设为抓手，加快建立流域区域水资源环境安全监控预警平台，实现监控数据实时传输共享与生态安全报警，为加快实施生态调度、水行政执法等提供可靠支撑，落实最严格水资源管理制度，促进水生态环境保护与修复。开展地表水、地下水水源地水质监测，掌握水源地水质安全状况，保障大清河流域饮水安全。

9.4 陆生生态保护对策措施

9.4.1 陆生生态保护对策措施

根据规划所在区域的陆生生态环境现状及工程造成的主要生态影响，大清河流域规划的实施不会导致工程所在河段陆生生态系统结构和功能发生根本变化。工程在河谷地带的施工占地，会对施工区原有的生态类型造成局部改变。在遵循生态规律的基础上，依据技术上适当、经济上可行、社会上能够接受的原则，尽可能地使生态影响减小到最低，同时要让受到影响的植被得以整体恢复。

9.4.1.1 预防措施

(1)宣传教育。

认真贯彻《中华人民共和国野生动植物保护法》等法律法规，施工期间对施工人员和当地居民加强生态保护的宣传教育，广泛宣传生态保护的政策法规和必要性。在施工生产生活区设立宣传牌、宣传标语对施工人员进行教育，加强施工人员管理，禁止砍伐施工区附近的树木，禁止施工人员非法猎捕当地野生动物，以减轻施工对当地陆生生物多样性的影响；并通过科普知识讲座和广播、报纸、手册等媒体手段，使群众深入了解野生动植物在保证农、林、牧业生产和维护生态平衡中的重要作用。同时，当地野生动植物保护部门应加大对乱捕滥杀野生动物和破坏其生态环境行为的打击力度。

(2)优化工程设计。

规划工程设计阶段，尤其是规划拟扩建的枣林庄枢纽工程和白洋淀蓄滞洪区周边堤防工程，应进一步优化工程设计方案，慎重、合理地选择各类工程的施工场地等，减少对农田和植被的淹没和占用，避免对保护植物的破坏。各工程项目开工前，应对拟选的施工场地等进行专项调查，核实各工程项目受影响珍稀植物的数量及具体位置，必要时移栽、保护。

(3)加强生态敏感区管理。

为防止流域内生态敏感区功能下降，需加强生态敏感区的管理，特别是规划涉及的河北白洋淀湿地省级自然保护区等生态敏感区。具体措施包括：加强机构和队伍建设，进一步理顺管理机构的性质和规格，不断提高管理人员的专业技能和素养；多渠道争取资金，强化基础设施建设；加强区内资源保护管理，认真落实《中华人民共和国自然保护区管理条例》等的相关规定。

(4)加强监督管理制度体系建设。

全面强化和提高大清河流域水资源保护监督管理能力，严格限制流域内的开荒现象，加强监督禁牧、封育和退耕还林等生态保护措施的落实；监测植被恢复情况，土地裸露时，应及时采取林草恢复措施。环保、林业等相关部门应加强对新建项目的监管，避让重要物种栖息地。

9.4.1.2 影响最小化措施

(1)合理安排规划实施时序。

依据中度干扰与生态系统生态学原理,生态系统具有一定的弹性和抵抗力,一定程度上的干扰并不会导致系统功能的明显衰退和丧失,但超过生态系统弹性阈值的干扰将影响生态系统服务功能。为有效减缓规划实施对区域生态环境的不利影响,应合理安排规划实施的时序,避免局部区域或较短时间内进行高强度的规划开发。

(2)加强管理,规范施工。

施工过程通过严格控制施工范围,施工营地、物料堆场等临时设施布置远离河北白洋淀湿地省级自然保护区边界等措施,尽量避免破坏现有植被;施工避开鸟类繁殖期,在施工过程中做好噪声防治工作,在邻近保护区段控制施工机械、运渣车辆等车速,对施工车辆实行管制,禁止鸣笛。

(3)依据生态监测结果,合理制定保护措施。

完善生物多样性监测工程,强化生物多样性保护信息系统,依据生态监测结果中反映的区域生态环境的变化,及时调整工程进度安排并制定合理的保护措施,可有效减缓规划带来的负面影响。

9.4.1.3 修复与补救措施

(1)人工恢复植被,重建生态系统。

在植被恢复过程中,应遵循以下几个原则:应根据当地情况进行人工群落的构建,初期应以先锋物种为主,待土壤、湿度环境有所改善后,再适当增加地带性优势种类;草种选择时,应以当地常见、易成活物种为主,避免外来物种入侵;保持植物多样性,避免物种单一化。植被恢复后,陆生动物将不断进入,生态系统的功能将得以逐渐恢复。

(2)严格落实水土保持规划与措施。

对规划范围丘陵区、风沙区及平原河渠岸坡等水土流失集中分布区域内的工程项目,在实施阶段应执行严格的水土保持标准,落实水土保持措施。同时,对太行山西北部山地丘陵防沙水源涵养区、太行山东部山地丘陵水源涵养保土区、京津冀城市群人居环境维护农田防护区和津冀鲁渤海湾生态维护区,应严格按照大清河流域综合规划中的水土保持专项规划,以林草措施与工程措施相结合开展水土流失综合治理,重点为小流域综合治理、坡耕地改造和侵蚀沟道治理工程。

(3)种质资源保护和种群大小恢复。

在规划实施过程中,对珍稀野生植物应加强保护和监管,可建立自然保护点,必要时需迁入保护区或收集种子择地扩种繁育;对珍稀野生动物应禁止捕杀,必要时人工营造适宜栖息地,保证其种群规模。

(4)实施生态修复。

建设人工湿地或在污染场地人工种植具较强耐受力和吸收固定污染物能力的植物等,对规划实施过程中污染的土壤和水体进行生态修复,通过湿地植物根系的截留、土壤及植物表面的吸附吸收、微生物的代谢等作用逐步恢复其生态功能。

9.4.1.4 重点保护野生动植物措施

1.野生植物保护措施

工程施工建设不可避免会破坏一定植被,评价范围内有国家Ⅱ级保护植物4种,分别为野大豆、刺五加、紫椴和水曲柳。其中,刺五加、水曲柳多为零星散生,规划实施可能会对其部分个体产生影响,在工程实施阶段,需根据实地调查情况,采取一定的就地或迁地保护措施;野大豆在大清河流域内较为常见,规划实施可能会对其产生较大影响,需重点对其采取保护措施。

(1)建立自然保护小区。

建立自然保护区是保护濒危动植物的一项有利措施。根据国家有关保护野生植物的法律法规,划定野大豆自然保护小区,或对野大豆的集中分布区域设置围栏、警示牌等,实行封闭式管理,保存、培育和恢复野大豆生存环境,降低其所受人为干扰的强度。

(2)进行引种保护。

保护性地采集野大豆种子,另辟出或营造类似生存环境的土地,进行繁育;在对野大豆进行相关就地保护的同时,也要加强对其伴生物种的保护力度,并要控制其竞争种的种群数量。

(3)加强管理和宣传。

建议相关部门加强有关法律和制度的宣传。加大执法力度,能够更好地保护包括野大豆在内的多种珍稀物种和相关的生态系统。

在各具体建设项目的环境影响报告表、报告书编制阶段,应根据工程可研报告做好永久占地区和间接影响区内古树名木的详细调查工作,认真分析工程建设对古树名木的影响,通过优化工程设计方案避让不利影响,或采取挂牌保护、抚育配管、防虫治病和异地移栽等保护措施,有效保护古树资源。

2. 野生动物保护措施

国家重点保护野生动物129种,其中国家一级保护野生动物40种、国家二级保护野生动物89种,山西省级重点保护动物26种,河北省级重点保护动物229种,北京市重点保护动物111种,天津市重点保护动物346种。项目区陆生动物保护以避免措施和保护措施为主。

a. 避免措施

(1)工程开工前,需尽量做好施工规划前期工作;施工期间在工地及周边设立爱护动物的宣传牌,并对施工人员及附近居民进行环境保护和野生动物保护宣传教育工作,宣传和教育的内容包括野生动物保护的科普知识和相关法规。

(2)划定施工红线,禁止施工人员在施工以外区域活动。

(3)优选施工时间,避免在野生动物活动、繁殖和觅食的高峰时段进行夯实等高噪声作业。

(4)建立生态破坏惩罚制度,严禁施工人员非法猎捕野生动物。

(5)尽量使用低噪声设备,减少对周边野生动物的影响。

(6)严格规定施工车辆的行驶便道,防止施工车辆以任意形式破坏植被。

b. 保护措施

(1)在施工中发现幼小个体(包括爬行类的卵)或受伤的动物,应及时抢救,在施工中遇到鸟、蛇等动物的卵(蛋),一定要交林业局和保护所的专业人员妥善处置。

(2)保护野生动物生境、栖息地、繁殖地、庇护所,维持其足够的生存空间,必要时设置生物通道。

9.4.2　湿地生态保护措施

9.4.2.1　预防措施

(1)规划工程设计阶段,进一步优化工程设计方案,尽可能减少拟建工程对天然湿地的不利影响,避让湿地自然保护区等生境质量较好的湿地生态敏感区。

(2)加强湿地类型生态敏感区的保护工作,严格落实《国家湿地公园管理办法(试行)》的相关要求,严格限制湿地公园内的水资源开发利用,控制湿地内及周边的污染源。

(3)实施湿地保护教育,普及湿地知识,充分利用新闻媒体、计算机等加强宣传教育,树立全民环保意识。

9.4.2.2　影响最小化措施

(1)规划实施过程中,应严格审批程序,明确生态水量泄放要求,保障湿地水源,防止湿地萎缩,保障水力通畅,防止湿地分割。

(2)保护湿地内现有的野生动植物,特别是鸟类。施工过程中,尽量避免干扰及破坏鸟类生境,禁止人工招引、捕猎。

(3)建立完善的施工环保措施,控制和减少环境污染,防止施工期污水等其他污染物进入湿地水源,污染湿地。

(4)避免对建筑地进行不必要的地表改造,加重土壤侵蚀、改变天然水路线。尽量保持天然地面曲线,减少环境和景观视觉方面的负面影响。

9.4.2.3　修复和补救措施

(1)培育和种植适合当地环境的湿地植物,增加绿地面积,优化绿地植物分布格局,促进湿地自然生态恢复,调节小气候,降低噪声,减少灰尘,美化湿地环境。

(2)保护土壤和植被资源,建立结构合理、功能健康的湿地生态系统和自然开放空间,增强湿地景观效果和生物多样性。

9.5　水生生态保护对策措施

统一整合流域规划内各部分关于水生生态保护的相关内容,构建完整、系统的水生生态保护体系,不做重复规划和重复建设。科学指导与支撑应贯穿始终,成为全流域水生生态保护的依据。总体布局应以栖息地和生境保护为主,配合连通性修复和微生境再造,严格进行水污染防治,创造和维持适宜水生生物繁衍栖息的场所;同时采取科学适当的增殖放流措施,逐步恢复鱼类多样性和重要鱼类种群数量;高度重视管理带来的生态效益,统一进行水资源调度,严格各项环保措施,加强渔业管理;还要持续对大清河流域水生生态系统开展长期有效跟踪,对水生生态保护措施发挥的生态效果进行科学评价,从而加以调整和完善。

水生生态保护对策措施体系见图 9-5-1。

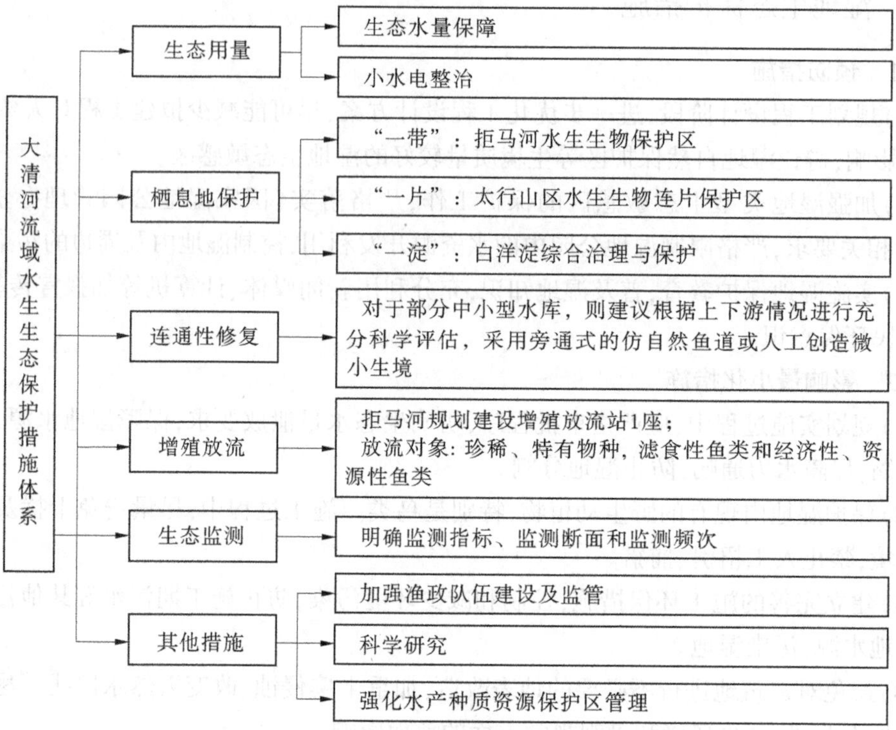

图 9-5-1 水生生态保护对策措施体系

9.5.1 栖息地保护

9.5.1.1 流域栖息地保护整体思路

栖息地保护对于水生生物多样性来讲有着不可替代的意义，综合流域水资源和保护现状，建议在流域规划中集中体现栖息地保护的意义，根据目前流域内水生生态现状，对于栖息地保护，建议在整体思路上，朝着形成"一带、一片、一淀"的流域整体栖息地保护方向进行规划。其中"一带"指拒马河水生生物保护区，形成连通性完整、生境异质性高的河流型保护区，成为流域保护的示范性建设；"一片"指的是太行山区，涵盖各主要河流上游地区（王快水库以上以阜平中华鳖水产种质资源保护区核心区范围为准）的连片保护区，保护区的形成不但对于水生生物有重要意义，对于水源涵养等水资源保护也有重要帮助；"一淀"则是指以白洋淀为核心区开展综合治理和生境恢复，为雄安新区建设打造良好的生态环境。

水生生态的保护目标是改善目前大清河流域比较严峻的水生生态系统机构，水生生物需要的生态水量得到保证，河流水质得以达标，满足水生生物生长繁衍需求，水生生物多样性得以一定程度的恢复，水生生态系统服务功能可以充分发挥，维持水体健康，促进经济发展和生态环境的和谐发展。

9.5.1.2 拒马河水生生物保护区

1. 建设拒马河水生生物连片保护区的原因

根据现状调查和历史资料，拒马河流域历史上自然分布的野生土著鱼类 59 种，目前实际调查尚能发现的有 25 种(不计鲢、鳙等依靠人工增殖放流维持种群的鱼类),从鱼类物种多样性的数目上,在整个大清河流域河流型水体中是非常突出的。另外,拒马河分布有一些大清河流域的重要和地方保护种类,包括东方薄鳅(*Leptobotia orientalis*)、黄线薄鳅(*Leptobotia flavolineata*)、多鳞白甲鱼(*Onychostoma macrolepis*)等。以上这些均是中国特有种,其中具有洞穴生活习性的多鳞白甲鱼目前已知在大清河流域内只分布于拒马河,拒马河是该物种分布的最北限,在物种适应性演化和动物地理研究上具有重要的科学价值。黄线薄鳅和多鳞白甲鱼已经被列为国家二级保护野生动物,保护价值很大。

拒马河是目前大清河流域河流连通性保持相对比较完整的河流,这是流域内其他河流均不具备的条件,因此也是选择拒马河进行河流型保护区建设的原因之一。

2. 建设拒马河水生生物连片保护区的有利条件

拒马河目前没有大型的水利水电设施(无大型水库),野外实地调查中发现拒马河上游存在一些小型闸、坝及小型引水式电站,造成了河流的减水和脱水。但总体上看,拒马河具备彻底沟通河流连通性的条件,投入成本相对较低,对附近民生发展影响较小。

另外,拒马河北京段已经建设有水生野生动物自然保护区,具备一定的保护区建设基础和管理经验,这是建设连片保护区的另一有利条件。

3. 不利条件

拒马河流域内的野三坡和十渡风景区分别是地方重要的旅游开发区,旅游带动了周边一系列相关产业的发展,但也带来了诸如水资源利用、点源污染、鱼类过度捕捞等较严重的生态和环境问题。未来连片保护区的建设势必会与旅游开发产生冲突,如何解决水生生态保护与地方经济发展之间的矛盾是未来需要着重加以研究的重要课题。

另外,拒马河跨越了河北省和北京市两个不同行政区,保护区建设和管理是一体的,如何协调不同省(市)之间保护区的管理、联合执法、生境恢复等问题,也是未来需要着力加以解决的问题。

4. 拒马河连片保护区建议范围

根据水生生态现状调查和流域现状,建议拒马河连片保护区涵盖拒马河河源区至北京张坊之间的干流河段以及相应的附属支流和自然水体,包括周边的岩溶洞穴、地下水和泉。目前,野三坡风景名胜区、涞水野三坡国家级森林公园和涞源县拒马源国家城市湿地公园都已经被列入《保定市主体功能区负面清单》(保定市发改委 2017 年 8 月 7 日公布),属于禁止开发区域,这是建立相关水生生物保护区的重要基础。

5. 拒马河连片保护区建设阶段

保护区建设可考虑分为两个阶段。第一阶段建议成立河北野三坡水生野生动物自然保护区(省级),在保护区范围上和北京拒马河水生野生动物自然保护区衔接,在管理上协调一致,建立统一的管理制度。一定时间以后,依据两个保护区发展和水生生态恢复情况,可以考虑联合申请国家级水生野生动物自然保护区或国家公园,成为我国北方流域开发和保护过程中河流型保护区的示范。

9.5.1.3　建设太行山区水生生物连片保护区

根据实地调查,目前太行山区各主要河流的上游地区(主要是王快水库以上以阜平中华鳖水产种质资源保护区核心区范围为准)生境完整性较好,水量相较水库以下明显要好,水质相对清洁,受到人为活动的干扰较小,具有建设水生生物连片保护区的基本条件。这一连片保护区主要针对上游溪流性、河流型水生生物区系加以保护,目前可以依托阜平中华鳖国家级水产种质资源保护区,分期进行保护区的建设。前期需要强化阜平中华鳖国家级水产种质资源保护区的管理和建设,在此基础上探讨连片保护区建设的可行性。

阜平中华鳖国家级水产种质资源保护区所在河段,属沙河上游,是王快水库的主要入库河流,同时也是大清河流域若干河流在太行山上游的典型代表,实地调查发现,目前保护区受到人为干扰较少,水量相对充沛,加强这一水产种质资源保护区的建设,不但对于保护水生野生动植物有重要意义,对于保障下游供水的生态安全也具有重要价值。

根据实地调查发现,目前阜平中华鳖国家级水产种质资源保护区存在的主要问题是管理不到位,保护区部分河段生境遭到破坏。应充分利用好水产种质资源保护区的优势,水生生态保护以维持河流生态功能、水生生物栖息地功能和水源涵养功能为重点,以保护为主,禁止和限制开发,严格禁止小水电开发及水资源不合理调度;保护集雨区植被,严禁乱砍滥伐;严禁垃圾、废污水入河,改善水环境质量;加强保护区管理,按照《中华人民共和国渔业法》和《水产种质资源保护区管理暂行办法》的要求,树立标牌,配置专门人员,同时加强渔政执法力度。

9.5.1.4 白洋淀综合治理与保护

白洋淀作为国家重要湿地,是河北省级自然保护区,同时也是国家级水产种质资源保护区和风景名胜区,已被列入《保定市主体功能区负面清单》。白洋淀存在的水生生态问题是多方面的,包括水资源不足、水环境污染、过度捕捞等问题。因此,对于白洋淀栖息地保护,重点是淀区的综合治理,而非单一划定保护区可以解决的。

白洋淀作为雄安新区的重要组成部分,其环境治理得到各部门的高度重视,在白洋淀水生生态保护管理过程中,建议协调统筹各部门管理职责,建立专门管理单位,切忌多头管理、九龙治水。

目前,白洋淀水生生物资源环境调查及水域生态修复示范项目已于 2018 年 6 月在河北雄安新区启动实施。

9.5.2 连通性修复

整个河流生态系统已严重片段化和破碎化。加之流域整体水资源短缺,诸多河段出现常年断流或季节性断流。特别是这些大、中型水库下泄生态流量有限,水库以下河段经常性出现流量不足甚至断流的现象。因此,通过对旧有水库建设过鱼设施的办法来恢复河流连通性,其效果不佳。此外,工程量浩大,在流域内缺乏重要洄游性鱼类的背景下,补建过鱼设施所能发挥的生态学价值也十分有限。

(1)现阶段建议不对目前流域内已存在的大型水库补建过鱼设施。

(2)对于部分中小型水库,则建议根据上下游情况充分进行科学评估,条件允许的,可以考虑建设示范性过鱼设施,采用旁通式的仿自然鱼道为佳,目的是除沟通河流连通性外,还能人工创造微生境,有利于鱼类物种多样性的恢复。

(3)河流连通性同时包括纵向和横向连通性,因此建议对一些堤防工程采取近自然的生态修复措施,恢复河流横向连通性。

9.5.3　增殖放流

9.5.3.1　放流目的

大清河流域野生鱼类资源破坏严重,多样性处于较低水平,珍稀、土著鱼类基本退出流域水体。结合栖息地保护和鱼类生境改善,增殖放流的目的主要有三个方面:①逐步恢复流域鱼类多样性;②利用部分鱼类的生物学特点,维持和改善流域水体环境;③对一些资源性鱼类种群进行补充,促进流域鱼类资源的恢复。

9.5.3.2　增殖放流规划

增殖放流工作不能盲目进行,在流域规划的同时,建议设立专项研究,制定一套完整、科学、行之有效的增殖放流规划,围绕不同的放流目的进行设计,确定放流对象、放流区域、放流鱼类规格和规模,以及放流的时间和周期,并且建立一套完善的跟踪评价体系。

制定增殖放流规划,前期进行系统的本底调查工作,了解增殖放流水域的鱼类多样性现状、水体提供的初级生产力、所能容纳的生态载力,制定初步增殖放流规划,确定放流鱼类的种类、规格和规模,然后实施逐年的跟踪和增殖放流效果评估,根据反馈的评估结果,修正放流规划,从而使得增殖放流活动得以长期有效的开展。增殖放流一段时间后,还应开展生态系统健康和生态、社会效益的研究,对增殖放流活动进行回顾性评价。

9.5.3.3　放流对象

根据增殖放流目的,大清河流域鱼类增殖放流对象主要包括三大类。

1. 珍稀、特有物种的放流

大清河流域没有国家级保护的珍稀濒危鱼类分布,但存在一些省级保护或较为珍稀的物种,如尖头高原鳅(*Triplophysa cuneicephala*)、东方薄鳅(*Leptobotia orientalis*)、黄线薄鳅(*Leptobotia flavolineata*)、赤眼鳟(*Squaliobarbus curriculus*)、马口鱼(*Opsariichthys bidens*)、宽鳍鱲(*Zacco platypus*)、鳊(*Parabramis pekinensis*)、华鳈(*Sarcocheilichthys sinensis*)、黑鳍鳈(*Sarcocheilichthys nigripinnis*)、多鳞白甲鱼(*Onychostoma macrolepis*)、鳜(*Siniperca chuatsi*)。其中,马口鱼、宽鳍鱲、黑鳍鳈等小型鱼类,经济价值不大,且在大清河流域尚较多见,应以栖息地保护为主,可暂不列入放流规划中。尖头高原鳅已基本灭绝,东方薄鳅、黄线薄鳅自有记录以来,基本没有发现,且目前均缺乏人工繁育的种群,不具备放流条件。因此,目前具备一定放流条件的种类有赤眼鳟、鳊、多鳞白甲鱼、鳜。

2. 滤食性鱼类的放流

滤食性鱼类的增殖放流主要是为了发挥其在净化水体、提升水质方面的重要生态学功能,进而维持重要水体(如流域内的大型库区、白洋淀区等)的安全、健康。滤食性鱼类主要以鲢、鳙为主。增殖放流滤食性鱼类,一方面,可以达到维持和净化水体的目的;另一方面,也可提高周边群众收入,助力地方经济发展。

3. 经济性、资源性鱼类

在流域内的大中型水库和白洋淀区,可以适度增殖放流一些传统经济性鱼类,除上述的鲢、鳙外,还可以选择鲤、鲫、青鱼、草鱼、黄颡鱼、鲇等。

但是需要注意的是,不是任何水体都适宜放流上述鱼类。放流种类的选择,包括放流地点、放流时间,都需要根据鱼类自身的生物学特点和生态需求进行科学规划。放流物种的选择务必要有科学性,切忌盲目引种,从而造成其他的生态学危机。

9.5.3.4　增殖放流站建设

根据大清河流域鱼类多样性和资源现状,以及考量水生生态栖息地保护规划,建议在拒马河规划建设增殖放流站1座。考虑到交通、用电以及科技支撑,增殖放流站建议选址于北京市房山区。拒马河增殖放流站的任务主要是繁育大清河流域土著淡水鱼类,以多鳞白甲鱼的人工繁殖复育为主,兼顾其他特有和重要经济物种。

9.5.3.5　放流标准

应严格依据农业农村部下发的《水生生物增殖放流管理规定》执行,其中第十条规定:用于增殖放流的亲体、苗种等水生生物应当是本地种。苗种应当是本地种的原种或者子一代,确需放流其他苗种的,应当通过省级以上渔业行政主管部门组织的专家论证。禁止使用外来种、杂交种、转基因种以及其他不符合生态要求的水生生物物种进行增殖放流。多鳞白甲鱼的人工繁育应以来自于拒马河的亲本为主,开展人工繁育工作之前,应在拒马河流域进行详细野外调查和采集,确定目前流域内是否还遗留有残存种群。如确无本地种群,则需在充分科学论证的基础上,考虑引入其他地区的多鳞白甲鱼,进行人工复育。

对于经济种类苗种的选择,则需按照《水生生物增殖放流管理规定》第九条的规定执行,即用于增殖放流的人工繁殖的水生生物物种,应当来自有资质的生产单位。其中,属于经济物种的,应当来自持有《水产苗种生产许可证》的苗种生产单位;属于珍稀、濒危物种的,应当来自持有《水生野生动物驯养繁殖许可证》的苗种生产单位。

9.5.3.6　监测评价

针对不同放流目的和放流对象,所采取的监测评价工作方法也不尽相同。以增殖恢复珍稀、特有鱼类野外种群为目的的放流,其监测重点在于种群的恢复程度和鱼类本身的适生状况。因此,可以采取标志放流的方法,利用物理或遗传标记研究放流种群的动态过程;同时对放流个体进行完整性、生物学研究,对其食性、生长和繁殖进行跟踪,二者相结合,可以评价或建立具有最佳生物学效果的人工增殖放流方法,指导后续放流工作,包括放流规格、数量、适宜生境和最佳放流时间。

以改善和维持水体水质为目的的放流活动(如滤食性鱼类的放流),其监测和评价重点在于水体营养程度的变化,相应的工作方法包括水体初级生产力、水体各项主要理化指标、浮游动植物的种群密度变化,甚至大型底栖动物多样性的变化,从水生生态系统整体出发,来评价滤食性鱼类通过其自身的生物学特性带来的水体环境改善的程度。此外,还要评价通过捕捞而移除水体“碳”量的程度。相应评价同样还要关注放流规格、不同种类间的放流比例、放流数量、适宜的放流时间等。

以资源和生产为目的的放流活动,其监测和评价重点在于放流种群增殖水平、放流个体的生长状况等,以及所创造的直接和间接的经济价值。

9.5.3.7　运行管理

保护区增殖放流工作应由保护区管理部门进行实施和管理。其他地区则应由相应省级水产或渔政主管部门负责统筹实施,其他部门应予配合。此外,放流后的管理往往被忽视,应严格按照《中华人民共和国渔业法》,设定禁渔区,在法定禁渔期严禁任何非法捕捞。

9.5.4 生态修复

结合栖息地保护,应有计划、有步骤地对流域内的一些河段进行人工改造,人工创造一些异质性生境,增加生境多样性,从而间接提高鱼类的物种多样性。针对一些有特殊生活习性的鱼类,如多鳞白甲鱼,则还需保护其完成生活史所必需的洞穴和地下水系统,保证河流附近的洞穴水体、泉眼和河流之间的连通性,这也是对人工增殖放流工作的一种条件保障。

进行防洪工程建设时,除注意连通性的问题外,在对河道进行堤化过程中,要注意生态要求,尽量采用环境友好的生态学方法,创造拟生境。同时,可以考虑在适宜河段,建设示范性生境恢复工程,进而做深入跟踪监测。

9.5.5 生态监测

水生生态监测见 10.3.3 节。

9.5.6 加强渔政队伍建设

建议当地渔政部门建立健全渔政管理机构,加强渔政队伍及其能力建设,提高渔政部门的执法能力和力度。加强鱼类资源保护宣传,严格执法。目前,渔政管理中比较突出的问题是人员不足,各省(市)缺乏协调和统一行动。未来应在流域层面形成渔政执法管理的统一机制,与未来水生生物保护区管理深入结合,达到事半功倍的效果。

9.5.7 其他保护措施

(1)加强外来物种防控,重视南水北调和放生带来的外来物种问题。

根据大清河流域水资源规划方案,南水北调来水将成为重要水源,尽管南水北调中线工程沿线干渠已经采取了一些防鱼措施,但来自不同流域鱼类的鱼卵、鱼苗仍有可能进入到大清河各河流及白洋淀区。同时,历史上由于水产养殖引种,引入了一些非土著鱼类,特别是在一些水库库区等,如大银鱼、池沼公鱼等。近年来,鱼类宗教放生活动比较频繁,也是外来物种引入的一个重要途径。

外来物种大量繁殖,将进一步占用土著物种的生态空间,导致土著物种种群规模进一步减小,对本地生物多样性产生危害。故应严格管理,宣传普及防范外来物种知识,提高防范意识。同时,配合流域水生所生态监测计划,对外来物种进行监测和预警。

(2)科学研究。

根据大清河流域面临的主要水生生态问题,建议开展如下专门研究:①大清河流域详细的水生生态现状调查;②多鳞白甲鱼的人工繁殖技术研究;③滤食性鱼类对水体维持和改善的生态学作用。

(3)强化水产种质资源保护区管理。

前已述及,目前流域内对已有的水产种质资源保护区的管理尚存在较大缺陷,未来应设立专门机构和专门人员,制定保护区管理制度,按照国家和各省(市)的制度要求进行综合管理。同时,还要加强与其他部门的协调。严格审批制度,依据生态红线,严控水产种质资源保护区内的各种开发活动。加强宣传,使人民群众树立起保护鱼类资源的意识。

9.6 国家重点生态功能区和生态敏感区环境保护对策措施

9.6.1 国家重点生态功能区

(1)根据水生态保护总体意见要求,严格保护源头区及天然林灌等资源,对天然植被实施围栏封育保护,对各类开发活动进行严格管制。

(2)对因人类不合理活动造成的受损湿地实施封育、退牧禁牧、植被恢复等综合措施,修复湿地生态系统、土壤保持及水源涵养功能。

(3)建立湿地生态环境监测体系、生态补偿机制,全面保护源头区及上游湿地资源,有效遏制湿地萎缩。

9.6.2 生态敏感区环境保护对策

大清河流域规划涉及的生态敏感区主要是府河输水线路、扩建保沧干渠、中管头分水口—沙河干渠线路、雄安干渠涉及南水北调中线水源保护区;石槽沟水库龙王庄壅水坝位于阜平中华鳖水产种质资源保护区实验区;4 处骨干河道治理工程穿越南水北调中线水源保护区,1 处穿越北大港湿地自然保护区实验区;3 处重要支流治理规划穿越南水北调中线水源保护区,1 处穿越沙河地下水水源地;张坊水库涉及拒马河市级野生动物自然保护区、北京十渡国家地质公园、房山世界地质公园、十渡风景名胜区;航运规划中南运河涉及中国大运河世界遗产等。

9.6.2.1 预防措施

(1)规划工程设计阶段,应从施工布置、水库正常蓄水位等方面,进一步优化工程设计方案,尽可能减少拟建工程对自然保护区的不利影响。

(2)施工期间,在工地及周边设立爱护自然植被的宣传牌,强化对施工人员的生态保护宣传和教育,增强施工人员的环保意识,坚决禁止捕猎野生动物、乱砍滥伐。

9.6.2.2 影响最小化措施

(1)严格控制施工范围,施工营地、物料堆场等临时设施布置远离各自然保护地边界,尽量避免破坏现有植被。

(2)施工避开鸟类繁殖期,在施工过程中做好噪声防治工作,在邻近保护区段控制施工机械、运渣车辆等车速,对施工车辆实行管制,禁止鸣笛。

(3 完善生物多样性监测工程,强化生物多样性保护信息系统,依据生态监测结果,合理制定保护措施。

9.6.2.3 修复和补救措施

(1)施工中除永久占地外,对其他临时占地范围,施工后的营运期中都应及时完全恢复,并尽量连成片,为陆生动物的迁移和交流有意识地构造新的生物廊道。

(2)加强保护区的保护管理工作,严格落实《自然保护区管理条例》等敏感区的相关要求,对于珍稀保护物种可建立自然保护点。

影响主要发生在施工期,影响范围有限,通过避让、保护等措施大多可以得到规避或减缓,不会对保护区的功能和结构产生明显影响。淀区涉及保护区的治理工程在实施前,须与各自然保护地主管部门协商,征求其意见,并严格落实主管部门意见要求。工程建成后,在保护区涵养水源、缓洪滞沥、调节区域小气候、维持物种多样性等方面将发挥重要作用。

9.7 加强大清河流域生态补偿机制研究

针对大清河流域上游水源涵养、生物多样性保护实施后产生的损益关系,建立生态补偿框架体系,主要包括水电开发生态补偿、水源涵养保护生态补偿等,并提出相应的生态补偿主体与客体,生态补偿的范围,生态补偿的内容与方式,确定生态补偿标准,提出了多元化的生态补偿方式、补偿资金来源及补偿政策建议。

9.8 社会环境保护对策措施

9.8.1 土地资源保护对策措施

(1)严格保护耕地、控制耕地资源流失。

耕地资源极为珍贵,在规划工程设计阶段,应合理规划施工场地和移民安置方式,控制工程占地规模,尽量不占、少占耕地。临时用地如料场、渣场等通过规划方案的调整或优化,尽量减少对耕地的占用。

(2)耕地复垦。

对于工程无法避让而占用的耕地,应剥离表层土质较优的耕作层土壤,选择合适的位置集中堆放,用于复垦耕地、劣质地或者其他耕地的土壤改良。

工程施工过程中,工程施工单位必须按照"先剥离、收集耕作层土壤,再施工"的原则进行施工,避免耕作层土壤资源的浪费。为确保土壤肥力,最大限度地恢复耕植条件,施工单位要保证施工临时占用耕地的剥离厚度在 20 cm 以上。

工程完工后,及时对施工临时占用的耕地进行复垦,并进行水利设施配套和土壤熟化。

(3)防止土地退化。

结合节水规划、水土保持规划的实施,合理调整农业、林业结构。通过实施退耕还林还草、种植业内部结构调整、营造农田防护林网等措施,提高农业生态经济系统的承载力。开展农作物之间的立体种植,实行间、套、复种;优化林种和树种结构,注重乔灌草相结合,推广针阔混交林,提高造林的抗逆性。合理规划灌溉用水量及灌溉方式,避免因灌溉不当和排水不畅造成土地退化。严格执行封山育林等措施,防止边治理、边破坏的资源开发利用方式。

(4)防止土地污染。

应加强灌溉水库的水源水质监测,防止灌溉水质不达标对土壤造成污染,定期对灌区耕地进行土壤跟踪监测。在灌区大力推广应用节约型的耕作、播种、施肥、施药、灌溉、旱作农业技术耕作方式。合理施用农药和化肥,积极发展高效、低毒、低残留的农药。提高化肥、农药利用率,大力推广专业化统防统治工作和绿色防控技术。

(5)推进土地节约集约利用。

结合防洪减灾规划,引导流域内城镇建设集约内涵式发展。结合区域定位、功能目标和发展规模,加强规划管控与项目引导,优化土地利用结构与布局,引导各类城镇走集约内涵型发展之路。

9.8.2 人群健康保护措施

规划实施期间,规划项目涉及的施工区和移民安置区应按照相关技术规范进行卫生清理和消毒,并进行卫生检疫。

9.8.3 其他保护措施

在规划实施的设计阶段,对工程占地区进行详细的文物古迹调查、勘探和挖掘,减少文物古迹的淹没损失和施工破坏。在供水工程施工建设前,应根据文物保护部门要求,对可能受施工影响的文物进行易地搬迁或者重建。在风景名胜区中,所有活动及开发应同景区规划相协调,并及时进行迹地恢复。

第 10 章 跟踪评价计划

根据国家相关法律法规对流域规划环境影响评价的要求，在规划实施过程中，将根据规划方案各类工程项目特点、流域内生态环境特征及环境保护要求，对大清河流域按生态、水环境及其他环境要素提出监测方案，并对规划方案及规划方案所含具体重点项目的合理性、协调性和各项环保措施的有效贯彻实施情况进行跟踪评价，从环保角度对规划方案和环境保护措施提出改进意见和建议。

10.1 目的和任务

监测方案和跟踪评价不仅是规划环境影响评价的组成部分，也是规划实施的重要内容。跟踪评价成果的好坏关系到规划环境影响评价的效果以及规划的科学实施。

大清河流域中游，包括雄县、容城、安新三县全域（含白洋淀水域），以及任丘市鄚州镇、苟各庄镇、七间房乡和高阳县龙化乡，规划面积 1 770 km^2，规划为雄安新区，该新区的设立是以习近平同志为核心的党中央深入推进京津冀协同发展战略、积极稳妥有序疏解北京非首都功能做出的一项重大决策部署，是重大的历史性战略选择，是千年大计、国家大事。流域内分布有众多自然保护区、自然文化遗产地、森林公园、风景名胜区、地质公园、种质资源保护区、集中式饮用水水源保护区、湿地公园等敏感区域，从生态环境保护和促进大清河流域可持续发展的角度出发，为全面掌握、监控规划在实施过程中区域的环境质量变化情况，以及敏感区域的环境变化情况，对大清河流域综合规划实施过程进行生态与环境的动态监测是十分必要的。通过规划涉及区域生态与环境的动态变化，可以掌握规划影响范围内各环境因子的变化情况，及时发现环境问题并提出对策措施；可以检查规划环境影响报告书和各单项工程环境影响报告书提出的环保措施的实施效果，并根据监测结果调整环保措施，为环境影响跟踪评价、回顾评价及各单项工程竣工验收提供依据，使规划影响范围内的生态环境呈良性循环。

10.2 评价原则

（1）重点突出原则。

监测和跟踪评价项目应是大清河流域综合规划影响的重点环境因子，代表性较强，能反映流域环境受影响程度及其变化趋势。

规划布设的监测站点应能反映监测因子的动态变化，并能反映相应区域的环境特征，即监测站点布设应具有代表性和连续性；监测项目为对生态环境特征反映影响较大的环境因子，不仅能反映单个环境因子的质量状况，还能反映整体生态与环境质量及其时空变化。

(2)全面性原则。

监测和跟踪评价范围、对象和时段应覆盖规划河段及其他受影响地区,以便全面了解大清河流域环境变化,以及环境变化对规划实施的影响。

(3)协调一致原则。

监测和跟踪评价应与大清河流域综合规划紧密结合,力求监控规划方案实施全过程中主要环境因子的动态变化,以协调各专项规划建设与流域环境保护之间的关系。

(4)经济性与可操作性原则。

按照相关专业技术规范,监测项目、频次、时段和方法以满足本监测和跟踪任务为前提,尽量利用现有监测机构成果。

10.3 环境监测方案

大清河流域综合规划涉及的影响区域大,根据规划内容及规划环境影响分析评价,规划方案对水环境及生态环境影响较大,为更好地保护大清河流域各河流水环境,使其健康、可持续地发展,拟对流域内主要河流的水文情势、水环境、水生生态、陆生生态、湿地生态、水土保持制订监测方案。

10.3.1 水环境监测

为充分了解规划实施后大清河干流及主要支流水质状况,以及规划方案的实施可能对水环境产生的影响,为分析评价提供基础资料,根据规划方案及实施方案等,确定地表水监测方案。

根据生态环境部门《"十四五"国家地表水环境质量监测网断面设置方案》,生态环境监测由生态环境部门统一开展,每月开展水环境质量监测与评价。

10.3.2 生态水量监测

本规划中的防洪排涝、水资源配置对规划河段水文情势有一定影响,规划实施阶段可结合大清河流域现有和规划水文、水质站网对上述规划河段水文情势进行观测,主要观测内容包括规划河段水位、流量、雨量、流速、泥沙等水文特征。

(1)水文情势。

流域内现有水文(位)站点涵盖了大清河流域干支流,因此本规划实施过程和实施后相关河段水文情势观测工作可按照流域水利管理规划开展监测活动。

(2)生态水量。

生态水量监测包括重要断面生态水量、上游水库及小水电站下泄生态水量,其中水库和水电站均应建立下泄流量自动测报和远程传输系统,确保生态水量数据获取的真实性和完整性,以便于工程生态水量泄放调度管理和生态环境主管部门监督。同时,可以在下泄生态水量测报的基础上,根据河道生态保护情况的监测结果,适时优化泄水调度。

10.3.3　水生生态监测

规划期间,已初步了解了大清河流域的水生生态现状概况,在项目建设期间,应在项目立项与可行性研究期间细致和及时了解规划实施可能引起的水生生物变化,掌握水生生物变化的时空规律,预测可能的演变趋势,为大清河水生生物多样性保护、水资源与生物资源协调发展提供科学依据。

加强水生态监测站网建设。在规划实施可能影响水生生物及其生境的水域进行水生生态定期监测,重点监测区域为大清河流域上游,以及雄安新区建设影响水域,重点关注流域重要水生生境(水产种质资源保护区)及重点保护对象的监测,主要监测水生生物的物种组成、种群结构、资源量,重点监测珍稀鱼类、特有鱼类及主要在流水中产卵的经济鱼类的种群动态。

(1)监测指标。水化学基本要素;水体初级生产力;浮游植物、浮游动物、底栖动物的种类组成、分布密度和生物量;鱼类资源监测,包括种类组成、种群动态、资源量及重要生境分布和结构等,鱼苗和鱼卵发生量,珍稀特有鱼类资源、重要渔业资源变动、鱼类产卵场、索饵场和越冬场以及洄游通道等。

(2)监测断面。在全面本底调查工作的基础上确定长期的监测断面,断面的选择可以结合相应的水文站所在地点,这样便于掌握该监测点的水文变化情况,可以更好、更客观地提供环境变化数据。流域内规划新建水生态站 3 个(拒马河冀京冀缓冲区、横山岭水库和口头水库),结合现有 19 个监测站点,共计 22 个。

(3)监测时间。对固定监测点应常年开展水生生态监测活动,每年至少开展 1 次(建议春、夏、秋各 1 次);建议每隔 5~10 年对全流域进行系统、完整的水生生态调查。

10.3.4　陆生生态监测

(1)监测范围。以防洪工程区、水资源配置等为重点,兼顾工程直接影响、累积影响和因局地气候等环境因素变化。

(2)监测内容。在大尺度上,运用遥感和地理信息系统技术,对整个流域范围内的土地利用类型、植被类型、生物生产力进行定期监测;在小尺度上,对重点区域布设监测样带和样线,对陆生动植物情况进行监测。监测内容主要包括:调查陆生动植物区系组成、分布及其特点、种群数量、生物多样性的变化,植被恢复措施执行情况、国家重点保护野生动植物变化、景观生态体系组成及特点变化等情况。

(3)监测时间。在规划实施准备期至规划实施后 5 年内,一年 2 次,分别安排在生长季和非生长季,并根据具体情况适当地调整和优化。

10.3.5　湿地监测

(1)监测范围。在规划实施阶段,应对评价区内已有的湿地自然保护区、湿地公园,以及规划工程涉及区域的湿地情况进行监测,及时了解、掌握湿地的变化情况,预测可能的演变趋势,为湿地保护提供科学依据。

(2)监测内容。主要监测湿地的类型、面积、分布和演变趋势,湿地生物的种类、数量、分布和生态习性，以及湿地土壤、水环境质量状况等。湿地监测重点为流域内分布的白洋淀、国家湿地公园及天然的河流、湖泊和沼泽湿地等。包括宏观监测和定点监测，其中宏观监测即是对湿地进行整体和宏观的监测，从整体上对湿地的面积和退化状况等进行宏观把握，主要依赖于遥感和地理信息系统，以及通过对卫星影像的解译和分析来判断湿地的面积和植被的变化；定点监测主要设置在白洋淀，主要监测地表水位、物种数量和重要物种的种群数量、分布、迁徙状况。同时，辨识并记录会对湿地产生威胁的因子，如围垦、水源补给等。

(3)监测时间。宏观监测在规划实施准备期至规划实施后5年，面积和植被类型每年至少在夏季和冬季各监测1次。定点监测在规划实施准备期至规划实施后5年，每个季度对白洋淀湿地内的生态环境进行定点监测。

10.3.6　水土保持监测

大清河流域水土保持监测规划在现有水土保持监测工作基础上，根据流域上、中、下游的地形地貌及水土流失特点，分为全流域监测和典型小流域水土流失监测。具体监测内容按照大清河流域综合规划实施。

10.3.7　社会环境调查

在规划实施前后分别对规划涉及区域的社会经济情况进行调查，调查内容主要包括：流域内不同区域的能源结构及供求情况、交通、产业结构特征、财政收入状况、经济发展速度、GDP总量、建设项目区域居民的就业状况、人均收入、人均粮食产量、人均耕地面积、有效灌溉面积、防洪工程治理程度、节水水平等。

10.4　跟踪评价方案

10.4.1　跟踪评价目的

开展跟踪评价，是对规划实施所产生的环境影响进行分析、评价，用以验证规划环境影响评价的准确性和判断减缓措施的有效性，并提出改进措施的过程。

对规划项目实施后产生的实际环境影响进行评价，验证环境影响预测的准确程度，分析产生预测偏差的因素；评价环境减缓措施是否得到了有效实施及实施后的效果；根据规划项目实施后的环境效果，适时提出对规划方案进行优化调整的建议，改进相应的对策措施；总结规划环评中存在的问题和经验。另外，调查并预测流域是否有新的环境问题产生，并提出更全面的补救措施。

10.4.2　水环境跟踪评价

调查水环境保护措施执行情况、污水处理厂建设情况、入河污染物总量等，根据水质监测结果，跟踪评价地表水和地下水水环境功能区达标情况、水质变化情况、地下水超采情况。

10.4.3　生态环境跟踪评价

(1)评价范围。陆生生态环境跟踪评价范围为整个大清河流域,包括生态地位突出、生态环境脆弱的上游,防洪压力大,分布有外流域调水南水北调中线、引黄入冀补淀的中游,以及水资源开发利用程度相对较高、分布有大面积灌区的下游。水生生态的评价重点为白洋淀及其环淀河流。

(2)评价内容。

①生态修复效果评价。跟踪评价上、中、下游生态修复工程、水土保持工程的实施情况,评价实施的效果,包括林地和草地面积、林草恢复面积、植被覆盖度、景观格局变化、生产力等。

②水库放水过程跟踪评价。通过放水过程的监测,积累长期的数据,以此评价水库对水文情势、河流生态的影响。

③水生生态环境跟踪评价。根据水生生物监测结果,跟踪评价规划实施,重点关注对水生生物的积累影响,评价水生生态改善效果,提出改进建议。

(3)实施时机。

跟踪评价应当在规划实施后即开展工作,紧密结合规划的实施进度,与环境监测成果相结合,真实反映规划的环境影响。

10.4.4　社会环境跟踪评价

社会环境跟踪评价指标如下:

(1)供水。主要包含缺水率、水源地水质达标率、农村饮水安全达标率等。

(2)节水。主要包含灌溉水利用系数、农田灌溉亩均用水量、工业水重复利用率、万元工业增加值取水量、城镇供水管网综合漏失率、万元GDP用水量等。

(3)经济社会。主要包含有效灌溉面积等。

(4)区域安全。防洪工程治理长度等。

通过跟踪调查,验证规划目标和环境目标的实现程度,及时发现并解决问题,同时验证环境影响预测的准确程度,如果存在预测偏差,分析产生的原因。

10.5　规划具体建设项目的环境影响评价要求

根据规划项目的特点,规划中具体项目环境影响评价关注点建议如下。

10.5.1　防洪排涝规划

防洪排涝规划中的主要建设工程包括骨干河道及重要支流堤防、护岸工程及河道疏浚工程、病险水库除险加固等。在防洪排涝规划中的具体项目建设时,需对具体项目进行环评,建议具体项目环评应重点关注以下几点:

(1)水库、堤防、护岸、险工工程、病险水库除险加固等应重点关注施工期对水环境、水生生态、陆生生态、环境敏感区的影响。

(2)支流入河口河段治理项目环评重点关注项目建设对河势、水文情势、水生生态、环境敏感区的影响。

10.5.2 水资源利用规划和灌溉规划

水资源利用规划中的主要建设项目是水库、供水管线、调水工程等水资源配置工程。这些工程将对水资源分配、水文情势、水生生态等产生一定影响，应在项目环评阶段重点关注。

灌溉规划中灌溉工程的实施将提高水资源利用率，但由于灌溉水平的提高将导致区域化肥、农药用量增加，建议具体项目环评时应特别关注农业面源污染问题，制订灌溉和退水渠道的跟踪评价计划。

第 11 章　总结及建议

11.1　研究内容和重点

本书的评价内容与规划内容相对应。不同专业规划因规划内容、性质和影响因素不同，其评价重点各有侧重。其中，防洪排涝规划的评价重点为经济社会和土地利用；水资源利用规划的评价重点为经济社会、土地利用和水资源利用；水资源保护、水生态保护与修复规划的评价重点为生态环境和水环境。

11.2　研究范围与时段

评价范围：整个大清河流域。其中，水文情势、水环境、水生态为大清河流域 74 个水功能区，重点评价白洋淀及环淀河流、饮用水水源地、现状水质不达标河段；陆生生态的评价范围为大清河流域。

评价时段与规划时段一致。本次规划现状水平年为 2018 年，规划水平年为 2035 年，近期水平年为 2025 年。

11.3　环境保护目标

(1)流域重要功能区及生态敏感区。

根据国家及区域相关规划、区划对流域生态保护的要求，国家划定的重要生态功能区(太行山区水源涵养与土壤保持功能)、太行山生物多样性保护优先区域及重要水功能区等；敏感目标主要包括特殊生态敏感区 25 个、重要生态敏感区 38 个、132 个饮用水水源保护区。

评价范围内分布有国家Ⅲ级保护野生植物 4 种，分别是野大豆、刺五加、紫椴和水曲柳；评价区地方重点保护植物共计 55 种，其中河北省级重点保护植物 42 种，北京市级重点保护植物 28 种，山西省级重点保护植物 6 种。国家重点保护野生动物 129 种，其中国家一级保护野生动物 40 种、国家二级保护野生动物 89 种，山西省级重点保护动物 26 种，河北省级重点保护动物 229 种，北京市重点保护动物 111 种，天津市重点保护动物 346 种。评价范围内有国家二级保护水生野生动物 2 种，分别是多鳞白甲鱼和黄线薄鳅；列入《北京市地方重点保护水生野生动物名录(鱼类、二级)》的种类有 11 种，分别是黄线薄鳅、东方薄鳅、尖头高原鳅、马口鱼、赤眼鳟、鳊、华鳈、多鳞白甲鱼、鳜、宽鳍鱲、黑鳍鳈；在 2016 年依据 IUCN 标准进行评价的鱼类名录中，流域内有 4 种鱼类属于濒危鱼类，其中尖头高原鳅和鳡为极危(CR)，黄线薄鳅为濒危(EN)，多鳞白甲鱼为易危(VU)。

(2)流域环境保护目标。

全面落实最严格水资源管理制度,通过增加有效供水、控制需求、强化节水、合理调配,形成现代城乡水资源配置格局,合理开发利用水资源。至2035年,流域用水总量控制在71.69亿 m^3,流域内万元工业增加值用水量降低到7.2 m^3 以下,灌溉水利用系数达到0.69。地下水压采量12.71亿 m^3,实现流域地下水采补平衡,超采亏空水量逐步填补。保护水源地、重要涉水生态敏感区水质。严守生态保护红线,进一步巩固山区水源涵养功能,在一定程度上改善入淀河流及白洋淀淀区生态环境;保护重要环境敏感区域及保护对象,尽可能减少对自然保护区、森林公园、种质资源保护区等环境敏感区域的直接或间接不利影响,维护环境敏感区域的结构和功能,保护敏感区域内的重点保护对象。

11.4 环境现状及其主要问题

11.4.1 “三线一单”

(1)生态保护红线。

大清河流域共划分优先保护、重点管控、一般管控三大类352个生态环境管控单元,其中优先保护单元127个,总面积为16 772 km^2;重点管控单元112个,总面积为17 465 km^2;一般管控单元113个,总面积为8 735 km^2。

大清河流域涉及生态保护红线、饮用水水源保护区等面积7 653.08 km^2;涉及南水北调中线等长度466.216 km。

(2)环境质量底线。

根据《国务院关于全国重要江河湖泊水功能区划(2011—2030年)》以及确定的规划目标,大清河河系主要控制断面水质达到其相应的水功能区水质目标要求,详见第4章4.2.1节。

(3)资源利用上线。

根据各省(市)最严格水资源管理制度的相关政策文件,2025年和2035年用水总量控制指标为78.58亿 m^3(2020年最严格水资源用水总量指标)和88.18亿 m^3(2030年最严格水资源用水总量指标)。其中,地表水用水量控制在7.45亿 m^3 和6.20亿 m^3,流域外调水量为24.36亿 m^3 和32.08亿 m^3,万元工业增加值用水量控制在10.4 m^3/万元和7.2 m^3/万元,灌溉水利用系数达到0.68和0.69。

(4)准入清单。

各省(市)生态环境管控单元管控要求见第2章2.3节“区域资源环境生态红线管控”。

11.4.2 环境现状

11.4.2.1 水资源现状

(1)水资源相对贫乏,时空分布不均,且逐渐减少。

大清河流域1956—2016年多年平均水资源总量为48.91亿 m^3,其中山区、淀西、淀东占比分别为 48%、29%和 23%。多年平均地表水资源量为 22.89 亿 m^3，其中山区、淀西、淀东占比分别为 78.6%、1.3%和 20.1%。多年平均(1956—2016 年)降水量为 538 mm，降水年内分布不均，汛期降水量约占全年的 80%。在空间分布上，呈山区多、山前平原少、滨海平原多的特征。

与 1956—2016 年相比，1980—2018 年大清河流域多年平均水资源总量由 48.91 亿 m^3 减少到 42.21 亿 m^3，减幅比例达到了 13.9%，其中山区减幅比例最大，达到了 19.7%；淀东平原次之，减幅 9.4%；淀西平原最小，减幅 7.3%。

(2)水资源开发利用现状及评价。

2018 年大清河流域总供水量为 62.71 亿 m^3，其中当地地表水、外调水、地下水、其他水源占比分别为 12.4%、25.0%、53.7%和 8.9%，大清河流域水资源利用供水以地下水供水为主，且主要为淀西平原和淀东平原。山西、河北用水结构中农业用水比例最大，其次生活用水、工业和生态用水相对较小；北京和天津用水结构中生活占比最大，工业、农业、生态用水相对均衡。

流域地表水资源开发利用程度为 65%，水资源总开发利用率为 113%，水资源开发利用程度高。大清河用水效率较高，农村生活用水定额和城镇生活用水定额与海河流域平均水平基本持平，但高于全国平均水平，工业用水效率、农业用水效率高于全国平均水平，与海河流域平均水平相当。

(3)缺水状况分析。

大清河流域基准年缺水量为 9.76 亿 m^3，缺水率达 14.6%。以水资源分区进行统计，淀西平原、淀东平原、山区缺水率分别为 15.7%、14.3%和 7.4%。以分省(市)进行统计，缺水区域主要集中在河北省和天津市。

(4)地下水超采现状。

大清河流域地表水资源匮乏，地下水资源长期处于超采状态，截至 2018 年底，全流域平原区现状水平年地下水超采量为 10.75 亿 m^3，其中浅层地下水超采 5.75 亿 m^3，深层地下水超采 5.00 亿 m^3，并形成了高蠡清—肃宁、一亩泉等 2 个较大的地下水漏斗。

11.4.2.2　水环境现状

大清河流域的 74 个水功能区中，2016 年流域水功能区达标个数为 19 个，达标率为 33.9%，不达标个数为 37 个，主要超标项目为 COD、氨氮、总氮、总磷、五日生化需氧量等。2018 年水功能区达标率提高至 40.4%，双指标达标率提高至 52.6%。流域内涉及 10 个湖库，包括河北省 8 个和天津市 2 个。全年水质达到Ⅲ类的有 5 座，包括横山岭水库、口头水库、王快水库、西大洋水库、安格庄水库，均为中营养；白洋淀、团泊洼和北大港为中度富营养；龙门水库、瀑河水库全年干库。

流域内 39 个饮用水水源地水质全部合格，合格率达到 100%。截至 2018 年，已建成投运城镇污水集中处理厂 81 座，设计年处理规模为 7.63 亿 t，实际年处理量达到 5.97 亿 t。74 个水功能区 COD、氨氮现状年纳污能力分别为 1.93 万 t/a、0.09 万 t/a。

11.4.2.3　陆生生态环境

大清河流域植物主要表现为华北植物区系特征，地带性植被主要是松栎类针阔叶混交林、落叶阔叶林和森林草原。区系类型以北温带为主，植物种类丰富，特有化程度较低。

流域内野生种子植物有623种，隶属于101科381属。优势种组成主要为侧柏、刺槐、榆、栎类等乔木，荆条、酸枣、绣线菊、胡枝子、小叶鼠李等灌木，白草、黄背草、蒿类、碱蓬等草本。流域内分布有国家Ⅱ级保护野生植物4种，分别是野大豆、刺五加、紫椴和水曲柳；地方重点保护植物55种。

大清河流域动物区划属于古北界—华北区（Ⅱ）—黄淮平原亚区（ⅡA）和黄土高原亚区（ⅡB）。据调查，流域内分布有陆生脊椎动物34目112科633种。流域内分布有国家重点保护野生动物129种，其中国家一级保护野生动物40种、国家二级保护野生动物89种；地方重点保护动物712种。

大清河流域土地利用现状以耕地为主，且占有绝对优势地位。耕地主要分布在大清河流域中下游低海拔低平原地区。其次为林地，主要分布在大清河流域上游中海拔山地，以灌木林和有林地为主。再次为草地，主要分布在大清河流域上游低海拔丘陵和中高海拔山地。水域、城乡工矿居民用地及未利用地占比较低。

大清河流域现状景观类型中，占比近50%，其次为林地景观和建筑用地景观；其他景观类型，如草地、水域、未利用地景观，面积和景观比例都比较低。

11.4.2.4 水生生态环境

据调查，大清河流域共调查到浮游植物8门153属568种，浮游动物3类22种，底栖动物5类38种，水生维管束植物24科42属60种，鱼类11目21科83种，其中虹鳟 Oncorhynchus mykiss、池沼公鱼 Hypomesus olidus、团头鲂 Megalobrama amblycephala 等为养殖引入的物种，在本地区并无自然分布。另外，还包括日本鳗鲡 Anguilla japonica、刀鲚 Colia ectenes 等洄游或河口性鱼类，故自然分布于大清河流域的土著淡水鱼类总数为73种，分别隶属于胡瓜鱼目 Osmeriformes、鲤形目 Cypriniformes、鲇形目 Siluriformes、颌针鱼目 Beloniformes、合鳃鱼目 Synbranchiformes 和鲈形目 Perciformes 等6目14科54属。

评价范围内有国家二级保护水生野生动物2种，分别是多鳞白甲鱼和黄线薄鳅；列入《北京市地方重点保护水生野生动物名录（鱼类、二级）》的种类有11种，分别是黄线薄鳅、东方薄鳅、尖头高原鳅、马口鱼、赤眼鳟、鳊、华鳈、多鳞白甲鱼、鳜、宽鳍鱲、黑鳍鳈；在2016年依据IUCN标准进行评价的鱼类名录中，流域内有4种鱼类属于濒危鱼类，其中尖头高原鳅和鳤为极危（CR），黄线薄鳅为濒危（EN），多鳞白甲鱼为易危（VU）。

11.4.3 流域影响回顾性评价

11.4.3.1 水文水资源影响回顾性评价结论

1. 地表水

（1）落宝滩和紫荆关水文站站点、城头会站点分别位于大清河北支拒马河、大清河南支唐河上游，不经过灌区且不受大型水库调度控制，相比中下游流域，此三个水文站点径流量受气候变化等自然因素影响较大。

（2）大清河南北支中下游站点以及大清河干流下游典型断面在上一轮规划实施后多数年份径流量为0，呈干涸状态。结合白洋淀流域近54年的年降水量M-K统计值-1.492，呈弱减少趋势，可知上一轮规划实施，对大清河中下游断面年径流量影响较大。

（3）自20世纪50年代，白洋淀天然入淀水量总体呈逐年减少的趋势，尤其是20世纪

80年代后,除个别年份外,入淀水量明显减少,1997年后连续处于枯水状态。白洋淀水位在20世纪50年代最高,20世纪80年代和21世纪初的水位明显低于其他年份。通过上游水库引水或跨流域调水等应急补淀措施,白洋淀水位有所提升,部分程度上对修复白洋淀生态湿地功能起到了重要作用。

(4)大清河上游控制站年均输沙量、年均含沙量远大于下游控制站,并且20世纪80年代以后,各控制站的年均输沙量、年均含沙量明显减少。

(5)王快水库和安格庄水库建成后,其下游断面北郭村站和北河店站的年均径流量有所减少,径流量年内分配趋于均匀。

2. 地下水

根据近5年水资源公报,河北省全省浅层、深层地下水平均埋深呈逐年下降趋势,其中浅层从17.11 m减至17.60 m,减幅0.49 m;从历年浅层地下水位变化情况可以看出,大清河流域大于50 m的地下水位变化较大,主要集中在保定市市区东北部,小于50 m的地下水位变化较小。北京市全市地下水平均埋深呈先下降后逐年提升的趋势,其中浅层从25.23 m增至23.03 m,增幅2.20 m。天津市浅层地下水平均埋深呈现波段状态,无明显上升或下降趋势。

河北省涉及的地下水漏斗主要为高蠡清漏斗和肃宁漏斗,均为浅层地下水,2016年,高蠡清漏斗和肃宁漏斗合二为一。北京市地下水埋深大于10 m的面积呈现先增加再下降的趋势。天津市第Ⅱ承压含水组水位降落漏斗中心埋深呈现先上升后下降再上升并逐渐趋于稳定的趋势,40 m埋深等值线面积呈现先下降后上升再下降的趋势;第Ⅲ承压含水组水位降落漏斗中心水位较为稳定,近年来略有下降趋势,但40 m埋深等值线面积却呈现波动状态,近年来面积逐步增加。

根据《华北地区地下水超采综合治理行动2020年度总结评估报告》,通过重点推进"节、控、调、管"等治理措施,与治理前的2018年同期相比,地下水位保持稳定。与2018年同期对比,浅层地下水位总体稳定(平均下降0.04 m),其中回升(上升幅度>0.5 m)、稳定(水位变幅±0.5 m)、下降(下降幅度>0.5 m)的面积比例分别为31.4%、31.8%和36.8%。深层承压水水位总体稳定(平均下降0.06 m),其中回升、稳定、下降的面积比例分别为47.0%、17.5%和35.5%。

11.4.3.2 水环境影响回顾性评价结论

根据北京、天津、河北、山西四省各市(区)生态环境局网站公布的《环境质量公报》、水环境质量现状等数据,分析大清河流域河流水质时空变化情况。

北支河流:拒马河水质情况良好,其上游断面水质达标率为100%,下游断面水质达标率达到94.44%以上;南拒马河、大石河、小清河、白沟河、白沟引河水质较差,近年有所改善。

南支河流:唐河中上游水质较好,水质达标率较高,下游入淀处水质较差,水质超标严重;沙河(潴龙河)上游水质良好,水库以下断流;磁河、漕河处于断流状态;孝义河水质较差,2016年、2017年水质超标率为100%,2018年以后水质情况较之前有所改善;府河水质较差,其上游河段水质较下游略好。

白洋淀淀区:选取安新桥、大张庄、王家寨、留通、圈头、端村、采蒲台断面作为白洋淀代表断面，整体而言，2018 年前白洋淀水质相对较差，大部分时段水质处于劣Ⅴ类或在Ⅲ类至劣Ⅴ类波动。引黄入淀等生态补水工程实施后，水质最优可达Ⅱ类至Ⅲ类，出现水质达劣Ⅴ类状态的时段也有所减少，且可以看出白洋淀水质较 2020 年前有明显的改善，水环境已逐步扭转恶化趋势。其主要原因为生态补水工程初步开展，其生态效益尚未完全发挥，随着补水工程生态效益的逐年叠加，淀区水质将得到进一步改善，富营养化程度有所改善，由重度变为轻度。

出淀断面：为枣林庄断面，2014 年至 2019 年 5 月断面水质在Ⅱ类至劣Ⅴ类之间波动，水质达标率为 68.75%，水质超标率为 31.25%。

入海断面：万家码头和安里屯断面，2013 年至 2017 年断面水质在Ⅳ类至劣Ⅴ类之间波动，水质达标率为 2.08%~17.07%。

重要湖库断面：西大洋水库、王快水库断面水质好，断面水质达标率为 100%；安格庄水库断面水质良好，断面水质达标率为 88.57%；北大港水库断面水质差，断面水质达标率为 0。

11.4.3.3 生态影响回顾性评价结论

1. 陆生生态

在大清河流域已实施的防洪、治涝、供水、灌溉等工程中，对陆生生态的不利影响主要体现在工程施工占地、水库蓄水淹没和移民安置等对地表植被和野生动物生境的破坏与扰动方面。水土保持等工程的实施则在较大程度上减缓了乱砍滥伐等活动导致的水土流失，对流域生态环境质量改善发挥了积极的作用。

2. 湿地生态

大清河流域水利建设对湿地生态影响较大的有水库、堤防、水土保持等。水库的建设改变了原有河谷形态，坝址上游由河流型湿地转变为水库型湿地；堤防工程建设导致局部河段两岸硬化，水陆交换过程阻断，湿地功能减弱；水土保持工程的实施对流域内湿地以有利影响为主。总体而言，大清河流域已实施工程对流域内湿地类型、结构与功能均产生了明显影响，主要体现为河流型湿地向水库型湿地转化，河流型湿地部分区段天然湿地功能受损明显。

1985—2020 年 35 年间，白洋淀水域的面积先增加后减少，近年呈增加趋势，说明淀区水面面积与自然降水情况关系紧密。同时，近年来淀区补水工程的陆续实施，对淀区水面面积恢复作用较为显著。芦苇湿地和耕地的面积先减少后增加，建设用地面积持续增加。

3. 水生生态

已实施规划工程对水生生态较大影响的主要为水库工程、堤防护岸工程和河道整治工程。大清河系上游水库的建设，导致河流纵向连通性降低、河流水文情势发生变化，导致水库下游河流常年断流、湿地萎缩；流域内散布的小型水库将原本连通的羽状河流片段化，形成大小不一的异质生境，进一步加剧了流域生态水量的缺失，造成流域生态赤字严重，生境遭到严重破坏。由于水体污染、水量减少等因素影响，流域内浮游植物、浮游动物、底栖动物均处于历史较低水平，鱼类资源退化明显，无论从物种多样性，还是种群数量上都体现出了明显的下降趋势，目前尚能发现的种类多数为中国东部江河平原区常见的物种，一些特有种、江海洄游性种类消失，同时鱼类小型化现象严重。鱼类适宜栖息空间严重压缩，目前流域内已经基本不存在大型产漂流性卵鱼类的"三场"。

白洋淀水系生态修复是雄安新区建设绿色智慧新城重要的生态保障和前提条件，通过实施生态补水，在人工增殖放流的同时，由于水量增加、水质改善，一些土著鱼类的种群数量得以逐步恢复。近年来，白洋淀在持续的环境修复和生态补水后，水生生态一直维持在较为稳定的状态，项目组在 2018 年和 2019 年的调查中分别调查到 27 种和 31 种，可见目前白洋淀淀区的鱼类物种数量基本在 30 种左右，另外过去一些难以见到的物种，如鳡、鳜等也有所发现。

11.4.4 流域存在的主要生态环境问题、原因及制约因素

(1)大清河流域主要生态环境问题：地下水超采严重；流量不足导致河道干涸、湿地萎缩；中下游水环境污染问题突出，河流生态环境质量差；生物多样性低、水生态功能退化严重；上游水土流失严重。

(2)产生生态环境问题的原因：水资源供需矛盾；生态水量不足；各类污染物输入量大；生态空间萎缩；生态环境管理体制机制不完善。

(3)资源环境制约因素：水资源短缺是流域发展的最短板；流域生态功能定位和生态环境保护要求的制约因素；环境敏感区的制约(法律法规红线)。

11.5 规划的主要环境影响

11.5.1 水文水资源影响

大清河流域水资源配置优化调整后，水资源开发利用率从现状的 113%下降到 2025 水平年的 80%和 2035 年的 70%。规划 2025 年、2035 年大清河流域地表水开发利用程度达到 54%、50%，较现状 65%分别降低了 11%、15%。规划 2035 年大清河流域平原浅层地下水由现状的 127%降低至 88%，实现地下水压采平衡。

规划通过采取强制节水措施。各省(市)的用水效率明显提高，能够达到最严格水资源管理制度要求。根据规划报告的水资源量配置，规划水平年 2025 年、2035 年大清河流域较现状年供水量分别增加了 3.21 亿 m^3 和 8.98 亿 m^3，其中地表水供水减少了 0.35 亿 m^3、1.60 亿 m^3，外调水供水增加了 8.69 亿 m^3、16.41 亿 m^3，非常规水源增加了 1.89 亿 m^3、4.52 亿 m^3。地下水资源开采总量由现状年的 33.69 亿 m^3 减少到 2025 年的 26.67 亿 m^3、2035 年的 23.33 亿 m^3，2035 年地下水采补平衡。规划年供水量增长最大的为生活用水，其次为工业用水、生态用水、农业用水。规划实施后，大清河流域基本形成了以外调水为主、当地地表水有效补充、地下水逐步置换、非常规水利用增加的供水格局。

整个流域缺水区域分布地区由基准年的山区、淀西、淀东平原均有分布，到 2035 年的仅分布在淀西和淀东平原，缺水率从基准年的 14.6%减至 2035 年的 0.2%，缺水区域及缺水率均下降，从水资源供需分析角度，水资源配置基本缓解了流域缺水情况，生态水量得到保障，用水总量、用水效率满足水资源利用上线要求。

11.5.2 水环境影响

(1)用水结构变化对水环境的影响。

生活用水和工业用水的增加,使得污染物的产生量略有增加,但是随着污水处理厂的处理能力及处理规模的提升,污染物入河量将进一步得到控制,对流域水环境影响较小。农业节水规划实施后,农田灌溉水利用系数明显提高,农业用水量明显降低,化肥利用率提高,因此农业退水水量有所降低。随着南水北调、引滦入津、引黄入冀补淀工程等跨流域外调水工程的逐步实施,利用外地水替换本地水,缓解本地用水矛盾,生态环境用水进一步得到保障,对流域水环境产生了积极影响。在水污染物处理能力方面,截至 2018 年,本次大清河流域水资源配置受水区污水设计年处理规模总计 14.05 亿 t/a。根据污染排水预测,2025 年和 2035 年大清河流域点源污染排水量分别为 11.06 亿 t/a 和 10.88 亿 t/a,京津冀晋四省(市)排水均满足各省(市)处理规模。综上所述,大清河流域用水结构的变化对流域内水环境影响较小。

(2)规划实施对水环境承载力的影响。

根据《海河流域水资源保护规划》,大清河流域 74 个水功能区现状纳污能力 COD 和氨氮分别为 1.93 万 t/a、0.09 万 t/a,并以此作为大清河流域 2025 年、2035 年 COD、氨氮入河控制量。至 2035 年,流域内 COD、氨氮污染物入河量分别为 12 183.09 t/a、650.86 t/a,满足纳污能力要求,同时四省(市)COD、氨氮的剩余污染物允许排放量分别为 17%~52%、15%~54%,流域内京津冀晋四省(市)均满足各省(市)的分解目标,进一步扭转了水环境承载能力不足的态势,对水环境产生了积极影响。

11.5.3 陆生生态环境

规划构建了全流域生态保护体系,总体形成了“太行山山地丘陵区+华北平原区”的生态空间结构,提出了强化太行山山地丘陵水源涵养和土壤保持,以及生物多样性保护,严格生态空间管控,体现了“面上保护、线状修复”特征,水土保持规划实施将提高林草地覆盖率和水土涵养能力,生态保护与恢复规划实施将改善区域生态环境,对自然生态系统的影响以有利影响为主,不会改变大清河流域生态系统的结构,基本不影响太行山山区水源涵养与生物多样性保护敏感区域的生态功能。

流域内分布有国家Ⅱ级保护野生植物 4 种,地方重点保护植物 55 种;国家重点保护野生动物 129 种,地方重点保护动物 712 种。主要分布在大清河流域西部山地、天津湿地保护区。规划的具体工程主要布局在淀西和淀东平原河流沿线,绝大多数重点保护野生植物不会受到影响。防洪工程、河道治理等将使部分森林、灌草丛和农田植被等地表植被受损,对生态完整性有不利影响,但受影响的地表植被面积总体较小,对生态系统的结构和功能影响小。建议在环评阶段进一步加强对工程区域植被资源进行调查,若发现有国家重点保护植物,应进行建设方案优化调整。

11.5.4 水生生态影响

防洪、水利用规划对水生态影响相对较大;水资源保护、水生态保护和水土保持规划对水生态的影响主要为正面影响;其他规划对水生态的影响总体较小,但部分涉水规划及工程,如堤防建设等,也将对水生态产生一定影响。规划实施对水生生境的有利影响主要表现为:综合管理规划对人类活动的范围与程度提出了较高的要求,有利于减少人类活动对流域水生生境的破坏;水资源、水生态保护和水土保持规划有利于抑制流域水污染、保障河流生态需水、控制外源性营养物质的输入。根据防洪排涝规划,堤防建设使河道趋向于平直化和均一化,破坏了河流与边滩、洪泛区的联系,降低了水生生境的复杂度。但本次规划的堤防建设主要是加固堤防,对水生生境的影响程度有限。

11.6　规划的环境合理性与优化调整建议

11.6.1　规划协调分析

(1)与国家相关政策的符合性分析。

本次大清河流域综合规划以《国务院关于实行最严格水资源管理制度的意见》(国发〔2012〕3 号)、《中共中央 国务院关于加快水利改革发展的决定》(中发〔2011〕1 号)及《水利部关于加快推进水生态文明建设工作的意见》(水资源〔2013〕1 号)等相关精神,坚持人水和谐相处的理念,把推动民生水利新发展放在首要位置,全面规划、统筹兼顾、标本兼治、综合治理,符合国家宏观发展战略和新时期的治水方针政策。

(2)与国家相关法律法规的符合性分析。

规划编制以《中华人民共和国水法》《中华人民共和国防洪法》《中华人民共和国水土保持法》《中华人民共和国防沙治沙法》《中华人民共和国环境保护法》《中华人民共和国水污染防治法》《中华人民共和国渔业法》《中华人民共和国自然保护区管理条例》等有关法律、法规为依据,规划指导思想、总体目标、主要工程布局等基本符合国家相关法律、法规的要求。但部分规划内容涉及自然保护区、饮用水水源保护区等环境敏感区,需妥善处理与这些敏感区域的协调与保护关系。

(3)与国家、流域等相关规划的符合性分析。

本次规划根据大清河流域自然资源特点、战略地位、国家和区域经济社会发展要求,综合考虑大清河主体功能区划要求,以及各河段资源环境特点、经济社会发展要求、治理开发与保护的总体部署,明确各河段治理开发与保护的主要任务:以流域防洪、水资源可持续利用和水生态环境保护与修复为主线,通过骨干及重要支流防洪工程和蓄滞洪区安全建设,完善流域防洪体系,实现防洪安全;在全面节水的前提下,结合南水北调中线、引黄入冀补淀、引滦、南水北调东线二期等,通过多水源优化配置,实现供水安全;通过保护水源地、控制入河污染物、落实河湖生态用水、控制地下水超采等措施,实现水生态安全;通过完善流域管理体制、创新机制,强化制度建设,建设智慧流域,全面提升流域管理水平和公共服务能力,符合《全国主体功能区规划》《全国生态功能区划(修编版)》《中国生物多样性保护战略与行动计划(2011—2030 年)》《全国水土保持规划》《全国重要江河湖泊水功能区划》等国家相关规划对大清河流域的定位和要求。

除灌溉水利用系数由于灌溉水源调整,由地下水调整为地表水,以及紫荆关等断面生态水量由于水文系列复核，不满足海流规控制指标外，本次规划的规划目标、工程布局、控制指标符合《国民经济和社会发展“十三五”规划纲要》《京津冀协同发展六河五湖综合治理与生态修复总体方案》《海河流域综合规划》《河北雄安新区规划纲要》《白洋淀生态环境治理和保护规划(2018—2035年)》及国家和地方相关规划对社会经济发展与生态保护的要求。

11.6.2 规划的环境合理性

11.6.2.1 规划目标及控制性指标环境合理性

本项目水资源利用规划目标将促进水资源的高效利用和节水型社会的建设，为实施最严格的水资源管理制度提供支撑，与国家有关水资源管理的政策一致，符合国家环境保护的要求。防洪排涝规划目标将全面提高流域的防洪能力，使骨干河道、重要治理工程、重点城市防洪工程全面达标，山洪灾害得到进一步控制，可有效保障生态安全，目标设置合理。水环境保护规划、水生态保护与修复规划目标可改善大清河流域水环境和水生态系统恶化趋势，改善重点河段及区域水环境及水生态状况，符合国家环境保护的相关要求，对比分析海河流域相关指标，目标设置基本合理。

11.6.2.2 规划布局环境合理性

(1)水资源利用规划。府河输水线路、扩建保沧干渠、中管头分水口—沙河干渠线路、雄安干渠涉及南水北调中线水源保护区，考虑为供水工程，符合饮用水水源保护区管理要求。石槽沟水库龙王庄壅水坝位于阜平中华鳖水产种质资源保护区实验区，已取得主管部门同意的意见，水资源利用规划布局具有环境合理性。

(2)防洪排涝规划。除张坊水库坝址位于拒马河水生野生动物自然保护区的缓冲区，水库库区会涉及核心区，具有环境制约性外，其他防洪排涝布局符合大清河流域相关规划、区划生态环境保护定位，工程布置、工程内容考虑了环境敏感区的制约性，规划布局基本合理。

(3)水资源保护规划、水生态保护与修复规划。符合大清河流域相关规划、区划生态环境保护定位；并充分考虑了自然保护区及水产种质资源保护区等环境敏感区的制约性，规划布局比较合理。

11.6.2.3 规划方案环境合理性

1. 水资源利用规划环境合理性分析

在优先保证生活用水和河道内基本生态用水的前提下，通过当地地表水、地下水、外调水、非常规水等多水源联合调度，大清河流域缺水区域分布地区由基准年的山区、淀西、淀东平原均有分布，到2035年的仅分布在淀西和淀东平原，缺水率从基准年的14.6%减至2035年的0.2%，缺水区域及缺水率均大幅下降。因此，从水资源供需分析角度，水资源配置基本缓解了流域缺水情况，用水总量、用水效率、生态水量满足程度满足资源利用上线，水环境满足环境质量底线。

2035年配置水量为71.69亿m^3，其中山区、淀西平原和淀东平原水量配置占比分别为6.7%、44.8%和48.5%。该水资源配置中，淀西和淀东平原配置水量均比较大，符合全国主体功能区规划中提出的国家优化开发区域(渤海地区—京津冀地区)、国家重点开发区域（冀中南地区）和国家限制开发区（农产品主产区—黄淮海平原主产区）的功能定位。2035 年生活、工业和生态用水均有所增加，农业用水大幅下降，与京津冀协同发展和城镇化需求、节水要求是相符的。当地地表水和地下水供水量下降，外调水和非常规水供水量增加，与地下水压采、《关于推进污水资源化利用的指导意见》等要求是相符的。

从总量控制角度分析，根据各省（市）最严格水资源管理制度的相关政策文件，2030 年大清河流域用水总量控制指标为 88.18 亿 m^3，本次规划 2035 年配置总水量 71.69 亿 m^3。各省（市）供水范围规划水平年总配置水量均在 2030 年用水总量控制指标范围内；生活用水定额、万元工业增加值用水量、农田灌溉综合定额等用水指标符合用水总量控制指标刚性约束。大清河流域现状年水资源开发利用率为 113%，2025 年、2035 年水资源开发利用程度分别为 80%、70%，仍保持在较高水平。外调水配置水量均在引黄、引江和引滦分水指标范围内。

2. 水资源保护规划、水生态保护与修复规划

水资源保护规划实施后，通过加强地表水及地下水水源地保护、开展入河排污口整治、加强污染源控制等一系列措施，扭转了大清河流域现状水环境污染、水生态恶化的趋势，对地表水和地下水水源地保护具有积极作用。

大清河上游山区河段，重点通过水源涵养林建设、清洁小流域建设等，解决水源涵养不足、面源污染严重等问题，其中高耗水农业种植区域，要严格控制用水总量，深入开展农业节水，退还被挤占的河道生态用水。大清河山前平原打造"一淀多环绕"的生态修复格局，发挥白洋淀在京津冀协同发展、雄安新区建设中的生态功能支撑作用，通过村落生态搬迁、实施补（调）水、淀区生态清淤和综合治理、栖息地修复等措施，逐步还原湿地水面和湿地、提高水体自净能力，恢复淀区自然风貌。环淀河流开展生态水面维持、河岸带生境修复及多水源生态水量联调方案。大清河下游河段重点通过入河排污口整治、生态湿地建设、河道水面恢复、河岸带生态修复等，构建绿色生态河流廊道。北大港、团泊洼等滨海湿地重点通过生态补水、生境修复等措施，改善生物栖息地环境，促进生物多样性保护。

11.6.3　规划方案的优化调整建议

规划环评根据早期介入原则要求，从规划编制初期开始全程介入，在规划编制过程中，规划环评对重要敏感区产生明显影响的规划方案，提出了优化调整建议，根据优化调整建议，规划进行了多次优化和调整。以下是规划方案优化调整过程。

11.6.3.1　水资源配置方案的优化调整过程

考虑到大清河流域供需矛盾突出，资源禀赋性差，地表水开发利用率高，地下水超采严重等特点，本次规划过程中，根据环评提出优化调整建议，进一步复核了大清河流域的外调水分水指标，并充分挖掘各行业节水潜力，压减地下水供水比例，严禁开采深层承压水，减少地表水供水量，逐步降低地表水开发利用率。目前，水资源配置方案中已扣除水生态保护与修复规划提出的河道内生态水量，在优先保证河道内基本生态用水前提下，配置河道外经济社会发展用水，配置方案符合各省（市）最严格水资源控制指标，在外调水分水指标内适当增加了其供水比例，提高再生水的利用率，不开采深层承压水，浅层地下水达到采补平衡，减少地表水供水量，地表水开发利用率由现状的 65%降至 50%。

11.6.3.2　防洪工程布局优化调整过程

1. 水库规划

考虑到目前大清河流域水资源开发利用率较高，流域内白洋淀以上主要河流干涸断流情况尤为严重，环淀河流主要河段年均干涸 304 d，年均断流 326 d。近年来，由于城市景观建设、生态调（补）水，城镇河段景观水面有所增加，但整体来看，区域河道干涸、断流现象依然严重。张坊水库、土门水库、李思庄水库、二道河水库等大型水库实施将进一步加大流域水资源开发利用率，水环境及水生态环境进一步恶化。同时，考虑张坊水库涉及“规划集中式生活饮用水水源地（Ⅱ类）”、地下水“房山区南部储备区”和“房山区张坊应急水源区”、拒马河水生野生动物自然保护区、十渡风景名胜区和北京十渡国家地质公园（北京十渡国家地质公园与十渡风景名胜区部分区域重合），经与规划编制单位沟通，张坊水库、土门水库、李思庄水库，作为资源点保留，规划期内不予实施；二道河水库进一步研究建设的必要性和可行性。

2. 河道治理规划

包括骨干河道治理和中小河流治理，其中北拒马河治理工程涉及拒马河水生野生动物自然保护区，建议本次规划取消该段治理内容；其他骨干河道及中小河流治理工程均涉及河北平原河湖滨岸带生态保护红线，建议重点分析河道治理工程是否纳入生态保护红线中的正面清单，尽可能对工程所在区域红线进行调整。修改后的规划报告已采纳规划环评的建议，考虑环境保护的要求，取消了北拒马河治理工程中涉及保护区河段；同时河道治理工程属于基础设施建设，纳入生态保护红线正面清单。

3. 蓄滞洪区规划

白洋淀综合治理工程包括枣林庄枢纽改建、千里堤加高加固、白洋淀蓄滞洪区周边堤防整治、淀区开卡除埝工程等，涉及白洋淀湿地自然保护区（水产种质资源保护区）、生态保护红线，建议在规划阶段优化堤线选择。为保障雄安新区方案安全，规划方案结合《河北雄安新区规划纲要》和《雄安新区防洪规划》，对新安北堤等堤线进行了优化。

11.6.3.3　水资源保护及水生态修复规划调整过程

结合《华北地下水超采区综合治理行动方案》，对规划年地下水压采指标进行了调整，至 2025 年新增地下水压采量指标 10.21 亿 m^3；至 2035 年新增地下水压采量指标 12.71 亿 m^3，同时进一步建议优化地下水资源保护措施，将本次规划与《华北地下水超采区综合治理行动方案》措施相匹配。

结合《海河流域综合规划》《海河流域水资源保护规划》《京津冀协同发展六河五湖综合治理与生态修复总体规划》对大清河流域生态环境用水的要求，从全流域上中下游统筹考虑，环评建议复核生态水量计算范围及方法，补充流域内河流生态水量现状满足程度的分析，并据此优化生态水量指标，完善生态水量保障措施。

白洋淀作为大清河的重要湿地，对承接流域上下游生态环境健康发展具有重要意义。本次环评综合考虑截至 2025 年白洋淀各项跨流域调水补水工程已基本建成达效，生态效益亦逐步发挥，建议取消近、远两期生态水位指标，改为“2025—2035 年生态水位达 6.5～7.0 m”。综合规划基本采纳此条建议。

11.6.4　下阶段环境保护工作建议

11.6.4.1　环境保护工作建议

针对流域规划、工程设计阶段提出了工作建议,针对下阶段建设项目的环境影响评价工作,提出应重视生态敏感区及其他环境敏感目标的核查、珍稀濒危动植物及古树名木调查与保护、饮用水水源地保护等应注意落实的工作重点和要求。

11.6.4.2　工程设计建议

工程设计阶段,应根据工程涉及区环境保护背景情况及环境敏感目标分布情况,从工程的选线、选址、规模、布局、施工布置、占地类型与面积、移民安置等多方面进行工程方案的比选与优化设计,选择环境最优的方案。

11.7　主要环境保护对策

11.7.1　严守“三线一单”

本次流域综合规划实施过程中,应树立底线思维,严守资源利用上线、环境质量底线、生态保护红线和生态环境准入清单,将各类涉水开发活动限制在资源环境承载能力之内,尽可能减少对自然生态系统的干扰,确保生态安全。

11.7.2　生态水量保障措施

结合《华北地区地下水超采综合治理规划》《河北雄安新区规划纲要》《白洋淀生态环境治理和保护规划(2018—2035 年)》等区域规划,以及地方水体达标规划,优化水资源配置方案,兼顾周边城市用水需求,实施补水工程、加强水系连通、合理利用再生水等工程措施,以及落实节水措施、建立多水源补水机制、建立水安全智慧管理系统等非工程措施,对白洋淀,以及南拒马河、白沟河、白沟引河、瀑河、萍河、漕河、唐河、府河、孝义河、潴龙河、中易水等入淀河流进行生态补水,满足生态需水要求,同时对白沟引河、瀑河、萍河、府河、孝义河同步实现河流环境流量的保障。

11.7.3　水环境保护措施

(1)水资源压减控制措施。通过强化水资源刚性约束作用、统筹配置和有序利用水资源,严控开发规划和强度,全面挖掘流域节水潜力,开展地下水综合治理,多渠道增加水源供给。

(2)水功能区保护措施。根据大清河流域水功能区的纳污能力,制订污染物总量控制方案;规划排污口布局调整及综合整治、污水厂提标扩容改造等水环境保护工程措施;提出地表水、地下水替代及应急备用水源地保护措施;规划水环境监测体系,提出了加强重点污染源和排污口综合整治、强化水源地安全保障措施、监测和管理相结合、开展宣传教育,提高全社会的水环境保护意识等环境管理措施。

(3)水源地安全保障措施。强化饮用水水源保护区划分与保护、健全水源地保护管理法规体系、制定城市饮用水安全保障的应急预案、加强监测能力建设。

11.7.4 陆生生态保护措施

根据规划所在区域的陆生生态环境现状及工程造成的主要生态影响,大清河流域规划的实施不会导致工程所在河段陆生生态系统结构和功能发生根本变化。工程在河谷地带的施工占地会对施工区原有的生态类型造成局部改变。在遵循生态规律的基础上,依据技术上适当、经济上可行、社会上能够接受的原则,尽可能地使生态影响减小到最低,同时要让受到影响的植被得以整体恢复。

11.7.5 水生生态保护措施

(1)栖息地保护。形成"一带、一片、一淀"的流域整体栖息地保护,"一带"指拒马河水生生物保护区;"一片"指的是太行山区,涵盖各主要河流上游地区(王快水库以上以阜平中华鳖水产种质资源保护区核心区范围为准)的连片保护区;"一淀"则是指以白洋淀为核心区开展综合治理和生境恢复。

(2)连通性修复。对于部分中小型水库,则建议根据上下游情况进行充分科学评估,条件允许的,可以考虑建设示范性过鱼设施,采用旁通式的仿自然鱼道为佳,目的除沟通河流连通性外,还能人工创造微生境,有利于鱼类物种多样性的恢复。

(3)增殖放流。建议在拒马河规划建设增殖放流站1座,主要任务是繁育大清河流域土著淡水鱼类,以多鳞白甲鱼的人工繁殖复育为主,兼顾其他特有和重要经济物种。

(4)生态修复。结合栖息地保护,应有计划、有步骤地对流域内的一些河段进行人工改造,人工创造一些异质性生境,增加生境多样性,从而间接提高鱼类的物种多样性。

(5)生态监测。重点监测区域为大清河流域上游,以及雄安新区建设影响水域,重点关注流域重要水生生境(水产种质资源保护区)及重点保护对象的监测,主要监测水生生物的物种组成、种群结构、资源量,重点监测珍稀鱼类、特有鱼类及主要在流水中产卵的经济鱼类的种群动态。

(6)其他保护措施。加强渔政队伍建设、外来物种管控、科学研究、水产种质资源保护区管理等。

11.8 环境监测与跟踪评价计划

11.8.1 环境监测方案

大清河流域综合规划涉及的影响区域大,为更好地保护大清河及主要支流水环境,使其健康、可持续地发展,拟对流域内主要河流的水文情势、水环境、水生生态、陆生生态、湿地生态、水土保持制订监测方案。

11.8.2　跟踪评价方案

为客观分析评价规划方案实施后的实际环境影响，规划环境影响评价及其建议的减缓措施是否得到了有效的贯彻实施，确定为进一步提高规划的环境效益所需的改进措施，总结本规划环境影响评价的经验和教训。规划开展跟踪评价，重点对大清河白洋淀进行跟踪评价，重点评价规划实施对水资源、水环境、生态环境和社会环境的影响。

11.9　综合评价结论

大清河流域位于海河流域中部，涉及山西、河北、北京、天津四省（市），气候温和，土地肥沃，物产丰富，流域内工农业生产发达，交通便利，是我国的重要工农业基地。太行山是流域内水系的主要发源地，其水源保护和土壤保持功能直接影响京津冀地区甚至华北平原生态系统安全。新中国成立后，经过历次规划治理，防洪、供水等水利基础设施体系已基本形成，为流域内社会经济发展提供了有力保障。但在防洪、供水、水生态、水环境保护方面还存在短板，防洪体系仍不健全，供水处于紧平衡状态，水生态、水环境问题仍然突出。京津冀协同发展战略的实施、雄安新区建设对水安全保障提出了更高要求。流域现有防洪体系、水资源与水环境的承载力已不能满足新形势下经济社会发展需求。

大清河流域综合规划贯彻了科学发展观、生态文明建设及最严格的水资源管理制度，综合考虑了各河段的自然环境特点、经济社会发展需求和生态环境保护要求。本次规划环评分析并明确流域开发功能定位和生态环境保护定位，规划过程中多次沟通协调调整，综合考虑了经济社会对资源环境的开发活动，最大限度地减缓对生态环境的不利影响，确保了规划方案与流域定位相协调。

大清河流域上游为重要的水源涵养与土壤保持功能区，下游为国家重点人居生态安全功能保障区生态功能定位，规划环评通过回顾性评价梳理出流域存在地下水超采严重、流量不足导致河道干涸和湿地萎缩、中下游水环境污染问题突出、水生态功能退化、山区水土流失严重等主要生态环境问题。同时，结合“三线一单”要求，在规划分析的基础上，预测各项规划内容实施后流域内水资源、水环境、水生态等影响，并从布局、方案、时序等方面提出了规划方案的优化调整建议。规划实施后，通过强化节水措施、加大非常规水利用、实施南水北调中东线后续工程等措施，在降低流域水资源开发利用率时，当地地表水供水量由现状年的 7.80 亿 m^3 减少至 2035 年的 6.20 亿 m^3，逐步退化河道生态用水；2035 年压减地下水开采量 12.71 亿 m^3，实现流域地下水采补平衡，超采亏空水量逐步填补；结合流域节水、地下水压采方案持续推进，通过上游水库泄放和外调水补水、加强水系连通以及合理利用再生水等措施，实现环淀河流、团泊洼和北大港等重要湿地生态水量，其中白沟引河、瀑河、萍河、府河和孝义河实现环境流量，淀区水位保持在 6.5~7.0 m，淀区面积稳定在 360 km^2 左右；通过加强水功能区管理，严格限制排污总量，地表水水功能区达标率从现状年的 40%增加至规划年的 97%以上；在河湖生态水量保障和水环境改善的同时，通过落实栖息地保护、人工增殖放流等措施，恢复水生生物生态系统；通过水土流失治理，流域林草覆盖率增加，山区人为水土流失得到全面控制。

在规划实施过程中，按照生态环境部门实施的“三线一单”的相关要求，妥善处理流域治理开发与生态环境保护关系，尽可能减少对流域敏感区自然生态系统的干扰，严格保护流域湿地、森林等自然植被和国家保护动物栖息地及珍稀濒危保护鱼类栖息地；优化水资源配置，确保河道及湿地生态环境需水量，在一定程度上改善入淀河流及白洋淀淀区生态环境；严格大清河水系污染物入河总量控制，防范可能出现的水污染风险，确保大清河中下游水质安全；加强监测、监督和管理，积极探索建立生态补偿机制，促进流域生态系统良性循环。

参考文献

[1] 户作亮. 海河流域水资源综合规划概要[J]. 中国水利,2011(23):105-107.

[2] 任宪韶. 在科学发展观指导下全面做好海河流域综合规划修编工作[R]. 中国水利,2007(6):56-58.

[3] 苗慧英,李京善,赵莉花,等. 浅谈海河流域水资源与水环境管理规划的特点[J]. 南水北调与水利科技,2010(1):110-112.

[4] 王平,郦建强. 空间规划体系下新时代水利规划编制研究[J]. 水利规划与设计,2019(8):1-4.

[5] 丁越岿,张洪,单保庆. 海河流域河流空间分布特征及演变趋势[J]. 环境科学学报,2016,36(1):45-54.

[6] 夏军,张永勇,Xia,等. 雄安新区建设水安全保障面临的问题与挑战[J]. 中国科学院院刊,2017,32(11):1199-1205.

[7] 盖亮. 晚清大清河津保段治水兴利研究[D]. 保定:河北师范大学,2017.

[8] 张伟杰. 大清河水利工程变迁及对雄安新区建设的影响[D]. 保定:河北农业大学,2019.

[9] 方旭辉. 大清河水系变迁及其对雄安新区建设的影响[D]. 保定:河北农业大学,2019.

[10] 吴坤明. 大清河流域暴雨洪水变化特性研究[D]. 天津:天津大学,2008.

[11] 赵高峰,毛战坡,周洋. 海河流域水环境安全问题与对策[M]. 北京:科学出版社,2013.

[12] 梅锦山. 中国防洪规划与建设[J]. 中国水利,2010(20):17-19,25.

[13] 邬龙,何长宽,徐世宾,等. 大清河流域下垫面变化对设计洪水的影响[J]. 华北水利水电学院学报,2011,32(3):93-95.

[14] 韩瑞光. 大清河山丘区下垫面变化对洪水径流影响问题的研究[D]. 天津:天津大学,2009.

[15] 朱余,王凤. 巢湖流域水质状况与环境目标可达性分析[J]. 环境监测管理与技术,2004,16(6):22-23.

[16] 郝娜. 大清河流域防洪规划后评价研究[D]. 保定:河北农业大学,2010.

[17] 李健生. 中国江河防洪丛书[M]. 北京:中国水利水电出版社,1999.

[18] 防洪规划研究课题组. 2000—2010 年全国防洪规划研究报告[R]. 1995.

[19] 水利部海河水利委员会水文局. 2002 年、2003 年海河流域雨水情分析[M]. 北京:中国水利水电出版社,2004.

[20] 余灏哲,李丽娟,李九一. 基于量-质-域-流的京津冀水资源承载力综合评价[J]. 资源科学,2020,42(2):358-371.

[21] 韩雁,张士锋,吕爱锋. 外调水对京津冀水资源承载力影响研究[J]. 资源科学,2018,40(11):2236-2246.

[22] 马俊永,郑春莲,党红凯,等. 河北地下水超采情势及种植结构调整对策的经济分析[J]. 水资源研究,2019(8):575.

[23] 刘文具,赵志杰. 浅析大清河流域的水文特征变化对白洋淀湿地的影响[J]. 地下水,2012,34(6):101-102.

[24] 于丽丽,云玲,郭东阳. 河北省地下水超采综合治理规划[C]//水利水电工程勘测设计新技术应用. 北京:中国水利水电勘测设计协会,2018:62-67.

[25] 熊雁晖. 海河流域水资源承载能力及水生态系统服务功能的研究[D]. 北京:清华大学,2004.

[26] 张矩熔. 水资源符合性分析在塔城总体规划中的应用[J]. 东北水利水电,2019(4):28-30.
[27] 闫花丹,祝得领,花金祥. 济宁市地下水压采及地表水利用规划讨论研究[J]. 治淮,2021(6):38-39.
[28] 李彦东,张吉伟. 大清河流域社会经济发展与水资源供需能力分析[J]. 中国人口·资源与环境,1998,8(3):42-47.
[29] 杨开. 水资源开发利用与保护[M]. 长沙:湖南大学出版社,2005.
[30] 马国军,林栋,王万雄,等. 石羊河流域水资源利用与经济发展系统分析[J]. 中国沙漠,2009,29(5):1003-1007.
[31] 刘文静. 大清河流域可利用水资源量演变规律研究[D]. 邯郸:河北工程大学,2014.
[32] 王仕琴. 华北平原地下水浅埋区降水、土壤水和地下水转化关系研究[D]. 中国科学院地理科学与资源研究所,2009.
[33] 李培. 海河流域水资源与水环境综合管理项目研究成果与应用[M]. 北京:中国环境出版社,2012.
[34] 任宪韶. 海河流域水资源评价[M]. 北京:中国水利水电出版社,2007.
[35] 林辉,汪繁荣,黄泽钧. 水文及水利水电规划[J]. 水利水电,2007.
[36] 张宗祜,沈照理,薛禹群. 华北平原地下水环境演化[M]. 北京:地质出版社,2000.
[37] 张光辉,费宇红,刘克岩. 海河平原地下水演变与对策[M]. 北京:科学出版社,2004.
[38] 陈伏龙. 大清河流域产汇流特征变化趋势分析[D]. 天津:天津大学,2009.
[39] 姜鲁光,杨成,封志明,等. 面向多目标情景的大清河流域水资源利用权衡[J]. 资源科学,2021,43(8):1649-1661.
[40] 王秀兰,张芸. 大清河水系水环境状况及其防治措施[J]. 水资源保护,2000(2):33-35.
[41] 王秀兰,张芸,李兵. 大清河水系水环境动态及变化规律分析[J]. 南水北调与水利科技,1999(1):41-45.
[42] 张婷,刘静玲,王雪梅,等. 白洋淀水质时空变化及影响因子评价与分析[J]. 环境科学学报,2010,30(2):261-267.
[43] 马寨璞,赵建华,康现江,等. 白洋淀水循环特点及其对生态环境的影响[J]. 海洋与湖沼,2007,38(5):405-410.
[44] 曾庆慧,胡鹏,赵翠平,等. 多水源补给对白洋淀湿地水动力的影响[J]. 生态学报,2020,40(20):7153-7164.
[45] 李四强. 水环境质量影响因素及水生态环境保护措施分析[J]. 资源节约与环保,2021(2):24-25.
[46] 刘艳冰,许文娟. 水环境质量影响因素及水生态环境保护措施[J]. 环境与发展,2020,32(5):195-197.
[47] 姚璐,王雪红,刘懿. 北方季节性河流水环境综合治理方案与思考[J]. 水资源开发与管理,2021(8):26-31.
[48] 朱曙杰. 饮用水源地安全保障研究[D]. 南京:东南大学,2021.
[49] 王宪恩,田百平,蔡宇,等. 基于熵权的水功能区水质达标率年度分解方法研究及应用[J]. 科学技术与工程,2013,13(20):6043-6047.
[50] 张洪,林超,雷沛,等. 海河流域河流富营养化程度总体评估[J]. 环境科学学报,2015,35(8):2336-2344.
[51] 朱余,吴威,王欢. 安徽省淮河流域水污染分析与环境目标可达性探讨[J]. 中国环境监测,2005(4):60-63.
[52] 李经伟. 白洋淀水环境质量综合评价及生态环境需水量计算[D]. 保定:河北农业大学,2008.
[53] 曹银珠. 白洋淀水质评价及藕田富营养化水体的净化技术研究[D]. 保定:河北农业大学,2012.

[54] 佟霁坤. 近十年白洋淀水质特征及营养状态分析[D]. 保定:河北大学,2020.
[55] 杜东,余辉,李中强,等. 河流水环境健康评价研究与展望[J]. 水科学与工程技术,2013(1):1-6.
[56] 郝利霞,孙然好,陈利顶. 海河流域河流生态系统健康评价[J]. 环境科学,2014(10):3692-3701.
[57] 孙然好,程先,陈利顶. 海河流域河流生境功能识别及区域差异[J]. 生态学报,2018,38(12):4473-4481.
[58] 任颖,侯利萍,何萍. 大清河水系滨岸带入侵草本植物分布特征及影响因素[J]. 环境工程技术学报,2022,12(4):1134-1143.
[59] 方慷. 大清河水系保定段城市河道浮游植物群落结构及水质评价[J]. 水生态学杂志,2013,34(3):25-31.
[60] 石超艺. 历史时期大清河南系的变迁研究——兼谈与白洋淀湖群的演变关系[J]. 中国历史地理论丛,2012,27(2):50-59.
[61] 朱金峰,周艺,王世新,等. 白洋淀湿地生态功能评价及分区[J]. 生态学报,2020,40(2):459-472.
[62] 张笑归,刘树庆,窦铁岭,等. 白洋淀水环境污染防治对策[J]. 中国生态农业学报,2006,14(2):27-31.
[63] 张素珍,宋保平. 白洋淀水资源承载力研究[J]. 水土保持研究,2004,11(2):100-103.
[64] 尹健梅,程伍群,严磊,等. 白洋淀湿地水文水资源变化趋势分析[J]. 水资源保护,2009,25(1):52-54.
[65] 刘蕊蕊,赵雨,刘渊博. 基于生态水量保障的调度方案[J]. 陕西水利,2022(1):65-67.
[66] 侯思琰,徐鹤,刘德文,等. 大清河流域主要河流与湿地生态水量计算与保障分析[J]. 吉林水利,2021(8):1-4.
[67] 胡庆芳,王磊之,万超,等. 永定河水生态修复与生态水量精细化调度[J]. 中国水利,2021(1):62-64.
[68] 崔姣利. 河北省河湖生态水量保障的实践及思考[J]. 内蒙古水利,2019(9):27-28.
[69] 任涵璐,刘江侠. 京津冀地区六河五湖生态水量分析及补水措施探讨[J]. 海河水利,2017(5):4-7.
[70] 管新建,高丰,孟钰,等. 基于河流生态水量保护的南阳市白河流域生态补偿机制研究[J]. 水电能源科学,2021,39(10):68-71.
[71] 董继坤. 河道整治工程对水生态的影响及保护措施探讨[J]. 人民黄河,2019,41(S2):46-47.
[72] 贾艾晨,王旭旭. 北方河流生态修复模式研究[J]. 中国农村水利水电,2016(12):59-62.
[73] 王翔. 湿地保护的重要性与湿地生态保护措施分析[J]. 科技风,2020(9):149.
[74] 张东江. 白洋淀最低生态水位及生态健康保护措施[J]. 水科学与工程技术,2013(1):16-18.
[75] 翟广恒. 白洋淀湿地生态调水分析与保护措施[J]. 河北工程技术高等专科学校学报,2007(2):24-27.
[76] 吴竞. 滦河流域水生态修复配置模式分析[J]. 广西水利水电,2020(5):31-33.
[77] 王坤. 1980—2017 年大清河流域水系连通性变化分析[D]. 北京:北京林业大学,2019.
[78] 王银肖. 白洋淀流域鱼类群落结构及其多样性的时空变化[D]. 保定:河北大学,2021.
[79] 杨军. 大清河保定段浮游藻类群落结构特征及水质评价[D]. 保定:河北大学,2013.
[80] 郭亚梅,杨玉春,范永平. 海河流域水生态修复探索与研究[M]. 郑州:黄河水利出版社,2012.
[81] 郑葆珊,范勤德,戴定远. 白洋淀鱼类[M]. 石家庄:河北人民出版社,1960.
[82] 中国科学院动物研究所白洋淀工作站. 白洋淀生物资源及其综合利用初步调查报告[M]. 北京:科学出版社,1958.
[83] 陈佳秋,陈美玲,张轩波,等. 雄安新区府河河口湿地修复工程[J]. 湿地科学与管理,2020,16(4):4-8.

[84] 刘克. 大清河下游湿地水文特征演变及生态响应研究[D]. 北京:首都师范大学,2009.
[85] 梁晓旭. 适度恢复目标下大清河流域生态廊道构建指标体系研究[D]. 保定:河北大学,2021.
[86] 刘茂峰,高彦春,甘国靖. 白洋淀流域年径流变化趋势及气象影响因子分析[J]. 资源科学,2011,33(8):1438-1445.
[87] 曹惠清. 河道生态基流保障的重要性及其研究概述[J]. 乡村科技,2019(36):111-112.
[88] 李军玲,张金屯. 太行山中段植物群落物种多样性与环境的关系[J]. 应用与环境生物学报,2006,12(6):766-771.
[89] 王春,张智,赵明,等. 山西灵丘黑鹳省级自然保护区冬季鸟类资源调查[J]. 现代农业科技,2010(21):343-344.
[90] 王春. 山西灵丘黑鹳省级自然保护区红嘴蓝鹊繁殖生态观察[C]//第十二届全国鸟类学术研讨会暨第十届海峡两岸鸟类学术研讨会论文摘要集. 中国动物学会,2013.
[91] 王民,李倩,黎一霏,等. 水电水利工程陆生生态保护管理现状及对策研究[J]. 环境影响评价,2022,44(1):44-47.
[92] 陈韦丽,吴琼. 浅析水利工程的生态环境影响及保护措施[J]. 环境科学与管理,2012,37(B12):125-127.
[93] 王飞. 永定河流域生态修复总体方案探析[J]. 山西水利,2018(11):38-39.
[94] 成丽婷. 汾河流域生态修复规划思路[J]. 山西水利,2016(10):47-48.
[95] 李宝林,袁烨城,高锡章,等. 国家重点生态功能区生态环境保护面临的主要问题与对策[J]. 环境保护,2014,42(12):17-20.
[96] 李玉海,陈亚杰. 水利水电工程建设对生态环境的影响[J]. 水利科技与经济,2009,15(8):67-68.
[97] 王娟. 规划环评中生物多样性影响评价指标体系的构建与实证[M]. 北京:科学出版社,2012.
[98] 马凯飞. 河北太行山区生态环境脆弱性评价及其驱动力研究[D]. 石家庄:河北师范大学,2008.
[99] 董增川. 海河流域生态环境变化及驱动力分析研究[M]. 北京:中国水利水电出版社,2016.
[100] 章文. 基于气候与土地利用变化的大清河流域生态系统服务评估与预测分析[D]. 武汉:武汉理工大学,2020.
[101] 杨苗,龚家国,赵勇,等. 白洋淀区域景观格局动态变化及趋势分析[J]. 生态学报,2020,40(20):67-76.
[102] 程伍群,薄秋宇,孙童. 白洋淀环境生态变迁及其对雄安新区建设的影响[J]. 林业与生态科学,2018,33(2):113-120.
[103] 江波,肖洋,马文勇,等. 1974—2011 年白洋淀土地覆盖时空变化特征[J]. 湿地科学与管理,2016(1):38-42.
[104] 王京,卢善龙,吴炳方,等. 近 40 年来白洋淀湿地土地覆被变化分析[J]. 地球信息科学学报,2010,12(2):292-300.
[105] 白军红,房静思,黄来斌,等. 白洋淀湖沼湿地系统景观格局演变及驱动力分析[J]. 地理研究,2013,32(9):1634-1644.
[106] 闫欣,牛振国. 1990—2017 年白洋淀的时空变化特征[J]. 湿地科学,2019,17(4):436.
[107] 庄长伟,欧阳志云,徐卫华,等. 近 33 年白洋淀景观动态变化[J]. 生态学报,2011,31(3):839-848.
[108] 朱金峰,周艺,王世新,等. 1975—2018 年白洋淀湿地变化分析[J]. 遥感学报,2019(5):16.
[109] 徐卫华,欧阳志云,van Duren I,等. 白洋淀地区近 16 年芦苇湿地面积变化与水位的关系[J]. 水土保持学报,2005,19(4):181-184.
[110] 李建国,李贵宝,崔慧敏,等. 白洋淀芦苇湿地退化及其保护研究[J]. 南水北调与水利科技,2004,

2(3):35-38.
[111] 彭建,王仰麟,张源,等. 土地利用分类对景观格局指数的影响[J]. 地理学报,2006(2):157-168.
[112] 诸葛亦斯,梁晓旭,李国强,等. 大清河流域生态适度恢复的安全格局构建[J]. 中国水利,2021(16):41-43.
[113] 廖珍梅,杨薇,蔡宴朋,等. 大清河-白洋淀流域生态功能评价及分区初探[J]. 环境科学学报,2022(1):133-142.
[114] 朱党生. 水利水电工程环境影响评价[M]. 北京:中国环境科学出版社,2006.
[115] 苏宁征. 浅谈开发区规划环评中评价指标体系的环境目标可达性分析[J]. 海峡科学,2011(6):41-42.
[116] 黄明辉,黄蕊,李巍. 中国流域规划环境影响评价 40 年发展历程与启示[J]. 环境影响评价,2022,44(4):48-53.
[117] 邹家祥,李志军,刘金珍. 流域规划环境影响评价及对策措施[J]. 水资源保护,2011,27(5):7-12.
[118] 马静,黄亮. 韩江流域规划环境影响评价优化调整研究[J]. 广东水利水电,2016(1):14-18.
[119] 邹家祥. 环境影响评价技术手册:水利水电工程[M]. 北京:中国环境科学出版社,2009.
[120] 刘胜祥,薛联芳. 水利水电工程生态环境影响评价技术研究[M]. 北京:中国环境科学出版社,2006.
[121] 于书霞. 区域规划的环境影响评价理论方法及实证研究[D]. 北京:北京大学,2005.
[122] 李明光. 规划环境影响评价的工作程序与评价内容框架研究[J]. 环境保护,2003(7):31-34.
[123] 陈作昌. 工程项目建设环境影响因素分析及其控制措施[J]. 重庆建筑大学学报,2002,24(2):93-97.
[124] 杨蕊莉,李扬旗. 流域规划环境影响识别及环境影响评价指标体系构建技术[C]//第三届全国规划环评技术研讨会论文集. 2012:145-150.
[125] 秦兰兰,王有乐. 规划环境影响评价指标体系初探及实证研究[J]. 环境工程,2015,33(2):143-146.
[126] 王玲. 规划环境影响评价指标体系研究[D]. 兰州:西北师范大学,2008.
[127] 周永红,赵言文,施毅超. 水利规划环境影响识别及评价指标体系——以南通市为例[J]. 节水灌溉,2007(8):89-91.
[128] 李映丽. 规划环境影响评价指标体系及评价方法探讨[J]. 科技与创新,2016(15):29.
[129] 都小尚,郭怀成. 区域规划环境影响评价方法及应用研究[M]. 北京:科学出版社,2012.
[130] 李昊东. 重点生态功能区生态补偿制度研究[D]. 哈尔滨:东北林业大学,2020.
[131] 赵弈秋,贺嘉,李益,等. 流域生态补偿机制的实施框架与优化策略[J]. 无锡商业职业技术学院学报,2022,22(3):42-49.
[132] 赵晓晨,廉浩,陈德敏. 南盘江流域规划环境影响评价指标体系[J]. 水资源保护,2015(4):42-46.
[133] 杨瑞灵,季娜. 规划环境影响评价指标体系及评价方法探讨[J]. 环境与发展,2020,32(10):34-35.
[134] 霍春雪,于涛,魏东洋,等. 中国流域综合规划环境影响评价指标体系初探[J]. 环境科学与管理,2016,41(5):179-182.
[135] 张玉环,许乃中,龙颖贤,等. 流域综合规划环境影响评价主要技术问题和评价指标体系构建[J]. 环境与发展,2017,29(2):24-28.
[136] 罗小勇,陈蕾,吐尔逊. 流域综合利用规划环境影响评价有关问题探讨[J]. 水电站设计,2005,21(1):78-80.
[137] 阳大兵. 水利工程对生态环境影响后评价研究[D]. 杨凌:西北农林科技大学,2012.

[138] 周影烈,郭茹,包存宽,等. 规划环境影响跟踪评价初探[J]. 环境污染与防治,2009,31(6):84-88.
[139] 鱼红霞,邱大庆,马静,等. 规划环境影响跟踪评价初探[J]. 四川环境,2016,35(6):163-168.
[140] 李树元. 海河流域生态环境关键要素演变规律与脆弱性研究[D]. 天津:天津大学,2014.
[141] 国家环境保护总局. 地表水环境质量标准:GB 3838—2002[S]. 北京:中国环境科学出版社,2002.
[142] 中华人民共和国国家质量监督检验检疫总局. 地下水质量标准:GB/T 14848—2017[S]. 北京:中国质检出版社,2017.
[143] 环境保护部,中国科学院. 全国生态功能区划(修编版)[R]. 2015.

附录　大清河流域水功能区

序号	河名	水功能区名称		范围				目标水质
		一级	二级	起始断面	终止断面	代表河长/km	面积/km^2	
1	磁河	磁河河北石家庄开发利用区 2	磁河河北石家庄农业用水区 2	河源	灵寿	65	0	Ⅲ
2	磁河	磁河河北石家庄开发利用区 1	磁河河北石家庄农业用水区 1	横山岭水库	横山岭水库	0	9.8	Ⅲ
3	郜河	郜河河北石家庄开发利用区 1	郜河河北石家庄农业用水区 1	口头水库	口头水库	0	6.9	Ⅲ
4	郜河	郜河河北石家庄开发利用区 2	郜河河北石家庄农业用水区 2	口头水库	新乐承安铺	60	0	Ⅲ
5	木刀沟	木刀沟河北石家庄、保定开发利用区	木刀沟河北石家庄农业用水区	灵寿	石家庄保定交界	70	0	Ⅳ
6	木刀沟	木刀沟河北石家庄、保定开发利用区	木刀沟河北保定农业用水区	石家庄保定交界	北郭村	23	0	Ⅳ
7	孝义河	孝义河河北保定开发利用区	孝义河河北保定工业用水区	河源	高阳县	45	0	Ⅳ
8	孝义河	孝义河河北保定缓冲区		高阳县	白洋淀	15.00	0	Ⅲ
9	护城河	护城河河北保定开发利用区	护城河河北保定景观娱乐用水区	环保定市	环保定市	6	0	Ⅳ
10	沙河	沙河晋冀保留区		河源	阜平	85.00	0	Ⅱ
11	沙河	沙河河北保定开发利用区 1	沙河河北保定饮用水源区 1	阜平	王快水库	34	0	Ⅱ
12	沙河	沙河河北保定开发利用区 2	沙河河北保定饮用水源区 2	王快水库库区	王快水库库区	0	25	Ⅱ
13	沙河	沙河河北保定开发利用区 3	沙河河北保定农业用水区	王快水库	北郭村	119	0	Ⅳ
14	北易水河	北易水河河北保定开发利用区 1	北易水河河北保定饮用水源区 1	源头	易县	28	0	Ⅲ
15	北易水河	北易水河河北保定开发利用区 2	北易水河河北保定饮用水源区 2	易县	北河店	29	0	Ⅲ
16	中易水河	中易水河河北保定开发利用区 1	中易水河河北保定饮用水源区 1	源头	安各庄水库	44	0	Ⅱ
17	中易水河	中易水河河北保定开发利用区 2	中易水河河北保定饮用水源区 2	安格庄水库	安格庄水库	0	8.8	Ⅱ

续表

序号	河名	水功能区名称		范围				目标水质
		一级	二级	起始断面	终止断面	代表河长/km	面积/km^2	
18	中易水河	中易水河河北保定开发利用区 3	中易水河河北保定饮用水源区 3	安格庄水库	北河店	102	0	Ⅲ
19	拒马河	拒马河河北保定开发利用区	拒马河河北保定饮用水源区	源头	紫荆关	67	0	Ⅱ
20	拒马河	拒马河冀京缓冲区		紫荆关	落宝滩	117.00	0	Ⅲ
21	南拒马河	南拒马河河北开发利用区	南拒马河河北保定饮用水源区	落宝滩	新盖房	70	0	Ⅲ
22	北拒马河	北拒马河河北保定开发利用区	北拒马河河北保定饮用水源区	张坊	东茨村	40	0	Ⅲ
23	白沟河	白沟河河北保定开发利用区	白沟河河北保定饮用水源区	东茨村	新盖房	54	0	Ⅲ
24	小清河	小清河北京开发利用区	小清河北京景观娱乐用水区	大宁水库	马头镇	30	0	Ⅳ
25	小清河	小清河京冀缓冲区		马头镇	东茨村	16.00	0	Ⅳ
26	界河	界河河北保定开发利用区	界河河北保定农业用水区	源头	白洋淀	160	0	Ⅳ
27	府河	府河河北保定开发利用区 1	府河河北保定工业用水区	保定市	安州	35	0	Ⅳ
28	府河	府河河北保定开发利用区 2	府河河北保定过渡区	安州	白洋淀	20	0	Ⅲ
29	漕河	漕河河北保定开发利用区 1	漕河河北保定饮用水源区 1	河源	龙门水库	43	0	Ⅱ
30	漕河	漕河河北保定开发利用区 2	漕河河北保定饮用水源区 2	龙门水库	龙门水库	0	3.3	Ⅱ
31	漕河	漕河河北保定开发利用区 3	漕河河北保定农业用水区	龙门水库	漕河	41	0	Ⅳ

续表

序号	河名	水功能区名称		范围				目标水质
		一级	二级	起始断面	终止断面	代表河长/km	面积/km^2	
32	漕河	漕河河北保定开发利用区 4	漕河河北保定过渡区	漕河	白洋淀	25	0	Ⅲ
33	唐河	唐河山西浑源灵丘开发利用区	唐河山西浑源农业用水区	源头	王庄堡镇	35	0	Ⅲ
34	唐河	唐河山西浑源灵丘开发利用区	唐河山西灵丘工业农业用水区	王庄堡镇	城头会	38	0	Ⅲ
35	唐河	唐河晋冀缓冲区		城头会	倒马关	71.00	0	Ⅲ
36	唐河	唐河河北保定开发利用区 1	唐河河北保定饮用水源区 1	倒马关	西大洋水库入库口	75	0	Ⅱ
37	唐河	唐河河北保定开发利用区 2	唐河河北保定饮用水源区 2	西大洋水库库区	西大洋水库库区	0	29	Ⅱ
38	唐河	唐河河北保定开发利用区 3	唐河河北保定农业用水区	西大洋水库坝下	温仁	93	0	Ⅳ
39	唐河	唐河河北保定缓冲区		温仁	白洋淀	47.00	0	Ⅲ
40	潴龙河	潴龙河河北保定保留区		北郭村	白洋淀	96.00	0	Ⅲ
41	瀑河	瀑河河北保定开发利用区	瀑河河北保定饮用水源区 1	源头	瀑河水库	25	0	Ⅲ
42	瀑河	瀑河河北保定开发利用区	瀑河河北保定饮用水源区 2	瀑河水库	瀑河水库	0	1	Ⅲ
43	瀑河	瀑河河北保定开发利用区	瀑河河北保定农业用水区	瀑河水库	徐水	55	0	Ⅳ
44	瀑河	瀑河河北保定开发利用区	瀑河河北保定过渡区	徐水	白洋淀	25	0	Ⅲ
45	白洋淀	白洋淀河北湿地保护区		白洋淀淀区	白洋淀淀区	0	360.00	Ⅲ

续表

序号	河名	水功能区名称		范围				目标水质
		一级	二级	起始断面	终止断面	代表河长/km	面积/km^2	
46	任文干渠	任文干渠河北沧州、廊坊开发利用区	任文干渠河北沧州工业用水区	白洋淀	沧州、廊坊交界	33	0	Ⅳ
47	任文干渠	任文干渠河北沧州、廊坊开发利用区	任文干渠河北廊坊工业用水区	沧州、廊坊交界	大清河	29	0	Ⅳ
48	赵王新河	赵王新河河北沧州、廊坊开发利用区	赵王新河河北沧州工业用水区	白洋淀出口	沧州、廊坊交界	9	0	Ⅳ
49	赵王新河	赵王新河河北沧州、廊坊开发利用区	赵王新河河北廊坊工业用水区	沧州、廊坊交界	入大清河口	31	0	Ⅳ
50	大清河	大清河河北保定、廊坊开发利用区	大清河河北保定农业用水区	新盖房闸	保定、廊坊交界	40	0	Ⅳ
51	大清河	大清河河北保定、廊坊开发利用区	大清河河北廊坊农业用水区	保定、廊坊交界	左各庄	60	0	Ⅳ
52	大清河	大清河冀津缓冲区		左各庄	台头	15.00	0	Ⅲ
53	大清河	大清河天津开发利用区	大清河天津农业用水区	台头	进洪闸	12.6	0	Ⅲ
54	南运河	南运河天津开发利用区 1	南运河天津饮用、农业、工业用水区	九宣闸	十一堡节制闸	43.5	0	Ⅲ
55	南运河	南运河天津开发利用区 2	南运河天津景观娱乐用水区	三元村闸	三岔口	6.6	0	Ⅳ
56	大石河	大石河北京开发利用区	大石河上段北京饮用水源区	堂上	漫水河	70	0	Ⅲ
57	大石河	大石河北京开发利用区	大石河下段北京景观娱乐用水区	漫水河	北京市界	51	0	Ⅳ
58	独流减河	独流减河天津开发利用区	独流减河天津农业用水区 1	进洪闸	万家码头	43.5	0	Ⅳ
59	独流减河	独流减河天津开发利用区	独流减河天津饮用水源区	万家码头	十里横河	11	0	Ⅲ

续表

序号	河名	水功能区名称		范围				目标水质
		一级	二级	起始断面	终止断面	代表河长/km	面积/km^2	
60	独流减河	独流减河天津开发利用区	独流减河天津农业用水区2	十里横河	南北腰闸	9.7	0	Ⅳ
61	独流减河	独流减河天津开发利用区	独流减河天津工业用水区	南北腰闸	工农兵闸	6.1	0	Ⅴ
62	青静黄排水渠	青静黄排水渠天津开发利用区	青静黄天津农业用水区	大庄子	海口闸	38.3	0	Ⅳ
63	团泊洼水库	团泊洼水库天津开发利用区	团泊洼水库天津农业用水区	库区	库区	0	51	Ⅳ
64	中亭河	中亭河河北廊坊开发利用区	中亭河河北廊坊工业用水区	霸州	胜芳	50	0	Ⅳ
65	中亭河	中亭河冀津缓冲区		胜芳	大柳滩	50.00	0	Ⅳ
66	中亭河	中亭河天津开发利用区	中亭河天津农业用水区	大柳滩	西河闸	5	0	Ⅳ
67	北大港水库	北大港水库天津开发利用区	北大港水库天津饮用、工业、农业水源区	库区	库区	0	149	Ⅲ
68	江江河	江江河河北衡水、沧州开发利用区	江江河河北沧州农业用水区	衡水、沧州交界	泊头市	15	0	Ⅳ
69	牤牛河	牤牛河河北廊坊开发利用区	牤牛河河北廊坊工业用水区	固安	霸县	36	0	Ⅳ
70	马厂减河	马厂减河天津开发利用区	马厂减河天津农业、饮用用水区	九宣闸	南台尾闸	40	0	Ⅲ
71	马圈河	马圈引河天津开发利用区	马圈引河天津饮用水源、农业用水区	洋闸	马圈进水闸	8.00	0	Ⅲ
72	青静黄排水渠	青静黄排水渠冀津缓冲区		青县	大庄子	30.00	0	Ⅲ
73	海河	海河天津开发利用区1	海河饮用、工业、景观用水区	三岔口	二道闸上	33.5	0	Ⅲ
74	海河	海河天津开发利用区2	海河天津过渡区	二道闸下	海河闸	38.5	0	Ⅴ